Irene Antoni-Komar, Marco Lehmann-Waffenschmidt,
Reinhard Pfriem, Heinz Welsch (Hg.)

WENKE² – Wege zum nachhaltigen Konsum

Wirtschaftswissenschaftliche Nachhaltigkeitsforschung

Band 9

Editorial

Seit der UNCED in Rio sind 18 Jahre vergangen, in denen die wirtschaftswissenschaftliche Nachhaltigkeitsforschung zwar konstruktive Diskussionen entfachen, aber nicht den Status eines Nischendaseins überwinden konnte. Es gelang ihr insbesondere nicht, als etablierter Bestandteil wirtschaftswissenschaftlicher Diskurse in Erscheinung zu treten – tradierte Auffassungen von Ökonomik dominieren nach wie vor. Die vorliegende Buchreihe will herausragenden Beiträgen zur wirtschaftswissenschaftlichen Nachhaltigkeitsforschung eine Publikationsplattform bieten, die sowohl innerhalb der volks- als auch der betriebswirtschaftlichen Forschung und Lehre wahrgenommen wird. Ein kompetentes und repräsentatives Lektorat sorgt nicht nur für eine hohe Qualität, sondern möchte richtungweisenden Konzepten und Inhalten – gemessen an ihrem Gehalt zur Lösung drängender Zukunftsherausforderungen – dazu verhelfen, von einschlägigen Fachkreisen wahrgenommen und diskutiert zu werden. Das thematische Spektrum der Buchreihe ist nicht auf den engen Fokus ökologischer Fragestellungen festgelegt. Inbegriffen sind Beiträge, die auf strategischer und methodischer Ebene darauf abzielen, die Nachhaltigkeitsforschung in sämtlichen wirtschaftswissenschaftlichen Domänen zu verankern.

Arbeitsweise des Herausgebergremiums

Buchmanuskripte können sowohl beim Verlag als auch direkt beim Herausgebergremium eingereicht werden. Die Arbeit des Gremiums wird durch einen *Managing Editor* koordiniert. Jedes ausgewählte Manuskript wird von zwei Lektor/innen gelesen und begutachtet.

Managing Editor 2010

Prof. Dr. Bernd Siebenhüner, Ökologische Ökonomie, Carl-von-Ossietzky Universität Oldenburg, Tel: 0441/798-4366, Email: bernd.siebenhuener@uni-oldenburg.de

WENKE^2 – Wege zum nachhaltigen Konsum

Herausgegeben von

Irene Antoni-Komar,
Marco Lehmann-Waffenschmidt,
Reinhard Pfriem
und Heinz Welsch

Metropolis Verlag
Marburg 2010

GEFÖRDERT VOM

Bundesministerium
für Bildung
und Forschung

Das dieser Publikation zugrunde liegende Vorhaben wurde mit Mitteln des Bundesministeriums für Bildung und Forschung unter dem Förderkennzeichen 01UN0602A, B, C gefördert. Die Verantwortung für den Inhalt dieser Veröffentlichung liegt bei den Autorinnen und Autoren.

Bibliografische Information der Deutschen Nationalbibliothek

Die Deutsche Nationalbibliothek verzeichnet diese Publikation in der Deutschen Nationalbibliografie; detaillierte bibliografische Daten sind im Internet über http://dnb.d-nb.de abrufbar.

Metropolis-Verlag für Ökonomie, Gesellschaft und Politik GmbH
http://www.metropolis-verlag.de

ISBN 978-3-89518-801-5

Inhaltsverzeichnis

TEIL 2: KOMMENTARE UND ERGÄNZENDE PERSPEKTIVEN

TEIL 3: ERGÄNZENDE MATERIALIEN

Geleitwort

Bernd Siebenhüner

Die Veränderung des Konsumverhaltens in den industrialisierten Gesellschaften ist eine nach wie vor weitgehend ungelöste Herausforderung einer nachhaltigen Entwicklung. Pro-Kopf-Verbräuche von Energie, materiellen Produkten und energie- und materialintensiven Dienstleistungen bleiben in fast allen dieser Gesellschaften hoch und fern von global übertragbaren Größenordnungen. Daher ist das vorliegende Buch zweifellos hochaktuell mit seinem breiten Blick auf Hemmnisse und Möglichkeiten nachhaltigen Konsums.

Es dokumentiert überdies ein Forschungsvorhaben der besonderen Art. Die Zusammenführung von fünf analytischen Perspektiven, basierend auf jeweils eigenen theoretisch-konzeptionellen Zugängen, stellt einen einzigartigen Erkenntnisweg dar. So ist es möglich geworden, singuläre disziplinäre Ansätze miteinander in Austausch treten zu lassen, Ergebnisse zu vergleichen, diese in ein hochambitioniertes Gesamtmodell zu integrieren und übergreifende Einsichten zu generieren. Zudem wird das Buch durch drei externe Kommentare und Perspektiven ergänzt und damit die Breite der Zugänge zum Problem nochmals ausgeweitet.

Mit diesem Ansatz stellt das Buch auch eine Besonderheit in der Reihe „Wirtschaftswissenschaftliche Nachhaltigkeitsforschung“ dar. Die Großzahl der hier publizierten Werke legt in der Regel eine oder wenige konzeptionelle Perspektiven an, entwickelt diese weiter und/oder setzt sie für die empirische Erkenntnisgewinnung ein. Es ist gelungen, eine Vielzahl von Perspektiven mit einem hohen Anspruch an die Konsistenz des Ergebnisses zusammenzubringen. Mit dieser Integration, der wechselseitigen Bezugnahme und der konsistenten Anwendung auf die beiden Forschungsfelder Energie- und Nahrungsmittelkonsum geht er auch weit über die traditionelle Struktur von Herausgeberwerken hinaus. Dem Projektteam ist zu diesem Ergebnis zu gratulieren und dem Buch und seinem Vorhaben Nachahmer zu wünschen.

Geleitwort zu den Forschungsergebnissen des Projektes WENKE^2

Friedrich Schneider

Obwohl viele Wirtschaftswissenschaftler hervorragende Beiträge im umweltökonomischen Bereich zur Durchsetzung einer ökosozialen Marktwirtschaft bzw. einer nachhaltigen Wirtschaftsweise verfasst haben, beobachten wir „nur" einen sehr langsamen Prozess hin zu einer ökosozialen oder nachhaltigen Wirtschaft. Insbesondere sind in Deutschland nachhaltige Konsummuster noch sehr weit von einer breiten Umsetzung entfernt. Die Fragestellung des Forschungsprojektes „Wege zum nachhaltigen Konsum – Energie, Ernährung" lautet daher: Woran scheitert die Verbreitung nachhaltiger Konsummuster?

WENKE^2 ist ein in theoretischer und empirischer Hinsicht sehr ehrgeiziges Projekt. Es unternimmt den Versuch, fünf unterschiedliche ökonomische Theoriezugänge auf die Entwicklungshemmnisse und Möglichkeiten nachhaltigen Konsums in den Empiriefeldern Energie und Ernährung anzuwenden. Ganz bewusst beschränkt sich dieses Forschungsprojekt nicht auf einen oder zwei Theoriezugänge, nein, es werden fünf Theorien verwendet, nämlich (1) die verhaltensökonomische, (2) die evolutorisch agentenbasierte, (3) die des lernenden Konsumenten, (4) die auf Intermediäre als Schlüsselakteure und auf Institutionen fokussierende und (5) die der kulturalistischen Ökonomik. Dies ist bislang einmalig und aus meiner Sicht ein bedeutender Fortschritt, dass einmal ganz bewusst verschiedene theoretische Herangehensweisen gewählt werden, die über die traditionellen volkswirtschaftlichen und betriebswirtschaftlichen Ansätze hinausgehen und in die sozial- und kulturwissenschaftlichen Theorien hineinreichen.

Darüber hinaus wird in diesem Projekt mit Hilfe eines gemeinsamen Integrationsmodells MONAKO (**Mo**dell zum **na**chhaltigen **Ko**nsum) versucht, diese unterschiedlichen Ansätze in einem gewissen Sinn empirisch zu testen und zwar mit Hilfe einer Situations- und Barriereanalyse des häuslichen Energiekonsums und der Ernährung. Daraus werden dann die notwendigen Implikationen für den Wandel des häuslichen Energiekonsums und der Ernährung abgeleitet. Damit ist diesem Projekt nicht nur theoretische Vielfalt beschieden, sondern es folgt auch ein sehr mutiger Versuch der empirischen Testung und des Aufzeigens, wie Veränderung des Konsumverhaltens im Zeitablauf bewirkt werden kann, sodass man / frau dem Ziel nachhaltiger Konsummuster, die man / frau sich nicht nur vorstellen, sondern auch „leben" müssten, ein Stück näher gekommen ist.

Die einzelnen theoretischen Ansätze im WENKE^2-Projekt erbringen wichtige Ergebnisse, auf die aus Platzgründen hier nur kurz eingegangen werden kann. So zum Beispiel, dass unter den beeinflussbaren Determinanten nachhaltigen Konsums ökonomische Faktoren (Preis, Einkommen) tendenziell weniger bedeutsam sind als kognitive (Informations- und Ausbildungsgrad) und normative (Umweltbewusstsein). Die Forscher kommen dabei zu dem Ergebnis, dass gerade darin wesentliche Ansatzpunkte zur Förderung nachhaltigen Konsums liegen, deren Wirkung durch interpersonelle Einflüsse (gewisse Statuseffekte) verstärkt werden kann. Es wurde beispielsweise im Modul 4 die erkenntnisleitende Fragestellung: „Woran scheitert die Verbreitung nachhaltiger Konsummuster" auf Basis zwar eigenständiger, aber ineinander konsistent verknüpfter Theoriezugänge bearbeitet. Hierbei handelt es sich zum einen um die Anwendung der Interaktionsökonomik und zum anderen um die der Institutionentheorie. Die Forscher entwickelten für beide Theoriezugänge einen gemeinsamen Forschungsbezugsrahmen und konnten systematisch theoretische Schnittstellen identifizieren und gemeinsame Hypothesen für die empirische Untersuchung generieren. Daraus gelang es ihnen, institutionelle Arrangements zu entwickeln, die für die Praktiken eines nachhaltigen Konsums relevant sind.

Mindestens so faszinierend wie die verschiedenen theoretischen Ergebnisse ist aber der Versuch der Integration dieser Ansätze im MONAKO-Konzept. Hierbei konnten die Forscher von der Annahme ausgehen, dass alle Module und damit theoretischen Ansätze im WENKE^2-Projekt auf der Annahme basieren, dass sich ihr Erkenntnisinteresse auf Wandel bezieht, genauer, den selbstorganisierten Wandel zu mehr nachhaltigem Konsum. Damit ist die Grundanforderung für eine evolutorische Modellierung erfüllt, die eine Integration der unterschiedlichen theoretischen Ansätze in WENKE^2 in eine evolutorische Modellierung überhaupt erst ermöglichte. Somit hilft MONAKO bei der Einordnung der Thesen der einzelnen Module in industrieökonomische Marktzusammenhänge und erlaubt differenzierte Aussagen zu den Wirkungsrichtungen der für die einzelnen Module kritischen Einflussgrößen auf die Diffusion nachhaltiger Konsummuster. Mit Hilfe von MONAKO kann daher ein quantitativer Beitrag zur Integration der verschiedenen theoretischen Ansätze im WENKE^2-Forschungsprojekt erfolgen.

Fasst man diese Ergebnisse, die hier bewusst nur skizzenhaft aufgeführt werden können, zusammen, so generiert dieses Forschungsprojekt nicht nur wissenschaftlich neue analytisch gut fundierte theoretische Erkenntnisse, nein, mit Hilfe von verschiedenen empirischen Ansätzen werden diese miteinander verknüpft und auf ihre empirische Gehaltsfähigkeit getestet. Gerade bei der schwierigen Frage, wie können sich nachhaltige Konsummuster durchsetzen, wird mit unterschiedlichen Konsumententypen (z.b. Ökopioniere, unsichere Konsumenten, flexible Entscheider) gezeigt, wie komplex und nicht einfach eine Entwicklung erfolgreicher und wirklich nachhaltiger Konsummusterstrategien ist. Damit hat dieses Forschungsprojekt sowohl die hohen theoretischen als auch empirischen Erwartungen erfüllt. Dies auch deshalb, da es nicht nur gelungen ist, die theoretischen Ansätze miteinander zu verknüpfen, gegeneinander abzuwägen und neue Erkenntnisse vorzubringen, sondern diese empirisch mit Hilfe von Simulationsanalysen einer Überprüfung zu unterziehen. Es zeigen sich wirklich im wahrsten Sinne des Wortes pionierhafte und faszinierende theoretische als auch empirische Ergebnisse.

Vorwort

Projektteam

Von 2007 bis 2010 hat das Bundesministerium für Bildung und Forschung (BMBF) das Projekt gefördert, dessen Ergebnisse mit diesem Buch vorgestellt werden: „WENKE^2 – Wege zum nachhaltigen Konsum im häuslichen Energiekonsum und bei der Ernährung".

Wir sind sehr froh, dass damit eine sehr reizvolle und uns selbst auch immer wieder herausfordernde Verbindung von Theorie und Empirie zum Zuge gekommen ist.

Als Empiriefelder hatten wir uns für die Antragstellung absichtsvoll mit dem häuslichen Energiekonsum (Wechsel auf Ökostrom und Anschaffung von Solarthermie) und der Ernährung (Qualitätsstränge Bio, Regional und Fair Trade) zwei Bereiche herausgesucht, die zum einen von der Sache her sehr heterogen sind, für die aber beide gemeinsam gilt, dass der mögliche Zugang zu Informationen überdurchschnittlich groß ist und sich von daher die Frage stellt, warum trotz so vielen Informationen bislang keine größeren Fortschritte des Übergangs zu nachhaltigen Konsummustern festgestellt werden können.

Theoretisch haben wir eine in mehrfacher Hinsicht reizvolle Kombination gewählt. Verkoppelt waren in diesem Projekt zum einen die Volks- und die Betriebswirtschaftslehre, was in der deutschen Nachhaltigkeitsforschung und auch auf anderen Forschungsfeldern gerade in Deutschland keineswegs selbstverständlich ist. Die insgesamt fünf Theoriemodule (drei unter volkswirtschaftlicher, zwei unter betriebswirtschaftlicher Leitung) stehen allesamt für unterschiedliche theoretische Akzentsetzungen, auf der anderen Seite war von Beginn an genügend produktives gemeinsames Interesse dadurch gesichert, dass drei Lehrstuhlinhaber und damit Modulleiter seit Jahren im Ausschuss für Evolutorische Ökonomik des Vereins für Socialpolitik aktiv sind, oder auch dadurch, dass bei allen Projektbeteiligten selbst engagierte Aufmerksamkeit dafür besteht, dass Fragen von Zufriedenheit und Glück wieder stärker in der wirtschaftswissenschaftlichen Forschung thematisiert werden.

Methodisch war von Anfang an klar (auch dies ein positiver Anreiz für die Projektzusammensetzung), dass quantitative wie qualitative Forschungsmethoden zum Einsatz kommen würden. Das war die Voraussetzung entsprechender Vermessung der beiden empirischen Felder sowie für qualitative wie quantitative Szenarien. Nicht von Anfang an klar war, was dann recht schnell als hilfreiche Zusatzqualität des Gesamtprojektes offenkundig wurde: dass es durch die methodische Kompetenz des Moduls 2 möglich sein würde, ein agentenbasiertes Modell für nachhaltige Konsummuster (MONAKO) zu entwickeln und zum Laufen zu bringen, was zum Projektende für das Empiriefeld Ernährung außerordentlich umfangreiche und interessante Ergebnisse generieren konnte.

Für beide Empiriefelder haben wir etwa zur Mitte der Projektlaufzeit je einen Expertenworkshop und in den letzten Monaten zur Erfüllung der Transferfunktion je einen Praktikerworkshop durchgeführt. Dazwischen lag in Juni 2009 ein Theorieworkshop, um unsere – ja nicht homogenen – konzeptionellen Vorstellungen und Vorgehensweisen zur Diskussion zu stellen und zu validieren.

Die theoretischen Ansätze, die wir im Projektteam zusammen gebracht haben, waren heterogen genug, um auch wichtige kontroverse Diskussionen zu generieren. Natürlich sind dadurch die Differenzen nicht vom Tisch, sie spiegeln sich in den aus dem Projekt schon vor diesem Buch hervorgegangenen Publikationen und natürlich auch in diesem Buch selbst. Eines ist uns freilich sehr wichtig: wir sind stolz darauf, dass es gerade auch im letzten Projektjahr so gut gelungen ist, ohne Versuche einer zwangsläufig fehlgehenden Homogenisierung zu einer wirklichen Integrationsleistung zu kommen, von der das Buch hoffentlich auch Ausdruck gibt. Das ist insbesondere das Verdienst der methodischen Integration über MONAKO, persönlich aber das Verdienst aller Beteiligten. Mit anderen Worten: es hat uns viel Spaß gemacht.

Zu danken haben wir unbedingt Thomas Schulz vom Projektträger DLR, der ein nicht selbstverständlich freundlicher und kompetenter Partner war. Zu danken haben wir auch den Mitgliedern des Wissenschaftlichen Beirats des Förderschwerpunkts „Wirtschaftswissenschaften für Nachhaltigkeit (WiN)“, allen voran den beiden, die uns als Mentor und Mentorin für besondere Diskussionen zur Verfügung standen: Herrn

Prof. Dr. Friedrich Schneider, der diesem Band freundlicherweise auch ein Geleitwort vorangestellt hat, und Frau Prof. Dr. Barbara Seel.

Nach diesem einleitenden Teil besteht das Buch aus drei Teilen. In Teil II stellen die fünf Theoriemodule des Projekts in der Reihenfolge, wie sie im Projekt gegliedert waren, nacheinander ihre Ergebnisse vor. Daran schließt der längste Text dieses Buches an: die Integration der theoretischen Ansätze im Modell für nachhaltigen Konsum (MONAKO). Teil III besteht aus externen Beiträgen einiger von denen, die an dem Theorieworkshop beteiligt waren. Die Texte dürfen, aber müssen nicht, als Kommentatore zu unseren Projektmodulen gelesen werden. Mathias Binswangers Beitrag „Mehr Lebenszufriedenheit durch nachhaltigen Konsum?“ bezieht sich vor allem auf das erste Projektmodul. Birger P. Priddat erörtert gemeinsam mit Alihan Kabalak Emotion, Gefühl und Entscheidung als Elemente einer Affektenlogik der Ökonomie. Klaus G. Troitzsch setzt sich mit der von Modul 2 erarbeiteten agentenbasierten Modellierung als integrativer Methodik auseinander. Teil IV dokumentiert unsere quantitative Erhebung zur Nutzung von Solarthermie und Ökostrom sowie unsere qualitativen Szenarien zu den beiden Empiriefeldern.

Wir hoffen, mit diesem Buch wie mit unseren weiteren Publikationen aus dem Projekt nicht nur der Diskussion über Bedingungen und Möglichkeiten nachhaltigen Konsums weiter Auftrieb zu geben, sondern direkt oder indirekt mit diesem Projekt vielleicht auch ein wenig zu besserer Praxis beigetragen zu haben.

Transition towards sustainable energy and food consumption

Summary

1 The project

The project WENKE[2] integrates several theoretical perspectives on the diffusion of sustainable consumption and applies these frameworks to the consumption of energy and food in the residential sector. The basic research question asks why sustainable consumption patterns have only partly diffused to this point. It is the aim of the project to identify constraints to the adoption of sustainable consumption patterns and to develop operational concepts for fostering a process of change towards the sustainable evolution of energy and food consumption. By integrating several theoretical and empirical approaches, the project aims to contribute to an emerging "economics of sustainable consumption".

The theoretical perspectives adopted in the project represent a departure from the standard rational choice model of consumer behavior, though admitting rational choice as a special case. The frameworks considered come from behavioral economics, evolutionary economics, and interactional and institutional economics. The behavioral economics module focuses on the aspects of information and decision error in choices concerning sustainable consumption and highlights the roles of reference persons and routine behaviors in these processes. Modules based on evolutionary economics emphasize processes of "learning to consume" as well as cultural competences and practices that affect consumption behavior. The interactional/institutional economics module aims to integrate supply-side factors that impact on consumption, paying special attention to the role of change agents and intermediaries. An evolutionary agent-based simulation model is developed and applied. In an additional step, it reflects the hypotheses from the various theoretical approaches and serves to illuminate differences and similarities in their implications.

Empirically, the research conducted in this project refers to the use of solar thermal systems, subscription to green electricity programs, and consumption of organic, regional and fair trade food. Project-specific data comes from special surveys and qualitative interviews performed in North-West Germany.

In spite of differences in orientation and emphasis, the various theoretical considerations and their empirical validation display a considerable degree of agreement. They suggest important roles for modes of consumer choice that do not follow an optimization calculus. Role models like peers, pioneers or change agents are important in overcoming non-sustainable behavioral routines. Dissemination of information, developing appropriate cultural competences as well as adequate modes of interaction between firms and customers all serve to enhance the diffusion of sustainable consumption patterns.

2 The Modules

Module 1: Behavioral analysis of sustainable consumption

The literature on behavioral economics has criticized the standard rational choice model of consumer behavior in two ways. The first criticism focuses on *decision errors*. The maintained hypothesis is that people strive to maximize utility but fail to attain the utility maximum due to imperfect knowledge of the utility consequences of their choices. Using self-reported life satisfaction as an empirical approximation to utility, Module 1 found that life satisfaction of a representative person is an increasing function of environmentally friendly consumption. Since a utility maximum would require that an increase or decrease in environmental friendliness has no effect on a representative individual's satisfaction, this evidence suggests that environmentally friendly consumption is on average less than utility maximizing. Moreover, it was found that the decision error is smaller when people's education level is higher, their value orientation is less materialistic, and when environmentally friendly consumption is more widespread in society.

The second criticism calls into question the general validity of utility maximizing behavior as a *mode of choice* and claims that an evaluation of all available options with the aim of maximizing utility (deliberation) is an exception rather than a rule. Instead, choice heuristics play an important role, which involve the behavior of reference persons and routine behavior. Regarding this hypothesis, Module 1 found that behavioral conformity with reference persons (neighbors, friends, relatives) is an important factor in purchases of solar thermal units and organic food, and to a lesser degree in the subscription to green electricity programs. The intensity of buying organic food (always vs. often) is greater the longer people have been buying organic food, which suggests an important role for behavioral routines.[1]

Module 2: An evolutionary agent-based simulation model

The aim of Module 2 is to construct and analyze an evolutionary agent-based simulation model of self-organized market evolutions with an analytical focus on sustainable consumption: "MONAKO" ("Modell zum nachhaltigen Konsum") is implemented with the free simulation software LSD and has been adapted to the German food market with current empirical data from the consumer side.

MONAKO is applied in a scenario analysis which shows, in contrary to popular beliefs, for instance …

1. … that the thesis "more competition promotes sustainable consumption" can only be confirmed if the food market is a creative one, like e.g. the internet branch where creative knowledge is decisive for success in the market. These findings corroborate the thesis of the young Schumpeter (1912) that progress is a process of creative destruction. So we call it, following Nelson and Winter (1982), a Schumpeter I market. Nevertheless, also in the food market knowledge must be accumulated to improve products. In accordance with the late "success breeds success" thesis of Schumpeter (1942) ("Schumpeter-II-market"), MONAKO shows that less competition promotes sustainable consumption patterns. In addition, in a Schumpeter-neutral-market more or less competition does not promote sustainable consumption. Thus, the popular "competition thesis" can only be confirmed by MONAKO for certain condition constellations.

[1] See Welsch and Kühling (2009, 2010) for a more detailed presentation of methods and findings.

2. … that the thesis “more scandals promote sustainable consumption” can be only weakly supported.

3. … that the thesis “more uncertainty on the market promotes sustainable consumption” can only be confirmed under certain conditions: The willingness of consumers to change products decreases because they try to orientate themselves on other uncertain consumers and thus, firms stay a long time on market. This promotes sustainable consumption only in a Schumpeter-II-market – but solely from a supply-push progress, and not with “active promotion” of the consumers. If the firms’ experience advantage is dropped in a Schumpeter-I-market, the rigid market structure even becomes a market entry barrier for young firms, and the diffusion of sustainable consumption patterns is blocked.

Module 3: Theory of learning consumers

The approach taken here belongs to the naturalist branch of evolutionary economics (Witt 1987 and 2003). Evolutionary economics is a broad field of research with the common theme of economic change, which is analyzed by taking recourse to Darwin’s theory of biological evolution (see also Nelson and Winter 1982). The naturalist research strand acknowledges that the modern man possesses a biological and psychological make-up which has been developed during human phylogeny and still affects everyday behavior, for example, in the form of cognitive and behavioral dispositions. This perspective suggests an interdisciplinary approach towards the analysis of consumer behavior.

The theory of learning consumers (Witt 2001) is a core element of the naturalist approach to evolutionary economics. It is a framework for systematically analyzing the role of consumer motivations and learning processes in changing consumption patterns over the long run. The theory explicitly deals with issues that neoclassical consumer theory has largely neglected, namely why consumers regard certain products as useful and how they have come to form an understanding of product utility. More precisely, the theory assumes consumer behavior to be directed towards the satisfaction of basic needs, which all humans share due to their joint genetic basis. Through these needs, individuals are motivated to engage in consumption activities, and need satisfaction is achieved by the consumption of specific goods and services of appropriate quantity and quality. The important point is that consumers do not have a priori knowledge about the suitability of consumption goods. On the contrary, consumers will have to discover which types of goods will appeal to which basic needs. These learning processes can take place either on an individual or a social basis (communication, imitation), and they can take the form of either non-cognitive learning or knowledge-based learning. Module 3 elaborates on the implications of the learning theory for the emergence of more sustainable consumption patterns.

Module 4: Intermediaries and institutional interplay as drivers

Module 4 is based on two theories, interaction economics and institutional theory, and links the concept of "key actors" with the one of institutional arrangement. Key actors are defined to have a significantly higher influence on the development, implementation and diffusion of new solutions than other actors. They cannot only be found in the group of producers and consumers, but also among intermediaries. In addition to the "classic" type of *market intermediaries* (brokers, retailers etc.), we introduced and examined the role of *political intermediaries* (climate protection agencies, fair trade NGOs etc.). With the second perspective we assume that, beyond the scope of an individual institution, in particular the institutional interplay considerably affects the actors' actions.

The empirical results confirm that intermediaries play a key role in overcoming barriers of sustainable consumption. In particular political intermediaries take on an important role in initiating and stimulating market developments in early diffusion phases. Furthermore, the existence of (regional) pioneers among the market intermediaries is favorable for speeding up the diffusion of sustainable consumption patterns. The central function of both types of intermediaries is to develop a critical mass and to stimulate self-energizing imitation effects in order to enable an endogenously produced high-momentum course of a diffusion path for sustainable consumption patterns.

The hypothesis that for promoting practices of sustainable consumption, all institutional types are relevant was also confirmed for both fields, nutrition and solar thermal energy. Also as assumed, the institutional focuses differ between both fields of consumption. In the field of solar thermal energy, especially regulatory rules and incentives, climate/environmental awareness, trust in tradesmen as well as the market are mainly influential. In the filed of nutrition, the most influence comes from seals/certificates of quality, the market, the persuasion per sustainable products, the social environment as well as shopping and eating habits. The majority of intermediaries consciously consider themselves, even if all in all to a modest extent, as an institutional entrepreneur.

Module 5: Cultural approach in sustainable consumption

The cultural approach of Module 5 is based on the theory of social practice which locates the source of significant patterns in how conduct is produced and performed in interaction and recursively (in the tradition of Giddens). Thus, economic practice combines both the incorporation of routines (*culturally based knowledge*) and the performance of a competent doing or saying (*doing knowledge)*. Apart from routines as procedures of reproduction, there exists a high relevance of creative and innovative potential in *cultural competences of agents* (cf. Antoni-Komar et al. 2010). Viewed in the context of theoretical findings, four directions of research are empirically improved by qualitative data and have been transformed into four scenarios for MONAKO. Below, some results are outlined:

(1) Cultural factors in food practices like shopping routines and eating habits or the inconvenient visibility of solar thermal systems against the use of invisible energy production systems are constraining sustainable consumption patterns. (2) Food or energy practices become fragile and are (re-)interpreted against the role model of peers whereas the authenticity of personalities is a substantial condition. An important constraining factor has been identified in the female fear of attracting attention by the visibility of solar thermal systems. (3) In order to overcome the lack of transparency, cultural competences as an interactional potential help to (re-)contextualize the processes of supply and demand. (4) Routines are rejected by conflicts and opportunities. In the use of solar thermal systems, windows of opportunity are often not recognized. However, we could identify a high relevance of health consciousness and awareness of

ethics as promoters for changing food practices to sustainable consumption patterns.

3 Integration

In spite of different termini technici, the five modules of WENKE² share central hypotheses on consumer behavior and its changes over time. The evolutionary agent-based model MONAKO gives Module 2 a special position for the aim of integrating the different theoretical approaches in WENKE². MONAKO – "Modell für nachhaltigen Konsum" – is an evolutionary model for the German food market which gives the basis for a systematic simulation analysis of the promoters and obstacles of the evolution of sustainable consumption patterns in a population. The fact that all modules are interested in a self-organizing evolution of consumption patterns towards more sustainability gives the fundament for the evolutionary analysis approach of MONAKO to integrate the different theoretical approaches of WENKE².

3.1 The behavioral economic approach from the MONAKO perspective

The behavioral economic approach of module 1 focuses on the consumer side. The regression analysis of Module 1 shows that consumers are subject to a systematic divergence between decision benefit and experience benefit from sustainable products. This divergence decreases when sustainable consumption is more widespread in society.

The ex-ante/ex-post divergence is incorporated by MONAKO as a basis for intertemporal learning processes that allow for the correction of this benefit divergence. The empirical analysis of Module 1 also shows that a "more correct evaluation" of the sustainability quality in separate consumer groups diffuses in society over time. This social learning substantiates the importance of peers for promoting sustainable consumption.

MONAKO confirms for example the hypothesis of Module 1 that stronger intertemporal learning promotes the evolution of sustainable consumption patterns – under the condition of a very strong distorted perception of sustainable products. Furthermore, MONAKO shows that more peers' influence can promote sustainable consumption: In Schumpeter-I-markets and Schumpeter-neutral-markets the stronger social comparison in consumption promotes the social diffusion of sustainable consumption patterns. In a Schumpeter-II-market both types of influence, a weak and a strong peers' influence, cause a narrow market in the sense of a small number of suppliers. This is in accordance with the general effect of a Schumpeter-II-market regime. Consequently, there is no additional effect promoting the diffusion of sustainable consumption. This means that MONAKO supports this hypothesis of Module 1 under certain conditions.

3.2 The theory of learning consumers from the MonaKo perspective

The modeling of consumers in MONAKO contains reference to the concepts and hypotheses of Module 3 by accentuating the role of specific consumers, the so-called specialists or pioneers. Those consumers have a high environmental awareness, generally make choices on the basis of deliberation, and are characterized by a high information absorption capacity which causes a specialization towards the consumption of sustainable products. All other consumers represent non-pioneers who are more likely to imitate other consumers, or to consume by habit. In general, consumers differ in terms of their sensibility to react to ecologically relevant information from their surroundings. With an increase in the amount of such information, however, the probability of a behavioral change through preference change increases for the consumer population. Consequently, for the integration of Module 3 into MONAKO the existence of consumption pioneers is relevant as well as those model elements which deal with the mechanisms of information generation and absorption.

MONAKO shows that a stronger influence of habits inhibits whereas more deliberation promotes sustainable consumption in Schumpeter-I and Schumpeter-neutral-markets. In a Schumpeter-II-market, however, consumer deliberation processes result in a fast change of product choice, thus preventing accumulation advantages to materialize. Therefore, under these conditions, sustainable consumption patterns are not promoted.

MONAKO further analyzes a scenario that implies a smaller influence of habits and more choices on the basis of social comparison by assuming a higher uncertainty and dissatisfaction on part of the consumers. These conditions induce the pioneers to imitate themselves, which is why they can no longer be role models for sustainable consumption. At the same time, the majority of consumers orientate toward the pioneers and thus concentrate on only one or a few suppliers. This situation slightly promotes sustainable consumption patterns in Schumpeter-II-markets because it uses the accumulation advantages of that regime. In sum, MONAKO partly supports the hypotheses of Module 3.

3.3 The interaction approach from the MONAKO perspective

The central hypothesis of Module 4 is: Key agents and intermediates are relevant for the diffusion of (ecological sustainable) progress, and they can, but need not, be located on one of the market sides. Therefore, the integration of Module 4 in MONAKO proceeds on two levels: (1) on a third, exogenously modeled, market level which is formed by political intermediates who convey information and knowledge to consumers and firms, and create with this awareness for specific problems, and (2) on the well-known market sides of demand and supply. Key agents are opinion leaders in the social system who are characterized by their innovativity and by "special charisma". Therefore, they form a type of pioneer which is relevant for both, consumers and firms, as a positive social example.

MONAKO shows that there is a small influence of supply side key agents on the evolution of sustainable consumption patterns because their typical role for other firms is restricted in MONAKO. MONAKO confirms, however, the strong influence of the demand side key agents. If we further assume that not only pro-sustainable key agents are absent from the market, but even anti-sustainable key agents are present, MONAKO shows once more a small influence of the supply side key agents and a strongly inhibiting influence of the demand side key agents. How strong this inhibition is, however, depends on the Schumpeterian regime on the one side, and on the other side on the "type" of anti-sustainable agents, i.e. which product characteristic they promote instead. MONAKO shows, for example, that in a Schumpeter-I-market the firms which are smaller and younger even have an advantage in this market by using more price competitiveness. Thus, a sustainable consumption pattern is inhibited only middle-term, and it will catch up on the diffusion dynamic in the reference scenario at the end of the simulated time horizon.

3.4 The cultural approach from the MONAKO perspective

The cultural approach of Module 5 encompasses both market sides, the supply and the consumer side. The central assumption of Module 5 says that consumers and firms have an intrinsic interest in environmental problems. Therefore, in MONAKO individual information thresholds show consumers and firms, respectively, when the dissonance between their environmental orientation and their factual activities becomes significantly large. Usually this results in a change in the consumption, or production, practices towards more sustainable consumption. Furthermore, the subjects of crisis and conflict which are essential for Module 5 are integrated in MONAKO.

MONAKO particularly supports the hypothesis of Module 5 that a lower importance of consumption routines promotes the diffusion of a sustainable consumption pattern. This effect is strongest in a Schumpeter-II-market because in this regime new firms have better entry chances. Furthermore, MONAKO analyses a special aspect of sustainability which is stressed by Module 5: An important feature of a sustainable consumption pattern is the feedback effect on the perceived quality of the fundamental life conditions which in turn influences the producers' and consumers' market decisions. Analyzing the intensity of these feedback effects in MONAKO leads to the following results: In a Schumpeter-neutral and in a Schumpeter-II-market an intensified feedback loop causes more pro-sustainable preference changes – which in turn promote the diffusion of a sustainable consumption pattern. However, in a Schumpeter-I-market the effect of more uncertain firms dominates, and this results in an inhibition of the diffusion of a sustainable consumption pattern.

Summing up, MONAKO helps to assess the hypotheses of each module of the WENKE^2 project in a competitive market context. MONAKO focuses on a differentiated analysis of the effects of certain influences stressed by the modules on the diffusion of sustainable consumption pattern. On one side, MONAKO achieves a quantitative contribution for the integration of the different theoretical approaches in WENKE^2. On the other side, MONAKO also contributes to a qualitative integration of the theoretical approaches by figuring out the parallels and differences between the conclusions of the modules on the basis of scenarios which are conceptualized and formalized by Module 2.

References

Antoni-Komar, I., Lautermann, C., Pfriem, R. (2010a): Kulturelle Kompetenzen. Interaktionsökonomische Erweiterungsperspektiven für den Competence-based View des Strategischen Managements, in: Stephan, M., Kerber, W., Kessler, T., Lingenfelder, M. (Hrsg.): 25 Jahre ressourcen- und kompetenzorientierte Forschung. Der kompetenzbasierte Ansatz auf dem Weg zum Schlüsselparadigma in der Managementforschung, Wiesbaden: Gabler Verlag, pp. 465-489

Nelson, R.R., Winter, S.G. (1982). An evolutionary theory of economic change, Cambridge/MA: Harvard University Press

Schumpeter, J. A. (1912). Theorie der wirtschaftlichen Entwicklung. Eine Untersuchung über Unternehmergewinn, Kapital, Kredit, Zins und den Konjunkturzyklus, Leipzig: Duncker & Humblot. Verlag

Schumpeter, J. A. (1942). Capitalism, Socialism and Democracy, New York: Harper & Row

Welsch, H., Kühling, J. (2009). Determinants of Pro-Environmental Consumption: The Role of Reference Groups and Routine Behavior, in: Ecological Economics 69, pp. 166-176

Welsch, H., Kühling, J. (2010): Pro-environment behavior and rational consumer choice: Evidence from surveys of life satisfaction, in: Journal of Economic Psychology 31, pp. 405-420

Witt, U. (1987): Individualistische Grundlagen der evolutorischen Ökonomik, Tübingen: Mohr (Siebeck)

Witt, U. (2001): Learning to Consume – A Theory of Wants and the Growth of Demand, in: Journal of Evolutionary Economics 11, 1, S. 23-36

Witt, U. (2003): The Evolving Economy – Essays on the Evolutionary Approach to Economics, Aldershot: Edward Elgar

TEIL 1
PROJEKTERGEBNISSE

Nutzenmaxima, Routinen und Referenzpersonen beim nachhaltigen Konsum

Heinz Welsch und Jan Kühling

1 Einleitung

Die umweltökonomische Theorie basiert auf dem mikroökonomischen Modell rationaler Entscheidungen und prognostiziert auf dieser Grundlage, dass *umweltfreundlicher* bzw. *nachhaltiger Konsum* – als eine Form der privaten Bereitstellung von Gemeinschaftsgütern – in kollektiv suboptimalem Umfang stattfindet. Gleichzeitig kann sich jedoch im resultierenden Gleichgewicht kein Wirtschaftssubjekt durch *einseitige* Abweichung besser stellen, d.h. ein höheres Nutzenniveau erreichen. Das heißt, dass die Entscheidungen bezüglich umweltfreundlichen Konsums individuell optimal, aber nicht kollektiv optimal sind.

Das mikroökonomische Entscheidungsmodell ist in der verhaltensökonomischen Literatur in zweierlei Hinsicht in Frage gestellt worden (Sent 2004):

Zum einen wird auf *Entscheidungsfehler* abgestellt. Hierbei wird zwar an der Idee festgehalten, dass Individuen das Ziel der Nutzenmaximierung verfolgen. Jedoch wird die Möglichkeit in Betracht gezogen, dass sie über die Nutzenkonsequenzen ihrer Entscheidungen nicht vollkommen informiert sind. Insbesondere existieren Hinweise darauf, dass der Nutzen aus extrinsisch motivierten Optionen (beispielsweise Statuskonsum) ex ante überschätzt wird, während dies bei intrinsisch motivierten Optionen (beispielsweise Altruismus, Empathie) nicht der Fall ist. Sofern nachhaltiger Konsum intrinsischen Motiven folgt, ergibt sich aus der Asymmetrie der Fehlbewertung ein Entscheidungsfehler zu Lasten des nachhaltigen Konsums. Nachhaltiger Konsum ist nach dieser Logik nicht nur kollektiv, sondern auch individuell suboptimal.

Zum anderen wird die Nutzenmaximierung als genereller *Entscheidungsmodus* in Frage gestellt. Kognitionsökonomische Erwägungen zum Informations- und Entscheidungsaufwand legen es nahe, dass die nutzenmaximierende Überprüfung und Bewertung aller verfügbaren Optionen (*Deliberation*) eher die Ausnahme ist und stattdessen Entscheidungsheuristiken eine wichtige Rolle spielen. Bei diesen Heuristiken sind Routinen (Pfadabhängigkeiten) und das Verhalten von Referenzpersonen von Bedeutung.

Das vorliegende Kapitel beschäftigt sich mit den Implikationen der beschriebenen Abweichungen vom Modell rationaler Konsumwahl für die Möglichkeiten nachhaltigen Konsums. Dabei geht es in Abschnitt 2 um mögliche Entscheidungsfehler beim nachhaltigen Konsum.[1] Abschnitt 3 beschäftigt sich mit der Rolle von Routinen und Referenzpersonen beim nachhaltigen Konsum.[2] Abschnitt 4 fasst die Ergebnisse zusammen.

2 *Nachhaltiger Konsum und Nutzenmaxima*

2.1 *Einführung*

Das Standardparadigma rationaler Entscheidungen beim Konsumverhalten nimmt an, dass Menschen vollständig über den Nutzen und die Kosten ihrer Entscheidungen informiert sind und auf dieser Grundlage optimale nutzenmaximierende Entscheidungen treffen können. Neuere Erkenntnisse aus der Verhaltensökonomik hingegen zeigen, dass Personen falsche Vorstellungen davon haben, was sie zufrieden macht und infolgedessen systematische Fehler bei der vorausschauenden Einschätzung von Nutzenfolgen begehen (Loewenstein/Adler 1995, Loewenstein/Schkade 1999, Loewenstein et al. 2003, Wilson/Gilbert 2003). Dies führt ex post, gemessen an ihren eigenen Präferenzen, zu suboptimalen Entscheidungen. Die Entscheidungsfehler sind systematisch, da bestimmte Aktivitäten stärker davon betroffen sind als andere. Insbesondere der Nutzen bzw. die Zufriedenheit aus höheren Konsumniveaus werden ex ante überbewertet. Die Folge sind verzerrte nicht nutzenmaximierende Entscheidungen, wie z.B. bei Überstunden (Layard 2007) oder bei über-

[1] Eine detailliertere Darstellung findet sich in Welsch und Kühling (2010).

[2] Eine detailliertere Darstellung findet sich in Welsch und Kühling (2009).

triebenem Pendelverkehr (Frey/Stutzer 2004), im Vergleich zu Aktivitäten, die stärker auf intrinsisch motivierte und nicht-materielle Werte abzielen.

Während solche Entscheidungsfehler in Bezug auf die Höhe der Konsumniveaus, nicht jedoch für vom Konsum unabhängige Aktivitäten nachgewiesen wurden, wird in diesem Abschnitt untersucht, ob sich ähnliche Abweichungen zum Konsumoptimum hinsichtlich der *Struktur* von Konsumentscheidungen finden lassen. Konkret wird untersucht, ob nachhaltiges Konsumverhalten (NKV) durch rationale Entscheidungen gekennzeichnet ist, oder ob es zu verzerrten Entscheidungen infolge mangelhafter Nutzenantizipation oder ähnlicher Phänomene kommt. Da NKV eher intrinsischen Motiven dient, während andere Formen des Konsums tendenziell auf extrinsische Motive ausgerichtet sind, ist zu vermuten, dass der Trade-Off zwischen NKV und anderen Formen des Konsums zu verzerrten Entscheidungen führt. Damit stellen wir die Hypothese auf, dass die *Konsumstruktur* zu Ungunsten von NKV in Bezug auf individuelle Nutzenmaxima verzerrt ist.

Zum Test dieser Hypothese verwenden wir einen Datensatz aus der dritten Welle der World Values Surveys, der etwa 24.000 Befragte in 27 Ländern umfasst. Dabei behandeln wir von den Befragten selbstbekundete Daten zum subjektiven Wohlbefinden (Lebenszufriedenheit) als empirische Nutzenapproximation.

Unsere Resultate deuten darauf hin, dass Menschen im Durchschnitt in Bezug auf NKV suboptimale Entscheidungen treffen. Es zeigt sich, dass diese Verzerrungen bei besser ausgebildeten Personen kleiner sind. Zudem fallen die Fehler in Ländern, in denen NKV weiter verbreitet ist, geringer aus, was für einen die Fehler reduzierenden Einfluss durch bessere kognitive Bedingungen und mehr Vertrautheit mit NKV spricht. Andererseits fallen die Abweichungen vom Konsumoptimum in den Fällen des Konsums nachhaltiger Produkte und des Recyclings von Gütern umso stärker aus, je materialistischer die Individuen eingestellt sind.

2.2 *Theoretischer Ansatz*

2.2.1 *Verzerrte Entscheidungen und nachhaltiges Konsumverhalten*

Die einschlägige Literatur weist nach, dass sich Menschen an materielle Besitztümer gewöhnen, während sie dies nicht im gleichen Maße bei anderen Aspekten ihres Lebens wie z.B. bei zwischenmenschlichen Beziehungen tun (siehe Frederick/ Loewenstein 1999). Dabei investieren sie zu viel in materielle und zu wenig in die anderen Aspekte im Vergleich zu dem, was nutzenmaximierend wäre, weil Individuen nicht dazu in der Lage sind, ihre Gewöhnung an materielle Besitztümer korrekt vorherzusehen (Loewenstein/Adler 1995, Loewenstein/Schkade 1999, Loewenstein et al. 2003, Gilbert et al. 1998, Wilson/Gilbert 2003). Zusätzlich sind Verzerrungen für solche Personen wahrscheinlicher, die materialistischer eingestellt sind, da sie falsche Erwartungen davon haben, was sie tatsächlich zufrieden macht (Stutzer/Frey 2007).

Im Folgenden untersuchen wir, inwiefern NKV zu diesen „anderen Aspekten" zählt, so dass nachhaltige Konsumentscheidungen nach unten verzerrt sind. Konkret gilt es, die Hypothese zu testen, dass die Qualität des Konsums (NKV) geringer erachtet und die schiere Quantität des Konsums höher eingeschätzt wird als das, was nutzenmaximierend wäre. Ferner untersuchen wir, ob derartige systematische Fehler besonders stark in Personen mit einer hohen Gewichtung materieller Werte ausgeprägt sind.

Es gibt eine Reihe von Gründen, die für diese Annahmen sprechen. Als erstes wäre die mangelnde Voraussicht auf die Nutzenkonsequenzen zu nennen. Die grundlegende Idee dahinter ist, dass Konsumlevel (Quantität) und der Grad an Umweltfreundlichkeit des Konsums (Qualität) über die Budgetrestriktion miteinander verbunden sind. Vorausgesetzt, dass die Einheitskosten des Konsums mit umweltfreundlichen Merkmalen ansteigen, führen Faktoren, die eine Verzerrung der gewählten Quantität nach oben bedingen, spiegelbildlich zu einer Verzerrung der Qualität nach unten. Fehler in der Antizipation der Gewöhnung an die Konsumniveaus implizieren damit eine Überschätzung der Quantität bei gleichzeitiger Unterschätzung der Qualität unter der Annahme, dass die Qualität nicht (in gleichem Maße) unvorgesehener Gewöhnung unterliegt.

Zweitens könnten systematische Entscheidungsfehler bei NKV durch fehlende Vertrautheit mit NKV und Informationsmängel über Nutzen und Kosten von NKV begründet sein. Fehlentscheidungen könnten demnach ihre Ursache nicht nur indirekt in einer ex ante Überbewertung der Quantität, sondern auch direkt in einer kognitiv bedingten Unterbewertung der umweltbezogenen Qualität des Konsums haben.

Im empirischen Teil dieses Abschnittes berücksichtigen wir drei verschiedene NKV und zwar *(a) Konsum umweltfreundlicher Produkte*, *(b) Recycling* und *(c) Wassereinsparung*. Dabei werden neben der Untersuchung der Allgemeingültigkeit von Entscheidungsfehlern auch potentielle Ursachen für diese Verzerrungen im Fokus stehen.

2.2.2 Das theoretische Modell

Es sei $x \geq 0$ die Quantität und $q \geq 0$ der Grad an Umweltfreundlichkeit (Qualität) des Konsums eines Individuums. Dann ergibt sich die (Erfahrungs-) Nutzenfunktion eines Individuums (unter Verwendung von θ als Vektor individueller und sozioökonomischer Merkmale) als:

$$u = U(x, q, \theta)\,.)$$

Sowohl für die Variable der Quantität als auch die Variable der Qualität werden ein positiver, abnehmender Grenznutzen und nicht-negative Kreuzableitungen unterstellt:

$$U_x > 0, U_{xx} < 0, U_q > 0, U_{qq} < 0, U_{xq} \geq 0\,. \tag{2.1}$$

Als Ergänzung zur Nutzenfunktion führen wir eine Einheitskostenfunktion (oder Preisfunktion) ein, die die Einheitskosten der Konsumquantität als Funktion des Grades an Umweltfreundlichkeit ausdrückt:

$$p = P(q)\,.$$

Einheitskosten sind strikt positiv sowie ansteigend und konvex in q:

$$P(0) > 0, P_q > 0, P_{qq} > 0\,. \tag{2.2}$$

Es sei $y > 0$ das (exogene) Einkommen. Die Budgetrestriktion ergibt sich dann als:

$$P(q) \cdot x = y\,.$$

Das Umstellen nach x erlaubt uns, die Quantität als Funktion des Einkommens und der Qualität auszudrücken, welche in ersterem steigend und in letzterer fallend verläuft:

$$x = \frac{y}{P(q)} =: X(y,q) > 0, \quad X_y > 0, X_q < 0\,.$$

Eingesetzt in die Nutzenfunktion führt dies zu einer semi-reduzierten (Erfahrungs-)Nutzenfunktion (SREUF) in Abhängigkeit vom Einkommen und von der Qualität:

$$u = U(X(y,q),q,\theta) =: V(y,q,\theta)\,.$$

In der empirischen Analyse wird das empirische Gegenstück zur SREUF anstatt der originären Nutzenfunktion $U(x,q,\theta)$ unser Werkzeug sein, weil wir Beobachtungen für (y, q), nicht jedoch für (x, q) haben. Die nachfolgende Diskussion dient der Demonstration, welche Schlussfolgerungen aus der SREUF gezogen werden können, besonders in Bezug auf den Trade-Off zwischen Quantität und Qualität.

Zunächst stellen wir fest, dass die nutzenmaximierende Entscheidung (q^*, x^*) unter Beachtung der Budgetrestriktion sich aus der Maximierung von $V(y,q,\theta)$ in Bezug auf q und durch Einsetzen des Resultates in $X(y,q)$ ergibt. Vorausgesetzt, dass $V_{qq}(y,q,\theta) < 0$ erhalten wir:

Proposition 1:

(a) Die nutzenmaximierende Entscheidung q^* ergibt sich durch die Bedingung $V_q(y,q^*,\theta) = 0$.

(b) Für jede beobachtete Entscheidung q^o erhalten wir $V_q(y,q^o,\theta) > / = / < 0 \quad \Leftrightarrow \quad q^o < / = / > q^*$.

Laut Aussage (a) impliziert die nutzenmaximierende Entscheidung, dass der Grenznutzen von q abzüglich des Grenznutzens aus der entgangenen Quantität x Null beträgt. Laut Aussage (b) erlaubt uns die Ableitung bei einer gegebenen Entscheidung q^o die Feststellung, ob $q^o, X(y, q^o)$ nutzenmaximal ist, und falls nicht, in welche Richtung die Verzerrung geht. Dabei kann jede Entscheidung $q^o, X(y, q^o)$ für die gilt $V_q(y, q^o, \theta) > (<) 0$ durch die Erhöhung (Reduzierung) von q und die Reduzierung (Erhöhung) von x verbessert werden.

Eine Verzerrung nach unten in q erfolgt, wenn (i) der Grenznutzen der Quantität ex ante überschätzt, (ii) die empfundenen (erwarteten) Grenzkosten der Qualität überschätzt oder (iii) der Grenznutzen der Qualität unterschätzt wird. (i) – (iii) sind potentielle Quellen nach unten verzerrter Entscheidungen in q^o.

Das bis hierhin beschriebene Modell betrifft den *Konsum umweltfreundlicher Produkte* als Indikator für Umweltfreundlichkeit. In den Fällen von *Recycling* und *Wassereinsparung* ist das Modell anders zu deuten. x wäre als Gesamtmenge (primär plus sekundär) anzusehen, q als Recycling-Quote (Wiederverwendungs-Quote) und p als Einheitskosten der Gesamtmenge. Die Einheitskosten sind kleiner, je größer der Anteil recycelten bzw. wiederverwendeten Materials ist ($P_q < 0$), die Kosten sinken aber wahrscheinlich bei abnehmender Rate ($P_{qq} > 0$). Andererseits ist bei *Recycling* ein negativer Grenznutzen ($U_q < 0$) bei steigender Rate ($U_{qq} < 0$) aufgrund von Bequemlichkeitsverlusten oder reduzierter Servicequalität zu vermuten. Hier ist es zudem plausibel anzunehmen, dass $U_{xq} \leq 0$. Die Ausführungen zur Proposition 1 bleiben auch für diese Deutung der SREUF gültig.

In der empirischen Analyse werden wir die SREUF auf Basis von Lebenszufriedenheitsdaten als empirische Approximation für den Erfahrungsnutzen schätzen. In Anlehnung an Proposition 1 zeigt eine signifikant von Null verschiedene Ableitung der Nutzenfunktion nach q an, dass ein gegebenes NKV nicht nutzenmaximierend ist. Das Vorzeichen der Ableitung bestimmt dabei die Richtung der Verzerrung.

2.3 Empirischer Ansatz

2.3.1 Das empirische Modell

In diesem Abschnitt verwenden wir Antworten von Individuen auf die Frage: „*Insgesamt gesehen, wie zufrieden sind Sie mit dem Leben, das Sie führen?*“ Den Befragten wird eine 10-Punkte-Skala präsentiert, wobei eine 1 als „*unzufrieden*“ und eine 10 als „*zufrieden*“ beschriftet ist, auf der sie ihren Zufriedenheitswert angeben sollen. Der Literatur zufolge (siehe z.B. Frey/Stutzer 2002) sind die Antworten als empirische Approximation des Erfahrungsnutzen u einzustufen.

Wir unterstellen, dass die bekundete Lebenszufriedenheit (LZ) von Individuum i in Land c und Jahr t, LZ_{ict} ein ordinales Messniveau aufweist. D.h. wir können lediglich den Bereich, in dem der wahre (latente) Erfahrungsnutzen u_{ict} liegt, beobachten, nicht jedoch den exakten Level. Bekundete LZ ist dann durch folgendes Modell erklärbar:

$$u_{ict} = \alpha y_{ict} + \beta q_{ict} + \gamma \theta_{ict} + d_{ct} + \varepsilon_{ict} \tag{2.3a}$$

$$LZ_{ict} = n \quad \Leftrightarrow \quad \mu_n \leq u_{ict} < \mu_{n+1} \tag{2.3b}$$

wobei n die 10 diskreten LZ Kategorien (1 bis 10) repräsentiert, μ_n sind neun geschätzte Schwellenwerte, die die Kategorien voneinander trennen, y ist das Einkommen, q sind die Maße für individuelles NKV, θ beschreibt einen Vektor von k erklärenden Variablen, d_{ct} steht für konstante Länder- und Jahreseffekte und ε gibt den Störterm an. Gleichung (2.3a) entspricht der empirischen Variante der SREUF. Gleichung (2.3b) gibt an, wie die LZ mit dem unbeobachteten Erfahrungsnutzen verbunden ist.

Die Maße für NKV (q) werden im folgenden Abschnitt erläutert. Die unter θ zusammengefassten erklärenden Variablen umfassen einerseits demografische Merkmale (Gesundheitsstatus, Alter, Geschlecht, Haushaltsgröße, Ausbildungsabschlüsse, Familienstand, Beschäftigungssituation, Größe des Wohnortes) und andererseits persönliche Einstellungen (Umwelteinstellungen, Materialismus-Orientierung). Persönliche Einstellungen werden deshalb aufgenommen, da sie sowohl mit der LZ als auch mit NKV korrelieren, so dass ihr Auslassen zu verzerrten Ergebnissen führen würde. In diesem Sinne ist die Kontrolle auf persönliche Einstellungen eine Approximation für die Verwendung konstanter Individualeffekte, um nicht beobachtbare Persönlichkeitsmerkmale zu erfassen (was die bevorzugte Strategie in einer Stichprobe mit Panelstruktur wäre). Zudem wird Gleichung (2.3a) um Interaktionen zwischen NKV und individuellen sowie sozialen Begleitumständen erweitert. Derartige Interaktionen erlauben es uns zu überprüfen, ob und inwiefern Entscheidungsfehler mit Einstellungen und kognitiven Bedingungen zu- oder abnehmen.

Das Modell aus Gleichung (2.3) wird mit Hilfe eines Ordered Probit Maximum Likelihood Verfahrens geschätzt, das die Parameter aus (2.3a) und die Schwellenwerte der LZ aus (2.3b) gleichzeitig bestimmt.

2.3.2 Die Datenbasis

Diese Teilstudie basiert auf Daten der World Values Surveys (WVS).[3] Die Umfrage enthält Informationen zu demografischen Merkmalen und zur selbstbekundeten LZ (siehe zuvor angegebene Fragestellung). Zusätzlich sind in der dritten Befragungswelle der WVS Fragen zu NKV erfasst:

„Welche der nachfolgenden Dinge haben Sie in den letzten 12 Monaten aus Sorge um die Umwelt getan?

- *Haben Sie Haushaltsprodukte gewählt, die Sie für umweltverträglich halten?*
- *Haben Sie sich aus Umweltgründen dazu entschieden, etwas erneut zu verwenden oder es zu recyceln anstatt es wegzuwerfen?*
- *Haben Sie aus Umweltgründen versucht, Wasser einzusparen?"*

Für jeden dieser Punkte (die wir als *Grüne Produkte, Recycling, Wassereinsparung* bezeichnen) können die Befragten antworten *„habe ich nicht getan"* (0) oder *„habe ich getan"* (1).

Diese drei Punkte stellen unsere Indikatoren für NKV dar. Zusätzlich haben wir einen Index für die Intensität von NKV konstruiert, indem wir die Summe dieser drei Punkte gebildet haben (Werte 0, 1, 2, 3), den wir dann *NKV-Index* nennen.

Als Ergänzung zu diesen umweltfreundlichen Verhaltensweisen bilden wir aus den Antworten auf die nachfolgenden Fragen Umwelteinstellungen, die wir dann als Kontrollvariablen benutzen:

„Hier sind zwei Aussagen, die Menschen manchmal machen, wenn sie über die Umwelt und das Wirtschaftswachstum diskutieren. Welche der

[3] Siehe: The European Values Study Foundation and World Values Survey Association, European and World Values Surveys four-wave integrated data file, 1981-2004, v.20060423, 2006, Aggregate File Producers: ASEP/JDS, Madrid, Spain/ Tilburg University, Tilburg, the Netherlands. Aggregate File Distributors: ASEP/ JDS and ZA, Cologne, Germany.

beiden Aussagen kommt ihrer persönlichen Meinung am nächsten?

- *A: Umweltschutz sollte Priorität genießen, selbst wenn es zu verlangsamtem Wirtschaftswachstum und Arbeitsplatzverlusten führt.*
- *B: Wirtschaftswachstum und die Schaffung von Arbeitsplätzen sollten Priorität genießen, auch wenn die Umwelt in einem gewissen Maße darunter leidet."*

Für diese Punkte (die wir *Umweltpriorität* nennen) können die Befragten antworten *„Wirtschaftswachstum und Arbeitsplatzschaffung"* (0) oder *„Umweltschutz"* (1).

„Ich werde nun einige Aussagen über die Umwelt vorlesen. Für jede Aussage, die ich vorlese, sagen Sie mir bitte, ob Sie ihr stark zustimmen, ihr zustimmen, sie ablehnen oder sie stark ablehnen.

- *Ich würde Dinge zu einem 20 % höheren Preis kaufen, wenn dies helfen würde, die Umwelt zu schonen."*

Für diesen Punkt (den wir als *ZB20* bezeichnen) erzeugen wir eine binäre Variable, die den Wert (0) annimmt, wenn der Befragte mit *„lehne ich (stark) ab"* antwortet und den Wert (1) erhält, falls er dies mit *„stimme ich (stark) zu"* tut.

Unsere Regressionen basieren auf einem ausgewogenen Datensatz, bestehend aus 23.623 Individuen in 27 Ländern im Zeitraum 1994-1999.

2.4 Empirische Resultate

2.4.1 Allgemeine Regressionsergebnisse

Die Schätzresultate verschiedener Versionen des Basismodells sind in *Tabelle 2.1* dargestellt.

Die ersten drei Ordered Probit Regressionen (A-C) beinhalten je eine Variable für NKV, während die vierte Regression (D) alle drei Variablen gleichzeitig enthält. Die letzte Regression (E) basiert auf dem *NKV-Index*.[4]

[4] Unsere Resultate bezüglich der soziodemografischen Kontrollen zur LZ (hier nicht gezeigt) entsprechen den gängigen Erkenntnissen der internationalen Literatur (für eine Übersicht vgl. Frey/Stutzer 2002).

Tabelle 2.1: Schätzung von Lebenszufriedenheitsfunktionen

	A	B	C	D	E
Haushalts-einkommen	0.062 (19.61)	0.062 (19.65)	0.063 (19.75)	0.062 (19.52)	0.062 (20.67)
GrüneProdukte	0.089 (5.95)			0.063 (3.95)	
Recycling		0.082 (5.40)		0.049 (2.99)	
Wassereinsparung			0.066 (4.61)	0.041 (2.73)	
NKV-Index					0.051 (7.29)
Umweltpriorität	0.081 (5.67)	0.083 (5.84)	0.084 (5.94)	0.077 (5.42)	0.078 (5.57)
ZB20	0.135 (9.54)	0.136 (9.61)	0.137 (9.69)	0.129 (9.14)	0.129 (9.21)
Länderdummies	Ja	Ja	Ja	Ja	Ja
Demografie	Ja	Ja	Ja	Ja	Ja
Pseudo R^2	0.259	0.259	0.259	0.260	0.260
Beobachtungen	23623	23623	23623	23623	23623

Abhängige Variable: LZ; Methode: Ordered Probit; z-Werte in Klammern

Wie die Regressionen (A-C) zeigen, gehen der Konsum *Grüner Produkte, Recycling* und *Wassereinsparung* je einher mit signifikant höherer *LZ.* Wenn die drei Variablen für NKV alle gleichzeitig in Regression (D) enthalten sind, werden die Koeffizienten etwas kleiner, was mit einer gewissen Korrelation der Verhaltensweisen untereinander zu erklären ist. Nichtsdestotrotz bleiben alle drei Koeffizienten dabei hochsignifikant positiv. In Regression (E) bestätigt der ebenfalls hochsignifikante *NKV-Index* den positiven Zusammenhang zwischen *NKV* und *LZ.*

Diese Resultate sprechen unter Kontrolle auf die Nationalität, individuelle sozioökonomische Merkmale und die zuvor angeführten Umwelteinstellungen (*Umweltpriorität, ZB20*) der Befragten dafür, dass ein Individuum sich durch NKV besser stellen kann. Vor dem Hintergrund unseres theoretischen Modells bleibt festzustellen, dass die signifikant positiven Koeffizienten belegen, dass NKV in zu geringem Maße stattfindet und somit nicht individuell rational ist.

2.4.2 Entscheidungsfehler und materialistische Einstellungen

Eine der zuvor diskutierten Aussagen lautet, dass stärker materialistisch orientierte Individuen im Vergleich zu weniger materialistisch eingestellten Personen von größeren Entscheidungsfehlern betroffen sein könnten, da sie falsche Vorstellungen davon haben, was sie zufrieden macht. Wir testen diese Hypothese, anhand der folgenden Einstellungsfrage aus den WVS:

„Menschen reden manchmal darüber, was die Ziele für ihr Land in den nächsten zehn Jahren sein sollten. Auf dieser Karte sind einige solche Ziele aufgelistet, die verschiedene Leute anstreben. Würden Sie bitte sagen, welches dieser Ziele Sie selbst als wichtigstes einschätzen?
Erste Wahl der Antwort:

- *Ein hohes Niveau an Wirtschaftswachstum*
- *Starke Verteidigungskräfte*
- *Mehr Mitbestimmungsrechte der Bürger*
- *Verschönerung der Städte und Landschaften"*

Wir nennen diesen Punkt *Materialismus*. *Materialismus* = 1, wenn die erste Wahl der Antwort des Befragten *„Ein hohes Niveau an Wirtschaftswachstum"* lautet und *Materialismus* = 0, falls es nicht die erste Wahl der Antwort ist.

Wir fügen *Materialismus* sowohl als eigenständige erklärende Variable als auch als Interaktionsterm mit NKV in die sonst unveränderte LZ-Gleichungen wie in *Tabelle 2.1* ein.[5]

Wir stellen zunächst fest, dass eine materialistische Wertehaltung mit geringeren Werten von LZ einhergeht, ein Resultat, das mit der einschlä-

[5] Die Schätzresultate (hier nicht gezeigt) finden sind in Welsch und Kühling 2010.

gigen Literatur zu dem Thema im Einklang steht (siehe Frey/Stutzer 2002). Die Aufnahme von *Materialismus* und der *NKV-Materialismus-Interaktion* führt dazu, dass der Koeffizient für *Recycling* insignifikant wird, während die Koeffizienten für *Grüne Produkte, Wassereinsparung* und den *NKV-Index* signifikant positiv bleiben. Die Interaktionskoeffizienten selbst sind in den Fällen der *Grünen Produkte, Recycling* und des *NKV-Index* ebenfalls signifikant positiv. Wir interpretieren diese Schätzergebnisse so, dass Entscheidungsfehler bezüglich *Grüner Produkte, Recycling* und des *NKV-Index* besonders stark bei Personen mit hohen materialistischen Einstellungen auftreten. Da der Anteil dieser Personen in unserer Stichprobe bei 63 Prozent liegt, betrifft dieses Phänomen nicht nur Minderheiten. Materialisten tendieren dazu, große Nutzengewinne aus der reinen Konsummenge im Gegensatz zu Konsumqualität zu erwarten, was ihre Entscheidung besonders weit vom nutzenmaximierenden Niveau an NKV abweichen lässt.

Diese Sichtweise trifft nicht auf *Wassereinsparung* zu, da der Koeffizient des nicht-interagierten Verhaltens nur wenig niedriger ausfällt als in *Tabelle 2.1.* und der Interaktionskoeffizient in diesem Fall insignifikant ist, so dass die Entscheidungsfehler hier Materialisten und Nicht-Materialisten in gleichem Maße betreffen. Das Ausmaß an Fehleinschätzungen der Nutzenkonsequenzen unterscheidet sich folglich nicht zwischen beiden Gruppen.

2.4.3 Entscheidungsfehler und kognitive Bedingungen

Die Genauigkeit der Voraussicht auf die Nutzenkonsequenzen könnte von kognitiven Bedingungen wie der Allgemeinbildung oder der Vertrautheit mit den Entscheidungsobjekten abhängen. Um diese Möglichkeit zu überprüfen, betrachten wir LZ-Regressionen, die Interaktionen von NKV zum einen mit Maßen des formalen Ausbildungsstandes der Befragten und zum anderen mit Daten zur ihrer Vertrautheit mit NKV einschließen.[6]

In den Schätzungen mit Interaktionen zwischen NKV und formalen Ausbildungsniveaus sind bei allen Verhaltensweisen die Interaktionskoeffizienten für die Referenzgruppe der Personen ohne formale Ausbil-

[6] Die Schätzresultate (hier nicht gezeigt) finden sind in Welsch und Kühling 2010.

dung höher als die Koeffizienten von NKV in *Tabelle 2.1.* D.h., Personen ohne formale Ausbildung begehen verglichen mit den anderen Bildungsschichten die größten Entscheidungsfehler. Die nachfolgenden Interaktionskoeffizienten mit besser ausgebildeten Personen sind negativ, was bedeutet, dass diese Bildungsschichten weniger anfällig für die Verzerrungen sind. Die Interaktionskoeffizienten sind tendenziell umso negativer, je höher die formalen Bildungsabschlüsse der Befragten sind, was zu der Schlussfolgerung führt, dass die Entscheidungsfehler durch bessere Bildung reduziert werden können.

Um die allgemeine Vertrautheit mit NKV zu erfassen, bilden wir eine Proxy-Variable, indem wir den prozentualen Anteil der Personen eines Landes berechnen, die gesagt haben, dass sie NKV praktizieren (*Qsoz*). Dieses *Qsoz* interagieren wir dann wieder mit NKV und fügen es anschließend zu den Basis-Regressionen hinzu. Ein signifikant positiver Koeffizient für *Qsoz* als eigenständige erklärende Variable deutet an, dass Menschen durchschnittlich zufriedener sind, wenn NKV in ihrer Gesellschaft weiter verbreitet ist, was unter anderem auf Nutzengewinne aus einer besseren Umweltqualität zurückzuführen ist. Der Interaktionskoeffizient mit NKV ist in den Fällen der *Grünen Produkte,* des *Recyclings* und des *NKV-Indizes* signifikant negativ. Daraus schließen wir, dass, wenn in einer Gesellschaft bereits eine stärkere Diffusion von *Grünen Produkten,* von *Recycling* und von *NKV* insgesamt stattgefunden hat, die Entscheidungsfehler durch mehr Vertrautheit mit NKV nachlassen. Dieser Trend kann als eine Form *Sozialen Lernens* aufgefasst werden. Im Fall von *Wassereinsparung*, wo wir keine signifikant negativen Interaktionskoeffizienten beobachten, scheinen solche Sozialen Lernprozesse weniger bedeutsam zu sein, was sich eventuell mit der geringen Sichtbarkeit dieser Aktivität im Vergleich zu *Grünen Produkten* und zum *Recycling* erklären lässt.

3 Routinen und interpersonelle Einflüsse beim nachhaltigen Konsum

3.1 Einführung

Ob das Modell der rationalen Entscheidungen eine adäquate und erschöpfende Erklärung für NKV bietet, wird immer öfter in Frage gestellt. In Ergänzung zur Theorie der rationalen Entscheidungen (*Deliberation*) betont die neuere Literatur die Bedeutung von Referenzgruppen und

Verhaltensroutinen für NKV und bietet mit *sozialem Vergleich, Imitation* und *Repetition* alternative Entscheidungsheuristiken an (Janssen/Jager 2002).

Welche der verschiedenen Entscheidungsheuristiken Anwendung findet, variiert mit den Merkmalen eines umweltfreundlichen Gutes. Unter Beachtung, dass Konsum nicht nur individualistischen, sondern auch sozialen Bedürfnissen (Zugehörigkeit, soziale Identitätsstiftung) dient, vertreten Janssen und Jager (2002) die Ansicht, dass Sichtbarkeit und Auffälligkeit als Gütercharakteristiken bestimmen, in welchem Maße *sozialer Vergleich* und *Imitation* die Konsummuster beeinflussen: nur wenn eine Konsumaktivität diese beiden Eigenschaften besitzt, ist sie als Signal für soziale Kompatibilität durch Verhaltensvereinheitlichung geeignet. Weiterhin argumentieren Janssen und Jager (2002), dass die Bedeutsamkeit einer Entscheidung einen Einfluss auf die Wahl der Entscheidungsheuristik hat: im Fall von kostspieligen irreversiblen Entscheidungen sind Elemente von *Deliberation* wahrscheinlicher als *Entscheidungsroutinen*.

Das Ziel dieses Abschnittes ist die Untersuchung der vorherrschenden Entscheidungsheuristiken in Bezug auf NKV. Dazu analysieren wir die Faktoren, die erklären, warum Menschen *solarthermische Anlagen* (nachfolgend *Solaranlagen*) installieren, warum sie *Ökostrom* beziehen und wovon die Intensität abhängt, mit der Konsumenten *Bio-Lebensmittel* einkaufen (*„nie, selten, häufig, immer“*).

Zusätzlich zu den demografischen Merkmalen und den Umwelteinstellungen der Befragten ordnen wir potentielle Determinanten für NKV folgenden Kategorien zu: ökonomische und kognitive Faktoren (Einkommen, geschätzter Preisaufschlag, Informiertheit über umweltfreundliche Güter); Konsummuster von Bezugspersonen (Freunde, Nachbarn, Verwandte); eigene Konsummuster in der Vergangenheit. In Abhängigkeit davon, welche der Kategorien signifikant mit NKV verbunden sind, versuchen wir die Heuristik zu bestimmen, die dem jeweiligen NKV zugrunde liegt.

Unsere Resultate sprechen dafür, dass für alle drei NKV ein gewisses Maß an *Deliberation* eine Rolle spielt. Bei Solaranlagen kommt zusätzlich *sozialer Vergleich* zum Tragen, da die Anlagen gut sichtbar sind und auf diese Weise als Statussignal für ein Mittelklasse-Milieu (vornehmlich Angestellte, Beamte und Selbständige) fungieren. *Sozialer Vergleich* ist aber auch dann relevant, wenn die Güter nur wenig sichtbar oder auffällig sind, wie am Beispiel von Bio-Lebensmitteln zu erkennen ist. Eine Erklärung hierfür liegt möglicherweise darin, dass die persönliche Kommunikation mit den Bezugspersonen (Mund-zu-Mund-Propaganda) im Vergleich zu den direkten Beobachtungen einen wichtigen Einflusskanal darstellt. Ferner stellen wir fest, dass in Bezug auf Verbrauchsgüter NKV nicht nur wiederholt, sondern im Zeitablauf noch verstärkt wird.

3.2 Theoretischer Ansatz

3.2.1 Kritik an der Theorie rationaler Entscheidungen

Das mikroökonomische Standardmodell geht davon aus, dass Konsumentscheidungen aus individuell rationaler Nutzenmaximierung hervorgehen. Dieser Ansatz setzt voraus, dass Individuen vollständig über Nutzen und Kosten des Entscheidungsobjektes informiert und bei gegebenen Restriktionen zur Maximierung in der Lage sind. Dabei entscheiden Individuen unabhängig vom Verhalten anderer Personen.

Die Theorie rationaler Entscheidungen wird seit langem dafür kritisiert, dass sie die kognitiven Kapazitäten der Entscheidungsträger vernachlässigt. Vor dem Hintergrund dieser Beschränkung wird unter dem Stichwort der *eingeschränkten Rationalität* (Simon 1972) argumentiert, dass Menschen gar nicht versuchen, unter allen Umständen ein individuelles Nutzenmaximum zu erreichen, sondern dass sie ihre kognitiven Kapazitäten in Abhängigkeit von der Bedeutsamkeit der Entscheidung ökonomisch einsetzen. In diesem Sinne treten sie eher als „Satisfizierer" denn als Optimierer auf (*Satisficing* anstelle von Optimizing behavior). D.h. sie wiederholen ihre Entscheidungen, solange sie damit ein gewisses Zufriedenheitsniveau aufrechterhalten. Entscheidungen werden erst dann angepasst bzw. überdacht, wenn die Personen mit den Ergebnissen unzufrieden werden. Nutzenmaximierung, die eine sorgfältige *Deliberation* aller Kosten und Nutzen erfordert, wird nur dann verfolgt, wenn es um wichtige Entscheidungen geht. Deshalb gibt es verschiedene Entscheidungsheuristiken gleichzeitig, die dann in Abhängigkeit von den jeweiligen Umständen eingesetzt werden.[7]

[7] Selbst wenn eine Nutzenmaximierung angestrebt wird, müssen die Entscheidungen nicht zwangsläufig zu Nutzenmaxima *ex post* führen, da sich weiterhin Fehler aus mangelnder Voraussicht auf die Nutzenfolgen ergeben können (s. Abschnitt 2).

3.2.2 Entscheidungsheuristiken des Konsumverhaltens

Ein Ansatz zur Modellierung der Diffusion von NKV, der verschiedene Entscheidungsheuristiken umfasst, wurde von Janssen und Jager (2002) vorgestellt. Die Autoren fokussieren dabei auf verschiedene Beweggründe, die maßgeblich beeinflussen, wie Entscheidungen getroffen werden. Der eine Beweggrund ist, die knappen kognitiven Kapazitäten möglichst ökonomisch einzusetzen. Der andere lautet, dass Konsum nicht nur individualistischen Zwecken dient (in Bezug auf Gebrauchswerte von Gütern gemessen an den individuellen Präferenzen eines Individuums), sondern dass zudem auch soziale Bedürfnisse befriedigt werden (in Bezug auf Symbolwerte von Gütern zur Erlangung von Zugehörigkeitsgefühl und zur Stiftung sozialer Identität).

Dem Wunsch, die kognitiven Kapazitäten für die Entscheidung möglichst wirtschaftlich einzusetzen, wird dadurch entsprochen, dass Referenzmarken herangezogen werden. Zu diesen Referenzmarken (Benchmarks) zählt neben dem eigenen Konsumverhalten in der Vergangenheit auch das Konsumverhalten von Referenzpersonen.

Die Bedeutung des Verhaltens von Referenzpersonen für die Entscheidung ergibt sich nicht nur aus dem Ziel, den kognitiven Aufwand zu reduzieren, sondern auch aus der Rolle, die Konsum für die Erreichung sozialer Kompatibilität und den Ausdruck sozialer Identität spielt. Je nachdem, welche Benchmarks benutzt oder auch nicht benutzt werden, unterscheiden Janssen und Jager (2002) zwischen den folgenden vier Entscheidungsheuristiken:

- *Repetition:* das eigene Konsummuster der Vergangenheit wird routinemäßig wiederholt.
- *Imitation:* die Konsummuster der Bezugspersonen werden kopiert und nicht hinterfragt.
- *Sozialer Vergleich:* die Konsummuster der Bezugspersonen werden bewertet und für den Fall, dass sie pro Einheitskosten mehr Zufriedenheit generieren als das eigene Konsummuster in der Vergangenheit, nachgeahmt.
- *Deliberation:* alle Konsummuster werden bewertet, um die maximale Zufriedenheit pro Einheitskosten zu erzielen.

Repetition und *Imitation* sind Routinen und erfordern den geringsten kognitiven Aufwand. Sie werden solange fortgesetzt, wie Personen mit den sich ergebenden Folgen zufrieden bleiben, wohingegen *sozialer Vergleich* und *Deliberation* aktive Entscheidungsprozesse darstellen, die zum Einsatz kommen, wenn Individuen mit den Folgen der Routinen unzufrieden werden. *Imitation* und *sozialer Vergleich* haben gemeinsam, dass sie das Verhalten von Bezugspersonen als Richtgröße verwenden, während *Repetition* und *Deliberation* vollkommen individualistisch sind.

Tabelle 3.1: Entscheidungsheuristiken

		Routinen	
		Ja	Nein
Bezugspersonen	Ja	Imitation	Sozialer Vergleich
	Nein	Repetition	Deliberation

Von diesen vier Entscheidungsheuristiken kommt Deliberation (individualistische und aktive Informationsverarbeitung) dem rationalen Entscheidungsverhalten am nächsten und erfordert als Referenzgröße weder Bezugspersonen noch Routinen, wie in *Tabelle 3.1* zu sehen ist.

3.2.3 Zusammenhang zwischen Entscheidungsheuristiken und Gütereigenschaften

Janssen und Jager (2002) stellen einen Zusammenhang zwischen den Entscheidungsheuristiken und bestimmten Eigenschaften von Gütern her. Die entscheidenden Gütermerkmale sind einerseits die *Bedeutsamkeit der Entscheidung* (Kosten, Irreversibilität) und andererseits die *Sichtbarkeit und Auffälligkeit. Tabelle 3.2* zeigt eine Güterklassifizierung in Abhängigkeit von den erwähnten Gütereigenschaften, worunter sich auch die hier untersuchten *Solaranlagen, Ökostrom* und *Bio-Lebensmittel* wieder finden lassen.

Tabelle 3.2: Güterklassifizierung

		Bedeutsamkeit der Entscheidung	
		Niedrig	Hoch
Sichtbarkeit und Auffälligkeit	Niedrig	Bio-Lebensmittel Ökostrom	Heizungsanlagen Haushaltsgeräte
	Hoch	Kleidung	Autos Solaranlagen

Anmerkung: in Anlehnung an Janssen/Jager (2002)

Die Merkmale *Bedeutsamkeit der Entscheidung* sowie *Sichtbarkeit und Auffälligkeit* bestimmen die Rolle der verschiedenen Entscheidungsheuristiken. Eine erhöhte *Bedeutsamkeit der Entscheidung* bedingt einen höheren kognitiven Aufwand. Es erscheint dabei plausibel, dass der Nutzen aus einem wirtschaftlichen Umgang mit den knappen kognitiven Kapazitäten durch Anwendung von Konsumroutinen in den Hintergrund rückt, wenn über potentiell irreversible Großinvestitionen entschieden wird. Für den Kauf langlebiger Konsumgüter ist *Deliberation* (oder wenigstens *sozialer Vergleich*) die nahe liegende Entscheidungsheuristik verglichen mit nicht hinterfragter *Imitation. Sichtbarkeit und Auffälligkeit* legen fest, in welchem Ausmaß Konsumgüter Bedürfnisse sozialer Konformität befriedigen können. Der Kauf von Kleidung oder von Autos sollte somit auf Basis von *Imitation* oder *sozialem Vergleich* erfolgen.

3.2.4 Hypothesen

Die festgestellten Zusammenhänge zwischen den Gütereigenschaften und den Entscheidungsheuristiken führen unmittelbar zu einigen Hypothesen bezüglich der Rolle von Bezugspersonen und von Routineverhalten bei NKV. Unter dem Gesichtspunkt der geringen Sichtbarkeit und der geringen Folgenschwere sollten Käufe von *Bio-Lebensmitteln* und der Bezug von *Ökostrom* vornehmlich von *Repetition* bestimmt sein, ohne dass Bezugspersonen oder *Deliberation* in Erscheinung treten. Im Fall von *Solaranlagen* hingegen sollten Bezugspersonen und *Deliberation* wichtige Entscheidungsfaktoren sein.

Im Gegensatz zu dieser stilisierten und vereinfachten Sichtweise der Dinge werden sich die Hypothesen mit einer gewissen Wahrscheinlichkeit nicht so trennscharf bestätigen lassen. Besonders der Mangel an *Sichtbarkeit und Auffälligkeit* vermag aus zweierlei Gründen den Einfluss von Bezugspersonen nicht unbedingt auszuschließen: Erstens könnte soziale Konformität durch persönliche Kommunikationskanäle (Konversation) stärker wirken als bloße Beobachtungen von Verhaltensweisen. Zweitens könnten Bezugspersonen nicht nur für die Befriedigung sozialer Bedürfnisse wichtig sein, sondern auch als Informationsquelle (Bass 1969). Bezugspersonen können so in solchen Fällen eine Rolle spielen, in denen dies aus reinen Gründen sozialer Kompatibilität nicht zu erwarten ist.

Zudem ist nicht klar zu sagen, wie stark auf der einen Seite die *Bedeutsamkeit der Entscheidung* und auf der anderen Seite *Sichtbarkeit und Auffälligkeit* die Anwendung der Entscheidungsheuristiken festlegen.

Gesetzt den Fall, dass die *Bedeutsamkeit der Entscheidung* ein höheres Gewicht hat als die *Sichtbarkeit und Auffälligkeit* sollte die Installation von *Solaranlagen* stärker von ökonomischen und kognitiven Erwägungen bestimmt sein als der Bezug von *Ökostrom*. Sollten *Sichtbarkeit und Auffälligkeit* ein höheres Gewicht haben als die *Bedeutsamkeit der Entscheidung,* so könnten ökonomische Kalküle selbst im Fall der Installation von *Solaranlagen* an Bedeutung verlieren.

Aus diesen Gründen sind die relative Bedeutung der verschiedenen Entscheidungsheuristiken und die Rolle von Bezugspersonen und Routineverhaltensweisen nicht im Voraus eindeutig festgelegt, sondern sind vor allem eine Frage der empirischen Untersuchung im Einzelfall.

3.3 Empirischer Ansatz

3.3.1 Die Umfragedaten

Die empirische Analyse basiert auf einer Umfrage, die im Großraum Hannover in 2007 (Juli-September) durchgeführt wurde (Clausen 2008).

Die Umfrage enthält Fragen zum NKV der Befragten und zu möglichen Bestimmungsfaktoren für ihr NKV (Einkommen; Informationen über geschätzte Preisaufschläge für NKV; NKV der Freunde, Nachbarn und Verwandten; Umwelteinstellungen) sowie zu den soziodemografischen Eigenschaften der befragten Personen.[8]

3.3.2 Das ökonometrische Modell

Die Umfragedaten stellen die Grundlage für Regressionen dar, in denen Determinanten für die Installation von *Solaranlagen*, den Bezug von *Ökostrom* und den Kauf von *Bio-Lebensmitteln* untersucht werden. In den Fällen von *Solaranlagen* und *Ökostrom* sind die abhängigen Variablen binär kodiert („*Ja / Nein*"). Im Fall von *Bio-Lebensmitteln* ist die abhängige Variable eine vierstufige ordinale Variable, die die Kaufintensität von *Bio Lebensmitteln* misst („*nie, selten, häufig, immer*").

Die Formulierung des ökonometrischen Modells lautet wie folgt:

$$y_i^* = \sum\nolimits_k \beta_k x_{ik} + u_i \tag{3.1}$$

$$y_i = 0 \Leftrightarrow y_i^* < \theta, \quad y_i = 1 \Leftrightarrow \theta \le y_i^* \tag{3.2a}$$

$$y_i = 1 \Leftrightarrow y_i^* < \theta_1, \quad y_i = 2 \Leftrightarrow \theta_1 \le y_i^* < \theta_2, \quad y_i = 3 \Leftrightarrow \theta_2 \le y_i^* < \theta_3, \quad y_i = 4 \Leftrightarrow \theta_3 < y_i^* \tag{3.2b}$$

In Gleichung (3.1) ist y_i^* eine nicht beobachtbare (latente) Variable, die *i*'s Neigung, ein bestimmtes NKV zu praktizieren, anzeigt. x_{ik} steht für *k* erklärende Variable, β_k beschreibt die zugehörigen Koeffizienten und u_i ist der Störterm.

Die Gleichungen (3.2a) und (3.2b) repräsentieren den Zusammenhang zwischen der Neigung y_i^* und dem realen Entscheidungsverhalten y_i. Gleichung (3.2a) bezieht sich auf die Fälle, in denen das NKV binär kodiert ist („*Ja / Nein*"). Sie besagt, dass ein NKV dann Anwendung findet ($y_i = 1$), wenn die Neigung größer ist als ein gewisser Schwellenwert θ. Gleichung (3.2b) bezieht sich auf den Fall, in dem das NKV auf einer vier-stufigen Intensitätsskala erfasst wird. Sie besagt, dass die entsprechenden Intensitäten im Kaufverhalten anzutreffen sind (kodiert mit 1, 2, 3, 4), wenn die Neigung bestimmte Schwellenwerte übersteigt. Unser Ziel ist es, den Einfluss zu messen, den die potentiellen erklären-

[8] Clausen (2008) gibt den vollständigen Fragebogen und den genauen Wortlaut der Fragen wieder.

den Variablen auf die Neigung umweltfreundlich zu konsumieren haben (3.1), was dann in reales NKV übertragbar ist (3.2a und 3.2b).

Die erklärenden Variablen sind wie folgt kategorisiert:

- Demografische Variablen: Geschlecht, Alter, Gesundheitsstatus, Ausbildungsniveau, Familienstand, Haushaltsgröße, Beschäftigungsverhältnis.
- Umwelteinstellungen: Vermutete Gefährdung durch Umweltprobleme, Notwendigkeit auf erneuerbare Energien umzusteigen, vermutete Gefährdung durch Nutzung von Atomkraft.
- Ökonomische und kognitive Faktoren: Haushaltseinkommen, (geschätzter) Preisaufschlag für *Ökostrom* und *Bio-Lebensmittel*, Informiertheit über Kosten und Nutzungsmöglichkeiten von *Solaranlagen.*
- NKV von Bezugspersonen (Freunde, Nachbarn, Verwandte).
- Das eigene Konsumverhalten in der Vergangenheit für *Bio-Lebensmittel* (als zusätzliche erklärende Variable für die Intensitäten *„häufig“* und *„immer“*).

Im Fall von *Solaranlagen* schätzen wir Regressionen einmal mit und ein anderes Mal ohne Kontrolle auf die Wohnsituation (zur Miete, Eigentumswohnung, eigenes Haus).

Ein Probit-Schätzverfahren wird für die binäre abhängige Variable und eine Ordered Probit-Schätzmethode für die vier-stufige abhängige Variable verwendet. Die Anzahl der Beobachtungen variiert zwischen 242 und 412, da nicht alle Befragten den Fragebogen vollständig beantwortet haben. Die Daten zu *Solaranlagen* und *Ökostrom* werden jeweils mit den Anteilen von Solaranlagen-Nutzern bzw. mit den Anteilen von Ökostromkunden in der Region Hannover gewichtet.

3.4 Resultate und Diskussion

3.4.1 Schätzresultate

Tabelle 3.3 zeigt die Schätzresultate für Solaranlagen. Dabei schätzen wir mehrere Spezifikationen, die sich in den jeweils eingeschlossenen erklärenden Variablen unterscheiden.

Tabelle 3.3: Schätzresultate für Solaranlagen

	A	B	C	D
Haushaltseinkommen	0.049 (3.41)	0.028 (1.79)	0.047 (2.95)	0.029 (1.79)
Informiertheit über die Nutzung von Solaranlagen	0.574 (5.48)	0.486 (4.30)	0.425 (3.67)	0.308 (2.57)
Nutzung von Solaranlagen von Bezugspersonen		0.573 (6.66)		0.532 (5.74)
Pseudo R2	0.200	0.215	0.282	0.290

Abhängige Variable: Nutzung von Solaranlagen („*Ja/Nein*“); Methode: Probit; z-Werte in Klammern

In Bezug auf die demografischen Faktoren führen alle Spezifikationen zu folgenden qualitativen Ergebnissen:[9] Eine Person wird sich mit einer höheren Wahrscheinlichkeit für die Installation einer Solaranlage entscheiden, wenn sie selbständig, angestellt oder beamtet ist. Gleiches gilt für eine Person, die in einem größeren Haushalt lebt. Hinsichtlich der Umwelteinstellungen ist zu sagen, dass Individuen, die die Diskussion über Umweltprobleme für übertrieben halten, eher Solaranlagen besitzen als solche, die diese Ansicht nicht teilen. Während die Nutzung einer Solaranlage mit der Meinung, dass Atomkraft gefährlich ist, positiv korreliert, ist dies erstaunlicherweise mit der Ansicht, dass ein Umstieg auf erneuerbare Energien notwendig ist, negativ verbunden. Eine Diskussion dieses Ergebnisses folgt später.

Spezifikation A vernachlässigt sowohl die Wohnsituation als auch die Bezugspersonen. Man sieht an den Schätzungen, dass ökonomische und kognitive Faktoren (Einkommen und Informiertheit über die Nutzung von Solaranlagen) signifikant sind. Wenn wir Bezugspersonen in Spezifikation B hinzufügen, wird Einkommen schwach signifikant. Das Verhalten von Bezugspersonen selbst ist hochsignifikant, so dass Personen zur Nutzung von Solaranlagen neigen, wenn ihre Freunde, Nachbarn und

[9] Auf die Darstellung sämtlicher demografischer Faktoren wird aus Platzgründen verzichtet.

Verwandten dies ebenfalls tun. Da die Aufnahme des Verhaltens von Bezugspersonen in die Schätzgleichung die Signifikanz des Einkommens reduziert, scheint es so, als ob deren Verhalten wie eine Art von Proxy-Variable für das Einkommen eines Befragten wirkt. Daraus schließen wir, dass die Bezugspersonen wohlhabender Menschen eher Nutzer von Solaranlagen sind, während die Bezugspersonen weniger reicher Individuen tendenziell zu den Nicht-Nutzern zählen.

Vor dem Hintergrund, dass bei gegebener Wohnsituation nicht alle Befragten frei über die Installation von Solaranlagen entscheiden können, kontrollieren die Regressionen C und D auf die Wohnverhältnisse. Es überrascht wenig, dass Menschen, die zur Miete oder in einer Eigentumswohnung leben, mit einer geringeren Wahrscheinlichkeit eine Solaranlage installiert haben als Besitzer eigener Häuser. Dabei bleiben in Spezifikation D die verwendeten demografischen, ökonomischen und kognitiven Faktoren genauso signifikant wie die Umwelteinstellungen sowie die Rolle der Bezugspersonen.

Tabelle 3.4 zeigt zunächst die Schätzresultate für *Ökostrom*, wobei das Verhalten von Bezugspersonen einmal ausgelassen (Spezifikation A) und einmal inbegriffen ist (Spezifikation B).

Abgesehen von einigen wenigen demografischen Größen (Alter, verheiratet) sind die meisten demografischen Faktoren im Fall von *Ökostrom* insignifikant.[10] Die ökonomischen Faktoren (Haushaltseinkommen und geschätzter Preisaufschlag) sind hingegen mit den erwarteten Vorzeichen signifikant.[11] Spezifikation B zeigt einen signifikant positiven Zusammenhang zwischen dem eigenen Ökostromverbrauch und dem Ökostromverbrauch der Bezugspersonen. Höhere Bildungsniveaus haben einen signifikanten Einfluss, der Alterseinfluss ist hingegen insignifikant. Hinsichtlich der Umwelteinstellungen gilt, dass sie in beiden Spezifikationen (A und B), außer im Fall der Meinung, dass Umweltprobleme übertrieben werden, signifikant in der erwarteten Richtung mit dem Bezug von *Ökostrom* verbunden sind. Sobald Bezugspersonen in die Regression aufgenommen werden, wird der Einkommenseinfluss insigni-

[10] Auf die Darstellung sämtlicher demografischer Faktoren wird aus Platzgründen verzichtet.

[11] Der hohe z-Wert zeigt vermutlich an, dass die Einschätzung des Preisaufschlages nicht unabhängig von der Konsumentscheidung ist. Der Aufschlag scheint von Personen, die keinen Ökostrom beziehen, überschätzt zu sein.

fikant. Analog zur Argumentation bei den *Solaranlagen* heißt dies, dass ihr Verhalten wie eine Art von Proxy-Variable für das Einkommen des Befragten wirkt.

Tabelle 3.4: Schätzresultate für Ökostrom und Bio-Lebensmittel

	Ökostrom		Bio Lebensmittel		
	A	B	C	D	E
Haushaltseinkommen	0.061 (1.84)	0.055 (1.53)	0.025 (0.85)	0.043 (1.47)	-0.024 (-0.47)
Preisaufschlag für Ökostrom / Bio-Lebensmittel	-0.095 (-9.62)	-0.094 (-7.31)	-0.357 (-2.91)	-0.341 (-2.66)	-0.401 (-1.97)
Bezug von Ökostrom / Konsum von Bio-Lebensmitteln von Bezugspersonen		1.045 (6.50)		0.942 (7.78)	1.050 (3.82)
Dauer des Konsums von Bio Lebensmitteln					0.419 (3.02)
Pseudo R^2	0.384	0.467	0.139	0.230	0.285

Abhängige Variable: Bezug von Ökostrom („*Ja/Nein*“); Konsum von Bio-Lebensmitteln (C und D: „*nie, selten, häufig, immer*“; E: „*häufig, immer*“); Methode: (Ordered) Probit; z-Werte in Klammern.

Die Ergebnisse für *Bio-Lebensmittel* sind ebenfalls in *Tabelle 3.4* und wieder danach unterschieden, ob die Bezugspersonen ausgelassen (Spezifikation C) oder inbegriffen sind (Spezifikation D), abgebildet. Die abhängige Variable ist als vierstufige Intensität des Konsums von *Bio-Lebensmitteln* kodiert und signifikant assoziiert mit Personen, die selbständig, angestellt oder beamtet sind. Gleiches gilt für die Umwelteinstellungen der Befragten. Auf Seiten der ökonomischen Faktoren ist das Haushalteinskommen insignifikant, der geschätzte Preisaufschlag allerdings stellt eine signifikante Determinante für den *Bio-Lebensmittel*-Konsum dar. Zwischen der eigenen Konsumintensität von *Bio-Lebensmitteln* und der Konsumintensität von *Bio-Lebensmitteln* der Bezugspersonen besteht eine positive Verbindung (Spezifikation D), wobei letztere bewirkt, dass die Umwelteinstellung zur vermuteten Gefährdung durch Atomkraft insignifikant wird. Dies zeigt möglicherweise an, dass Intensivkäufer von Bio-Lebensmitteln Bezugspersonen haben, die nicht nur gleiche Verhaltensweisen an den Tag legen, sondern auch ähnliche Einstellungen teilen (so dass das Verhalten wie eine Art Proxy-Variable für die Einstellungen wirkt).

Die Insignifikanz des Einkommens (selbst wenn die Interferenz mit dem Verhalten der Bezugspersonen vernachlässigt wird) ist durch den Umstand erklärbar, dass der Kauf von mehr *Bio-Lebensmitteln* nur einen kleinen Effekt in Anbetracht der Gesamtausgaben für Nahrung hat.[12] Nach derselben Logik ist Einkommen signifikant im Falle einer sehr teuren Solarenergie-Ausstattung (außer wenn der Einkommenseffekt durch Interferenz mit den Bezugspersonen verschleiert wird).

In Hinblick auf den Teil der Stichprobe von Personen, die sagen, dass sie *„häufig"* oder *„immer"* *Bio-Lebensmittel* kaufen, stehen uns Daten über die Dauer ihres *Bio-Lebensmittel*-Konsums zur Verfügung. Wir verwenden die binäre Variable *„häufig / immer"* als abhängige Variable in Spezifikation E und kommen zu dem Schluss, dass die Konsumintensität einer Person vom Preisaufschlag, vom Verhalten der Bezugspersonen und von der Dauer, wie lange sie schon *Bio-Lebensmittel*-Konsument ist, abhängt. Menschen kaufen *Bio-Lebensmittel* umso intensiver, je früher sie mit dem Kauf begonnen haben (Stammkunden sind Intensivkunden). Gleichzeitig verlieren demografische und Einstellungs-Faktoren an Bedeutung, Einkommen wird gänzlich insignifikant, sobald wir auf den vergangenen Konsum von *Bio-Lebensmitteln* kontrollieren.

3.4.2 Diskussion

Personen, die eine *Solaranlage* installiert haben sind hauptsächlich Angestellte, Beamte und Selbständige, die denken, dass Umweltprobleme von Umweltaktivisten übertrieben werden. Sie sind relativ wohlhabend und über die Vorteile der Solarnutzung gut informiert. Solar-Nutzer auf

[12] Zudem sind unsere Resultate konsistent mit dem allgemeinen Ergebnis, dass Einkommen im Vergleich zu dem Preis von Bio- bzw. konventionellen Lebensmitteln nur eine untergeordnete Rolle spielt (Yiridoe et al. 2005).

der einen Seite und Solar-Nicht-Nutzer auf der anderen Seite stellen bezüglich des Verhaltens ihrer jeweiligen Bezugspersonen homogene Gruppen dar. Die signifikanten Einflüsse des demografischen Hintergrundes, der Umwelteinstellungen, des Einkommens und der Informiertheit bleiben auch dann erhalten, wenn wir auf die Wohnverhältnisse kontrollieren. Insgesamt ist der Besitz einer *Solaranlage* stark mit dem sozioökonomischen Status (Mittelklasse-Milieu) verbunden und daher ein homogenes Kennzeichen unter den Bezugspersonen. Der typische Solaranlagenbesitzer ist tendenziell nicht ökologisch orientiert. Seine Motive für die Installation scheinen in einem Wunsch nach Autarkie oder Status zu liegen („Mercedes-Benz auf dem Dach"). Staatliche Subventionsprogramme für erneuerbare Energien bieten eine zusätzliche Erklärung dafür, warum sich jemand eine *Solaranlage* unabhängig von Umweltaspekten anschafft.

Ob Personen Ökostrom beziehen, hängt kaum von demografischen Faktoren ab, sondern ist vielmehr durch energetische Umwelteinstellungen bedingt. Sowohl das Einkommen als auch der (geschätzte) Preisaufschlag sind von großer Bedeutung. Ökostrom-Bezieher auf der einen Seite und Nicht-Ökostrom-Bezieher auf der anderen Seite stellen bezüglich des Verhaltens ihrer jeweiligen Bezugspersonen homogene Gruppen dar. Die Homogenität im Verhalten der Bezugspersonen scheint auf gemeinsame Umwelteinstellungen zurückzuführen zu sein. Da der Bezug von *Ökostrom* nach außen kaum sichtbar ist, scheint die Erzielung von Status über die Nutzung von *Ökostrom* kein Motiv darzustellen. Zudem beinhaltet *Ökostrom* keinen Zusatznutzen und der individuelle Beitrag hat einen verschwindend geringen Effekt auf das öffentliche Umweltgut. Deshalb ist ein „Warm Glow" das nahe liegende Motiv für den Bezug von *Ökostrom.*

Personen neigen zum intensiven Kauf von *Bio-Lebensmitteln*, wenn sie selbständig, angestellt oder beamtet sind. Weiterhin zählen Umwelteinstellungen zu den begünstigenden Faktoren. Während das Einkommen von untergeordneter Bedeutung ist, sind die (geschätzten) Preisaufschläge sowie das übereinstimmende Verhalten von Bezugspersonen wichtige Einflussgrößen. Betrachtet man diejenigen Personen, die *Bio-Lebensmittel „häufig"* oder *„immer"* kaufen, so stellt man fest, dass deren Konsumintensität mit höherer Konsumintensität der Bezugspersonen und mit der Dauer des eigenen Konsums in der Vergangenheit zunimmt. Währenddessen stellen private Zusatznutzen (Geschmack, Gesundheitswirkungen) mögliche Motive für den Konsum von *Bio-Lebensmitteln* dar, in deren Genuss die Konsumenten in steigendem Maße kommen, wenn sie sich mit der Zeit an die *Bio-Lebensmittel* gewöhnen.

3.4.3 Entscheidungsprozesse und Nachhaltiges Konsumverhalten

Wie bereits zuvor beschrieben lassen sich die erklärenden Variablen in die Kategorien demografische Variable, umweltrelevante Einstellungen, ökonomische und kognitive Faktoren, Konsumverhaltensweisen von Bezugspersonen und eigene Konsumverhaltensweisen in der Vergangenheit unterscheiden. In Abhängigkeit von der Erklärungskraft dieser Kategorien können wir auf den Stellenwert, den die verschiedenen Entscheidungsheuristiken für die individuelle Entscheidung eines Individuums haben, schließen. Insbesondere die Bedeutsamkeit der Konsumverhaltensweisen von Bezugspersonen deutet an, dass *sozialer Vergleich* und *Imitation* eine Rolle spielen, während die Relevanz des eigenen Konsumverhaltens in der Vergangenheit auf einen gewissen Stellenwert von *Repetition* hindeutet.

Die Resultate zeigen, dass für alle drei nachhaltigen Konsumverhaltensweisen sowohl ökonomische und kognitive Aspekte als auch Referenzgrößen in Form von Bezugspersonen wichtige Einflussfaktoren darstellen. Zudem beeinflusst die eigene Konsumhistorie bei *Bio-Lebensmitteln* die momentane Konsumintensität einer Person maßgeblich. Die verschiedenen Einflusskategorien schließen einander dabei nicht gegenseitig aus, die drei nachhaltigen Konsumverhaltensweisen beeinflussen sie aber in jeweils unterschiedlichem Maße. Dazu messen wir die Bedeutung der verschiedenen Einflusskategorien, indem wir ihren jeweiligen Beitrag zur *erklärten Varianz* in der Neigung, sich nachhaltig zu verhalten, ermitteln. *Tabelle 3.5* zeigt die Resultate.

Im Fall von *Solaranlagen* ist die Zugehörigkeit zu einem bestimmten sozioökonomischen Umfeld der dominierende Faktor, gefolgt von den ökonomischen und kognitiven Faktoren sowie der Konformität mit den Bezugspersonen. Umweltbewusstsein spielt kaum eine Rolle. Daraus schließen wir, dass die Entscheidung für die Installation einer *Solaranlage* stark durch *sozialen Vergleich* innerhalb der zugehörigen Referenzgruppe eines relativ wohlhabenden Mittelklasse-Milieus bestimmt ist.

Im Fall von *Ökostrom* sind ökonomische Aspekte von zentraler Bedeutung. Während demografische Merkmale und das Verhalten von Bezugspersonen wenig Erklärungsgehalt haben, ist Umweltbewusstsein ein wichtiger Faktor. Die Dominanz der ökonomischen Faktoren lässt auf einen erhöhten Anteil von *Deliberation* bei der Entscheidungsfindung für den Bezug von *Ökostrom* schließen. Die positiven Nutzenerwartungen aus dem Entscheidungsakt der *Deliberation* ergeben sich aus einem verstärkten Umweltinteresse.

Tabelle 3.5: Erklärungsanteile der Determinanten von NKV

	Solaranlagen (Tabelle 3.3 Spalte B)	Ökostrom (Tabelle 3.4 Spalte B)	Bio-Lebensmittel (Tabelle 3.4 Spalte D)	Bio-Lebensmittel (*„häufig / immer“)* Tabelle 3.4 Spalte E)
Demografische Variablen	0.561	0.062	0.175	0.226
Umwelteinstellungen	0.067	0.179	0.207	0.034
Ökonomische und kognitive Faktoren	0.195	0.668	0.120	0.066
Verhalten von Bezugspersonen	0.177	0.091	0.498	0.215
Eigene Konsumhistorie				0.459
Summe	1.000	1.000	1.000	1.000

Im Fall von *Bio-Lebensmitteln* sind ökonomische Faktoren weniger entscheidend, wohingegen das Verhalten der Bezugspersonen zusammen mit (wahrscheinlich geteilten) Umwelteinstellungen ein großes Gewicht bei der Entscheidungsfindung hat. *Sozialer Vergleich* ist anscheinend auch hier die maßgebliche Entscheidungsheuristik, wobei zu einem gewissen Grad auch eine sich selbst verstärkende *Repetition* der eigenen Konsumhistorie zum Tragen kommt.

4 *Zusammenfassung und Schlussfolgerungen*

4.1 *Nachhaltiger Konsum und Nutzenmaximum*

Anhand von Daten der WVS für rund 24.000 Personen in 27 Ländern wurde festgestellt, dass die LZ einer repräsentativen Person mit NKV steigt. Ein Nutzenmaximum würde hingegen voraussetzen, dass ein Mehr oder Weniger an nachhaltigem Konsum keine Auswirkungen auf die Zufriedenheit hat. Der ermittelte positive Zusammenhang deutet auf einen im Vergleich zum individuellen Nutzenmaximum zu geringen nachhaltigen Konsum hin.

Ferner wurde festgestellt, dass die Abweichung vom Nutzenmaximum bei (a) materialistisch eingestellten Personen, (b) schlecht ausgebildeten Personen und (c) in Ländern mit geringerer Ausbreitung nachhaltigen Konsums größer ist.

Inwieweit diese Abweichungen vom Nutzenmaximum durch Entscheidungsfehler bei der Verfolgung des Zieles „Nutzenmaximierung" bedingt sind oder dadurch, dass andere Entscheidungsmodi verfolgt werden, ist nicht entscheidbar.

Unabhängig hiervon folgt aus diesen Befunden, dass eine Annäherung an das individuelle Nutzenmaximum durch mehr nachhaltigen Konsum befördert wird durch die Ausbreitung nicht-materialistischer Werte, die Steigerung des Bildungsstandes und eine höhere Ausbreitung nachhaltigen Konsums.

Das letztere Ergebnis deutet auf interpersonelle Einflüsse nachhaltigen Konsumverhaltens hin.

4.2 *Routinen und interpersonelle Einflüsse beim nachhaltigen Konsum*

Auf der Datenbasis einer Konsumentenbefragung im Raum Hannover wurden Regressionsanalysen bezüglich der Determinanten nachhaltigen Konsumverhaltens durchgeführt. Diese beziehen sich auf die Installation von *Solaranlagen*, den Bezug von *Ökostrom* und den Konsum von *Bio-Lebensmitteln*. In Anlehnung an die Entscheidungsheuristiken nach Janssen und Jager (2002) steht die Rolle von Referenzpersonen sowie von Routinen im Vordergrund.

Es ergab sich, dass bei allen drei Formen nachhaltigen Konsums sowohl ökonomische und kognitive Faktoren (Einkommen, Preise, Informiertheit) als auch das Verhalten von Referenzpersonen einen Einfluss auf die Entscheidung haben sowie ggfs. (im Fall der Bio-Lebensmittel) das eigene Konsumverhalten in der Vergangenheit. Das Gewicht der verschiedenen Einflussfaktoren ist jedoch unterschiedlich:

Die Entscheidung für Solarthermie ist stark durch soziodemografische Faktoren (Beruf, Einkommen) bedingt. Die Verhaltenshomogenität mit Referenzpersonen (Nachbarn, Freunde, Verwandte) spielt zusätzlich eine große Rolle. Umweltbewusstsein wie auch der Bildungsstand sind von untergeordneter Bedeutung. Solarthermie erscheint als eine Form von Statuskonsum in einem wohlhabenden bürgerlichen Milieu.

Für den Bezug von Ökostrom spielen soziodemografische Faktoren wie auch das Verhalten von Referenzpersonen eine geringere Rolle. Umweltbewußtsein ist ein wichtiger Faktor, aber ausschlaggebend sind ökonomische Faktoren (Einkommen, (vermuteter) Preisaufschlag).

Die Entscheidung für Bio-Lebensmittel (*„ja/nein“*) ist stark von soziodemografischen Faktoren (Beruf, Alter) sowie dem Verhalten von Referenzpersonen geprägt. Umweltbewusstsein ist ein wichtiger Faktor, wohingegen die ökonomischen Faktoren weniger bedeutsam sind. Die Intensität des Konsums (nie, selten, häufig, immer) ist umso höher, je länger bereits Bio-Lebensmittel gekauft wurden.

4.3 Fazit

Aus den empirischen Befunden ergeben sich folgende Schlussfolgerungen für die Förderung nachhaltigen Konsums:

– *Solaranlagen*: Milieuspezifische Vermarktung als Statussymbol; selbstverstärkende Wirkung interpersoneller Einflüsse (sozialer Vergleich)

– *Ökostrom*: Aufklärung über den realen Preisaufschlag, Kostensenkung, Stärkung des Umweltbewusstseins in der Bevölkerung

– *Bio-Lebensmittel*: Stärkung des Umwelt- und Gesundheitsbewusstseins, insbesondere bei Jüngeren und Älteren sowie im Arbeitermilieu; selbstverstärkende Wirkung interpersoneller Einflüsse (sozialer Vergleich, Imitation)

Generell ist davon auszugehen, dass bei Entscheidungen über nachhaltigen Konsum die Auswirkungen auf die individuelle Lebenszufriedenheit systematisch unterschätzt werden.

Literatur

Bass, F.M. (1969): A New Product Growth Model for Consumer Durables, in: Management Science 15, S. 215-227

Clausen, J. (2008): Feldvermessungsstudie Klimaschutzregion Hannover, Borderstep Institut für Innovation und Nachhaltigkeit, Hannover

Frederick, S., Loewenstein, G. (1999): Hedonic Adaptation, in: Kahneman, D., Diener, E., Schwarz, N. (Hrsg.): Well-Being: The Foundations of Hedonics Psychology, Chapter 16, New York: Russell Sage Foundation

Frey, B.S., Stutzer, A. (2002): What Can Economists Learn from Happiness Research?, in: Journal of Economic Literature 40, S. 402-435

Frey, B.S., Stutzer, A. (2004): Economic Consequences of Mispredicting Utility, Working Paper No. 218, Institute for Empirical Research in Economics, University of Zurich

Gilbert, D.T., Pinel, E.C., Wilson, T.D., Blumberg, S.J., Wheatley, T.P. (1998): Immune Neglect: A Source of Durability Bias in Affective Forecasting, in: Journal of Personality and Social Psychology 75, S. 617-638

Janssen, M.A., Jager, W. (2002): Stimulating Diffusion of Green Products: Co-Evolution between Firms and Consumers, in: Journal of Evolutionary Economics 12, S. 283-306

Layard, R. (2007): Rethinking Public Economics: The Implications of Rivalry and Habit, in: Bruni, L., Porta, P. (Hrsg.): Economics and Happiness: Framing the Analysis, Oxford: Oxford University Press

Loewenstein, G., Adler, D. (1995): A Bias in the Prediction of Tastes, in: Economic Journal 105, S. 929-937

Loewenstein, G., Schkade, D.A. (1999): Wouldn't It Be Nice? Predicting Future Feelings, in: Kahneman, D., Diener, E., Schwarz, N. (Hrsg.): Well Being: The Foundations of Hedonic Psychology, New York: Russell Sage Foundation

Loewenstein, G., O'Donoghue, T., Rabin, M. (2003): Projection Bias in Predicting Future Utility, in: Quarterly Journal of Economics 118, S. 1209-1248

Sent, E.-M. (2004): Behavioral Economics: How Psychology Made Its (Limited) Way Back into Economics, in: History of Political Economy 36, S. 735-760

Simon, H. A. (1972): Theories of Bounded Rationality, in: McGuire, C.B., Radner, R. (eds.): Decision and Organization, Amsterdam: North Holland

Stutzer, A., Frey, B.S. (2007): What Happiness Research Can Tell Us about Self-Control Problems and Utility Misprediction, in: Frey, B.S., .Stutzer, A (Hrsg.): Economics and Psychology: A Promising New Cross-Disciplinary Field, Cambridge (MA) and London: MIT Press, S. 169-195

The European Values Study Foundation and World Values Survey Association, European and World Values Surveys four-wave integrated data file, 1981-2004, v.20060423, 2006, Aggregate File Producers: ASEP/JDS, Madrid, Spain/Tilburg University, Tilburg, the Netherlands. Aggregate File Distributors: ASEP/JDS and ZA, Cologne, Germany

Welsch, H., Kühling, J. (2009): Determinants of Pro-Environmental Consumption: The Role of Reference Groups and Routine Behavior, in: Ecological Economics 69, S. 166-176

Welsch, H., Kühling, J. (2010): Pro-environment behavior and rational consumer choice: Evidence from surveys of life satisfaction, in: Journal of Economic Psychology 31, S. 405-420

Wilson, T.D., Gilbert, D.T. (2003): Affective Forecasting, in: Zanna, M. (Hrsg.), Advances in Experimental Social Psychology, Vol. 35, New York: Elsevier, S. 345-411

MONAKO – Modell für nachhaltigen Konsum

Ein evolutorisches agentenbasiertes Simulationsmodell

Cornelia Lehmann-Waffenschmidt und
Marco Lehmann-Waffenschmidt

1 Einleitung

Die Aufgabe von Modul 2 innerhalb von WENKE^2 ist eine zweifache: Einerseits verfolgt Modul 2 als eines der fünf Theoriemodule in WENKE^2 die Situations- und Barrierenanalyse nachhaltigen Konsums wie die anderen Theoriemodule auch. Mit seinem evolutorischen agentenbasierten Modellierungsansatz nimmt Modul 2 aber andererseits eine besondere Stellung ein für das Bemühen um Integration der unterschiedlichen im Projekt vertretenen Zugänge und damit zugleich auch für die Möglichkeit, deren Unterschiede besser vergleichbar zu machen. Dazu integriert das Modell für nachhaltigen Konsum im Bereich Ernährung (MONAKO) die zentralen Hypothesen der anderen Module des WENKE^2-Projektes. In Modul 2 wurden auf dieser Basis quantitative Szenarien für die anderen Theoriemodule entwickelt, simuliert und analysiert. Um in diesem Beitrag MONAKO aber trotzdem als allein stehendes Modell übersichtlich präsentieren zu können, erfolgt an den entsprechenden Stellen jeweils ein Hinweis, aufgrund welches anderen WENKE^2-Ansatzes ein Modellteil in Modul 2 auf die dargestellte spezifische Art formuliert wurde. Eine ausführliche Diskussion dieser Modellelemente findet sich in dem Beitrag „Integration der theoretischen Ansätze im WENKE^2-Projekt im Modell für nachhaltigen Konsum MONAKO“ in diesem Band.

2 Zur Methode der evolutorischen agentenbasierten Simulationsmodellierung

2.1 Warum ist MONAKO evolutorisch?

Das Erkenntnisinteresse dieser Studie ist auf den Markt als dasjenige System gerichtet, in dem Wettbewerbsprozesse ablaufen. Die zentralen Akteure sind auf der Anbieterseite Unternehmen und auf der Nachfrageseite Konsumenten, der Wettbewerb um die Nachfrager zwischen den Unternehmen entsteht dabei dezentral als Prozess.

Im Fokus des traditionellen neoklassischen Denkansatzes, der üblicherweise in den Wirtschaftswissenschaften angewandt wird, steht das Konzept des langfristigen Gleichgewichts, d.h., die Wirtschaftssubjekte verhalten sich atomistisch und anpassend.[1] Abweichungen von diesem wettbewerblichen Idealbild sind aus dieser Perspektive auf Marktunvollkommenheiten zurückzuführen. Auch mögliche Unterschiede zwischen Wirtschaftssubjekten als Ausdruck der Abweichungen vom repräsentativen Wirtschaftssubjekt werden als Unvollkommenheiten interpretiert. Eine neoklassische Modellierungsperspektive geht somit von einem typologischen, repräsentativen Denken aus, das einen theoretischen Idealtyp impliziert. Abweichungen von diesem Idealtyp sind als Defizite zu betrachten. Von ihnen kann mit Hilfe der Annahme, dass sich diese Fehler zu Null ausmitteln, abstrahiert werden. Dies erlaubt die Anwendung mathematischer Optimierungsmethoden zur Bestimmung von Gleichgewichten und bietet damit vielfältige Möglichkeiten, exakte Ergebnisse herzuleiten.[2]

[1] Vgl. z.B. Metcalfe (1998), S. 12-19. Von Hayek (1968, S. 8) kritisiert die „Absurdität des gebräuchlichen Vorgehens .., das von einer Situation ausgeht, in der alle wesentlichen Umstände als bekannt vorausgesetzt sind – einem Zustand, den die Theorie merkwürdigerweise vollkommenen Wettbewerb nennt, in dem aber für die Tätigkeit, die wir Wettbewerb nennen, keine Gelegenheit mehr besteht, und von der vielmehr vorausgesetzt wird, dass sie ihre Funktion bereits erfüllt hat."

[2] Z.B. Olliges (1996, S. 22) kritisiert, dass neoklassische Modellierungen offensichtlich auch aufgrund ihrer mathematischen Struktur und Komplexität zum Selbstzweck entwickelt und diskutiert würden. Die ökonomische Realitätsnähe tritt zugunsten der formalen Präsentation des Gleichgewichtskonzeptes in den Hintergrund. Z.B. Dopfer (2001) fasst zusammen, dass diese Verengung der neoklassischen Modellierungsperspektive auf den Wunsch zurückzuführen sei, die Ökonomie als „harte" Wissenschaft neben der Physik und anderen Naturwissenschaften zu

Sind alle Wirtschaftssubjekte einer Marktseite prinzipiell identisch, lassen sich Störungen von Gleichgewichten im betrachteten Marktsystem nicht systemendogen erklären. Der Grund dafür ist, dass im Gleichgewicht kein Wirtschaftssubjekt Anlass hat, von seiner einmal getroffenen Entscheidung abzuweichen, so dass Wandel – durch den reale Wirtschafts- und Wettbewerbsprozesse offensichtlich grundlegend geprägt sind – in diesem Denkansatz nur durch exogene Störungen erzeugt werden kann. Die neoklassische Perspektive erklärt somit lediglich die (Wieder-)Anpassung des Systems an eindeutige[3] Gleichgewichtszustände. Demzufolge stehen (End-)Zustandsbeschreibungen im Fokus des neoklassischen Erkenntnisinteresses und nicht Prozesse.[4]

Die evolutorische Ökonomik als vergleichsweise junger Ansatz, wirtschaftliche Vorgänge zu betrachten, ist dagegen an Prozessverläufen selbst interessiert.[5] Der Begriff des Gleichgewichts ist in der evolutorischen Perspektive höchstens als momentbezogene Balance interagierender Kräfte zu interpretieren.[6] Die Vorstellung von Unvollkommenheiten ist der Evolutorik fremd, da sie ein statisches Optimum bzw. einen ab-

etablieren. Zur Kritik an diesem Wunsch vgl. z.B. von Hayek (1974), der die „These von der besonders hohen Komplexität des Gegenstandsbereichs" für die Wirtschaftswissenschaften aufstellt und konstatiert, dass diese es unmöglich mache, „einfache ‚Effekte' (gesetzesartige Zusammenhänge zwischen zwei beobachtbaren Größen) zu isolieren". (Graf 1978, S. 23, 24).

[3] Die Eindeutigkeit von Gleichgewichten ist in Marktmodellen i. Allg. nur durch restriktive Zusatzannahmen zu erreichen (s. z.B. Lehmann-Waffenschmidt, M. 2007). Falls mehrdeutige Gleichgewichtsmengen vorliegen, müssen Selektionsregeln implementiert werden, um ein eindeutiges Gleichgewicht als Ziel von Anpassungsprozessen auszuwählen.

[4] Von Hayek (1968, S. 3) fasst zusammen, dass „...die Nationalökonomen ... den Wettbewerb meist unter Voraussetzungen untersucht haben, die, wenn sie in der Wirklichkeit zuträfen, diesen Wettbewerb völlig uninteressant und nutzlos machen würden. Wenn irgendjemand tatsächlich all das wüsste, was die ökonomische Theorie als „Daten" bezeichnet, so wäre Wettbewerb gewiss eine höchst verschwenderische Methode zur Herbeiführung einer Anpassung an diese Tatsachen."

[5] Für eine detaillierte Gegenüberstellung von neoklassischer und evolutorischer Perspektive vgl. z.B. Silverberg (1988, 1997) oder auch Dopfer (2001).

[6] Vgl. z.B. Kirzner (1973, 1979), aber auch Lehmann-Waffenschmidt (1990, 2007) und Witt (1993).

soluten Idealzustand, das bzw. den es zu erreichen gilt, verneint.[7] Die evolutorische Ökonomik stützt sich im Gegensatz zur neoklassischen typologischen Perspektive, die einen repräsentativen Idealtyp unterstellt, grundlegend auf das Populationsdenken[8], wobei unter einer Population eine Gruppe gleichartiger, aber nicht identischer Akteure verstanden wird.

Die Heterogenität der unternehmerischen Akteure in einem Markt ist dabei Ausdruck der differentiellen Fitness der Akteure. Die Heterogenität wird damit Quelle der Variationsbreite in einem Modell, das die Populationsperspektive anwendet, sowie des wirtschaftlichen Wandels – denn ohne die Unterschiedlichkeit der Akteure in ihren Präferenzen, Handlungsmustern etc. gäbe es für sie keinen Anreiz zu einem Wettbewerb und entsprechend keinen Wandel. Stattdessen würde ein Gleichgewicht im Sinne des thermodynamischen Stillstands resultieren.

Olliges (1996, S. 63) folgend, müssen formale evolutorische Modelle prinzipiell verlaufs- und ergebnisoffen sein – zumindest graduell –, d.h. der abzubildende Prozessverlauf ist mit möglichst vielen Freiheitsgraden zur Berücksichtigung möglichst vieler bestimmender Variablen zu modellieren. Der abzubildende Prozess organisiert sich dann selbst durch interdependente (Inter-)Aktionen der relevanten Subjekte.[9] Dies erlaubt zwar nicht mehr die Berechnung eines Gleichgewichts im neoklassischen Sinne, steckt aber mit einer relativ großen Zuverlässigkeit die Bandbreite möglicher Ergebnisse ab, wie durch die Anwendung von Konfidenzintervallberechnungen bei der Analyse von MONAKO im Abschnitt 4 belegt wird. Dieser Ergebnistyp führt folglich zu mehr Realitätsnähe und zielt auf das Verständnis der kausalen, prozessrelevanten Zusammenhänge ab, anstatt das Nichtzutreffen exakt vorhergesagter Gleichgewichts-Ergebnisse auf die Nichteinhaltung der ceteris-paribus-Bedingung zu schieben.[10]

[7] Schon Weber (1904) betont, dass der Idealtyp keine nur noch wesentliche Eigenschaften enthaltende, da von Unwesentlichkeiten abstrahierende, Idealvorstellung ist, sondern eher in Konfrontation mit der Realität steht, anstatt ihr tatsächliches Ideal zu beschreiben.

[8] Vgl. z.B. Foss (1994) und Metcalfe (1998, 2001).

[9] Vgl. zur ökonomischen Selbstorganisation z.B. Witt (1985, 1997).

[10] Vgl. zur Diskussion der Problematik der ceteris paribus-Bedingung auch Olliges (1996, S. 62ff.).

Da Wettbewerbsprozesse ausschließlich durch interdependentes Agieren der Wirtschaftssubjekte entstehen, ist Wettbewerb prinzipiell dezentral selbst-organisiert. Die evolutorische Ökonomik kann daher als das für diese Arbeit geeignete theoretische Paradigma bewertet werden.

2.2 Warum ist MONAKO ein Simulationsmodell?

Geschlossen analytische Modelle, wie sie die Neoklassik konstruiert und anwendet, liefern insbesondere einen vollständig beschreibbaren Wertebereich aller zulässigen Lösungen. Die formale Geschlossenheit dieser Modelle wird allerdings durch extrem restriktive Annahmen über Verteilungen, Wahrscheinlichkeiten, optimierende Verhaltensweisen der Subjekte etc. erreicht. Die Lockerung dieser Restriktionen in Simulationsmodellen bildet einen wesentlichen Vorteil der Simulationsmethode[11] gegenüber geschlossen analytischen Modellen. Windrum (1999, S. 1545) betont deshalb, „the increasing use of computer simulations in this field is predominantly driven by a desire (some would say a real and pressing need) to develop a class of models that can deal with the complex phenomena that are characteristic of technological innovation.“ Aufgrund der Möglichkeit der Modellierung ungleichgewichtiger Entwicklungen können Simulationsmodelle dem Anspruch der evolutori-

[11] Der Begriff der Simulation stammt aus der Systemanalyse, die die Durchführung von Experimenten an Modellen beschreibt, die an die Stelle der realen behandelten Gegenstände treten und aufgrund der Vielzahl der Modellkomponenten, der Vielzahl der existierenden Abhängigkeiten zwischen diesen Komponenten und/oder ihrer zeitlichen interdependenten Entwicklung komplex sind. Komplexe Systeme sind also gekennzeichnet durch viele miteinander wechselwirkende Variablen, durch deren Veränderung über die Zeit sowie durch Intransparenz der endgültigen Wirkungsrichtungen dieser wechselwirkenden Variablen und Eigendynamik. Komplexe Phänomene können auf die Wechselwirkungen zwischen den Elementen zurückgeführt werden. Das Verhalten eines Systems als Ganzes ist in der Regel direkt beobachtbar, aber die Struktur der Systemkomponenten nicht. In diesem Kontext erlauben Simulationsexperimente mit einem Modell vom beobachtbaren Verhalten des ganzen Systems Rückschlüsse auf die zugrundeliegende Struktur der Systemkomponenten. Das Simulieren bedeutet entsprechend das „Betreiben“ des Modells eines Systems mit geeigneten Inputwerten zusammen mit der Beobachtung der korrespondierenden Outputs.

schen Ökonomik, Gleichgewichte höchstens als momentane Balance interagierender Kräfte zu begreifen, Rechnung tragen.

Ein Nachteil der Simulationsmethode ist allerdings, dass Simulationen nur punktweise Inputspezifikationen erlauben, d.h. man kann den Raum möglicher Lösungen des modellierten Systems entsprechend nur punktweise, aber nicht vollständig erschließen, wie es in der Gleichgewichtstheorie möglich ist.[12] Um den Lösungsraum aber trotzdem sinnvoll zu erschließen, wird zur Auswertung eines Simulationsmodells die Szenarioanalyse angewandt: Mit Hilfe verschiedener Simulationsszenarien kann vor allem die kausale Genese von Mustern in den Simulationsergebnissen induktiv[13] exakt studiert werden, da ein Experimentieren mit den Annahmen bzw. Ausgangsparametern im Sinne eines kontingenten, nochmaligen „Abspielens" eines Prozesses unter veränderten Ausgangsbedingungen möglich ist. Eine Simulationsmodellierung ist daher nichts anderes als ein exakt durchgeführtes Gedankenexperiment, d.h. als streng logisch basierte „Hilfsintuition", wie es Axelrod (1997) formuliert.[14] Die Annahmen bleiben bei der Modellierung des Systems zwar meist einfach, aber die nicht überschaubare Evolution des sich selbstorganisiert ergebenden komplexen Systems kann nur durch eine Simulation dieses Systems im Detail studiert werden.

[12] Für einen Überblick vgl. Gilbert und Troitzsch (1999).

[13] Simulationsstudien als Analysemethode und Methode zur Theoriebildung lassen sich nicht exakt in eine der zwei Standardmethoden der wissenschaftlichen Theoriebildung Induktion versus Deduktion einordnen. Vgl. dazu Axelrod (1997). Die Induktion schlussfolgert vom Besonderen zum Allgemeinen und entdeckt Muster durch den Vergleich von Einzelbeobachtungen. Die Deduktion als Schlussfolgerung vom Allgemeinen zum Besonderen spezifiziert Axiome und weist die Konsequenzen nach, die diese Axiome bewirken. Axelrod (1997, S. 24) fasst zusammen: „Simulation is a third way of doing science. Like deduction, it starts with a set of explicit assumptions. But unlike deduction, it does not prove theorems. Instead, a simulation generates data that can be analyzed inductively. Unlike typical induction, however, the simulated data comes from a rigorously specified set of rules rather than direct measurement of the real world. Whole induction can be used to find patterns in data, and deduction can be used to find consequences of assumptions, simulation modeling can be used as an aid intuition."

[14] Vgl. zum Begriff des Gedankenexperiments Kuhn (1964).

2.3 Warum ist MONAKO ein agentenbasiertes Modell?

Wettbewerbsprozesse basieren auf der interdependenten Interaktion von Wirtschaftssubjekten, die in der Simulationsmodellierung durch die „Bottom-Up"-Modellierungsperspektive repräsentiert wird: Ein Markt-System kann dazu sinnvoll auf der Ebene der Interaktionen zerlegt werden, indem jeder Akteur jeweils mit seinen individuellen Eigenschaften modelliert wird. Diese Modellierungsperspektive entspricht dem agentenbasierten Modellierungsansatz[15], in dem Akteure nicht sozial isoliert sind, sondern interdependent[16] interagieren, so dass auf der Systemebene durch einfache mikrofundierte, also akteursindividuelle Regeln, emergente, d.h. selbstorganisierte, komplexe soziale Phänomene entstehen können. Den aus evolutorischer Sicht grundlegenden Eigenschaften der eingeschränkten Rationalität und Heterogenität der Wirtschaftssubjekte wird auf diese Weise implizit in der Modellierung der Verhaltensprozeduren der Agenten sowie durch die von der agentenbasierten Simulationsmodellierung angewandte Populationsperspektive Rechnung getragen.

Konkret wird das ökonomische System disaggregiert mit individuellen Unternehmen als Akteuren modelliert, die sich interaktiv durch nichtlineare Interaktionen beeinflussen, wie z.B. durch die Suche nach Innovation, durch Wettbewerb bzw. Selektion sowie durch Investitionen. Gleichzeitig werden die Unternehmen auch beeinflusst durch die makroökonomischen Eigenschaften des Systems, die wiederum rekursiv-kausal auf dem interdependenten individuellen Verhalten der Agenten beruhen. Muster in der ökonomischen Entwicklung bilden sich folglich im simulierten Zeitablauf auf der Systemebene der betrachteten Industrien einer-

[15] Vgl. Gilbert und Troitzsch (1999, insbesondere Kapitel 8).

[16] Für eine solche evolutorische agentenbasierte Modellierung bietet sich die objektorientierte Programmierung besonders an, die Agenten in Form von Objekten als autonome Systeme erfasst. (Vgl. z.B. Gilbert und Troitzsch 1999, insbesondere Kapitel 8). Für MONAKO wurde die Simulationssoftware „Laboratory for Simulation Development" (LSD) verwendet, die die Vorzüge der objektorientierten Programmierung, basierend auf C++, mit einer benutzerfreundlichen Oberfläche und graphisch basierten Interfaces verbindet. LSD wurde entwickelt von Marco Valente (1998, 1999a, b, c) und ist frei verfügbar unter http://www.business.aau.dk/~mv/Lsd/lsd.html.

seits durch die strukturellen Bedingungen und andererseits durch die Interaktionen der Wirtschaftssubjekte.

2.4 Warum also ist MONAKO ein evolutorisches agentenbasiertes Simulationsmodell?

Zusammenfassend ist ein evolutorisches agentenbasiertes Simulationsmodell wie das von uns entwickelte und implementierte Modell „MONAKO" für die Untersuchungsziele des Projekts geeignet, da damit alternative Marktentwicklungen in alternativen Szenarien „komparativ-evolutorisch"[17] analysiert werden können, die sich vom Referenzfall nur in einem Parameter unterscheiden.

So kann die Bedeutung der einzelnen Parameter für das sich einstellende Entwicklungsmuster gemäss der Idee „what would be conserved if ‚the tape were played twice'"[18] beurteilt werden. Die Multiplizität der möglichen Paramtervariationen offenbart die Möglichkeit für Schlussfolgerungen im Bereich zwischen Zufall und Notwendigkeit[19], so dass zwischen systematischen und zufälligen Entwicklungsmustern differenziert werden kann. Simulationsanalysen erzeugen auf diese Weise „Erklärungen des Prinzips" bzw. „Mustervoraussagen" im Hayekschen Sinne.[20]

3 MONAKO

Die Entwicklung eines Simulationsmodells wie MONAKO erfordert aufeinander aufbauende Schritte, die nicht linear in ihrer Reihenfolge, sondern iterierend angelegt sind, um eine ständige (Re-)Validierung und (Re-)Kalibrierung des Systems sowie der Systemkomponenten und Be-

[17] Eine komparativ-evolutorische Analyse vergleicht Evolutionsprozesse miteinander, also Entwicklungen, die in historischer und demnach nicht-reversibler Zeit ablaufen.

[18] Fontana und Buss (1994). Ursprünglich stellte Gould (1989) die Frage, ob die aktuelle uns bekannte biologische Diversifität anders wäre, wenn „the tape were played twice".

[19] Vgl. dazu Lehmann-Waffenschmidt, M. (2002, 2004, 2010) und auch Silverberg und Verspagen (2005).

[20] Vgl. dazu insbesondere von Hayek (1972).

ziehungen zwischen den Systemkomponenten zu ermöglichen.[21] Der logischen und formalen Beschreibung der Kausalbeziehungen für das zu modellierende System folgen die Gleichungsformalisierung für diese Beziehungen (vgl. Abschnitt 3.1-3.4), die anschließende Durchführung der Simulation und schließlich die Analyse der Ergebnisse in Abschnitt 4.[22] Die hier im Folgenden dargestellten Gleichungen sind also nicht durch einen linearen Modellierungsprozess entstanden, sondern Ergebnis eines iterativen Modellierungsprozesses.

3.1 Formale Modellierung von MONAKO

3.1.1 Konsumentenseite in MONAKO

Nutzenberechnung und Entscheidungsheuristiken: Wie in MONAKO modellieren z.B. Windrum und Birchenhall (1998) die Konsumentenseite dem Grundprinzip der evolutorischen Ökonomik folgend aus der Populationsperspektive. In MONAKO werden die Konsumenten dazu nach den realen Daten des deutschen Ernährungsmarktes im Abschnitt 4 in Konsumentenklassen geclustert. Die Konsumenten entscheiden sich anhand der Entscheidungsheuristiken in Tabelle 1 unten nach dem sogenannten „Consumat-Approach" von Janssen und Jager (1999, 2002) (s.u.) individuell für ein spezifisches Produkt am Markt. So kann in MONAKO die Wettbewerbsfähigkeit eines Produktes konsumentenindividuell beurteilt werden, und es bedarf – anders als bei Windrum und Birchenhall – in MONAKO keiner Vereinfachung des Marktmechanismus durch die Replikatordynamik.

Darüber hinaus unterstellt MONAKO in Anlehnung an Valente (2002) dem evolutorischen Ansatz folgend zwei Arten von Wahrnehmungsstörungen, denen Nachfrager unterliegen: 1. die Wahrnehmungsverzerrung χ in Gleichung (1) als Ausdruck der eingeschränkten Informiertheit der Nachfrager, und 2. die Toleranz ε der Nachfrager gegenüber Produkten, die nicht den maximalen Nutzen generieren. Diese Toleranz ε ist bei der Deliberation in Tablle 1 relevant als Ausdruck ihrer eingeschränkten Rationalität.

[21] Vgl. z.B. Gilbert und Troitzsch (1999), Valente (1999a, b) und Andersen und Valente (2003).

[22] Siehe z.B. Forrester (1994).

$$u_{N,t} = \eta^{p}_{N,t} \cdot u^{p}_{N,t} + \eta^{sq}_{N,t} \cdot u^{sq}_{N,t} + \left(\eta^{nq}_{N,t} \cdot u^{nq}_{N,t}\right) \cdot \chi_{N,t}, \text{ wobei gilt:} \quad (1)$$

Ist der Konsument N (un-) zufrieden und/oder (un-) sicher, wählt N nach jeweils $t^{\Delta\eta}$ Perioden das Produkt von Unternehmen i gemäß einer der folgenden Entscheidungsheuristiken:

Tabelle 1: Entscheidungsheuristiken der Konsumenten, in Anlehnung an Janssen und Jager (1999, 2002)

(un-)zufrieden $u_{N,t-1} \geq (<) \Phi_{N,t}$ / **(un-)sicher** $\xi_{N,t} \leq (>) \xi^{T}_{N}$	**zufrieden ($\geq$)**	**unzufrieden(<)**
sicher ($\leq$)	Repetition (i_{t-1})	Deliberation ($\max(\varepsilon^{T}_{N,t} u_{N,t})$)
unsicher (>)	Imitation ($\max(\vartheta_{i,t}^{eig.KKvonN})$)	Social Comparison ($\max(\vartheta_{i,t}^{PionierKK})$)

Die Parameter η in Gleichung (1) fungieren als konsumentenindividuelle Gewichtungsfaktoren der einzelnen Nutzenbestandteile eines Produktes am Markt. Aus den drei Komponenten ergibt sich additiv der Gesamtnutzen, den ein Produkt am Markt generiert.[23]

Evolution des Anspruchsniveaus: Durch die Annahme in MONAKO, dass einerseits die Anspruchsniveaus der Nachfrager am Markt durch ihre bisherige Konsumgeschichte evolvieren, andererseits aber auch die Präferenzen der Nachfrager (s.u.), kann eine endogene Evolution der Nachfragerseite modelltheoretisch integriert werden.[24]

[23] Dabei gilt jedoch, dass diese Nutzenberechnung ex ante, d.h. vor der Kaufentscheidung, nur für deliberierende Konsumenten relevant ist sowie ex post, also nach der Kaufentscheidung, für alle Konsumenten zur Bewertung der Relation des realisierten Produktnutzens zum konsumentenindividuellen Anspruchsniveau. Diese Relation entscheidet, ob ein Konsument zufrieden oder unzufrieden mit der Kaufentscheidung ist, und beeinflusst somit die Wahl der Entscheidungsheuristik in der nächsten Periode.

[24] Die Steigerung des individuellen Anspruchsniveaus der Konsumenten ist eine einfache Weiterinterpretation des von Weizsäckerschen Konzepts (1971, 2002,

$$\Phi_{N,tj} = \begin{cases} \Phi_{N,tj-1}, \text{für GV}[0,1] > \rho^{\Phi} \\ \Phi_{N,tj-1} \cdot \varphi^{u}_{N,t} \cdot \left(1 + \varphi^{\Delta u}_{N,t} + \varphi^{I}_{N,t} + \varphi^{QLG}_{N,t} - \varphi^{SocC}_{N,t} - \varphi^{Imi}_{N,t}\right), \text{sonst} \end{cases} \tag{2}$$

Unsicherheit des Konsumenten: Zur Auswahl der Entscheidungsheuristiken nach Janssen und Jager (siehe Tabelle 1) muss der Konsument auch seine Unsicherheit ξ, die gemäß dem kulturalistischem Ansatz im WENKE^2-Projekt aus mehreren Quellen stammt, mit der für ihn tolerierbaren Unsicherheitsschwelle ξ^T vergleichen. Die Unsicherheit ξ des Konsumenten in Gleichung (3) ergibt sich aus der noch nicht obsolet gewordenen Unsicherheit der Vorperiode zuzüglich 1. der Unsicherheit ξ^I, die aus den umweltrelevanten Informationen resultiert, wenn der Konsument mit seinem „Weltbild" in Konflikt gerät, 2. der Unsicherheit ξ^i, die aus dem Unternehmen selbst resultiert, für dessen Produkt sich der Konsument entschieden hat, und 3. ab-(bzw. zu-)züglich der Unsicherheit ξ^u, wenn nach einer konsumentenendogen motivierten Präferenzänderung pro-öko $\Delta\eta_{N,t}=1$ der realisierte Produktnutzen (nicht) ansteigt. Dabei ist die Intensität der aufgenommenen Unsicherheiten 1.-3. abhängig von der konsumentenindividuellen Unsicherheits-Aufnahmesensibilität κ.

$$\xi_{N,t} = \xi_{N,t-1} \cdot o^{\xi N} + \left(\xi^{I}_{N,t} + \xi^{u}_{N,t} + \xi^{i}_{N,t}\right) \cdot \kappa^{\xi}_{N} \tag{3}$$

2004) endogener Präferenzen. So steigt in Gleichung (2) das Anspruchsniveau Φ eines Konsumenten aus konsumentenindividuellen Gründen mit φ^u, wenn der realisierte Nutzen das bisherige Anspruchsniveau des Konsumenten übersteigt, und um $\varphi^{\Delta u}$%, wenn – entsprechend dem verhaltensökonomischen Ansatz im WENKE^2-Projekt – zusätzlich die ex ante-ex post Nutzendifferenz zwischen erwartetem und realisiertem Nutzen größer als eine definierte Toleranzschwelle ist. Außerdem steigt das Anspruchsniveau umweltbedingt um φ^I%, wenn – entsprechend dem kulturalistischen Ansatz im WENKE^2-Projekt – der Konsument aufgrund der gesammelten umweltrelevanten Informationen mit seinem bisherigen „Weltbild" in Konflikt gerät, und um φ^{QLG}%, wenn sich der wahrgenommene Zustand der Umwelt bzw. der Lebensgrundlagen im relevanten Zeitraum verschlechtert hat (s.u. für Erklärungen dafür). Fällt aber der Konsumvergleich mit den relevanten Peersgruppen der Pioniere und der eigenen Konsumentenklasse positiv aus, sinkt das Anspruchsniveau aus sozialen Gründen um φ^{SocC}% bzw. φ^{Imi}% und der Konsument ist zufriedener – entsprechend dem Learning to consume-Ansatz und dem kulturalistischen Ansatz im WENKE^2-Projekt.

Präferenzevolution und Informationsstock des Konsumenten: MONAKO integriert eine konsumentenendogene Präferenzevolution in Anlehnung an das Weizsäckersche Konzept (1971, 2002, 2004) endogener evolutorischer Präferenzen[25]. Aufgrund des Fokus von MONAKO auf nachhaltige Konsummuster nehmen wir an, dass für den Konsumenten nur eine Präferenzänderung pro-öko in Gleichung (4) möglich ist.

$$\eta_{N,t}^{nq} = \eta_{N,t-1}^{nq} + \left(\eta_{N,t}^{p} + \eta_{N,t}^{sq}\right) - \left(\eta_{N,t-1}^{p} + \eta_{N,t-1}^{sq}\right),\ \eta_{N,t}^{p} = \psi_{N,t} \cdot \eta_{N,t-1}^{p},$$
$$\eta_{N,t}^{sq} = \psi_{N,t} \cdot \eta_{N,t-1}^{sq},\ \text{für } \Delta\eta_{N,t} = 1 \qquad (4)$$

$$I_{N,t} = \left(I_{N,t-1} \cdot o^{IN} + I_t^M \cdot \kappa_N\right) \cdot o^{IN\Delta\eta} \qquad (5)$$

Dabei kommt es nur dann zu einer Präferenzänderung, gemäß der Learning to consume-Theorie im WENKE^2-Projekt, wenn der Konsument aufgrund der gesammelten umweltrelevanten Informationen in Gleichung (5) mit seinem „Weltbild" entsprechend dem kulturalistischen Ansatz in Konflikt gerät. Dies wird modelliert als ein Übersteigen der Konfliktschwelle I^T durch den aktuellen Informationsstock I. Der aktuelle Informationsstock wird in Gleichung (5) gespeist durch den noch nicht obsolet gewordenen Informationsstock der Vorperiode zuzüglich der Informationen I^M, die aktuell von den Medien bereitgestellt werden, abhängig von der Informationssensibilität κ des Konsumenten. Dabei kann eine bereits erfolgte Präferenzänderung durch den Konsumenten als Versuch der Konfliktlösung mit dem bisherigen „Weltbild" interpretiert werden, was zu einer Abwertung des aufgebauten Wissensstocks führt.

3.1.2 Unternehmensseite in MONAKO

Kapitalbestand und Preisbildung: Entsprechend den Grundsätzen der evolutorischen Ökonomik wendet MONAKO eine mikrofundierte Preisbestimmung an, die sich an den unternehmensindividuellen Erfahrungen der Nachfragerzahlen in den letzten Perioden orientiert. Durch das Routinenkonzept[26] wird ein unternehmensindividueller Prozess von Versuch

[25] Von Weizsäcker (2004, S. 17) betont insbesondere das „Anti-Evolutorische der neoklassischen Annahme fixer Präferenzen".

[26] Daumenregeln wurden von Nelson und Winter (1982) mittels des Konzepts der Routinen in die modelltheoretische Literatur als Kritik an neoklassischen Modellen

und Irrtum modelliert, in dem sich der Preis an die spezifische Entwicklung der Wettbewerbssituation anpasst: Jedes Unternehmen erhöht dann seinen Preis um $\psi_{i,t}$%, wenn die Anzahl der Nachfrager im relevanten Teil der Vergangenheit nicht gesunken ist und vice versa.[27] Dabei gilt für normale Güter: Ein höherer Preis verringert die Anzahl der Nachfrager des Produktes und vice versa. Je höher der Preis ist, desto größer ist bei konstanter Nachfrage der Gewinn, wodurch der Kapitalstock und das FuE-Budget der folgenden Periode in Gleichung (2) steigen, was wiederum mehr Produktverbesserung in Gleichung (3) erlaubt.[28]

$$K_{i,t} = K_{i,t-1} - (K_{i,t-1} \cdot \lambda) + (p_{i,t} \cdot N_{i,t}) \tag{6}$$

$$p_{i,t} = (1 + \psi_{i,t}) \cdot p_{i,t-1} \tag{7}$$

Produktverbesserung und Entscheidungsheuristiken: In Anlehnung an Windrum und Birchenhall (1998) werden die Charakteristika eines Produktes als multidimensional nach Lancaster (1966, 1971, 1979) interpretiert.[29] So sind die Produkte am Markt auch im Hinblick auf die ande-

und zur Abbildung der eingeschränkten Rationalität der Unternehmen im Sinne von Simon (1957, 1986a, b, 1988) eingeführt, die allerdings die restriktive Annahme der Gewinnmaximierung als Handlungsmaxime von Unternehmen nicht hinterfragen.

[27] Die Preiskorrektur erfolgt jährlich (t_j=4t), was einerseits der Inflexibilität von realen Preise Rechnung trägt. Diese ist zumindest teilweise durch die Erwartungshaltung der Konsumenten bei permanent nach unten korrigierten Preisen begründet, im Extremfall die Kaufentscheidung immer weiter aufzuschieben. Andererseits kann modelltheoretisch so den unterschiedlichen Geschwindigkeiten von Selektion und Lernen Ausdruck verliehen werden, was von March (1991, 1994, 2003) bzw. Dosi et al. (2005) als Kennzeichen evolutionärer Entwicklungsprozesse diskutiert wird.

[28] So kann ein Unternehmen ohne „Systeminformationen" auskommen, wie sie üblicherweise in den Modellierungskonzeptionenen der relevanten Literatur (siehe z.B. Nelson und Winter, 1982, Winter, 1984, Winter et al., 1997, 2000, 2003) benötigt werden. Unternehmen können lediglich anhand einer intuitiv einfach nachvollziehbaren Routine ihre Produktpreise festlegen. Dies trägt den Mikrofundierungs-Anforderungen einer evolutorischen und agentenbasierten Modellierung Rechnung und ist außerdem eine Quelle für die Verhaltensheterogenität zwischen den Unternehmen am Markt.

[29] Anders als bei Lancaster soll im hier zu entwickelnden Modell über ein bloßes Ranking der Produktmerkmale hinaus eine eindimensionale Darstellung des gene-

ren beiden Produktmerkmalsdimensionen „sonstige“ sq und „nachhaltige“ Qualität nq heterogen. Neuerungen als Produktverbesserungen wirken sich direkt auf die Produktcharakteristika im Merkmalsraum aus und stellen somit Produktinnovationen dar. Technischer Fortschritt hinsichtlich der nachhaltigen und der sonstigen Qualität äußert sich demnach in der verbesserten Befriedigung der spezifischen Nutzenbedürfnisse.

Hinsichtlich der Forschungs- und Entwicklungsanstrengungen, die Unternehmen zur Produktverbesserung betreiben, ist insbesondere die Kumulativität des Wissens zu beachten. MONAKO beachtet daher die Verbesserung der Produkte im Sinne des technischen Fortschritts in Abhängigkeit vom Wissensstock, der vom Unternehmen dafür in Gleichung (8) aufgebaut wird. Des weiteren ist die technologische Unsicherheit bedeutsam, die stets mit Innovationen verbunden ist, wie z.B. Cantner und Pyka (1998) betonen, und dem durch den Gewichtungsfaktor ζ in Gleichung (8) durch die Integration von stochastischen Einflüssen auf das potentielle Innovationsausmaß Rechnung getragen wird.

$$\Theta_{i,t}^{(\cdot)} = \Theta_{i,t-1}^{(\cdot)} \cdot o^{(\cdot)} + \frac{\left(\left(\Theta_{i,t}^{+}\right) \cdot \zeta^{\Theta}\right)}{(\cdot)_{i,t-1}}, \text{ mit } (.) = [sq, nq^{v}] \tag{8}$$

$$(\cdot)_{i,t} = \frac{\Theta_{i,t}^{(\cdot)} / (\cdot)_{i,t-1}}{\zeta^{(\cdot)}} \cdot + (\cdot)_{i,t-1}, \text{ mit } (.) = [sq, nq^{v}] \tag{9}$$

So können die nachhaltige und die sonstige Qualität in Gleichung (9) in Abhängigkeit von dem in Gleichung (8) aufgebauten Wissensstock Θ und dem bisher erreichten Niveau der nachhaltigen bzw. sonstigen Qualität verbessert werden.[30]

rierten Produktnutzens eingesetzt werden (vgl. zur Modellierung eines mehrdimensionalen Produktraums nach Lancaster z.B. Voßkamp (2003)). Die Ranking-Modellierung mittels lexikographischer Präferenzen wendet z.B. Valente (2002) in einem reinen Nachfragemodell an. Für MONAKO werden die Produktmerkmale zu einer eindimensional bewertenden Größe analog zu Windrum und Birchenhall (1998) zusammengefasst.

[30] In MONAKO gehen wir von einer eingeschränkten Wahrnehmung der Unterschiede zwischen verschiedenen nachhaltigen Qualitätsstufen aus, wie sie zahlreiche Studien belegen, z.B. Engelage (2002). Daher gilt für die Konsumenten, dass sie nicht nq^{V} direkt aus Gleichung (9) wahrnehmen können, sondern nur die Stufen $nq_{i,t}$, für $[0,10] \ni \lfloor nq^{v}_{i,t} \rfloor$.

Entscheidend für das Ausmaß der Produktverbesserungen ist die Spezialisierungsstrategie s eines Unternehmens, mit der es festlegt, welches Produktmerkmal (nachhaltige, sonstige Qualität oder der Preis) ihm am wichtigsten ist. In Anlehnung an Janssen und Jager (1999, 2002), die mit ihrem „Consumat Approach" diese Modellierung für die Konsumentenseite (s.o.) einführen, entscheidet sich ein Unternehmen anhand einfacher Entscheidungsheuristiken in Tabelle 2 für eine Spezialisierung s=[p, sq, nq].

> Ist das Unternehmen i (un-) zufrieden und/oder (un-)sicher, wählt i nach jeweils $t^{\Delta s}$ Perioden die Spezialisierung s=[p, sq, nq] durch folgende Entscheidungsheuristik[31] (Tabelle 2). (10)

Tabelle 2: Entscheidungsheuristiken der Unternehmen, adaptiert nach Janssen und Jager (1999, 2002)

(un)/zufrieden $K_{i,tj-1} < (\geq) \varphi^{K} \cdot K_{i,t}$		**zufrieden (<)**	**unzufrieden(≥)**
(un)/sicher $\xi_{i,t} \leq (>) \xi_i^T$	**(kein) Koflikt** $I_{i,t} \leq (>) I_i^T$		(für $\vartheta_{i,t} \leq 1$)
sicher (≤)	**(≤)**	Repetition ($s_{i,t}=s_{t-1}$)	Deliberation A: Kernkompetenz ($s_{i,t}=s(\iota_{i,t}^{sMax})$)
	(>)	Konfliktaufbau bis $\rho_{i,t}^{\Delta s, I_t > I^T}$ =100%, dann $s_{i,t}$= nq	Deliberation B: Marktforschung ($s_{i,t}=s(\max(\eta^{(.)}(\max \vartheta^{KK}{}_{i,t})))$
unsicher (>)	(für $\vartheta_{i,t} \leq 1$)	Social Comparison ($s_{i,t}=s(i$ mit $\max[nq_{i,t} - nq_{i,t-1}]$ und $\vartheta_{i,t} \geq 0{,}05)$)	Imitation ($s_{i,t}=s(i^{\max \vartheta i,t})$

[31] So imitiert z.B. das Unternehmen i, wenn es unzufrieden und unsicher ist, das Unternehmen am Markt mit dem größten Marktanteil ϑ in der Annahme, dass dieser große Marktanteil der relevante Erfolgsindikator zur Auswahl der optimalen Spezialisierungsstrategie ist. Ist das Unternehmen i immerhin noch zufrieden, orientiert es sich auf der Suche nach einer „Imitationsvorlage" an den „Nachhaltigkeitspionieren" unter den Unternehmen, betreibt also Social Comparison. Zufriedene und sichere Unternehmen repetieren und behalten so ihre bereits gewählte Spezialisierungsstrategie bei, unzufriedene, aber sichere Unternehmen dagegen deliberieren.

Zur Entscheidung über Zufriedenheit und Unzufriedenheit eines Unternehmens wird analog zur Konsumentenmodellierung eine Mindestwachstumsrate des Kapitalstocks angenommen, die als „Anspruchsniveau" an die Profitabilität der bisher verfolgten Spezialisierungsstrategie fungiert. Ob sich ein Unternehmen unsicher oder sicher ist, entscheidet sich analog, indem das Unternehmen seine aktuelle unternehmensindividuelle Unsicherheit ξ in Gleichung (11) in Relation zur tolerierten Unsicherheitsschwelle ξ^T setzt. Dabei ergibt sich die aktuelle Unsicherheit für das Unternehmen analog zur Modellierung auf der Konsumentenseite – nur mit dem Unterschied, dass auch noch die Unsicherheit $\xi^{\Delta s}$ eine Rolle spielt, die aus einer im Vorjahr[32] bereits erfolgten Spezialisierungsänderung resultieren kann, wenn das Unternehmen zum aktuellen Zeitpunkt unzufrieden ist:

$$\xi_{i,t} = \xi_{i,t-1} \cdot o^{\xi i} + \xi^{I}_{i,t} + \xi^{\Delta s}_{i,t} \qquad (11)$$

Informationsstock der Unternehmen: Wie Tabelle 2 zeigt, ist anders als auf der Konsumentenseite neben der (Un-)Sicherheit und der (Un-) Zufriedenheit für die Auswahl der Spezialisierungsstrategie noch eine dritte Komponente entscheidend. Analog zu einem Konsumenten, für den der kulturalistische Ansatz dies postuliert, kann auch ein Unternehmen aufgrund der gesammelten umweltrelevanten Informationen in Gleichung (12) mit seinem „Weltbild" in Konflikt geraten. Modelliert wird dies in MONAKO als ein Übersteigen der Konfliktschwelle I^T durch den aktuellen Informationsstock I, der sich analog zu Gleichung (5) ergibt. Bei den Unternehmen erfolgt allerdings kein schneller Präferenzwechsel, sondern ein allmählicher Konfliktaufbau, der die Wahrscheinlichkeit ρ in Tabelle 2 steigert, dass sich das Unternehmen aus endogen motivierter Überzeugung auf die nachhaltige Qualität spezialisiert und damit den Konflikt löst.[33]

[32] Vgl. zur Diskussion der jährlichen Korrektur die Erklärungen zur jährlichen Preiskorrektur.

[33] Für die unzufriedenen, aber noch sicheren Unternehmen ergibt sich durch diese Beachtung eines eventuellen „Konfliktes mit dem Weltbild" des Unternehmens in Tabelle 2: noch eine Erweiterung der möglichen Entscheidungsheuristiken im Vergleich zur Konsumentenseite: Liegt die Höhe des Informationsstocks I noch unter der Konfliktschwelle, orientiert sich das Unternehmen i bei seiner Spezialisierungswahl an seinen Kernkompetenzen (Deliberation A), spezialisiert sich also auf

$$I_{i,t} = \left(I_{i,t-1} \cdot o^{Ii} + I_t^M \cdot \kappa_i\right) \cdot o^{Ii\Delta s} \tag{12}$$

3.1.3 Marktein- und -austritte in MONAKO

Markteintritt: Bei der modelltheoretischen Erfassung von Markteintritten müssen insbesondere zwei Fragen geklärt werden: als erstes die Frage, wann es zu Markteintritten kommt, und zweitens die Frage, wie neu eintretende Unternehmen beim Markteintritt ausgestattet sind. Mit dem Thema des Markteintritts beschäftigen sich nicht nur theoretische Modelle, sondern v.a. auch empirische Studien, die solche Aspekte aufzeigen, die eine formale Abbildung von Markteintrittsprozessen beachten muss. So berücksichtigt MONAKO imitative und innovative Markteintritte, die abhängig von der selbstorganisierten Wettbewerbsentwicklung innerhalb der jeweiligen Simulation zustande kommen.[34]

Ein imitativer Markteintritt wird dabei in Anlehnung an die traditionelle Vorgehensweise in Abhängigkeit von den Profitmöglichkeiten am Markt modelliert (vgl. bei den nicht-neoklassichen Modellen Nelson/ Winter,1982; Winter 1984). Entgegen der traditionell neoklassischen Modellierung nimmt MONAKO an, dass ein einzelnes Unternehmen den (imitativen) Markteintritt i^{prov} neuer Unternehmen durch seinen übernormalen Profit provozieren kann, was eine modellendogene mikrofundierte Bestimmung der Anzahl der Markteintritte innerhalb der Marktentwicklung erlaubt. Für die Modellierung der Ausstattung eines imitativ eintretenden Unternehmens dient das provozierende Unternehmen als „Imitationsvorlage" hinsichtlich der Merkmalsausprägungen des von ihm am Markt angebotenen Produktes, wobei noch stochastische Verzerrungen hinzukommen.

Neben einem imitativen Markteintritt wird in MONAKO aber auch ein innovativer Markteintritt modelliert, wenn eine Spezialisierungsausrich-

Erfolg wird bewertet durch die relative Position ι zu den anderen Unternehmen am Markt. Ist dagegen die Konfliktschwelle bereits überschritten und „schwankt" das „Weltbild" des Unternehmens bereits, so betreibt es immerhin Marktforschung (Deliberation B) und spezialisiert sich auf dasjenige Produktmerkmal, das seiner Zielgruppe – also derjenigen Konsumentenklasse, in der es den größten Marktanteil bedient – am wichtigsten ist: $\max(\eta^{(.)}(\max(\vartheta^{KK}{}_{i,t}))$.

[34] Vgl. zur Begründung dieser Modellierung anhand eines ausführlichen Literaturüberblicks aus modelltheoretischer und empirischer Perspektive Lehmann-Waffenschmidt (2006, Kapitel 3.5).

tung am Markt (Preis, sonstige oder nachhaltige Qualität) als freier Strategieraum unbesetzt ist und gleichzeitig die durchschnittliche Profitabilität am Markt vom potentiell neu eintretenden Unternehmen als ausreichend beurteilt wird. Ansonsten werden auch bei dieser Modellierung die empirischen Fakten über die Relation neuer versus etablierter Unternehmen analog der Modellierung eines imitativen Markteintritts berücksichtigt.[35]

imitativer Eintritt, wenn $\#t_e = t^B$, mit $t^B = GV[0, t^{Bmax}]$, für die gilt: $K_{i,t}^{prov} - K_{i,t-1}^{prov} > (K_{i,t} \cdot \lambda) \cdot \delta$, mit $\vartheta_i^{prov} > \vartheta^{Min}$ (13)

innovativer Eintritt mit s=[p, sq, nq] von $e^{s\text{-}inno} = [0, e^{s\text{-}innoMax}]$, wenn $\#t_e = t^B$, mit $t^B = GV[0, t^{Bmax}]$, für die gilt: $\delta_t^K > NV(\delta, \delta/10)$,

$$\delta_t^K = \sum_{i=1}^{n} (K_{i,t}/K_{i,t-1}) \Big/ n \text{ und } e^s \neq s \text{ für alle } i=1,\ldots,n \qquad (14)$$

Marktaustritt: Analog zur traditionellen Modellierung in der Literatur[36] entscheidet in Gleichung (15) ein Unternehmen in MONAKO anhand seines Kapitalbestands K_t und der Anzahl der Nachfrager über seinen möglichen Marktaustritt. Über eine zeitliche Komponente dieser Austrittsregel wird in MONAKO außerdem eine kurzfristige Toleranz gegenüber Misserfolgen eines Unternehmens, die nicht sofort zu Marktaustritt führen, ermöglicht.

Austritt, wenn $\#t_i = t^{Ex}$, für die gilt: $K_{i,t} < K^{krit}$ und $N_{i,t} = 0$ (15)

3.1.4 Einflüsse auf das Marktgeschehen in MONAKO, die von außerhalb des direkten Marktgeschehens stammen

Nachhaltigkeitsindex und wahrgenommene Qualität der Lebensgrundlagen: Es muss nun noch diskutiert werden, dass im Gegensatz zu

[35] Konkret bedeutet dies: Die Ausstattung des innovativ eintretenden Unternehmens ist analog zu einem imitativen Eintritt zufällig. Da es sich um einen innovativen Eintritt handelt, richtet sich das neue Unternehmen allerdings hinsichtlich seiner Spezialisierung nicht nach einem bereits vorhandenen erfolgreichen Unternehmen aus, sondern besetzt den freien Strategieraum am Markt.

[36] S. z.B. Nelson und Winter (1982, Kapitel 12) und auch Winter (1984).

anderen Gegenstandsbereichen ein formales Modell, das den Anspruch erhebt, die Entstehung und Diffusion ökologisch nachhaltiger Konsummuster modellieren zu wollen, eine besondere Komponente enthalten muss. Gemeint ist eine Rückkopplung des Produktionsverhaltens der Unternehmen und des Konsumverhaltens hinsichtlich der ökologischen Nachhaltigkeit der gewählten Produkte auf die wahrgenommene Qualität der Lebensgrundlagen, die letztlich den Ressourcenpool zur Verfügung stellt, um diese Produkte überhaupt zu produzieren bzw. konsumieren zu können und insofern auch eine Umweltwirkung zurück auf das Produktions- und Konsumverhalten erreicht.

Zur Abbildung dieser Komponente von MONAKO und zur übersichtlichen Auswertung der Szenarien haben wir in MONAKO einen Nachhaltigkeitsindex NI in Gleichung (16) eingeführt. Dieser misst die Diffusion nachhaltiger Produkte am Markt, so dass gilt: Je höher der Nachhaltigkeitsindex (Maximum=100), desto verbreiteter ist das nachhaltige Konsummuster. Das bedeutet insbesondere, dass es bei einem Nachhaltigkeitsindexwert von 0 nicht einmal eine Marktnische für nachhaltige Produkte gibt.

$$NI_t = \left(\left(\tanh\left(\left(\vartheta_t^{nq} \cdot 10 - 5\right)\right) + 1\right)/2\right) \cdot 100 \text{, mit } \vartheta_t^{nq} = \sum_{i=1}^{n} nq_{i,t} \cdot N_{i,t} \qquad (16)$$

$$QLG_t = NI_t \cdot 4 - t \qquad (17)$$

Aber die wahrgenommene Qualität der Lebensgrundlagen ist auch entscheidend von der Geschwindigkeit der Diffusion nachhaltiger Produkte am betrachteten Markt abhängig. Für diesen Zweck gibt es in MONAKO einen weiteren Index, der eine durch die Marktakteure wahrgenommene Qualität der Lebensgrundlagen im Modellrahmen abbildet.[37] Zur Vermei-

[37] Dabei berücksichtigt der Nachhaltigkeitsindex in Gleichung (16) lediglich die Verbreitung nachhaltiger Produkte in der gesamten, für das Modell relevanten Spanne ökologisch nachhaltiger Qualität. Der Index für die wahrgenommene Qualität der Lebensgrundlagen QLG in Gleichung (17) berücksichtigt außerdem einen fiktiven Verbrauch der „Umwelt“ in MONAKO, also eine sinkende Qualität der wahrgenommenen Lebensgrundlagen, wobei diese Qualitätssenkung in MONAKO durch eine ausreichend hohe Verbreitung von Produkten mit entsprechend hoher ökologisch nachhaltiger Qualität regeneriert oder zumindest neutralisiert werden kann. Damit spiegelt der Index der wahrgenommenen Qualität der Lebensgrund-

dung von Überkomplexität in MONAKO wird kein Ressourcenpool modelliert, sondern lediglich die Rückkopplungen des Marktgeschehens auf die wahrgenommene Qualität der Lebensgrundlagen und auf das Marktgeschehen als Umweltwirkung zurück, um kein weiteres Teilmodell zur Abbildung der Entwicklung natürlicher Lebensgrundlagen einbeziehen zu müssen.

Umweltrelevante Informationen: Ebenfalls aus Gründen der Vereinfachung verzichtet MONAKO auf die Modellierung einer dritten „informationsgenerierenden“ Marktseite. Wir nehmen daher in Gleichung (18) an, dass die umweltrelevanten Informationen, die von Medien etc. im weitesten Sinne stammen, sowohl für Konsumenten als auch für Unternehmen relevant sind, abhängig jeweils nur von den akteursindividuellen Informationssensibilitäten. Der aktuelle Informationsfluss I^M speist sich dabei aus den noch nicht obsolet gewordenen Informationen der Vorperiode zuzüglich der aktuell relevanten Informationen I^t, den Informationen I^{voni}, die (entsprechend dem kulturalistischen Ansatz) von Unternehmen am Markt erzeugt werden, sowie der Informationen I^S, die mit einer Wahrscheinlichkeit ρ^{IS} als Skandale relevant werden.

$$I_t^M = I_{t-1}^M \cdot o^{IM} + I_t^t + I_t^{voni} + I_t^S \cdot \rho_t^{IS} \qquad (18)$$

3.4.5 Weitere industrieökonomische Auswertungen des Marktgeschehens in MONAKO

Zu weiteren industrieökonomischen Auswertungen werden außerdem ein Herfindahlindex und ein Instabilitätsindex konzipiert und berechnet.[38]

$$H_t = \sum_{i=1}^{n} \left(\vartheta_{i,t}\right)^2 \qquad (19)$$

lagen in MONAKO wider, ob die eventuelle Entwicklung hin zu einem nachhaltigen Konsummuster schnell genug oder vielleicht zu langsam erfolgt, um die Verschlechterung der „Umwelt“, also der wahrgenommenen Qualität der Lebensgrundlagen, aufzuhalten.

[38] Vgl. zur Verwendung des Herfindahlindex als Standardmaß für die Konzentrationsmessung z.B. Tirole (1988) und zum Konzept des Instabilitätsindexes Hymer und Pashigan (1962).

$$I_t = \sum_{i=1}^{n} \left| \left(\vartheta_{i,t} - \vartheta_{i,t-1} \right) \right| \qquad (20)$$

4 Empirische Fundierung von MONAKO

Um das Modell an den aktuellen deutschen Ernährungsmarkt anzupassen, haben wir aktuelle empirische Daten für die Initialisierung der Konsumentenseite berücksichtigt, wie Abbildung 1 illustriert. Die Abbildung zeigt die typische Konsumentenklassifikation der deutschen Bevölkerung in die 10 sogenannten Sinus-Milieus.[39] Auf der Abszisse ist die Grundorientierung der Milieus abgetragen und auf der Ordinate die soziale Lage. Für eine systematische Analyse der Simulationsergebnisse haben wir diese 10 Standard-Sinus-Milieus in 4 MONAKO-Konsumentenklassen geclustert. Die Grundlage für diese Clusterung, die Abbildung 1 optisch verdeutlicht, bilden die empirischen Konsumentenstudien von Sinus Sociovision, die auf Ernährung und der Einstellung zur Umwelt etc. fokussieren und diskutiert werden in CMA 2005, Kleinhückelkotten 2005, 2006, Bio-Verlag, 2007, Sinus Sociovision 2007, Wegner 2008, Kleinhückelkotten und Wegner 2008.

Abb. 1: Linke Seite: die deutschen Standard Sinus Milieus (Sinus-Sociovision 2007 and www.sociovision.de) Rechte Seite: die Konsumentencluster in MONAKO mit den Konsumentenklassen 2, 3, 4 und 5

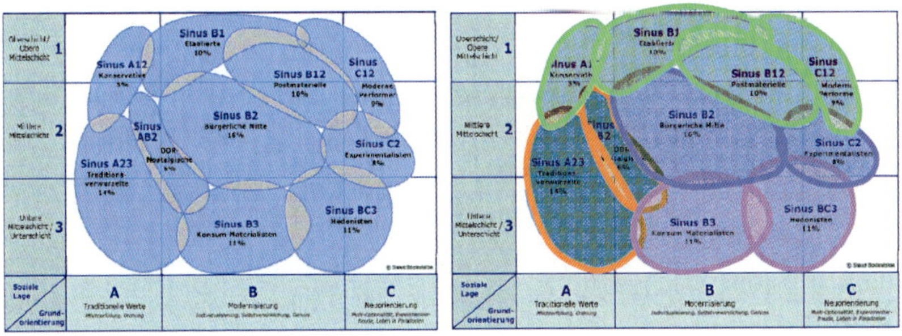

[39] Sinus-Milieus sind Marketing-Zielgruppen, definiert vom Institut Sinus Sociovision auf der Basis von Befragungen.

Neben diesen 4 Konsumentenklassen generiert in MONAKO die sogenannte „WENKE^2-Pionier-Annahme“ eine weitere Konsumentenklasse. So nehmen wir an, dass es einen besonderen Typ von Konsumenten gibt, die „Pioniere“, die als Vorbild fungieren oder als Schlüsselakteure. Diese Pioniere spielen eine kritische Rolle bei der Durchsetzung von nachhaltigen Konsummustern. Sie sind eigentlich Teil der anderen Konsumentenklassen, werden in MONAKO aber aus auswertungstechnischen Gründen als getrennte Konsumentenklassen erfasst.

Jeder MONAKO-Konsument ist charakterisiert durch die individuellen Ausprägungen von sechs Charakteristika, die die Basis der Klassifizierung darstellen. Einen Überblick dazu bietet Tabelle 3, eine ausführliche tabellarische Begründung der Clusterung und die korrespondierende parametrische Initialisierung der Konsumentenklassen finden sich in Appendix A.

Erstens sind die (1) Präferenzen relevant.[40] Für die letzten beiden Konsumentenklassen spielt z.B. der Preis die dominante Rolle, während sich Pioniere annahmegemäß relativ schnell für die Nachhaltigkeitsqualität interessieren. Der Grund für das schnell wachsende Interesse an der Nachhaltigkeitsqualität der Produkte bei den Pionieren ist, dass Pioniere entsprechend der WENKE^2-Pionierannahme am (2) umweltinteressiertesten von allen Konsumenten sind und geistig am beweglichsten, d.h. ihr (3) Potential zur Präferenzänderung pro-öko ist am höchsten.

Relevant für MONAKO sind außerdem eine (4) Wahrnehmungsverzerrung der Nachhaltigkeitsqualität, die bei Pionieren definitionsgemäß am geringsten ausgeprägt ist, das (5) Zufriedenheitsgefühl bei Kaufentscheidungen, das bei Pionieren ebenfalls am niedrigsten ist, da sie an einer beständigen Verbesserung der Umwelt Interesse haben, d.h. mit den aktuell angebotenen Produkten prinzipiell eher unzufrieden sind, sowie (6) das Sicherheitsgefühl bei Kaufentscheidungen, das bei Pionieren in ihrer Funktion als Rollenvorbilder am größten ist.

[40] Diese Nummerierung bezieht sich auf die Spalte 1 von Tabelle 1.

Tabelle 3: Charakterisierung der fünf MONAKO-Konsumentenklassen

Characteristika / Konsumentenklassen	1:Pioniere	2	3	4	5
1. Maximale Präferenz für ein Produktmerkmal	nachhaltige Qualität	nachhaltige und sonstige Qualität	alle Produktmerkmale	Preis	Preis
2. Interesse an Umweltinformationen	am größten	———	———	———→	am niedrigsten
3. Potential für Präferenzänderungen pro-öko	am größten	———	———	———→	am niedrigsten
4. verzerrte Wahrnehmung der nachhaltigen Qualität	am niedrigsten	←———	———	———	am größten
5. Zufriedenheit mit Kaufentscheidungen	am unzufriedensten	←———	———	———	am zufriedensten
6. Sicherheit bei Kaufentscheidungen	am sichersten	———	———	———→	am unsichersten
→ Konsumentscheidung durch:					
Repetition			X		
Deliberation	X	X	X		
Imitation (der eigenen Konsumentenklasse)			(X)	X	X
Social Comparison (mit den Pionieren)			(X)	X	
	Pioniere	***Sichere Deliberierer***	***Flexible Entscheider***	***Unsichere Konsumenten***	***Zufriedene Imitierer***

Insbesondere die zwei letzten Charakteristika (5) und (6) sind psychologisch relevant, da sie bestimmen, wie ein Konsument ein Produkt auswählt. D. h., (5) und (6) bestimmen den Typ der Kaufentscheidung, der entweder durch Repetition, durch Deliberation, durch Imitation oder durch Social Comparison geprägt ist. Auf der Basis des sogenannten „Consumat-Approach“ von Janssen und Jager (1999, 2002) und in Abstimmung mit den realen Daten der Sinus Studien (s.o) sowie der WENKE^2-Pionierannahme zeigt Tabelle 3, welche Entscheidungsheuristik typisch für eine Konsumentenklasse in MONAKO ist. So ergibt sich, dass die Deliberation als die logische Evaluation der Produkte durch die Konsumenten typisch ist für die Pioniere und auch die Entscheidungen in der Konsumentenklasse 2 dominiert, wohingegen die Konsumentenklasse 5 die Imitation der eigenen Konsumentenklasse präferiert. Die Konsumentenklasse 4 bevorzugt dagegen den Social Comparison mit den Pionieren, und die Konsumentenklasse 3 nutzt am ehesten alle Entscheidungsheuristiken. Entsprechend können die Konsumentenklassen benannt werden[41]: In der Konsumentenklasse 2 findet man die „kompetenten Deliberierer“, in der Konsumentenklasse 3 die „flexiblen Konsumenten“, in der Konsumentenklasse 4 die „unsicheren Konsumenten“ und in der Konsumentenklasse 5 die „zufriedenen Imitierer“.[42]

5 Simulationsergebnisse von MONAKO

Die Ergebnisse der Simulationsanalyse unseres Modells MONAKO sind auf Grund der Modellierungskonzeption sowohl pfadabhängig von den parametrischen Anfangsbedingungen als auch von stochastischen Ereignissen. Deshalb werden einerseits multiple Simulationsläufe einer identischen Szenariokonfiguration durchgeführt, um ein Verständnis der Details der Historie eines gegebenen Simulationslaufes unter stochastischen Einflüssen zu ermöglichen. Dadurch entstehen multiple kontingente „Geschichten“, also variierende Entwicklungsverläufe bei identischen Parameterkonstellationen, die aus den modellierten stochastischen Einflüssen resultieren. Dieses Vorgehen erlaubt eine Unterscheidung zwischen systematischen und zufälligen Entwicklungsmustern. Durch gezielte Parametervariation können andererseits die Implikationen sich verändernder Parameter und Ausgangsbedingungen studiert werden.

Genau solche Experimente, die im realen Gegenstandsbereich im Allgemeinen nicht möglich sind, die man zugleich aber braucht, um die konkrete Implikation und Bedeutung einzelner Parameter und Systemkomponenten in Abhängigkeit aller anderen Parameter und Systemkomponenten verstehen und bewerten zu können, stellen den eigentlichen Wert von Simulationsmodellen dar. Es handelt sich also um die Durch-

[41] Für die Diskussion der Clusterungsmöglichkeiten und die Anregung für diese Art der „Namensfindung“ für die MONAKO-Konsumentenklassen sei Silke Kleinhückelkotten an dieser Stelle ausdrücklich gedankt.

[42] Betont werden muss an dieser Stelle, dass bei einer Änderung der Parameter für die Sicherheit und Zufriedenheit der Konsumenten sich auch diese im Referenzszenario (s. für die Begriffsklärung den Abschnitt 5.1 zu den Simulationsergebnissen) typische Verwendung der Entscheidungsheuristiken verschiebt.

führung von „Modellexperimenten" im Sinne von „operationalisierten Gedankenexperimenten", mit denen die Reaktionen des Systems auf kontrollierte Variationen der Umweltparameter und der Verhaltensweisen der Akteure studiert werden sollen. Ziel der Szenarioanalyse ist die Generation von vielen Einzelrealisierungen von Systemabläufen, um die Streubreite der Ergebnisse im Sinne einer Kontingenz-Analyse („Was wäre Wenn") aufzuzeigen.

5.1 Technische Vorbemerkungen

In jedem der folgenden MONAKO-Szenarien analysieren wir eine Hypothese über einen Effekt einer Parameter(gruppen)änderung auf die Diffusion des nachhaltigen Konsummusters. Genauer werden wir einen niedrigen und einen hohen Wert des getesteten Parameterwertes („niedrig" und „hoch" genannt in den folgenden Abbildungen) einem vordefinierten fixen „Referenzszenario" gegenüberstellen. Zur sprachlichen Klarheit werden die Parametervariationen als „Spezifikation 1 und 2" des Szenarios bezeichnet, während sich im Referenzszenario alle Parameter im mittleren Bereich bewegen. Dieses Referenzszenario dient daher als universale Referenz für alle folgenden Szenarioanalysen. Alle Relationen (wie z.B. fördern, hemmen, stärker, schwächer etc.) beziehen sich dabei im Folgenden auf den Vergleich mit den Ergebnissen des Referenzszenarios.

Um außerdem die Simulationsergebnisse der Spezifikationen 1 und 2 im Vergleich zum Referenzszenario übersichtlich präsentieren zu können, haben wir in MONAKO in Gleichung (16) einen Nachhaltigkeitsindex definiert. Die Abbildungen zu den Nachhaltigkeitsindezes zeigen im Folgenden außerdem die Konfidenzintervalle 10 %, 1 %, 0,1 % für das Referenzszenario. Dies hat zwei Gründe: Einerseits wird so graphisch die Robustheit der iterierten Simulationen im Referenzszenario unter stochastischen Einflüssen deutlich, und andererseits erleichtert diese Darstellung den Vergleich der Simulationsergebnisse der Szenariospezifikationen 1 und 2 mit dem Referenzszenario.

Szenario 1: Fördert mehr Konkurrenz am Markt nachhaltige Konsummuster?

Besonders kritisch für die Art des Wettbewerbs in einer Branche ist aus industrieökonomischer Sicht die Höhe struktureller Markteintrittsbarrieren. Daher soll das erste Szenario sich direkt mit diesem Thema beschäftigen und der These nachgehen, die immer wieder als erstes aufgestellt wird, wenn die Frage gestellt wird, warum nachhaltige Konsummuster sich bisher noch nicht marktweit durchgesetzt haben – der Grund sei eine zu geringe Konkurrenz.[43] So ist in der Szenariospezifikation 1 hier der Markt geprägt durch niedrige Markteintrittsbarrieren und damit hohe Konkurrenz, während in der Szenariospezifikation 2 der Markt durch hohe Markteintrittsbarrieren und damit geringe Konkurrenz am Markt gekennzeichnet ist.

Mehr Konkurrenz am Markt soll also dazu geeignet sein, ökologisch nachhaltige Konsummuster zu etablieren, da große Unternehmen allgemein als unbeweglicher als kleinere Einheiten gelten. Die Ergebnisse von MONAKO zeigen aber, dass dies nur gilt, wenn es sich dabei im Ernährungsbereich um einen Markt handeln sollte, in dem es einen Akkumulationsnachteil beim Wissensstockaufbau zur Verbesserung der Produkte am Markt, auch im Hinblick auf die ökologisch-nachhaltige Qualität geben sollte. Diese Marktbedingungen würden für die These des jungen Schumpeter (1912) sprechen, dass Fortschritt v.a. durch einen Prozess kreativer Zerstörung hauptsächlich durch junge Unternehmen und durch innovativen Markteintritt getragen wird. Diese Marktbedingungen bezeichnen wir in Anlehnung an z.B. Nelson und Winter (1982) als Schumpeter-I-Markt[44].

[43] Insbesondere Bain (1956) hat sich mit strukturellen Markteintrittsbarrieren beschäftigt und unterscheidet Kosten-, Betriebsgrößen- und Produktdifferenzierungsvorteile etablierter Unternehmen, die jeweils strukturelle Markteintrittsbarrieren konstituieren. Im Kontext technologischer Regime diskutiert z.B. Marsili (2002) explizit die Bedeutung technologischer Markteintrittsbarrieren, die ebenfalls zu den strukturellen Markteintrittsbarrieren zu rechnen sind, da sie auf den Eigenschaften der technischen Wissensbasis in einer Branche beruhen.

[44] Basierend auf der Schumpeterschen Diskussion des Zusammenhangs von Unternehmensgröße und Innovationsverhalten können insbesondere Regime hinsichtlich des Innovationspotenzials neuer versus etablierter Unternehmen unterschieden werden. So unterscheiden Nelson und Winter (1982) zwei Innovationsregime, bezeich-

Doch trifft das auch für den Ernährungsbereich zu? Wenn man bedenkt, dass große Anbieter, vom Erzeuger bis zum Händler sicherlich auch im Ernährungsbereich Kosten und Aufwendungen versenken müssen, um erst einmal Lieferbeziehungen etc. aufbauen zu können, dann liegen auch hier Potenziale für Größenvorteile und „Altersvorteile“ vor. Für diese Bedingungen (= Akkumulationsvorteile beim Wissensstockaufbau) zeigt MONAKO aber, dass aufgrund der Kumulativität der möglichen Produktverbesserungen tendenziell große Unternehmen, gemessen am Marktanteil und vor allem am Kapitalstock, in stabilen Marktstrukturen eher zur Förderung ökologisch nachhaltiger Konsummuster beitragen als kleine Unternehmen in zersplitterten oder instabilen Marktstrukturen. Im übertragenen Sinne spricht dies dann eher für die späte These Schumpeters (1942), nämlich dass sich die Unternehmensgröße positiv auf innovative Aktivitäten auswirkt. Der kumulative Vorteil erzeugt den Effekt von „Success Breeds Success“, so dass dieser Markt als Schumpeter-II-Markt[45] bezeichnet werden kann.

net als Schumpeter I und Schumpeter II, anhand der sichtbaren *Auswirkungen* der technologischen, strukturellen Rahmenbedingungen *auf das Innovationsverhalten* verschiedener Unternehmenstypen am Markt, nicht aber anhand der strukturellen „nicht sichtbaren“ *Bedingungen* selbst. Vgl. für die Merkmale der Innovationsregime Schumpeter I und II auch z.B. Malerba et al. (1997). Das Innovationsregime Schumpeter I geht auf die frühen Ansichten Schumpeters, vor allem auf „The Theory of Economic Development“ (1912), zurück und betrachtet technologische Veränderung als Prozess kreativer Zerstörung, in dem hauptsächlich junge Unternehmen durch innovativen Markteintritt für technischen Fortschritt sorgen. Innovationen generieren hier Monopolmacht, die aber nur temporär ist, da der innovative Erfolg durch Konkurrenten imitativ und innovativ erodiert wird. Neue Innovatoren ersetzen die etablierten Unternehmen systematisch an der technologischen Frontier, von Schumpeter mit „kreativer Zerstörung“ bezeichnet. Der typische Innovator ist daher klein und jung, weshalb auch vom entrepreneurial Innovationsregime gesprochen wird. Z.B. Winter et al. (1997, 2000, 2003) konzentrieren sich in ihrer Modellanalyse ausschließlich auf das entrepreneurial Innovationsregime Schumpeter I und nehmen dafür an, dass Neuerungen ausschließlich durch neueintretende Unternehmen erzeugt werden.

[45] Das Innovationsregime „Schumpeter II“ bezieht sich auf die späteren Ansichten Schumpeters z.B. in „Capitalism, Socialism and Democracy“ (1942), nach denen vor allem etablierte Unternehmen aufgrund ihrer Finanzstärke Forschung betreiben und innovativ sein können. Der „späte“ Schumpeter interpretierte technologische Veränderung als kumulativen Prozess, in dem akkumulierte Kompetenzen signifikant die künftige technologische Performance des Unternehmens bestimmen. Die

Da sicherlich auch im Ernährungsbereich zumindest teilweise davon auszugehen ist, dass für die Verbesserung von Produkten auch hinsichtlich der ökologisch nachhaltigen Qualität z.B. ein Wissensstock notwendig ist, ist die Verbesserung der Produkte zwangsläufig sicher auch kumulativer Natur. Unternehmen mit einem größeren Kapitalstock, die tendenziell bei engeren Marktstrukturen eher vorkommen, haben dann bei diesen Marktbedingungen entsprechend auch größere Möglichkeiten zur Verbesserung ihrer Produkte, und die Etablierung eines ökologisch nachhaltigen Konsummusters wird wahrscheinlicher.

Liegt weder ein Akkumulationsvor- oder -nachteil beim Aufbau des Wissensstocks zur Produktverbesserung vor – so dass wir dieses Regime als Schumpeter-neutralen-Markt bezeichnen –, liegen die Marktergebnisse unabhängig von Niveau der Konkurrenz und der Stabilität der Marktanteilsentwicklung sehr dicht beieinander und es lässt sich keine explizite Förderung von nachhaltigen Konsummustern durch mehr Konkurrenz feststellen.

Wagt man die weiterführende These, dass wohl der Ernährungsbereich wie fast jede andere Branche eine Mischung aus allen drei Marktregimen ist, kann die Konkurrenzthese von MONAKO nur bedingt bestätigt werden und v.a. muss die Wirkung eines Einflussfaktors in MONAKO im Folgenden jeweils für alle drei Schumpeterregime überprüft werden: Die Antwort auf die Frage des Szenarios 1, ob mehr Konkurrenz nachhaltige Konsummuster fördert, lautet also: Mehr Konkurrenz am Markt fördert die Diffusion des nachhaltigen Konsummusters nur bedingt, in Abhängigkeit der Wissensakkumulationsbedingungen für die Nachhaltigkeitsqualität.

Wissensbasis ist daher stark durch Kumulativität geprägt und schafft hohe Eintrittsbarrieren für neue Unternehmen. Außerdem ist deshalb der typische Innovator ein relativ großes, etabliertes Unternehmen, und wenige (große) Unternehmen dominieren letztlich den Markt in einem stabilen Oligopol. Technische Fortschritte in diesem Innovationsregime laufen kontinuierlich und Innovationsprozesse routiniert ab, weshalb auch vom „routinized innovation regime“ gesprochen wird. Auf dieses Innovationsregime konzentrieren sich z.B. Nelson und Winter (1982, in Kapitel 14, modelliert in Kapitel 12), Winter (1984) oder auch Yildizoglu (2002).

Abb. 2: Nachhaltigkeitsindex [0,100] (x: Zeit = [0,400]) in Szenario 1

<table>
<tr><td>Schumpeter I</td><td>Schumpeter neutral</td><td>Schumpeter II</td></tr>
<tr><td>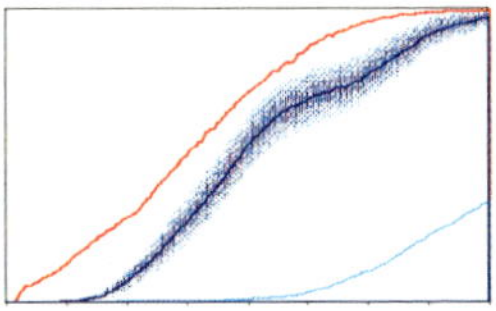</td><td>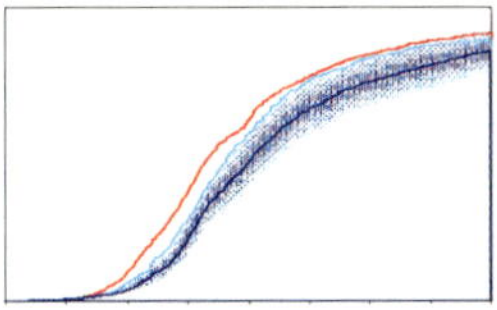</td><td>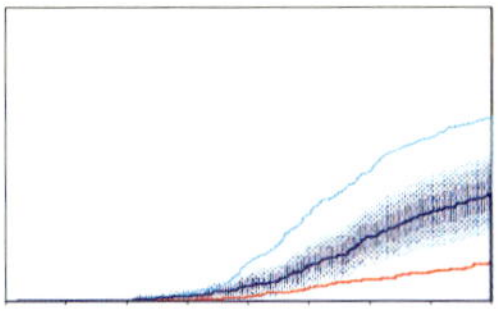</td></tr>
<tr><td colspan="3">niedrige (Spezifikation 1), mittlere (Referenzszenario mit Konfidenzintervallen: 0.1%, 1%, 10%), hohe (Spezifikation 2) Markteintrittsbarrieren (= hohe, mittlere, niedrige Konkurrenz) in den drei Schumpeterregimen</td></tr>
<tr><td>→ Mehr Konkurrenz fördert nachhaltige Konsummuster!
= frühe Schumpeter-These (1912) → Prozess kreativer Zerstörung</td><td>→ Marktergebnisse für nachhaltige Konsummuster sehr dicht beieinander
→ keine Förderung von nachhaltigen Konsummustern durch mehr Konkurrenz</td><td>→ Weniger Konkurrenz fördert nachhaltige Konsummuster!
= späte Schumpeter-These (1942) → „Success Breeds Success“</td></tr>
<tr><td colspan="3">MONAKO-Ergebnis: Die Entwicklung von nachhaltigen Konsummustern wird durch mehr Konkurrenz nur bedingt gefördert.</td></tr>
</table>

Szenario 2: Fördern mehr Skandale am Markt nachhaltige Konsummuster?

Die zweite These, die häufig in die öffentliche Diskussion über nachhaltige Konsummuster eingebracht wird, besagt, dass Lebensmittelskandale zur Etablierung eines nachhaltigen Konsummusters beitragen. In der Spezifikation 1 des Szenarios zum Überprüfen dieser These sind nur wenige Skandale, in der Szenariospezifikation 2 viele Skandale modelliert.

Die Simulationsergebnisse zeigen, dass durch mehr bzw. größere relevante Skandale die Konsumenten mehr relevante Informationen aufnehmen und so die Konsumentenklassen 2 und 3, in denen (neben den Pionieren) die Neigung zur endogenen Präferenzänderung relativ stark ausgeprägt ist, tatsächlich ihr Konsumverhalten hinterfragen und pro-öko korrigieren, Bei den Konsumentenklassen 4 und 5 ist dieser Effekt schwächer ausgeprägt, aber der Produktpreis verliert etwas an Gewicht, aber die Pioniere korrigieren ihre Präferenzen annahmegemäß relativ schnell, so dass sie ihr Verhaltensmuster nicht ändern.

Vermehrte Skandale bewirken aber v.a. mehr Unsicherheit. Dies führt insbesondere bei den Konsumentenklassen 3-5, die unsicherheitssensibler als die ersten beiden Konsumentenklassen sind, zu einer Verschiebung der gewählten Entscheidungsheuristiken zur Produktwahl hin zu einer vermehrten Orientierung an anderen Konsumenten. Von dieser Verschiebung ist v.a. die 3. Konsumentenklasse betroffen, wie Abb. 4 zeigt, da sie den sozialen Vergleich und die Imitation bevorzugt. Die Auswirkungen auf die 4. und 5. Konsumentenklasse sind nicht groß, da dort die empfundene Unsicherheit prinzipiell schon recht hoch ist, und der Anteil der gewählten Entscheidungsheuristiken ohnehin bereits durch Nachahmung gekennzeichnet war. Der Anteil des sozialen Vergleichs, also der Orientierung an den Pionieren, steigt hier geringfügig an.

Analoges gilt für die Unternehmensseite. Die Unternehmen nehmen ebenfalls mehr relevante Informationen auf und neigen daher zum einen mehr zur unternehmensinternen Evaluation der Spezialisierungsausrichtung. Andererseits sind auch die Unternehmen unsicherer, so dass als Entscheidungsheuristik auch der soziale Vergleich mit Unternehmen, die im Hinblick auf die nachhaltige Qualität besonders innovativ sind, an Bedeutung gewinnt.

Insgesamt bewirkt die leichte Verschiebung der Präferenzen in Richtung pro-öko auf der Konsumenten- und Unternehmensseite, dass der Nachhaltigkeitsindex in der Tendenz bei mehr Skandalen ansteigt, wie Abb. 3 zeigt.

Abb. 3: Nachhaltigkeitsindex [0,100] (x: Zeit = [0,400]) in Szenario 2

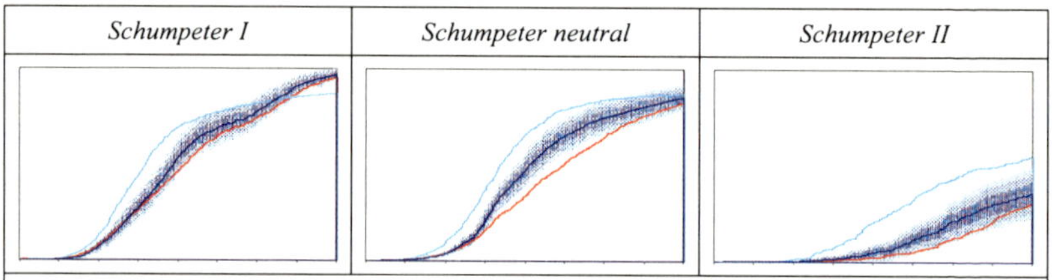

wenig (Spezifikation 1), mittel (Referenzszenario mit Konfidenzintervallen: 0.1%, 1%, 10%), viele (Spezifikation 2) relevante (Umwelt-)Skandale in den drei Schumpeterregimen

MONAKO-Ergebnis: Die Entwicklung von nachhaltigen Konsummustern wird durch Skandale ETWAS befördert.

Abb. 4: Anteile der verwendeten Entscheidungsheuristiken [0,1] (x: Zeit = [0,400]) in Szenario 2

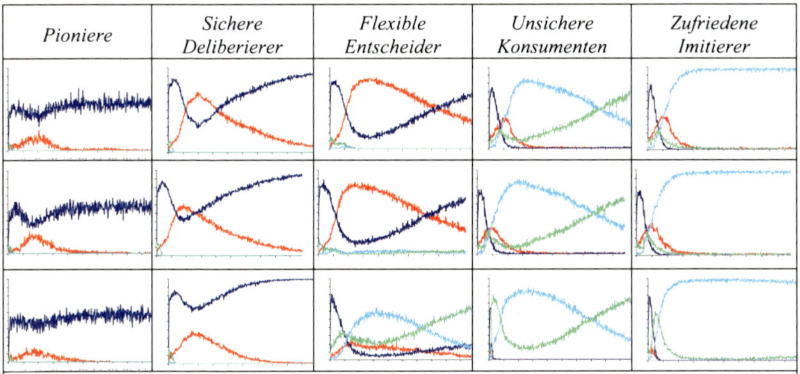

Repetition, **Deliberation**, Imitation, Social Comparison

Verwendung der Entscheidungsheuristiken bei wenigen Skandalen in Spezifikation 1 (1. Zeile) im Vergleich zum Referenzszenario (Zeile 2) sowie bei vielen Skandalen in Spezifikation 2 (2. Zeile) (Schumpeter-neutraler-Markt)

Die Antwort auf die Frage des Szenarios 2, ob vermehrte Skandale die Diffusion nachhaltiger Konsummuster am Markt fördern, kann bestätigt werden – eine durchschlagende Wirkung, wie sie allgemein bei Diskussion dieser These in den Medien unterstellt wird, lässt sich allerdings nicht bestätigen.

Szenario 3: Fördert mehr Unsicherheit am Markt nachhaltige Konsummuster?

Im vorigen Abschnitt wurde diskutiert, dass sich vermehrte Skandale am Markt durchaus positiv auf die Diffusion des nachhaltigen Konsummusters auswirken, aber eine durchschlagende Wirkung ausbleibt. So stellt sich die Frage, ob das nachhaltige Konsummuster vielleicht dann stärker gefördert wird, wenn die Konsumenten nicht nur etwas verunsichert werden durch vermehrte Skandale, sondern die Unsicherheit am Markt sehr deutlich ansteigt. So ist in der Spezifikation 1 dieses Szenarios wenig Unsicherheit am Markt implementiert, während in der Szenariospezifikation 2 große Unsicherheit herrscht.

Wie oben diskutiert, gilt hier: Vermehrte Unsicherheit greift direkt in die Art ein, wie von den Konsumenten Kaufentscheidungen getroffen werden, und fördert damit Nachahmungsverhalten auf der Konsumentenseite.[46]

In Szenario 2 war davon v.a. die Konsumentenklasse 3 betroffen, die zu mehr Imitation und Social Comparison neigte. Im untersuchten Szenario 3 ist in Spezifikation 2 die Unsicherheit am Markt so hoch, dass selbst die sonst so sicheren Pioniere unsicher werden und sich sozial vergleichen. Da in MONAKO die Pioniere für sich selbst die relevanten Peers für den sozialen Vergleich sind, imitieren sie sich gegenseitig. Damit sind die Pioniere, die sich annahmegemäß erst im Zeitablauf auf die Nachhaltigkeitsqualität spezialisieren, nicht mehr unbedingt ein positives Rollenvorbild beim Kauf von Produkten mit hoher Nachhaltigkeitsqualität, das sie waren, als sie ihre Produktwahl durch Nachdenken getroffen hatten.

Trotzdem folgen die Konsumentenklassen 2-4 größtenteils den Pionieren durch den sozialen Vergleich, wie Abb. 6 zeigt. Diese ausgeprägte Orientierung an den Pionieren führt am Markt zu einem Einfrieren der Situation, also angeführt von den Pionieren zu starren Marktstrukturen, was in Abb. 7 drei Beispielmarktsimulationen der unternehmerischen Marktanteile bei wenig und viel Unsicherheit verdeutlichen und am Instabilitätsindex in dieser Abbildung nachgewiesen werden kann.[47]

Durch die Unsicherheit am Markt kommen Anbieterwechsel zum Erliegen und die Konsumenten verharren bei einem Anbieter, wie Abb. 7 ebenfalls zeigt. Dazu haben wir die Unternehmen nach der Periode ihres Markteintritts durchnummeriert. Man erkennt so, dass vor allem in einem Schumpeter-I-Markt ein ständiger Anbieterwechsel in Spezifikation 1 erfolgt. Dieses Phänomen ist typisch für das vorliegende Marktregime, es wurde auch in Szenario 1 bereits ausführlich kommentiert. Sowohl im Referenzszenario als auch in der Spezifikation 1 stabilisiert sich lediglich die Konsumentenklasse 5, also die zufriedenen Imitierer, in ihrem Teilmarkt selbst, da für sie die gegenseitige Imitation der eigenen Konsumentenklasse typisch ist.

[46] Die folgenden Szenariovarianten zeigen Fälle, in denen die Unternehmen mehr Unsicherheit empfinden.

[47] Für Abb. 7 haben wir einen Schumpeter-I-Markt gewählt, da die Marktanteilsentwicklung in diesem Regime aufgrund des Innovationsvorteils kleiner und neuer Unternehmen am turbulentesten im Vergleich mit allen drei Schumpeterregimen ist.

In der Spezifikation 2 dagegen ist lediglich bei der Anbieterwahl der Konsumentenklassen 2 und 3 noch ein wenig Bewegung möglich aufgrund einer „nachdenkenden" Minderheit. Dabei befördert aber nur noch diese Minderheit in Konsumentenklasse 2 entsprechend ihren Präferenzen wirklich Produkte mit höherer nachhaltiger Qualität, da die Präferenzen der eigentlich flexiblen Entscheider in der Konsumentenklasse 3 die nachhaltige Qualität von sich aus nicht so hoch gewichten.

Starre Marktstrukturen bedeuten nun, dass Unternehmen sich lange am Markt zu halten vermögen. In einem Schumpeter-II-Markt ist das vorteilhaft, da so die Akkumulationsvorteile dieses Regimes besser von den Unternehmen ausgeschöpft werden können. Die starren Marktstrukturen befördern also durchaus die Durchsetzung von nachhaltigen Konsummustern – aber eben nicht durch aktives Mitfördern der Konsumenten, sondern als rein angebotsinduzierter Fortschritt. Fällt der Akkumulationsvorteil in einem Schumpeter-neutralen-Markt weg, entfällt dieser einzige Vorteil des starren Marktes, und nachhaltige Konsummuster werden behindert. Handelt es sich gar um einen Schumpeter-I-Markt mit Akkumulationsnachteil, wirkt die starre Marktstruktur als unüberwindliche Markteintrittsbarriere für junge innovative Unternehmen, die eine Verbesserung der Nachhaltigkeitsqualität erreichen könnten. Die Ausbreitung von nachhaltigen Konsummustern wird blockiert, wie Abb. 5 zeigt.[48]

[48] Prinzipiell gilt aber aufgrund der Marktstrukturstarrheit, die sich bei viel Unsicherheit am Markt für die Konsumenten bald herausstellt, dass es sich hier um Entwicklungen handelt, bei denen eine gegebene Ausgangssituation, beeinflusst durch Zufälle (in der Simulation) und durch die bisherige Marktentwicklung, jeweils in den Simulationsläufen ab einem gewissen Punkt fast unverändert erhalten bleiben kann. Dies bedeutet eine starke Pfadabhängigkeit. Nur der Einfluss der deliberierenden Minderheiten der Konsumentenklassen auf ihre eigene Konsumentenklasse – indem sie als Imitationsvorbilder im Sinne positiver pro-öko-Rollenvorbilder dienen – kann hier noch eine Veränderung bewirken. Aufgrund der starken Pfadabhängigkeit der Marktentwicklung kann so im Einzelfall die spezifische Ausgangsituation des Marktes darüber entscheiden, ob tatsächlich die Etablierung eines ökologisch nachhaltigen Konsummusters befördert wird oder nicht.

Abb. 5: Nachhaltigkeitsindex [0,100] (x: Zeit = [0,400]) in Szenario 3

Schumpeter I	*Schumpeter neutral*	*Schumpeter II*

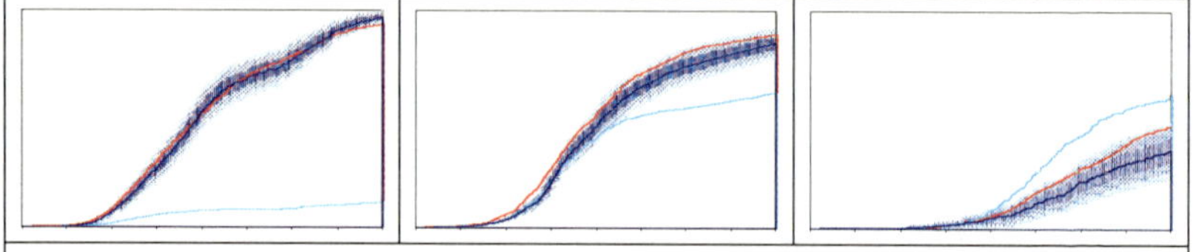

wenig (Spezifikation 1), **mittlere (Referenzszenario mit Konfidenzintervallen: 0.1%, 1%, 10%)**, hohe (Spezifikation 2) Unsicherheit in den drei Schumpeterregimen

Mehr Unsicherheit befördert erstarrte Marktstrukturen!

Blockiert nachhaltige Konsummuster!	Behindert nachhaltige Konsummuster!	Befördert nachhaltige Konsummuster!

MONAKO-Ergebnis: Die Entwicklung von nachhaltigen Konsummustern wird durch mehr Unsicherheit eher behindert.

Abb. 6: Anteile der verwendeten Entscheidungsheuristiken [0,1] (x: Zeit = [0,400]) in Szenario 3

Pioniere	*Sichere Deliberierer*	*Flexible Entscheider*	*Unsichere Konsumenten*	*Zufriedene Imitierer*

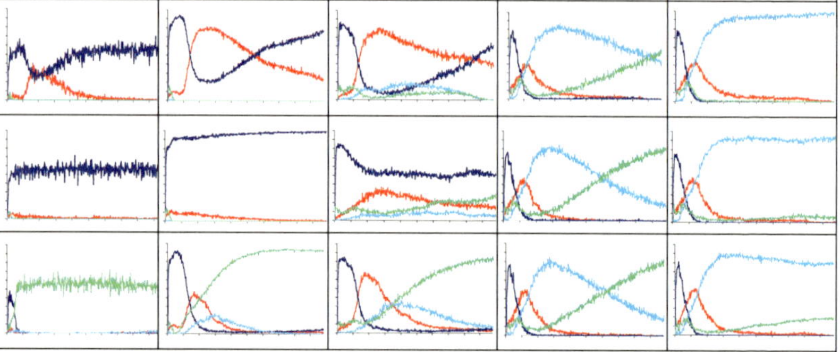

Repetition, **Deliberation**, Imitation, Social Comparison

Verwendung der Entscheidungsheuristiken bei niedriger Unsicherheit aus Informationen in Spezifikation 1 (1. Zeile) im Vergleich zum Referenzszenario (2. Zeile) und zur Spezifikation 2 mit hoher Unsicherheit aus Informationen (2. Zeile) (Schumpeter-I-Markt)

Abb. 7: Marktanteile, Instabilitätsindex und gewählter Anbieter in den 5 Konsumentenklassen (Unternehmen fortlaufend durchnummeriert nach ihrer Eintrittsperiode) (x: Zeit = [0,400]) in Szenario 3

Marktanteilsentwicklung	*Instabilitäts-index*	*gewählter Anbieter*

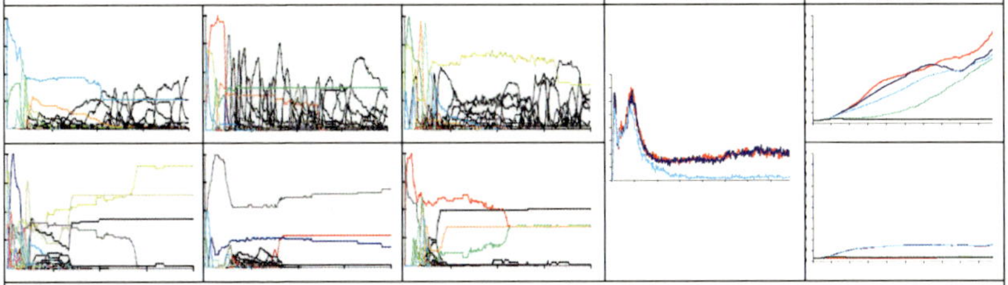

Marktanteilsentwicklung [0,1]; Instabilitätsindex [0, 0,16] für **wenig (Spezifikation 1)**, **mittlere (Referenzszenario)**, hohe (Spezifikation 2) Unsicherheit; gewählter Anbieter der Konsumentenklasse **1**, **2**, 3, 4, **5** [0, 200]

Instabilere Marktstrukturen bei wenig Unsicherheit in Spezifikation 1 (1. Zeile) und starre Marktstrukturen bei hoher Unsicherheit in Spezifikation 2 (2. Zeile) (Schumpeter-I-Markt)

Szenariovarianten

(1) Wir haben alternativ zum allgemeinen Anstieg der Unsicherheit am Markt die Unsicherheitssensibilität der Konsumenten erhöht.[49] Die Ergebnisse der Szenariovariante entsprechen denen des Szenarios 3.

(2) Analoges gilt für eine Variation der Unsicherheitstoleranz der Konsumenten.

(3) In einer dritten Szenariovariante haben wir die Unsicherheits-obsoleszenz für die Konsumenten variiert. Bei einer niedrigeren Unsicherheitsobsoleszenz ist die Instabilität der Marktstrukturen etwas geringer und die Konzentration am Markt steigt höher an als im Referenzszenario und im Fall hoher Unsicherheitsobsoleszens. Ausgelöst wird dieser Effekt wie im Szenario 3 durch die verstärkte Nutzung imitativer Entscheidungsheuristiken durch die Konsumenten bei der Produktwahl. Dies trifft hier v.a. auf die ersten beiden Konsumentenklassen zu, die sonst zur Deliberation neigen.

Dagegen wird im Marktregime mit hoher Unsicherheitsobsoleszenz zwar verstärkt repetiert, was prinzipiell ebenfalls einen „Erstarrungs-

[49] Die in Abschnitt 3 erarbeitete Relation der Unsicherheitssensibilität in den einzelnen Konsumentenklassen bleibt dabei aber erhalten.

effekt“ auf die Marktstrukturen hat. Da aber die Repetition v.a. von den Konsumentenklassen 3-5 verstärkt genutzt wird, ergibt sich kaum ein stärker stabilisierender Effekt als im Referenzfall. Der Grund hierfür ist, dass die Konsumentenklasse 4 und 5 im Referenzfall bereits die ebenfalls stabilisierend wirkenden imitativen Entscheidungsheuristiken einsetzen. Somit bewirkt nur die Konsumentenklasse 3 durch mehr Repetition einen quasi zusätzlich stabilisierenden Effekt auf die Marktstrukturen. So fördert weniger Unsicherheitsobsoleszenz nur in einem Schumpeter-II-Markt die Diffusion des nachhaltigen Konsummusters, während die Wirkung in den anderen Schumpeterregimen neutral ist.

(4) Als eine weitere Quelle von mehr Unsicherheit haben wir außerdem die Unsicherheit variiert, die aus den Unternehmen selbst für die Konsumenten entsteht. Die Ergebnisse entsprechen prinzipiell denen des Szenarios 3, bei dem die Unsicherheit aus den am Markt verfügbaren Informationen resultiert. So sind auch in dieser Szenariovariante (4) bei höherer Unsicherheit weniger Unternehmen am Markt aktiv und der Herfindahlindex ist höher als im Referenzfall und im Fall niedriger Unsicherheit. Der Grund dafür liegt wiederum in der verstärkten Nutzung imitativer Entscheidungsheuristiken durch alle Konsumentenklassen. Durch das gegenseitige Imitieren und das dadurch bedingte seltenere Wechseln des Anbieters werden im Schumpeter-II-Markt Akkumulationsvorteile besser ausgeschöpft, während sich dieses Verhalten – dass fast alle Konsumenten das gleiche Produkt nachfragen – im Schumpeter-I-Markt nachteilig auf die Diffusion des nachhaltigen Konsummusters auswirkt. Im Unterschied zu Szenario 3 wirkt sich dieses Verhalten der Konsumenten aber in einem Schumpeter-neutralen-Markt hier tatsächlich neutral aus.

(5) Schließlich haben wir auch die Unsicherheit aus Informationen auf der Unternehmensseite variiert. Sind die Unternehmen sicherer, dann deliberieren sie per Konzentration auf ihre eigenen Kernkompetenzen oder per Konsumentenforschung beim Überdenken ihrer eigenen Spezialisierungsausrichtung. Sind die Unternehmen dagegen unsicherer, neigen sie zur Imitation des erfolgreichsten Unternehmens am Markt, also des Unternehmens mit dem größten Marktanteil. Dieser unterschiedliche Einsatz der Spezialisierungsheuristiken der Unternehmen hat allerdings kaum einen Einfluss auf die Diffusion des nachhaltigen Konsummusters im Vergleich zum Referenzfall – nur im Schumpeter-neutralen-Markt

resultiert bei mehr Unsicherheit auf der Unternehmensseite eine deutliche Hemmung der Diffusion des nachhaltigen Konsummusters.

(6) Bei einer Variation der Unsicherheit, die für die Unternehmen aus einer Spezialisierungsänderung resultieren kann, ergeben sich die Ergebnisse entsprechend der Szenariovariation (5).

(7) Stammt mehr Unsicherheit für die Unternehmen aus einer geringeren Unsicherheitsobsoleszenz, hemmt dies das nachhaltige Konsummuster in allen drei Schumpeterregimen. Wie in der Szenariovariation (5) resultiert daraus, dass die sichereren Unternehmen stärker deliberieren als im Referenzszenario, während die Unternehmen bei mehr Unsicherheit eher das erfolgreichste Unternehmen am Markt imitieren. Letzteres hemmt in allen Schumpeterregimen die Diffusion des nachhaltigen Konsummusters, da die durchschnittliche Spezialisierung der Unternehmen in diesem Marktregime deutlich weniger zur nachhaltigen Qualität neigt. Außerdem lässt sich beobachten, dass die Konzentration an einem solchen Markt etwas größer ist.

(8) Resultiert eine veränderte Unsicherheitswahrnehmung der Unternehmen aus einer Variation der Unsicherheitstoleranz der Unternehmen, gelten ebenfalls die Ergebnisse zur Spezialisierungsänderung aus der Szenariovariation (5). Und wie in der Szenariovariation (7) resultiert die Imitationsneigung der Unternehmen bei großer Unsicherheit in einer Hemmung des nachhaltigen Konsummusters. Zusätzlich ist hier auch eine – allerdings nicht sehr ausgeprägte – Förderung des nachhaltigen Konsummusters im entgegengesetzten Fall von mehr Deliberation bei weniger Unsicherheit für die Unternehmen zu beobachten.

Die in Szenario 3 behandelte Frage, ob mehr Unsicherheit am Markt nachhaltige Konsummuster befördert, kann also wie folgt beantwortet werden: Mehr Unsicherheit unter den Konsumenten befördert nur dann nachhaltige Konsummuster, wenn es sich um einen Markt mit Akkumulationsvorteilen im Sinne eines Schumpeter-II-Marktes handelt. In den meisten Marktsituationen werden nachhaltige Konsummuster durch hohe Unsicherheit der Konsumenten dagegen behindert oder sogar blockiert. Auf der Unternehmensseite gilt: Mehr Unsicherheit unter den Unternehmen behindert die Diffusion des nachhaltigen Konsummusters.

Szenario 4: Hemmt anhaltende Zufriedenheit der Konsumenten mit dem am Markt vorhandenem Nutzenniveau die Ausbreitung nachhaltiger Konsummuster?

Zur Diskussion dieser Frage kann in einer ersten Szenariospezifikation die Evolution des Anspruchniveaus der Konsumenten in Abhängigkeit von der bisherigen Konsumhistorie variiert werden.[50]

In der Szenariospezifikation 1 wird eine Evolution des Anspruchsniveaus der Konsumenten nach oben ausgeschlossen, das Anspruchsniveau kann unabhängig vom realisierten Produktnutzen in der Vergangenheit nicht ansteigen. In der Szenariospezifikation 2 dagegen ist das Anspruchsniveau der Konsumenten stark von der bisherigen Konsumgeschichte abhängig und kann damit auch ansteigen.

Da wir bereits im Referenzszenario von MONAKO eine Evolution der Anspruchsniveaus der Konsumenten unterstellt haben, ist die Änderungswirkung der Spezifikation 2 entsprechend gering. In Spezifikation 1 entspricht ein nicht ansteigendes (in der Spezifikation 1 ist ein Absinken noch möglich)[51] im Sinne eines nicht evolvierenden Anspruchsniveaus der Konsumenten dem Fall statischer Ansprüche (nicht statischer Präferenzen). Ein nicht evolvierendes Anspruchsniveau kann sich demnach nicht mehr an den Status quo des realisierten Produktnutzens entsprechend der bisherigen Konsumgeschichte des Konsumenten nach oben anpassen. Da auf diese Weise zumindest bei den ersten 3 Konsumentenklassen das Konsumenten-Anspruchsniveau von den am Markt vorhandenen Produkten sehr schnell übertroffen wird, sind die Konsumenten relativ zufriedener. Dies bewirkt eine Bevorzugung der Repetition als Entscheidungsheuristik durch diese Konsumentenklassen. Die Konsumentenklassen 4 und 5 sind dagegen kaum betroffen, da ihr Anspruchsniveau bereits annahmegemäß sehr weit von dem am Markt erreichten Produktnutzen entfernt liegt und diese Konsumentenklassen daher definitionsgemäß unzufriedene Konsumenten sind.

Dieses verstärkte Wiederholen der Kaufentscheidung bei den ersten 3 Konsumentenklassen, also von einem Großteil der Konsumenten, wirkt

[50] Vgl. zur Interpretation einer Evolution des Anspruchsniveaus im Sinne evolutorischer Präferenzen Abschnitt 3.

[51] Für eine Variation der Steigerungs- und Senkungsmöglichkeiten des Anspruchsniveaus vgl. die Szenariovariationen in diesem Abschnitt weiter unten.

sich im Schumpeter-II-Markt nicht nachteilig aus, da so die Akkumulationsvorteile des Wissensaufbaus und damit der Produktverbesserung auch in Richtung auf eine höhere nachhaltigere Qualität besser durch die Unternehmen ausgeschöpft werden können. Allerdings ist ein „Einfrieren der Anbieterwahl" nun für den gesamten Markt zu beobachten, was im Referenzszenario nur für die Konsumentenklassen 4 und 5 durch das gegenseitige Imitieren typisch ist. So zeigt Abb. 9 ein stabiles Niveau für den Instabilitätsindex in Spezifikation 1. Dies wirkt in einem Schumpeter-neutralen und erst recht in einem Schumpeter-I-Markt als großer Nachteil für die Diffusion eines nachhaltigen Konsummusters.

Abb. 8: Nachhaltigkeitsindex [0,100] (x: Zeit = [0,400]) in Szenario 4

Schumpeter I	*Schumpeter neutral*	*Schumpeter II*
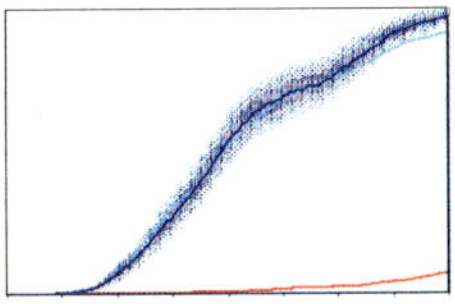	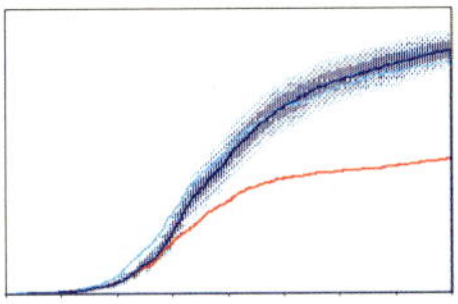	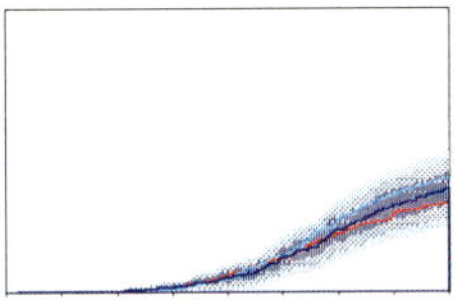
Nicht (Spezifikation 1), mittel (Referenzszenario mit Konfidenzintervallen: 0.1%, 1%, 10%), stark potentiell (Spezifikation 2) ansteigendes Anspruchsniveau der Konsumenten in den drei Schumpeterregimen.		
Steigt das Anspruchsniveau der Konsumenten kaum an, hemmt deren große Zufriedenheit die Diffusion des nachhaltigen Konsummusters sehr stark.		praktisch kein Einfluss
MONAKO-Ergebnis: Ein größere Zufriedenheit der Konsumenten durch den Status quo der am Markt angebotenen Produkte hemmt die Diffusion von nachhaltigen Konsummuster meist sehr stark.		

Abb. 9: Instabilitätsindex [0,0,16] (x: Zeit = [0,400]) in Szenario 4

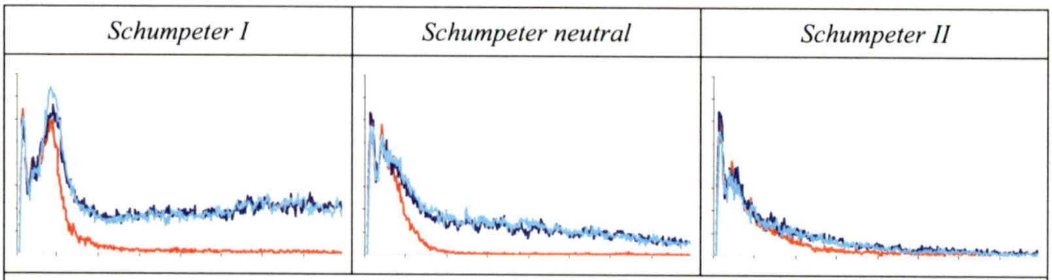

Nicht (Spezifikation 1), mittel (Referenzszenario), stark(Spezifikation 2) potentiell ansteigendes Anspruchsniveau der Konsumenten in den drei Schumpeterregimen.

Große Stabilität bei Szenarien mit nicht ansteigendem Anspruchsniveau der Konsumenten

Abb. 10: Anteile der verwendeten Entscheidungsheuristiken [0,1] (x: Zeit = [0,400]) in Szenario 4

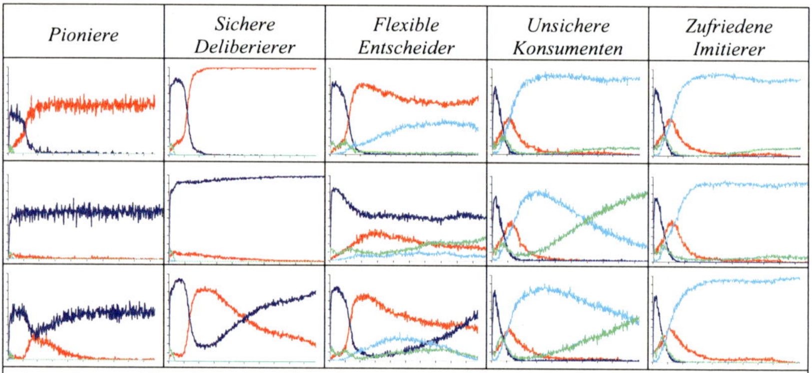

Repetition, Deliberation, Imitation, Social Comparison

Mehr Repetition bei den Konsumentenklassen 1-3 in Spezifikation 1 (1. Zeile) im Vergleich zum Referenzszenario (2. Zeile) und zur Spezifikation 2 (3. Zeile) (Schumpeter-I-Markt)

Szenariovarianten

(1) In einer ersten Szenariovariante zeigt sich: Trägt ein positiver sozialer Vergleich (Peers nutzen das gleiche Produkt wie der Konsument selbst) stärker als im Referenzszenario zur Zufriedenheit der Konsumenten bei (d.h. er senkt das Anspruchsniveau), hemmt dies die Diffusion des nachhaltigen Konsummusters geringfügig. Der Grund hierfür ist wiederum wie in Szenario 4 diskutiert, dass die etwas zufriedeneren Konsumenten ihre Auswahl der Entscheidungsheuristiken verschieben, wobei dies wie-

derum vor allem für die 3. und 4. Konsumentenklasse zutrifft. Die flexiblen Entscheider der 3. Konsumentenklasse bevorzugen etwas mehr die Repetition statt der Deliberation im Referenzszenario und die unsicheren Konsumenten der 4. Konsumentenklasse bevorzugen etwas mehr die Imitation der eigenen Konsumentenklasse als den sozialen Vergleich. Insgesamt bewirkt diese Verschiebung aber nur eine geringfügige Hemmung des nachhaltigen Konsummusters.

(2) In einer zweiten Szenariovariante haben wir den Einfluss von Umweltbelangen auf das Zufriedenheitsniveau (vice versa auf das Anspruchsniveau) variiert. In der Szenariospezifikation 1 haben Umweltbelange keinen Einfluss auf die Zufriedenheit der Konsumenten, während in Szenariospezifikation 2 Umweltbelange einen sehr starken Einfluss haben und die Konsumenten daher zunehmend unzufriedener werden, wenn sich die wahrgenommene Qualität der Lebensgrundlagen im relevanten Zeitraum verschlechtert oder der konsumentenindividuelle Informationsstock über umweltrelevante Informationen über die Konfliktschwelle hinaus anwächst. Die Ergebnisse der Spezifikation 1 entsprechen denen des Szenarios 4: Die Konsumenten sind prinzipiell zufriedener, was sich dadurch ausdrückt, dass die ersten drei Konsumentenklassen stärker als im Referenzszenario zur Repetition neigen und die Konsumentenklasse 4 zur Imitation. In der Szenariospezifikation 2 dagegen sind die Konsumenten entsprechend unzufriedener, so dass sie eher zur Deliberation in den Konsumentenklassen 1-3 beziehungsweise zum Social Comparison in der Konsumentenklasse 4 neigen. So bevorzugen vier von fünf Konsumentenklassen relativ stark die nachhaltige Qualität bei der Produktauswahl und fördern so das nachhaltige Konsummuster im Schumpeter-neutralen und im Schumpeter-I-Markt stärker als im Referenzszenario. Nur im Schumpeter-II-Markt ist der Einfluss neutral, da durch die deliberativen Anbieterwechsel der Konsumenten die Akkumulationsvorteile des Marktregimes nicht ausgeschöpft werden können.

(3) Für eine letzte Szenariovariante, die sich auf die Zufriedenheit der Konsumenten bezieht, haben wir auch noch das Gewicht der individuellen Einflussfaktoren auf die Zufriedenheit der Konsumenten variiert. So hat der individuelle Vergleich der Produktnutzen mit der eigenen Konsumgeschichte des Konsumenten und auch das Feststellen einer Wahrnehmungsverzerrung des Produktnutzens im ex ante-ex post-Vergleich in der ersten Spezifikation kaum einen Einfluss auf die Zufriedenheit des

Konsumenten und in der zweiten Spezifikation sehr großen Einfluss. Die Ergebnisse entsprechen denen der Szenariovariante (2).

(4) Schließlich haben wir auch die prinzipielle Zufriedenheit der Unternehmen in einer Szenarioalternative variiert. In der Szenario-Spezifikation 1 sind die Unternehmen zufriedener, während sie in der Szenariospezifikation 2 eher unzufrieden sind. Sind die Unternehmen tendenziell zufriedener als im Referenzszenario, dann verwenden sie als Heuristik zur Auswahl einer Spezialisierungsausrichtung vor allem das unternehmensinterne Evaluieren oder Repetieren. Letzteres fördert nachhaltige Konsummuster nicht per se, aber ersteres bewirkt eine unbedingte Förderung nachhaltiger Konsummuster in allen drei Schumpeterregimen.

Dagegen entscheiden unzufriedenere Unternehmen vor allem per Deliberation (durch Konsumentenforschung oder Konzentration auf die Kernkompetenzen) und Imitation des erfolgreichsten Unternehmens am Markt über ihre Spezialisierung. Dieses Verhalten schlägt sich wie in den Szenariovarianten des Szenarios 3, in denen Unternehmen mehr Unsicherheit empfinden und daher mehr zu Imitation neigen, in einer Hemmung der Diffusion des nachhaltigen Konsummusters nieder.

Die Antwort auf die Frage von Szenario 4, ob anhaltende Zufriedenheit der Konsumenten mit dem am Markt vorhandenem Nutzenniveau nachhaltige Konsummuster hemmt, lautet „ja". Mehr Zufriedenheit bei den Konsumenten hemmt die Diffusion des nachhaltigen Konsummusters, erhöhte Unzufriedenheit bei den Konsumenten fördert die Diffusion des nachhaltigen Konsummusters. Dagegen gilt aber bei den Unternehmen, dass mehr Zufriedenheit zur Förderung des nachhaltigen Konsummusters beiträgt.

Szenario 5: Fördert eine verstärkte Wertschätzung der nachhaltigen Qualität als Produktmerkmal nachhaltige Konsummuster?

In der Szenariospezifikation 1 hat die nachhaltige Qualität kaum Bedeutung für die Konsumenten bei der Produktauswahl, in der Szenariospezifikation 2 hat sie dagegen eine hohe Bedeutung.[52]

[52] Die in Abschnitt 3 erarbeitete Relation des Gewichtes der nachhaltigen Qualität für die Produktwahl in den einzelnen Konsumentenklassen bleibt dabei aber erhal-

Zunächst lässt sich in den Simulationsergebnissen beobachten, dass der durchschnittliche Preis der Produkte auf dem Markt in der Szenariospezifikation 2 immer etwas höher ist als im Referenzszenario und deutlich höher als in der Spezifikation 1. Der Grund dafür liegt darin, dass der Preis als Produktmerkmal in der Spezifikation 2 ein kleineres Gewicht hat und somit Produkte hoher nachhaltiger Qualität eben auch dann von den Konsumenten gewählt werden, wenn sie einen höheren Preis haben.

Die Unternehmen spezialisieren sich in der Spezifikation 2 ebenfalls verstärkt auf die nachhaltige Qualität, wie Abb. 12 zeigt, da die Unternehmen sich zum Beispiel beim Einsatz der Konsumentenforschung als Spezialisierungsrichtung von den Konsumenten leiten lassen. Hat die nachhaltige Qualität allerdings ein gewisses Niveau erreicht, werden auch die anderen Produktmerkmale „sonstige Qualität" und „Preis" wieder entscheidend, da sie einen relevanten Zusatznutzen stiften, so dass sich wieder vermehrt Unternehmen auch auf den Preis oder die sonstige Qualität spezialisieren. So nähert sich die durchschnittliche Spezialisierung der Unternehmen am Markt in Abb. 12 zum Ende des Simulationszeitraums wieder dem Niveau des Referenzszenarios an.

Das durchschnittliche Niveau der sonstigen Qualität fällt in Szenariospezifikation 2 vor allem im Schumpeter-neutralen und im Schumpeter-I-Markt erwartungsgemäß etwas niedriger als im Referenzszenario aus, im Schumpeter-II-Markt aber höher als im Referenzszenario. Den Grund dafür liefern die Akkumulationsvorteile der Unternehmen in diesem Regime. Die Spezifikation 2 befördert große Unternehmen, die durch den Größenvorteil nicht nur Produktverbesserungen der nachhaltigen Qualität besser realisieren können, sondern auch Verbesserungen im Hinblick auf die sonstige Qualität.

Umgekehrt gilt, dass in einem Schumpeter-I-Markt die größten Potenziale für die Produktverbesserung bei kleinen Unternehmen liegen, so dass das nachhaltige Konsummuster hier in der Spezifikation entsprechend am wenigsten gehemmt wird, auch wenn sich – wie Abb. 12 zeigt – tendenziell nur wenige Unternehmen auf die nachhaltige Qualität

ten, wie Abb. 13 zeigt. So ist z.B. die Konsumentenklasse 5 immer noch diejenige der 5 Konsumentenklassen, die der nachhaltigen Qualität das geringste Gewicht bei der Produktwahl beimisst.

spezialisieren – denn diese wenigen und vor allem kleinen Unternehmen[53] können die nachhaltige Qualität fördern.

Abb. 11: Nachhaltigkeitsindex [0,100] (x: Zeit = [0,400]) in Szenario 5

Schumpeter I	*Schumpeter neutral*	*Schumpeter II*

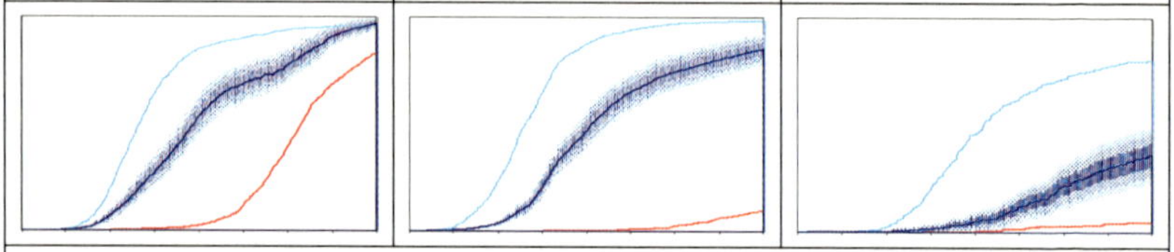

Niedrige (Spezifikation 1), mittlere (Referenzszenario mit Konfidenzintervallen: 0.1%, 1%, 10%), hohe (Spezifikation 2) Wertschätzung der nachhaltigen Qualität durch die Konsumenten in den drei Schumpeterregimen.

MONAKO-Ergebnis: Legen die Konsumenten mehr Wert auf die nachhaltige Qualität als Produktmerkmal fördert dies die Diffusion des nachhaltigen Konsummusters sehr stark.

Abb. 12: Durchschnittliche Spezialisierung der Unternehmen am Markt [1,3] (x: Zeit = [0,400]) in Szenario 5

Schumpeter I	*Schumpeter neutral*	*Schumpeter II*

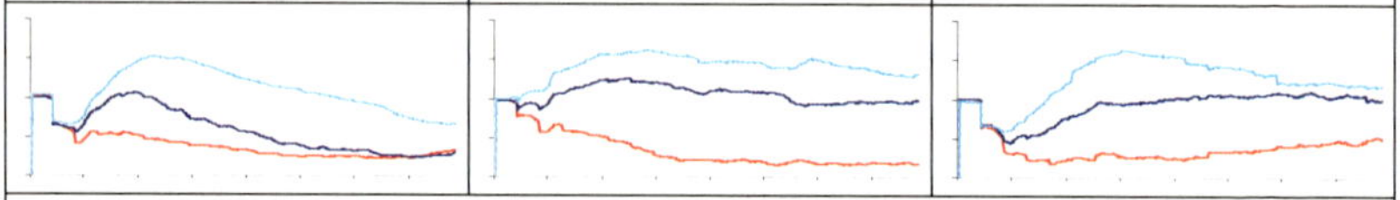

Spezialisierung der Unternehmen am Markt [1,3] (1: Preis, 2: sonst. ~, 3: nachhaltige Qualität); **niedrige (Spezifikation 1), mittlere (Referenzszenario),** hohe (Spezifikation 2) Wertschätzung der nachhaltigen Qualität durch die Konsumenten in den drei Schumpeterregimen.

Stärkere Spezialisierung der Unternehmen auf die nachhaltige Qualität, wenn die Konsumenten mehr Wert auf die nachhaltige Qualität legen; allerdings spezialisieren sich im Zeitablauf dann auch wieder mehr Unternehmen auf die anderen Produktmerkmale

[53] Kleiner sind diese Unternehmen in Spezifikation 1 vor allem, da der durchschnittliche Preis der Produkte am Markt niedriger ist, wie weiter oben argumentiert, und somit die Unternehmen geringere Gewinne einfahren und kleinere Kapitalstöcke aufbauen können.

Abb. 13: Präferenzverteilung [0,10] (x: Zeit = [0,400]) in Szenario 5

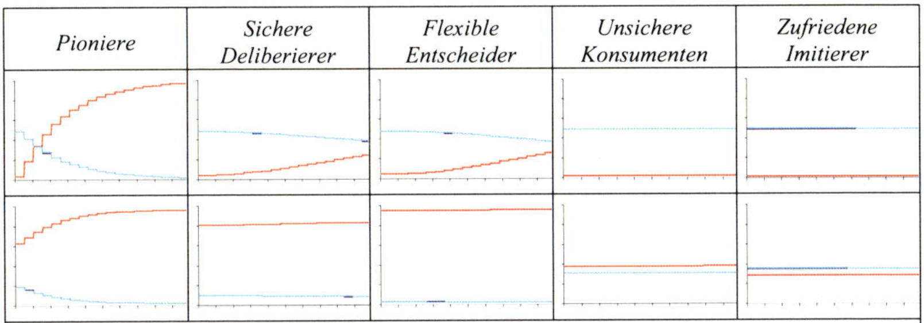

Gewicht der **nachhaltigen Qualität**, **sonstigen ~**, Preis bei der Produktwahl.

In Spezifikation 1 wird die nachhaltige Qualität nur für die Pioniere als Produktauswahlkriterium entscheidend (1. Zeile), während sie in Spezifikation 2 für die ersten drei Konsumentenklassen das dominante Produktmerkmal ist und bei den letzten beiden Konsumentenklassen immerhin noch eine große Bedeutung hat (3. Zeile). (Schumpeter-neutraler-Markt).

Szenariovarianten

(1) Im Gegensatz zur starken Förderung des nachhaltigen Konsummusters durch eine höhere Wertschätzung der Konsumenten für die nachhaltige Qualität zeigt sich in ergänzenden Szenarien, dass eine geringere Neigung zu Präferenzänderungen, parametrisiert durch die Geschwindigkeit der Präferenzänderungen, die Diffusion des nachhaltigen Konsummusters hemmt: Schnellere Präferenzänderungen fördern nachhaltige Konsummuster nur geringfügig. Sind aber keine Präferenzänderungen „pro-öko" zu verzeichnen, dann hemmt dies das nachhaltige Konsummuster schon deutlicher, da die „Zugpferde" einer möglichen nachhaltigen Entwicklung, die Konsumentenklassen 1-3, selbst auch nicht mehr so viel Wert auf die nachhaltige Qualität legen.

(2) Zusätzlich zur Geschwindigkeit der möglichen Präferenzänderungen haben wir noch die aus diesen Präferenzänderungen resultierende Unsicherheit variiert. Dies hat aber in der Simulationsanalyse keine weiterführenden Effekte gezeigt, da sich die veränderte Unsicherheit bei Präferenzänderung kaum auf die Entscheidungsheuristiken der Konsumenten auswirkt. Der Grund hierfür besteht darin, dass die Konsumentenklassen, die empfänglich sind für Unsicherheit (v.a. die Konsumentenklassen 4 und 5), ohnehin kaum Präferenzänderungen unterliegen und die Konsumentenklassen, die für Präferenzänderung empfänglich sind (die

Konsumentenklassen 1-3), sich als weitgehend unsicherheitsresistent erweisen.

Die Frage von Szenario 5, ob mehr Wertschätzung der nachhaltigen Qualität als Produktmerkmal nachhaltige Konsummuster fördert, kann nach den Befunden der Simulationsanalyse bejaht werden. Schwach ausgeprägte Möglichkeiten zur Präferenzänderung wirken hemmend auf die Diffusion nachhaltiger Konsummuster.

6 *Fazit*

In der Zusammenfassung der Simulationsergebnisse von MONAKO entsteht folgendes Bild:

1. Mehr Konkurrenz befördert nachhaltige Konsummuster nur in kreativen Schumpeter-I-Märkten.[54]
2. Mehr Skandale fördern nachhaltige Konsummuster, aber nicht so stark, wie in der öffentlichen Diskussion üblicherweise unterstellt wird.
3. Mehr Unsicherheit sowohl der Konsumenten als auch der Unternehmen erweist sich aufgrund des resultierenden ausgeprägten Imitationsverhaltens der Marktakteure als hinderlich für nachhaltige Konsummuster.
4. Das Umgekehrte gilt in bezug auf den Zufriedenheits-Status: Sind Konsumenten unzufriedener, fördert dies nachhaltige Konsummuster. Sind aber Unternehmen unzufriedener, hemmt dies eher die Ausbreitung nachhaltiger Konsummuster, da sich die Unternehmen v.a am erfolgreichsten Unternehmen am Markt orientieren, das i.d.R. kein „Nachhaltigkeitspionier“ ist.
5. Mehr Wertschätzung der nachhaltigen Qualität als Produktmerkmal durch die Konsumenten fördert die Diffusion nachhaltiger Konsummuster, während eingeschränkte Möglichkeiten zur Präferenzänderung der Konsumenten diese hemmen.

[54] Vgl. die Argumentation, dass dieser Marktregime-Typ für junge Märkte typisch ist, in Lehmann-Waffenschmidt, B.C. (2006).

Für die Szenarien, die mit MONAKO für die anderen Module im WENKE²-Projekt entwickelt und analysiert wurden[55], seien hier einige ausgewählte Ergebnisse zusammengefasst:

1. Entscheiden sich Konsumenten stark gewohnheitsmäßig für ein bestimmtes Produkt, fördert dies entgegen der ersten Intuition nachhaltige Konsummuster in einem Schumpeter-II-Markt, in dem die Unternehmensgröße vorteilhaft ist. Der Grund hierfür ist, dass die Konsumenten einem Unternehmen länger treu bleiben, das so eher wachsen und die Akkumulationsvorteile dieses Regimes besser ausnutzen kann. Analoges gilt bei stark ausgeprägtem sozialem Vergleich, da ein Unternehmen dann viele Konsumenten bindet und schnell Größenvorteile realisieren kann. Mehr überlegte, also deliberierte, Kaufentscheidungen wiederum erhöhen die Wechselbereitschaft der Konsumenten, was sich in diesen Schumpeter-II-Märkten als hinderlich erweist. So gilt nur in Schumpeter-neutralen und Schumpeter-I-Märkten das, was man intuitiv auch erwarten sollte, nämlich dass mehr „Nachdenken" fördernd und Gewohnheiten hemmend für nachhaltige Konsummuster wirken – wobei der hemmende Einfluss allerdings – entgegen der Intuition – auch für eine stärkere soziale Orientierung an den nachhaltigkeitsbewussten Konsumenten nachweisbar ist.

2. Unterliegen die Konsumenten einer Wahrnehmungsverzerrung der Nachhaltigkeitsqualität, so zeigt MONAKO, dass sich diese nur dann hemmend auswirkt, wenn sie extrem ausgeprägt ist.

3. Gelingt es, die Marktakteure gegenüber Umweltproblemen zu sensibilisieren, fördert dies erwartungsgemäß nachhaltige Konsummuster – es sei denn, sowohl Konsumenten als auch Unternehmen konzentrieren sich so stark auf die Nachhaltigkeitsqualität, dass es zu immer enger werdenden Märkten kommt. Deren fortschreitende Konzentration wirkt sich in einem Schumpeter-I-Markt letztlich negativ aus, da sie eine effektive Markteintrittsbarriere für neue kleine Unternehmen darstellt, die in diesem Regime aber die Hauptträger des technischen Fortschritts hätten sein sollen.

[55] Siehe das Kapitel zur „Integration der theoretischen Ansätze im WENKE²-Projekt im Modell für nachhaltigen Konsum MONAKO" in diesem Band. Einige Ergebnisse hierzu sind außerdem in der Publikation Antoni-Komar et al. (2010) präsentiert, an der die beiden Autoren dieses Beitrags beteiligt sind.

Literatur

Antoni-Komar, I., Lehmann-Waffenschmidt, C., Lehmann-Waffenschmidt, M., Müller, M., Pfriem, R., Uphoff, K. (2010): A cultural and evolutionary approach in economics: Transition towards sustainable food consumption (submitted)

Anderson, E.S., Valente, M. (2003): The Art of Simulation and the Lsd System, www.business.auc.dk/evolution/lsd/book/AndvalIntroSim. pdf

Axelrod, R. (1997): Advancing the Art of Simulation in the Social Sciences, in: Conte, R., Hegselmann, R., Terna, P. (Hrsg.): Simulating Social Phenomena, Berlin: Springer, S. 21-40

Bain, J. (1956): Barriers to new Competition, Cambridge: Harvard Univ. Press

Bio-Verlag (2007): Bio-Nichtkäufer als Kunden gewinnen, Marketing-Bericht für Biohandel, Aschaffenburg: Bio-Verlag

Cantner, U., Pyka, A. (1998): Absorbing Technological Spillovers: Simulations in an Evolutionary Framework, in: Industrial and Corporate Change 7, S. 39-397

CMA (2005): Öko für alle? Eine strategische Zielgruppenanalyse, CMA, http://www.sociovision.de/uploads/tx_mppress/2005_Juni_CMA.pdf

Dopfer, K. (2001): Evolutionary Economics: Framework for Analysis, in: Dopfer, K. (Hrsg.): Evolutionary Economics. Program and Scope, Massachusetts: Kluwer, S. 1-44

Dosi, G., Marengo, L., Fagiolo, G. (2005): Learning in Evolutionary Environments, in Dopfer, K. (Hrsg.): The Evolutionary Principles of Economics, Cambridge: Cambridge University Press, S. 255-338

Engelage, A. (2002): Qualitätswahrnehmung bei Lebensmitteln, Dissertation Freie Universität Berlin, verfügbar unter Deutsche Nationalbibliothek: www.diss.fu-berlin.de/2002/201/index.html

Fontana, W., Buss, L.W. (1994): What would be conserved if „the tape were played twice“, in: Proceedings of the National Academy of Sciences USA 91, S. 757-761

Forrester, J.W. (1994): System Dynamics, Systems Thinking, and Soft OR, in: System Dynamics Review 10, S. 245-256

Foss, N.J. (1994): Realism and evolutionary economics, in: Journal of Social and Evolutionary Systems 17, S. 21-40

Gilbert, G.N., Troitzsch, K.G. (1999): Simulation for the Social Scientist, Buckingham: Open University Press

Gould, S.J. (1989): This Wonderful Life, New York: Norton

Graf, H.-G. (1978): „Muster-Voraussagen“ und „Erklärungen des Prinzips“ bei F.A. von Hayek, Tübingen: Mohr

Hayek, F.A. von (1968): Der Wettbewerb als Entdeckungsverfahren, Kieler Vorträge, Neue Folge 56

Hayek, F.A. von (1972): Die Theorie der komplexen Phänomene, Bd. 36, Tübingen: Walter Eucken Institut

Hayek, F.A. von (1974): Die Anmaßung von Wissen, Rede anlässlich der Verleihung des Nobelpreises, Universität Stockholm

Hymer, S., Pashigan, P. (1962): Turnover of firms as a measure of market behaviour, in: Review of Economics and Statistics 44, S. 8-27

Janssen, M.A., Jager W. (1999): An integrated approach to simulating behaviourial processes: A case study of the lock-in of consumption patterns, in: Journal of Artificial Societies and Social Simulation 2, 2, www.soc.surrey.ac.uk/JASSS/2/2/2.html

Janssen, M.A., Jager, W. (2002): Stimulating Diffusion of Green Products: Co-Evolution between Firms and Consumers, in: Journal of Evolutionary Economics 12, S. 283-306

Kirzner, I.M. (1973): Competition and Entrepreneurship, Chicago: The University of Chicago Press

Kirzner, I.M. (1979): Perception, Opportunity, and Profit. Studies in the Theory of Entrepreneurship, Chicago: The University of Chicago Press

Kleinhückelkotten, S., Wegner, E. (2008): Nachhaltigkeit kommunizieren: Zielgruppen, Zugänge, Methoden, Hannover: ECOLOG-Institut

Kleinhückelkotten, S. (2005): Suffizienz und Lebensstile, Berlin: Berliner Wissenschafts-Verlag

Kleinhückelkotten, S. (2006): Soziale Milieus als Zielgruppen für Nachhaltigkeit. Vortrag im Rahmen der Expertenwerkstatt „Zielgruppen für die Nachhaltigkeitskommunikation", Hannover, ECOLOG-Institut

Kuhn, T.S. (1964): A Function for Thought Experiments, in: L'aventure de la science, Mélanges Alexandre Koyré, Bd. 2, Paris, S. 307-334, abgedruckt in: Krüger, L. (Hrsg.): Thomas S. Kuhn. Die Entstehung des Neuen, Frankfurt am Main: Suhrkamp, S. 327-356

Lancaster, K. (1966): A New Approach to Consumer Theory, in: Journal of Political Economy 14, S. 132-157

Lancaster, K. (1971): Consumer Demand: A new approach, Columbia: Columbia Press

Lancaster, K. (1979): Variety, Equity, and Efficiency, Oxford: Blackwell

Lehmann-Waffenschmidt, B.C. (2006): Industrieevolution und die New Economy, Marburg: Metropolis

Lehmann-Waffenschmidt, M. (1990): Ökonomische Evolution und Gleichgewicht – konträr oder komplementär, in: Witt, U. (Hrsg.): Studien zur Evolutorischen Ökonomik II, Berlin: Duncker & Humblot, S. 93-113

Lehmann-Waffenschmidt, M. (2002): Kontingenz und Kausalität bei Evolutorischen Prozessen, in: Studien zur Evolutorischen Ökonomik VI, 45, S. 247-288, Berlin: Duncker & Humblot

Lehmann-Waffenschmidt, M. (2004): Der kontingenztheoretische Ansatz zur Strukturanalyse verlaufs- und ergebnisoffener wirtschaftlicher Prozesse, in: Wissenschaftliche Zeitschrift der Technischen Universität Dresden 3-4, S. 131-136

Lehmann-Waffenschmidt, M. (2007): Economic Evolution and Equilibrium. Bridging the Gap. Lecture Notes in Mathematical Economics vol. 591, Heidelberg: Springer

Lehmann-Waffenschmidt, M. (2010): Contingency and Causality in Economic Processes – Conceptualizations, Formalizations, and Applications in Counterfactual Analysis, in: European Review, Royal Academy, im Erscheinen

Malerba, F., Orsenigo, L. (1997): Technological regimes and sectoral patterns of innovative activities, in: Industrial and Corporate Change 6, S. 83-118

March, J.G. (1991): Exploration and Exploitation in Organizational Learning, in: Organization Science 2, S. 71-87

March, J.G. (1994): A Primer on Decision Making: How Decision Happen, New York: Free Press

March, J.G. (2003): Understanding organisational adaptation, in: Society and Economy 25, S. 1-10

Marsili, O. (2002): Technological Regimes and Sources of Entrepreneurship, in: Small Business Economics 19, S. 217-231

Metcalfe, J.S. (1998): Evolutionary Economics and Creative Destruction, London: Routledge

Metcalfe, J.S. (2001): Evolutionary Approaches to Population Thinking and the Problem of Growth and Development, in: Dopfer, K. (Hrsg.): Evolutionary Economics. Program and Scope, London: Routledge, S. 141-164

Nelson, R.R., Winter, S.G. (1982): An Evolutionary Theory of Economic Change, Cambridge: Harvard University Press

Olliges, R. (1996): Abbildung von Diffusionsprozessen. Versuch einer formalen Modellierung in der evolutorischen Ökonomik mit Hilfe von genetischen Algorithmen, Heidelberg: Physica

Schumpeter, J.A. (1912): Theorie der wirtschaftlichen Entwicklung. Eine Untersuchung über Unternehmergewinn, Kapital, Kredit, Zins und den Konjunkturzyklus, Leipzig: Duncker & Humblot

Schumpeter, J.A. (1942): Capitalism, Socialism and Democracy, New York: Harper & Row

Silverberg, G., Verspagen, B. (2005): Evolutionary Theorizing on Economic Growth, in: Dopfer, K. (Hrsg.): The Evolutionary Foundations of Economics, Cambridge: Cambridge University Press, S. 506-539

Silverberg, G. (1997): Is There Evolution after Economics?, in: Schweitzer, F. (Hrsg.): Self-Organization of Complex Structures, Amsterdam: Gordon and Breach, S. 415-425

Silverberg, G., Dosi, G., Orsenigo, L. (1988): Innovation, diversity and diffusion: a self-organisation model, in: Economic Journal 98, S. 1032-1054

Simon, H.A. (1957): Model of Man, New York: Wiley

Simon, H.A. (1986a): Rationality in Psychology and Economics, in: Hogarth, R.M., Weber, M.W. (Hrsg.): The Behavioural Foundations of Economic Theory, Special Issue of the Journal of Economics 4, S. 9-37

Simon, H.A. (1986b): On the behavioural and rational foundations in economic dynamics, in: Day, R.H., Eliasson, G. (Hrsg.): The Dynamics of Market Economies, Amsterdam: North Holland

Simon, H.A. (1988): Models of Thought, Volume I, New Haven: Yale University Press, 2nd Edition

Sinus Sociovision (2007): Nachhaltigkeit geht! Rückschlüsse des Bio-Booms für den Non-Food-Bereich, Vortrag, Berlin

Tirole, J. (1988): The Theory of Industrial Organization, Cambridge: MIT Press

Valente, M. (1998): LSD Introduction, Manuals, Downloads and Documentation, http:// business.auc. dk/~mv/Lsd2.0/Intro20.html

Valente, M. (1999a): Evolutionary Economics and Computer Simulations – A Model for the Evolution of Markets, Volume I – Consumer Behaviour and Technological Complexity in the Evolution of Markets, http:// www.business.aau.dk/~mv/ThesisHome/Volume_I.pdf

Valente, M. (1999b): Evolutionary Economics and Computer Simulations – A Model for the Evolution of Markets, Volume II, Laboratory for Simulation Development – A Proposal for Simulation Models in Social Sciences, http://www.business.aau.dk/~mv/ThesisHome/ Volume_II.pdf

Valente, M. (1999c): Evolutionary Economics and Computer Simulations – A Model for the Evolution of Markets, Volume III – Lsd Model Reports, http://www.business.aau.dk/ ~mv/ThesisHome/ Volume_III.pdf

Valente, M. (2002): Simulation Methodology: an Example on Modelling Demand, http:// www.business.aau.dk/~mv/jena/SimDem.pdf

Weber, M. (1904): Die „Objektivität“ sozialwissenschaftlicher und sozialpolitischer Erkenntnis, Archiv für Sozialwissenschaft und Sozialpolitik, abgedruckt in: Winckelmann, J. (Hrsg.) (1982): Gesammelte Aufsätze zur Wissenschaftslehre von Max Weber, 5. Aufl., Tübingen: Mohr, S. 146-214

Wegner, E. (2008): Neue Zielgruppen für Nachhaltigkeit gewinnen, Vortrag bei 14. Fachgespräch der Initiative Hamburg lernt Nachhaltigkeit, Hannover: ECOLOG-Institut

Weizsäcker, C.C. von (1971): Notes on Endogenous Changes of Tastes, in: Journal of Economic Theory 3, S. 345-372

Weizsäcker, C.C. von (2002): Welfare Economics bei endogenen Präferenzen: Thünen-Vorlesung 2001, in: Perspektiven der Wirtschaftspolitik 3, S. 425-446.

Weizsäcker, C.C. von (2004): Ist der Begriff des Fortschritts kompatibel mit einer evolutorischen Sicht von Wirtschaft und Gesellschaft?, in: Kerber, W. (Hrsg.): Studien zur Evolutorischen Ökonomik IX. Evolutionsökonomische Grundsatzfragen, Makroökonomik und Institutionen, Berlin: Duncker & Humblot, S. 15-28

Windrum, P., Birchenhall, C. (1998): Is product life cycle theory a special case? Dominant designs and the emergence of market niches through coevolutionary-learning, in: Structural Change and Economic Dynamics 9, S. 109-134.

Windrum, P. (1999): Simulation models of technological innovation: A review, in: American Behavioural Scientist 42, S. 1531-1550

Winter, S.G. (1984): Schumpeterian Competition in alternative technological regimes, in: Journal of Economic Behaviour and Organization 5, S. 287-320

Winter, S.G., Kaniovski, Y.M., Dosi, G. (1997): A Baseline Model of Industry Evolution, IIASA Interim Report, IR-97-013

Winter, S.G., Kaniovski, Y.M., Dosi, G. (2000): Modeling industrial dynamics with innovative entrants, in: Structural Change and Economic Dynamics 11, S. 255-293

Winter, S.G., Kaniovski, Y.M., Dosi, G. (2003): A Baseline Model of Industry Evolution, in: Journal of Evolutionary Economics 13, S. 355-383

Witt, U. (1985): Coordination of Individual Economic Activities as an Evolving Process of Self-Organization, in: Économie Appliquée 38, S. 569-595

Witt, U. (1993): Emergence and Dissemination of Innovation: Some Principles of Evolutionary Economics, in: Day, R.H., Chen, P. (Hrsg.): Nonlinear Dynamics and Evolutionary Economics, New York: Oxford University Press, S. 91-100

Witt, U. (1997): Self-organization and economics what is new?, in: Structural Change and Economic Dynamics 8, S. 489-507

Yildizoglu, M. (2002): Competing R&D Strategies in an Evolutionary Industry Model, in: Computational Economics 19, S. 51-65

Appendix A

Relationen der Ausprägungen der Verhaltensdispositionen aus MONAKO zwischen den Sinus-Konsumentenklassen aus der Perspektive nachhaltigen Ernährungskonsums[56]

Sinus-Konsumentenklassen	**ETB**	**POM**	**MOP**	**KON**	**EXP**	**BÜM**	**TRA**	**DDR**	**K-MAT**	**HED**
%	0.1	0.1	0.1	0.05	0.08	0.15	0.14	0.05	0.12	0.11
Befragung zu:										
1. wichtigstes Produktmerkmal	**sq +nq**	**nq**	**sq (+ nq)**	**nq (+sq)**	**nq + sq**	**p (+ nq)**	**p**	**p**	**p**	**p**
Preis (p)	**g**	**g**	**g**	**g**	**g**	**m**	**h**	**h**	**h**	**h**
1/ „Qualität wichtiger als Preis" (7)	g	g	g	g	m	m	h	h	h	m
nachhaltige Qualität (nq)	**m**	**h**	**m**	**h**	**m**	**m**	**g-m**	**g-m**	**g**	**g**
Umweltorientierung Lebensmittel (6 Fragen) (7)	m	h	m	h	m	m	g	m	g	g
Umweltbewusster Konsum (1)	m	h	m	h	m	m	g	g	g	g
Gesunde Ernährung (1)	h	h	g	h	g	h	m	m	g	g
Gesundheitsorientierung (1)	m	h	m	h	m	h	m	m	g	g
Ernährung wichtig? (10 Fragen, ohne Fertiggerichtfrage) (7)	h	h	h	h	m	h	g	h	g	g
1/„Ich kaufe nie im Bioladen" (7)	h	h	m	m	m	m	g	g	g	m
1/„Ich kaufe nie Bio" (7)	h	h	m	m	m	m	g	g	g	m
Bio-Kunden (5)	g	h	m	g	g	m	g	g	g	g
Fairer Handel wichtig? (7)	m	h	m	m	h	m	g	g	g	g
Mehr ausgeben für Umweltfreundlichkeit (2,3)	h	h		h						
Artgerechte Tierhaltung wichtig? (3)	h	h	m	h	g	h	m	m	g	g
Einkaufsstätte Bioladen etc. (3)	m	h	m	g	g	m	g	g	g	m
sonstige Qualität (sq)	**h**	**m**	**h**	**m**	**m**	**g**	**g**	**g**	**g**	**g**
Qualitätsbewusstsein (1)	h	h	m	h	m	m	g	m	g	g
~, bestehend aus 4 Fragen (7)	h	m	h	m	m	g	g	g	g	g
2. Wahrnehmungsverzerrung der nachhaltigen Qualität	**m**	**g**	**m**	**m**	**m**	**h**	**m**	**m**	**h**	**h**
1/Bildungsstand (1)	g	g	g	g	g	m	h	m	h	h
Besitz- und Statusorientierung (1)	h	m	h	h	m	h	g	g	h	m
Konsumorientierung (1)	h	m	h	m	h	h	g	g	h	h

[56] Abkürzungen: g: gering, h: hoch, m: mittel, S: sicher, Z: zufrieden; grau: Bewertung von Befragungen und Charakterisierungen der Sinus-Milieus, weiß und fett: Schlussfolgerung für MONAKO aus darunter stehenden Fakten; Quellen der verwendeten Befragungen und Literatur: 1: Kleinhückelkotten (2005), S. 154, 1a: ~ S. 137-154, 2: Wegner (2008), 3: Kleinhückelkotten (2006), 4: CMA (2005), 5: Bio-Verlag (2007), 6: Sinus Sociovision (2007), 7: Kleinhückelkotten und Wegner (2008).

Sinus-Konsumentenklassen	ETB	POM	MOP	KON	EXP	BÜM	TRA	DDR	K-MAT	HED
3. Umweltinteressiertheit und -problembewusstsein	**h**	**h**	**m**	**h**	**m**	**m**	**g**	**m**	**g**	**g**
Informationssensibilität	**h**	**h**	**m**	**h**	**m**	**m**	**g**	**m**	**g**	**g**
Informationsorientierung (1)	h	h	m	h	m	m	g	m	g	g
1/„Zukunft des Planeten in 200 Jahren egal" (2)	h	h	h	h	g	m	m	g	g	g
Nachhaltigkeitsbewußtsein (3,1)	m	h	m	h	h	m	g	m	g	g
Niveau Konfliktschwelle	**m**	**g**	**m**	**g**	**m**	**m**	**m**	**h**	**h**	**h**
Umweltproblematik aufgebauscht (6)	m	g	g	g	h	m	m	h	h	h
1/ „hohes Umweltbewusstsein" (1)	m	g	m	g	m	m	h	h	h	h
4. Bereitschaft zu Präferenzänderung pro nq	**h**	**h**	**m**	**h**	**m**	**h**	**g**	**g**	**g**	**m**
„Engagieren für Umweltschutz" (2)	h	h	m	h	m	m	g	g	g	m
Öko-Moral (4)	m	h	m	h	m	h	m	m	g	m
5. Konsument (un-) zufrieden	**UnZ**	**UnZ**	**UnZ**	**UnZ**	**Z-UnZ**	**Z-UnZ**	**Z-UnZ**	**Z-UnZ**	**Z**	**Z**
individuell verursachte Anspruchssteigerung	**h**	**h**	**h**	**h**	**h**	**m**	**h**	**h**	**g**	**g**
Bedeutung individueller Erfahrungen (1a)	h	h	h	h	h	m	h	h	g	g
umweltverursachte Anspruchsteigerung	**h**	**h**	**h**	**h**	**g**	**h**	**m**	**g**	**g**	**g**
„Interesse für Zukunft der Erde?" (2)	h	h	h	h	g	h	m	g	g	g
sozialverursachte Anspruchs-senkung	**g**	**g**	**g**	**m**	**h**	**h**	**m**	**m**	**h**	**h**
Bedeutung sozialer Vergleiche (1a)	g	g	g	m	h	h	m	m	h	h
6. Konsument (un-) sicher	**S**	**S**	**S**	**S**	**S**	**S-UnS**	**UnS**	**UnS**	**UnS**	**UnS**
Unsicherheitssensibilität	**g**	**g**	**g**	**g**	**g**	**m**	**h**	**h**	**h**	**h**
1/Selbstkompetenz (1)	g	g	g	g	g	m	h	h	h	h
1/Produkttests etc. wichtig? (1a)	g	g	g	g	g		h	g	h	
Trends, Werbung, Marken (1a)	g	g							h	h
Niveau Unsicherheitstoleranz	**h**	**h**	**h**	**h**	**h**	**m**	**g**	**g**	**g**	**g**
1a	h	h	h	h	h	m	g	g	g	g
Schlussfolgerung für tendenziell bevorzugte Entscheidungsheuristiken (nach Janssen und Jager (1999, 2002)) entsprechend der (Un-) Zufriedenheit und (Un-) Sicherheit der Konsumenten in den Sinus-Milieus										
Repetition					X	X				
Deliberation	X	X	X	X	X	X				
Imitation (Vergleich mit eigener Konsumentenklasse)						X	X	X	X	X
Social Comparison (Vergleich mit Pionieren)						X	X	X		

Zusammenfassung der Relationen der Verhaltensdispositionen zwischen den Sinus-Konsumentenklassen aus Tabelle 4 (grau) und Ableitung der Parameterwerte für die MONAKO-Konsumentenklassen in t=0 im MONAKO-Referenzszenario (weiß), benannt nach ihrer Tendenz zu spezifischen Entscheidungsheuristiken, und zusätzlicher Konsumentenklasse 1: Pioniere per WENKE²-Pionierdefinition

Tendenziell bevorzugte Entscheidungsheuristiken (nach Janssen und Jager (1999, 2002)) entsprechend der (Un-) Zufriedenheit und (Un-) Sicherheit der Konsumenten in MONAKO					
Repetition			X		
Deliberation	X	X	X		
Imitation (Vergleich mit eigener Konsumentenklasse)			(X)	X	X
Social Comparison (Vergleich mit Pionieren)			(X)	X	
→ MONAKO-KONSUMENTENKLASSE	**1: Pioniere**	**2: Sichere Deliberierer** (ETB, POM, MOP, KON)	**3: Flexible Entscheider** (EXP, BÜM)	**4: Unsichere Konsumenten** (TRA, DDR)	**5: Zufriedene Imitierer** (K-MAT, HED)
%-Verteilung in MONAKO	4%	34%	22%	18%	22%
1. wichtigstes Produktmerkmal	**→ nq**	**nq+sq**	**alle**	**p**	**P**
p	→ sehr g	g	g-m	h	H
$\eta^{p}_{N,t=0}$ = GV[x;y]	[3,58; 3,08]	[1,75;1,25]	[2,75; 2,25]	[7,25;6,25]	[7,25;6,25]
nq	→ sehr h	m-h	m	g-m	G
$\eta^{nq}_{N,t=0}$ = GV[x;y]	[3,58; 3,08]	[4,5; 4,0]	[5,25; 4,75]	[2,25; 1,75]	[1,75; 1,25]
sq	→ sehr g	m-h	g-m	g	G
$\eta^{sq}_{N,t=0} = 10 - \eta^{p}_{N,t=0} - \eta^{nq}_{N,t=0}$	[3,84; 2,84]	[4,75; 3,75]	[3; 2]	[2; 0,5]	[2,5; 1]
2. Wahrnehmungsverzerrung der nachhaltigen Qualität	**sehr g**	**(g)-m**	**m-h**	**m**	**h**
$\chi^{Min}_{N,t=0}$ =GV[x;1]	0,9999	0,9	0,5	0,75	0,1
3. Umweltinteressiertheit und -problembewusstsein	**sehr h**	**(m)-h**	**m**	**g-m**	**g**
Informationssensibilität	sehr h	(m)-h	m	g-m	g
$\kappa_{N,t=0}$ =GV[x/2; x]	5	3,5	2,5	1	0,1
Niveau Konfliktschwelle	sehr g	g-m	m	m-h	h
I^{T}_{N} =GV[x/2; x]	10	250	500	750	1000
4. Bereitschaft zu Präferenzänderung pro Nachhaltigkeit	**sehr h**	**(m)-h**	**m-h**	**g**	**g-m**
ψ^{I} und $\psi^{\Delta u}$ =GV[x/2;x]	0,5	0,05	0,1	0,005	0,01

→ MONAKO-KONSUMENTENKLASSE	1: Pioniere	2: Sichere Deliberierer (ETB, POM, MOP, KON)	3: Flexible Entscheider (EXP, BÜM)	4: Unsichere Konsumenten (TRA, DDR)	5: Zufriedene Imitierer (K-MAT, HED)
5. Konsument (un-) zufrieden	**sehr UnZ**	**UnZ**	**Z-UnZ**	**Z-UnZ**	**Z**
individuell verursachte Anspruchssteigerung	sehr h	h	m-h	h	g
φ_N^{inidv} =GV[x/2;x]	0,5	0,2	0,15	0,2	0,001
umweltverursachte Anspruchssteigerung	sehr h	h	g-h	g-m	g
φ_N^{umwelt} =GV[x/2;x]	0,5	0,2	0,05	0,025	0,001
sozialverursachte Anspruchssenkung	sehr g	g-(m)	h	m	h
φ_N^{sozial} =GV[x/2;x]	0,0001	0,01	0,2	0,05	0,2
6. Konsument (un-) sicher	**sehr S**	**S**	**S-(UnS)**	**UnS**	**UnS**
Unsicherheitssensibilität	sehr g	g	g-m	h	h
κ_N^{ξ} =GV[x/2;x]	0,1	0,5	5	15	15
Niveau Unsicherheitstoleranz	sehr h	h	m-h	g	g
ξ_N^T =GV[x/2;x]	5000	2500	1900	1	1

Appendix B

Szenariorelevante Parameter für die Szenarien 1-5 und ihre Varianten in den relevanten Modellgleichungen von Abschnitt 3

Szenario	Parameter	in Gleichung	Spezifikation 1	Referenzszenario	Spezifikation 2
1	$\Theta^+_{i,t}$	(18) $= \begin{cases} K_{i,t-1} \cdot \lambda_{i,t}^{(\cdot)} \cdot \lambda_{i,t}, \text{ für Schumpeter I Markt} \\ 10^4 \cdot \lambda_{i,t}^{(\cdot)} \cdot \lambda_{i,t}, \text{ für Schumpeter neutralen Markt} \\ \left(10^7 \cdot \lambda_{i,t}^{(\cdot)}\right) / \left(\left(K_{i,t-1}\right)^2 \cdot \lambda_{i,t}\right), \text{ für Schumpeter II Markt} \end{cases}$			
2	ξ^{ISMax}	(18)	1	10	1.000
	γ^{IS}	(3)	0	0,05	1
3	ξ^{INMax}	(3)	0	100	1.000.000
3 (1)	κ_N^{ξ}= GV[x/2;x]	(3) KK1	0,001	0,1	10
		(3) KK2	0,005	0,5	50
		(3) KK3	0,05	5	500
		(3) KK4	0,015	15	1.500
		(3) KK5	0,015	15	1.500
3 (2)	ξ_N^T= GV[x/2;x]	(1) KK1	50	5.000	500.000
		(1) KK2	25	2.500	250.000

		(1) KK3	19	1.900	190.000
		(1) KK4	0,01	1	100
		(1) KK5	0,01	1	100
3 (3)	$o^{\xi N}$	(3)	0	0,9	1
3 (4)	ξ^{iMax}	(3)	0	100	1.000.000
	$\xi^{iMaxstoch}$	(3)	0	100	1.000.000
3 (5)	ξ^{IiMax}	(11)	0	100	100.000
3 (6)	$\xi^{\Delta siMax}$	(11)	0	100	100.000
3 (7)	$o^{\xi i}$	(11)	0,01	0,9	1
3 (8)	ξ_i^T=GV[x/2; x]	(10)	1	1.000	100.000.000
4	$\varphi^{\Phi max}$	(2)	1	1,5	10
4 (1)	φ_N^{sozial} = GV[x/2;x]	(2) KK1	0,000001	0,0001	0,01
		(2) KK2	0,0001	0,01	0,1
		(2) KK3	0,002	0,2	2
		(2) KK4	0,0005	0,05	0,5
		(2) KK5	0,002	0,2	2
4 (2)	φ_N^{umwelt} = GV[x/2;x]	(2) KK1	0,005	0,5	5
		(2) KK2	0,002	0,2	2
		(2) KK3	0,0005	0,05	0,5
		(2) KK4	0,00025	0,025	2
		(2) KK5	0,00001	0,001	0,01
4 (3)	φ_N^{indiv} = GV[x/2;x]	(2) KK1	0,005	0,5	5
		(2) KK2	0,002	0,2	2
		(2) KK3	0,0015	0,15	1,5
		(2) KK4	0,002	0,2	2
		(2) KK5	0,00001	0,001	0,01
4 (4)	φ^K	(10)	0,1	1,1	10
5	$\eta^p_{N,t=0}$ = GV[x;y]	(4) KK1 (Min)	4,82	3,58	1,60
		(4) KK1 (Max)	4,85	3,08	2,07
		(4) KK2 (Min)	4,78	1,75	0,73
		(4) KK2 (Max)	4,80	1,25	1,20
		(4) KK3 (Min)	4,74	2,75	0,01
		(4) KK3 (Max)	4,76	2,25	0,49
		(4) KK4 (Min)	4,89	7,25	2,86
		(4) KK4 (Max)	4,91	6,75	3,34
		(4) KK5 (Min)	4,91	7,25	3,34
		(4) KK5 (Max)	4,94	6,75	3,81
	$\eta^{nq}_{N,t=0}$ = GV[x;y]	(4) KK1 (Min)	0,36	3,58	6,80
		(4) KK1 (Max)	0,31	3,08	5,85
		(4) KK2 (Min)	0,45	4,5	8,55
		(4) KK2 (Max)	0,40	4	7,60
		(4) KK3 (Min)	0,53	5,25	9,98
		(4) KK3 (Max)	0,48	4,75	9,03
		(4) KK4 (Min)	0,23	2,25	4,28
		(4) KK4 (Max)	0,18	1,75	3,33
		(4) KK5 (Min)	0,18	1,75	3,33
		(4) KK5 (Max)	0,13	1,25	2,38
5 (1)	$t^{\Delta\eta}$	(4)	1	20	400
5 (2)	$t^{\Delta\eta}$	(4)	1	20	400
	ξ^{uNMax}	(3)	0	100	1.000.000

Übersicht der szenariounabhängigen Parameterkonfiguration in den relevanten Modellgleichungen von Abschnitt 3

	in:	KK 1	KK2	KK3	KK4	KK5
$\chi^{Min}_{N,t=0} = GV[x;1]$	(1)	0,9999	0,9	0,5	0,75	0,1
ψ^{I} und $\psi^{\Delta u} = GV[x/2;x]$	(4)	0,5	0,05	0,1	0,005	0,01
$I^{T}_{N} = GV[x/2; x]$	(5)	10	250	500	750	1000
$\kappa_{N,t=0} = GV[x/2; x]$	(5)	5	3,5	2,5	1	0,1

Im Folgenden gibt die Zahl in der Klammer die relevante Modellgleichung aus Abschnitt 3 an, zu der die betreffende szenariounabhängige Parameterkonfiguration gehört:

(1) $t^{\Delta\eta} = 20$ (1) $u^{p}_{N,t} = \left(\tanh\left(-0.3 \cdot \left(p^{*}_{i,t} + 10\right)\right) + 1\right)/5$

(1) $u^{(\cdot)}_{N,t} = \left(\tanh\left(-1 \cdot \left((\cdot)^{*}_{i,t} + 10\right)\right) + 1\right)/5$, für (.)=sq, nq

(1) $$\chi_{N,tj} = \begin{cases} \chi^{Min}_{N,t=0}, \text{ für } t = 0 \\ \dfrac{\left(1 - \chi_{N,tj}\right)}{20} + \chi_{N,tj-1}, & \text{für } \Delta\eta_{N,t} \neq 0 \text{ und } \left(\eta^{nq}_{N,t} \cdot u^{nq}_{N,t}\right) \cdot \left(1 - \chi_{N,t}\right) \neq 0 \\ \chi_{N,tj}, \text{sonst} \end{cases}$$

(1) $\varepsilon^{T}_{N,t} = GV[1; 1{,}05]$ (1) $\Phi_{N,t=0} = GV\left[\left(u^{\max\eta}_{N,t=0}/2\right), \left(u^{\max\eta}_{N,t=0} \cdot 2\right)\right]$

(1) $t^{\Delta\eta} = GV[0, t^{\Delta\eta\max}]$

(2) $\Phi_{N,t} \leq \varphi^{\Phi\max} \cdot \Phi_{N,t-1}$ (2) $\rho^{\Phi} = 0{,}075$

(2) $\varphi^{u}_{N,t} = \begin{cases} \varphi^{inidv}_{N}/2, \text{ für } \Phi_{N,tj} < u_{N,tj} \\ 1, \text{ sonst} \end{cases}$, $\varphi^{\Delta u}_{N,t} = \begin{cases} \varphi^{inidv}_{N}/2, \text{ für } \Phi_{N,tj} < u_{N,tj} \text{ und } \Delta u_{tj} \geq u_{tj} \cdot u^{T} \\ 1, \text{ sonst} \end{cases}$

(2) $\varphi^{I}_{N,t} = \begin{cases} \varphi^{umwelt}_{N}/2, \text{ für } I_{N,t} > I^{T}_{N} \\ 0, \text{ sonst} \end{cases}$, $\varphi^{QLG}_{N,t} = \begin{cases} \varphi^{umwelt}_{N}/2, \text{ für } QLG_{t-1} > QLG_{t} \\ 0, \text{ sonst} \end{cases}$

(2) $\varphi^{SocC}_{N,t} = \begin{cases} \varphi^{sozial}_{N}/2, \text{ für } i_{N} = i^{\max(\vartheta i,t,\text{PionierKK})} \\ 0, \text{ sonst} \end{cases}$, $\varphi^{Im\,i}_{N,t} = \begin{cases} \varphi^{sozial}_{N}/2, \text{ für } i_{N} = i^{\max(\vartheta i,t,\text{eigKK})} \\ 0, \text{ sonst} \end{cases}$

(3) $$\xi^{i}_{N,t} = \begin{cases} \left(GV[0, \xi^{iMax}] + GV[0, \xi^{iMaxstoch}]\right), \text{ für } \varphi^{(\cdot)}_{i,t} < \overline{\varphi^{(\cdot)}_{i}} \\ -\left(GV[0, \xi^{iMax}] + GV[0, \xi^{iMaxstoch}]\right), \text{ für } \varphi^{(\cdot)}_{i,t} \geq \overline{\varphi^{(\cdot)}_{i}} \end{cases}, \text{ mit } (\cdot) \rightarrow \eta^{Max}_{N,t} \in \left[\eta^{p}_{N,t}, \eta^{sq}_{N,t}, \eta^{öq}_{N,t}\right]$$

(3) $$\xi^{I}_{N,t} = \begin{cases} GV[0, \xi^{INMax}], \text{ für } I_{N,t} > I^{T}_{N} \\ 0, \text{ sonst} \end{cases}$$

(3) $$\xi^{u}_{N,t} = \begin{cases} 0, \text{ für } \Delta\eta = 0 \\ GV[0, \xi^{uNMax}], \text{ für } \Delta\eta_{N,t} \neq 0 \text{ und } u_{N,t} \leq u_{N,tj} \\ -GV[0, \xi^{uNMax}], \text{ für } \Delta\eta_{N,t} \neq 0 \text{ und } u_{N,t} > u_{N,tj} \end{cases}$$

(4) $\psi_{N,t} = \psi^{I}_{N,t} + \psi^{\Delta u}_{N,t}$ (4) $\psi^{I}_{N,t} = \begin{cases} GV\left[0, \psi^{I}\right], \text{ für } I_{N,t} > I^{T}_{N} \\ 0, \text{ sonst} \end{cases}$

(4) $$\psi^{\Delta u}_{N,t} = \begin{cases} GV\left[0, \psi^{\Delta u}\right] & \text{für } \Delta\eta_{N,t-1} = 1 \text{ und } \Delta u_{N,t} > 0{,}01 \\ 0, \text{ sonst} \end{cases}, \text{ mit } \Delta\eta_{N,t} = \begin{cases} 1, \text{ für } \#t_{t} = t^{\Delta\eta} \rightarrow \#t_{t} = 0 \\ 0, \text{ sonst} \rightarrow \#t_{t} = \#t_{t-1} + 1 \end{cases}$$

(5) $o^{IN} = 0{,}9$

(5) $o^{IN\Delta\eta} = \begin{cases} 0{,}5, \text{für } \Delta\eta = 1 \\ 1, \text{sonst} \end{cases}$

(6) $\lambda = 0{,}1$

(7) $p_{i,t} > 0{,}1$

(7) $\psi_{i,t} = \psi_{i,tj}^{tj-1} + \psi_{i,tj}^{tj-2}$, für [- 0,95; 1]

(7) $\psi_{i,tj}^{tj-1} = \begin{cases} -0{,}05 \text{ für } N_{i,tj-1} < N_{i,tj-2} \text{ oder } s_i = p \text{ oder } \vartheta_{i,t} = 0 \\ +0{,}05/2 \text{ für } N_{i,tj-1} \geq N_{i,tj-2} \\ 0, \text{für } \vartheta_{i,t} = 1 \end{cases}$

(7) $\psi_{i,tj}^{tj-2} = \begin{cases} -0{,}025 \text{ für } N_{i,tj-2} < N_{i,tj-3} \text{ oder } s_i = p \text{ oder } \vartheta_i = 0 \\ +0{,}025/2 \text{ für } N_{i,tj-2} \geq N_{i,tj-3} \\ NV(0,(0{,}025/20)), \text{mit } \psi_{i,tj}^{tj-2} \geq 0, \text{für } \vartheta_{i,t} = 1 \end{cases}$

(8) $\zeta^{\Theta} = GV[(0,1)/500]$

(9) $\zeta^{(\cdot)} = 100$

(9) $nq_{i,t}$, für $[0,10] \equiv \lfloor nq_{i,t}^{v} \rfloor$

(9) ^{sq}, $o^{nq} = 0{,}995$

(10) $t^{\Delta s} = 20$

(10) $\rho^{\Delta s} = 50$

(10) $\lambda^{s \neq (.)}$, $\lambda^{s=p} = 0{,}025$

(10) $\lambda^{s=(\cdot)} = 0{,}975$, für (.)=sq, nq

(10) $\xi_{i,tj}^{I} = \begin{cases} GV[0, \xi^{IiMax}], \text{für } I_{i,t} > I_i^T \\ 0, \text{sonst} \end{cases}$

(11) $\xi_{i,tj}^{I} = \begin{cases} GV[0, \xi^{IiMax}], \text{für } I_{i,t} > I_i^T \\ 0, \text{sonst} \end{cases}$

(11) $\xi_{i,t}^{\Delta s} = \begin{cases} 0, \text{für } \Delta s = 0 \\ GV[0, \xi^{\Delta siMax}], \varphi^K \leq K_{i,t}/K_{i,t-1} \\ -GV[0, \xi^{\Delta siMax}], \varphi^K > K_{i,t}/K_{i,t-1} \end{cases}$

(12) $o^{iI} = 0.9$

(12) $o^{iI\Delta s} = \begin{cases} 0{,}5, \text{für } \Delta s = \text{Konfliktabbau} \\ 1, \text{sonst} \end{cases}$

(13) $\vartheta^{Min} = 0{,}05$

(13) $\delta = 1{,}15$

(13) $t^{BMax} = 20$

(14) $e^{innoMax} = 2$

(14) $K_{e,t}^{imi} = GV\left[K_{i,t}^{prov}/25, K_{i,t}^{prov}/15\right]$ bzw. $K_{e,t}^{inno} = GV\left[\overline{K_t}/25, \overline{K_t/15}\right]$

$(\cdot)_{e,t}^{imi} = GV\left[(\cdot)_{i,t}^{prov}/1{,}1, (\cdot)_{i,t}^{prov} \cdot 1{,}025\right]$ bzw. $(\cdot)_{e,t}^{inno} = GV\left[\overline{(\cdot)_t}/1{,}1, \overline{(\cdot)_t} \cdot 1{,}025\right]$, für (.)=p

$(\cdot)_{e,t}^{imi} = GV\left[(\cdot)_{i,t}^{prov}/2, (\cdot)_{i,t}^{prov} \cdot 1{,}025\right]$ bzw. $(\cdot)_{e,t}^{inno} = GV\left[\overline{(\cdot)_t}/2, \overline{(\cdot)_t} \cdot 1{,}025\right]$, für (.)= sq, nq^v,

I^T, κ, ξ^T, Θ^{sq}, Θ^{nq}

(15) ^{krit}=5

(15) t^{Ex}=8

(18) $o^{IM} = NV(0{,}5; (0{,}5/100))$

(18) $I^{Max} = 1$

(18) $\zeta^{IMax} = 1/100$

(18) $I_t^{voni} = \begin{cases} GV\left[0, \sum_{i=1}^{n} \left(I_{i,t} - I_i^T\right)\right], \text{für alle i mit } I_{i,t} > I_i^T \text{ und } s = nq \\ 0, \text{sonst} \end{cases}$

(18) $I_t^t = GV\left[0, \left(-QLG_t \cdot \zeta^{IMax} \cdot I^{Max}\right)\right]$

(18) $I_t^S = GV\left[0, \left(I^{SMax} \cdot \left(-QLG_t/\zeta^{ISMax}\right)\right)\right]$

(18) $\rho_t^{IS} = \begin{cases} 0, \text{wenn } GV\left[0, \gamma^{IS}\right] < GV[0,1] \\ 1, \text{sonst} \end{cases}$

Zur Diffusion von Solarthermieanlagen aus Sicht evolutionsökonomischer Konsumforschung

Empirische Befunde für den Raum Hannover

Julia Sophie Wörsdorfer

1 Motivation

Dass die häusliche Nutzung von Solarthermieanlagen durch die Verwendung regenerativer Energien einen positiven Beitrag zur Erhaltung natürlicher Ressourcen und zur Vermeidung von Treibhausgasen leisten kann, ist heute unumstritten (Kalogirou 2004; Tsoutsos et al. 2005). Durch die eigene Erzeugung von Heizungswärme und warmem Wasser entstehen für den Haushalt in der Nutzungsphase zudem finanzielle Vorteile in Form von reduzierten Energiekosten. An der bislang recht geringen Verbreitung dieser Technologien (Caird et al. 2008; Clausen 2008; Faiers/ Neame 2006) ist aber abzulesen, dass allein diese Faktoren für die Mehrheit der Verbraucher nicht genügend Anreize bieten, eine solarthermische Anlage zu installieren.

Konsumentenbefragungen der vergangenen Jahre zeigen übereinstimmend, dass die hohe finanzielle Belastung sowie fehlende Transparenz bezüglich der Produkteigenschaften einer Anschaffung hinderlich sind, obwohl Konsens bezüglich der Umweltverträglichkeit dieser Technologie besteht (Faiers/Neame 2006). Im Einzelnen sind aus Sicht der Konsumenten folgende Barrieren der Anschaffung zu nennen: hohe Kapitalkosten, eine lange Amortisationszeit, zu geringe staatliche Zuschüsse sowie geringes Vertrauen in die Funktionstüchtigkeit und Effektivität der

Anlagen (Foster 1993; Watson et al. 2006). Auch mangelnde Vergleichbarkeit der Leistungen verschiedener Produzenten und Installateure versetzt viele Verbraucher in eine abwartende Haltung (Caird et al. 2008). Daher gibt ein Großteil der befragten Konsumenten an, erst bei einer sichtbar stärkeren Verbreitung von Solaranlagen (insbesondere auch in staatlichen Einrichtungen), bei staatlich festgelegten Produktstandards sowie einer stärkeren Subventionierung der Anlagen eine Anschaffung in Angriff nehmen zu wollen (Faiers et al. 2007).

Die empirischen Befunde deuten insgesamt darauf hin, dass sich der Markt für Solarthermieanlagen am Anfang des Diffusionsprozesses befindet und von umweltinteressierten und eigenmotivierten Käufern geprägt ist, die über eine hohe Zahlungsbereitschaft verfügen (Sultan/Winer 1993). Oft werden die jetzigen Besitzer von Solaranlagen daher als „early adopters" im Sinne von Rogers (1995) bezeichnet (Faiers/Neame 2006).

Ein Großteil der bisherigen Forschung zur Nachfrage nach Solaranlagen hat sich mit der Bewertung der Produkteigenschaften und insbesondere finanziellen Aspekten der Anschaffung befasst. Im Gegensatz dazu wird in dieser Arbeit die motivationale Seite des Konsumverhaltens stärker beleuchtet. Mittels einer Konsumentenbefragung im Raum Hannover im Jahr 2007 wird genauer analysiert, welche Bedeutung den Umwelteinstellungen, dem Verhalten von Referenzpersonen und dem Produktwissen der Konsumenten für die Adoptionsentscheidung zukommt. Den theoretischen Rahmen für diese Untersuchung bilden Rogers' Theorie zur Diffusion von Innovationen (Rogers 1995) sowie die Theorie des lernenden Konsumenten nach Witt (2001). Es wird vermutet, dass obigen Faktoren in Abhängigkeit von der Position des Konsumenten innerhalb des Diffusionsprozesses eine unterschiedliche Bedeutung zukommt. Daher werden heutige Besitzer von Solarwärmeanlagen getrennt von Haushalten ohne Solaranlage analysiert (für einen ähnlichen Ansatz, vgl. Caird et al. 2008 und Faiers et al. 2007). Im Unterschied zu bisherigen Studien richtet sich das Augenmerk hier allerdings nicht auf die bereits stattgefundene Anschaffung (vgl. Welsch/Kühling 2009). Stattdessen wird untersucht, welche Faktoren maßgeblich über einen zukünftigen Ausbau bzw. Neubau entscheiden, und inwiefern sich diese auf das bloße Interesse gegenüber der konkreten Planung einer Anschaffung auswirken.

Die Arbeit ist wie folgt gegliedert. In Abschnitt 2 findet eine Einführung in den theoretischen Rahmen der Arbeit statt, und es werden die

Forschungshypothesen hergeleitet. Abschnitt 3 stellt die Datenbasis und die Analysemethode vor. Die empirischen Ergebnisse, gegliedert in deskriptive und quantitative Befunde, werden in Abschnitt 4 präsentiert. Einige Schlussfolgerungen in Abschnitt 5 schließen die Analyse ab.

2 Theoretischer Hintergrund und Forschungshypothesen

2.1 Konsum als Lernprozess

Die Theorie des lernenden Konsumenten (im Original: „Learning to consume", vgl. Witt 2001) ist ein zentraler Bestandteil des naturalistischen Ansatzes der Evolutionsökonomik, welcher die Entstehungsbedingungen selbstinduzierten und selbstorganisierten Wandels wirtschaftlicher Systeme untersucht (Witt 1987 und 2003). Im naturalistischen Zweig der Evolutionsökonomik werden Entstehungs- und Diffusionsbedingungen von Neuigkeit („novelty") auf angeborene menschliche Verhaltensdispositionen sowie die Potenziale und Grenzen menschlicher Erkenntnis- und Lernfähigkeit zurückgeführt.[1] Unter der Annahme, dass jegliche kulturelle, also auch wirtschaftliche Entwicklung auf der durch die Evolution geprägten menschlichen Natur aufbaut, wird die enge Verknüpfung biologischer und kultureller Entwicklung postuliert:

> „Das reflektierte […] Handeln des Menschen, das in der Ökonomik die zentrale Rolle spielt, ist nur die oberste Ebene in einer Hierarchie von Verhaltensmustern […]. Vermutlich haben die Anforderungen in den früheren Phasen der menschlichen Stammesgeschichte hier sowohl genetisch fixierte, elementare Verhaltensprogramme hervorgebracht als auch die Grenzen festgelegt, bis zu denen sich die physische und psychische Kapazität des Menschen entwickeln konnte." (Witt 1987, 112)

Während die neoklassische Konsumtheorie die Fragen offen lässt, warum bestimmte Güter als nutzenstiftend eingestuft werden und auf welche Weise Konsumenten zu dieser Nutzeneinschätzung gelangt sind, befasst

[1] Anders als bei der von Nelson und Winter (1982) etablierten Bezugnahme auf Darwins Evolutionstheorie (durch die Verwendung von Analogiekonstruktionen: Variation und Selektion; vgl. auch Hodgson 2002) geht es bei dem naturalistischen Ansatz vielmehr darum, den langfristigen wirtschaftlichen Wandel aus biologisch-psychologischer Sicht nachzuvollziehen (Witt 2008).

sich die Theorie des lernenden Konsumenten explizit mit der motivationalen Seite des Konsumverhaltens sowie der Rolle von Lernprozessen für Erwerb und Diffusion neuer Konsumgüter. Aufbauend auf Theorien und empirischen Erkenntnissen der Psychologie und Sozialpsychologie (Anderson 2000; Frieman 2002; Weiner 1994) wird ein realistischeres Modell des Konsumentenverhaltens postuliert, welches die Konzepte Bedürfnisse (und deren Sättigungseigenschaften) sowie wissens- und erfahrungsbasierte Lernprozesse in den Vordergrund rückt.

Grundbedürfnisse werden als die in der Verhaltensforschung identifizierten „primären Verstärker" definiert und umfassen z.B. Nahrung, Schlaf, Gesundheit, soziale Anerkennung etc. Wird eine Konsumhandlung ausgeführt, wodurch diese Bedürfnisse befriedigt werden, erlebt das Individuum eine sensorische Rückkopplung und lernt eine Assoziation zwischen Produkt und Bedürfnisbefriedigung (erfahrungsbasiertes Lernen). Der als „verstärkend" empfundene Konsumakt wird dann in Zukunft relativ häufiger auftreten, je nachdem wie stark die gefühlte Belohnung im Vergleich zu anderen Konsumalternativen ist (Herrnstein 1997). Das Phänomen der Verstärkung beschreibt Witt folgendermaßen:

> „Bei diesen ändern sich Handlungs- und Reaktionshäufigkeiten durch instrumentelle oder operante Konditionierung so, daß Verhalten, das erfolgreich ist, verstärkt auftritt und anderes vermindert oder eliminiert wird. Grundlage der Erfolgsbewertung – so kann man vermuten – ist die Auflösung elementarer Empfindungen wie Schmerz, Hunger, Durst, Freude, Furcht, Ärger. Durch genetisch programmierte, neurologische Vorgänge stuft der Organismus diese als angenehme bzw. unangenehme Reizzustände ein, die entsprechend positiv bzw. negativ verstärkend auf das Verhalten, das sie hervorruft, zurückwirken." (Witt 1987, 112)

Darüber hinaus suchen Konsumenten gezielt nach neuen Mitteln der Bedürfnisbefriedigung und erweitern ihr Verhaltensrepertoire aufgrund von wissensbasiertem Lernen:

> „Menschen legen ihrem Handeln häufig mehr oder weniger klar als solche erkannte „Theorien" im Sinn von erwarteten Ursache-Folge-Beziehungen zugrunde. Die Änderung eines Verhaltens kann daher ganz im Sinne der deskriptiven ökonomischen Entscheidungstheorie einem bewussten, auf erworbenem Wissen beruhenden Plan folgen." (Witt 1987, 113)

Gerade kognitive Lernvorgänge müssen aber nicht nur auf individueller Ebene stattfinden. Durch die Orientierung an „Experten“ oder Mediennutzung werden individuelle Lernkosten und mögliche Fehlentscheidungen vermieden (sozial-kognitives Lernen, vgl. Bandura 1986). Auch Konformitätsbestrebungen bewirken eine Anpassung an die Konsummuster anderer (Boyd/Richerson 2005; Cordes 2004). Soziales Lernen lenkt die Aufmerksamkeit des Konsumenten auf bestimmte Konsumlösungen, führt zur Homogenisierung im Konsumverhalten und trägt zur Beschleunigung des Konsumwandels bei:

> „Sprachliche Kommunikation und symbolische Aufzeichnung von Wissensinhalten ermöglichen auch eine außerordentliche Verbreiterung der Informationsbasis über die eigene Erfahrung hinaus. In jedem Fall ergibt sich eine Verhaltensanpassung des menschlichen Phänotypus mit einer substantiell höheren Geschwindigkeit als sie die genetische Anpassung durch das ungerichtete Experimentierverfahren der natürlichen Auslese aufweist, das jeweils Generationen für eine Korrektur benötigt.“ (Witt 1987, 113)

Schließlich nimmt die Theorie eine Unterscheidung in Gütertypen dahingehend vor, ob Bedürfnisbefriedigung direkt durch das Gut oder durch die Dienstleistungen, die es abgibt, erzielt wird. Eine direkte, sensorisch erlebbare Bedürfnisbefriedigung liefern Produkte wie Lebensmittel, während ein Großteil langlebiger Güter (z.B. Waschmaschinen, Solarthermieanlagen) indirekt wirkt. In Bezug auf die zuletzt genannte Kategorie muss ein wissensbasierter Lernprozess stattfinden, damit auf Seiten des Konsumenten eine Wertschätzung für das Produkt entsteht.

2.2 Konsum als Diffusionsprozess

Die Diffusionstheorie von Rogers (1995), formalisiert in Bass (1969), richtet ihr Augenmerk auf die Frage, warum ein bestimmtes Produkt von einzelnen Konsumenten zu unterschiedlichen Zeitpunkten erworben wird. Gegeben eine Produktinnovation und ein potentieller Markt, hängt der konkrete Verlauf der Ausbreitung, so das Modell von Rogers, von der Verteilung bestimmter Eigenschaften innerhalb der Konsumentenpopulation ab. Individuen werden konkret als heterogen in Bezug auf finanzielle Ausstattung, sozialen Status, technologische Kenntnisse sowie Aufgeschlossenheit gegenüber Neuem angenommen. In Abhängigkeit von diesen Eigenschaften treten Konsumenten systematisch zu unterschiedlichen Zeitpunkten nach Erscheinen der Produktinnovation als Käufer auf. Konsumenten lassen sich daher differenzieren in Bezug auf ihre Merkmale und ihre relative Position innerhalb des Diffusionsprozesses. Das ausgeprägte technische Verständnis und die finanzielle Ausstattung erlauben es den „Innovatoren“, neuen Ideen, z.B. in Form von neuen Produkten, aufgeschlossen gegenüber zu stehen. Danach treten die „frühen Adopter“ als Käufer auf, welche als Meinungsführer und Rollenmodelle außerdem das Potenzial haben, weitere große Käuferschichten zu mobilisieren. Die „frühe Mehrheit“ bzw. „späte Mehrheit“ reagiert mit Zeitverzögerung auf die von den Rollenmodellen verbreiteten Produktkenntnisse. Konsumenten, die zur späten Mehrheit zählen, sehen sich insbesondere auch aufgrund von Konformitätsbestrebungen zur Anschaffung der Innovation gezwungen. Am Ende des Diffusionsverlaufs erwerben die „Nachzügler“ das neue Produkt – gemäß Rogers (1995) eher widerwillig, da sie Veränderungen in der Konsumtechnologie grundsätzlich skeptisch gegenüberstehen. Rogers (1995) macht konkrete Vorgaben, wie groß die Anteile dieser Konsumententypen an der gesamten Population sind. Gegeben eine Normalverteilung der individuellen Schwellenwerte zur Anschaffung des Produkts, nimmt die Diffusionskurve dann einen s-förmigen Verlauf an.

Rogers richtet den Fokus auf die Heterogenität der Konsumenten. Dabei entsprechen einige der Eigenschaften Persönlichkeitsmerkmalen, z.B. Aufgeschlossenheit gegenüber Neuem, während andere Attribute generell veränderlich sind, wie z.B. das Einkommen. Aus dem Modell von Rogers lässt sich ableiten, dass zunächst vor allem solche Konsumenten als Käufer auftreten, die nicht nur über die nötigen finanziellen Ressourcen verfügen, sondern außerdem ein relativ höheres Interesse an der Produktinnovation haben als andere Konsumenten. Bei umweltfreundlichen Produkten handeln daher vermutlich die stark intrinsisch motivierten und aufmerksamen Konsumenten zuerst (Coad et al. 2009).

Basierend auf den theoretischen Ausführungen lassen sich folgende Kriterien als Voraussetzungen für die Adoption hervorheben: Kenntnis über die Existenz des neuen Produkts, Kenntnis über die Funktionalität des Produkts (an sich und im Vergleich zu Vorgängerprodukten) sowie eine Motivation zur Produktanschaffung, die entweder intrinsisch motiviert ist (frühe Käufer) oder auf Konformitätsbestrebungen beruht (späte Käufer).

2.3 Hypothesen

Die Theorie des lernenden Konsumenten unterscheidet Güter dahingehend, ob diese direkt nutzenstiftend sind oder ob die bei ihrer Nutzung abgegebenen Dienstleistungen Bedürfnisse befriedigen. Nur bei Produkten, deren Bedürfnisbefriedigung unmittelbar erlebbar ist, kann Verstärkungslernen zum Erwerb neuer Konsumalternativen führen. Die durch Solarthermieanlagen erzielte Befriedigung der Motive Gesundheit und Hygiene sowie Aufrechterhaltung der Körpertemperatur (durch Warmwassererzeugung und Heizungsunterstützung) ist an die Dienstleistungen des Produkts gekoppelt. Über Verstärkungslernen kann die Adoption von Solaranlagen in Bezug auf diese Motive daher nicht erklärt werden. Hingegen muss es sich um einen kognitiven Lernvorgang handeln, d.h. wissensbasiertes Lernen, der umso wahrscheinlicher auftritt, mit je mehr Informationen über die Nutzungsmöglichkeiten von solarthermischen Anlagen (d.h. Ziel-Mittel-Relationen) der Konsument in Berührung gekommen ist. Dabei muss wissensbasiertes Lernen bezüglich des Bedürfnisbefriedigungspotenzials von Solaranlagen bereits vor der ersten Anschaffung stattfinden. Mit Blick auf Ersatzinvestitionen bestimmen die Komplexität des Produkts und die Geschwindigkeit technischen Fortschritts die Notwendigkeit wiederholter konsumentenseitiger Lernprozesse (Ausbauentscheidung). In jedem Fall entsteht eine gewisse Kenntnis über die Funktionsweise solarthermischer Anlagen auch im Laufe der Nutzung. Alle Anlagenbesitzer sollten deshalb gleichermaßen über ein grundlegendes Verständnis der Nutzungsmöglichkeiten verfügen, und Unterschiede in der Ausbauentscheidung dürften auf Divergenzen zurückzuführen sein hinsichtlich des Ausmaßes des Wissens als auch der Kenntnis eher unbekannter Nutzungsformen. Unter Konsumenten ohne Solaranlage mag es größere Unterschiede dahingehend geben, dass gar keine Kenntnisse bezüglich der Funktionsweise dieser Technologie bestehen. Diese Überlegungen haben Implikationen für die jeweilige Messung der Wissensvariable (vgl. Abschnitt 3). Im Ergebnis wird ein Zusammenhang zwischen dem Wissensstand des Konsumenten und der

Wahrscheinlichkeit, eine Anlage anzuschaffen bzw. auszubauen postuliert:

> *Hypothese 1*: Je höher der Wissensstand des Konsumenten zu den Nutzungsmöglichkeiten von Solarthermieanlagen ist, desto höher die Wahrscheinlichkeit, dass eine Anlage ausgebaut (H.1a) bzw. erworben (H.1b) wird.

Laut Rogers (1995) unterscheiden sich Konsumenten darin, an welcher Stelle des Diffusionsverlaufs sie eine Innovation akquirieren und welche Rolle soziale Vergleichsprozesse bei der Entscheidung einnehmen. Vereinfacht lassen sich Pioniere und Imitatoren unterscheiden, wobei erstere Neuem gegenüber stärker aufgeschlossen sind, über die nötigen finanziellen Ressourcen verfügen und ein höheres originäres Interesse an dem neuen Produkt haben. Die spätere Anschaffung auf Seiten der Imitatoren mag hingegen stärker durch soziale Erwünschtheit begründet sein. Es gibt demnach verschiedene Motivationen hinter der Adoption von Solarwärmeanlagen. Pioniere dürften sich signifikant von der Gruppe der Imitatoren dahingehend unterscheiden, dass sie sich stärker von Umweltproblemen betroffen fühlen, sich stärker in der Verantwortung zum Handeln sehen und ein größeres Interesse an Umweltthemen zeigen (Umwelteinstellungen) sowie über mehr Wissen im Zusammenhang mit Solaranlagen verfügen (für einen ähnlichen Ansatz, vgl. Coad et al. 2009). Mit Blick auf die bislang geringe Verbreitung von Solaranlagen im Raum Hannover (Clausen 2008) wird vermutet, dass es sich bei den heutigen Solarthermiebesitzern um Pioniere handelt (Faiers et al. 2007). Diese Konsumentengruppe sollte daher recht homogen in Bezug auf ihre Umwelteinstellungen sein. Divergenzen in der Entscheidung zum Ausbau der Anlage dürften daher gerade nicht auf unterschiedliche Umwelteinstellungen, sondern andere Faktoren zurückzuführen sein. Bei den Imitatoren, d.h. Konsumenten, die vor der Entscheidung der ersten Installation einer Anlage stehen, mögen positive Umwelteinstellungen hingegen den Ausschlag geben:

> *Hypothese 2*: Für die Entscheidung zum Ausbau der Solaranlage spielen positive Umwelteinstellungen keine Rolle (H.2a). Je positiver aber die Umwelteinstellungen von Haushalten ohne Solaranlage sind, desto wahrscheinlicher findet die erste Installation einer Anlage statt (Neubau) (H.2b).

Am Anfang des Verbreitungsprozesses von Solarwärmeanlagen kann Motiven sozialer Erwünschtheit noch keine Bedeutung für die Anschaffung zukommen, da die Masse der Konsumenten das Produkt noch nicht erworben hat und sich in Bezug auf dieses Produkt keine normativen Erwartungen herausgebildet haben können. Pioniere haben deshalb die Anschaffung der Anlage unabhängig vom Verhalten ihres sozialen Umfelds vorangetrieben und werden auch spätere Ersatzinvestitionen nicht vom Konsumverhalten anderer abhängig machen:

> *Hypothese 3*: Die Verbreitung von Solarthermieanlagen im sozialen Umfeld des Konsumenten ist ohne Bedeutung für die Entscheidung, die Anlage auszubauen (H.3a), erhöht aber die Wahrscheinlichkeit einer erstmaligen Anschaffung auf Seiten des Konsumenten (Neubau) (H.3b).

3 Methode und Datenbasis

Nachfolgend werden die Determinanten der Anschaffung von Solarthermieanlagen analysiert, wobei verschiedene Stufen des Diffusionsverlaufs abgegrenzt werden. Konsumenten fallen generell in zwei Gruppen, je nachdem, ob sie ein bestimmtes Konsumverhalten zeigen bzw. planen oder nicht. Falls die oben formulierten Hypothesen zutreffen, so lassen sich einige konkrete Variablen identifizieren, die eine Unterscheidung in Käufer und Nichtkäufer von Solarwärmeanlagen zulassen. Die nachfolgende Analyse setzt sich zum Ziel, diejenigen Faktoren zu bestimmen, welche, sobald ein bestimmter Schwellenwert überschritten wird, die Wahrscheinlichkeit erhöhen, dass ein bestimmtes Konsumverhalten stattfindet. Die Auswahl der konkret getesteten Variablen leitet sich aus den Hypothesen ab (vgl. Abschnitt 2). Da die abhängigen Variablen binär skaliert sind (s.u.), werden Probit-Modelle geschätzt (vgl. Welsch/Kühling (2009) für die Darstellung der Methode).

Die Analyse stützt sich auf eine Konsumentenbefragung aus dem Jahr 2007, durchgeführt in der Zeit von Juli bis September im Großraum Hannover. Durch die Beschränkung auf eine Region kann ausgeschlossen werden, dass Unterschiede in der Nachfrage nach diesem Gut aus institutionellen Unterschieden in der Energieversorgung resultieren (für eine genaue Beschreibung des Akteursumfelds, vgl. Clausen 2008). Bei der Stichprobe wurde dem Anspruch Rechnung getragen, eine ausreichend große Anzahl an Solarthermiebesitzern zu erfassen, um gezielt die Eigenschaften dieser Konsumenten untersuchen zu können. Die Stichprobe von insgesamt 494 Beobachtungen setzt sich wie folgt zusammen: 139 Solarthermiebesitzer (Beantwortung des Fragebogens per Post); 122 Ökostrom-Kunden (Beantwortung des Fragebogens per Post); 233 Passanten (persönliche Interviews).[2] Die Befragung erfasst neben soziodemographischen Größen (Einkommen, Alter, Bildungsstand etc.) die Umwelteinstellungen, das tatsächliche und geplante Konsumverhalten sowie das Wissen der Befragten in Bezug auf Solarthermieanlagen. Auch der Konsum von Referenzpersonen wurde abgefragt.

Zur Messung der Verbreitung von Solarthermieanlagen wurden die Konsumenten befragt, ob ihr Haus gegenwärtig über eine Anlage verfügt. Zusätzlich mussten alle Konsumenten, also auch solche, die zum Zeitpunkt der Befragung keine Anlage besaßen, angeben, ob eine solche Installation bzw. ein Ausbau in Planung oder grundsätzlich von Interesse sei. Die Variablen basieren konkret auf folgenden Bestandteilen des Fragebogens:

- „Hat Ihr Haus eine Solaranlage?“ (ja: 1, nein: 0)
- „Planen Sie konkret einen Neubau oder Ausbau einer Solarwärmeanlage in den nächsten 2 Jahren?“ (ja: 1, nein: 0)
- „Wären Sie an einem Neubau oder Ausbau einer der genannten Nutzungsmöglichkeiten in den nächsten 5 Jahren interessiert?“ (ja: 1, nein: 0)[3]

Die abhängigen Variablen, welche das zu erklärende Konsumverhalten abbilden, werden wie folgt spezifiziert:

[2] Anders als bei Welsch und Kühling (2009) findet in den nachfolgenden Analysen keine Gewichtung der Daten statt, um für den Stichprobenfehler zu korrigieren, dass Besitzer von Solarthermieanlagen in der Datenbasis überrepräsentiert sind (gemessen an der tatsächlichen Verteilung in der Region Hannover). Die Gewichtung kann hier entfallen, da Besitzer und Nichtbesitzer von Solaranlagen jeweils getrennt untersucht werden.

[3] Die genannten Nutzungsmöglichkeiten sind Warmwassererzeugung, Warmwassererzeugung und Heizungsunterstützung, Raumluftkühlung, Sonstige.

- Plan_STA_Neubau: planen Konsumenten ohne Solaranlage konkret die Installation einer solchen Anlage in den nächsten 2 Jahren (ja: 1, nein: 0)
- Plan_STA_Ausbau: planen Besitzer solarthermischer Anlagen den Ausbau ihrer Anlage in den nächsten 2 Jahren (weitere Nutzungsmöglichkeiten) (ja: 1, nein: 0)
- Interesse_STA_Neubau: haben Konsumenten ohne Solarthermie-anlage ein Interesse daran, sich in den nächsten 5 Jahren eine Anlage anzuschaffen (ja: 1, nein: 0)
- Interesse_STA_Ausbau: haben Besitzer von Solarwärmeanlagen ein Interesse daran, ihre Anlage in den nächsten 5 Jahren auszubauen (weitere Nutzungsmöglichkeiten) (ja: 1, nein: 0).

Die Hypothesen bezüglich der Relevanz von Wissensstand (H.1), Umwelteinstellungen (H.2) und Peereinfluss (H.3) werden daher auf verschiedene Konsumentengruppen bezogen. Gemäß dem Vorhandensein einer Anlage werden die Befragten in zwei Gruppen der Besitzer und Nichtbesitzer aufgeteilt, wobei außerdem zwei verschiedene Stichproben getrennt untersucht werden: zum einen wird der gesamte Datensatz berücksichtigt (I), zum anderen werden nur die Solarthermiebesitzer, denen ihre unmittelbaren Nachbarn ohne Solaranlage zuordenbar sind, herangezogen (II) (vgl. Clausen 2008). In der ersten Variante wird der gesamte Umfang an Beobachtungen ausgenutzt (sofern alle relevanten Fragen beantwortet wurden), was die Qualität der Schätzungen verbessert. Die zweite Variante hat den Vorteil, dass es sich bei den Nichtbesitzern von Solaranlagen nicht zwangsläufig um umweltbewusste Konsumenten handelt, wie es bei den Ökostrom-Kunden vermutet werden kann (letztere sind Teil der gesamten Befragten). Derartige Selektionseffekte werden daher ausgeschlossen. Die nachfolgende Tabelle gibt einen Überblick über die verschiedenen Konsumentengruppen, für welche die Forschungshypothesen jeweils getestet werden (vgl. Tabelle 1).

In allen nachfolgenden Untersuchungen zur Erklärung der Anschaffung und des Ausbaus von Solaranlagen werden – unabhängig von den interessierenden Variablen (Wissen etc.) – das pro Kopf Einkommen und die Wohnsituation des Haushalts, Alter und Geschlecht sowie der Familienstand der befragten Person berücksichtigt (vgl. Tabelle A-1 für die genaue Spezifikation der Kontrollvariablen). Dabei ist die Vorgehensweise mehrstufig: zunächst wird das interessierende Konsumverhalten, bspw. Planung zum Ausbau einer Solaranlage, allein auf die hypothesenspezifische Erklärende regressiert, bspw. Wissensstand des Konsumenten. Sollte sich hier ein signifikanter Zusammenhang herausstellen, so werden in einem nächsten Schritt die Kontrollvariablen hinzugenommen.

Tabelle 1: Differenzierung der Analyse nach Konsumentengruppen

	Besitzer Solaranlage		Nichtbesitzer Solaranlage		
	gesamter Datensatz	Nachbarschaft	gesamter Datensatz	Nachbarschaft	
Plan_STA_Neubau			X		A_I
Plan_STA_Neubau				X	A_II
Plan_STA_Ausbau	X				B_I
Plan_STA_Ausbau		X			B_II
Interesse_STA_Neubau			X		C_I
Interesse_STA_Neubau				X	C_II
Interesse_STA_Ausbau	X				D_I
Interesse_STA_Ausbau		X			D_II

X: Auswahl für Analyse.

Bezüglich der Plausibilität der Kontrollen lässt sich wie folgt argumentieren. Die finanzielle Ausstattung des Haushalts (unter Berücksichtigung der Haushaltsgröße) dürfte im Zusammenhang mit einer großen Anschaffung eine entscheidende Restriktion darstellen (vgl. Abschnitt 1). In den Eigentumsverhältnissen der gegenwärtigen Wohnsituation lässt sich ein weiterer limitierender Faktor in der Adoption von Solarthermieanlagen vermuten: so müssen sich Hauseigentümer bspw. nicht gegenüber dem Vermieter durchsetzen, wenn sie die Anschaffung einer Anlage anstreben.[4] Es wird außerdem vermutet, dass der Familienstand für die

[4] Auch in den Analysen, die sich auf die Besitzer von Solaranlagen beziehen, wird für die Wohnsituation kontrolliert, da nicht ausgeschlossen werden kann, dass sich diese – genauso wie das Einkommen oder die Familienverhältnisse – seit der ursprünglichen Installation verändert haben und die gegenwärtige Ausbauentscheidung daher beeinflussen.

Tätigung einer großen Investition eine wichtige Rolle spielt, und dass sich insbesondere ledige Haushalte mit der Anschaffung dauerhafter Güter eher zurückhalten, bis stabile familiäre Verhältnisse geschaffen worden sind. Das Alter dürfte ebenfalls einen systematischen Einfluss auf das interessierende Konsumverhalten ausüben: je älter der Konsument, um so eher verfügt er über die finanziellen Möglichkeiten, große Investitionen tätigen zu können; gleichzeitig dürfte die Anschaffung langlebiger Güter auch von der erwarteten Nutzungsdauer beeinflusst werden (beachte Spezifikation des Alters als quadrierte Größe). Auf den unterschiedlichen Umgang von Frauen und Männern mit technischen Neuerungen wurde bereits hingewiesen (z.B. Venkatesh et al. 2000). In Regressionen, die allein das Konsumverhalten der Besitzer von Solarthermieanlagen untersuchen, wird außerdem für das Alter der Anlage kontrolliert, da die Wahrscheinlichkeit einer erneuten Investition mit fortgeschrittenem Alter der Anlage steigt.

Der Fragebogen erfasst noch weitere soziodemographische Variablen wie bspw. den Bildungsstand der Konsumenten. Obwohl auch diese Größen von Bedeutung sein mögen, werden sie vor dem Hintergrund des begrenzten Stichprobenumfangs nicht berücksichtigt, um ausreichende Freiheitsgrade für die Schätzungen zu behalten. Die Hypothesen H.1 bis H.3 werden für jede Konsumentengruppe A_I bis D_II getestet. Folgende Regressoren werden unterschieden (vgl. Tabelle A-2 für die genaue Fragestellung):

- Wissen_STA_Dummy: besitzt ein Konsument Kenntnis von Nutzungsmöglichkeiten von Solaranlagen (ja: 1, nein: 0)
- Wissen_STA_Niveau: Anzahl der bekannten Nutzungsmöglichkeiten von Solarthermieanlagen (0-4)[5]
- Wissen_STA_Kühlung: ist konkret die technische Variante bekannt, sommerliche Überschusswärme zur Raumluftkühlung zu verwenden (ja: 1, nein: 0)
- Wissen_STA_Kombinutzung: ist konkret die technische Variante bekannt, die Solaranlage sowohl zur Warmwassererzeugung als auch zur Heizungsunterstützung einzusetzen (ja: 1, nein: 0)

[5] Die folgenden Angaben in Klammern sind zu lesen als „auf der Skala von … bis …“.

- Betroffenheit_Klima: in welchem Ausmaß fühlt sich der Konsument von Klimaveränderungen bedroht (1-5)
- Betroffenheit_Atomkraft: in welchem Ausmaß fühlt sich der Konsument durch Atomkraftwerke und radioaktiven Müll bedroht (1-5)
- Betroffenheit_Luft: in welchem Ausmaß sieht sich der Konsument durch Luftverschmutzung bedroht (1-5)
- Verantwortung_Technik: in welchem Ausmaß können allein Wissenschaft und Technik Umweltprobleme lösen (1-4)
- Verantwortung_Sparen: in welchem Ausmaß sind Konsumenten gefordert, Energie zu sparen (1-4)
- Umweltinteresse: Ausmaß des Interesses an Umweltfragen (1-5)
- Peers_STA: haben Verwandte, Freunde, Bekannte oder Nachbarn des Konsumenten eine Solarthermieanlage installiert (ja: 1, nein: 0).

Der Wissensstand der Konsumenten wird je nach untersuchter Konsumentengruppe z.T. auf unterschiedliche Weise gemessen. Es ist davon auszugehen, dass bei Besitzern von Solarthermieanlagen ein grundlegendes Verständnis über die technischen Möglichkeiten einer solchen Anlage vorhanden ist. Unterschiede im Wissensstand der Konsumenten sollten daher als Niveau gemessen werden (Wissen_STA_Niveau) bzw. die tendenziell eher unbekanntere Nutzungsform betreffen (Wissen_STA_Kombinutzung, vgl. die nachfolgende deskriptive Analyse). Konsumenten ohne Solaranlage lassen sich hingegen auch danach differenzieren, ob ihnen überhaupt die Funktionsweise dieser Technik geläufig ist (Wissen_STA_Dummy). Bei den Nichtbesitzern wird also zusätzlich die letztere Spezifikation der Wissensvariable getestet.

4 Empirische Ergebnisse

Die folgenden Analysen machen Zusammenhänge zwischen Konsumentengruppen, Konsummotiven und Bedingungen von Lernprozessen im Sinne einer Zustandsbeschreibung transparent. Die Darstellung deskriptiver Befunde geht der quantitativen Analyse, d.h. den eigentlichen Hypothesentests voraus.

4.1 Deskriptive Ergebnisse

Einen ersten Eindruck zur Verbreitung von Solarthermieanlagen und ihren Hintergründen vermitteln folgende deskriptive Befunde. Rund ein Drittel der Befragten in der Region Hannover hat im Jahr 2007 eine Solarthermieanlage installiert (vgl. Tabelle 2). Mehr als vier von zehn dieser Anlagen befinden sich länger als 5 Jahre im Besitz der Haushalte, wobei rund 7 % der Anlagen mehr als 10 Jahre alt sind.[6] Im zuletzt genannten Segment ist ein Ausbau der Anlagen in naher Zukunft nicht unplausibel.

Mit 87,5 % benennt der überwiegende Teil der Besitzer von Solaranlagen ökologische Motive als eine zentrale Determinante der Anschaffung (vgl. Tabelle 2). Aufgeschlüsselt nach Altersklassen der Anlagen zeigt sich, dass dieses Motiv über alle Gruppen hinweg ähnlich stark ausgeprägt ist, so dass sich keine Veränderung über den bisherigen Diffusionsverlauf ergibt. Ein auffälliger Befund ist, dass die frühesten Käufer von Solaranlagen (Anschaffung vor mehr als 10 Jahren) zu einem deutlich geringeren Anteil finanzielle Motive in den Vordergrund rücken, als spätere Käufer dies tun. Während also das ökologische Bewusstsein über die verschiedenen Konsumentengruppen recht ähnlich ausgeprägt ist, haben in den letzten Jahren die finanziellen Gründe an Bedeutung gewonnen. Dies mag auf steigende Energiepreise oder Veränderungen in der staatlichen Förderung der Anlagen zurückzuführen sein. Bezüglich der Rolle des sozialen Umfelds für die Diffusion von Solarthermieanlagen ist kein Trend festzustellen, da ein etwa gleich großer Anteil sowohl der ältesten (16,7 %) als auch der jüngsten Käufer (13,3 %) dieses Motiv angibt. Soziale Vergleichsprozesse spielen insgesamt eine recht geringe Rolle, da nur 6 % aller Anlagenbesitzer diesen Anschaffungsgrund benennen. In der Gesamtschau lassen diese Befunde vermuten, dass sich der Markt für Solarthermieanlagen noch im frühen Stadium der Diffusion befindet, in dem vor allem ökologisch aufgeschlossene Konsumenten als Käufer auftreten, die hier als Pioniere bezeichnet werden. Dieser Befund steht im Einklang mit der bislang recht geringen Verbreitung von Solaranlagen im Raum Hannover sowie Gesamtdeutschland (vgl. Clausen 2008).

[6] Knapp 6 % der Besitzer von Solarthermieanlagen haben keine Altersangabe für ihre Anlage gemacht („Keine Angabe“).

Tabelle 2: Verbreitung von Solarthermieanlagen im Jahr 2007 und Gründe für und gegen deren Anschaffung – Mehrfachnennungen möglich –

	Beob.	% der Stichprobe[a]	% der Besitzer[a]	Finanzielle Gründe	Ökologische Gründe	Soziales Umfeld	Sonstige Gründe
Keine Anlage vorhanden	326	66,0	-	52 (16,0)	0 (0,0)	1 (0,3)	179 (54,3)
Anlage vorhanden	168	34,0	-	99 (58,9)	147 (87,5)	10 (6,0)	20 (11,9)
davon							
Anlage jünger als 1 Jahr	15	3,0	8,9	11 (73,3)	14 (93,3)	2 (13,3)	3 (20,0)
Anlage älter als 1 Jahr	26	5,3	15,5	17 (65,4)	23 (88,5)	4 (15,4)	4 (15,4)
Anlage älter als 2 Jahre	46	9,3	27,4	32 (69,6)	40 (87,0)	1 (2,2)	4 (8,7)
Anlage älter als 5 Jahre	59	12,0	35,1	31 (52,5)	52 (88,1)	1 (1,7)	7 (11,9)
Anlage älter als 10 Jahre	12	2,4	7,1	3 (25,0)	11 (91,7)	2 (16,7)	1 (16,7)
Keine Angabe	10	2,0	5,9	N.A.	N.A.	N.A.	N.A.

Absolute und relative Häufigkeiten. Angaben in Klammern: in % der jeweiligen Gruppe der Besitzer bzw. Nichtbesitzer (d.h. Beobachtungen der Zeile, gerundet auf eine Dezimalstelle nach dem Komma). Aufgrund der Mehrfachnennungen addieren sich die Prozentangaben pro Zeile nicht zu 100% auf.
[a]: gerundet auf eine Dezimalstelle nach dem Komma.

Die Verteilung der hypothesenspezifischen Faktoren, d.h. Wissensstand, Ausstattung der Peers und Umwelteinstellungen über die verschiedenen Konsumentengruppen, erlaubt weitere Rückschlüsse auf die Erklärungskraft obiger Hypothesen. Bezüglich des Konsumentenwissens ist festzuhalten, dass nur rund 2 % aller Befragten keine Nutzungsmöglichkeiten von Solarthermieanlagen bekannt sind (nicht in Tabelle). Mehr als die Hälfte der Befragten gibt hingegen an, zwei Anwendungsgebiete zu kennen. Des Weiteren weisen Haushalte mit und ohne Solarthermieanlage in der deskriptiven Analyse nur geringe Unterschiede in ihrem Wissensstand bezüglich der Nutzungsmöglichkeiten dieser Anlagen auf (vgl. Tabelle 3).[7] Dieser Befund trifft auf beide Stichproben gleichermaßen zu. Erkennbare Unterschiede in der Kenntnis solarthermischer Anwendungsgebiete zeigen sich lediglich bei der Variante der kombinierten Warmwassererzeugung und Heizungsunterstützung: während nur rund 7 % aller befragten Anlagenbesitzer diese Technik nicht geläufig ist, hat nahezu jeder vierte Konsument ohne Solaranlage keine Kenntnis von dieser Nutzungsmöglichkeit. Für die quantitative Analyse wird daher speziell diese Ausprägung der Wissensvariable näher untersucht. Bereits ein recht hoher Anteil aller Konsumenten (mehr als 70 %) gibt an, die technische Variante nicht zu kennen, nach der Überschusswärme zur Raumluftkühlung verwendet werden kann. Auch dieser Aspekt des Konsumentenwissens wird in der quantitativen Untersuchung gesondert aufgegriffen.

Deutlich mehr als die Hälfte der Befragten (ca. 59 %) gibt an, dass ihr soziales Umfeld, d.h. Verwandte, Bekannte oder Freunde, eine Solarthermieanlage installiert hat (vgl. Tabelle 3). Aufgeschlüsselt danach, ob die Haushalte selbst eine solche Anlage besitzen oder nicht, zeigt sich, dass Solaranlagen häufiger im sozialen Umfeld von Besitzern anzutreffen sind (ca. 67 % gegenüber ca. 54 %). Dass Solarthermiebesitzer und ihre Nachbarn ähnliche Angaben zur Verbreitung dieser Technologie in ihrer Umgebung machen, unterstützt die Glaubwürdigkeit der anderen Angaben.

[7] Zu beachten ist, dass das Wissen „geschlossen" abgefragt wurde, d.h. es wurden konkrete Nutzungsmöglichkeiten benannt, zu denen sich der Konsument positionieren sollte. Es ist denkbar, dass sich ohne diese Vorgaben deutlichere Unterschiede zwischen Besitzern und Nichtbesitzern von Solarwärmeanlagen gezeigt hätten.

Tabelle 3: Wissen zu Nutzungsmöglichkeiten von Solarthermieanlagen und Verbreitung dieser Anlagen im sozialen Umfeld des Konsumenten

			Gesamt		Nachbarschaft	
		Gesamt	Anlage	Keine Anlage	Anlage	Keine Anlage
Wissen_STA_ Dummy	0	9 (1,9)	0 (0,0)	9 (2,9)	0 (0,0)	2 (2,8)
	1	463 (98,1)	166 (100,0)	297 (97,1)	79 (100,0)	70 (97,2)
Warmwasser-erzeugung	0	21 (4,4)	6 (3,6)	15 (4,9)	4 (5,0)	4 (5,6)
	1	41 (95,6)	160 (96,4)	291 (95,1)	75 (95,0)	68 (94,4)
Warmwasser & Heizung	0	82 (17,4)	11 (6,6)	71 (23,2)	8 (10,1)	23 (31,9)
	1	390 (82,6)	155 (93,4)	235 (76,8)	71 (89,9)	49 (68,1)
Raumluft-kühlung	0	339 (71,8)	122 (73,5)	217 (70,9)	60 (76,0)	64 (88,9)
	1	133 (28,2)	44 (26,5)	89 (29,1)	19 (24,0)	8 (11,1)
Weitere Möglichkeit	0	443 (93,9)	161 (97,0)	282 (92,2)	78 (98,7)	67 (93,0)
	1	29 (6,1)	5 (3,0)	24 (7,8)	1 (1,3)	5 (7,0)
Anlage im soz. Umfeld	0	197 (41,3)	55 (32,9)	142 (45,8)	29 (36,3)	26 (34,2)
	1	280 (58,7)	112 (67,1)	168 (54,2)	51 (63,7)	50 (65,8)

Absolute und relative Häufigkeiten. Angaben in Klammern: in % der jeweiligen Gruppe der Besitzer bzw. Nichtbesitzer (d.h. Beobachtungen der Zeile, gerundet auf eine Dezimalstelle nach dem Komma). 0: nein (keine Kenntnis); 1: ja (Kenntnis).

Bezüglich der Umwelteinstellungen ergeben sich deutliche Mittelwertunterschiede in der Gruppe der Solarthermiebesitzer und ihrer Nachbarn (vgl. Tabelle 4). Insbesondere das Umweltinteresse ist bei Besitzern von Solarthermieanlagen deutlich stärker ausgeprägt als bei ihren unmittelbaren Nachbarn ohne Anlage. Haushalte mit Solaranlagen sehen sich außerdem zu einem deutlich höheren Anteil in der Verantwortung, Energie zu sparen. Über die Gesamtheit der Befragten lassen sich keine auffälligen Unterschiede im Anwortverhalten der Konsumenten mit bzw. ohne Solaranlage feststellen. Die Konsumentenbefragung lässt außerdem begrenzte Rückschlüsse auf die Entwicklung der Nachfrage nach solarthermischen Anlagen in den nächsten 5 Jahren zu (bis 2012) (vgl. Tabelle 5). Der Anteil der Befragten, der ein generelles Interesse an dem Neubau oder Ausbau einer Anlage hat (ca. 30 %), ist deutlich höher als der Anteil, der einen Neubau bzw. Ausbau für die nächsten 2 Jahre konkret plant (ca. 4 % bis 5 %). Wenn dem Interesse konkrete Handlungen folgen, würde der Markt für Solarthermieanlagen bereits in den nächsten Jahren deutlich expandieren und das nächste Stadium im Diffusionsprozess dieser Güter erreicht werden.

Tabelle 4: Umwelteinstellungen nach Konsumententypen

		Gesamt		Nachbarschaft	
	Gesamt	Anlage	Keine Anlage	Anlage	Keine Anlage
Betroffenheit_Klima	3,445	3,470	3,432	3,413	3,138
Betroffenheit_Atomkraft	3,807	3,768	3,828	3,563	3,113
Betroffenheit_ Luft	3,777	3,655	3,840	3,638	3,500
Verantwortung_Technik[a]	3,148	3,060	3,194	3,000	2,913
Verantwortung_Sparen	3,603	3,679	3,564	3,750	3,125
Umweltinteresse	4,229	4,354	4,166	4,282	3,620

Mittelwerte über die jeweilige Konsumentengruppe. [a]: Die Variable ist zur besseren Vergleichbarkeit mit den anderen Variablen so spezifiziert, dass ein hoher Grad der Zustimmung eine Ablehnung einer rein technischen Lösung bedeutet (d.h. keine rein produzentenseitige Verantwortung).

Tabelle 5: Zukünftige Anschaffungen und Ausbau von Solarthermieanlagen

	Beob.	Ja	Nein
Plan_STA_Neubau	323	13 (4,0)	310 (96,0)
Plan_STA_Ausbau	164	8 (4,9)	156 (95,1)
Keine Angabe zu Planung	7	N.A.	N.A.
Interesse_STA_Neubau	318	93 (29,2)	225 (70,8)
Interesse_STA_Ausbau	163	51 (31,3)	112 (68,7)
Keine Angabe zu Interesse	13	N.A.	N.A.

Absolute und relative Häufigkeiten. Angaben in Klammern: in % der jeweiligen Gruppe der Besitzer bzw. Nichtbesitzer (d.h. Beobachtungen der Zeile, gerundet auf eine Dezimalstelle nach dem Komma).

In diesem Abschnitt wurde ein erster Eindruck von den Hintergründen der gegebenen Verbreitung von Solarthermieanlagen vermittelt. Der nächste Abschnitt analysiert nun, welche Faktoren die weitere Diffusion dieser Anlagen maßgeblich beeinflussen: der Wissensstand der Konsumenten zu Solarthermieanlagen, der Einfluss des sozialen Umfelds oder die Umwelteinstellungen des Konsumenten selbst.

4.2 Quantitative Ergebnisse

Mittels Probit-Schätzungen werden die Hypothesen nun konkret getestet. Die Vorgehensweise ist mehrstufig. Zunächst wird das zu erklärende Konsumverhalten auf die hypothesenspezifischen Variablen regressiert. Dabei werden die Umwelteinstellungen als auch verschiedene Varianten des Konsumentenwissens aufgrund möglicher Abhängigkeiten zwischen den Regressoren (Multikollinearität) separat untersucht. Sollten sich in diesem Basismodell Zusammenhänge als mindestens schwach signifikant erweisen, so wird in einem nächsten Schritt die Regression unter Berücksichtigung der Kontrollvariablen wiederholt. Die erweiterten Regressionen werden sowohl mit als auch ohne die Einkommensvariable geschätzt. Die erste Variante entspricht den theoretischen Überlegungen (vgl. Abschnitte 1 und 2), geht aber z.T. mit einer starken Reduzierung der Anzahl an Beobachtungen einher, da viele Befragte für das Einkommen keine Angabe gemacht haben (65 von 494 Personen). Die Voruntersuchung hat ergeben, dass bei gegebener Anzahl an Beobachtungen das Vorhandensein der Einkommensvariable die Signifikanz der interessierenden Variable nicht beeinflusst.[8] In dieser Arbeit werden daher nur die Regressionen ohne Einkommensvariable dargestellt und kommentiert, welche den vollen Umfang an Beobachtungen nutzen.[9]

Die Ergebnisse der Einzelregressionen sind im Anhang aufgeführt (vgl. Tabelle A-3). Die konkrete Planung, eine Solaranlage auszubauen (Basis: Besitzer) wird durch keine der hypothesenspezifischen Faktoren beeinflusst. Dieser Befund ergibt sich für beide Stichprobengrößen (d.h. B_I, B_II). Die Hypothese zur Relevanz des Wissensniveaus (H.1a) ist demnach abzulehnen. Die Tatsache, dass die Wissensvariable ohne Bedeutung für die Ausbauentscheidung der Anlagenbesitzer ist, könnte daran liegen, dass der Wissenserwerb bereits vor der ersten Installation stattgefunden hat und dass dieses Wissen wegen geringer technischer Entwicklung in den vergangenen Jahren (im Hinblick auf die Anwendungsmöglichkeiten) noch aktuell ist. Diese Vermutung ist recht plausibel in Anbetracht der Tatsache, dass nur ein geringer Anteil der Konsu-

[8] Die Ergebnisse der Voruntersuchungen können hier aus Platzgründen nicht dargestellt werden, sind aber auf Anfrage von der Autorin erhältlich (*woersdorfer@econ.mpg.de*).

[9] Insbesondere bei den Modellen A_II, B_II, C_II und D_II ist allerdings zu bedenken, dass die Anzahl der Beobachtungen recht gering ist.

menten die Anlage vor mehr als 10 Jahren angeschafft hat (vgl. Tabelle 2). Dass ein Ausbau der Anlage erst jetzt angegangen wird, obwohl das Wissen bereits vorhanden war, mag bspw. auf finanzielle Aspekte zurückzuführen sein, welche die Anschaffung zu einem späteren Zeitpunkt attraktiver gemacht haben (vgl. Tabelle 2). Allerdings ist nicht auszuschließen, dass es sich bei den Ergebnissen zu einem gewissen Teil auch um ein Artefakt handelt, da die abhängige Variable eine äußerst geringe Varianz aufweist (vgl. Tabelle 5). Die Hypothesen, dass positive Umwelteinstellungen (H.2a) sowie das soziale Umfeld (H.3a) für die jetzigen Besitzer – die den Pionieren im Diffusionsverlauf entsprechen könnten – keine Relevanz entfalten, können nicht abgelehnt werden. In diesen Fällen werden also die Vermutungen bestätigt. Der deskriptive Befund, dass die Umwelteinstellungen unter den Besitzern von Solarthermieanlagen deutlich über dem mittleren Wert der Ausprägungen (d.h. 2,5 bzw. 3) liegen, liefert deutliche Anhaltspunkte, dass es sich hier wie erwartet um eine umweltinteressierte Käuferschaft handelt (vgl. auch Tabelle 4). Dennoch muss die Umwelteinstellung nicht das entscheidende Kriterium sein, das zwischen Besitzern von Solarthermieanlagen und ihrer Entscheidung für oder gegen einen Ausbau der Anlage diskriminiert.

Werden nur die Haushalte ohne Solarthermieanlage betrachtet (Modelle A_I, A_II), so ergeben sich signifikante Zusammenhänge den Einfluss des sozialen Umfelds und des Umweltinteresses betreffend. In beiden Fällen wird der erwartete positive Einfluss bestätigt (vgl. Tabelle A-3). Der Einfluss des sozialen Umfelds bleibt statistisch signifikant, wenn die Wissensvariable in verschiedenen Spezifikationen hinzugefügt wird (letztgenannte ist selbst nicht signifikant; nicht in Tabelle). Daher handelt es sich um einen Einfluss des sozialen Umfelds, der nicht allein durch die Weitergabe von Informationen erklärt werden kann. Diese Zusammenhänge sind allerdings lediglich in der größeren Stichprobe vorhanden. Schätzt man nun diese Zusammenhänge im erweiterten Modell, so bleibt der signifikant positive Einfluss des sozialen Umfelds erhalten (vgl. Tabelle 6), und zwar wiederum bei der Ergänzung durch die (selbst nicht signifikanten) Wissensvariablen (nicht in Tabelle). Hypothese H.3b kann also nicht abgelehnt werden. Allerdings erweist sich keine der Kontrollvariablen außer der Konstante als signifikant.

Die Umwelteinstellungen in Form des Umweltinteresses werden im erweiterten Modell insignifikant und weisen daher über die Kontrollen hinaus keinen zusätzlichen Erklärungsbeitrag auf. H.2b zum Einfluss der

Umwelteinstellungen ist demnach abzulehnen, insbesondere auch vor dem Hintergrund, dass sich alle anderen Spezifikationen dieser Größe als nicht signifikant erwiesen haben. Da der Wissensstand des Konsumenten für die Planung einer erstmaligen Installation in den nächsten 2 Jahren ohne Bedeutung ist, muss Hypothese H.1b verworfen werden. Aufgrund der Komplexität des Produkts und der nicht sensorisch erlebbaren Produkteigenschaft der umweltfreundlichen Warmwassererzeugung wurde aber vermutet, dass wissensbasiertes Lernen für die Adoption von Solaranlagen notwendig ist und dass zumindest vor der Entscheidung zur ersten Installation der Anlage Informationen eingeholt werden müssen. Es muss noch einmal betont werden, dass der Befund nicht so zu interpretieren ist, dass Konsumenten ohne Solaranlage keine Vorstellungen von dieser Technik haben: in vielen Fällen ist ja der Wissensstand dem der Anlagenbesitzer entsprechend. Das Ergebnis lässt sich so interpretieren, dass zwar alle Konsumenten die „gleichen" Informationen eingeholt haben (vgl. Tabelle 3), dass aber das Wissen nicht den Ausschlag für den Kauf gibt, so dass die Variable nicht zwischen den Konsumentengruppen diskriminieren kann. In diesem Kontext mögen bspw. finanzielle Faktoren zum Tragen kommen. Bei den Ergebnissen mag es sich aber wegen der geringen Variation der abhängigen Variablen auch hier um ein Artefakt handeln.

Als nächstes wird untersucht, ob Wissensstand, Umwelteinstellungen und das Konsumverhalten von Peers die Wahrscheinlichkeit erhöhen, Interesse am Ausbau bzw. Neubau einer Solarthermieanlage zu zeigen. Bei den Besitzern von Solaranlagen (D_I, D_II) ist ein signifikanter Einfluss des Wissens auf das Interesse, die Anlage auszubauen, nachzuweisen (vgl. Tabelle A-3).

Allerdings tauchen sowohl Wissen_STA_Niveau, als auch Wissen_STA_Kühlung und Wissen_STA_Kombinutzung mit dem nicht erwarteten negativen Vorzeichen auf (Stichprobe I). Wissen_STA_ Kombinutzung ist in der Nachbarschaftsstichprobe (Stichprobe II) hingegen nicht signifikant. Der signifikante negative Zusammenhang bleibt in der erweiterten Regression vorhanden und zwar sowohl für die größere als auch die kleinere Stichprobe (vgl. Tabelle 7). Zwar erweisen sich weitere Variablen als signifikant (d.h. Alter und Konstante), doch ist der Erklärungsgehalt des Modells, insbesondere in der Nachbarschaftsstichprobe, insgesamt sehr gering. Aus diesem Grund ist Hypothese H.1a abzulehnen. Die Verbreitung von solarthermischen Anlagen im sozialen

Umfeld des Befragten hat erwartungsgemäß keinen Einfluss: H.3a wird daher nicht verworfen. Hinsichtlich der Umwelteinstellungen zeigt sich in den Einzelregressionen ein signifikanter Zusammenhang in der Nachbarschaftsstichprobe I, doch kein Zusammenhang in der gesamten Stichprobe: je nachdem, wie stark sich der Konsument von Luftverschmutzung persönlich betroffen fühlt, trifft er systematisch eine andere Entscheidung, die Solaranlage um zusätzliche Nutzungsmöglichkeiten zu erweitern (ja, nein). Der signifikante Zusammenhang weist allerdings ein unplausibles negatives Vorzeichen auf. Im erweiterten Regressionsansatz wird dieser Einfluss zwar ebenso gemessen, doch zeigt das Modell eine sehr niedrige Modellgüte, was zusätzlich an der Aussagekraft der Ergebnisse zweifeln lässt. Insgesamt ist H.2a daher nicht abzulehnen.

Tabelle 6: Planung der Installation einer Solarthermieanlage

	Plan_STA_Neubau	
	Gesamt	
Einkommen		
Eigenes_Haus (Ref.)		
Eigene_Wohnung	-0,047	-0,212
Andere_Wohnsituation	0,010	-0,389
Single_und_Sonstige (Ref.)		
Nicht_Single	-0,019	0,073
Alter_1	0,121	0,113
Alter_2	-0,001	-0,001
Geschlecht	-0,325	-0,221
Konstante	-5,94**	-6,005**
Peers_STA	1,077**	
Umweltinteresse		0,322
Beob.	305	319
Pseudo-R^2	0,160	0,118
Prob>Chi^2	0,016	0,076

Darstellung der Regressionskoeffizienten. *,**,***: Signifikanzniveau (10%, 5%, 1%).

Tabelle 7: Interesse am Ausbau einer Solarthermieanlage

	Interesse_STA_Ausbau					
	Gesamt			Nachbarn		
Einkommen						
Eigenes_Haus (Ref.)						
Eigene_Wohnung	-0,126	0,055	-0,171	-	-	-
Andere_Wohnsituation	0,547	0,526	0,546	0,818	0,511	0,502
Single_und_Sonstige (Ref.)						
Nicht_Single	0,063	-0,009	0,051	-0,195	-0,337	-0,477
Alter_1	0,272**	0,366***	0,251**	0,368*	0,577**	0,161
Alter_2	-0,003**	-0,004***	-0,003**	-0,004**	-0,006**	-0,001
Geschlecht	0,430	0,518*	0,415	0,434	0,558	0,364
Konstante	-6,335**	-7,913**	-6,727**	-7,889	-12,437**	-2,000
Anlage jünger als 1 J. (Ref.)						
Anlage älter als 1 J.	0,507	0,308	0,382	0,284	0,158	-0,253
Anlage älter als 2 J.	0,121	-0,076	0,077	0,043	-0,320	-0,275
Anlage älter als 5 J.	0,357	0,042	0,307	0,249	-0,181	-0,050
Anlage älter als 10 J.	0,593	0,192	0,553	-	-	-
Wissen_STA_Niveau	-0,505***			-0,875***		
Wissen_STA_Kühlung		-1,701***			-2,191***	
Wissen_STA_Kombi.			-0,524*			
Betroffenheit_Luft						-0,532**
Beob.	148	148	148	69	69	70
Pseudo-R^2	0,097	0,130	0,081	0,161	0,210	0,087
Prob>Chi^2	0,094	0,016	0,205	0,158	0,048	0,608

Darstellung der Regressionskoeffizienten. *,**,***: Signifikanzniveau (10%, 5%, 1%). Ref.: Referenzgruppe. -: Koeffizient nicht berechenbar.

Als nächstes werden die Determinanten der Entscheidung untersucht, ein grundsätzliches Interesse an der Installation einer Solarthermieanlage innerhalb der nächsten 5 Jahre (Neubau) zu bekunden, d.h. nun stehen Haushalte ohne Solaranlage im Vordergrund (C_I, C_II). Zunächst ergibt sich ein positiver Peereffekt: die Verbreitung von Solaranlagen im Umfeld des Konsumenten erhöht die Wahrscheinlichkeit, dass dieser Interesse zeigt, selbst eine Anlage zu installieren (vgl. Tabelle A-3). Der positive Effekt liegt in beiden Stichproben vor, und zwar auch dann, wenn die Einzelregressionen um einzelne Wissensvariablen ergänzt werden

(Wissen_STA_Dummy und Wissen_STA_Kombinutzung).[10] In der erweiterten Regression wird ebenfalls der positive Peereffekt gemessen (vgl. Tabelle 8). Dieser bleibt allerdings nur bei Ergänzung um Wissen_STA_Dummy erhalten (nicht in Tabelle) – in den anderen Fällen ist z.T. auch die Wissensvariable signifikant. Daher lässt sich nicht abschließend beurteilen, ob es sich beim Peereffekt um einen normativen Einfluss oder soziales Lernen handelt. Dennoch muss die Hypothese H.3b zum positiven Peereffekt nicht verworfen werden.

Unter den Umwelteinstellungen finden sich nun einige signifikante Variablen (bei Stichproben I und II), die zudem das erwartete positive Vorzeichen aufweisen, nämlich Umweltinteresse, Betroffenheit_Atomkraft und Verantwortung_Sparen. Im erweiterten Modell wird für beide Stichproben der positive Zusammenhang zwischen Umweltinteresse und dem Interesse an der Installation einer Anlage bestätigt. Das gleiche gilt für Betroffenheit_Atomkraft und Verantwortung_Sparen. Die Hypothese zur Relevanz positiver Umwelteinstellungen ist daher nicht zu verwerfen (H.2b). Bezüglich der Wissensvariable ergeben sich bereits in den Einzelregressionen Unterschiede zwischen den Stichproben: keine Wissensvariable ist in der Nachbarschaftsstichprobe signifikant, doch haben Wissen_STA_Niveau und Wissen_STA_Kühlung unter der Gesamtheit der Haushalte ohne Anlage einen signifikanten, positiven Einfluss auf das Konsumenteninteresse. Werden Kontrollvariablen hinzugenommen, so bleibt der signifikant positive Einfluss erhalten. Daher wird auch Hypothese H.1b nicht abgelehnt.

[10] Der Peereffekt wird insignifikant bei Hinzunahme von Wissen_STA_Niveau und Wissen_STA_Kühlung, wobei die Wissensvariablen selbst signifikant positiv sind.

Tabelle 8: Interesse an der Installation einer Solarthermieanlage

	Interesse_STA_Neubau									
	Gesamt						Nachbarn			
Einkommen										
Eigenes_Haus (Ref.)										
Eigene_Wohnung	-0,093	-0,042	-0,035	-0,116	-0,166	-0,275	-	-	-	-
Andere_Wohnsituation	0,167	0,192	0,302	0,120	0,097	0,116	1,188	-0,021	0,348	1,189
Single_und_Sonstige (Ref.)										
Nicht_Single	0,159	0,130	0,172	0,146	0,158	0,115	0,136	0,305	0,131	-0,071
Alter_1	0,086**	0,085**	0,109***	0,097***	0,101***	0,090***	0,049	0,042	0,074	-0,075
Alter_2	-0,001***	-0,001***	-0,001***	-0,001***	-0,001***	-0,001***	-0,001	-0,001	-0,001	0,0003
Geschlecht	0,116	0,107	0,069	0,057	0,037	0,075	-0,795	-0,430	-0,395	0,120
Konstante	-2,796***	-2,676***	-3,273***	-3,205***	-3,801***	-3,920***	-4,253	-2,289	-2,268	0,669
Wissen_STA_Niveau	0,182*									
Wissen_STA_Kühlung		0,389**								
Peers_STA			0,333**							1,826***
Betroffenheit_Atomkraft				0,161**					0,362***	
Verantwortung_Sparen					0,323***			0,628**		
Umweltinteresse						0,362***	1,063***			
Beob.	297	297	301	314	315	314	76	77	77	73
Pseudo-R²	0,039	0,040	0,046	0,050	0,052	0,077	0,335	0,203	0,219	0,244
Prob>Chi²	0,047	0,039	0,020	0,008	0,006	0,000	0,000	0,005	0,003	0,001

Darstellung der Regressionskoeffizienten. *,**,***: Signifikanzniveau (10%, 5%, 1%). Ref.: Referenzgruppe. -: Koeffizient nicht berechenbar

Tabelle 9 fasst die Ergebnisse der Hypothesentests zusammen. Besonders auffällig ist, dass die Vermutungen zum Einfluss des sozialen Umfelds auf die Diffusion von Solarthermieanlagen in allen Fällen bestätigt werden (H.3a, H.3b): Konsumenten, die an späterer Stelle des Diffusionsverlaufs vor der Frage stehen, ob sie eine Solaranlage installieren oder nicht (Planung sowie Interesse), entscheiden sich eher zu einer solchen Anschaffung, wenn ihr soziales Umfeld bereits eine solche Anlage besitzt. Für Konsumenten, die zum Zeitpunkt der Befragung bereits über eine Anlage verfügten, spielt das Verhalten von Peers hingegen keine Rolle. Dieser Befund untermauert die Vermutung, dass die ersten Adopter aus einer intrinsischen Motivation heraus gehandelt haben. Ein weiterer Befund ist, dass positive Umwelteinstellungen der Entscheidung zur erstmaligen Anschaffung einer Solaranlage ebenfalls förderlich sind, und zwar insofern, als dass sie das Interesse der Konsumenten wecken. Die heutigen Besitzer von Solaranlagen geben sich alle insgesamt sehr ökologisch interessiert, so dass im Einklang mit den Hypothesen die Ausbauentscheidung von diesem Motiv nicht bestimmt wird. In den meisten Fällen werden die Hypothesen H.2a und H.2b daher bestätigt. Zukünftige Entscheidungen hinsichtlich Ausbau und Neubau einer Solaranlage werden allerdings weniger stark vom Wissensstand des Konsumenten bezüglich der Funktionsweise der Technologie geprägt. Das Wissen ist lediglich für die erste Anschaffung entscheidend und hier insbesondere dadurch, dass Interesse hervorgerufen wird. Dass dieses Wissen nicht zwangsläufig Handlungsrelevanz entfaltet zeigt sich daran, dass die Planung zum Neubau davon unberührt bleibt.

Tabelle 9: Ergebnisse der Hypothesentests

	Wissen (H.1a, H.1b)	Umwelteinstellungen (H.2a, H.2b)	Soziales Umfeld (H.3a, H.3b)
Plan_STA_Ausbau	(.) ablehnen	(.) nicht ablehnen	(.) nicht ablehnen
Plan_STA_Neubau	(.) ablehnen	(.)[a] ablehnen	(+)[a] nicht ablehnen
Interesse_STA_Ausbau	(-)[b] ablehnen	(.)[b] nicht ablehnen	(.) nicht ablehnen
Interesse_STA_Neubau	(+)[a] nicht ablehnen	(+)[a] nicht ablehnen	(+)[a] nicht ablehnen

Angaben in Klammern: Art des signifikanten Zusammenhangs in erweiterten Regressionen (positiv, negativ), wobei (.): kein Zusammenhang. [a (b)]: In Einzelregression z.T. signifikant positiv (negativ).

5 Schlussfolgerungen

Die Diffusionstheorie nach Rogers (1995) postuliert, dass sich Produktinnovationen schrittweise innerhalb eines Marktes verbreiten, weil Konsumenten heterogene Eigenschaften aufweisen und aufgrund von unterschiedlichen Motivationen handeln. Die Theorie des lernenden Konsumenten (Witt 2001) betont, dass die Funktionsweise von Gütern erst erlernt werden muss, und dass soziale Lernprozesse zur Beschleunigung des Erwerbs neuer Konsumalternativen beitragen können. Unter Rückgriff auf die Konsumentenbefragung im Raum Hannover aus dem Jahr 2007 wurden in dieser Arbeit die Determinanten der Anschaffung von Solarthermieanlagen analysiert, wobei die Befragten danach kategorisiert wurden, ob sie sich bereits im Besitz einer Anlage befinden oder nicht. Das Interesse an Ausbau oder Neubau wurde separat von der konkreten Planung einer Anschaffung untersucht.

Die Analyse zeigt, dass positive Umwelteinstellungen, das Wissen des Konsumenten und die Aktivitäten des sozialen Umfelds für den weiteren Ausbau von Solarthermieanlagen keine Rolle spielen. Dennoch mögen gute Produktkenntnisse und das Umweltinteresse für die erste Anschaffung der Anlage bedeutsam gewesen sein – darauf deuten auch die deskriptiven Ergebnisse hin. Da es sich bei heutigen Besitzern von Solaranlagen weitestgehend um intrinsisch motivierte, ökologisch interessierte Konsumenten handelt („early adopters"), ist die Aufmerksamkeit gegenüber dem Thema Solarthermie vermutlich bereits so stark ausgeprägt, dass lediglich stärkere finanzielle Anreize die Entscheidung zum Ausbau noch befördern könnten.

Kenntnisse zur Funktionalität von Solarthermieanlagen sowie die Nutzung der Technologie durch wichtige Bezugspersonen können bei Haushalten ohne Solaranlage Interesse hervorrufen. Auch positive Umwelteinstellungen stehen in engem Zusammenhang zur Bereitschaft, sich mit Solarthermie auseinanderzusetzen. Bei dem konkreten Entschluss, eine Solaranlage neu zu installieren, geben Wissen und Umwelteinstellungen aber nicht mehr den Ausschlag, sondern vielmehr die Aktivitäten des sozialen Umfelds. Eine erhöhte Sichtbarkeit der Anschaffung und vermehrter Informationsaustausch zum Thema sind daher wesentliche Faktoren in der Beschleunigung des Diffusionsprozesses. Aufklärungskampagnen über die Medien u.ä. sind außerdem wünschenswert, sofern sie geeignet sind, das Umweltbewusstsein zu schärfen und Solarwärmeanlagen als Problemlösungen zu präsentieren (d.h. Assoziationen herzustellen).

Bezüglich der empirischen Analyse bleibt anzumerken, dass sich zukünftige Analysen auf die Behandlung der Einkommensvariable konzentrieren und eine Instrumentvariablen-Schätzung als auch equivalence scales zur Berücksichtigung der Haushaltsgröße in Betracht ziehen sollten.

Literatur

Anderson, J.R. (2000): Cognitive Psychology and its Implications, New York: Worth Publishers

Bandura, A. (1986): Social foundations of thought and action: a social cognitive theory, Englewood Cliffs/NJ: Prentice-Hall

Bass, F.M. (1969): A new product growth model for consumer durables, in: Management Science 5, S. 215-227

Boyd, R., Richerson, P.J. (2005): The origin and evolution of cultures, Oxford: Oxford University Press

Caird, S., Roy, R., Herring, H. (2008): Improving the energy performance of UK households: Results from surveys of consumer adoption and use of low- and zero-carbon technologies, in: Energy Efficiency 1, 2, S. 149-166

Clausen, J. (2008): Feldvermessungsstudie Klimaschutzregion Hannover: Überblick über das Praxisfeld und die Fokusbereiche Solarthermie und Ökostrom im Rahmen des Forschungsprojektes Wenke², WENKE²-Diskussionspapier 3/2008

Coad, A., de Haan, P., Woersdorfer, J.S. (2009): Consumer support for environmental policies: An application to purchases of green cars, in: Ecological Economics 68, 7, S. 2078-2086

Cordes, C. (2004): The Human Adaptation for Culture and its Behavioral Implications, in: Journal of Bioeconomics 6, S. 143-163

Faiers, A., Neame, C. (2006): Consumer attitudes towards domestic solar power systems, in: Energy Policy 34, S. 1797-1806

Faiers, A., Neame, C., Cook, M. (2007): The adoption of domestic solar-power systems: Do consumers assess product attributes in a stepwise process?, in: Energy Policy 35, S. 3418-3423

Foster, J. (1993): Solar water heating in Queensland: the roles of innovation attributes, attitudes and information in the adoption process, in: Prometheus 11, 2, S. 219-233

Frieman, J. (2002): Learning and Adaptive Behavior, Belmont: Wadsworth

Herrnstein, R.J. (1997): The Matching Law, Cambridge/MA: Harvard University Press

Hodgson, G.M. (2002): Darwinism in economics: from analogy to ontology, in: Journal of Evolutionary Economics 12, 3, S. 259-281

Kalogirou, S.A. (2004): Environmental benefits of domestic solar energy systems, in: Energy Conversion and Management, 45, 18-19, S. 3075-3092

Nelson, R.R., Winter, S.G. (1982): An evolutionary theory of economic change, Cambridge/MA: Harvard University Press

Rogers, E.M. (1995): Diffusion of innovations, New York: The Free Press

Sultan, F., Winer, R. (1993): Time preferences for products and attributes and the adoption of technology-driven consumer durable innovations, in: Journal of Economic Psychology 14, S. 587-613

Tsoutsos, T., Frantzeskaki, N., Gekas, V. (2005): Environmental impacts from the solar energy technologies, in: Energy Policy 33, S. 289-296

Venkatesh, V., Morris, M.G., Ackerman, P.L. (2000): A Longitudinal Field Investigation of Gender Differences in Individual Technology Adoption Decision-Making Process, in: Organizational Behavior and Human Decision Making Processes 83, 1, S. 33-60

Watson, J., Sauter, R., Bahaj, B., James, P. A., Myers, L., Wing, R. (2006): Unlocking the Power House: Policy and system change for domestic micro-generation in the UK, Universities of Sussex and Southampton and Imperial College London

Weiner, B. (1994): Motivationspsychologie, Weinheim: Beltz Psychologie-Verlagsunion

Welsch, H., Kühling, J. (2009): Determinants of pro-environmental consumption: The role of reference groups and routine behaviour, in: Ecological Economics 69, 1, S. 166-176

Witt, U. (1987): Individualistische Grundlagen der evolutorischen Ökonomik, Tübingen: Mohr (Siebeck)

Witt, U. (2001): Learning to Consume – A Theory of Wants and the Growth of Demand, in: Journal of Evolutionary Economics 11, 1, S. 23-36

Witt, U. (2003): The Evolving Economy – Essays on the Evolutionary Approach to Economics, Aldershot: Edward Elgar

Witt, U. (2008): What is specific about evolutionary economics?, in: Journal of Evolutionary Economics 18, 5, S. 547-575

Anhang

Tabelle A-1: Kontrollvariablen

Variable	**Spezifikation**
Einkommen	— mittleres monatliches Einkommen dividiert durch Haushaltsgröße (pro Kopf) — ordinale Größe; Kategorien (in €): 500, 1250, 1750, 2250, 2750, 3250, 3750, 4250, 4750, 5000
Nicht_Single	— *Familienstand* — Dummies: Single_und_Sonstige*, Nicht_Single (d.h. verheiratet, eheähnliche Gemeinschaft, geschieden, getrennt lebend, verwitwet)
Eigene_Wohnung Andere_Wohnsituation	— *Wohnsituation* — Dummies: Eigene_Wohnung, Eigenes_Haus*, Andere_Wohnsituation
Alter_1	— mittleres Alter — ordinale Größe; Kategorien (in Jahren): 18, 25, 35, 45, 55, 65, 75
Alter_2	— quadriertes mittleres Alter — ordinale Größe; Kategorien: 324, 625,1225, 2025, 3025, 4225, 5625
Geschlecht	— Dummy: männlich (0), weiblich (1)
Anlage_älter_1_Jahr Anlage_älter_2_Jahre Anlage_älter_5_Jahre Anlage_älter_10_Jahre	— *Alter Solarthermieanlage* [a] — Dummies: Anlage_jünger_1_Jahr*, Anlage_älter_1_Jahr, Anlage_älter_2_Jahre, Anlage_älter_5_Jahre, Anlage_älter_10_Jahre

*: Referenzgruppe. [a]: nur bei Analysen in Bezug auf Besitzer von Solaranlagen berücksichtigt.

Tabelle A-2: Zugrundeliegende Fragestellungen der hypothesenspezifischen Regressoren

Variable	**Fragestellung**
Wissen Solarthermieanlagen	
Wissen_STA_Dummy	„Kennen Sie folgende Nutzungsmöglichkeiten solarthermischer Anlagen (mehrere Antworten möglich): Nutzung zur Warmwassererzeugung (1: ja, 0: nein); Kombinutzung zur Warmwassererzeugung und Heizungsunterstützung mit größerer Kollektorfläche (1: ja, 0: nein); Kombinutzung der sommerlichen Überschusswärme zur Raumluftkühlung (zusätzlich) (1: ja, 0: nein); weitere (1: ja, 0: nein)?"
Wissen_STA_Niveau	
Wissen_STA_Kombinutzung	
Wissen_STA_Kühlung	
Umwelteinstellungen	
Betroffenheit_Klima	Grad der Zustimmung zu der Frage „Wie gefährlich ist eine durch den Treibhauseffekt verursachte, weltweite Klimaveränderung Ihrer Meinung nach für Sie und Ihre Familie?" (1: überhaupt nicht gefährlich, 5: äußerst gefährlich)
Betroffenheit_Atomkraft	Grad der Zustimmung zu der Frage „Wie gefährlich sind Atomkraftwerke und der entstehende radioaktive Müll Ihrer Meinung nach für Sie und Ihre Familie?" (1: überhaupt nicht gefährlich, 5: äußerst gefährlich)
Betroffenheit_Luft	Grad der Zustimmung zu der Frage „Wie gefährlich ist die durch Autos und Industrie verursachte Luftverschmutzung Ihrer Meinung nach für Sie und Ihre Familie?" (1: überhaupt nicht gefährlich, 5: äußerst gefährlich)
Verantwortung_Technik[a]	Grad der Zustimmung zu der Aussage „Wissenschaft und Technik werden viele Umweltprobleme lösen, ohne dass wir unsere Lebensweise ändern müssen." (1: stimme voll und ganz zu, 4: stimme überhaupt nicht zu)
Verantwortung_Sparen	Grad der Zustimmung zu der Aussage „Beim Energiesparen kommt es auch auf uns Verbraucher an. Daher sind wir Bürger in unserem Alltagsverhalten aufgefordert." (1: stimme überhaupt nicht zu, 4: stimme voll und ganz zu)
Umweltinteresse	1: Umweltfragen gehen mich nichts an, 5: großes Interesse für Umweltfragen
Soziales Umfeld	
Peers_STA	„Haben Verwandte, Freunde, Bekannte oder Nachbarn von Ihnen Solarwärmeanlagen installiert?" (1: ja, 0: nein)

[a]: Die Variable ist zur besseren Vergleichbarkeit mit den anderen Variablen so spezifiziert, dass ein hoher Grad der Zustimmung eine Ablehnung einer rein technischen Lösung bedeutet (d.h. keine rein produzentenseitige Verantwortung).

Tabelle A-3: Planung von und Interesse an Ausbau bzw. Neubau einer Solaranlage – Einzelregressionen

	Planung_STA				Interesse_STA			
	Gesamt		Nachbarschaft		Gesamt		Nachbarschaft	
Unabhängige Variablen	Anlage (B_I)	Keine Anlage (A_I)	Anlage (B_II)	Keine Anlage (A_II)	Anlage (D_I)	Keine Anlage (C_I)	Anlage (D_II)	Keine Anlage (C_II)
Wissen_STA_Dummy								
Wissen_STA_Niveau					-	+	-	
Wissen_STA_Kühlung					-	+	-	
Wissen_STA_Kombi.					-			
Peers_STA		+				+		+
Betroffenheit_Klima								
Betroffenheit_Atomkraft						+		+
Betroffenheit_Luft							-	
Verantwortung_Technik								
Verantwortung_Sparen						+		+
Umweltinteresse		+				+		+

+: signifikant positiver Zusammenhang. -: signifikant negativer Zusammenhang.

Die Bedeutung von Intermediären und institutionellen Arrangements für einen nachhaltigen Konsum

Theoretische und empirische Einsichten auf Basis interaktionsökonomischer und institutionentheoretischer Grundlagen

Ralf Antes und Klaus Fichter[1]

1 Einleitung

In Modul 4 wurde die erkenntnisleitende Fragestellung des WENKE[2]-Projektes („Woran scheitert die Verbreitung nachhaltiger Konsummuster?") auf Basis zweier eigenständiger, aber miteinander konsistent verknüpfter Theoriezugänge bearbeitet. Dabei handelt es sich zum einen um die Interaktionsökonomik, einen noch jungen Theoriezugang, der soziale Interaktion als zentralen Ort von Wandel konzeptualisiert und eine systematische Integration von Akteurs- und Kontextbetrachtung vornimmt. Mit der Betrachtung von Kontexten und Rahmenbedingungen von Akteurshandeln ist die Interaktionsökonomik systematisch anschlussfähig an institutionentheoretische Beschreibungs- und Erklärungsansätze, die den zweiten Theoriezugang von Modul 4 darstellen. Für beide Theoriezugänge wurde ein gemeinsamer Forschungsbezugsrahmen entwickelt, wurden systematisch theoretische Schnittstellen identifiziert und gemeinsam Hypothesen für die empirische Untersuchung generiert. Dabei wurde

[1] Wir bedanken uns für die Unterstützung bei der Datenerhebung und -auswertung bei Julia von Berlichingen, Jens Clausen, Karsten Uphoff, Kathrin Rheinländer und Tina Stecher.

sowohl für die Theorieentwicklung als auch für die empirische Untersuchung spezifischer Konsumpfade auf drei theoretische Konstrukte fokussiert: Interaktion, Intermediär und institutionelles Arrangement.

2 Theoriegrundlagen: Interaktion, Intermediär und institutionelles Arrangement

In der Literatur lassen sich bis dato nur wenige Autoren finden, die den Begriff der „Interaktionsökonomik" verwenden. Dabei lassen sich zwei voneinander unabhängige Entstehungskontexte identifizieren. Homann und Suchanek (2005) führen den Begriff mit ihrem im Jahr 2000 erstmals veröffentlichten Lehrbuch „Ökonomik. Eine Einführung" in die volkswirtschaftliche und gesellschaftstheoretische Debatte ein. Unabhängig davon entwickelt Fichter (2005) auf Basis innovations- und strukturationstheoretischer Betrachtungen sowie unter Heranziehung unternehmensbezogener Interaktionsmodelle eine „interaktionsökonomische Fundierung" der Rolle von Unternehmertum. Die folgenden Ausführungen bauen auf den letztgenannten Entstehungskontext auf.

Das noch junge Theoriefeld der Interaktionsökonomik stellt einen mikroökonomischen Ansatz dar, der die soziale Interaktion zwischen relevanten Akteuren als zentralen „Ort" von Selbstorganisation sowie von Entscheidung und Wandel in wirtschaftlichen Prozessen versteht und daher zum zentralen Erklärungsgegenstand erhebt. Die Interaktionsökonomik hat wie die Evolutorische Ökonomik im weitesten Sinne Wandel in ökonomischen Systemen zum Gegenstand. Sie ist demzufolge weniger an Zustandsbeschreibungen als vielmehr an Übergangsprozessen sowie daran interessiert, das Neue sowohl hinsichtlich seiner Entstehungsbedingungen als auch hinsichtlich seiner Ausbreitung und Auswirkungen zu endogenisieren. Dabei wird die Interaktion zwischen Akteuren als der zentrale Ort von Veränderung konzeptualisiert.

2.1 Theoriequellen

Eine Interaktionsökonomik kann auf verschiedene fruchtbare theoretische Quellen bzw. Theoriestränge zurückgreifen. Die vier wichtigsten seien hier genannt:

1. Die Evolutorische Ökonomik, die Wandel in ökonomischen Systemen zum Gegenstand hat, und fruchtbare Theorieangebote wie das Kontingenz-Konzept, das Pfadkonzept sowie Erklärungen für Pfadabhängigkeiten bietet (Lehmann-Waffenschmidt/Reichel 2000; Lehmann-Waffenschmidt 2009).

2. Interaktive Innovationstheorien, deren historische Wurzeln bis zu Schumpeters Konzept des „Creative Response" (1991/1946) zurückreichen und die mittlerweile eine Vielzahl von Konzepten interaktiver Innovationsentstehung umfassen (Lead User-Ansatz, Boundary Spanning, Open Innovation, Innovation Communities etc.).

3. Institutionentheorien, darunter ökonomische (Neue Institutionenökonomik, Institutionalismus) als auch soziologische (Neo-Institutionalismus, Strukturationstheorie). So erlaubt die von Giddens (1997/1984) entwickelte Strukturationstheorie und deren Rezeption in der betriebswirtschaftlichen Forschung, institutionelle Aspekte als integralen Bestandteil von „Regel-Ressourcen-Komplexen" (Strukturen) zu thematisieren und Institutionen nicht nur als begrenzende und ermöglichende Form der Interaktion zu behandeln, sondern darüber hinaus die Veränderung institutioneller Strukturen durch die handelnden Akteure zu konzeptualisieren.

4. Die handlungstheoretische Annahme des holistischen Individualismus (Pettit 1993; Fichter 2005).

2.2 Forschungsannahmen

Dem Ansatz der Interaktionsökonomik liegen eine Reihe von Basisannahmen zu Grunde, die im Folgenden vorgestellt werden. Die Grundannahmen lassen sich in Prozessannahmen, Akteursannahmen und Interaktionsannahmen unterteilen:

Prozessannahmen

- *Wandel als Zusammenspiel exogener und endogener Größen*: Wandel in ökonomischen Systemen kann nicht allein durch exogene oder endogene Größen, sondern nur durch das Zusammenspiel der beiden erklärt werden, also durch den Wandel von (institutionellen) Rahmenbedingungen im Wechselspiel mit der Kreativität von Akteuren (Creative Response).

– *Wandel als selbstorganisierender Prozess*: Wandel in ökonomischen Systemen wird daher beidseitig als selbstorganisierender Prozess verstanden. Es geht einerseits um die mehr oder weniger komplexe Anpassung ökonomischer Systeme an exogene Datenänderungen, andererseits aber auch um das kreative Erzeugen neuer Bedingungen und deren Auswirkungen auf Prozesse.

– *Verlaufs- und Ergebnisoffenheit von Prozessen*: Prozesse innerhalb des untersuchten ökonomischen Systems werden als ergebnis- und verlaufsoffen angenommen.

Akteursannahmen

– *Heterogenität der Akteure*: Die Interaktionsökonomik baut auf der Annahme auf, wonach die Akteure im Wirtschaftsprozess bezüglich verschiedener Merkmale wie Wertedispositionen, Präferenzen, Ressourcenausstattung, strategischem Verhalten usw. als heterogen anzusehen und verschiedene Akteurstypen (z.B. Konsumtypen, Unternehmenstypen) zu differenzieren sind. Hieraus leitet sich auch ab, dass einige Akteure auf den Verlauf von Prozessen einen stärken Einfluss haben als andere („Schlüsselakteure“).

– *Lern- und Veränderungsfähigkeit der Akteure*: Akteure werden als lern- und veränderungsfähig angenommen. Dies betrifft sowohl das Single- und Double-loop-learning als auch Deutero-learning und umfasst sowohl Einstellungen, Wahrnehmungsmuster, Präferenzen als auch verschiedene Formen von Wissen und Kompetenzen.

– *Vorteilsstreben mit Gerechtigkeitsempfinden*: Es wird angenommen, dass Akteure in Interaktionsepisoden Vorteile zu erlangen versuchen und Interaktionen damit von Vorteilserwartungen geprägt sind. Dabei wird von einem offenen Vorteilsbegriff ausgegangen, nachdem der jeweilige Mensch bzw. die jeweilige Organisation selbst entscheidet, was er/sie als Vorteil betrachtet. Weiterhin wird angenommen, dass Entscheidungen in Interaktionsprozessen nicht allein von individuellen Vorteils- und Nutzenkalkülen geprägt sind, sondern auch von einem individuell unterschiedlichen und kulturell geprägten Gerechtigkeitsempfinden. Dabei ist ambivalentes Verhalten die Regel und situations- und objektübergreifendes konsistentes Handeln die Ausnahme (Antes 2005, 66-69).

- *Langfristige Verhaltensorientierung*: Das Vorteilsstreben in einzelnen Interaktionsepisoden ist nicht nur von taktischen, auf die unmittelbare Situation bezogenen Erwägungen, sondern auch von mittel- und längerfristigen Überlegungen und Zielsetzungen der Interaktionspartner geprägt.

Interaktionsannahmen

- *Dynamische Veränderung von Interaktionsbedingungen*: Neben der Änderung exogener Interaktionsbedingungen können sich durch die Lernfähigkeit der Akteure (z.B. Veränderung der Einstellungen, Wahrnehmungen, des Wissens usw. der interagierenden Akteure) auch die endogenen Bedingungen von Interaktionsprozessen verändern. Damit können sich in fortgesetzten Interaktionssituationen (Episoden) auch die Spielregeln („rules of the game") der Interaktion verändern.
- *Historizität von Interaktion*: Ein Großteil sozialer Interaktion findet zwischen Partnern statt, die sich bereits kennen, und ist durch spezifische Macht- und Vertrauensverhältnisse und damit durch eine Historie geprägt. Die Historizität sozialer Interaktion wird auch als Interaktions-„Atmosphäre" bezeichnet.
- *Soziale Einbettung*: Kommunikations- und Transaktionsepisoden werden nicht nur als Teil eines „ongoing process" und als durch die Interaktionsatmosphäre beeinflusst betrachtet, sondern auch als in einen sozial und historisch geprägten Umweltkontext eingebettet (Granovetter 1973 und 1985). Die Annahme besagt, dass ökonomische Akteure wie Unternehmen in Netzwerke aus interpersonellen Beziehungen und größeren Sozialstrukturen eingebettet sind.
- *Institutionelle Einbettung*: Akteursinteraktionen werden als Wahlhandlungen unter Begrenzung (Beckert 2002) verstanden. Institutionen (sanktionierbare Verhaltenserwartungen) spielen dabei eine zentrale Rolle. Sie dienen dazu, Handlungen und Ereignisse als positiv oder negativ bzw. als gerechtfertigt oder ungerechtfertigt zu beurteilen

und mit entsprechenden (positiven oder negativen) Sanktionen zu belegen.

2.3 Theoretische Konstrukte

Schlüsselakteur

Einen zentralen Erklärungsansatz innerhalb der Interaktionsökonomik stellt das Konzept des Schlüsselakteurs dar.

> Als Schlüsselakteure werden Personen, Organisationen oder Netzwerke verstanden, die innerhalb eines fokalen Innovations- oder Diffusionsprozesses einen signifikant höheren Einfluss auf die Entstehung und die Durchsetzung einer neuen Lösung haben.

Schlüsselakteure kann es bei allen involvierten Akteursgruppen eines Innovations- und Diffusionsprozesses geben, also sowohl bei Politik und Staat, bei den Marktakteuren auf der Anbieter- und Nachfragerseite, den Intermediären als auch bei zivilgesellschaftlichen Akteuren wie Verbänden, Vereinen und Medien. Innerhalb der Innovations- und Diffusionsforschung lassen sich eine ganze Reihe unterschiedlicher Schlüsselakteurskonzepte finden. Dazu zählen innerhalb der betriebswirtschaftlichen Innovationsforschung u.a. das auf Witte (1973) zurückgehende Promotorenkonzept (Hauschildt/Gemünden 1999), Gatekeeper- und Champion-Modelle (Hauschildt/Schewe 1999) und das Konzept der Innovation Communities (Fichter 2009). Auch die Diffusionsforschung greift auf Schlüsselakteurskonzepte zurück. Zu den „Klassikern" gehören hier die von Rogers (2003) als besonders relevant gekennzeichneten „Opinion Leaders" und „Change Agents" innerhalb eines Diffusionsprozesses.

Intermediär

Mit Blick auf die erkenntnisleitende Frage des WENKE^2-Vorhabens, woran die Verbreitung nachhaltiger Konsummuster bis dato scheitert, fällt auf, dass eine Akteursgruppe bislang kaum Beachtung findet, die gerade für eine Synchronisation angebots- und nachfrageseitigen Wandels zentral ist. Dabei handelt es sich um die Akteursgruppe der Intermediäre.

Intermediäre werden allgemein als „Mittler" zwischen zwei oder mehr Partnern verstanden. Als „Brückenbauer" helfen diese, „Distanzen" zu überwinden. Im wirtschaftlichen Prozess ist der Intermediär ein Vermittler zwischen zwei oder mehreren Marktakteuren. Beispiele für klassische Intermediäre sind z.B. Vertreter, Makler, Broker und Handelsbetriebe. Seine Bedeutung lässt sich auf die gewachsene Arbeitsteiligkeit und Komplexität von Wertschöpfungsprozessen zurückführen.

Die Existenz von Intermediären wird in den Wirtschaftswissenschaften in der Regel mit Hilfe der Transaktionskostentheorie erklärt. Die Existenzberechtigung von Intermediären wird dabei durch die Verringerung von Transaktionskosten begründet (Williamson 1990). Immer dann, wenn die Summe der Transaktionskosten (Picot et al. 2003, 49) durch die Einschaltung eines weiteren Akteurs niedriger ist, erlangen Intermediäre eine Existenzberechtigung und können als Vermittler auftreten. „Firms are formed when the gains from intermediated exchange exceed the gains from direct exchange." (Spulber 1999, IX) Für die Beleuchtung der Rolle von Intermediären in Diffusionsprozessen nachhaltiger Konsumlösungen ist eine transaktionskostentheoretische Erklärung jedoch aus zwei Gründen nicht hinreichend: Erstens beschränkt sich der Ansatz auf Marktintermediäre. Wie die interaktionsökonomische Analyse der Ergebnisse der empirischen Feldvermessungsstudien (Empiriephase 1) in den Bereichen „Energie" und „Ernährung" gezeigt hat, spielen in den betrachteten Diffusionspfaden neben Marktintermediären aber auch solche Vermittler eine Rolle, die selbst keine Marktteilnehmer sind, sondern sich um die Schaffung geeigneter Rahmenbedingungen und die Förderung nachhaltiger Konsumlösungen bemühen. Zweitens leidet die Transaktionskostentheorie unter mangelnder Operationalisierbarkeit. Obwohl die Theorie den Begriff der „Kosten" in sich trägt, erlaubt der Ansatz keine tatsächliche Bestimmung und Berechnung der Transaktionskosten verschiedener Handlungsalternativen.

Mit Blick auf die Frage, was Intermediäre motiviert, als solche zu agieren, lässt sich alternativ auf das Konzept der funktionalen Rollen von Hippel (1988) zurückgreifen. Danach wird ein Akteur im Innovationsprozess deshalb aktiv, weil er von der Entwicklung, Durchsetzung oder Verbreitung einer neuartigen Lösung profitiert. Hippel hat den funktionalen Nutzen auf Gewinninteressen beschränkt. Dies würde mit Blick auf die Initiierung, Umsetzung und Verbreitung nachhaltiger Konsumlösungen zu kurz greifen, da hier auch öffentliche Interessen und gemeinwohlorientierte Zielsetzungen im Spiel sind. Erweitert man aber den Nutzenbegriff, so lässt sich folgern, dass Intermediäre im Innovations- oder Diffusionsprozess deshalb andere bei der Entwicklung, Durchsetzung und Verbreitung neuartiger Problemlösungen unterstützen, weil sie entweder kommerziell von diesen profitieren oder weil die Verbreitung der betreffenden Konsummuster zu den öffentlichen oder gesellschaftspolitischen Zielsetzungen von Intermediären beitragen.

Ein wesentliches Element der interaktionsökonomischen Theorieentwicklung bestand in der konzeptionellen Differenzierung verschiedener Intermediärstypen. Mit Blick auf die in den WENKE^2-Empiriearbeiten im Mittelpunkt stehenden Diffusionsprozesse ausgewählter nachhaltiger Konsumlösungen wurde zwischen dem „klassischen" Typ des *Marktintermediärs* und dem kategorial neuen Typus des *Politikintermediärs* unterschieden. Diese werden dabei wie folgt definiert:

> *Marktintermediäre* stellen selbst keine Waren her und konsumieren diese auch nicht, sondern fungieren als Vermittler zwischen Produzenten- und Konsumentenseite. Ihre zentrale Funktion im Marktprozess besteht in der Zusammenführung, Information und Beratung von Anbietern und Nachfragern sowie der Unterstützung und Sicherung von Markttransaktionen.
>
> *Politikintermediäre* handeln im Auftrag staatlicher Institutionen, öffentlich-privater Partnernschaften oder sind zivilgesellschaftliche Organisationen, die gesellschaftspolitischen Zielen verpflichtet sind. Ihre vermittelnde Funktion zwischen Anbieter- und Nachfragerseite ist ausgerichtet an den politischen Zielsetzungen und besteht in der Schaffung von Aufmerksamkeit für die betreffenden Themen, der Bereitstellung marktneutraler Informationen und Ressourcen sowie der Förderung erwünschter Marktergebnisse.

Für die Überwindung von Innovations- und Diffusionsbarrieren nachhaltiger Konsumlösungen nehmen Intermediäre also spezifische Funktionen wahr, indem sie zur Synchronisation angebots- und nachfrageseitigen Wandels beitragen.

Institution

Institutionen prägen, neben anderen Einflüssen, das Handeln des Menschen. Insofern können die – intendierten wie nicht intendierten – Ergebnisse menschlichen Handelns auch auf Institutionen zurückgeführt werden. Unerwünschte Handlungen und Handlungsfolgen sind daher (auch) das Ergebnis einer unzureichenden Ausformung der entsprechenden Institutionen. Eine Ursache nicht nachhaltigen Konsums, d.h. nicht nachhaltiger Folgen von Konsumhandlungen, ebenso wie einer nur schleppenden Ausbreitung nachhaltiger Konsummuster besteht demnach in der nicht hinreichend nachhaltigen Ausgestaltung der das Konsumhandeln hier und heute prägenden Institutionen. Institutionen restringieren Handeln allerdings nicht nur, sondern können ein bestimmtes Handeln auch erst ermöglichen oder erleichtern. Der Institutionalismus spricht hier von der intra-institutionellen Dichotomie und weist Institutionen zeremonielle (retardierende) als auch instrumentelle (ermöglichende) Kräfte zu (bereits Commons 1990/1934, 73, Antes 2006). Entsprechend kann davon ausgegangen werden, dass die Diffusion nachhaltiger Konsummuster durch die Entwicklung nachhaltiger Institutionen befördert wird.

In unser Institutionenverständnis gehen Erkenntnisse sowohl der ökonomischen (Institutionalismus, Neue Institutionenökonomik) als auch der soziologischen (Neo-Institutionalismus, Strukturationstheorie) Institutionenforschung ein. Demnach unterstellen wir Institutionen die folgende Wirkungsweise (Richter/Furubotn 2003, Picot/Dietl/Franck 2008, Antes 2005): Erstens werden über Institutionen Verhaltenserwartungen an den individuellen oder kollektiven Akteur (Person, Gruppe, Organisation) herangetragen. Zweitens ist das Erfüllen/Nicht-Erfüllen dieser Verhaltenserwartungen mit positiven/negativen Sanktionen verbunden. Sanktionspotenzial sind, drittens, materielle und immaterielle Ressourcen, die ein Akteur für seine Bedürfnisbefriedigung benötigt und über die der Adressierende verfügt. Adressaten sind allerdings nicht bloße Empfänger, sondern können selbst Einfluss auf die Institution nehmen und diese verändern. Die Beziehung zwischen Institution und Adressat(en) ist somit rekursiv.

Weiterhin lassen sich Institutionen nach verschiedenen Merkmalen differenzieren. Sie können intensiv oder oberflächlich, stillschweigend oder diskursiv, informell oder formalisiert, schwach und stark sanktioniert sein (Giddens 1997/1984, 74; North 1992), mehr oder weniger robust (Young 2002, 7) sowie fremd- oder selbstadressiert (Antes 2004, 37). Im Hinblick auf nachhaltigen Konsum ist auch noch ihre Nachhaltigkeitsspezifität relevant. Das heißt zunächst, ob in der Institution die Erwartung eines nachhaltigen Handelns überhaupt explizit zum Ausdruck kommt (z.B. EnEG/EnEV im Energiebereich oder Produktökolabel im Ernährungsbereich) oder nicht (z.B. Bräuche, Denkmalschutz- und Mietrecht oder Güteklassen bei Obst und Gemüse). Gerade solche etablierten konventionellen Institutionen wurden oben ja als potenzielles Diffusionshemmnis eines nachhaltigen Konsums ausgemacht. Allerdings gilt dieser Befund nur insgesamt. Einzelne nicht nachhaltigkeitsspezifische Institutionen können sehr wohl neutral oder sogar förderlich auf nachhaltigen Konsum wirken (z.B. eine allgemeine Qualitätsorientierung).

Instiutionelles Arrangement

Institutionen sind eine maßgebliche Ursache für nicht nachhaltigen Konsum, d.h. sie können die Diffusion nachhaltiger Konsummuster maßgeblich behindern, aber auch maßgeblich befördern. Dabei kommt es aber eher selten auf die einzelne Institution bzw. die isolierte Wirkung einer Institution an. Dominante Institutionen, die den Einfluss aller anderen Institutionen überkompensieren, sind die Ausnahme. Ihre volle Wirkung entfalten Institutionen vielmehr im Verbund horizontal und vertikal geschichteter Institutionen gleichen und verschiedenen Typs. Zwischen den Institutionen eines Arrangements bestehen intendierte oder funktional sich ergebende Interdependenzen. Die Institutionen eines Arrangements überlagern sich somit in ihrer Wirkung, d.h. sie können sich gegenseitig (positiv wie negativ) verstärken oder abschwächen.

In verschiedenen Ansätzen der Institutionenforschung findet sich dieser Gedanke wieder: so im ökonomischen Institutionalismus mit dem Konstrukt der intra-institutionellen Dichotomie (Reuter 1996, 256), in der Neuen Institutionenökonomik mit dem Gedanken einer Hierarchie zwischen konstitutionellen, fundamentalen und abgeleiteten Institutionen (Picot et al. 2008/1999, auch Williamson 2000, 597), im Neo-Institutionalismus mit dem Konzept des institutionalisierten organisationalen Feldes (DiMaggio/Powell 1991/1983, 64f., Scott/Meyer 1991/1983, 108) oder in der Strukturationstheorie, die Institutionen als Bestandteil von Regel-Ressourcen-Komplexen modelliert (Giddens 1997/1984).

Gleichwohl sind noch deutliche Erkenntnislücken zu konstatieren. Erstens erfährt die gezielte Untersuchung von Wirkungsverbünden, d.h. der Wechselwirkungen zwischen verschiedenen Institutionen eines Arrangements erst in der der neueren Institutionenforschung verstärkt Aufmerksamkeit. Unter dem Dachbegriff der „institutional diversity“

sind einige Arbeiten zur komparativen Institutionenanalyse entstanden (Aoki 2001) als auch, z.T. in Verbindung damit, zu „institutional complementarity/contradiction“ (North 1992, Morgan et al. 2005, Deeg 2005, Wood/James 2006). Stellvertretend für die Relevanz der Perspektive und den aktuellen Forschungsstand sei Deeg zitiert:

> „The concept of complementarity is central to any conception of system. Complementarity is also increasingly used to explain why institutions – and the actors who support them – are resistant to change … and also why introducing new institutions into a system often leads to unintended consequences or failure to achieve the intended objective.“ (Deeg 2005, 1f.)

Zweitens sind die Analysen, die die Wechselwirkungen zwischen Institutionen untersuchen, bislang meist auf der Makroebene angesiedelt, etwa zur (vergleichenden) Untersuchung von Wirtschaftssystemen („Variety of Capitalisms“/VOC), Branchen, Wirtschaftsregionen, nationalen Innovationssystemen oder (inter-)nationalen umweltpolitischen Regimes. Analysen auf der Mikroebene (u.a. Milgrom/Roberts 1995) oder gar auf der Ebene individueller Akteure sind die deutliche Ausnahme.

Schließlich, und drittens, gelten die beiden Beobachtungen auch für Analysen der institutionellen Bedingungen (nicht-)nachhaltigen (Konsum-)Handelns: Wenn, dann wird v.a. auf die Makroebene abgestellt und/oder es werden die verschiedenen Institutionen eher parallel als in ihrem Zusammenspiel und -wirken untersucht (Minsch et al. 1998, Kissling-Näf/Varone 2000). Ebenso sind Untersuchungen auf der Mikroebene die Ausnahme (Beschorner et al. 2005). So resümmieren die Herausgeber des Tagungsbandes „Institutionen für eine nachhaltige Ressourcennutzung“, dass

> „die gängigen Ansätze sehr oft nur einen kleinen Teil des komplexen Wirkungsgefüges abdecken. Über weite Strecken fehlen uns heute theoretische Hypothesen und empirische Untersuchungen, die Licht in das Dunkel der Zusammenhänge bringen können.“ (Kissling-Näf/Varone 2000, 236).

Konzeptionell am tiefsten hat Young (2002) die Thematik durchdrungen. Im Wesentlichen untersucht er zwar globale Institutionenregimes nachhaltiger Entwicklung. Seine abstrahierenden formalen Überlegungen scheinen uns aber auch für unsere Untersuchungsebene fruchtbar. Zum einen extrahiert er drei Merkmale, die für das „institutional interplay“ relevant sind: (1.) den Grad der Striktheit (strength) einer Institution als „measure of the extent and stringency of an institution’s rules and pracitces; that is, the extent to which the institution requires subjects to alter or adapt their behaviour to conform to its requirements“ (Young 2002, 7); (2.) den Grad der Robustheit (robustness) gegenüber destabilisierenden Kräften, welcher auch ihre Dauerhaftigkeit bestimmt und (3.) die Dichte (density) der in einem raum-zeitlichen Kontext wirkenden Institutionen. Mit der Dichte nehmen Interaktionen zwischen Institutionen zu, (Young 2002, 7f.) wobei diese sowohl komplementär als auch kompensierend aufeinander wirken können. Daraus leiten wir ab, dass nachhaltiger Konsum umso wahrscheinlicher wird, je höher die Dichte nachhaltigkeitsspezifischer Institutionen ist. Der Umkehrschluss, dass mit zunehmender Dichte nicht nachhaltigkeitsspezifischer Institutionen nicht-nachhaltiger Konsum wahrscheinlicher wird, gilt dagegen nicht unbedingt. Denn auch unspezifische Institutionen können neutral oder sogar komplementär in Bezug auf Nachhaltigkeit sein (s. o.). Über diese drei Merkmale hinaus und zum andern entwickelt Young eine Typologie des „institutional interplay“, wobei er zum einen zwischen horizontalem und vertikalem Zusammenwirken unterscheidet. Ersteres betrifft Institutionen, die auf der gleichen Ebene ansetzen, letzteres die hierarchische Ausdifferenzierung und Konkretisierung von Institutionen. Zum andern wird unterschieden, ob das Zusammenspiel das intendierte Ergebnis institutioneller Gestaltung ist („politics of institutional design and management“) oder sich faktisch ergibt („functional interdependencies“).

In unserer Untersuchung verstehen wir demnach das Handeln der individuellen und kollektiven Akteure – der Produzenten, der Konsumenten als auch der Intermediäre – als eingebettet in (nicht als determiniert durch!) institutionelle Arrangements. Aus dieser zentralen Einsicht ergeben sich weitere Schlussfolgerungen in Bezug auf diffusionshemmende und -verstärkende Einflüsse nachhaltigen Handelns.

2.4 Ein generisches Modell der Akteursinteraktion

Bei der Strukturierung der institutionellen Einbettung von Akteuren und ihrer Interaktionen kann auf die von Giddens verwendete Zweiteilung von Regeln in (kollektive) Normen einerseits und (individuelle) interpretative Schemata andererseits zurückgegriffen werden, wobei die Strukturkategorie Normen in drei institutionelle Ebenen unterschiedlicher zeitlicher und kommunikativer Reichweite unterteilt werden kann:

- kulturell-symbolische Ordnungen,
- politische und rechtliche Institutionen,
- interorganisationale Governance-Strukturen.

In Erweiterung der Institutionentypologie nach Giddens und unter Rückgriff auf verhaltenswissenschaftliche Erkenntnisse ergänzen wir die individuellen Regeln, so dass wir hier zunächst ebenfalls drei institutionelle Ebenen erhalten:

- natürliche Prägungen,
- Selbstbindungen,
- interpretative Schemata.

Das Regelsystem mit der prinzipiell längsten zeitlichen und kommunikativen Reichweite ist die Ebene der Sinnkonstitution, d.h. der *kulturell-symbolischen Ordnungen*. Dieser Ebene lassen sich Normen in Form von Traditionen, Bräuchen, Glaubensvorstellungen, Mythen, „cultural beliefs", grundlegenden Werthaltungen, Lebensstilen und Konsummustern zuordnen. Diese sind intensiver und informeller Natur, werden in der Regel stillschweigend und routinisiert (automatisch) angewendet und haben eine anhaltende Wirkung auf jegliches soziale Verhalten. Die in der tagtäglichen Interaktion einbegriffenen kulturell-symbolischen „Vorschriften" sind erheblich fixierter und zwingender, „als es angesichts der Natürlichkeit, mit der sie gewöhnlich angewendet werden, erscheinen könnte." (Giddens 1997/1984, 75) Eine Änderung der kulturell-symbolischen Ordnungen ist den Akteuren nur in begrenztem Umfang möglich. Sie sind zwar (auch für die Unternehmung) durch Reflexivität und Diskurs zugänglich und damit partiell endogenisierbar, ihr Wandel vollzieht sich aber in längerfristigen und prinzipiell emergenten gesellschaftlichen Prozessen. Kulturell-symbolische Ordnungen wirken auf die beiden anderen kollektiven Normen als auch auf die individuellen interpretativen Schemata ein.

Politische und rechtliche Institutionen sind zumeist formal kodifiziert, z.B. in Form von Gesetzen. Verfassungsnormen und Gesetze gehören „zu den am stärksten sanktionierten Typen sozialer Regeln und schließen in modernen Gesellschaften eine formell vorgeschriebene Abstufung der Bestrafung ein." (Giddens 1997/1984, 75) Weiterhin ordnen wir finanzielle Förderungen und teilweise Aufklärung und Beratung – sie benötigen ebenso einen politisch-rechtlichen Rahmen – diesem Institutionentypus zu.[2]

Die Normenebene der *interorganisationalen Governance-Struktur* schließlich kann sich auf Branchenvereinbarungen, technische Standards und geschäftliche Gepflogenheiten beziehen, die für eine gesamte Branche oder ein breiteres Marktsegment gelten. Sie umfassen aber auch formale und informelle Regeln, die für bestimmte Akteursinteraktionen spezifisch sind, wie z.B. Kooperationsverträge oder gemeinsame Vorstellungen über Qualitäts- und Umweltschutzanforderungen. Während die Einflussnahme der Unternehmung bzw. des institutionellen Unternehmers auf die Ebene der kulturell-symbolischen Ordnungen und der politisch-rechtlichen Institutionen prinzipiell möglich, aber stark begrenzt ist, sind die Steuerungsmöglichkeiten hinsichtlich der interorganisationalen Regelungssysteme deutlich größer.

Kulturell-symbolische Ordnungen sind in der Interaktion durch die Akteure zu übersetzen, zu deuten und auszulegen. Dies geschieht mittels *interpretativer Schemata*, d.h. „Typisierungsweisen, die in den Wissensbeständen der Akteure enthalten sind und zur Aufrechterhaltung der Kommunikation reflexiv angewandt werden." (Giddens 1997, 82) Interpretative Schemata sind somit individuelle, aber kollektiv rückgebundene Verstehens- und Auslegungsrahmen, Deutungsmuster (Ortmann 1995, 277f.) der auf der Ebene der Sinnkonstitution vom sozialen Umfeld institutionalisierten Erwartungen an das Handeln des Akteurs bzw. der Akteure.

Menschliches Handeln ist nicht allein kulturell geprägt, sondern, wie die Humanethologie herausgearbeitet hat, auch natürlich/genetisch. *Natürliche Prägungen* sind Sinngebungs-, Sozialisations-, Antriebs- und Belohnungsmuster von Verhaltensweisen, die sich im Zuge der menschlichen Evolution als lebensdienlich erwiesen haben (Zabel 2001, 138f.). Für unsere Untersuchung hier ist insbesondere der „auf Lebensdienlich-

[2] Vgl. hierzu den umfassenden „Institutionenatlas" bei Minsch et al. 1998, 139-379.

keit optimierte Mix aus Egoismus und Altruismus“ (ebenda) relevant. D.h. menschliches Handeln kann in Abhängigkeit von der Situation egoistisch motiviert sein, muss dies aber nicht und schon gar nicht zwangsläufig, überwiegend und durchgängig (Eibl-Eibelsfeld 1997, 148ff., Sober/Wilson 2003). Die natürliche Prägung sehen wir im Folgenden in der moralischen Selbstbindung aufgehoben, weshalb sie in Abbildung 1 nur informativ aufgenommen ist.

Selbstbindungen sind sowohl kulturell als auch natürlich geprägt. Trotzdem sind sie etwas Eigenständiges und stehen für das teilautonome Selbst bzw. die teilautonome Handlungsfähigkeit und -bereitschaft wirtschaftlicher Akteure. Sie sind die Verhaltenserwartung(en) des Akteurs an sich selbst und stellen somit eine „innere“ Institution dar. Selbstbindungen sind ein notwendiger Bestandteil von institutionellen Arrangements, werden in deren Modellierung üblicherweise allerdings vernachlässigt. Dies führt zwangsläufig zu einem Menschenbild, was diesen völlig durch die äußeren Umstände (Institutionen) determiniert sieht. Ein solcher Ansatz ist aber gerade nicht geeignet, innovatives Handeln und das Handeln der Gruppen der Innovatoren und frühen Adoptoren im Diffusionsprozess[3] zu erklären. Selbstbindungen können ethisch motiviert sein (z.B. Umwelt-/Klimaschutzbewusstsein in unserem Fall), müssen dies aber nicht (z.B. Ernährungsbewusstsein in unserem Fall).

Abbildung 1 fasst die institutionelle Umwelt von Akteursinteraktionen zusammen. Entsprechend den Ausführungen zuvor ist sie nicht als unveränderliche und statische Rahmenbedingung zu betrachten, sondern als Wirkungsgefüge, das in einem rekursiven Wechselspiel mit den Handlungen und Interaktionen der Akteure steht und damit einer prinzipiellen Veränderlichkeit und Veränderbarkeit unterworfen ist.

Bei der Entwicklung generischer Modelle interorganisationaler Interaktion kann auf einen reichhaltigen Fundus aus dem Bereich der Organisations-, Netzwerk- und Marketingtheorie zurückgegriffen werden (vgl. Fichter 2005, 241ff.). Für eine Beschreibung und Erklärung von Interaktionsprozessen soll hier auf das multiorganisationale Interaktions-

[3] Während der Diffusionsprozess nach Überschreiten einer kritischen Masse als sich selbstverstärkender Prozess infolge imitierenden Handelns erklärt werden kann, d.h. als Folge kollektiver Institutionalisierung, gilt dies für das Handeln dieser beiden Gruppen definitionsgemäß gerade nicht, denn diese Gruppen handeln wider die Konventionen ihres Umfeldes (Rogers 2003; 26f., 282f.)

modell der sogenannten IMP-Group, einer Gruppe von Netzwerkforschern, zurückgegriffen werden (vgl. Fichter 2005, 257ff.). Dieses Modell lässt sich auf Basis strukturationstheoretischer Betrachtungen reinterpretieren.

Abb. 1: Institutionelle Einbettungen von Interaktionen

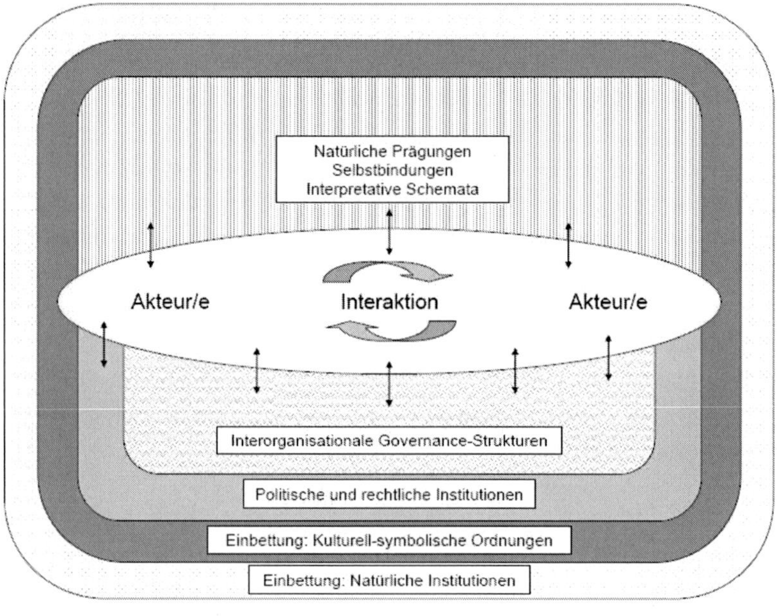

Quelle: Eigene

Ausgangspunkt dabei bilden die vier Hauptelemente des Interaktionsmodells der IMP-Group (Akteure, Interaktionsepisoden, Atmosphäre und Umwelt der Interaktion). Strukturationstheoretisch betrachtet, zeichnen sich die beteiligten Akteure dadurch aus, dass sie mit (begrenzten) allokativen und autoritativen Ressourcen ausgestattet sind, die sie in die Interaktion mit Ressourcenpartnern einbringen können und mittels einzelner Interaktionsepisoden in einzelnen Arenen oder arenenübergreifend zu erweitern oder abzusichern suchen. Die unter Unsicherheit agierenden Akteure bemühen sich außerdem durch Interaktion Unsicherheiten über das Verhalten anderer Akteure und über zukünftige Entwicklungen zu reduzieren und auf diese Weise ihre Erwartungen zu stabilisieren. Die (längerfristigen) Netzwerkbeziehungen sind durch Macht- und Abhängigkeitsverhältnisse geprägt, die auf der spezifischen Ressourcenausstattung der Akteure und deren interorganisationaler Verknüpfung basieren. In einzelnen Interaktionsepisoden greifen die Akteure auf (bestehende) interpretative Schemata und normative Regelsysteme zurück und reproduzieren diese. In interorganisationalen Routineprozessen findet weitgehend eine Strukturreproduktion statt. Der Schwerpunkt liegt auf Stabilisierung und inkrementeller Strukturanpassung. Im Innovationskontext hingegen finden grundlegende Strukturveränderungen statt. Bei der Veränderung der Ausstattung innovierender Unternehmungen bzw. Unternehmungsnetzwerke mit allokativen und autoritativen Ressourcen, der Rekonfiguration von Akteursets und der Veränderung institutioneller Regelsysteme spielt die Figur des institutionellen bzw. strukturpolitischen Unternehmers eine zentrale Bedeutung. Unternehmerisches Innovationshandeln trägt durch Interaktion zur Veränderung interpretativer Schemata (Kognition) und zur Transformation normativer Regelsysteme bei (Normation).

Abb. 2: Ein generisches Modell der Akteursinteraktion

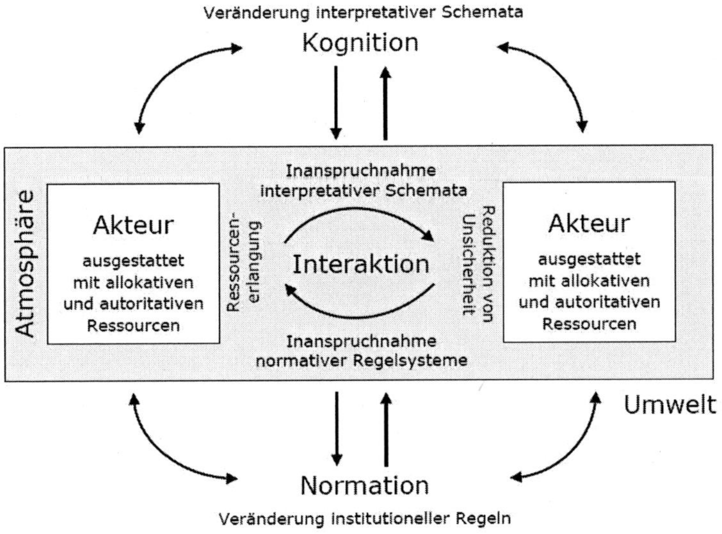

Quelle: Eigene

3 Empirische Befunde

Nachfolgend werden die Ergebnisse unserer empirischen Untersuchungen in zwei ausgewählten Feldern nachhaltigen Konsums vorgestellt. Dazu stellen wir zunächst unser methodisches Vorgehen dar (3.1). Anschließend erfolgt die Auswertung der Interviews bezogen auf die Bedeutung und Rolle von Intermediären (3.2) sowie von Institutionen und institutionellen Arrangements (3.3) für den Diffusionsprozess.

3.1 Methodisches Vorgehen

Als Extrakt der theoretischen Grundlegungen haben wir den in Abbildung 3 dargestellten Forschungsbezugsrahmen entworfen.

Abb. 3: Theoretische Fokussierungen in Modul 4

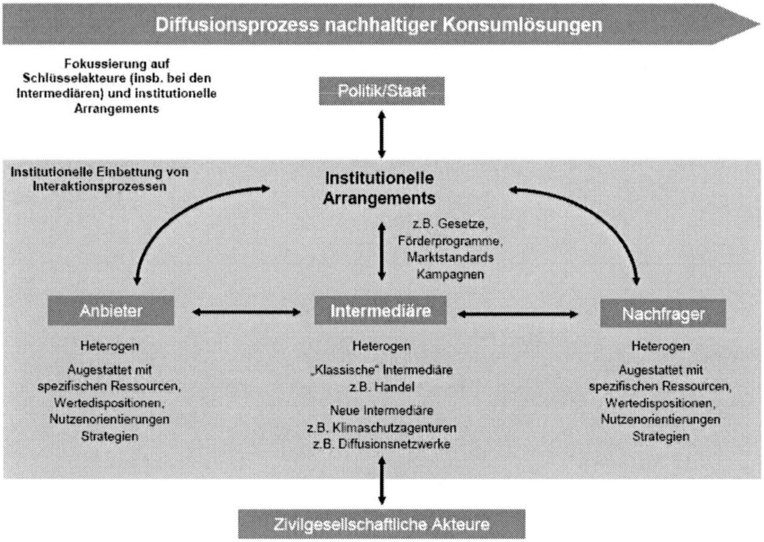

Quelle: Eigene

Die Abbildung ordnet unsere Foki (Schlüsselakteurstyp Intermediär, institutionelle Arrangements) in den Gesamtkontext des WENKE^2-Projektes ein. Daraus ergeben sich für Modul 4 folgende forschungsleitende Basisfragen:

1. Welche Intermediäre sind aus welchen Gründen relevant, was macht sie zum Schlüsselakteur?
2. Welche der potenziellen Institutionen sind einflussreich?
3. Warum, wie und mit welcher Wirkung agieren Intermediäre als Promotoren nachhaltiger Konsummuster und tragen zur Überwindung diesbezüglicher Hemmnisse bei?

Das empirische Vorgehen ist aus Tabelle 1 ersichtlich. Im Gegensatz zu den Modulen eins bis drei, aber analog zu Modul fünf haben wir ein qualitatives Design gewählt. Das methodische Untersuchungsziel besteht deshalb auch nicht darin, repräsentative Ergebnisse zu erzielen, sondern ein möglichst breites Antwortspektrum über potenziell relevante Faktoren zu erhalten. Dazu wurden vier Fallstudien durchgeführt: eine zum Konsumbereich Energie (Fall 1) mit insgesamt 15 Interviews und drei zur nachhaltigen Ernährung (Fälle 2-4) mit insgesamt 17 Interviews. Fallstudienübergreifend haben wir insgesamt sieben Hypothesen kreiert, davon drei zu Intermediären und vier zu Institutionen/institutionellen Arrangements. Aufgrund des qualitativen Erhebungsdesigns sind diese Hypothesen nicht im Sinne quantitativer großzahliger Studien testbar. Damit steht nicht in Widerspruch, dass wir die Aussagen zu einzelnen Aspekten auch quantifizieren (z.B. Häufigkeit der Nennung). In den beiden nachfolgenden Auswertungsabschnitten (3.2 und 3.3) werden die Hypothesen vorgestellt und diskutiert.

Eine Übersicht über die befragten Akteure ist der Tabelle 2 zu entnehmen.

Tabelle 1: Aufbau der empirischen Studie

Konsumfeld	**nachhaltiger Energiekonsum**	**nachhaltige Ernährung**
Region	Hannover	Oldenburg
Fallstudien / Diffusions-pfade	1. Nutzung solarthermischer Anlagen	2. Ökologisierung: Bio-Fleisch („Buntes Bentheimer Schwein“) 3. Regionalisierung: regionales Rindfleisch (Marke NaturWert) 4. Fair Trade: Kaffee („Olden-burg Kaffee“)
Daten-grundlage	▪ Interviewleitfaden (gemeinsam mit Modul 5) mit überwiegend offenen Antwortmöglichkeiten; je eine geschlossene Frage zu Intermediären und Institutionen ▪ Aufbau d. Leitfadens: 1. Einleitung (Vorstellung Forschungsvorhaben und Interviewer, technische Details wie Zeitrahmen, Mitschnitt), 2. Vorstellung der Interviewten, 3. Umfeld, 4. Verbraucherpraxis und -kultur, 5. Rolle als Intermediär, 6. Relevanz von Institutionen ▪ Interviewdauer: 1 – 1,5 h ▪ Diskussion der Ergebnisse auf Workshops mit Praktikern (einer je Feld)	
	▪ 15 leitfadengestützte Exper-teninterviews ▪ Zeitraum 7/2008–01/2009	▪ 17 leitfadengestützte Experteninterviews ▪ Zeitraum 07/2008–01/2009
Dokumen-tation	▪ digitale Aufzeichnung ▪ vollständige Transkription aller Interviews	
Auswertung	▪ qualitative Inhaltsanalyse ▪ computergestützte Auswertung und Codierung der Interviews auf Basis der MAXQDA-Software	

Tabelle 2: Befragte Akteure in den Fallstudien

Fall	Hersteller	Verband / Kammer	Intermediäre	Dienstleister	Konsumenten	Interviews / Fokusgruppen
Solarthermische Anlagen in der Region Hannover		Zentrum für Umweltschutz der Handwerkskammer Hannover	*Marktintermediäre* AS Solar (Großhandel) ZWS GmbH (Systemanbieter) Holtzmann & Sohn (Großhandel) HS-C. Hempelmann (Großhandel) *Politikintermediäre* Klimaschutzagentur Region Hannover proKlima GbR Umweltzentrum Hannover Target GmbH	Corona Solar (Installateur) Heymann (Installateur) G-M-W Ingenieurbüro (Planer) Energieingenieure GbR (Planer)		15 Interviews
Bio-Lebensmittel (Buntes Bentheimer Schwein)	*Erzeuger* Biohof Kayhausen *Verarbeiter* Fritz Krüger GmbH & Co. KG	Verein zur Erhaltung des Bunten Bentheimer Schweines e.V.	*Marktintermediär* Koopmann's Bio-Markt GmbH *Politikintermediäre* Slow Food Deutschland Slow Food Convivium Oldenburg Slow Food Convivium Ostfriesland		Fokusgruppe „Bio"	8 Interviews plus eine Fokusgruppe
Regionales Fleisch (Marke „NaturWert")	*Verarbeiter* Vion Zeven AG Böseler Goldschmaus GmbH & Co. KG		*Marktintermediäre* LHV Universal-Service GmbH (Vermarktungsprogramm) Combi Verbrauchermärkte der Bünting Unternehmensgruppe (Einzelhandel)		Fokusgruppe „NaturWert"	4 Interviews plus eine Fokusgruppe
Fair-Trade („Oldenburg Kaffee")			*Marktintermediäre* El Puente GmbH (Importeur) Projekt Oldenburg-Kaffee (Einzelhandel) Weltladen Oldenburg (Einzelhandel) *Politikintermediäre* Ökumenisches Zentrum Oldenburg Verein für Entwicklungspolitik Nieders.		Fokusgruppe „Fair Trade"	5 Interviews plus eine Fokusgruppe
Anzahl Interviews / Fokusgruppen	4	2	22	4	3	32 Interviews plus 3 Fokusgruppen

3.2 Bedeutung und Rolle von Intermediären im Diffusionsprozess

Die folgenden Betrachtungen fokussieren auf die Rolle, Funktion und Bedeutung von Intermediären in Diffusionsprozessen nachhaltiger Konsumlösungen.

3.2.1 Die Untersuchungshypothesen

Die theoretischen Arbeiten in Modul 4 standen in engem Wechselspiel mit den empirischen Arbeiten des WENKE^2-Vorhabens. So führte die interaktionsökonomische Analyse der Ergebnisse der empirischen Feldvermessungsstudien (Empiriephase 1) in den Bereichen „Energie" und „Ernährung" dazu, neben den Akteurstypen „Produzenten" und „Konsumenten" einen kategorial neuen Akteurstypus mit in Betracht zu ziehen: den Typus des Intermediärs. Die Analyse des Akteursgefüges in den Bereichen „Häuslicher gebäudebezogener Energiekonsum" sowie „Ernährung" gab außerdem Anlass dazu, eine konzeptionelle Differenzierung zwischen „Marktintermediären" und „Politikintermediären" vorzunehmen. Damit wurde die Annahme generiert, dass es Schlüsselakteure nicht nur auf der Produzentenseite oder Konsumentenseite geben kann, sondern auch innerhalb der Gruppe der Intermediäre. Auf dieser Basis sowie auf Grundlage diffusionstheoretischer und interaktionsökonomischer Erkenntnisse (vgl. Kapitel 2.1 und 2.2) wurden für die vertiefende empirische Untersuchung der Rolle von Intermediären im Rahmen von Fallstudien (Empiriephase 2) folgende drei Hypothesen formuliert:

- *Hypothese 1 – Intermediäre als zentraler Einflussfaktor der Diffusionsgeschwindigkeit*: Die Durchsetzungsfähigkeit und Diffusionsgeschwindigkeit nachhaltiger Konsumlösungen hängt maßgeblich vom Verhalten klassischer Marktintermediäre wie Handelsunternehmen (Gatekeeper-Funktion etc.) sowie von neuen nachhaltigkeitsspezifischen Politikintermediären wie z.B. Klimaschutzagenturen oder an Nachhaltigkeitszielen ausgerichteten Veränderungsallianzen (z.B. Nicht-Regierungsorganisationen) ab.

- *Hypothese 2 – Intermediäre als Promotoren*: Wenn Intermediäre als aktive Unterstützer (Promotoren) nachhaltiger Konsumlösungen in Erscheinung treten, tun sie dies in der Rolle des Innovators, des Change Agent oder des institutionellen Entrepreneurs.

– *Hypothese 3 – Motive für Nachhaltigkeitsengagement von Intermediären:* Wenn Intermediäre als Promotoren für nachhaltige Konsumlösungen in Erscheinung treten, tun sie dies aus folgenden Gründen: (1.) *Marktintermediäre* erhoffen sich daraus eine Verbesserung ihrer Wettbewerbsposition (z.B. durch Differenzierung) oder eine verbesserte Chance zur Entwicklung eines neuen Geschäftsfeldes. Dies kann mit unternehmensethischen Erwägungen (CSR etc.) kombiniert sein, muss es aber nicht. (2.) *Politikintermediäre* handeln im Auftrag staatlicher Institutionen oder im Auftrag von Public-Private-Partnerships und sind umwelt- bzw. nachhaltigkeitsspezifischen Zielen verpflichtet.

Die Hypothesen wurden in allen vier Fallstudien untersucht. Obwohl intendiert war, die Interviews auf Intermediäre zu fokussieren, zeigt die nachträgliche Auswertung, dass nur 22 der insgesamt 32 interviewten Personen intermediäre Organisationen vertreten (vgl. Tabelle 2). Die anderen Interviewpartner stammen entweder aus Herstellerunternehmen (z.B. Landwirte, fleischverarbeitende Betriebe) oder repräsentieren Dienstleistungsunternehmen wie z.B. Ingenieurs- und Planungsbüros, und übernehmen damit in erster Linie Produktions- bzw. Dienstleistungsfunktionen und nicht primär vermittelnde Intermediärsfunktionen. Die Auswertung zeigt, dass sich die theoretischen Konstrukte „Marktintermediär“ und „Politikintermediär“ hinreichend klar operationalisieren lassen und im Rahmen von Fallstudien eine „trennscharfe“ Abgrenzung von Akteursypen erlauben. Nur in einem Fall (Target GmbH) liegt ein Grenzfall vor. Dieser wurde dem Typus Politikintermediär zugeordnet.

3.2.2 Der Einfluss von Intermediären auf die Diffusionsgeschwindigkeit

Alle vier Fälle unterstützten die in Hypothese 1 formulierte Annahme, dass die Diffusionsgeschwindigkeit nachhaltiger Konsumlösungen maßgeblich vom Verhalten von Intermediären abhängt. Aufgrund des gewählten Forschungsdesigns kann zwar keine Aussage darüber getroffen werden, welches Gewicht der Intermediärseinfluss im Vergleich zu anderen Einflussfaktoren, wie z.B. die Energiepreise, hat. Die Aussagen der Interviewpartner deuten jedoch eindeutig darauf hin, dass das Verhalten von Markt- und Politikintermediären auf die Diffusionsgeschwindigkeit ausstrahlt.

20 von 22 interviewten Personen aus Intermediärsorganisationen sehen in ihrem Tun eine eindeutig positive Wirkung auf die Diffusionsgeschwindigkeit der betreffenden nachhaltigen Konsumlösungen. Da es sich hier um Selbsteinschätzungen handelt, sind die Aussagen für sich genommen noch kein hinreichender Beleg dafür, dass die Intermediäre tatsächlich in diesem Sinne wirken. Gleichwohl deuten die Argumente, die von den Interviewpartnern angeführt werden, auf eine positive Wirkung hin. Beispielhaft sei hier eine Aussage herangezogen werden:

> „Mit absoluter Sicherheit. Ich sag das nicht aus Arroganz, sondern aus der Logik heraus. Wir sind in dieser Region der einzige Haustechnikgroßhändler, der solche Veranstaltungen mit dem Handwerk zusammen zelebriert, und wenn wir nicht informieren würden, wenn wir nicht Kaufimpulse zusammen mit der Industrie, die da auch wesentliche Möglichkeiten aufzeigt, wenn wir die nicht geben würden, dann würde sich das Thema Solar im direkten Umfeld mit absoluter Sicherheit deutlich langsamer ausbreiten.“ (Großhändler im Fall solarthermische Anlagen)

Auch wenn in den untersuchten vier Fällen starke Belege dafür gefunden werden konnten, dass Markt- und Politikintermediäre einen relevanten Einfluss auf die Diffusionsgeschwindigkeit haben, so ist dies im Rahmen weiterer empirischer Untersuchungen vertiefend zu überprüfen. Bei Politikintermediären kann grundsätzlich davon ausgegangen werden, dass sich deren Engagement in einem Diffusionspfad positiv auf die Diffusionsgeschwindigkeit auswirkt. Das genaue Ausmaß der positiven Wirkung und die Faktoren, die die Wirksamkeit von Politikintermediären bestimmen, müssen in weiteren Arbeiten noch untersucht werden. Bei Marktintermediären kann dahingegen nicht grundsätzlich von einer positiven Wirkung auf die Diffusionsgeschwindigkeit ausgegangen werden.

Rollen und Funktionen von Intermediären in Diffusionsprozessen

Mit Blick auf Hypothese 2 zeigt sich, dass sich die interviewten Intermediäre sowohl als „Change Agent“ (20 von 22 Intermediären bejahen dies) als auch als „Innovator“ (18 von 22) sehen. Nur 11 Intermediäre sehen sich als Rahmenveränderer („institutioneller Entrepreneur“) und lediglich 2 von 22 als „intelligenter Nachfolger“. Die Hypothese, dass Promotoren nachhaltiger Konsumlösungen in der Rolle des Innovators, des Change Agents bzw. des institutionellen Entrepreneurs auftreten, kann für beide Praxisfelder also bestätigt werden. Sowohl die befragten Politikintermediäre als auch die untersuchten Marktintermediäre nehmen mindestens eine Promotorenrolle ein, größtenteils jedoch mehrere Rollen.

> „Wir sind innovativ, weil wir bestimmte Förderangebote oder Dinge definieren, die dann überhaupt erstmalig eingeführt werden. Ich denke, dass wir über Handwerkerschulungen, öffentliche Veranstaltungen wie das Solarfest oder auch Informationsangebote für Schulen aktiv zur Verbreitung beitragen und hier ein ‚Change agent' sind. Da finde ich unsere Rollen durchaus recht deutlich wieder." (Politikintermediär im Fall solarthermische Anlagen)

Aus den Interviews lassen sich fünf zentrale Funktionen ableiten, die Intermediäre im Diffusionsprozess nachhaltiger Konsumlösungen übernehmen:

1. *Pionierrolle und Marktdynamik auslösen*: Diese Rolle wird in den untersuchten Fällen entweder von Politikintermediären oder von visionären und innovativen Vorreitern unter den Marktintermediären übernommen. In der Innovations- bzw. einer frühen Diffusionsphase ist noch keineswegs sicher, ob eine Lösung sich wird durchsetzen können und es hat sich in der Regel auch noch keine „kritische Masse" gebildet, die einen sich selbst tragenden Marktwachstumsprozess ermöglicht. Die Marktnachfrage ist in dieser frühen Phase noch gering und es ist keineswegs sicher, ob sich die betreffende Konsumlösung profitabel vermarkten lässt. In dieser Phase können Intermediäre Pionierfunktionen übernehmen und eine Marktdynamik mit in Gang setzen.

2. *Für Herstellersicherheit und Verbrauchervertrauen sorgen*: Zwischen der Anbieter- und Nachfragerseite bestehen üblicherweise Informationsasymmetrien. Im Falle von Lebensmitteln z.B. weiß der Verbraucher nicht, ob die von Anbietern versprochenen Eigenschaften (Fleisch aus der Region, Freilandhaltung, Bio-Futter usw.) auch der Wahrheit entsprechen. Um diese Asymmetrie abzubauen, werden z.B. Qualitätsstandards entwickelt und Zertifizierungs- und Produktkennzeichnungssysteme (Prüf- und Gütesiegel etc.) eingesetzt. Als Mittler zwischen Hersteller- und Konsumentenseite kann Intermediären hier die wichtige Funktion zukommen, als „unparteiischer" Akteur für die

Entwicklung und Etablierung solcher Qualitätssicherungs-, Zertifizierungs- und Produktkennzeichnungssysteme zu sorgen und damit Herstellersicherheit und Verbrauchervertrauen zu schaffen.

3. *Anbieterneutrale Informationen und Qualifizierungen für „Change agents“:* Gerade bei neuen Technologien und komplexeren Konsumlösungen wie z.B. solarthermischen Anlagen spielt die anbieterneutrale Information der Verbraucher sowie die gezielte Qualifizierung von potenziellen „Change Agents“ wie z.B. Installationsbetrieben eine zentrale Rolle. Gerade der Fall solarthermischer Anlagen zeigt wie zentral die Qualifizierung von Umsetzungsakteuren ist. Hier übernehmen sowohl die Politikintermediäre durch entsprechende Qualifizierungsangebote wie z.B. auch die Großhändler in der Zusammenarbeit mit Herstellern eine wichtige Funktion.

4. *Nachhaltige Produkte verfügbar machen:* Was sich zunächst trivial anhört, nämlich dass nur Produkte gekauft und konsumiert werden können, die für den Verbraucher auch verfügbar sind, stellt sich in der Diffusionspraxis nachhaltiger Konsumlösungen oft als zentrale Herausforderung dar. Gerade hier spielen Marktintermediäre eine zentrale Rolle.

5. *Aufmerksamkeit bei Verbrauchern und Multiplikatoren schaffen*: Gerade neue Konsumlösungen sind bei Verbrauchern und wichtigen Umsetzungsakteuren wie z.B. Handwerkern oft noch nicht (ausreichend) bekannt, d.h. es muss für Aufklärung und für Aufmerksamkeit gesorgt werden. Neue Lösungen konkurrieren hier in der Gunst der Aufmerksamkeit mit etablierten Anbietern und Angeboten. Hersteller neuer Konsumlösungen sind damit oft überfordert, so dass hier Intermediäre eine zentrale Funktion übernehmen. Gerade Politikintermediäre übernehmen hier mit Kampagnen („Solarenergie kommt“), Events (Solarfest, Kinderkochkurse usw.) und medienwirksamen Aktionen (z.B. Faire Woche) eine wichtige Funktion. Aber auch Marktintermediären wie Großhändlern kommt hier z.T. eine wichtige Rolle zu, indem diese z.B. spezielle Ausstellungsflächen für Umwelttechnik reservieren, spezielle Fachberater einstellen oder Fachveranstaltungen für Handwerker „zelebrieren“:

3.2.3 Motive von Intermediären

Die in Hypothese 3 formulierte Annahme, wonach *Marktintermediäre* deshalb zu Promotoren für einen nachhaltigen Konsum werden, weil sie sich daraus eine Verbesserung ihrer Wettbewerbsposition (z.B. durch Differenzierung) oder eine verbesserte Chance zur Entwicklung eines neuen Geschäftsfeldes erhoffen, und *Politikintermediäre* im Auftrag staatlicher Institutionen oder im Auftrag von Public-Private-Partnerships handeln, wird durch die Fallstudien nur zum Teil bestätigt. Die Motive, aus denen heraus Intermediäre zu Promotoren für einen nachhaltigen Konsum werden, sind stärker zu differenzieren, und zwar wie folgt:

Gewinnorientierte Marktintermediäre sowie Social Entrepreneure und Eco-Entrepreneure

Der überwiegende Teil der Marktintermediäre ist gewinnorientiert. So geben z.B. die interviewten Großhändler und Systemanbieter im Fall solarthermischer Anlagen unisono an, dass sie ohne Aussicht auf profitable Geschäfte nicht in den Markt für Solarthermieanlagen eingestiegen wären. Neben den Marktintermediären, bei denen Gewinninteressen dominieren, zeigen die Falluntersuchungen aber auch noch einen anderen Typus, der mit den Begriff des Sozialen Unternehmertums (Social entrepreneurship) bzw. des ökologisch ausgerichteten Unternehmertums (Eco-Entreprenership) belegt werden kann. In den untersuchten Fällen finden sich Beispiele, in denen sich Personen aus sozialen, ökologischen oder religiösen Motiven heraus um unternehmerische marktliche Lösungen für mehr Nachhaltigkeit bemühen.

> „Wir wollen schon unseren Beitrag dazu leisten, dass sich immer mehr Menschen gesund ernähren […] Wir sind eigentlich Überzeugungstäter. Wenn wir das nicht selber gut fänden, dann würden wir das gar nicht machen. Dann würden wir etwas völlig anderes machen, als uns diesem Stress auszusetzen, den wir jeden Tag haben. Es ist schon so, dass wir durch unsere Arbeit einen Beitrag zu einer besseren Umwelt leisten wollen, dass ist eigentlich der Hauptgrund unserer Arbeit." (Marktintermediär im Fall Bio-Lebensmittel)

> „Wir verstehen uns schon primär als Marktintermediär, auch wenn wir dabei ein soziales Anliegen verfolgen. Wir wollen, dass Fair-Trade-

Produkte für viele Verbraucher verfügbar werden und gekauft werden." (Marktintermediär Fair-Trade-Kaffee)

Politikintermediäre umfassen auch NGOs

Entgegen der in Hypothese 3 formulierten Annahme zeigen die Fallstudien, dass neben staatlich beauftragten Politikintermediären (z.B. Klimaschutzagentur) und Public Private Partnerships (z.B. proKlima) auch bürger- und gesellschaftspolitisch engagierte Nicht-Regierungsorganisationen (z.B. Verband für Entwicklungspolitik Niedersachsen e.V., Ökumenisches Zentrum Oldenburg, Slow Food Deutschland e.V.) eine wichtige Gruppe innerhalb der Politikintermediäre darstellen. Wie z.B. der Fall Fair Trade-Kaffee zeigt, kommt diesen zivilgesellschaftlichen Bewegungen nicht nur eine wichtige Rolle als Politikintermediär zu, sondern sie sind auch „Nährboden" für soziales und ökologisch ausgerichtetes Unternehmertum.

3.2.4 Phasenabhängige Bedeutung von Politik- und Marktintermediären

In drei von vier untersuchten Diffusionspfaden sind sowohl Marktintermediäre als auch Politikintermediäre identifizierbar. Lediglich im Diffusionspfad der regionalen Fleischmarke „NaturWert" konnten ausschließlich Marktintermediäre ausfindig gemacht werden. Insofern muss prinzipiell davon ausgegangen werden, dass sich die Verbreitung nachhaltiger Konsumlösungen auch ohne Politikintermediäre vollziehen kann. Ob im Falle von NaturWert das Vorhandensein von Politikintermediären eine zusätzliche Beschleunigung gebracht hätte, kann hier nicht abschließend geklärt werden. Gleichwohl geben die drei anderen Fälle Hinweise darauf, dass gerade das Zusammenspiel von Politikintermediären und Vorreitern unter den Marktintermediären ein wichtiger Erfolgsfaktor für die Verbreitung nachhaltiger Konsumlösungen sein könnte.

Abb. 4: Phasenabhängige Bedeutung von Politik- und Marktintermediären

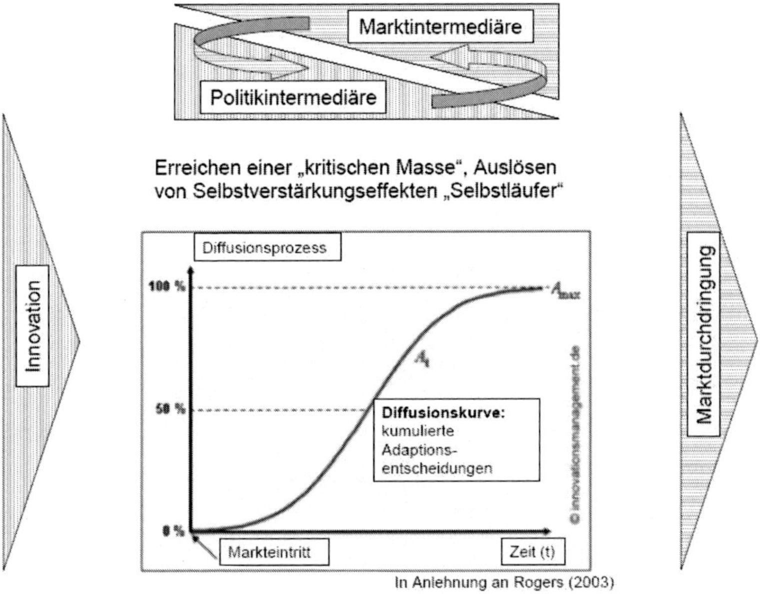

Quelle: Eigene (Klaus Fichter)

In den drei Fällen in denen sowohl Markt- als auch Politikintermediäre eine Rolle spielen, deutet sich ein phasenabhängiger Bedeutungsunterschied an. So weisen die Aussagen der Interviewpartner darauf hin, dass in frühen Diffusionsphasen Politikintermediäre eine besonders bedeutende Rolle spielen. Durch ihren staats- oder kommunalpolitischen Auftrag (Klimaschutzschutzagentur etc.) oder ihr bürger- und gesellschaftspolitisches Engagement (Ökumenisches Zentrum Oldenburg, Slow Food e.V. usw.) können Politikintermediäre in frühen Diffusionsphasen, in denen noch keine „kritische Masse" und noch keine marktliche Eigendynamik („Selbstläufer") erreicht ist, eine Initiierungs- und Impulsfunktion übernehmen. Diese scheint dann besonders wirkungsvoll, wenn sie im Zusammenspiel und z.T. in Kooperation mit Pionieren bei Herstellern, Verbrauchern und den Marktintermediären erfolgt. Sobald eine

„kritische Marktmasse" erreicht ist, entstehen selbstverstärkende Imitationseffekte. In diesen späteren Phasen des Diffusionsprozesses scheinen mächtige Marktintermediäre (Follower) eine zentrale Rolle für die Diffusion nachhaltiger Konsumlösungen zu spielen (Verfügbarkeit nachhaltiger Produkte, sinkende Preise durch Mengeneffekte etc.)

3.3 Bedeutung und Rolle von institutionellen Arrangements im Diffusionsprozess

3.3.1 Die Untersuchungshypothesen

In diesem Abschnitt wollen wir die Bedeutung und Rolle von Institutionen und institutionellen Arrangements für die Diffusion nachhaltiger Konsummuster näher untersuchen. Dabei ist zu vergegenwärtigen, dass generell noch erhebliche Erkenntnislücken bezüglich des Zusammenwirkens von Institutionen in institutionellen Arrangements bestehen.

> "In the end, I believe that while institutional complentarities are significant, assessing their causal effect on institutional change is difficult in most instances and ambiguous." (Deeg 2005, 2)

Diese Lücke lässt sich mit einer kleinzahligen qualitativen Studie sicher nicht schließen. Deshalb konzentrieren wir uns auf einige ausgewählte Aspekte institutioneller Arrangements. Dazu formulierten wir die folgenden vier Untersuchungshypothesen:

- *Hypothese 4 – Institutionelle Dichte und Diversität:* Für die Beförderung von Praktiken nachhaltiger Ernährung und nachhaltigen Energiekonsums sind grundsätzlich alle Institutionentypen relevant, wobei die Schwerpunkte je Konsumbereich verschieden gelagert sind.
- *Hypothese 5 – Individuelle Interpretation institutioneller Arrangements:* Institutionen werden von verschiedenen Akteuren nicht völlig identisch interpretiert. Das betrifft insbesondere die Interpretation der Verhaltenserwartung und der Sanktionserwartung.
- *Hypothese 6 – Verbundwirkung von Institutionen:* Institutionen entfalten ihre Wirkung vor allem im Verbund mit anderen Institutionen.

– *Hypothese 7 – Vertrautheit von Institutionen als Bindeglied zwischen Neu und Alt:* Die Initiation eines neuen Zwecks bzw. einer neuen Logik, wie der des nachhaltigen Konsums, wird um so wahrscheinlicher erfolgreich sein, wenn zweierlei gelingt: erstens den neuen Zweck/die neue Logik mit den etablierten Zwecken/Logiken zu verbinden; zweitens sollte es gelingen, bezüglich der nachhaltigeren Handlungsalternativen ein robustes Design zu schaffen.

Die Hypothesen werden in den nachfolgenden Kapiteln untersucht.

3.3.2 Institutionelle Dichte und Diversität

Wir sind der Hypothese durch mehrere offene Fragen zu besonders diffusionshemmenden und -förderlichen Einflüssen nachgegangen sowie durch eine entsprechende geschlossene Frage. Tabelle 3 gibt zunächst die quantitative Auswertung der offenen Fragen wider. Als erstes ist erkennbar, dass auch bei der Selbstnennung in allen vier Fallstudien fast alle Institutionentypen angesprochen wurden. Das gilt aber nur für die Gesamtbetrachtung. Der einzelne Schlüsselakteur nimmt (z.T. deutlich) weniger diffusionsrelevante Institutionen wahr. Immerhin sind im arithmetischen Mittel den Befragten im Feld Solarthermie mindestens fünf der acht Institutionen*typen* präsent, im Bereich Ernährung mindestens vier. (Die große Streuung zwischen ER und EFT kann auch durch die niedrige Interviewzahl begünstigt sein.) Andererseits heißt dies, dass jeweils drei bzw. vier Typen – und damit fast die Hälfte der möglichen Typen – von den Befragten weder als besonders förderlich noch als besonders hemmend wahrgenommen werden.

Die Betrachtung der Feinverteilung zeigt dann eine z.T. erhebliche Streuung zwischen den Befragten innerhalb einer Fallstudie sowie zwischen den Fallstudien: HEK 3-7, EÖ 4-6, ER 2-5 und EFT 5-7. Der Modus liegt höher als das arithmetische Mittel (Solarthermie 6, Ernährung 5).

Tabelle 3: Wahrgenommene Institutionentypen in institutionellen Arrangements nachhaltigen Konsums (Auswertung der offenen Fragen)

Institution	**HEK** (n=13)	**Ernährung**			
		Σ (n=16)	**EÖ** (n=7)	**ER** (n=4)	**EFT** (n=5)
Individuelle					
moralische Selbstbindungen	6	1	0	0	1
interpretative Schemata	9	6	3	1	2
Kollektive					
kulturell symbolische Ordnungen	13	15	7	3	5
politisch-rechtliche					
▪ Gesetze/Vorgaben	7	11	5	2	4
▪ finanzielle Förderung	12	3	0	1	2
▪ Aufklärung/Beratung	10	13	7	2	4
▪ Markt	13	14	6	3	5
interorganisationale Governancestrukturen	5	13	6	2	5
Ø Typenanzahl	5,8	4,8	4,9	3,5	5,6
Modus	6	5	4	2-5	5

HEK: häuslicher Energiekonsum (solarthermische Anlagen), EÖ: Ernährung ökologisch (Bio-Fleisch); ER: Ernährung regional (Fleisch); EFT: Ernährung Fair Trade (Kaffee)

In der (im Anschluss an die offenen Fragen gestellten) geschlossenen Frage waren die Institutionen vorgegeben und deren förderliche oder hinderliche Wirkung zu beurteilen. Der durchschnittliche Befragte erachtete im Bereich Solarthermie 19 (von potenziell 28) Institutionen als förderlich oder hinderlich und im Bereich Ernährung acht (von potenziell 11); der Rest wurde als einflusslos deklariert oder es wurde keine Einschätzung abgegeben. Somit ist die wahrgenommene Dichte geringer als die durch die Kataloge vorgegebene potenzielle Dichte. Andererseits aber wurde dieser Katalog in den offenen Fragen durch eine Reihe weiterer diffusionsfördernder und -hemmender Institutionen ergänzt. In die Auswertungstabellen 4 und 5 der geschlossenen Frage sind diese mit aufgenommen, womit ein vollständiger Überblick über die *potenziellen* institutionellen Arrangements beider Konsumfelder möglich wird.

Tabelle 4: Institutionelles Arrangement im Feld Solarthermie (geschlossene Frage[n=14] und offene Fragen integriert)

Art der Institution	**Einfluss-index**[a]	**homogene Bewertung?**
moralische Selbstbindung (Klima-/Umweltbewusstsein) der Kunden	1,43	positiv
interpretative Schemata		
Überzeugung, dass erneuerbare Energien/Solar grundsätzlich besser sind als nicht erneuerbare Energien	1,43	positiv
Skepsis gegenüber der Ausgereiftheit der Solarthermietechnik	- 0,71	negativ
Ergänzungen durch offene Fragen: • Versorgungssicherheit/ Unabhängigkeit (3) • Ästhetik		 positiv negativ
kulturell symbolische Ordnungen		
allgemeine Klimaschutzdiskussion und Berichterstattung	1,14	positiv
klimaschutzkritische und –relativierende Berichterstattung	- 0,36	inhomogen
das soziale Umfeld der Kunden (Familie, Verwandte, Freundeskreis, Bekannte, Nachbarn)	0,86	positiv, ambivalent
Do it yourself-/Heimwerkermentalität	0,14	inhomogen
Gewöhnungseffekt an die alte Heizungstechnik	- 0,86	negativ, ambivalent
Ergänzungen durch offene Fragen: • Vertrauen in Handwerker/Schornsteinfeger (4) • Bequemlichkeit bzgl. Wartungsaufwand u. Handwerkerwechsel (2)		 inhomogen negativ
Gesetze und behördlicheVorgaben		
nationale und kommunale Klimaschutzprogramme	0,79	positiv
EnEV 2007: Übergang zu integrierter Behandlung d. baulichen Wärmeschutzes von Gebäudehülle u. d. energetischen Qualität d. Anlagentechnik	1,00	positiv
EnEV: Ausweitung der Verordnung auf weitere Gebäude (z.B. Nicht-Wohngebäude, Bestand/neue Gebäude)	0,79	positiv
EnEV 2007: Absenkung der tolerierten Höchstwerte des (Jahresprimär)Energiebedarfs für Raumwärme und Warmwasserbereitung auf den Niedrigenergiehausstandard (7l-Haus)	1,21	positiv
für EnEV 2009 angekündigte Absenkung um weitere 30%	1,29	positiv
EnEV 2007: Energieausweis in Form des Bedarfsausweises	0,64	positiv
EnEV 2007: Energieausweis in Form des Verbrauchsausweises	0,14	inhomogen
§ 11(1)3a Heizkostenverordnung: keine Verpflichtung für verbrauchsgemäße Betriebskostenabrechnung bei Solaranlageninstallation	- 0,07	inhomogen, ambivalent
1. BimScHV – Verordnung über kleine und mittlere Feuerungsanlagen	0,14	inhomogen

EBPG – Energiebetriebene Produkte Gesetz	0,00	neutral
Wärmegesetz: anteilige Nutzungspflicht von Solar (u.a.) bei Heizenergie	1,21	positiv[b]
EEG – Erneuerbare Energien Gesetz	0,29	ambivalent, inhomogen
EEWärmeG – Erneuerbare Energien Wärme Gesetz	0,79	positiv[b]
BauGB – Baugesetzbuch	0,14	positiv
BauNVO – Baunutzungsverordnung (u.a. § 14 (1) 1	0,00	neutral[c]
Denkmalschutzrecht	- 1,14	negativ
Mietrecht (Umlegung der Investitionskosten auf die Miete)	- 0,14	ambivalent, inhomogen
Ergänzung durch offene Fragen: • behördliche Vorgaben (4: Bebauungspläne, solare Baupflicht, Anschlusszwang Fernwärme)		negativ
finanzielle Förderungen		
Kreditförderprogramme der KfW	1,43	positiv
Marktanreizprogramm des BAFA	1,79	positiv
„proKlima – Neubau“	1,36	positiv
Aufklärung/Beratung (Ergänzung durch offene Fragen)		
• Weiter-/Bildung (Handwerker, Konsumenten) (5)		inhomogen
• Beratung durch Handwerker/Schornsteinfeger (6)		inhomogen
Markt (Ergänzung durch offene Fragen)		
• Kosten/Finanzierung (10)		inhomogen
• Heizkostenanstieg/Verunsicherung Ölpreisentwicklung		positiv
interorganisationale/-personale Governancestrukturen		
die EnEV konkretisierende DIN-Normen (z.B. 4108-6: Gebäudehülle)	0,57	positiv
Ergänzungen durch offene Fragen: • Abrechnungsregeln in Mehrfamilienhäusern (3) • Zertifikate/Produktsiegel (2)		negativ positiv

a Berechnung Einflussindex auf Basis der Zuordnungen auf 5er-Skala: zentral förderliche Wirkung (+2), eher förderlich (+1), eher hinderlich (-1), zentral hinderlich (-2), kein Einfluss/keine Einschätzung (0)
b eine von 14 Bewertungen ‚eher hinderlich‘
c je eine von 14 Bewertungen ‚eher hinderlich‘ und ‚eher förderlich’

-0,5 ≥ 0,5	≥ 0,5 / ≤ -0,5	≥ 1,0 / ≤ -1,0	≥ 1,5 / ≤ -1,5

Der Vergleich zwischen beiden Antwortkategorien zeigt für beide Konsumfelder, dass die Befragten *in ihrer Gesamtheit* sehr umfassende institutionelle Arrangements wahrnehmen. Alle Institutionen der zwei vorgegebenen Institutionenkataloge werden auch im offenen Antwortteil mindestens einmal benannt (und daher auch in allen Fallstudien fast alle Institutionentypen; s. Tab. 3). Darüber hinaus wurden unseren beiden Katalogen noch Institutionen hinzugefügt, so dass die Antworten in beiden Feldern auch alle Institutionentypen abdecken.

Tabelle 5: Institutionelles Arrangement im Feld nachhaltige Ernährung (geschlossene Frage [n=18[a]] und offene Fragen integriert)

Art der Institution	Einfluss-index[b]	homogene Bewertung?
moralische Selbstbindung (Klima- und Ernährungsbewusstsein) der Kunden	0,94	positiv[d]
interpretative Schemata		
Überzeugung, dass Bio-/regional-/fair gehandelte Produkte grundsätzlich besser sind als konventionelle Produkte	1,12	positiv
Misstrauen/Skepsis, dass in Produkten, die als bio/regional/ fair gehandelt ausgezeichnet sind, tatsächlich bio/regional/ fair gehandelt drin ist	- 0,56	inhomogen
Ergänzungen durch offene Fragen: ◆ Statusorientierung ◆ Fitness-/Wellnessorientierung		 positiv ambivalent
kulturell symbolische Ordnungen		
allgemeine Diskussion und Berichterstattung um nachhaltige Ernährung	1,00	inhomogen
klimaschutz- und Bio-Produktkritische und -relativierende Berichterstattung	0,72[c]	inhomogen
das soziale Umfeld der Kunden (Familie, Verwandte, Freundeskreis, Bekannte, Nachbarn)	1,33	positiv
in diesem Laden (Koopman's, COMBI, Weltladen) sowieso einzukaufen	1,00	positiv
Ergänzungen durch offene Fragen: ◆ Essgewohnheit (2) ◆ Geschmack (5), Qualitätsorientierung (5) ◆ Geiz-ist-geil-Mentalität, Ignoranz, Selbstversorgungs-Mentalität ◆ Regionalorientierung (6), Verbundenheit mit Erzeuger ◆ Vertrauen/Glaubwürdigkeit (5) ◆ Bequemlichkeit (Entfernung, Zugänglichkeit) (6)		 inhomogen positiv negativ positiv inhomogen inhomogen
Gesetze und behördliche Vorgaben		
EU-Verordnung (EWG) Nr. 2092/91 zum gesetzlichen Minimal-Standard für „Bio“	0,72	positiv[e]
Ergänzung durch offene Fragen: ◆ EU-Richtlinien zur Normung von Lebensmitteln und Geflügelhaltung (2) ◆ HCCP / Hazard Analysis and Critical Control Points Concept (Teil von EG-Verordnung für Lebensmittel herstellende Unternehmen) ◆ Importvorschriften (Azofarbenverbot) ◆ Zölle(2)		 positiv neutral negativ negativ
finanzielle Förderungen (3, Ergänzung durch offene Fragen)		ambivalent

Aufklärung/Beratung (Ergänzung durch offene Fragen) • Bildung / Weiterbildung / Kompetenz (11)		 positiv
Markt (Ergänzung durch offene Fragen) • Preis (14) • Angebot / Verfügbarkeit (3)		 negativ negativ
interorganisationale/-personale Governancestrukturen		
Zertifizierungen wie geschützte Ursprungsbezeichnung (g.U.) bzw. geschützte geografische Angabe (g.g.A.)	0,22	inhomogen
Bioland-Richtlinien	0,67	positiv
Produktlabel Fallstudie 1 Ökologisierung (EÖ)[f]: Produktlinie „Bio-Delikatessen" der Firma Krüger	0,75	inhomogen
Produktlabel Fallstudie 1 Ökologisierung (EÖ)[f]: EU-Biosiegel, Bioland-Siegel, „Arche des Geschmacks"	0,75	positiv
Produktlabel Fallstudie 2 Regionalisierung (ER)[f]: Combi-Eigenmarke „NaturWert" [c]	2,00	positiv
Produktlabel Fallstudie 3 Fair Trade (EFT) [f]: TransFair-Siegel, EU-Bio-Siegel	1,40	positiv
Ergänzung durch offene Fragen: • IFS International Food Standard (2) • EUREPGAP, jetzt GLOBALGAP / The Global Partnership for Good Agricultural Practice		 positiv negativ

a In 2 der 16 Interviews waren jeweils 2 Experten zugange und haben voneinander unabhängig geantwortet

b Berechnung Einflussindex auf Basis der Zuordnungen auf 5er-Skala: zentral förderliche Wirkung (+2), eher förderlich (+1), eher hinderlich (-1), zentral hinderlich (-2), kein Einfluss/keine Einschätzung (0)

c Vermutlich Erhebungsfehler infolge inverser Itemformulierung

d eine von 18 Bewertungen ‚zentral hinderlich'

e eine von 18 Bewertungen ‚eher hinderlich'

f Jeweils nur von den Befragten der entsprechenden Fallstudie bewertet: EÖ (8), ER (5), EFT (5)

-0,5 ≥ 0,5	≥ 0,5 / ≤ -0,5	≥ 1,0 / ≤ -1,0	≥ 1,5 / ≤ -1,5

Aussage eins der Hypothese 4 sehen wir daher als bestätigt an, trotzdem die wahrgenommene institutionelle Dichte zwischen den einzelnen Befragten deutlich streut. Die zweite Aussage in Hypothese 4, wonach sich verschiedene Konsumfelder dennoch unterscheiden können, nämlich hinsichtlich ihrer institutionellen Schwerpunkte, stellt sich wie folgt dar:[4]

– Die *Gesamtauswertung des offenen Frageteils* in Tabelle 3 zeigt Übereinstimmungen, überwiegend aber unterschiedliche institutionelle Schwerpunkte in beiden Konsumfeldern. Vergleichbar häufig

[4] Es wird nur auf markante Ergebnisse eingegangen. Zu weiteren Details vgl. die Tabellen 4 und 5.

benannt werden kulturell-symbolische Ordnungen, der Markt, Aufklärung/Beratung und Gesetze/Vorgaben. Im Feld Solarthermie deutlich häufiger benannt werden interpretative Schemata, moralische Selbstbindungen und die finanzielle Förderung. Dagegen werden interorganisationale Governancestrukturen im Feld Ernährung deutlich häufiger angesprochen.

- *Moralische Selbstbindungen* (z.B. Umweltbewusstsein) werden in beiden Feldern zu den wirkmächtigsten förderlichen Institutionen gezählt, bei der Solarthermie noch einmal deutlich stärker (1,43[5]) als bei der Ernährung (0,94). Durch die offenen Fragen wird diese Einschätzung aber nur für die Solarthermie bestätigt (6 von 14). Bei der Ernährung dagegen gibt es nur eine Nennung (von 16) und zwar in der Fallstudie Fair Trade. D.h. keiner der Befragten in den Fallstudien Ökologisierung und Regionalisierung nennt von sich aus und spontan moralische Selbstbindungen als diffusionsrelevant.
- *Interpretativen Schemata*, individuellen Deutungs- und Auslegungsmustern kulturell symbolischer Ordnungen werden in beiden Konsumfeldern vergleichsweise hohe förderliche als auch hemmende Wirkungen zugesprochen. Das Überzeugtsein von der Überlegenheit nachhaltiger Konsumalternativen oder spiegelbildlich die Skepsis ihnen gegenüber, d.h. das Ausmaß an Selbstgewissheit, hat offenbar konsumfeldübergreifend einen entscheidenden Einfluss auf das Konsumhandeln.
- Institutionen des Typs *kulturell symbolische Ordnungen* werden in beiden Feldern sehr unterschiedlich eingestuft sowohl hinsichtlich der Wirkrichtung als auch der Wirkstärke. Als förderlich und wirkmächtig erscheinen die allgemeine Diskussion und Berichterstattung ebenso wie das soziale Umfeld der Konsumenten und Gewohnheiten/Routinen. Während das *soziale Umfeld* bei der Ernährung aber nach bestimmten Produktsiegeln als nächstwichtigste förderliche Institution angesehen wird, werden bei der Solarthermie eine ganze Reihe anderer Institutionen als noch förderlicher eingestuft. Im offenen Frageteil

[5] Es wurde auf einer 5er Skala gemessen. Für die Berechnung des Einflussindex werden Punkte von +2 (‚zentral förderlich') bis -2 (‚zentral hinderlich') vergeben; die Angaben ‚kein Einfluss' und ‚keine Einschätzung' werden mit 0 Punkten belegt.

wird das soziale Umfeld („Statusorientierung“) dagegen kaum benannt (Solarthermie 4x, Ernährung 1x).

– Der Einfluss der *allgemeinen Diskussion und Berichterstattung* wird in beiden Feldern ähnlich positiv bewertet. Im Feld Ernährung ist deren relative Bedeutung allerdings offenbar höher. Während allerdings im offenen Fragenteil nahezu alle Befragten (11 von 13) die mittlerweile erreichte Akzeptanz der Solarthermie als diffusionsförderlich herausstellen, leiden Bioprodukte noch eher unter einem Glaubwürdigkeitsproblem, hervorgerufen vor allem wegen der immer wieder aufgedeckten Trittbrettfahrerfälle. Von daher erklärt sich auch die hohe Relevanz, die glaubwürdigen Siegeln zugewiesen wird (s. unten).

> „Ja, manche schreckt wirklich das Wort Bio ab. Also was bei einigen positiv besetzt ist, ist bei anderen negativ besetzt. Die haben dann gleich Reportagen und Berichte vorm inneren Auge, [da] läuft dann so’n Film ab, wo Italiener oder Spanier dann ihre Treibhaustomaten umetikettieren oder sonstwas. Da sagen viele, was heißt viele, aber man merkt es schon, bleib mir bloß mit Bio vom Hals, das ist ja sowieso alles Lug und Trug.“ (EÖ 3)

– *Gewohnheiten, Routinen*, daraus entspringenden *Bequemlichkeiten*, aber auch einem in längeren Beziehungen aufgebauten *Vertrauensverhältnis* zu bestimmten Bezugspersonen und -objekten (Erzeuger, Einkaufsstätte, Handwerker/Schornsteinfeger), werden in beiden Konsumfeldern starke Wirkungen attestiert, die sowohl förderlich als auch hemmend sein können (z.B. ‚Gewöhnung an die alte Heiztechnik‘ 0,86; Essgewohnheiten, Qualitätsorientierung). Dabei treten Selbstverstärkungseffekte auf. Wer ohnehin schon im Bio-Markt einkauft, der probiert auch eher weitere Bio-Produkte aus. Oder man vertraut dem Zu- oder Abraten ‚seines‘ Heizungstechnikers oder Schornsteinfegers, wobei deren Einfluss überwiegend als diffusionshemmend eingeschätzt wird.

> „Die Hemmnisse sind sehr oft die Handwerker. Das klingt jetzt lächerlich, aber Fakt ist, es ist nun mal letztendlich so, der Handwerker hat nach wie vor oft ein sehr differenziertes Verhältnis zum Thema Solar, aber auch ein sehr differenziertes Verhältnis zum Thema Verkaufen. Wir erleben es immer wieder, dass Handwerker bewusst sagen: So eine

> Solaranlage, lieber Endverbraucher, die ist noch gar nicht wirtschaftlich und das kannst du auch sein lassen, bringt auch nicht viel. Warum sagt er das? Ein Beispiel, was wir neulich hinterfragt haben, da sagte der Handwerker: Weißt du, so auf dem Dach herum klettern, das ist immer blöd. Mein Monteur arbeitet meist im Keller. Der ist nicht abgesichert, wenn er runterfällt, habe ich Ärger mit der Berufsgenossenschaft, ich kann das eigentlich auch gar nicht so richtig, lass das Mal die anderen machen." (HEK 8)

– *Gesetze/Vorgaben* sind nach ihrer Nachhaltigkeitsspezifität (s.o.) zu differenzieren. Nachhaltigkeitsspezifische wirken i.d.R. förderlich. Das etablierte, Nachhaltigkeitsaspekte nicht berücksichtigende allgemeine Regelwerk wirkt dagegen häufig diffusionshemmend. Zunächst fällt auf, dass das Feld der Solarthermie erheblich stärker spezifisch reguliert ist als das Feld der Ernährung.[6] Auch auf die offenen Fragen wurde unser ohnehin nur spärlicher Katalog im Feld Ernährung nur vereinzelt ergänzt. Dagegen ist das Feld der Solarthermie sehr dicht reguliert. Allerdings wird keiner einzigen Regelung eine herausragende Wirkmächtigkeit zugesprochen. Ganz im Gegenteil: Der Einflussindex der meisten Regelungen fällt überraschend gering aus; ein Passus der Heizkostenverordnung wird sogar, wenn auch nur leicht, als diffusionshemmend eingestuft, d.h. als kontraproduktiv! Auch die EnEV wirkt nur im mittleren positiven Bereich, allerdings ist zu beachten, dass wir nach verschiedenen EnEV-Einzelregelungen gefragt haben. Eine einzige Rubrik ‚EnEV' hätte vermutlich einen höheren, ‚kumulierten' Einflussindex ergeben. Andererseits wird so deutlich, dass mit die prominenteste Einzelregelung der EnEV, der Energieausweis, als kaum förderlich, in seiner Form als Verbrauchsausweis sogar als weitgehend wirkungslos eingestuft wird! Bestätigt wird unsere Vermutung zu allgemeinen Rechtsregelungen: Das Denkmalschutzrecht gilt den Befragten sogar als die stärkste diffusionshemmende Institution insgesamt (-1,14); leicht negativ wird auch das Mietrecht bewertet (-0,14).[7] Noch nicht recht wahrgenommen wird

[6] Vgl. dazu die „Institutionenlandkarte des gebäudebezogenen Klimaschutzhandelns privater Gebäude-/Wohnungseigner und -nutzer" bei Antes 2008.

[7] Damit wird das Mietrecht von Schlüsselakteuren immerhin als deutlich weniger diffusionshemmend erachtet als die Diskussion in der Literatur um das „Investor-Nutzer-Dilemma" uns hatte vermuten lassen.

das Raumordnungs- und Baurecht. Rund die Hälfte der Befragten mochte hier keinerlei Einschätzung abgeben. Unter den offenen Antworten tauchen allerdings vereinzelt Hinweise auf Institutionalisierungen durch die Exekutive (Bebauuungspläne, solare Baupflicht, Anschlusszwang für Fernwärme).

- Die wichtigsten Institutionen für das Konsumfeld Solarthermie sind solche, die finanzielle Ressourcen sanktionieren. Das sind die beiden Institutionentypen ‚*finanzielle Förderung*' und ‚*Markt*'. In der geschlossenen Frage erreicht das Marktanreizprogramm des BAFA[8] den höchsten positiven Wert aller Institutionen überhaupt (1,79 von maximal 2,0). Den zweithöchsten Wert erreichen die Kreditförderprogramme der KfW (1,43), und auch „proKlima", ein regionales Förderprogramm, erhält noch einen hohen Wert (1,36). Auch im offenen Frageteil sind Förderprogramme der am häufigste benannte Institutionentyp (12 von 13). Damit korrespondiert, ebenfalls im offenen Frageteil, die Einstufung des Marktes (Investitionskosten, Finanzierung) als am häufigste genannte diffusionshemmende Institution (11/13). In Form des Heizkostenanstiegs bzw. der Verunsicherung über weitere Preissteigerungen bei der konventionellen Raumwärmeerzeugung (Ölpreis) wirken Marktkräfte aber auch erheblich förderlich (10/13).

- Im Feld Ernährung dagegen ist die Sichtweise differenziert. Förderprogrammen wird keine vergleichbar hohe Bedeutung zugesprochen wie bei der Solarthermie, dem Markt dagegen schon. Nimmt man im offenen Antwortteil die Häufigkeit der Nennung als Indikator für die Bedeutung, so gilt der Preis nach den Produktsiegeln als die nächst wirkmächtigste, allerdings hemmende Institution (14/16). Ein zweiter marktlicher Aspekt ist die Verfügbarkeit eines entsprechenden Angebots (3x).

- *Aufklärung und Beratung* hatten wir, entsprechend unserer Definition, zunächst nicht als Institution aufgenommen. Im offenen Frageteil beider Konsumfelder wurden sie jedoch sehr häufig genannt (Solarthermie 10 von 13; Ernährung 13/16). Diese Antworten und auch die Diskussionen auf beiden Praktikerworkshops sprechen dafür, sie als eige-

[8] Bundesamt für Wirtschaft und Ausfuhrkontrolle.

nen Typ in den Institutionenkatalog aufzunehmen und zwar aus drei sichtbar gewordenen Gründen: Erstens kann Aufklärung/Beratung nicht nur an die Erwartung geknüpft sein, dass der Konsument sich dann auch entsprechend verhält, sondern auch informal sanktioniert sein (‚Erklärungsnot' oder schlechtes Gewissen bei abweichendem Handeln). Zweitens kann es Voraussetzung für Selbstbindungen sein. Und drittens kann die Aufklärung/Beratung von Vertrauenspersonen – genannt wurden speziell das Installationshandwerk, Schornsteinfeger, Schule und Verkäufer –, Personen also, die maßgeblichen Einfluss auf das Handeln von Konsumenten ausüben, erheblich zum Abbau institutioneller Diffusionshemmnisse, wie z.B. Gewohnheiten oder Misstrauen gegenüber dem Neuen, beitragen (nachhaltigkeitsorientierte De-Institutionalisierung) sowie zur Institutionalisierung nachhaltigen Konsums (z.B. Aufbau von Vertrauen, Entwicklung von Gewohnheiten; s. auch unten).

> „Also ich finde, es muss wesentlich mehr in die Erziehung der richtigen Ernährung eigentlich bei Kindern im Grundschulalter schon Wert gelegt werden, weil nur was, was man selber als kleines Kind auch wahrnimmt, setzt man dann auch später um, wenn man erwachsen ist. Das ist eigentlich ein ganz, ganz entscheidender Punkt und wenn man daran arbeitet, dass Eltern und Schulen wirklich den Kindern Landwirtschaft nahe bringen, was Lebensmittel bedeuten, wie sie produziert werden, wie sie erzeugt werden, denke ich, sieht es dann mit biologischen Lebensmitteln eigentlich ganz gut aus." (EÖ 3)

> „Es existiert kein endverbrauchergerichtetes Marketing; Verkäuferinnen hinter der Ladentheke müssen aufgeklärt werden. Bildungsproblem bei wichtiger Position der Verkäuferinnen; sie wissen nicht, was sie verkaufen." (ER 2)

– Bei *interorganisationalen Governancestrukturen* verhält es sich umgekehrt zu den rechtlichen Normen. Im Feld der Solarthermie gibt es kaum welche, die Ausnahme bilden DIN-Normen (0,57). Im offenen Teil vereinzelt genannt wurden ganz allgemein Zertifikate/Produktsiegel und Abrechnungsregeln für Nebenkosten in Mehrfamilienhäusern. Im Feld Ernährung dagegen wird Produktsiegeln ein starker bis sehr starker Einfluss zuerkannt, was konsistent ist zu der oben aufgezeigten Glaubwürdigkeitsproblematik. In der Fallstudie Regionalisierung wird einer regionalen Eigenmarke mit der höchst möglichen

Bewertung (2,0) sogar eine herausragende Wirkung attestiert. Die größere räumliche Nähe birgt offenbar ein besonderes Potenzial, Glaubwürdigkeit zu vermitteln.

Mit dem zweiten Teil der Hypothese 4 schlossen wir an Überlegungen an, die aus der Vielzahl von Institutionentypen und -subtypen schlussfolgern, dass vergleichbare Ergebnisse und Entwicklungen durch alternative Institutionenmixe hervorgebracht werden können. Daher seien funktional äquivalente Arrangements möglich und ein „One best Way-Design" nicht zwangsläufig bzw. der Versuch, ein solches zu ermitteln und zu verfolgen, nicht zielführend. Die Auswertung der Interviews zeigt, dass zumindest in den beiden untersuchten Konsumfeldern Solarthermie und nachhaltige Ernährung in der Tat unterschiedlich dichte und diverse institutionelle Arrangements wirken. Der zweite Teil von Hypothese 4 ist somit bestätigt. Das ist noch kein Beleg für die Richtigkeit der weiterführenden Überlegungen, aber ein starker ‚Hinweis' auf die Möglichkeit funktional äquivalenter institutioneller Arrangements.

3.3.3 Individuelle Interpretation institutioneller Arrangements

Diversität betrifft nicht allein die Institutionen eines Arrangements, sondern auch eine mögliche unterschiedliche Wahrnehmung eines institutionellen Arrangements durch die verschiedenen Akteure. Darauf stellt Hypothese 5 ab. Allerdings sind die Angaben in den Interviews nicht hinreichend differenziert, um Satz zwei der Hypothese qualifiziert zu diskutieren. Daher konzentrieren wir uns auf Satz eins, wonach Institutionen von verschiedenen Akteuren nicht völlig identisch interpretiert werden.

In den dritten Spalten der Tabellen 4 und 5 haben wir vermerkt, ob die Institutionen einheitlich bewertet wurden – sowohl die offen benannten als auch die gestützt[9] zu bewertenden. Es wird ersichtlich, dass die meisten Institutionen von den Befragten homogen oder relativ homogen bewertet werden, wobei dies homogen förderlich, homogen hemmend oder

[9] Bei der Bildung des Einflussindex geht diese Information verloren, da er eine aggregierte, heterogene Bewertungen ausgleichende Maßzahl darstellt.

homogen neutral sein kann.[10] Gleichwohl gibt es Institutionen, die inhomogen bewertet werden; im Feld Solarthermie etwas häufiger als im Feld Ernährung. Vereinzelt werden Institutionen vom gleichen Befragten sowohl förderliche als auch hemmende Wirkungen attestiert; in den Tabellen ist dies als ambivalente Bewertung markiert.

Inhomogene Bewertungen verzeichnen im geschlossenen Frageteil im Feld Solarthermie v.a. der § 11(1)3a Heizkostenverordnung, das Mietrecht, die klimarschutzkritsche/-relativierende Berichterstattung und die Heimwerkermentalität. Unter den offenen Antworten werden vor allem noch der Einfluss der Handwerker und Preis/Finanzierung inhomogen bewertet. Im Feld Ernährung trifft dies bestimmte klassische Zertifizierungen, die allgemeine Diskussion und Berichterstattung sowie Misstrauen gegenüber nachhaltig ausgezeichneten Produkten. Diese Institutionen sind sehr verschieden. Ein Muster, d.h. ein verstärktes Auftreten inhomogener Bewertungen in dem einen oder anderen Konsumfeld oder bei bestimmten Institutionentypen, ist somit nicht erkennbar.

Bemerkenswert ist die Einstufung des sozialen Umfeldes der Konsumenten, da gerade von diesem auch retardierende institutionelle Kräfte ausgehen können („zeremonielle Einkapselung"). Im Feld Ernährung wird das aber mitnichten so gesehen; das soziale Umfeld wird homogen förderlich eingestuft (s. o.). Auch im Feld Solarthermie sehen alle Befragten eine förderliche Wirkung des sozialen Umfeldes. Immerhin vier Befragte sehen aber zugleich auch eine hemmende Wirkung. Die Antworten im offenen Frageteil stützen diesen Befund, wenngleich bei einer geringen Zahl von Nennungen.

Eine Einschränkung erfährt auch die durchgängig positive Bewertung der finanziellen Förderung der Solarthermie (s. o.) im offenen Antwortteil. Gleich mehrfach wird eine fehlende Kontinuität der Förderpolitik wegen der daraus resultierenden Verunsicherung als diffusionshemmend bezeichnet.

Insgesamt aber ist die verallgemeinernde Aussage in Hypothese 5 zurückzuweisen.

[10] Sofern in diesen Fällen neutrale Einstufungen vorkommen, fassen wir sie nicht als inhomogen auf. Bei vier Institutionen gibt es jeweils einen ‚Ausreißer' in die positive oder negative Richtung (s. d. Markierung in den Tabellen). Auch hier sprechen wir noch von einer homogenen Bewertung durch die Befragten.

3.3.4 Verbundwirkung von Institutionen

Institutionen, so unsere Hypothese 6, wirken vor allem im Verbund. Das würde erklären, warum sich nachhaltige Konsummuster auch dann nicht stärker ausbreiten, wenn diffusionsfördernde Institutionen vorhanden sind. Wenn dem so ist, hat dies Konsequenzen für Interventionsmaßnahmen. Denn über institutionelle Einzelmaßnahmen hinaus erhöht dann vor allem die synchronisierte Veränderung verschiedener Institutionen die Diffusionsgeschwindigkeit nachhaltiger Konsummuster. Die Auswertung der vier Fallstudien erbringt die folgenden Befunde:

– *Allgemeine Bestätigung von Verbundwirkungen:* Dass Verbundwirkungen bestehen, wird von zahlreichen Befragten – und zwar in beiden Konsumfeldern – zunächst in allgemeiner Form bestätigt.

> „Die passen ineinander und unterstützen sich gegenseitig.“ (HEK 8)

> „Also ich denke, es ist ein Paket verschiedener Einflüsse, die letztendlich wirken und auch zu einer Entscheidung führen.“ (HEK 4)

> „Ich glaube, die haben alle ’ne Wechselwirkung.“ (EÖ 7)

> „Na, ich glaub‘, das hier ist schon eine Verkettung, das sind nie einzelne.“ (EFT 5)

– *Arten von Verbundwirkungen:* Es werden sowohl verstärkende als auch kollidierende Verbundwirkungen zwischen Institutionen berichtet. Verstärkungen können (a) positiv (förderlich) oder (b) negativ (hemmend) sein; außerdem ist (c) Resonanz möglich. (hier insb. bei Labelflut anzutreffen; s. unten).

– *Verbundwirkungen im Feld Solarthermie:* Im Feld Solarthermie werden Verbundwirkungen zwischen sehr verschiedenen Institutionen – und damit auch Institutionentypen – beschrieben. Ein bestimmtes Muster ist nicht erkennbar.

> „Da ergänzen sich mit Sicherheit einige aneinander, ob das nun förderrechtliche Mittel oder ob es Presseberichte sind. Hauen schon viele in die gleiche Kerbe rein, also deswegen ist es so, dass die sich auf alle Fälle ergänzen. … Die EnEV gehört hier dazu. Dass eben da viele Kessel einfach nicht mehr abgenommen werden dürfen, irgendwann vom Schornsteinfeger, gehört genauso dazu. Das sind natürlich

Sachen, die sich ergänzen und dann zu so einer großen Nachfrage führen." (HEK 2)

„Es geht eigentlich um ein Gesamtsystem. Die Förderung muss wirklich da sein, der Denkmalschutz darf nichts dagegen haben, der Handwerker muss den Eindruck erwecken als wäre er in der Lage, das alles aufzubauen und zu warten ohne über Gebühr Probleme zu haben. Wenn ich daran zweifle, dann ist es wieder vorbei. Also all diese Dinge hintereinander weg und dann muss das finanzielle Angebot noch im Rahmen der Liquiditätsplanung durchgehen." (HEK 6)

„Also ich meine, bestimmte unterstützen sich natürlich gegenseitig. Also wenn ich 'ne Heimwerkermentalität habe und sowieso 'ne Skepsis gegenüber der Ausgereiftheit der Technik..." (HEK 5)

– *Verbundwirkungen im Feld Ernährung:* In den drei Ernährungsfallstudien kristallisiert sich insofern ein Schwerpunkt heraus, als die beschriebenen Verbundeffekte – sowohl die diffusionsfördernden als auch die diffusionshemmenden – nahezu allesamt Produktsiegel einbeziehen.

„Vor allem zwei Siegel sind sehr wichtig für uns. Das ist dieses Fair Trade-Siegel und dieses Bio-Siegel. Das ist sehr, sehr wichtig, weil das ist auch, worauf wir die Kunden hinweisen, dass wenn sie Produkte überall kaufen in anderen Supermärkten, nicht unbedingt bei uns, dass sie immer nach diesen Siegeln schauen sollen. Weil, das ist auch diese Zuverlässigkeit, dass dieses Produkt auch fair gehandelt ist." (EFT 3)

„Also, wenn man bestimmte Siegel hat, und man hat einen Supermarkt seines Vertrauens, wenn das zusammen kommt, dann kann ich mir vorstellen, dass das die Wirkung ein bisschen, ja, nicht potenziert, aber verstärkt." (EÖ 6)

„Zu viele Siegel verunsichern sicherlich. Und seitdem das EG-Biosiegel jetzt in aller Munde ist, ist eigentlich erst dieser Run auf Bio gekommen." (EÖ 1)

„Die Siegelflut ist für den Kunden gar nicht mehr nachvollziehbar." (ER 1)

– *Institutionelle Dichte und Resonanz:* Die beiden letzten Zitate im Punkt zuvor weisen auch darauf hin, dass zu viele Nachhaltigkeitssiegel offenbar einen kontraproduktiven Verbundeffekt (Resonanz) hervorrufen, weil die Konsumenten verunsichert werden. Das könnte ein Hinweis darauf sein, dass eine zu hohe Dichte verschiedener Institutionen eines bestimmten Typs, die an sich förderlich wirken, aufgrund der dadurch erzeugten Unübersichtlichkeit Konsumenten verunsichert und sich diffusionshemmend auswirkt. Ob dies verallgemeinerbar ist, muss hier offen bleiben, da zu keinem anderen Institutionentyp ähnliche Aussagen vorliegen.

– *Vertrauen/Zuverlässigkeit und Misstrauen/Unsicherheit als Resultante förderlicher und hemmender Verbundeffekte:* Vertrauen und Zuverlässigkeit einerseits sowie Verunsicherung und Misstrauen andererseits beeinflussen die Diffusion offenbar ganz entscheidend. Das geht nicht nur aus den meisten der obigen Zitate hervor, sondern darüber hinaus aus vielen weiteren Ausführungen in *beiden* Konsumfeldern. Beide Phänomene sind das Resultat von Verbundeffekten. Auf vielfältige Art institutionalisiert, stehen sie sich gegenüber und zwar jeweils sowohl konventionelle als auch nachhaltige Konsummuster betreffend. Daraus resultieren die vier grundsätzlich möglichen, in Tabelle 6 abgebildeten Konstellationen. Die Interviews liefern Anhaltspunkte dafür, dass die Diffusion dann gehemmt wird, wenn Vertrauen/Zuverlässigkeit gegenüber konventionellen Konsummustern und Misstrauen/ Verunsicherung gegenüber nachhaltigen Konsummustern zusammen stärker institutionalisiert sind als Vertrauen/Zuverlässigkeit gegenüber nachhaltigen Konsummustern und Misstrauen/Verunsicherung gegenüber konventionellen Konsummustern. Im Feld Ernährung kommt dabei der Seriosität und der Übersichtlichkeit von Produktsiegeln eine besondere Bedeutung zu (s. o.). Im Feld Solarthermie ist es offenbar vor allem die Handwerkerbeziehung (Heizungsinstallateur, Schornsteinfeger), die die beiden Phänomene beeinflusst und Konsummuster in die eine oder andere Richtung (de-)institutionalisieren kann.

Tabelle 6: Verbundwirkungen von Vertrauen/Zuverlässigkeit und Misstrauen/Verunsicherung auf die Art des Konsums

Institutionalisierung von	gegenüber Konsummuster a/b wirkt …	
	(a) konventionell	(b) nachhaltig
Vertrauen / Zuverlässigkeit	hemmend	fördernd
Misstrauen / Verunsicherung	fördernd	hemmend

- *Dominante Institutionen?* Eine dominante Institution entfaltet eine größere verhaltenssteuernde Kraft als alle konkurrierenden Institutionen zusammen, d.h. sie überlagert Verbundeffekte. Vor allem ist sie das genaue Gegenteil von Verbundeffekten. Gelänge ihr Nachweis, wäre die Allgemeingültigkeit von Hypothese 6 zurückzuweisen. Anhaltspunkte für die Existenz solcher Institutionen lassen sich in den Interviews allerdings nicht finden. Zwar entfalten, so wurde deutlich, einige Institutionen gemäß dem Urteil der Befragten eine starke Wirkung. Eine dominante Wirkung irgendeiner Institution wurde allerdings in keinem einzigen Interview beschrieben.[11]

- *Evolution von Verbundeffekten durch zeitliche Bedeutungsverschiebung zwischen Institutionen*: Bei der Solarthermie wird die förderliche Wirkung einer positiven Berichterstattung deutlich stärker eingestuft als die hemmende Wirkung einer negativen Berichterstattung (z.B. Infragestellung des Klimawandels oder Funktionsfähigkeit der Solarthermie; vgl. Tab. 4), was in einzelnen Interviews mit deren – eben infolge der anhaltend positiven Berichterstattung – mittlerweile erreichten gesellschaftlichen Akzeptanz begründet wird.[12] Die Institutionen sind dieselben, aber die Gewichte zwischen hemmenden und förderlichen Institutionen haben sich verschoben und verändern damit auch den Verbundeffekt.

> „…dass die eigentlich den Durchbruch geschafft haben und … nicht mehr in der Phase sind, wo sie eigentlich als niedlich quasi abgetan werden, auch nicht mehr, wo sie als schädlich abgetan werden, nach dem Motto also ‚die taugen ja nichts', ‚damit kann man ja nur zu ganz bestimmten Zeiten was anfangen' und so weiter, und ‚das bringt's ja eigentlich gar nich', diese Zeiten sind vorbei." (HEK3)

Insgesamt kann Hypothese 6 somit bestätigt werden.

[11] Erneut und mit aller Vorsicht sei darauf hingewiesen, dass es sich hier um Wahrnehmungsbeschreibungen handelt, die notwendig, aber allein noch nicht hinreichend sind, um die Existenz von dominanten Institutionen zu widerlegen.

[12] Der doch schon stärkere positive (!) Einfluss im Feld Ernährung (0,72) basiert vermutlich auf einem Erhebungsfehler; das Item war invers gegenüber den umliegend abgefragten Items formuliert.

3.3.5 Vertrautheit von Institutionen als Bindeglied zwischen Neu und Alt

Hypothese 7 greift zum einen empirische Befunde der neo-institutionalistischen Forschung von Zucker auf, wonach ein Feld besonders dann mit einer bestimmten Wahrnehmung „infiziert" werden kann, wenn legitimierte Personen dieses Feldes diese Wahrnehmung vertreten (Multiplikator-/Ausstrahleffekte) (Walgenbach 1999, 342-347). Zum andern zeigen Hardagon/Douglas (2002; ähnlich Jones 2001), dass das Anknüpfen an etablierte Zwecke und Logiken sowie ein „robustes" institutionelles und technisches Design in der Lage sind, „[to] find the balance between novelty an familiarity" – eine Voraussetzung für die Akzeptanz und Diffusion von Neuheiten. Demnach ist es förderlich für die Diffusion, wenn es gelingt, vertraute Institutionen in die Neuerung mit einzubeziehen. Geeignete etablierte Zwecke/Logiken könnten beim häuslichen Energiekonsum z.B. Technisierung, Ästhetik und Kosteneffizienz sein oder bei der Ernährung Ästhetik, Genuss und Gesundheitsbewusstsein. Ein robustes Design greift äußerliche Merkmale der zu verändernden Produkte, Prozesse und Verhaltensweisen auf und baut damit, trotz Veränderungspotenzial, Vertrautheit mit dem Neuen auf. In den Interviews finden sich dazu die folgenden Hinweise:

– *Verunsicherung/Vertrautheit:* Zunächst bestätigen die Interviews, dass die mangelnde Vertrautheit mit neuen, nachhaltigen Konsummustern ein bedeutendes Diffusionshemmnis darstellt. In beiden Feldern wird dazu eine Vielzahl von Beispielen angeführt. Bei der Solarthermie ist die mangelnde Vertrautheit mit der neuen Technologie ganz zentral, im Feld Ernährung sprachen die Befragten speziell die Einkaufsstätte, die Produktoptik und die Verpackungsgestaltung an. Der Status quo wird dann in beiden Feldern aber differenziert beurteilt, es findet sich das gesamte Wahrnehmungsspektrum. Bei der Solarthermie sieht ein Teil der Befragten Vertrautheit bereits hinreichend oder sogar vollständig erreicht (s. obiges Zitat); allerdings ist das eine Minderheit. Ein anderer Teil sieht nach wie vor eine große Verunsicherung und ein dritter Teil sieht es wie Proband HEK 5: „Also da würde ich sagen, das ist dabei sich zu entwickeln, Vertrautheit damit." Im Feld Ernährung ist die Tendenz der Aussagen ähnlich, allerdings mit Abweichungen im Detail, d.h. in Abhängigkeit vom Objekt und auch von der Fallstudie (Bio-, regionale-, fair gehandelte Produkte). So gilt die

Phase mangelnder Vertrautheit mit den Einkaufsstätten ökologischer und regionaler Produkte den meisten als überwunden. Als Begründung wird unisono die Ausbreitung von Biosupermärkten und entsprechenden Sortimentsecken im konventionellen Einzelhandel angeführt.[13] Hinsichtlich der Verpackungsgestaltung fair gehandelter Produkte und hinsichtlich der Produktoptik ökologischer Lebensmittel wird dagegen teilweise schon noch (Um-)Gewöhnungsbedarf erkannt.

> „Da haben wir auch festgestellt, die Gepa hatte gerade eine Umstellung in der Produktverpackung – vorher Ethno-Muster und jetzt eine relativ klare, einheitliche Linie –, dass sehr viele Kunden gesagt haben, das Besondere hat ihnen eben besser gefallen als jetzt diese Einheitslinie. Also Originalton: ‚Das sieht jetzt ja aus wie im Supermarkt.' Also das kam wirklich so als Kritik. Während es auch andere Kunden gibt, die sagen, ‚Naja, endlich nicht mehr dieser komische Ethno-Schnickschnack, sondern man kann den Kaffee kaufen, ohne ein blödes Gefühl dabei zu haben.'" (EFT 1; Fortsetzung unten)

> „Beispielsweise auch bei einer Leberwurst, wo Sie in der Regel einen Emulgator dabei haben, dass es alles eine homogene Masse ist. …Bei Bioland-Produkten haben sie es so, dass das absetzt und beim Erkalten setzt sich dann das Fett, vielleicht ein Millimeter dünner Film, dann am Glasrand ab und dann sieht's so aus, als wenn das ganze Glas noch voller Fett wäre. Und dann sagen die gleich, hm, nee und lieber doch nicht. Also die, die Optik ist schon, ist schon ein Thema auf jeden Fall. Wenn die Kunden aber wirklich so aufgeklärt sind und sagen, nee, wirkt sich auf den Geschmack nicht aus, oder die Farbe hat mit dem Geschmack nichts zu tun, dann ist das was anderes, aber das weiß nunmal nicht jeder." (EÖ 3)

[13] Objektiv trifft diese Aussage auf die meisten Biolebensmittel allerdings noch nicht zu: So sind gemäß der Studie Ökobarometer 2008 des Bundesministeriums für Ernährung, Landwirtschaft und Verbraucherschutz die bevorzugten Orte für den Kauf von Biolebensmitteln folgende: Biosupermarkt 19 %, Reformhaus 28 %, Discounter 62 %, Supermarkt 77 %; http://www.bmelv.de/cae/servlet/contentblob/383406/publicationFile/22381/InfografikOekobarometer2008.pdf). Der konventionelle Einzelhandel ist demnach für das Gros der Konsumenten von Biolebensmitteln die vertrauteste Einkaufsstätte. Gleichzeitig führt aber nur ein sehr eingeschränktes Sortiment. Die Zeitschrift Öko-Test spricht z.B. für die Discounter ALDI Nord von 22, von ALDI Süd von rund 40 und für Netto von mehr als 150 Bioartikeln, für die Supermarktkette Alnatura dagegen von 4.000-5.000 verschiedenen Bioartikeln in einem Markt (Öko-Test, Ausgabe Februar 2010).

– *Bildung von Zweckallianzen:* Um neue Zwecke/Logiken zu unterstützen werden teilweise Zweckallianzen gebildet, d.h. es wird versucht, den neuen Zweck/die neue Logik Nachhaltigkeit mit etablierten Zwecken/Logiken zu verbinden. Im Feld Solarthermie gibt es allerdings nur einen Hinweis dazu und zwar bezüglich Qualität und Markenorientierung. Im Feld Ernährung sind die Hinweise auf erfolgreiche Zweckallianzen zahlreicher. Genannt werden Regionalität, Geschmack/Genuss, Gesundheit, Sicherheit, Qualität und Transparenz.

– *Robustes Design:* Bei solarthermischen Anlagen gibt es keine Hinweise auf robustes Design. Im Feld Ernährung finden sich dagegen einige. So bringt eine ganze Reihe von Befragten den Boom bei ökologischen Lebensmitteln in engen Zusammenhang mit der Nutzung konventioneller Vertriebswege, d.h. mit deren Listung im Sortiment des konventionellen Einzelhandels („traditionelle Einkaufsstätten", EÖ 6), aber auch des konventionellen Versandhandels. Auffallend ist, dass in allen genannten Beispielen die konventionellen Partner regional oder national bekannte Dachmarken[14] repräsentieren. Weitere Beispiele betreffen die Anpassung des Verpackungsdesigns (Bsp. Gepa) und die Sortimentspräsentation:

> „Ja. Also wir wollen für alle Biowaren anbieten. Die soll jeder kaufen, ohne dass irgendwie jemand hier irgendwelche Gesinnung vorweisen muss oder so, ne, also es ist für alle." Interviewer: „Also dieses so ein bisschen Elitäre fällt bei Ihnen völlig raus?" EÖ1: „Das fällt bei uns völlig raus, ganz bewusst, sonst wären wir nicht so erfolgreich." (EÖ1)

– Robustes Design ist bei Nahrungsmitteln allerdings herstellungstechnisch nicht immer möglich (s. das Leberwurstbeispiel oben). Und teilweise wird beim Design nachhaltiger Nahrungsmittel auch bewusst auf Andersartigkeit gesetzt, gerade um die neue Qualität zu demonstrieren und sich klar von den konventionellen Alternativen abzuheben. Teilweise wird auch von kritischen Kundenreaktionen berichtet, die explizit eine erkennbar nachhaltige Optik erwarten (z.B. fetteres Fleisch vom Bentheimer Schwein, Verpackungsmuster fair gehandelter Produkte). Führen wir das obige Zitat zur Änderung des Ver-

[14] Dachmarken verbinden den Firmennamen mit sämtlichen Firmenprodukten und -leistungen

packungsdesigns im Anstrich zuvor fort, so zeigt sich, dass trotz der divergierenden Erwartungen von Kunden robustes Design ein geeignetes Mittel sein kann, die Diffusion nachhaltiger Produkte zu befördern.

> „So. Und die Zielsetzung bei dieser Umstellung war ja gerade, andere Käuferschichten zu erreichen, und ich denke mir, dass es damit aufgegangen ist, denn also diejenigen, die überzeugt sind von den Produkten, kaufen sie auch weiterhin, auch wenn sie anders aussehen. Aber es gibt etliche, die jetzt einfach mal zugreifen, und ein Hemmnis, also eine Schwelle ist weggenommen, dadurch, dass es nicht mehr so anders aussieht als andere.“ (EFT 1; Fortsetzung des obigen Zitats)

– *Ausstrahlungseffekte durch Multiplikatoren*: Multiplikatoren nachhaltigen Konsums sind prinzipiell in allen vier Feldern vorstellbar. Konkret bestätigt werden Ausstrahlungseffekte in der Fallstudie Fair Trade (Oldenburg Kaffee):

> „Und am Landeskirchentag standen dann der Bischof und der OB vor 10.000 Leuten auf dem Schlossplatz und haben gesagt: ‚Wir möchten, dass jeder mit so einem Päckchen Kaffee nach Hause geht!‘ Das ist zu unterstützen, das war 'ne große Kampagne und es war 'ne große Öffentlichkeit da. Wir hatten das sowohl im Fernsehen als auch Radiobeiträge und die Leute kamen hierher und sagten: ‚Wir wollen den Kaffee, den der OB oder den der Bischof empfohlen hat, kaufen.‘ Das war eine unheimlich werbewirksame Maßnahme. Worüber man sich fürchterlich ärgert, wenn man bedenkt, das ist so ein Kaffee, der super Qualität hat, und es müsste doch eigentlich allen ein Anliegen sein, wenn man sagt, also die Leute, die den herstellen, die können wirklich mit ihren Familien dann davon leben von dem Geld und das können andere Kaffeebauern nicht, ist das ja eigentlich ausreichend als Grund. Aber also diese Maßnahme mit Persönlichkeiten, die sich hinstellen und sagen: ‚Das ist toll, das müsst ihr unbedingt haben!‘ hat unheimlich gut gewirkt.“ (EFT 1; ähnlich EFT 4)

Insgesamt ergibt die Auswertung somit, dass die mangelnde Vertrautheit mit nachhaltigen Produkten einen erheblichen Diffusionswiderstand darstellen kann. Die Gewinnung anerkannter Personen, Zweckallianzen und robustes Design können hier Abhilfe schaffen. Andererseits kann unter den beiden Letztgenannten die Identität nachhaltiger Produkte leiden und auch Irritationen bei den Konsumenten hervorrufen. Schließlich ist robustes Design technisch nicht immer realisierbar. Mit diesen Abstrichen sehen wir Hypothese 7 als bestätigt.

4 Fazit: Begünstigende Faktoren für Verbreitung nachhaltiger Konsumlösungen

Auf Basis der vier Fallstudien lassen sich mit Blick auf die Rolle und Bedeutung von Intermediären und institutionellen Arrangements in Diffusionspfaden für nachhaltige Konsumlösungen folgende Schlussfolgerungen ziehen:

- Die Existenz von Politikintermediären begünstigt gerade in frühen Diffusionsphasen die Ausbreitung nachhaltiger Konsumlösungen. Diese können hier eine Pionierfunktion übernehmen, wichtige Impulse für die Marktentwicklung geben und zur Erreichung einer „kritischen Masse" beitragen.
- Der zentrale Beitrag von Politikintermediären liegt über die Impulsfunktion für die frühe Marktentwicklung hinaus darin, herstellerneutrale Informationen und Ressourcen zur Verfügung zu stellen sowie durch öffentlichkeitswirksame Maßnahmen (Kampagnen, Events etc.) für Aufmerksamkeit und Aufklärung bei Verbrauchern, Multiplikatoren und Umsetzungsakteuren zu sorgen, und zwar in einem Maße, die Hersteller und Marktintermediäre alleine nicht erzielen könnten. Dadurch verschieben sie die Gewichte innerhalb eines gegebenen institutionellen Arrangements: Vertrauen in nicht nachhaltige Routinen wird hinterfragt und aufgebrochen, gleichzeitig werden Misstrauen und Verunsicherung gegenüber nachhaltigen Konsummustern abgebaut.
- Die Existenz (regionaler) Pioniere unter den Marktintermediären begünstigt die Marktentstehung bzw. die Impulsgebung für die frühe Marktentwicklung ebenfalls. Dabei handelt es sich in der Regel um visionäre und innovative Marktintermediäre (hier Handelsunternehmen).
- Das Gros der Marktintermediäre tritt erst nach Erreichen einer kritischen Masse bzw. dann in den Markt ein, wenn hinreichend gesichert ist, dass für die betreffenden Konsumlösungen eine zunehmende

Nachfrage besteht und sich die Lösungen profitabel vermarkten lassen. Für die Erreichung der großen Mehrheit von Verbrauchern und die Erzielung von Massenmarkteffekten sind gerade große Marktintermediäre von entscheidender Bedeutung. Auch Marktintermediäre können somit institutionelle Diffusionsbarrieren (hohe Marktpreise, geringe Verfügbarkeit bzw. Verfügbarkeit nur in ungewohntem Umfeld, wie Naturkosthandel) absenken.

- Grundsätzlich kommen in einem institutionellen Arrangement alle Institutionentypen vor, wobei deren Dichte, Diversität und Wirkmächtigkeit je nach Konsumfeld variiert. Dies spricht nicht für die Existenz einer bestimmten Struktur, die allen anderen Strukturen überlegen ist hinsichtlich der Beförderung nachhaltiger Konsummuster (Königsweg, one best way-design), sondern viel eher für die Möglichkeit funktional äquivalenter institutioneller Architekturen.

- Institutionen wirken vor allem im Verbund; dominante Institutionen konnten zumindest in unseren vier Fallstudien nicht festgestellt werden. In einem institutionellen Arrangement wirken zeitgleich diffusionsfördernde Kräfte (Institutionen) als auch diffusionshemmende. Interventionen haben daher zu berücksichtigen, dass die Gesamtwirkung des institutionellen Arrangements des betreffenden Konsumfeldes eine Resultante darstellt. Institutionelle Einzelmaßnahmen (Insellösungen) laufen daher Gefahr, durch diffusionshemmende eingekapselt zu werden. Erfolgsversprechender erscheinen konzertierte Aktionen der De-Institutionalisierung einerseits, d.h. des Zurückdrängens nicht nachhaltig wirkender Institutionen, und der Institutionalisierung andererseits, d.h. des Aufbaus und der Stärkung nachhaltig wirkender Institutionen.

- Wichtige institutionelle Verbundeffekte betreffen die Sanktionierung finanzieller Ressourcen (Markt, finanzielle Förderung) sowie das Vertrauen zu und die Verunsicherung gegenüber beidem, nachhaltigen und nicht nachhaltigen Konsummustern. Politik- und Marktintermediäre haben hier verschiedene Möglichkeiten, anzusetzen.

Die Ansatzpunkte zur Förderung der Verbreitung nachhaltiger Konsumlösungen lassen sich zum Teil auf alle untersuchten Fälle beziehen. Einige andere Ansatzpunkte sind jedoch fallspezifisch bzw. spezifisch für bestimmte Typen von Konsumlösungen. In den betrachteten Fällen lassen sich zwei grundsätzliche Gütertypen unterscheiden:

- *Expertenabhängige Güter*: Im Falle von solarthermischen Anlagen handelt es sich um ein komplexes technisches Gut, dessen Einsatzmöglichkeit, Wirtschaftlichkeit usw. sich nicht ohne Weiteres von Verbrauchern beurteilen lässt. Bauherren sind hier also in starkem Maße vom Urteil eines „Experten“ (Planer, Energieberater, Installateur) abhängig. Die Konsum- bzw. Investitionsentscheidung hängt dort also maßgeblich von Experten und deren Aussagen gegenüber dem Verbraucher ab. Bei diesen sogenannten „expertenabhängigen Gütern“ spielt für die Förderung der Diffusion somit die Aufklärung, Qualifizierung und Fachkompetenz der Experten eine entscheidende Rolle.

- *Vertrauensgüter*: Im Falle von Lebensmitteln handelt es sich wiederum um einen ganz anderen Gütertypus. Hier kann der Verbraucher nicht unmittelbar selbst prüfen, ob die von Anbietern versprochenen Eigenschaften (Fleisch aus der Region, Freilandhaltung, Bio-Futter usw.) auch der Wahrheit entsprechen. Um bei diesen sogenannten „Vertrauensgütern“ bestehende Informationsasymmetrien abzubauen, bieten sich z.B. Qualitätsstandards sowie Zertifizierungs- und Produktkennzeichnungssysteme (Prüf- und Gütesiegel etc.) an. Eine Siegelflut entwertet dagegen die potenziellen Vorteile eines Siegels (zeiteffiziente und vertrauenswürdige Information), wirkt verwirrend und ist daher kontraproduktiv. Als Mittler zwischen Hersteller- und Konsumentenseite kann Intermediären hier die wichtige Funktion zukommen, als „unparteiischer“ Akteur für die Entwicklung und Etablierung solcher Qualitätssicherungs-, Zertifizierungs- und Produktkennzeichnungssysteme zu sorgen und damit Herstellersicherheit und Verbrauchervertrauen zu schaffen.

Vor diesem Hintergrund lassen sich nun abschließend die in der folgenden Abbildung aufgeführten Ansatzpunkte zur Förderung der Diffusion nachhaltiger Konsumlösungen benennen:

Abb. 5: Ansatzpunkte zur Verbreitung nachhaltiger Konsumlösungen

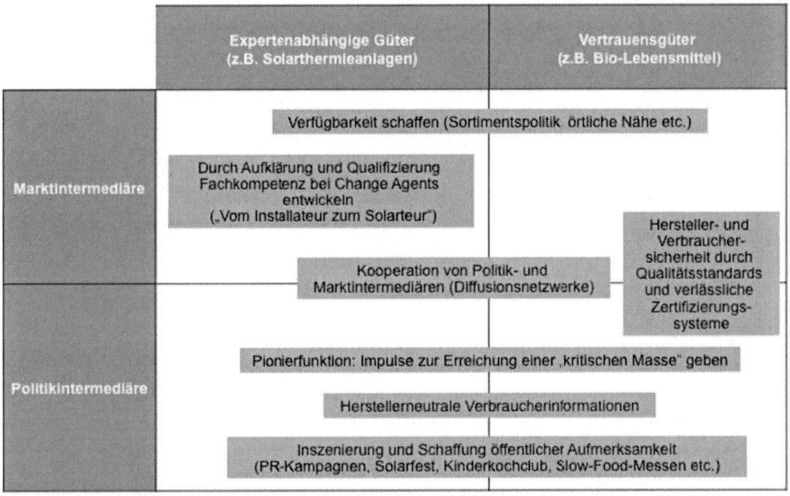

Quelle: Eigene (Klaus Fichter)

Literatur

Aoki, M. (2001): Comparative institutional analysis, Cambridge (Mass.), London

Antes, R. (2004): Nachhaltigkeit und Betriebswirtschaftslehre – eine wissenschafts- und institutionentheoretische Perspektive, Habilitationsschrift, Oldenburg

Antes, R. (2005): Die Stellung von Natur in der Institutionenökonomik – eine kritische Bestandsaufnahme und Perspektive, in: Schauenberg, B., Schreyögg, G., Sydow, J. (Hrsg.): Institutionenökonomik als Managementlehre?, Bd. 15 Managementforschung, Wiesbaden, S. 49-99

Antes, R. (2006): Beiträge des ökonomischen (Alt-)Institutionalismus für ein Management und eine Theorie des Managements nachhaltiger Innovationen, in: Pfriem, R. et al. (Hrsg.): Innovationen für Nachhaltige Entwicklung, Wiesbaden, S. 233-252

Antes, R. (2008): Institutionenlandkarte des gebäudebezogenen Klimaschutzhandelns privater Gebäude-/Wohnungseigner und -nutzer, – zweiter Zwischenbericht zur GEKKO-Basisstudie 3 – Innovation und Diffusion nachhaltiger und marktfähiger Lösungen im Bereich Bauen, Sanieren und Wohnen, Oldenburg/Halle (Saale), http://www.gekko-oldenburg.de/images/stories/projekt/GEKKO-BS3-Institutionen-070808.PDF

Beckert, J. (2002): Von Fröschen, Unternehmensstrategien und anderen Totems, in: Maurer, A., Schmid, M. (Hrsg.): Neuer Institutionalismus, Frankfurt a.M., S. 133-147

Beschorner, T. et al. (2005): Institutionalisierung von Nachhaltigkeit, Marburg

Commons, J.R. (1990/1934): Institutional economics: Its place in political economy, Vol. 1 & 2, New York 1934, Nachdruck New Brunswick, London

Deeg, R. (2005): Complementarity and institutional change: how useful a concept? Discussion Paper SP II 2005-21, Wissenschaftszentrum Berlin

DiMaggio, P.J., Powell, W.W. (1991/1983): The iron cage revisited: institutional isomorphism and collective rationality in organizational fields, in: Powell, W.W., DiMaggio, P.J. (Eds.): The new institutionalism in organizational analysis, Chicago, London 1991, S. 63-82, überarbeitete Version aus: American Sociological Review 48, S. 147-160

Eibl-Eibelsfeldt, I. (1997): Die Biologie des menschlichen Verhaltens – Grundriss der Humanethologie, 4. Aufl., München et al.

Fichter, K. (2005): Interpreneurship. Nachhaltigkeitinnovationen in interaktiven Perspektiven eines vernetzenden Unternehmertums, Marburg

Fichter, K. (2009): Innovation communities: the role of networks of promotors in Open Innovation, in: R&D Management 39, 4, S. 357-371

Giddens, A. (1997/1984): Die Konstitution der Gesellschaft, 3. Auflage, Frankfurt/M., die Originalausgabe erschien 1984 unter dem Titel „The Constitution of Society: Outline of the Theory of Structuration“, Cambrigde

Granovetter, M. (1973): The strength of weak ties, in: American Journal of Sociology 78, S. 1360-1381

Granovetter, M. (1985): Economic action and social structure: The problem of embeddedness, in: American Journal of Sociology 91, S. 481-510

Hargadon, A.B., Douglas, Y. (2002): When innovations meet institutions: Edison and the design of the electric light, in: Administrative Science Quarterly 46, S. 476-501

Hauschildt, J., Gemünden, H.G. (Hrsg.) (1999): Promotoren, Champions der Innovation, 2. erw. Auflage, Wiesbaden

Hauschildt, J., Schewe, G. (1999): Gatekeeper und Prozesspromotoren, in: Hauschildt, J., Gemünden, H.G. (Hrsg.): Promotoren, Champions der Innovation, 2. erw. Auflage, Wiesbaden, S. 159-176

Hippel, E.v. (1988): The Sources of Innovation, New York, Oxford

Hippel, E.v. (2006): Democratizing Innovation, MIT Press, Cambridge, Massachusetts, London

Homann, K., Suchanek, A. (2005): Ökonomik. Eine Einführung, 2. Auflage, Tübingen

Jones, C. (2001): Co-evolution of entrepreneurial careers, institutional rules, and competitive dynamics in American film, 1895-1920, in: Organization Studies, 22, S. 911-944

Kissling-Näf, I., Varone, F. (2000): Institutionelle Ressourcenregime als innovativer Steuerungsansatz, in: Kissling-Näf, I., Varone, F. (Hrsg.): Institutionen für eine nachhaltige Ressourcennutzung – Innovative Steuerungsansätze am Beispiel der Ressourcen Luft und Boden, Chur, Zürich, S. 227-252.

Lehmann-Waffenschmidt, M. (2009): Gibt es eine Evolution in der Wirtschaft? Zur Diagnose und komparativ-evolutorischen Analyse des wirtschaftlichen Wandels – in: Antoni-Komar, I. et al. (Hrsg.): Neue Konzepte der Ökonomik, Festschrift für Reinhard Pfriem, Marburg, S. 369-396

Lehmann-Waffenschmidt, M., Reichel, M. (2000): Kontingenz, Pfadabhängigkeit und Lock-In als handlungsbeeinflussende Faktoren der Unternehmenspolitik, in: Beschorner, T., Pfriem, R. (Hrsg.): Evolutorische Ökonomik und Theorie der Unternehmung, Marburg, S. 337-376

Milgrom, P., Roberts, J. (1995): Complementarities and fit: strategy, structure, and organizational change, in: Journal of Acccouting and Economics 19, S. 179-208

Minsch, J. et al. (1998): Institutionelle Reformen für eine Politik der Nachhaltigkeit, Berlin, Heidelberg

Morgan, G., Whitley, R., Moen E. (Hrsg.) (2005): Changing capitalisms? New York

North, D. C. (1992): Institutionen, institutioneller Wandel und Wirtschaftsleistung, Tübingen

Ortmann, G. (1995): Formen der Produktion, Opladen

Pettit, P. (1993): The Common Mind. An Essay on Psychology, Society, and Politics, Oxford

Picot, A., Dietl, H., Franck, E. (2008): Organisation – Eine ökonomische Perspektive, 5. Aufl., Stuttgart

Picot, A., Reichwald, R., Wigand, R.T. (2003): Die grenzenlose Unternehmung, 5. akt. Auflage, Wiesbaden

Reuter, N. (1996): Der Institutionalismus: Geschichte und Theorie der evolutionären Ökonomie, 2. Aufl., Marburg

Richter, R., Furubotn, E.G. (2003): Neue Institutionenökonomik – Eine Einführung und kritische Würdigung, 3. Aufl., Tübingen

Rogers, E.M. (2003): Diffusion of Innovations, 5th edition, (erste Ausgabe von 1962), New York et al.

Schumpeter, J.A. (1991/1946): Comments on a Plan for the Study of Entrepreneurship, in: ders.: The Economics and Sociology of Capitalism, hrsg. von R. Swedberg, Princeton, S. 406-428

Scott, W.R., Meyer, J.W. (1991/1983): The organization of societal sectors: propositions and early evidence, in: Powell, W.W., DiMaggio, P.J. (Hrsg.): The new institutionalism in organizational analysis, Chicago/ London 1991, S. 108-143, überarbeitete Version aus: Meyer, J.W., Scott, R.W. (Hrsg.): Organizational environments: ritual and rationality, Beverly Hills 1983, S. 129-153

Sober, E., Wilson, D.S. (2003): Unto others: The evolution and psychology of unselfish behavior, 4. Aufl., Cambridge/Mass.

Spulber, D.F. (1999): Market microstructure: intermediäries and the theory of the firm. Cambridge: Cambridge University Press

Walgenbach, P. (1999): Institutionalistische Ansätze in der Organisationstheorie, in: Kieser, A. (Hrsg.), Organisationstheorien, 3. Aufl., Stuttgart, Berlin, Köln, S. 319-353

Williamson, O.E. (1990): Die ökonomischen Institutionen des Kapitalismus: Unternehmen, Märkte, Kooperationen, Tübingen

Williamson, O.E. (2000): The new institutional economics: taking stock, looking ahead, in: Journal of Economic Literature 38, 3, S. 595-613

Witte, E. (1999/1973): Das Promotoren-Modell, in: Hauschildt, J., Gemünden, H.G. (Hrsg.): Promotoren. Champions der Innovation, S. 9-41 (gekürzte und überarbeitete Fassung von Witte, E.: Organisation von Innovationsentscheidungen – Das Promotoren-Modell, Göttingen, 1973)

Wood, G., James, P. (Hrsg.) (2006): Institutions, production and working life, Oxford, New York

Young, O.R. (2002): The institutional dimensions of environmental change, Cambridge (Mass.), London

Zabel, H.-U. (2001): Ökologische Unternehmenspolitik im Verhaltenskontext, Berlin

Kulturelle Kompetenzen für nachhaltigen Konsum

Qualitative Befunde kulturell-basierter Hemmnisse und Lösungsvorschläge

Irene Antoni-Komar und Reinhard Pfriem

"In fact, all consumption is cultural."
Don Slater, 1997

1 Einleitung

Kenneth Boulding identifiziert 1972 in „Toward the Development of a Cultural Economics" eine seit Adam Smith abnehmende Beschäftigung bzw. Vermeidungsstrategie der Ökonomik mit dem Kontext Kultur. Die Ökonomik konzentriere sich in fortschreitendem Maße auf abstrakte Berechnungen, während sie die Bezüge zur Kultur als „real world" (Boulding 1972, 268) aus den Augen verloren habe. Auf dem Hintergrund dieses Befundes lautet eine unserer wesentlichen Argumentationen, dass die unter Bezug auf das zweite Hauptwerk von Adam Smith (1776) seit nun mehr als zwei Jahrhunderten tragende Konstruktionsidee der modernen Ökonomik als eines isolierbaren und isolierten Systems zu revidieren ist. Aufbauend auf Forschungsarbeiten der letzten Jahre im Feld nachhaltiger Entwicklung von Wirtschaft und Gesellschaft, betrachten wir eine kulturalistische Perspektive[1], die den kulturellen Kontext integriert, als zu-

[1] Kulturalistische Ökonomik (engl. „cultural approach in ecomomic theory") als Abgrenzung zu „Kulturökonomie" (engl. „Cultural Economics"), die sich mit ökonomischen Faktoren im Kultursektor beschäftigt (vgl. Antoni-Komar/Pfriem 2009).

kunftsfähige Neuorientierung für wirtschaftswissenschaftliche Untersuchungen. Die Berücksichtigung des kulturellen Kontextes verschiebt die Beantwortung der Ausgangsfrage des Projektes, woran die Verbreitung nachhaltiger Konsummuster scheitert, vom individuellen Entscheidungshandeln zur Interaktion der Akteure und koppelt diese an das Problem der kulturellen Kompetenzen als praktischem, kontextbezogenem Wissen. Damit wird gegenüber *homo-oeconomicus*-Konzepten akzentuiert, dass Kosten-Nutzen-Abwägungen von kollektiven Wissensrepertoires überlagert werden, die inkorporiert und performativ in den Praktiken eingesetzt werden.

Im Folgenden werden wir die kulturalistische Perspektive näher begründen und auf den praxistheoretischen Ansatz beziehen. Anschließend werden die im WENKE^2-Projekt generierten Ergebnisse aus den qualitativen Untersuchungen der beiden Praxisfelder „Häuslicher Energiekonsum“ und „Ernährungskonsum“ vorgestellt. Es ist zudem kein Zufall, dass die kulturalistische Orientierung im Rahmen unserer Forschungsarbeiten durch die Beschäftigung mit der Konsumseite an Bedeutung gewonnen hat, denn gerade in Konsumtheorien lässt sich eine wachsende Affinität zum Kontext Kultur identifizieren.

2 Grundlagen zur Konzeption der kulturalistischen Perspektive

Unter dem Terminus *consumer culture* wird der Zusammenhang zwischen Ökonomie und Kultur in der US-amerikanischen Literatur seit den 1980er Jahren als Prägung des Konsums durch die Kultur und als Prägung der Kultur durch den Konsum akzentuiert (vgl. Arnould/Thompson 2005; König 2009). Ein seit den 1990er Jahren sich ausweitender *cultural approach* in der Konsumtheorie greift zunächst auf die Figur der *cultural embeddedness* zurück, die bereits Mark Granovetter (1985) und Peter Berger (1986) für das ökonomische Handeln akzentuiert haben. So ist nach Robert Bocock (1993) Konsum nicht Ausdruck von marktgerechter Konsumentensouveränität, sondern ideologisch, ökonomisch, technisch, historisch und sozial eingebettet in den Kontext der Konsum- und Produktionsweise der jeweiligen Kultur (vgl. auch Berghoff/Vogel 2004).

Don Slater geht sowohl über die Einbettungsfigur wie auch über die kognitiven Interpretationschemata (Denzau/North 1994) hinaus, indem er

Konsum als *die* Kultur der westlichen Welt akzentuiert, als zentrale Alltagspraxis, die nicht nur die dominanten Werte, Praktiken und Institutionen einer Gesellschaft organisiere, sondern rekursiv diese auch davon ableite:

> "Consumption is always and everywhere a cultural process, but 'consumer culture' – a culture of consumption – is unique and specific: it is the dominant mode of cultural reproduction developed in the west over the course of modernity. Consumer culture is in important respects the culture of the modern west – certainly central to the meaningful practice of everyday life in the modern world... To talk this way is to regard the dominant values of a society not only to be organized through consumption practices but also in some sense to derive from them." (Slater 1997, 8, 24)

Im Sinne von Giddens (1984) rückt bei Slater die Rekursivität zwischen Handeln und Struktur(en) in den Vordergrund. Mit dem Verweis auf die Alltagspraktiken skizziert er den Übergang von der Neuen Institutionenökonomie zur Theorie der sozialen Praxis, in der kollektive Wissensrepertoires die Routinen und Kompetenzen der Akteure strukturieren, von diesen hervorgebracht und verändert werden. Eine so angelegte Konzeption verschiebt den Ausgangspunkt vom individuellen Entscheidungshandeln zur Interaktion der Akteure in Interdependenz und Rekursivität mit kulturellen Prozessen.

3 Kulturelle Kompetenzen in Interdependenz mit kulturellen Prozessen

Das Konzept der kulturellen Kompetenzen basiert auf der Grundannahme von Interaktion und Interdependenz ökonomischer Praxis. Dem Standardmodell des *homo oeconomicus*, der als Akteur unter den Prämissen der Vernunft geleiteten Kosten- und Nutzenmaximierung möglichst effizient und effektiv zu handeln scheint, wird mit kultursoziologischen Überlegungen der Praxistheorie begegnet. Während frühere Handlungstheorien von der individuellen Entscheidung und deren (rationaler) Intentionalität ausgehen, konzipieren Praxistheorien Handeln als ein Repertoire aus *Inkorporiertheit* des Hintergrundwissens und *Performativität* des praktischen Wissens (Reckwitz 2004, 45).

Die doppelte Bestimmung sozialer Praxis aus Wiederholung/ *Reproduction* und Neuerschließung/*Transformation* integriert Wandel als wichtiges Element. Akteure sind in der Lage, sowohl reproduzierend in Form von „aufgezeichneten" kollektiven Wissensrepertoires (*culturally based knowledge*) wie auch produzierend/transformierend in Form von kulturellen Kompetenzen als „Wissen-wie" (*doing knowledge*) zu handeln (Hörning/Reuter 2004). Dieses „Wissen-wie" ist weder bloßes Informiertsein noch bilanzierbare und strategisch optimierbare Ressource, sondern *praktisches Wissen* (Schatzki 1996, 75), das als kollektiv geteiltes Hintergrundwissen und ‚verkörpertes' Wissen auftritt – in einer „relativen ‚Geschlossenheit' der Wiederholung und einer relativen ‚Offenheit' für Misslingen, Neuinterpretation und Konflikthaftigkeit" (Reckwitz 2003, 294).

Auf dieser spezifischen Konflikthaftigkeit, der (Markt)-Akteure ausgesetzt sind, und auf den daraus resultierenden Unsicherheiten in ihrem routinisierten Handeln (vgl. Böhle/Weihrich 2009), beruht die „Neuinterpretation" bzw. „Transformation" eingeübter und repetitiver Handlungsprozeduren (Routinen). Wenn ökonomische Akteure eine Dissonanz zwischen ihrer aktuellen sozialen Praxis, dem routinisierten Handeln also, und den zukünftigen Anforderungen aufgrund sich wandelnder gesellschaftlicher Herausforderungen (z.B. Klimawandel; Verlust von Biodiversität und kultureller Diversität; soziale Ungleichheit) und/oder aufgrund organisatorischer Instabilitäten (z.B. Skandale) bzw. biographischer Veränderungen in sozialen Zusammenhängen (Familie, Lebensphasen, Freunde/Bekannte etc.) wahrnehmen, werden eingespielte Handlungsprozeduren brüchig, danach gegebenenfalls verworfen und schließlich neu ausgerichtet, um Unsicherheit zu reduzieren. Solcherart „krisenhafte Situationen" (Reckwitz 2007, 319) provozieren in Folge eine kreative Antwort („creative response", Schumpeter 1947), die sich als Änderung des Handelns bei Unternehmen und/oder Konsumenten pro Nachhaltigkeit auswirken kann. Das kreative Handlungspotenzial ist so notwendiger Teil der sozialen Praxis, weil eingeübte Handlungsprozeduren durch Irritationen immer wieder erschüttert und Neuausrichtungen provoziert werden können. Dabei reduziert sich Handeln nicht auf eine Anpassungsleistung, sondern es wird „Kreativität hier als Leistung innerhalb von Situationen, die eine Lösung fordern, gesehen" (Joas 1992, 190). Der so initiierte ökonomische Wandel vollzieht sich in Austauschprozessen (*Interaktion*) zwischen Angebot und Nachfrage sowie in Interdependenz und Rekursivität zu kulturellen Prozessen, denn Unternehmen und Konsumenten handeln nicht isoliert-autonom, sondern im *situativen (kulturellen)* und *biographischen* Kontext von und mit anderen (*Interdependenz und Rekursivität*).

Ökonomische Praxis auf Anbieter- wie Nachfrageseite ist (re)produzierender Teil multipler und ambivalenter kultureller Prozesse. Zur Bestimmung kultureller Prozesse wird zum einen auf die Argumentation von Shmuel Eisenstadt (2007) zurückgegriffen, der dafür plädiert, die Gegenwartsgesellschaft und die Moderne als eine Geschichte der Formierung und Neukonstitution multipler, sich wandelnder und oft strittiger und miteinander konfligierender „Modernen“ (*multiple modernities*) zu lesen. Außerdem werden kulturelle Prozesse als Pfade (Temporalität) verstanden, die Modernisierungsprozesse kennzeichnen (vgl. Pierson 2000, Beyer 2006). Pfadabhängigkeiten als Kontinuitäten stellen Barrieren dar und beinhalten Konfliktpotenzial in Bezug auf einen Wandel zum nachhaltigen Konsum. So bilden kapitalistische Industrialisierungsprozesse (wie z.B. Technisierung, Beschleunigung, Subjektivierung, Verwissenschaftlichung, Medialisierung) Barrieren, indem das implizite Versprechen der Entlastung (Technisierung und Beschleunigung), des Erlebens (Subjektivierung) und der Erkenntnis (Verwissenschaftlichung, Medialisierung) zur Ökonomisierung sozialer Praktiken führt. Denn gleichzeitig geht von den temporalen Pfaden eine Dynamik der Steigerung aus (vgl. Shove 2003), die zu Entmündigung, Überforderung, Orientierungsverlust und Entfremdung der Konsument/innen führen kann (vgl. Antoni-Komar et al. 2010a).

Auf diesem skizzierten Hintergrund wird die Ausgangsfrage des WENKE^2-Projektes, woran die Verbreitung nachhaltiger Konsummuster scheitert, an das Problem der kulturellen Kompetenzen als praktischem, kontextbezogenem Wissen der Akteure gekoppelt. Maria Joutsenvirta und Liisa Uusitalo (2009) fassen *cultural competence* von Unternehmen als Sensitivität gegenüber dem sozialen Umfeld und kulturellen Wandel sowie als Fähigkeit, dieses Wissen in eine verantwortungsvolle Unternehmenspraxis zu transferieren:

> “Cultural competence refers to the sensitivity of the firm toward the surrounding societal and cultural changes, especially changes in customer values and behavior, and the ability to transfer this knowledge into meaningful business practices.” (Joutsenvirta/Uusitalo 2009, 2)

In Erweiterung zu Joutsenvirta und Uusitalo sehen wir kulturelle Kompetenzen sowohl in der Interaktion zwischen Angebot und Nachfrage angelegt, wie auch an multiple, ambivalente und sich gegenseitig verstärkende kulturelle Prozesse rekursiv und interdependent gekoppelt, die partiell einer nachhaltigen Entwicklung der Gesellschaft entgegenwirken können.

Folgende Definition kultureller Kompetenzen leiten wir daraus ab: Kulturelle Kompetenzen sind genuiner Bestandteil des praktischen Wissens der Akteure und führen in spezifischen Krisensituationen des Handelns als kreatives Handlungspotenzial zur Verwerfung brüchig gewordener Routinen und Neuausrichtung der sozialen Praxis, indem kulturelle Prozesse erkannt (*Recognition*), die Betroffenheit durch kulturelle Prozesse kritisch reflektiert (*Reflection*) und nachhaltige Strategien entwickelt werden (*Reconfiguration*). Abbildung 1 verdeutlicht den konzeptionellen Zusammenhang.

Im nächsten Abschnitt wird die Konzeption der empirischen Untersuchung mit den aus der Theorie abgeleiteten Fragen und den daraus folgenden Hypothesen vorgestellt sowie das Untersuchungsdesign erläutert.

Abb. 1: Kulturelle Kompetenzen für nachhaltigen Konsum

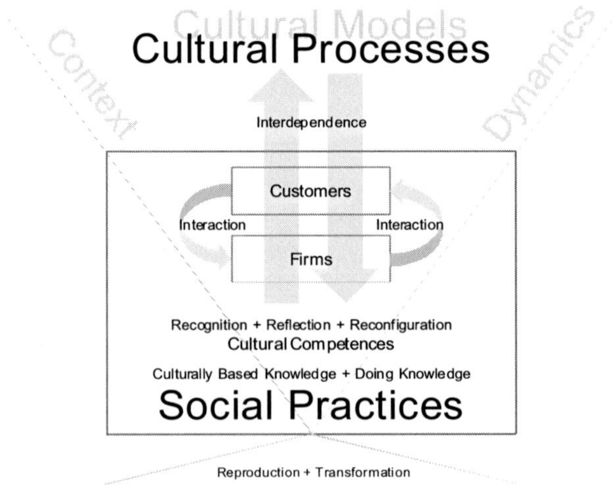

Quelle: Antoni-Komar et al. 2010a

4 Konzeption und Verlauf der empirischen Untersuchung

Folgende Leitfragen ergeben sich aus der theoretischen Konzeption für die qualitative Untersuchung:

(1) Wie sind die kulturellen Wissensrepertoires zu beschreiben, die für den häuslichen Energiekonsum und Ernährungskonsum grundlegend sind? (Routinen)

(2) Welche die Praxisänderung initiierenden Brüche lassen sich in den Feldern häuslicher Energiekonsum und Ernährungskonsum identifizieren? (Konflikte und Gelegenheiten)

(3) Welche Bedeutung haben Ausstrahlungseffekte von Referenzlösungen in den Feldern häuslicher Energiekonsum und Ernährungskonsum? (Sozialer Vergleich)

(4) Wie werden kulturelle Kompetenzen in der Praxis des häuslichen Energiekonsums und Ernährungskonsums wirksam? (Interaktionspotenzial).

Daraus sind folgende Forschungshypothesen (H1 – H4) abgeleitet und auf der Basis qualitativer Daten empirisch erprobt:

– *Hypothese 1: Routinen hemmen nachhaltigen Konsum*: Routinen des häuslichen Energie- und Ernährungskonsums folgen kulturellen Wissensrepertoires, die in kulturelle Prozesse eingebunden sind und den Wandel zum nachhaltigen Konsum behindern.

– *Hypothese 2: Konflikte und Gelegenheiten initiieren nachhaltigen Konsum*: Elementare Brüche, wie Konflikte mit Technologien oder Skandale sowie persönliche Veränderungsprozesse, sind dem Wandel zum nachhaltigen Konsum vorgeschaltet.

– *Hypothese 3: Durch Ausstrahlungseffekte diffundieren nachhaltige Konsumlösungen*: Diffusionsbarrieren gegenüber nachhaltigen Konsummustern werden durch sozialen Vergleich und die positive Ausstrahlung von Referenzprojekten durchlässig.

– *Hypothese 4: Kulturelle Kompetenzen fördern nachhaltigen Konsum*: Um die Diffusion nachhaltiger Konsumpraxis zu befördern, bedarf es der Rekontextualisierung ökonomischer Praxis und der Synchronisation von Angebots- und Nachfrageseite.

Tabelle 1: Untersuchungsdesign der empirischen Studie

Praxisfeld	**Häuslicher Energiekonsum**	**Ernährung**
Region	Hannover	Oldenburg / Weser-Ems-Region
Fallstudien Diffusions-pfade	1. Nutzung solarthermischer Anlagen	2. Ökologisierung: Bio-Fleisch („Buntes Bentheimer Schwein“) 3. Regionalisierung: regionales Fleisch (Marke NaturWert) 4. Fair Trade: Kaffee („Oldenburg Kaffee“)
Daten-grundlage	▪ Leitfadengestützte Experteninterviews (gemeinsam mit Modul 4) mit überwiegend offenen Antwortmöglichkeiten; die geschlossenen Fragen wurden von Modul 4 erhoben und ausgewertet ▪ Aufbau des Leitfadens: 1. Vorstellung Forschungsvorhaben etc., 2. Vorstellung der Interviewten, 3. Umfeld, 4. Verbraucherpraxis und -kultur, 5. Rolle als Intermediär, 6. Relevanz von Institutionen ▪ Interviewdauer: 1 – 1,5 h ▪ Diskussion der Ergebnisse auf zwei Workshops mit Praktikern	
		▪ Fokusgruppeninterviews mit Konsument/innen der Diffusionspfade 2–4 ▪ Aufbau: 1. Wissensrepertoires (Ernährungsgewohnheiten, Techniken, Wertschätzung); 2. Qualität – Herkunft; 3. Qualität – Marke/Label/ Siegel; 4. Beschaffungsproblematik; 5. Information, Kommunikation; 6. Veränderung, Ziele ▪ Dauer pro Gruppe: 3h
	▪ 15 leitfadengestützte Experteninterviews (*HEK*) ▪ Zeitraum 7/2008–01/2009	▪ 17 leitfadengestützte Experteninterviews (*E_Ö; E_R*; *E_FT)* ▪ 3 Fokusgruppen mit Konsument/innen: (*FG_B*, *FG_R*, *FG_FT)* ▪ Zeitraum 07/2008–01/2009
Dokumen-tation	▪ digitale Aufzeichnung ▪ vollständige Transkription aller Interviews	

Auswertung	▪ qualitative Inhaltsanalyse (vgl. Mayring 2008) ▪ computergestützte Auswertung und Codierung der Interviews auf Basis der MAXqda-Software ▪ Formulierung von vier Untersuchungsrichtungen ▪ Formulierung von vier Szenarien für MONAKO

In Tabelle 1 ist das Untersuchungsdesign der empirischen Studie zusammengefasst.[2] Für die Untersuchung der Hypothesen sind qualitative Daten im Zeitraum 07/2008 bis 01/2009 erhoben worden. Es handelt sich um insgesamt 32 leitfadengestützte Experteninterviews. Im Praxisfeld Häuslicher Energiekonsum (HEK) sind 15 Interviews im Diffusionspfad Solarthermie, im Praxisfeld Ernährung insgesamt 17 Interviews in den Diffusionspfaden ökologische Produkte (E_Ö, n=8), regionale Produkte (E_R, n=4), Fair Trade Produkte (E_FT, n=5) sowie drei Fokusgruppeninterviews mit Konsument/innen in den drei Diffusionspfaden (FG_Ö, n=8; FG_R, n=8; FG_FT, n=9) durchgeführt worden.

Die Expert/innen im Diffusionspfad Solarthermie repräsentieren den Großhandel und die SHK-Betriebe sowie das Zentrum für Umweltschutz der Handwerkskammer Hannover, als Politikintermediäre[3] die Klimaschutzagentur Region Hannover, die Enercity-Fonds proKlima GbR, die Target GmbH und das Umweltzentrum Hannover. Außerdem sind zwei Planer befragt worden. In den Diffusionspfaden zur nachhaltigen Ernährung sind ein Erzeuger, drei Verarbeiter/innen, ein Importeur, vier Repräsentant/innen des Einzelhandels, ein Repräsentant eines regionalen Vermarktungsprogramms und ein Verbands-/Kammervertreter sowie sechs Vertreterinnen und Vertreter von Vereinen als Politikintermediäre befragt worden (für eine detaillierte Darstellung vgl. Tabelle 2 in dem Beitrag von Ralf Antes und Klaus Fichter). Die Auswertung des transkribierten Datenmaterials erfolgte computergestützt (MAXqda) nach der qualitativen Inhaltsanalyse mithilfe deduktiv abgeleiteter Kategorien (vgl. Mayring 2008).

Die im Praxisfeld Ernährung durchgeführten Fokusgruppeninterviews[4] zielten auf die Evaluierung möglicher Differenzen zwischen Ex-

[2] Modifiziert nach Antes und Fichter in diesem Band.

[3] Zum Begriff des Politikintermediärs vgl. ebenda.

[4] Da die Fokusgruppeninterviews in der ursprünglichen Projektplanung nicht vorgesehen waren, konnten diese probeweise nur im Praxisfeld Ernährung, aus Zeit- und

pertenwissen und Wissen der in Fokusgruppen befragten Konsumenten hinsichtlich vorhandener Barrieren und Lösungsmöglichkeiten nachhaltiger Konsummuster. Analog zur Gesamt-Projektorientierung auf regionale, ökologische und fair gehandelte Lebensmittel wurden die Teilnehmer/innen der Fokusgruppen im Rahmen solcher Kauf- und Konsumzusammenhänge rekrutiert, in denen es wahrscheinlich war, dass Intensivkäufer/innen aus den Bereichen „Bio“, „Regionalität“ und „Fair Trade“ angetroffen werden konnten. Grundlage dieses Vorgehens war die Hypothese, auf diesem Wege ein möglichst breites Spektrum an „Erlebnissen“ und „Erfahrungen“ aus den jeweiligen Untersuchungszusammenhängen generieren zu können. In gewisser Weise sollte folglich auch auf Konsumentenseite auf ein vorhandenes „Expertenwissen“ zurückgegriffen werden.

Im Folgenden werden exemplarische qualitative Ergebnisse aus vier Untersuchungsrichtungen zur Diffusion nachhaltiger Konsummuster vorgestellt: (H1) Die hemmende Wirkung von Routinen, (H2) die initiierende Wirkung von Konfliktsituationen, (H3) die fördernde Wirkung des sozialen Vergleichs, (H4) die fördernde Wirkung durch Synchronisation von Angebot und Nachfrage. Parallel wurden für MONAKO Szenarien formuliert, um die Ergebnisse im agentenbasierten Simulationsmodell zu überprüfen (vgl. Antoni-Komar et al. 2010b[5] und den Beitrag zur Integration in diesem Band).

5 Befunde und Schlussfolgerungen aus dem qualitativen Datenmaterial

5.1 Die hemmende Wirkung von Routinen (H1)

5.1.1 Zentralisierung und Unsichtbarkeit fossiler Energieerzeugung

Die qualitativen Befragungen von Expert/innen im Praxisfeld Energie haben die hemmende Wirkung von Routinen der Energieerzeugung auf

Budgetgründen, nicht aber im Praxisfeld Häuslicher Energiekonsum durchgeführt werden.

[5] Der beim Journal of Consumer Policy eingereichte Beitrag stellt ausführlich in einem dreistufigen empirischen Verfahren die Befunde für das Praxisfeld Ernährung vor, indem zunächst die qualitativen Befunde durch quantitativ erhobene Daten gestützt sowie anschließend durch die agentenbasierte Simulation in MONAKO überprüft werden.

die Diffusion nachhaltiger Lösungen (hier: Solarthermieanlagen) bestätigt. Diese betreffen die Zentralisierung der Versorgungssysteme und die Unsichtbarkeit der traditionellen Energieerzeugung, die schließlich zum Verharren in eingespielten Handlungsprozeduren beitragen. So ist zum Beispiel die Heizungsanlage etwas, *„was ich einmal eingebaut habe und dann nicht mehr sehe und nicht mehr spüre"* (HEK_8, 203–203; Großhändler/in). Mehr noch, mit der Heizungsanlage ist außerdem ein *„negatives Image"* verbunden:

H1 (HEK): Zentralisierung und Unsichtbarkeit fossiler Energieerzeugung
„Die Heizungsanlage hatte immer dieses negative Image, steht im Keller, Hauptsache ich höre nichts und sehe nichts, es soll nach Möglichkeit nicht viel in der Wartung kosten und preiswert heizen und im Winter soll es warm werden. Da war bis dato immer die Gewohnheit mit dabei. Wir haben das über Jahrzehnte beobachtet, der Mensch war froh, wenn er mit der Heizungsanlage nichts zu tun hatte, ich habe immer die Leute aus der Badausstellung beneidet, die hatten aus Gewohnheit heraus schöne Bäder verkauft, das hatte einen gewissen Anreiz." (HEK_9, 105–105, Großhändler/in).

Ganz im Gegensatz zur Heizungsanlage, die im Keller des Hauses ihre Funktion erfüllt, ist eine Solarthermieanlage auf dem Gebäudedach zentral sichtbar, was auf dem Hintergrund der eingespielten Handlungsmuster zunächst Befremden auslösen muss und auf Ablehnung stößt: *„Wobei das Problem bei der ganzen Sache ist, bei Solartechnik würde man es ja von außen sehen."* (HEK_2, 192–192; Installateur/in).

Eingefordert wird ein Perspektivwechsel, der durch Standardisierung regenerativer Energien zur kulturellen Verankerung der nachhaltigen Energieerzeugung führt.

H1 (HEK): Standardisierung regenerativer Energieerzeugung
„Die größte Herausforderung ist, die Dinge immer mehr gesellschaftsfähig zu machen, immer mehr zum Standard zu machen. Ich glaub', das ist der zentrale Satz. Im Moment haben wir ja noch den Standard, dass der Kunde, wenn ein Wärmeerzeuger kaputt geht, er einen neuen wieder reinpackt. Das Andere ist im Moment immer noch Exotik, wenn es uns gelingt, das Andere, die regenerative Nutzung von Energien zum Standard zu machen, dann haben wir eine große Herausforderung, glaube ich, bestanden." (HEK_9, 126–126; Großhändler/in).

Befreit von der „exotischen" Anmutung wird die Solarthermieanlage ein *„gut sichtbares Symbol für Energieeinsparung"* (HEK_11, 19–19; Planer/in), in dem der Perspektivwechsel von fossilen Energieträgern zur regenerativen Energieerzeugung deutlich wird: *„Je mehr das auf den Dächern erscheint, je höher wird wahrscheinlich auch die Akzeptanz sein."* (HEK_11, 19–19; Planer/in).

5.1.2 Einkaufsroutinen und Berührungsängste im Ernährungskonsum

Die qualitativen Befragungen von Expert/innen der Angebotsseite wie auch die Diskussionen in den Fokusgruppen mit Konsument/innen des Praxisfeldes Ernährung haben die stark hemmende Wirkung von Einkaufsroutinen, die neben der Nähe der Einkaufsorte vor allem den Zeitfaktor und die Bequemlichkeit, aber auch die Wahrnehmung von Berührungsängsten oder die Ablehnung persönlicher Nähe betonen, auf den nachhaltigen Konsum bestätigt. Als hemmender Faktor erweist sich die Konzentration des Einkaufs in möglichst nahe gelegenen und wenigen Einkaufsstätten aus zeitökonomischen Gründen *(„weil es nah ist und schnell geht",* FG_FT, 8–8; Fokusgruppe Fair Trade) und alles an seinem gewohnten Platz ist: *„Bei Aldi ist es klar, was es wo gibt. Da gibt es zwei Wege"* FG_B, 73–73; Fokusgruppe Bio). Dort bekommt man *„alles aus einer Hand"* (E_Ö_5, 175–175; Politikintermediär) und die Produkte sind jederzeit verfügbar

H1 (E): Einkaufsroutinen
„Ich nehme die unsaisonale Tomate und bereue das auch nicht, dass ich sie genommen habe. ... Ich bin damit aufgewachsen, im Supermarkt alles zu bekommen, was ich haben kann." (FG_B, 98–98; Fokusgruppe Bio).

Eintrittsbarrieren werden identifiziert und als *„Schwellenangst"* (E_Ö_1, 49–49; Einzelhändler/in) mit Einkaufsstätten beschrieben, die sich von den gewohnten Supermärkten und Discountmärkten abheben.

H1 (E): Berührungsängste mit ungewohnten Einkaufsstätten (1)
„Es gibt viele, die schon reinkommen, aber viele gucken auch erst mal im Schaukasten, also viele, die es noch nicht kennen, sie stehen am Schaukasten und sie gucken und denn manchmal gehen unsere ehrenamtlichen Mitarbeiter auf sie zu und reden sie an, bitten sie einfach mal, sich zu trauen, reinzukommen. Es gibt Menschen, die Ängste haben." (E_FT_3, 65–65; Politikintermediär).

Mit diesem Hemmnis der Schwellenangst sind vor allem die Weltläden konfrontiert. Aber auch ein Bioladen kann abschrecken, wenn er wie ein *„Allerheiligtum"* wirkt.

H1 (E): Berührungsängste mit ungewohnten Einkaufsstätten (2)
„Da hatten wir beide das Gefühl, wir treten in so 'n Allerheiligtum ein, in das wir nicht rein gehören, wo man ertappt wird, dass man ja auch schon 'mal Milka Schokolade isst, oder, dass man das einem so an der Nasenspitze ansieht. Das ist ein, ein ganz sonderbares Gefühl gewesen. Also, und ich denke mir 'mal, das ist so das, was sicherlich dann den einen oder anderen auch wirklich davon abhält, in 'nen Bioladen zu gehen, nicht, weil er nicht vielleicht bereit wäre, die Ware zu kaufen, sondern weil er das Gefühl hat, dass er als Käufer, als Kunde vielleicht nicht ernst genommen wird, irgendwie gleich in 'ne Schublade kommt, so." (E_Ö_7, 61–61; Politikintermediär).

Aus solchen negativen Erfahrungen mit ungewohnten Einkaufsstätten resultieren auch Ablehnungsstrategien von Nähe und persönlicher Ansprache: *„Bei Aldi muss ich mich mit keinem Menschen unterhalten"* (FG_B, 70–71; Fokusgruppe Bio). Andererseits sind jedoch gerade auch das besondere *„Einkaufserlebnis"* im Bioladen (E_Ö_1, 110–110; Einzelhändler/in) und die spezifische Atmosphäre im Weltladen für bestimmte Käufergruppen attraktiv: *„Da kann man in der Stadthektik, wenn man da reinkommt, ein bisschen chillen"* (FG_FT, 81–81; Fokusgruppe Fair Trade). Der Biomarkt wird in diesem Zusammenhang in der Konsumenten-Fokusgruppe „Bio" als kulturelle Anschlussmöglichkeit hervorgehoben, weil dort trotz des differenzierten Angebots eine gewisse Anonymität bewahrt bleibe.

H1 (E): Biomarkt als kulturelle Anschlussmöglichkeit an Supermarkt
„Manchmal finde ich diese Mischung aus Bio- und Supermarkt auch ganz gut. Das ist so 'ne gewisse Art von Anonymität, wenn man sie will. Man kann da sein Ding so durchschieben und wieder rausgehen, das lieb ich dann, wenn ich sowieso nur zwei, drei Sachen holen will, dass ich weiß, ich lauf da so durch und bin dann auch damit fertig, ohne viel Beratung." (FG_B, 76–76; Fokusgruppe Bio).

Die Ausdehnung des Fair Trade-Angebotes in Verbrauchermärkte spiegelt in umgekehrter Richtung eine ähnliche Strategie des kulturellen Anschlusses an Einkaufsroutinen wider.

5.1.3 Zusammenfassung der Befunde zu Hypothese 1

Routinen des häuslichen Energiekonsums und Ernährungskonsums folgen kulturellen Wissensrepertoires, die in kulturelle Prozesse eingebunden sind und den Wandel zum nachhaltigen Konsum behindern.

So stellt die Zentralisierung und Unsichtbarkeit fossiler Energieerzeugung ein eindeutiges Hemmnis dar in der Akzeptanz von dezentraler und sichtbarer regenerativer Energieerzeugung durch Solarthermie. Es wird daher immer wichtiger, die Energieerzeugung und Energiegewinnung in die Umgangspraktiken zu integrieren, so dass Solarthermieanlagen schließlich zum sichtbaren Symbol für Energieeinsparung werden können.

Als Beschränkung im nachhaltigen Ernährungskonsum konnten auf Experten- und Konsumentenseite Einkaufsroutinen im häufigen Frequentieren von Super- und Discountmärkten identifiziert werden, in denen zum einen zeitökonomische Faktoren aufscheinen, zum anderen aber auch Berührungsängste mit ungewohnten Einkaufsstätten, wie Bio- oder Weltladen, und anonyme Einkaufssituationen sich etablieren und verfestigen. Kulturelle Anschlussmöglichkeiten bieten Biomärkte, ebenso die Ausdehnung des Angebots nachhaltiger Produkte in gewohnte Einkaufsstätten.

5.2 Die initiierende Wirkung von Konfliktsituationen (H2)

5.2.1 Öffentliche Diskurse als Initiatoren energetischer Umorientierung

Routinen als eingespielte Handlungsprozeduren können in spezifischen Konfliktsituationen aufgebrochen und verändert werden. Die qualitativen Daten auf Angebotsseite bescheinigen öffentlichen Diskursen zur zukünftigen Versorgungsunsicherheit mit fossilen Energieträgern und zur dringenden Notwendigkeit einer energetischen Neuorientierung eine ausgeprägte Wirkung auf die Diffusion von Solarthermienanlagen. Identifiziert wird zunächst ein Klima der Unsicherheit:

H2 (HEK): Hemmende Wirkung durch Versorgungsunsicherheit
„Die Leute sind sehr stark verunsichert, sie wissen, dass das Öl ein Problem darstellt, erkennen aber auch, dass Gas keine Lösung ist und hinterfragen aber auch andere Energieträger wie Holzpellets, genauso, insofern sehe ich da nicht, dass das Öl-Problem gleich eine regenerative Lösung präsentiert, sondern die Leute sind verwirrt und halten sich deswegen eher zurück, verrückterweise." (HEK_1, 26–26; Politikintermediär).

In diese Konfliktsituation der Unsicherheit greifen öffentliche Diskurse ein. So lässt sich die größte Übereinstimmung in den Interviews bei der Einschätzung zur Wirkung öffentlicher Diskurse feststellen, auch wenn die damit einhergehenden Motivationen zur Anschaffung einer Solarthermieanlage nicht immer eindeutig sind. Hier ist nach Meinung der befragten Expertinnen und Experten von der Politik und den Medien bislang sehr gute Arbeit geleistet worden.

Schließlich wird der Netzwerkarbeit und Kampagnentätigkeit in der Solarregion Hannover eine bedeutende Wirkung auf die Diffusion von Solarthermie bescheinigt (*„Solartechnik, Energiesparen ist jetzt in aller Munde"*, HEK_2, 22–22; Installateur/in) und: *„Wir haben auch eine Beschleunigung bekommen durch diese riesige öffentliche Diskussion um Klimaschutz"* (HEK_5, 64–64; Politikintermediär). Auch die Regelmäßigkeit der lokalen Berichterstattung im Zusammenhang von Solarprojekten in der Region Hannover habe zur Bekanntheit der Thematik wesentlich beigetragen.

H2 (HEK): Öffentliche Diskurse
„...weil es hier viel Öffentlichkeitsarbeit gibt zu dem Thema, weil eben auch manche Projekte, wie zum Beispiel die solare Regionalliga, als regelmäßige, also für 'ne regelmäßige Berichterstattung in der Lokalzeitung sorgen, und von daher denke ich, dass auch schon das dazu beigetragen hat, dass die Aufmerksamkeit auf dieses Thema schon doch sehr zugenommen hat." (HEK_6, 38–38; Politikintermediär).

Die öffentlichen Diskurse auf Kontinuität zu stellen, ist ein durchgängiges Plädoyer: *„Das Wichtigste ist, glaube ich, diese Art von Verlässlichkeit, dann natürlich einfach 'ne kontinuierliche Kampagnentätigkeit"* (HEK_13, 158–160; Installateur/in).

Dass es jedoch auch in Zukunft noch umfassender Lernprozesse bedarf, auch darüber sind sich die Befragten einig. Nicht nur, dass das Verantwortungsbewusstsein der Menschen gegenüber zukünftigen Erfordernissen gestärkt werden müsse, auch blieben häufig Gelegenheiten unerkannt, um Techniken der Solarthermie in den Privataushalten zu etablieren. Dabei bedarf es einer verstärkten Wahrnehmung sogenannter „windows of opportunity", das heißt, zu erkennen, wann der passende Zeitpunkt für eine energetische Maßnahme gekommen ist: *„Die Leute zum richtigen Zeitpunkt anzusprechen. Das ist die größte Herausforderung. Zum richtigen Zeitpunkt zu sagen: ‚Solar ist gut für Euch'."* (HEK_7, 303–304; Verbands-/Kammervertreter/in). Nachteilig wirken sich außerdem nicht nur lange Investitionszyklen von Heizungsanlagen und Warmwassersystemen auf den Einsatz regenerativer Energiequellen aus (HEK_5, 66–66; Politikintermediär). Auch ist es nicht unüblich, dass bei Neubau- oder Sanierungsmaßnahmen die erforderlichen Investitionen in Solarthermie zugunsten anderer Baumaßnahmen bzw. anderer Investitionen verschoben werden. Häufig ist es demzufolge nicht eine Frage der Finanzkraft – des Könnens, sondern eine Frage der Wertsetzung, sich die neue Technik auch wirklich leisten zu wollen.

H2 (HEK): Ambivalente Investitionsbereitschaft und Wertsetzung
„[Sie] specken an irgendeiner anderen Stelle ab. Das ist ja immer eine Frage der Wertsetzung .... und wenn jetzt die Frage heißt: hochwertigeres Bad für 28.000 oder Solaranlage für 5.000 oder das Bad sparsamer ausführen, für 20.000, und dann eine Solaranlage draufsetzen, das ist 'ne Frage zwischen Daumen und Zeigefinger." (HEK_7, 80–81; Verbands-/Kammervertreter/in).
„Also, es ist, glaube ich, nicht mehr so, dass sie einfach sagen: ‚Das ist zu teuer', sondern eher die Frage: ‚Können und wollen wir uns das jetzt leisten?' ... Und hinderlich sind die Leute, die dann eben doch abwägen und sagen: ‚Nee, nee, der Carport ist mir erst mal wichtiger, oder ich fahr lieber nach Bali', oder solche Entscheidungen. Die dann sagen: ‚Ach nee, diese fünf, sechs, sieben oder wie viele auch immer Scheine, habe ich jetzt nicht übrig'." (HEK_13, 138–138, 312–312; Installateur/in).
„Ja, die ganzen „Leute, die's aus ökologischem Gewissen gemacht haben, die sind abgegrast, die haben es bereits gemacht, es geht heute um wirtschaftliche Faktoren und um die Einsparung beim eigenen Portemonnaie." (HEK_14, 182–182; Großhändler/in).

Diesem Befund einer ambivalenten Investitionsbereitschaft und Wertsetzung schließt sich die Beurteilung an, wie die öffentlichen Diskurse um Klimawandel und Klimaschutz in der Motivation zur Anschaffung einer Solarthermieanlage zu gewichten seien.

Handlungsrelevant sei es, *„überzeugt davon sein, dass das Klima dauerhaft geschädigt wird, wenn man da nicht was tut"* (HEK_10, 202–02; Großhändler/in). Das heißt, nicht in erster Linie *„die Wirtschaftlichkeit solcher Anlagen"* im Auge zu haben, sondern den *„Nachhaltigkeitsgedanken"* (HEK_12, 42–42; Planer/in), den *„Mutter Theresa Effekt"* (HEK_7, 40–40; Verbands-/Kammervertreter/in) zu verfolgen. Andererseits wird jedoch auch die Abnahme von ökologischen Überzeugungen und eindeutigen Motivationslagen diagnostiziert, was schließlich den Befund der ambivalenten Investitionsbereitschaft weiter stützt.

5.2.2 Die ambivalente Wirkung von Lebensmittelskandalen

Im Praxisfeld Ernährung können Routinen als eingespielte Handlungsprozeduren in spezifischen Konfliktsituationen aufgebrochen und verändert werden. Die qualitativen Daten auf Angebotsseite haben den Auswirkungen von Lebensmittelskandalen auf die Diffusion nachhaltigen

Konsums eine ambivalente Qualität aufgrund nur kurzfristiger Mobilisierung bescheinigt. Es ist sogar in diesem Zusammenhang die Rede von *„Verbraucheralzheimer“*.

H2 (E): Kurzfristige Mobilisierung durch Lebensmittelskandale
„Wie das bei allen Lebensmittelskandalen so ist, die ich in Erfahrung oder die ich mitgemacht hab', ... da gibt's auch 'ne gewisse – wie ich das immer so sag' – Verbraucheralzheimer, ja? Also, es gibt ja keinen, der so schnell vergisst wie der Verbraucher. ...Ich hab' nicht gehört, dass im Zuge dieses Gammelfleischskandals eine Dönerbude schließen musste oder so. Ganz im Gegenteil – ich seh' da auch immer noch viele Leute vor stehen, mich manchmal auch selber. ... Der Verbraucher ist da doch – sag' ich 'mal – nachdem er sich beruhigt hat, doch sehr resistent.“ (E_Ö_4, 74–74; Verbands-/Kammervertreter/in*).*

Insgesamt bestätigen die Daten aber auch, dass aus skandalbedingten Konfliktsituationen Verschiebungen in den nachgefragten Produktqualitäten (z.B. konventionell → bio), in den Einkaufsstätten (z.B. Discount → Fachgeschäft) oder Mengen (→ Fleischreduktion) resultieren, um den Vertrauensverlust zu kompensieren. Vor allem das Produkt „Fleisch“ ist von diesen Schwankungen stark betroffen. Neben den Verschiebungen hinsichtlich Qualität und Einkaufstätten kann durch Skandale zusätzlich eine Reduktion des Fleischkonsums initiiert werden.

H2 (E): Verschiebungen hinsichtlich Qualität, Einkaufsstätten und Mengen
„Das ist bei der Diskussion Gammelfleisch ... im Wesentlichen ... eine Verschiebung weg vom Supermarkt, weg vom SB Warenhaus, weg vom Discounter hin zu jemandem, wo man vertraut, wo man sicher ist, dass der kein Gammelfleisch hat.“ (E_R_3,59–59; Verarbeiter/in).
„Die Leute ernähren sich ... in gewissen Bevölkerungsschichten einfach bewusster. Es wird auch bewusst weniger Fleisch gegessen und wenn Fleisch gegessen wird, wird's qualitativ hochwertiger gegessen.“ (E_Ö_2, 105–105; Erzeuger/in).

Starke Gründe für langfristige Handlungsänderung werden von den Expert/innen in der persönlichen Betroffenheit durch Lebensumbrüche (*„... also wenn's vielleicht einen Punkt im Leben gibt, dann ist das, glaube ich, das erste Kind“*, E_Ö_3, 85–85; Verarbeiter/in) und der gestiegenen Gesundheitsorientierung identifiziert: *„...[wenn] Menschen die* *rote Karte bekommen von ihren Ärzten, hier, so und nicht weiter, ihr müsst euch alle umstellen"* (E_Ö_1, 110–110; Einzelhändler/in). Vor allem die Diskussionen in den Fokusgruppen lassen in Lebensmittelskandalen (*„Nie wieder Döner"*, FG_B, 117–118; Fokusgruppe Bio) und in biographischen Umbrüchen (Lebensabschnitte, Gesundheit, Ethik) wichtige Impulse zur Handlungsänderung erkennen.

H2 (E): Gesundheitsorientierung und Orientierung hinsichtlich Nachhaltigkeit
„Ich glaube schon, dass die Bioprodukte einfach gesünder sind. Gerade so, wenn ich das jetzt mit einem Negativbeispiel belege, der genmanipulierten Tomate, mit einer Dokumentation über Monsato und Co., die gegen die gesundheitsfördernde Maßnahmen produzieren und trotzdem das verkaufen. Deswegen ist mein Ansatz, dass Bioartikel mehr die Gesundheit des Menschen stützen und etwas auf der anderen Seite weniger der ökonomischen Macht unterliegen, auch wenn die Preise entsprechend hoch sind. So bei manchen Artikeln bei der konventionellen Anbauweise da denke ich immer, das wird produziert, aber das ist nicht essbar." (FG_B, 6–6; Fokusgruppe Bio).
„Es geht mir da um Gesundheit, weil ich mich persönlich damit befasst habe. Und ich meine Gründe darlege, wenn ich gefragt werde, warum kaufst du Bio, warum regional, schmeckt denn das? Oh Gott, was kostet das? Preis spielt auch eine Rolle. Aber es ist auch eine Bewusstseinssache." (FG_B, 94–94; Fokusgruppe Bio).
„Jetzt habe ich mich doch weiter auseinandergesetzt mit Ernährung, was bedeutet Ernährung für Umwelt, und auch soziale Aspekte zu sehen und solche Dinge. Mir ist es einfach auch ein Anliegen, mit dieser Kost, die ich habe, eben meine Umwelt nicht zu sehr zu schädigen." (FG_B, 7–7; Fokusgruppe Bio).

Letztlich führen diese Prozesse der Neuinterpretation dazu, dass biographisch motivierter Wandel der Konsumpraxis in eine Orientierung hinsichtlich Nachhaltigkeit mündet.

5.2.3 Zusammenfassung der Befunde zu Hypothese 2

Die These, dass Konflikte und Gelegenheiten nachhaltigen Konsum initiieren, konnte aufgrund ambivalenter Einschätzungen bedingt bestätigt werden.

Im Feld der Solarthermie wird der Konflikt der Versorgungsunsicherheit mit fossilen Energieträgern durch öffentliche Diskurse aufgegriffen und auf die Notwendigkeit einer energetischen Umorientierung gestellt. Über den hohen Einfluss dieser Diskurse sind sich die Expert/innen einig, wobei aber dennoch eine ambivalente Investitionsbereitschaft identifiziert wird, die nicht auf einem finanziellen Unvermögen beruht. Die Koppelung von Wirtschaftlichkeitsberechnungen der Solarthermieanlagen an eine Orientierung hinsichtlich Nachhaltigkeit kann zur Überwindung der ambivalenten Wertsetzung beitragen.

Obwohl die Konsument/innen selber Lebensmittelskandalen eine hohe Wirkung auf die Änderung ihres Ernährungskonsums bescheinigen, sehen die Expert/innen hier eher eine ambivalente, weil kurzfristige Mobilisierung. Geeigneter scheinen Lebensumbrüche für eine langfristige Änderung der Ernährungspraxis zu sein, wobei die von Expertenseite attestierte und von Konsumentenseite bestätigte Gesundheitsorientierung an eine Orientierung hinsichtlich Nachhaltigkeit zu koppeln ist.

5.3 Die fördernde Wirkung des sozialen Vergleichs (H3)

5.3.1 Positive Ausstrahlung solarthermischer Referenzprojekte

Die Durchlässigkeit von Diffusionsbarrieren gegenüber nachhaltigen Konsummustern wird durch sozialen Vergleich erhöht. Ideologisch motivierte Barrieren, wie Außenseiterdenken oder Angst vor sozialer Kontrolle, lassen sich durch die Vorbildfunktion von Peers (Freunde, Kollegen, Bekannte/Nachbarn) durchbrechen.

Die positive Ausstrahlung von solarthermischen Referenzprojekten in der Nachbarschaft oder von Freunden bzw. Kollegen (*„Überzeugungstäter“*, HEK_6, 44–44; Politikintermediär; *„sehr zufriedene Anlagenbetreiber, ... die auch stark als Multiplikator wirken“*, HEK_14, 92–92; Großhändler/in) für die Diffusion von Solarthermieanlagen wird durchgängig argumentiert.

H3 (HEK): Ausstrahlung solarthermischer Referenzprojekte
„Aber ich merke einfach, dass ich Anrufe habe: Sie haben bei meinem Nachbarn Solar gemacht. Oder wirklich in diesem einen Fall, ein langjähriger Kunde, wo ich seit Jahren rede: Wir müssen an den Kessel ran. Der jetzt sagt: Kollegen haben Solar gemacht mit Unterstützung und haben 40 Prozent Energie gespart und ich will das jetzt auch haben. Ganz eindeutig auch zugegeben ist, dass die guten Erfahrungen anderer wichtig waren.“ (HEK_10, 30–31; Installateur/in).
„Dazu gehören zu wollen, also ... das ist in der Nachbarschaft ... und man will das auch haben – kann man, das ist so ähnlich, wie mit diesen neuen Fernsehern, die natürlich irgendwie auch’ n größeres Bild liefern, die großen Bildschirme.“ (HEK_6, 250–250; Politikintermediär).

Trotz der Bestätigung fördernder Diffusionsfaktoren durch sozialen Vergleich existieren jedoch auch Barrieren, die in einer geschlechtsspezifischen Technikabneigung und traditionellen Rollenverteilung identifiziert werden.

H3 (HEK): Weibliche Ablehnung sichtbarer Lösungen
„Frauen ziehen da zwar oft mit, aber es ist generell bei der Beschaffung von technischen Dingen nach wie vor überwiegend doch der Mann. Die Frau bestimmt die Farbe des Autos, aber der Mann sagt, was es für ein Auto sein soll. Das sind, glaube ich, klassische Rollenverhältnisse, die man da auch so schnell nicht wegkriegt. ... Und wenn wir Bäder sanieren, dann haben die Frauen sehr viel Mitspracherecht und beeinflussen das sehr stark, bei der Heizungsanlage stehen sie zwar daneben und sprechen mit, aber die Gesprächsführung ist zu 95 Prozent der männliche Part. Das ist so.“ (HEK_10, 45–45; Installateur/in).
„...dass Frauen dann eher sagen, irgendwie sieht das komisch aus, wenn das auf ’m Dach ist. Und das unterscheidet mich von anderen“, HEK_6, 46–47; Politikintermediär).

Auch die beschriebene weibliche Angst vor sozialer Kontrolle (*„Man will nicht auffallen vor der Nachbarschaft“*, HEK_6, 59–59; Politikintermediär) erfordert einen Perspektivwechsel von der geschlechtsspezifischen Ablehnung neuer und sichtbarer Lösungen regenerativer Energieerzeugung zur ästhetischen Sensibilisierung.

5.3.2 Positive Ausstrahlung von Schlüsselakteuren und kreativen Milieus

Die Durchlässigkeit von Diffusionsbarrieren gegenüber nachhaltigen Konsummustern wird durch sozialen Vergleich erhöht. Als Hemmnis für die Diffusion nachhaltiger Konsummuster sind ideologisch motivierte Barrieren wie Außenseiterdenken oder Marken- und Statusorientierung identifiziert worden.

H3 (E): Marken- und Statusorientierung
„Was hinderlich manchmal ist, ist vielleicht einfach so 'ne gewisse Markenbindung, die man hat, ohne dass man's unbedingt merkt. Das hör' ich immer wieder von Leuten. Man greift immer zu der gleichen Stelle oder zur gleichen Packung, und ich glaub', es gibt ja auch 'ne ganze Reihe von Marketinguntersuchungen, die belegen, dass viele Produkte auch so 'n Image haben, was der Realität gar nicht unbedingt entspricht, was aber durch raffinierte Verpackung, Werbung, wie auch immer, sich bei den Leuten festgesetzt hat und dazu führt, dass sie das Produkt immer wieder kaufen und sogar andere Eigenschaften auf das Produkt übertragen, die nicht impliziert waren." (E_FT_4, 144–144; Fokusgruppe Fair Trade).
„Ich garantiere Ihnen, ... da liegt ein Ammerländer Schinken von Herrn M. in einer Theke, wo draufsteht, Buntes Bentheimer Schwein und Ammerländer, ich sag' 'mal Spezialitätengeschäft, und daneben würd' 'n Ibérico liegen, in einer Stadt wie Oldenburg, dann würden neun von zehn Leuten den Ibérico kaufen" (E_Ö_4, 47–50; Verbands-/Kammervertreter/in).

Als wichtiger Baustein einer nachhaltigen Entwicklung ist das Schaffen von *„kreativen Milieus"*, die durch ein Netzwerk zwischen Akteuren der Angebots- und Nachfrageseite gestaltet werden, identifiziert worden. Hier sind unternehmerische Pioniere wichtige Impulsgeber.

H3 (E): Ausstrahlung von kreativen Milieus
„Das Wichtigste ist dieses kreative Milieu und dieses Vernetzen von unternehmerischen Figuren, die einfach eine Mission haben. Kreatives Milieu heißt, zu kommunizieren, Leute zu vernetzen. Ich glaube sogar, dass es extrem von Personen abhängt. Wenn ein paar wichtige Leute mal gefressen haben, um was es geht, dann bewegen die was." (E_Ö_5, 163–163; Politikintermediär).

Die Vorbildfunktion von Peers (Persönlichkeiten des öffentlichen Lebens oder Verwandte, Freunde, Bekannte/Nachbarn) kann Barrieren, die auf Marken- und Statusorientierung basieren, durchbrechen. Am Beispiel der Kampagne für den „Oldenburg Kaffee" wird die hohe Bedeutung von Schlüsselakteuren als *„Türöffnern"* (E_FT_4, 139–139: Einzelhändler/in) deutlich.

H3 (E): Ausstrahlung von Schlüsselakteuren
„Wir haben als Sponsoren die evangelische Landeskirche und die Stadt Oldenburg und hatten als Schirmherren den Oberbürgermeister Schütz und den Bischof Krug und diese Sponsoren, die Landeskirche hatte gesagt: ‚Wir wollen den Kaffee haben, wenn er zu unserem Landeskirchentag da ist.' Und am Landeskirchentag standen dann der Bischof und der OB vor 10.000 Leuten auf dem Schlossplatz und haben gesagt: ‚Wir möchten, dass jeder mit so einen Päckchen Kaffee nach Hause geht!' Das ist zu unterstützen, das war 'ne große Kampagne und es war 'ne große Öffentlichkeit da. Wir hatten sowohl das im Fernsehen als auch Radiobeiträge, und die Leute kamen hierher und sagten: ‚Wir wollen den Kaffee, den der OB oder den der Bischof empfohlen hat, kaufen.' Das war 'ne unheimlich werbewirksame Maßnahme ... Also wir haben in den ersten drei Monaten schon eine Tonne von diesem Kaffee verkauft. ... Das war einfach einzigartig, dass es so 'ne Kampagne mal gab zu etwas fair Gehandeltem." (E_FT_1, 66–66; Einzelhändler/in).

In der Authentizität von Akteuren und der kulturellen Einbettung der Produkte, wie beim Bunten Bentheimer Schwein (*„wir können eine Geschichte dazu erzählen"*, E_Ö_4, 161–161; Verbands-/Kammervertreter/in), liegt ein hohes Nachhaltigkeitspotenzial. Die starke Wirkung von Authentizität erzählt anschaulich die Geschichte der *„Gurke aus dem Garten"*.

H3 (E): Authentizität der Persönlichkeiten / kulturelle Einbettung der Produkte
„Das eine Beispiel war die Gurke aus dem Garten, wo die Nachbarstochter, die absolut gegen Bio ist, die hat die Gurke gegessen und wusste nicht, wo die herkam, die sagte: Oh, so muss Gurke schmecken und dachte, die wär aus dem Supermarkt. Das war so eins. Da wurde sie hellhörig. Die war dann zum Essen da. Die hat erst mal geguckt, kein Fleisch auf dem Tisch und da hab ich 'ne Reispfanne gemacht, hatte Biogemüse und da hat sie sich auf Deutsch gesagt gar nicht mehr eingekriegt, wie lecker das ist." (FG_FT, 100–101; Fokusgruppe Fair Trade).

5.3.3 Zusammenfassung der Befunde zu Hypothese 3

Dass durch Ausstrahlungseffekte nachhaltige Konsumlösungen diffundieren, konnte durch die qualitativen Daten bedingt bestätigt werden.

Zwar ist die Ausstrahlung solarthermischer Referenzprojekte von Bekannten, Kollegen oder Nachbarn geeignet, Diffusionsbarrieren abzubauen; die identifizierte weibliche Ablehnung der weithin sichtbaren Lösung erneuerbarer Energieerzeugung durch Solarthermie stellt ein jedoch wichtiges Ergebnis hemmender Faktoren dar, die durch eine geschlechtsspezifische Sensibilisierung und Kommunikation abgebaut werden können.

Der Ausstrahlung von Schlüsselakteuren und kreativen Milieus im nachhaltigen Konsum steht eine stark verbreitete Marken- und Statusorientierung gegenüber, die durch die Authentizität nachhaltigkeitsorientierter Persönlichkeiten und die kulturelle Einbettung der Produkte abgeschwächt werden kann.

5.4 Die fördernde Wirkung durch Synchronisation von Angebot und Nachfrage (H4)

5.4.1 Diffusionsfördernde Kompetenz der SHK-Installationsbetriebe

Die Preiswahrnehmung solarthermischer Anlagen unterliegt einem eklatanten Wissensdefizit und bewirkt eine ambivalente Investitionsbereitschaft. Für die Diffusion nachhaltiger energetischer Lösungen ist es deshalb von besonderer Relevanz, die Intransparenz der Preise von solarthermischen Technologien aufzulösen, *„dieses falsche Bild von den Kosten irgendwie zurechtzurücken, das ist, glaube ich, eine der größten Herausforderungen“* (HEK_6, 305–305; Politikintermediär).

H4 (HEK): Intransparenz der Preiswahrnehmung
„Wenn ich heute auf eine Geburtstagsfeier gehe, privat, und frage Leute: „Was kostet ein neuer Fernseher?“, kann das jeder aus dem Stehgreif beantworten. ‚So um die 1.000 Euro, so ein guter Flachbildfernseher.‘ Bei einer Solaranlage als Beispiel ist diese Transparenz überhaupt nicht gegeben, da sind sehr viel mystische Dinge im Kopf. Es sei denn, ich hab mich vorher intensiv mit beschäftigt, ansonsten, so von 1.000 Euro bis 10.000 Euro kriegen sie dann alle Antwort.“ (HEK_9, 67–67; Großhändler/in).

Weil das Preisargument hier im Vordergrund zu stehen scheint, wird der Förderpolitik für die Marktentwicklung eine sehr wichtige Rolle zugewiesen (HEK_11, 17–17; Planer/in). Der „*Rabatteffekt*“ (HEK_7, 165–165; Verbands-/Kammervertreter/in) sei ein wichtiger Treiber, wobei es jedoch auf Zuverlässigkeit und Dauerhaftigkeit sowie auf Transparenz ankomme (HEK_9, 101–101; Großhändler/in): *„Von zehn Handwerkern, die sie ansprechen, kennen neun die aktuelle Fördersituation nicht.“* (HEK_9, 123–123; Großhändler/in) So ist es häufig die mangelhafte Fachberatung durch Installationsbetriebe, die als zentrales Hemmnis identifiziert wird. Ein langjähriges Vertrauensverhältnis zwischen Installateur und Kunde verhindert zunächst einmal die Suche nach Handwerksbetrieben, die spezielle Kompetenzen auf dem Gebiet der Solarthermie vorweisen könnten. *„Haus- und Hofhandwerker“* (HEK_1, 193–193; Politikintermediär) sind es häufig, die als erste Ansprechpartner eine Neuausrichtung der häuslichen Energieerzeugung erfolgreich verhindern, weil ihr Know-how an Technologien ausgebildet worden ist, die auf fossilen Energieträgern basieren.

H4 (HEK): Technologische Pfadabhängigkeit
„Die Hemmnisse sind sehr oft die Handwerker. Das klingt jetzt lächerlich, aber Fakt ist, es ist nun mal letztendlich so, der Handwerker hat nach wie vor oft ein sehr differenziertes Verhältnis zum Thema Solar ... Wir erleben es immer wieder, dass Handwerker bewusst sagen: ‚So eine Solaranlage, lieber Endverbraucher, die ist noch gar nicht wirtschaftlich und das kannst du auch sein lassen, bringt auch nicht viel.‘ Warum sagt er das? Ein Beispiel, was wir neulich hinterfragt haben, da sagte der Handwerker: ‚Weißt du, so auf dem Dach herum klettern, das ist immer blöd. Mein Monteur arbeitet meist im Keller. Der ist nicht abgesichert, wenn er runterfällt, habe ich Ärger mit der Berufsgenossenschaft. Ich kann das eigentlich auch gar nicht so richtig, lass das Mal die anderen machen‘.“ (HEK_9, 50–50; Großhändler/in).
„...wenn der Schornsteinfeger sagt, die Heizung ist ok, dann kümmert man sich nicht um ’ne neue Heizung, und dann ist auch ’ne Solarthermieanlage erst mal wieder im Hintergrund.“ (HEK_6, 272–272; Politikintermediär).

Verstärkt wird der hemmende Effekt technologischer Pfadabhängigkeiten durch die Schornsteinfeger, deren Urteil die Konsument/innen vertrauen. Deshalb fordern die Expertinnen und Experten nahezu einstimmig eine intensive Ausbildung von Kompetenzen der Installateure und Schornsteinfeger, um deren ablehnende Haltung gegenüber Solarthermie zu revidieren bzw. das widersprüchliche Angebot nicht maßgeschneiderter Lösungen zu verhindern. Sowohl spezielle Weiterbildungsangebote werden bereitgestellt wie auch Unterstützung bei den technischen Umsetzungen angeboten.

Einig sind sich die Experten auch darin, dass die anfängliche Unsicherheit und das Misstrauen gegenüber der neuen und ungewohnten Technik der Solarthermie *(„das Einzige, was die Kunden sehen, ist ja, dass irgend so ein Kollektorfeld auf dem Dach ist“*; HEK_11, 37–37; Planer/in) mehr und mehr einem Technikvertrauen oder sogar einer Technikbegeisterung gewichen sind.

H4 (HEK): Technikvertrauen ohne ideologischen Hintergrund
„[Der Kunde] hat ein absolutes Vertrauen zu dieser Technik, weil es ja im Grunde etwas sehr Banales ist. Die Sonne scheint, macht etwas warm, ich nutze diese Wärme und nutze sie zur Brauchwassererwärmung oder zum Heizen, also die Unsicherheit beim Endverbraucher ist eigentlich weitgehend verschwunden.“ (HEK_9, 54–54; Großhändler/in).
„funktionierende Technik, ... ohne diese ... bei Solaranlagen übergeworfene Ideologie, die da 'ne Zeit lang war, die ist weg, jetzt geht's da drum, stell ich mir vor, dass für mich diese Technik passt.“ (HEK_3, 196–199; Politikintermediär).

Gleichzeitig ist die ökologische Motivation, die bei der Entscheidung für Solarthermie oder für andere regenerative Energielösungen in der Vergangenheit im Vordergrund stand, nicht mehr primär handlungsleitend. Insofern hat bereits ein Prozess der Standardisierung von regenerativen Energiequellen/Solarthermie begonnen, der für eine breite Akzeptanz als unbedingt erforderlich erachtet wird und zum Abbau von Berührungsängsten der Handwerker führt.

H4 (HEK): Abbau von Berührungsängsten der Handwerker
„Solarthermie ist 'ne Selbstverständlichkeit. Solarthermie gehört zu einem freudvollen, zukunftsfähigen Leben dazu, steht in einem positiven Werteumfeld, positiven Lebensumfeld. Das ist natürlich was, da hat es denn auch einer, der als Handwerker tätig ist und zunächst mal Berührungsängste damit hat, schwerer, die aufrecht zu erhalten, der muss sich damit auseinandersetzen.“ (HEK_3, 242–242; Politikintermediär).

5.4.2 Diffusionsfördernde Kompetenz des Verkaufspersonals

Eine intensive Interaktion zwischen Unternehmen und Konsumenten fördert nachhaltige Konsummuster und führt zu Sicherheit und Vertrauen sowie zu Handlungsstabilisierung. Dies kann am Beispiel der Forderung nach fairen Produktionsbedingungen und transparenten Herkunftsdeklarationen sowie nach einem besonderen Angebot an regionalen und saisonalen Produkten ebenso aufgezeigt werden wie auch in Bezug auf die Kompetenz des Verkaufspersonals und dessen Authentizität. Auf Nachfrageseite wird insbesondere die Intransparenz von Herkunftsbezeichnungen und Produktionsbedingungen beklagt.

H4 (E): Intransparenz der Produktionsbedingungen / Preisfokussierung
„Ich habe ein Jahr auf Norderney gelebt. Ich habe jetzt einen Bericht gelesen, wo die Krabben gepult werden. Wenn man sich das mal überlegt, dass die nach Marokko runter geschickt werden, dann ist das mit dem Krabbenkauf auf Norderney nicht mehr sicher. Ich glaube, dass ich manches nicht durchschaue, wenn ich es nicht zufällig erfahre." (FG_B, 24–24; Fokusgruppe Bio).
„Das andere ist sicherlich auch 'ne Preisfrage. Dass sich dann manche sagen, oh Gott, ob ich nun die Biosahne kaufe oder irgendwie eine von 'ner großen Molkerei, das ist mir eigentlich dann herzlich egal." (E_Ö_7, 76–76; Politikintermediär).

Neben einem ernährungskulturellen Defizit, das sich auf die Auflösung traditioneller Familienstrukturen sowie auf die ökotrophologische Verwissenschaftlichung und den „media overflow" des Ernährungsbereichs zurückführen lässt, hat die Discountierung und ständige Verfügbarkeit globaler Produkte die Entkoppelung von Produkten und Prozessen vorangetrieben, die sich letzten Endes als Preisfokussierung äußert.

Lösungsvorschläge beziehen sich auf die Synchronisation der Marktakteure durch Interaktion zwischen Angebot und Nachfrage, so dass *„jeder der Lebensmittel einkauft, sich dieser Tatsache bewusst sein muss, dass er eigentlich Co-Produzent ist"*, E_Ö_5, 86–86; Politikintermediär). So begründet ein Experte den Erfolg des NaturWertprogramms in der Region Weser-Ems mit der gestiegenen Orientierung an Qualität *und* Regionalität sowie der daran gekoppelten höheren Zahlungsbereitschaft der Konsument/innen (E_R_4, 47–47; Vertreter/in einer Vermarktungsagentur).

Intransparente Strukturen können durch den Aufbau persönlicher Beziehungen abgeschwächt werden. In der Interaktion zwischen Anbieter und Kunde nimmt deshalb das Verkaufspersonal eine wichtige beratende Funktion ein. Denn mit steigender Differenzierung der Produktqualität erhöht sich auch der Anspruch nach umfassender Information und Beratung. Im Gegensatz zum Verkaufspersonal in den Super- und Discountmärkten, dem eine niedrige Beratungskompetenz bescheinigt wird (*„sie wissen nicht, was sie verkaufen“*, E_R_2, 41–41; Verarbeiter/in), schafft eine hohe Beratungskompetenz im Fachhandel demnach Nähe und Vertrauen und sorgt für eine stabile Kundenbindung. Dies haben auch die Akteure des NaturWertprogramms erkannt, indem sie der Schulung ihrer Mitarbeiter/innen einen besonderen Stellenwert beimessen.

H4 (E): Kompetenz des Verkaufspersonals
„Wenn ich mir dann Produkte leiste, die ein bisschen mehr Geld kosten, wie z.B. Büffelmozzarella oder so was, wo man einfach mal schnell für 100 Gramm 3,00 Euro zahlt und so, und dann möchte ich die entsprechende Beratung haben. Also, dann gehe ich auch nur in einen Laden, der – dann gehe ich nicht zu Famila und kaufe mir den von Lucia oder so abgepackt, sondern gehe dann zum Käse-Friesen oder so, wo ich dann eben weiß, dass die mir auch sagen können, wo der gute Mozzarella herkommt oder was ich damit machen kann und was für Nudeln ich dazu essen kann. Und ja, also eben umso höherwertiger das Produkt ist, ... umso mehr erwarte ich vom Laden.“ (FG_R, 96–96; Fokusgruppe NaturWert).
„Der Kunde möchte sich aufgehoben fühlen, der Kunde möchte sich nicht nur gut beraten fühlen, er möchte halt einfach nicht nur ein gefühltes Vertrauen, sondern auch wirklich die Kompetenz sowohl des Verkäufers oder der Verkäuferin und auch die bei den Produkten, die ja letzten Endes über die Theke gehen.“ (E_Ö_3, 55–55; Verarbeiter/in).
„[Wir haben] Mitarbeiter in unseren Märkten, die auch Zeit finden können, sich mit unseren Kunden zu unterhalten, den Kunden zu informieren. Insbesondere muss man da den Bedienungstresen, den Fleischbedienungstresen erwähnen, der sicherlich, der immer besetzt ist mit Personal. ... die Mitarbeiter vor Ort sind natürlich unsere Mittel, um die Naturwertqualität direkt zum Kunden rüber zu bekommen.“ (E_R_1, 67–67; Einzelhändler/in).

In diesem Kontext hat die hohe Affinität zur Regionalität als *„Schlüsselbegriff für Kunden“* (E_R_2, 89–89; Verarbeiter/in) eine stark diffusionsfördernde Wirkung. In der Etablierung von geschützten Herkunftsbezeichnungen mit authentischem Ortsbezug und der Förderung von

Biodiversität durch Wiedererstarkung der regionalen Wertschöpfungsketten wird ein bedeutendes Instrument zur Operationalisierung von Nachhaltigkeitskriterien gesehen.

H4 (E): Regionalität als Schlüsselbegriff
„Ein einziges Instrument ... sind die geschützten Herkunftsbezeichnungen für Lebensmittel, wenn die tatsächlich mit Leben erfüllt werden und authentische Geschichten dahinter stehen, dann wäre das eine Geschichte, die mir sehr, sehr wichtig wäre. ..., wo also wirklich der Ort zur Herkunft gehört und damit eben dann auch ein paar Qualitätsparameter. Das halte ich für eine sehr sinnliche und sinnvolle Angelegenheit, bloß das ist in Deutschland noch überhaupt nicht entwickelt." (E_Ö_5, 165–165; Politikintermediär).
„Es nützt uns nichts, wenn alles Bio ist und alles fair gehandelt wird, wenn's aus allen Herren Ländern kommt und die eigenen regionalen Produkte dann verschwinden." (E_Ö_6, 24–24; Politikintermediär).
„Das ist die andere Sache, dass man gerne Produkte verschenkt, wo der Name der Stadt drauf steht. Die Studenten nehmen's mit nach Hause. Und die Touristen – man nimmt sich einfach ein Stückchen von Oldenburg mit. Da ist dieser Kaffee eben halt auch gut. ... Das war einfach einzigartig, dass es so 'ne Kampagne mal gab zu etwas fair gehandeltem." (E_FT_1, 66–66; Einzelhändler/in).

Der Koppelung von Bioqualität mit Regionalität/Saisonalität und fairen Produktionsbedingungen wird eine hohe Bedeutung für den nachhaltigen Konsum attestiert. Eine erfolgreiche Sensibilisierung für Fair Trade-Produkte kann ebenfalls über Konzepte der Regionalisierung verfolgt werden. Die Kampagne der Städtekaffees verdeutlicht diese Nachhaltigkeitsstrategie.

5.4.3 Zusammenfassung der Befunde zu Hypothese 4

Die These, dass kulturelle Kompetenzen nachhaltigen Konsum fördern, konnte bestätigt werden.

Sowohl im Feld der Solarthermie als auch beim Ernährungskonsum liegt ein ganz wesentlicher Erfolgsfaktor für nachhaltigen Konsum in der Synchronisation der Marktakteure durch Interaktion. Die kulturellen Kompetenzen der SHK-Betriebe wie des Verkaufspersonals im Lebensmitteleinzelhandel beziehen sich sowohl auf eine umfassende Rekontextualisierung der Produktionsprozesse wie auf die Koppelung von Bioqualität mit Regionalität/Saisonalität und fairen Produktionsbedingungen.

6 Schlussfolgerungen aus den qualitativen Befunden

Die empirische Studie ist mit dem Ziel durchgeführt worden, kulturellbasierte Hemmnisse für die Diffusion nachhaltiger Konsummuster zu identifizieren und Lösungswege für die Entwicklung eines nachhaltigen Energie- und Ernährungskonsums auf dem Hintergrund der kulturalistischen Perspektive abzuleiten. Fokussiert auf Routinen und Kompetenzen ökonomischer Akteure wurden vier Untersuchungsrichtungen definiert und mit qualitativen Daten belegt: (1) Die hemmende Wirkung von Routinen, (2) die initiierende Wirkung von Konfliktsituationen, (3) die fördernde Wirkung des sozialen Vergleichs und (4) die fördernde Wirkung durch Synchronisation von Angebot und Nachfrage. Tabelle 2 fasst die Hypothesen, Befunde und Schlussfolgerungen zusammen.

Die qualitativen Daten konnten die hemmende Wirkung von Routinen des häuslichen Energie- und Ernährungskonsums bestätigen. Dieses Ergebnis wird von Kidwell und Jewell (2008) gestützt, wonach für das Verständnis des gegenwärtigen oder zukünftigen Verhaltens der grundlegende Einfluss des Verhaltens in der Vergangenheit berücksichtigt werden muss. So belegen Tarkiainen und Sundqvist einen starken negativen Effekt von Markentreue auf den Wandel von Konsumpraktiken (2008, 858).

Außerdem konnten wir die hohe Bedeutung von Gesundheitsorientierung, gekoppelt an Orientierung hinsichtlich Nachhaltigkeit im Zusammenhang mit Lebensmittelskandalen und Lebensumbrüchen, nachweisen. Cicia et al. (2009) entwickelten in einer qualitativen Untersuchung (n=45) eine Werteskala, die „Health“ (n= 39) und „Environment“ (n=10) als die beiden wichtigsten Einkaufsmotive für Bioprodukte ausweist. In einem quantitativen Untersuchungsschritt wurde herausgefunden, dass gerade „Gesundheit“ und „Umwelt“ die beiden wichtigsten Faktoren darstellen, um die Zahlungsbereitschaft eines höheren Preises für Bioprodukte zu erklären. Wier et al. (2008) argumentieren sogar, dass Tier- und Umweltschutz in einer Untersuchung in Dänemark als die beiden wichtigsten Kaufmotive von Bioprodukten noch vor dem Motiv der Gesundheit angegeben worden sind (Wier et al. 2008, 412).

Tabelle 2: Befunde und Schlussfolgerungen der kulturalistischen Analyse

	Hypothesen zur Diffusion nachhaltiger Konsummuster	Solarthermie: Befunde und Schlussfolgerungen	Ernährung: Befunde und Schlussfolgerungen
1	Routinen als eingespielte Handlungsprozeduren hemmen nachhaltigen Konsum = bestätigt	Zentralisierung und Unsichtbarkeit fossiler Energieerzeugung / negatives Image → Standardisierung von regenerativer Energieerzeugung als sichtbares Symbol für Energieeinsparung	Einkaufsroutinen und Berührungsängste mit ungewohnten Einkaufsstätten → Biomarkt als kulturelle Anschlussmöglichkeit an Super- und Discountmärkte
2	Konfliktsituationen initiieren nachhaltigen Konsum = bedingt bestätigt	Hemmnis Versorgungsunsicherheit. Öffentliche Diskurse zu energetischer Umorientierung, aber ambivalente Investitionsbereitschaft → Koppelung der Wirtschaftlichkeit an Nachhaltigkeit	Kurzfristige Mobilisierung durch Lebensmittelskandale Angebotsseite bescheinigt ambivalente Wirkung; Verschiebungen → Koppelung der Gesundheitsorientierung an Orientierung hinsichtlich Nachhaltigkeit
3	Sozialer Vergleich fördert die Diffusion nachhaltiger Konsummuster = bedingt bestätigt	Ausstrahlung solarthermischer Referenzprojekte; weibliche Ablehnung sichtbarer Lösung → Geschlechtsspezifische Sensibilisierung für sichtbare regenerative Energieerzeugung	Ausstrahlung von Schlüsselakteuren und kreativen Milieus; starke Marken- und Statusorientierung → Authentizität der Persönlichkeiten / kulturelle Einbettung der Produkte
4	Synchronisation der Marktakteure durch Interaktion fördert nachhaltigen Konsum = bestätigt	Intransparenz der Preiswahrnehmung; Technikvertrauen. Technologische Pfadabhängigkeit der SHK-Installateure → Qualifikation und kulturelle Kompetenzen der SHK-Betriebe und SHK-Installateure	Intransparenz der Produktionsprozesse; Preisfokussierung; Koppelung von Bioqualität mit Regionalität/ fairen Produktionsbedingungen → Transparenz durch Kompetenz des Verkaufspersonals

Wichtig erscheint uns an dieser Stelle, die Gesundheitsorientierung mit einer Orientierung hinsichtlich Nachhaltigkeit zu verknüpfen, weil Gesundheitsaspekte auch durch nicht-nachhaltige Produkte aufgegriffen werden können.

Auch im Feld des häuslichen Energiekonsums lassen sich Parallelen hierzu erkennen. Wie die Daten zeigen, ist es neben einer verzerrten Preiswahrnehmung von Solarthermieanlagen auch die mangelnde Investitionsbereitschaft der Konsumenten, die den Wandel zu erneuerbaren Energieträgern nur langsam vorantreibt. Die Zahlungsbereitschaft für eine Solarthermieanlage wird erhöht, wenn neben der Wirtschaftlichkeitsorientierung eine Orientierung hinsichtlich Nachhaltigkeit zum Tragen kommt. Der Wechsel der Energieträger von fossilen Brennstoffen zu regenerativen Energien hat neuartige Interdependenzen zwischen Anbietern und Nachfragern zur Folge. Es wird immer wichtiger, neue kulturelle Kompetenzen auszubilden, um die nachhaltige Energieerzeugung in die Umgangspraktiken zu integrieren. Diese Kompetenzverschiebung, mit den durch sie bedingten Unsicherheiten, betrifft nicht nur die Konsumenten in den eingespielten Routinen der unsichtbaren und zentralisierten Energieerzeugung und -beschaffung; auch die Handwerker der Installationsbetriebe und die Schornsteinfeger müssen diese Veränderung bewältigen, indem sie kulturelle Kompetenzen ausbilden, um den Transformationsprozess von den fossilen Brennstoffen zu den erneuerbaren Energien erfolgreich durchzusetzen.

Insgesamt zeigen die empirischen Daten auch im Feld des Ernährungskonsums eine starke Affinität zu Interaktionsstrategien zur Synchronisation von Angebot und Nachfrage. Die Ergebnisse betreffen sowohl Produktions- wie Konsumpraktiken. Dem Begriff der Region wird eine fundamentale Bedeutung für die nachhaltige Entwicklung attestiert, doch nur dann, wenn Regionalität auch mit fairen Produktionsprozessen gekoppelt wird. Ein ähnliches Ergebnis präsentieren Wier et al., die belegen, dass 72 % der Befragten lieber konventionell produziertes Obst und Gemüse der Region als überregional produzierte Bioprodukte kaufen würden: “Thus, the origin attribute commonly overrules organic attributes, although this order of priority is found to a greater extent among nonbuyers.” (Wier et al. 2008, 417). Die Rekontextualisierung der Produktionsprozesse ist Voraussetzung für eine nachhaltige Entwicklung, wie dies in der Co-Produzentenschaft der Konsumenten in den empirischen Daten belegt und in der Literatur bereits 1995 durch Hansen und Henning diskutiert worden ist. Rekontextualisierung der Ernährungskultur wird als dringende Notwendigkeit bezeichnet, um Biodiversität entgegen ubiquitären und omnitemporalen Vereinheitlichungstendenzen zu fördern (vgl. Vinz 2008). Um dieses Ziel einer nachhaltigen Entwicklung zu erreichen, müssen nicht nur die Akteure auf der Anbieterseite, sondern auch die Konsument/innen kulturelle Kompetenzen ausbilden und in einem Netz von Beziehungen/Kooperationen sowie mit Sensitivität gegenüber dem sozialen Umfeld und kulturellen Wandel interagieren. Höchste Transparenz der Produktionsbedingungen und unbedingte Authentizität der Personen und Produktionsorte sind Voraussetzungen für einerseits das Wiedererstarken regionaler Wertschöpfungsketten und andererseits die Förderung ernährungskultureller Vielfalt. Gleichzeitig ist es notwendig, dominante kulturelle Prozesse, wie z.B. Beschleunigung („alles muss schnell gehen"), Technisierung („alles muss standardisiert sein") und Verwissenschaftlichung („alles muss den richtigen Nährwert haben") kritisch zu reflektieren und die Neuinterpretation der ökonomischen Praxis auf diesem Hintergrund zu entwerfen.

Literatur

Antoni-Komar, I., Pfriem, R. (2009): Kulturalistische Ökonomik. Vom Nutzen einer Neuorientierung wirtschaftswissenschaftlicher Untersuchungen, Oldenburg (WENKE²-Diskussionspapier: www.wenke2.de)

Antoni-Komar, I., Lautermann, C., Pfriem, R. (2010a): Kulturelle Kompetenzen. Interaktionsökonomische Erweiterungsperspektiven für den Competence-based View des Strategischen Managements. In: Stephan, M., Kerber, W., Kessler, T., Lingenfelder, M. (Hrsg.): 25 Jahre ressourcen- und kompetenzorientierte Forschung. Der kompetenzbasierte Ansatz auf dem Weg zum Schlüsselparadigma in der Managementforschung, Wiesbaden: Gabler Verlag, S. 465-489

Antoni-Komar, I., Lehmann-Waffenschmidt, C., Lehmann-Waffenschmidt, M., Müller, M., Pfriem, R., Uphoff, K. (2010b): A cultural and evolutionary approach in economics: Transition towards sustainable food consumption (submitted)

Arnould, E.J., Thompson, C.J. (2005): Consumer Culture Theory (CCT): Twenty Years of Research, in: Journal of Consumer Research 31, 4, S. 868-882

Berger, P.L. (1986): The Capitalist Revolution. Fifty Propositions about Prosperity, Equality, and Liberty, New York: Basic Books

Berghoff, H., Vogel, J. (2004): Wirtschaftsgeschichte als Kulturgeschichte. Ansätze zur Bergung transdisziplinärer Synergiepotentiale, in: dies. (Hrsg.): Wirtschaftsgeschichte als Kulturgeschichte. Dimensionen eines Perspektivenwechsels, Frankfurt/M., New York: Campus, S. 9-41

Beyer, J. (2006): Pfadabhängigkeit: Über institutionelle Kontinuität, anfällige Stabilität und fundamentalen Wandel, Frankfurt/M.: Campus

Bocock, R. (1993): Consumption, London

Böhle, F., Weihrich, M. (Hrsg.) (2009): Handeln unter Unsicherheit, Wiesbaden: VS Verlag für Sozialwissenschaften

Boulding, K.E. (1972): Toward the Development of a Cultural Economics, in: Social Science Quarterly 53, 2, S. 267-284

Cicia, G., Giudice, T., Ramunno, I. (2009): Environmental and health components in consumer perception of organic products: Estimation of willingness to pay, in: Journal of Food Products Marketing 15, S. 324-336

Denzau, A.T., North, D.C. (1994): Shared Mental Models: Ideologies and Institutions, in: Kyklos 47, S. 3-31

Eisenstadt, S.N. (2007): Multiple modernities: Analyserahmen und Problemstellung, in: Bonacker, T., Reckwitz, A. (Hrsg.): Kulturen der Moderne. Soziologische Perspektiven der Gegenwart, Frankfurt/M. et al.: Campus, S. 19-45

Giddens, A. (1984): The Constitution of Society: Outline of the Theory of Structuration, Cambridge

Granovetter, M. (1985): Economic Action and Social Structure. The Problem of Embeddedness, in: American Journal of Sociology 91, S. 481-510

Hansen, U., Henning, T. (1995): Der Co-Produzenten-Ansatz im Konsumgütermarketing. Darstellung und Implikationen einer Neuformulierung der Konsumentenrolle, in: Hansen, U. (Hrsg.): Verbraucher- und umweltorientiertes Marketing: Spurensuche einer dialogischen Marketingethik, Stuttgart, S. 309-331

Hörning, K.H., Reuter, J. (Hrsg.) (2004): Doing Culture. Neue Positionen zum Verhältnis von Kultur und sozialer Praxis, Bielefeld: transcript

Joas, H. (1992): Die Kreativität des Handelns, Frankfurt/M.: Suhrkamp

Joutsenvirta, M., Uusitalo, L. (2009): Cultural competences: An important resource in the industry-NGO Dialog, in: Journal of Business Ethics 91, 3, S. 379-390

Kidwell, B., Jewell, R.D. (2008): The influence of past behavior on behavioral intent: An information-processing explanation, in: Psychology and Marketing 25, 12, S. 1151-1166

König, G. (2009): Konsumkultur. Inszenierte Warenwelt um 1900, Wien, Köln, Weimar: Böhlau

Mayring, P. (2008): Qualitative Inhaltsanalyse. Grundlagen und Techniken, 10., neu ausgestattete Aufl., Weinheim et al.: Beltz

Pierson, P. (2000): Increasing Returns, Path Dependence, and the Study of Politics, in: The American Political Science Review 94, S. 251-269

Reckwitz, A. (2003): Grundelemente einer Theorie sozialer Praktiken: Eine sozialtheoretische Perspektive, in: Zeitschrift für Soziologie 32, 4, S. 282-301

Reckwitz, A. (2004): Die Reproduktion und die Subversion sozialer Praktiken. Zugleich ein Kommentar zu Pierre Bourdieu und Judith Butler, in: Hörning, K.H., Reuter, J. (Hrsg.): Doing culture. Neue Positionen zum Verhältnis von Kultur und soziale Praxis, Bielefeld: transcript, S. 40-54

Reckwitz, A. (2007): Anthony Giddens, in: Kaesler, D. (Hrsg.): Klassiker der Soziologie: Von Talcott Parsons bis Anthony Giddens, Band II, München: Beck, S. 311-337

Schatzki, T.R. (1996): Social Practices. A Wittgensteinian Approach to Human Activity and the Social, Cambridge

Schumpeter, J.A. (1947): The Creative Response in Economic History, in: Journal of Economic History 7, Nov., S.149-159

Shove, E. (2003): Comfort, Cleanliness and Convenience. The social Organization of Normality, Oxford, New York: Berg

Slater, D. (1997): Consumer Culture and Modernity, Cambridge: Polity Press

Smith, A. (1776): An Inquire into the nature and causes of the wealth of nations, London

Tarkiainen, A., Sundqvist, S. (2009): Product involvement in organic food consumption: Does ideology meet practice?, in: Psychology & Marketing 26, 9, S. 844-863

Vinz, D. (2008): Enträumlichung und Entzeitlichung der Ernährung als Herausforderungen an eine nachhaltige Entwicklung, in: Kurswechsel 3/08, S. 39-49

Wier, M., Jensen, K. O., Andersen, L. M., Millock, K. (2008): The character of demand in mature organic food markets: Great Britain and Denmark compared, in: Food Policy 33, S. 406-421

Integration der theoretischen Ansätze im WENKE²-Projekt im Modell für nachhaltigen Konsum MoNaKo

Cornelia und Marco Lehmann-Waffenschmidt
zusammen mit
Ralf Antes, Irene Antoni-Komar, Klaus Fichter,
Jan Kühling, Reinhard Pfriem, Heinz Welsch und
Julia Sophie Wörsdorfer

Einleitung

Im Verlauf von drei Jahren entstehen in einem Verbundprojekt wie WENKE² zahlreiche Ideen und ambitionierte Vereinbarungen, deren Realisierung sich durchaus als eine Herausforderung herausstellen kann. So können in der forschungspraktischen Erfahrung Einzelergebnisse möglicherweise nicht zusammenpassen oder der gesetzte Zeitrahmen für das Vorhaben zu knapp bemessen sein. Obwohl das WENKE²-Team immer zuversichtlich war, den Integrationsprozess von fünf unterschiedlichen theoretischen Perspektiven auf den nachhaltigen Konsum zu bewältigen – im Vorfeld hatten wir ja bereits erfolgreich gemeinsam qualitative Szenarien zur „Zukunft von Energieversorgung und Energienutzung privater Haushalte in Deutschland" und zur „Zukunft der Ernährung in Deutschland" im Jahr 2020 entworfen, die in diesen Band aufgenommen worden sind –, sind wir froh, dass die Integration durch MoNaKo nicht in einer Sackgasse endete. Vielmehr glich sie einem evolutorischen Prozess, der nicht nur dem evolutionsbiologischen Variations- und Selektionsschema folgte, sondern ergebnis- und verlaufsoffen der Heterogenität der wissenschaftlichen Akteure gerecht zu werden vermochte. Quasi im Sinne einer Selbsttransformation bilden die modulspezifischen Erkenntnisse nun ein ganz neues Netzwerk, das dieser Beitrag erläutern soll.

Zwischen den Projektmodulen bestehen durch das gemeinsame Erkenntnisinteresse an Veränderungen des Konsumverhaltens im Zeitablauf viele Überschneidungen und Parallelen – trotz teilweise deutlich unterschiedlicher Begrifflichkeiten. Durch die Zusammensetzung des Projektteams hat die Arbeit der letzten Jahre dazu geführt, dass volkswirtschaftliche und solche betriebswirtschaftlichen Begriffsbildungen, die sozial- und kulturwissenschaftlicher Literatur näher stehen, mit – bei genauem Hinsehen trotz unterschiedlicher Termini – ähnlichem Inhalt einander näher gebracht wurden.

Mit seinem evolutorischen agentenbasierten Modellierungsansatz nimmt das Theoriemodul 2 des Projektes eine besondere Stellung ein für das Bemühen um Integration der unterschiedlichen im Projekt vertretenen Zugänge und damit auch für deren bessere Vergleichbarmachung hinsichtlich der Unterschiede. Die Projektaufgabe war und ist theoretisch in diesem Sinne eine doppelte: (1) das Schnittmengenpotenzial der verschiedenen Theoriezugänge auszuloten und auszureizen, sowie (2) zu größerem gegenseitigen Wissen und damit auch Respekt hinsichtlich der Differenzen zwischen den Theoriezugängen zu kommen. Eben auf diese Weise wird ein nützlicher Beitrag zu der übergreifenden Frage des Förderrahmens geleistet, wie die Wirtschaftswissenschaften in Zukunft besser als bisher erklärend und empfehlend etwas beitragen können zu nachhaltigeren Konsummustern.

Im Folgenden werden zunächst die gemeinsamen Grundannahmen im WENKE^2-Projekt dargestellt (1) und einige technische Vorbemerkungen zur Szenarioanalyse gemacht (2). Es schließt sich die Integration der theoretischen Ansätze im WENKE^2-Projekt mit den daraus abgeleiteten Szenarien in MONAKO an (3). In einem abschließenden Abschnitt (4) werden die wechselseitigen Bezüge zwischen den Modulen durch die Gemeinsamkeiten und Unterschiede der relevanten Ergebnisse skizziert.

1 Gemeinsame Grundannahmen im WENKE^2-Projekt

Alle Module des WENKE^2-Projekts haben in ihren theoretischen Ansätzen die Gemeinsamkeit, dass sich ihr Erkenntnisinteresse auf Wandel bezieht, genauer auf den Wandel zu mehr nachhaltigem Konsum. So ist die evolutorische Grundanforderung erfüllt, die eine Integration der unterschiedlichen theoretischen Ansätze in WENKE^2 in einer evolutorischen Modellierung überhaupt erst ermöglicht. Zudem stimmen alle Module in der Annahme überein, dass es einen besonderen Akteurstypus gibt, sogenannte „Pioniere“, die in Modul 1 als Bezugspersonen (*peers*), in Modul 2 als *early adopters*, in Modul 3 als Spezialisten, in Modul 4 als Schlüsselakteure und in Modul 5 als Marktakteure mit ausgeprägter endogener Orientierung hinsichtlich Nachhaltigkeit in Erscheinung treten. Diesen Pionieren kommt eine kritische Rolle bei der Durchsetzung von nachhaltigen Konsummustern zu.

Die Foki der einzelnen theoretischen Ansätze im WENKE^2-Projekt auf diesen besonderen Akteurstypus sind allerdings unterschiedlich. Tabelle 11 gibt einen Überblick. Die Gesamtheit der Charakterisierungen in Tabelle 11 ergibt die „WENKE^2-Pionier-Annahme“, die der Modellierung der Konsumentenseite in MONAKO zugrunde liegt. Die Pioniere unter den Konsumenten[1] sind zwar prinzipiell Teil jeder Konsumentenklasse, werden aber in MONAKO jeweils als eigenständige Konsumentenklassen erfasst, um eine systematische Analyse des Pionier-Aspekts zu ermöglichen. Die grundlegenden Eigenschaften der Pioniere bzw. der anderen (Nicht-Pionier-) Konsumentenklassen lassen sich aus der WENKE^2-Pionier-Annahme ableiten.[2]

Um das Integrationspotenzial der theoretischen Ansätze in WENKE^2 auszuloten, bietet es sich an, Bezüge zwischen den verschiedenen theoretischen Ansätzen auf zwei Ebenen zu untersuchen: zum einen auf der Ebene der jeweiligen MONAKO-Szenarien von Modul 2 für die Module 1, 3, 4 und 5 und zum anderen auf der Ebene möglicher bilateraler Bezüge zwischen den Modulen.

[1] Wir sprechen im Folgenden von Konsumenten als Marktakteuren und schließen Konsumentinnen und Konsumenten ein.

[2] Die Unterschiede zwischen den (Nicht-Pionier-)Konsumentenklassen werden nach dem empirischen Vorbild der sogenannten „Sinus“-Milieus abgeleitet (vgl. dazu den Beitrag zu MONAKO in diesem Band).

Tabelle 1: WENKE²-Pionier-Definition von Modul 2, die sich aus den unterschiedlichen Foki der theoretischen Ansätze in WENKE² ergibt

	Modul 1 **Verhaltens-ökonomischer Ansatz**	**Modul 3** **Theorie des lernenden Konsumenten**	**Modul 4** **Interaktions-ökonomischer Ansatz**	**Modul 5** **Kulturalistischer Ansatz**	**Modul 2** **Evolutorisch agentenbasierte Modellierung**
	= Peers	**= Spezialisierte Konsumenten**	**= Schlüsselakteure**	**= Endogen nachhaltigkeitsbewusste Akteure**	**Pioniere**
Pioniere	– Rollenvorbild – Nicht materialistisch – Hoher Bildungsstand – Kaum Wahrnehmungs-verzerrung der nachhaltigen Qualität	– Imitieren nicht, sondern Deliberieren bei Kaufentscheidungen – Spezialisieren sich auf nachhaltige Qualität – Hohes Umweltbewusstsein – Hohe Informations-sensibilität	– Sowohl Konsumenten als auch Unternehmen, aber auch Intermediäre – Schaffen Problembewusst-sein bei Nicht-Pionieren – Innovativ – Haben Ausstrahlungseffekt	– Sowohl Konsumenten als auch Unternehmen – Endogen hohe Orientierung hinsichtlich Nachhaltigkeit – Niedrige Konfliktschwellen bis zur Praxisänderung pro Nachhaltigkeit	– ***Parametrische Definition der Pioniere in MONAKO*** – ***Variationen des Einflusses der Pioniere auf die Nicht-Pioniere (I.2, II.1, IV.1), ~ des Pionieranteils relativ zu den Nicht-Pionieren (I.4, III.4, IV.1) sowie der Stärke des Pionierver-haltens (IV.3, V.3) sind prinzipiell für alle Anätze relevant***
Nicht-Pioniere	– Orientieren sich an Pionieren – Materialistisch – Niedrigere Bildung – Höhere Wahrnehmungsverzerrung der nachhaltigen Qualität	– Imitieren oder handeln aus Gewohnheit – Niedrigeres Umweltbewusstsein – Niedrigere Informationssensibilität	– Schaffen kein Problembewusstsein – Nicht innovativ – Kein Ausstrahlungseffekt	– Endogen niedrigere Orientierung hinsichtlich Nachhaltigkeit – Höhere Konfliktschwellen bis zur Praxisänderung pro Nachhaltigkeit	– ***Parametrische Definition aller anderen Konsumentenklassen als Nicht-Pioniere***

Zur ersten Ebene (der MONAKO-Szenarien) finden sich in der folgenden Analyse zu jedem Modul jeweils ein einführender Abschnitt zum theoretischen Hintergrund sowie ein Abschnitt, der die Sicht von MONAKO auf den zugehörigen theoretischen Ansatz kurz umreißt. Dort wird erklärt, warum bestimmte Hypothesen für das jeweilige Modul in MONAKO getestet wurden. Anschließend folgen jeweils vier „Steckbriefe" der simulierten Szenarien, inklusive weitere Szenariovarianten, und danach die konkrete Kommentierung der Annahmen und Ergebnisse des betreffenden Szenarios aus Sicht des jeweils behandelten theoretischen Ansatzes.

Mit der zweiten Ebene (möglicher bilateraler Bezüge zwischen den Modulen) beschäftigt sich Abschnitt 4 dieses Kapitels, in dem die weiteren wechselseitigen Bezüge, Parallelen und Gemeinsamkeiten, aber auch Unterschiede der theoretischen Ansätze im WENKE²-Projekt anhand der formulierten Szenarien von MONAKO noch einmal diskutiert werden.

2 Technische Vorbemerkung zur Szenarioanalyse

Zu den folgenden „Steckbriefen" der Szenarien seien an dieser Stelle einige Vorbemerkungen gemacht. Untersucht wird in jedem Szenario jeweils eine Hypothese über die Wirkungsrichtung eines in MONAKO modellierten Parameters bzw. Parameterclusters auf die Diffusion des nachhaltigen Konsummusters. Das bedeutet konkret, dass jeweils ein (sehr) niedriger und ein (sehr) hoher Wert des getesteten Parameter(cluster)s gewählt und gegen ein vordefiniertes, fixes Referenzszenario getestet werden, in dem sich alle Parameter im mittleren Bereich bewegen. Zur besseren Übersicht werden die beiden extremen Werteeinstellungen im Folgenden für jedes Szenario als „Spezifikation 1" bzw. „Spezifikation 2" gegenüber dem Referenzszenario bezeichnet. Dabei ergeben sich zahlreiche Beziehungen zum Referenzszenario, so dass gilt: Relationen im Text (wie „fördern/hemmen", „stärker/schwächer" etc.) beziehen sich immer auf den Vergleich der Ergebnisse einer Extremspezifikation des relevanten Parameters mit den Ergebnissen des Referenzszenarios.

Zur kompakten Darstellung der Simulationsergebnisse wurde ein Nachhaltigkeitsindex in MONAKO eingeführt, der die Verbreitung der Produkte mit unterschiedlichen Niveaus an nachhaltiger Qualität misst.

Je höher der Nachhaltigkeitsindex (Maximum=100), desto stärker ist das nachhaltige Konsummuster am Markt ausgeprägt. Ist der Nachhaltigkeitsindex gleich 0, bedeutet dies, dass es nicht einmal eine „Öko-Marktnische" gibt, ist er gleich 100, entspricht dies einem absolut nachhaltig ausgerichteten Markt. Als Beleg für die Robustheit der Simulationsergebnisse und zum übersichtlichen graphischen Vergleich der Nachhaltigkeitsindex-Ergebnisse des Referenzszenarios mit den Spezifikationen 1 und 2 jedes Szenarios wurden außerdem die Konfidenzintervalle zu 10 %, 1 % und 0,1 % für das Referenzszenario bestimmt und in die Graphiken eingetragen.

Darüber hinaus zeigte sich in den nicht auf die anderen theoretischen Ansätze im WENKE^2-Projekt bezogenen Simulationen, dass die Art der möglichen Produktverbesserungen hinsichtlich der nachhaltigen Qualität durch die Produzenten entscheidenden Einfluss auf den Charakter des Wettbewerbsregimes am Markt hat. Daher wird für jedes Szenario die Unterscheidung in drei sogenannte „Schumpeterregime" getroffen.

Bei einem Schumpeter-II-Markt handelt es um einen Erfahrungsmarkt, in dem gemäß der späten Schumpeter-Hypothese (1942) durch Wissensakkumulationsvorteile gilt: „success breeds success". Ein Schumpeter-I-Markt dagegen ist geprägt durch kreative Zerstörung entsprechend der frühen Schumpeter-Hypothese (1912), nach der es Wissensakkumulationsnachteile gibt und der Fortschritt in einer Branche durch junge Unternehmen und innovativen Markteintritt zustande kommt. Und schließlich gibt es zur Auswertung der MONAKO-Ergebnisse noch einen Schumpeter-neutralen Markt, der nicht auf eine Hypothese Schumpeters zurückgeht, sondern lediglich zur Abbildung eines mittleren Marktregimes zwischen den beiden Extremen Schumpeter I und Schumpeter II dient. Dabei haben die Unternehmen also weder einen Wissensakkumulationsvorteil noch einen -nachteil. Für eine ausführliche Erklärung dieser Vorgehensweise sei auf den Beitrag zu MONAKO in diesem Band verwiesen.[3]

[3] Vgl. außerdem auch für die vollständige Parameterkonfiguration in MONAKO und für die Parameterkonfigurationen, die darüber hinaus für Szenarien I.1-V.4 relevant sind, den gesonderten Beitrag zu MONAKO in diesem Band.

3 Die theoretischen Ansätze im WENKE²-Projekt. Ihre Integration und die abgeleiteten Szenarien in MONAKO[4]

3.1 Der verhaltensökonomische Ansatz von Modul 1 (Heinz Welsch und Jan Kühling)

Modul 1 untersucht mit Hilfe des verhaltensökonomischen Ansatzes das (nachhaltige) Konsumverhalten von Individuen auf Basis persönlicher Umfragedaten und den Zusammenhang des Verhaltens mit der Lebenszufriedenheit (Happiness). Die Analyse der Barrieren und Triebkräfte für nachhaltigen Konsum ist daher auf die Konsumentenseite beschränkt. Aus diesem Grund ist Modul 1 in der Modellierung MONAKO ausschließlich auf der Nachfrageseite wieder zu finden.

Die Verhaltensökonomik zielt auf die Einbindung psychologischer Erkenntnisse zu ökonomischen Verhaltensweisen in die ökonomische Analyse ab. Dabei geht es einerseits um die Formen der Entscheidungsfindung. Hierbei wird stark auf regelgebundenes Verhalten bzw. Entscheidungsheuristiken (Simon 1972) abgestellt, und es wird die Rolle von Bezugspersonen und der eigenen Konsumhistorie thematisiert (Janssen und Jager 2002). Andererseits geht es um die Nutzenimplikationen der Entscheidungen (Kahneman et al. 1997). Die eigene Konsumhistorie (Routinen) und der Konsum relevanter Bezugspersonen (Peers) eines Individuums sind die beiden zentralen Referenzgrößen, die in der Analyse von Modul 1 im Mittelpunkt stehen.

In MONAKO lassen sich diese beiden Kernelemente, die wichtige Rahmenbedingungen (Framing) für das individuelle Entscheidungsverhalten darstellen, in den zugrunde gelegten Entscheidungsheuristiken (Deliberation, Imitation, sozialer Vergleich und Repetition) wieder finden. Gleichzeitig spielen sie aber auch bei der Konsumentenklassifizierung eine entscheidende Rolle.

In Modul 1 sind das Konsumverhalten bzgl. nachhaltiger Güter und die individuelle Nutzenbewertung nachhaltigen Konsums empirisch untersucht worden.

[4] Für die Darstellung des evolutorischen Ansatzes, der Grundlage für die agentenbasierten Modellierung von Modul 2 und damit auch für MONAKO ist, sowie für die ausführliche Diskussion der Modellierung von MONAKO sei ebenfalls auf den gesonderten Beitrag in diesem Band verwiesen. Dort finden sich auch die Szenarien II.X von Modul 2, die keinen direkten Bezug zu den anderen Modulen im WENKE²-Projekt haben.

3.1.1 Der verhaltensökonomische Ansatz aus Sicht von MONAKO

Der verhaltensökonomische Ansatz von Modul 1 ist rein konsumentenseitig, was sich auch in der Modellintegration in MONAKO widerspiegelt. Eine der Arbeitshypothesen von Modul 1 war, dass es einen positiven Zusammenhang zwischen ökologisch nachhaltigem Konsum mit der Lebenszufriedenheit gibt, sich dieser Zusammenhang mit der Dauer des Konsums abschwächt, Konsumenten zufriedener sind, wenn ihr Konsum mit dem der Bezugspersonen übereinstimmt. Außerdem zeigen die Regressionsanalysen von Modul 1, dass Konsumenten eine systematische Divergenz zwischen Entscheidungsnutzen und Erfahrungsnutzen ökologisch nachhaltiger Güter aufweisen, die zu einem suboptimalen Konsum dieser Güter führt. Diese Divergenz nimmt aufgrund von Imitation bzw. sozialem Vergleich mit zunehmender Verbreitung nachhaltigen Konsums ab. Die Divergenz zwischen ex-ante- und ex-post-Nutzen der konsumierten Produkte hinsichtlich der nachhaltigen Qualität ist in MONAKO an zwei Stellen operationalisiert. Einerseits wird die Divergenz bei der Produktauswahl der Konsumenten berücksichtigt. Andererseits bietet diese Hypothese die Grundlage für die Annahme eines intertemporalen Lernens, die eine Korrektur dieser Nutzendifferenz ermöglicht. Denn die Empirie zeigt, dass 1. ein höherer Bildungsstand zu einem kleineren Fehler führt, dieser Fehler aber zugleich stärker ausgeprägt ist bei den Materialisten, und 2. diese Verhaltensweise (die zu einem kleineren Fehler führt) durch die Gesellschaft diffundiert. Aus diesem sozialen Lernen der Gesellschaft ergibt sich für Modul 1 die Bedeutung von Peers für die Verstärkung ökologisch nachhaltiger Konsummuster. Pioniere, die als Peers beim sozialen Vergleich den anderen Konsumenten als positive Rollenvorbilder dienen, sind dabei diejenigen Konsumenten, die den ex ante Nettonutzen ökologisch nachhaltiger Produkte richtig(er) einschätzen und eine Ansteckung anderer Konsumenten mit dieser richtige(re)n Einschätzung bewirken, so dass damit der gesellschaftliche Verzerrungsfehler reduziert wird. In MONAKO sind diese Überlegungen vor allem für die Modell-Initialisierungsannahmen hinsichtlich der Eigenschaften der Konsumentenklassen von Bedeutung.

Die sich aus den empirischen Ergebnissen von Modul 1 ergebenden Hypothesen für die Simulationen (Szenarien) werden im folgenden Unterabschnitt 3.1.2 behandelt.

3.1.2 Simulationsanalyse der Szenarien für Modul 1

Szenario I.1: Stärkeres intertemporales Lernen fördert nachhaltige Konsummuster

Welche Auswirkungen die von Modul 1 konstatierte Wahrnehmungsverzerrung der nachhaltigen Qualität von Produkten hat und wie intertemporales Lernen diese Wahrnehmungsverzerrung abbauen kann, ist Gegenstand des Szenarios I.1. In der Spezifikation 1 des Szenarios lernen Konsumenten kaum intertemporal, während in der Spezifikation 2 Konsumenten große intertemporale Lernmöglichkeiten haben. Dieses intertemporale Lernen führt dazu, dass die Konsumenten ihren individuellen ex-ante (Erwartungs-) Nutzen und ex-post (Erfahrungs-) Nutzen vergleichen. Ist die Differenz dieses Nutzenvergleichs größer als eine in MONAKO definierte kritische Schwelle, lernen die Konsumenten daraus, dass sie die nachhaltige Qualität unterbewertet haben, und können dann ihre Präferenzen in einem ebenfalls in MONAKO vorher definierten Umfang „pro-öko" korrigieren.

Geht man für dieses Szenario in MONAKO von einer sehr starken Wahrnehmungsverzerrung in der Startparametrisierung aus, bewirken hohe intertemporale Lernraten tatsächlich eine starke Förderung der Diffusion von nachhaltigen Konsummustern in allen drei Schumpeterregimen. Schwache Lernraten bremsen dagegen das nachhaltige Konsummuster in Schumpeter-neutralen- und Schumpeter-I-Märkten.[5]

Durch die hohen intertemporalen Lernraten wird eine stärkere Bevorzugung der nachhaltigen Qualität im Zeitablauf erreicht, so dass v.a. die 2. und 3. Konsumentenklasse hinsichtlich ihrer Präferenzen den Pionieren ähnlich werden, wie Abb. 3 zeigt. Aber sogar bei den beiden letzten Konsumentenklassen überwiegt in der Wahrnehmung letztlich die nachhaltige Qualität als dominantes Produktmerkmal.

So achten schließlich fast alle Konsumenten v.a. auf die nachhaltige Qualität bei der Produktauswahl. Dadurch sinkt die Anzahl der Unternehmen an einem solchen Markt, der Herfindahlindex steigt an, die Spezialisierung der Unternehmen am Markt liegt eher bei der nachhaltigen Qualität, und die Instabilität der Marktstruktur geht zurück.

[5] Da aber auch für diese Konstellation eine sehr starke Wahrnehmungsverzerrung zugrunde gelegt wurde, bewirken die geringen Lernraten in einem Schumpeter-II-Markt sogar noch eine leichte Förderung.

Graphiken zu den Simulationsergebnissen von Szenario I.1

Abb. 1: Nachhaltigkeitsindex [0,100] (x: Zeit = [0,400]) in Szenario I.1.

Schumpeter I	*Schumpeter neutral*	*Schumpeter II*

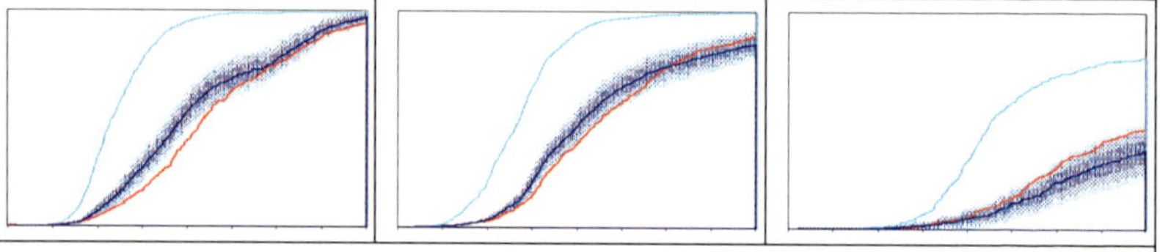

Schwache (Spezifikation 1), mittlere (Referenzszenario mit Konfidenzintervallen: 0.1%, 1%, 10%), starke (Spezifikation 2) intertemporale Lernmöglichkeiten in den 3 Schumpeter-regimen

Abb. 2: Herfindahlindex [0,1] (x: Zeit = [0,400]) in Szenario I.1.

Schumpeter I	*Schumpeter neutral*	*Schumpeter II*

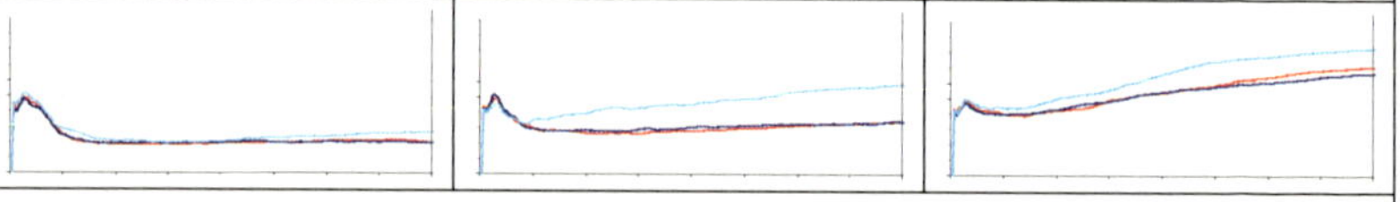

Schwache (Spezifikation 1), mittlere (Referenzszenario), starke (Spezifikation 2) intertemporale Lernmöglichkeiten in den 3 Schumpeterregimen

Größere Marktkonzentration bei höheren intertemporalen Lernraten

Abb. 3: Präferenzverteilung [0,10] (x: Zeit = [0,400]) in Szenario I.1.

Pioniere	*Sichere Deliberierer*	*Flexible Entscheider*	*Unsichere Konsumenten*	*Zufriedene Imitierer*

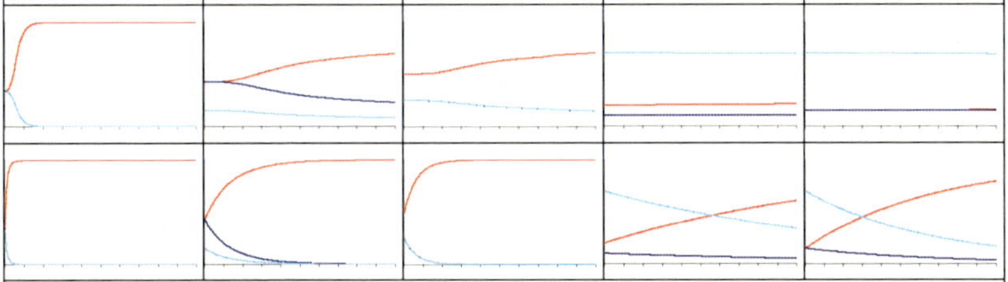

Gewicht der **nachhaltigen Qualität**, **sonstigen ~**, Preis bei der Produktwahl

Langsamere Präferenzänderungen bei niedrigen intertemporalen Lernmöglichkeiten in Spezifikation 1 (1. Zeile) im Vergleich zur Spezifikation 2 mit höheren intertemporalen Lernmöglichkeiten (2. Zeile) (Schumpeter-neutraler-Markt)

Der Analyseweg für Szenario I.1 sei im Folgenden außerdem an drei Szenariovarianten veranschaulicht, die mit MONAKO durchgeführt wurden.

In einer ersten Szenariovariante (1) haben wir die intertemporalen Lernraten ausgehend vom Niveau der für alle Szenarien angenommenen geringeren Wahrnehmungsverzerrungen in der Ausgangsinitialisierung (wie auch im Referenzszenario) variiert. Der beobachtete Effekt auf die Diffusion des nachhaltigen Konsummusters ist praktisch Null. Die Gründe dafür sind zum einen das schnelle Aufheben der Wahrnehmungsverzerrungen durch die Lernraten einerseits und zum anderen die Tatsache, dass der eventuelle Effekt der Wahrnehmungsverzerrungen nur bei tatsächlich wirkenden Präferenzen beim Anwenden der Deliberation zum Tragen kommt.

Selbst wenn wir in einer weiteren Szenariovariante (2) zusätzlich die potentielle Unsicherheit, die die Konsumenten aufgrund einer Präferenzänderung empfinden können, variieren (diese Form der Unsicherheit wird nur realisiert, wenn der Nutzen nach einer Präferenzänderung sinken würde), sind die Ergebnisse analog zum Szenario I.1. Die Ursache dafür liegt darin, dass der Nutzen, der vom Konsumenten nach der Präferenzänderung realisiert wird, ansteigt und sich daraufhin der Markt tatsächlich in Richtung eines ausgeprägten nachhaltigen Konsummusters entwickelt. Somit kommt die potentielle Unsicherheit aus der Präferenzänderung nicht zum Tragen und kann keine Änderung der Entscheidungsheuristiken bewirken.

In einer dritten Szenariovariante (3) schließlich haben wir die Stärke der Wahrnehmungsverzerrung variiert. Vor allem in Schumpeter-II und Schumpeter-neutralen-Märkten behindert eine stärkere Wahrnehmungsverzerrung das nachhaltige Konsummuster leicht. Die Auswirkungen sind deswegen relativ gering, weil in den Konsumentenklassen, in denen die Wahrnehmungsverzerrung am stärksten ausgeprägt ist (Konsumentenklassen 4 und 5), wiederum das Gewicht der nachhaltigen Qualität bei der Produktwahl am geringsten ist und außerdem die Präferenzen für die einzelnen Produktmerkmale nur bei der Deliberation eine Rolle spielen, was ebenfalls für diese Konsumentenklassen praktisch nicht relevant ist. So verringern sich nur für die Konsumentenklassen 1-3 die erwarteten Produktnutzen v.a. in einem Schumpeter-II-Markt – da die nachhaltige Qualität einen relativ höheren Nutzen ex post stiftet, trotzdem aber bei der Produktauswahl ex ante etwas stärker unterschätzt wird und somit letztlich ein an sich weniger vorteilhaftes Produkt ausgewählt wird. Außerdem ist die Marktstrukturentwicklung in dieser Szenariovariante etwas instabiler, da die Konsumenten (v.a. der Konsumentenklassen 1-3) weniger klar erkennen, welches Produkt das Beste für sie ist, und schneller den Anbieter wechseln aufgrund einer ständig wechselnden, da deliberierten Entscheidung. Dies wirkt sich v.a. in einem Schumpeter-II-Markt nachteilig aus, da so die Akkumulationsvorteile des Regimes von den Unternehmen nicht ausgeschöpft werden können. In einem Schumpeter-I-Markt dagegen ist dieser Umstand kein Nachteil, so dass die Entwicklung des nachhaltigen Konsummusters ähnlich verläuft wie im Referenzszenario mit gemäßigter Wahrnehmungsverzerrung.

MONAKO-Ergebnis: Zusammenfassend bestätigt MONAKO die Hypothese von Modul 1, aber nur wenn man von einer sehr starken Wahrnehmungsverzerrung der nachhaltigen Qualität der Produkte ausgehen kann. Dann gilt: Verstärktes intertemporales Lernen fördert nachhaltige Konsummuster.

Szenario I.2: Mehr Peerseinfluss befördert nachhaltige Konsummuster

Die Bedeutung des Peersvergleichs zur Produktwahl für die Diffusion von nachhaltigen Konsummustern ist Gegenstand des Szenarios I.2.

Die Formulierung „Bedeutung des Peersvergleichs“ deutet an, dass der Ausstrahlungseffekt im Sinne eines direkten Peerseffektes in

MONAKO zu variieren ist. Da es sich aber bei MONAKO um ein evolutorisch agentenbasiertes, also mikro-ökonomisches Modell handelt, kann eine derartige top-down-Annahme, die exogene Annahmen für das gesamte System aus der Vogelperspektive trifft, nicht berücksichtigt werden.[6] Vielmehr muss der unterschiedlich große Einfluss der Peers auf individueller Ebene, also bottom-up, in MONAKO erzeugt werden. Da sich die Nicht-Pioniere entsprechend der Modellierung der Entscheidungsheuristiken nach Janssen und Jager (1999, 2002) in MONAKO v.a. dann an den Pionieren orientieren, wenn sie sich unsicher und unzufrieden fühlen, besteht in der Variation des Sicherheits- und Zufriedenheitsgefühls der Konsumenten eine Möglichkeit, unterschiedlich starken Peerseinfluss abzubilden.

In der Spezifikation 1 des Szenario I.2 sind die Konsumenten sicherer und zufriedener als im Referenzszenario und orientieren sich daher weniger an den Pionier-Peers. In der Spezifikation 2 sind die Konsumenten dagegen unsicherer und unzufriedener und vergleichen sich mehr sozial mit den Pionieren bei der Produktwahl.[7] Die beabsichtigte Verschiebung der verwendeten Entscheidungsheuristiken lässt sich in Abb. 5 nachvollziehen. Bei geringerer Unzufriedenheit und Unsicherheit in Spezifikation 1 werden Repetition und Imitation häufiger als Entscheidungsheuristiken eingesetzt und bei hoher Unzufriedenheit und Unsicherheit in Spezifikation 2 der soziale Vergleich.

Der graphische Vergleich zeigt v.a. aber auch, dass die Konsumentenklassen 2-4 besonders stark von dieser Verschiebung betroffen sind, und aus den sicheren Deliberierern im Referenzfall Repetierer in Spezifikation 1 werden und in Spezifikation 2 Konsumenten, die auch zum großen Teil den sozialen Vergleich bei der Produktwahl heranziehen. Gleiches gilt für die flexiblen Entscheider in der Konsumentenklasse 3, während die 1. und 5. Konsumentenklasse kaum betroffen sind und ihre gewählten Entscheidungsheuristiken nicht verändern.

[6] Vgl. zur Klassifizierung und kurzen Beschreibung der Modellierungsperspektiven auch Macy und Willer (2002), S. 145-146.

[7] Die empirisch durch die Befragungen in den Sinus-Milieus (s. dazu gesonderten Beitrag zu MonaKo in diesem Band) belegte Relation zwischen Sicherheits- und Zufriedenheitsgefühl der einzelnen Konsumentenklassen bleibt dabei aber erhalten. Z.B. ist also die Konsumentenklasse 5 immer noch diejenige, die tendenziell am unsichersten, aber zugleich am zufriedensten ist.

Die verstärkte Bedeutung des sozialen Vergleiches unter den Konsumentenklassen 2-4 in Spezifikation 2 bewirkt v.a. in Schumpeter-neutralen und Schumpeter-I-Märkten eine Förderung der Diffusion des nachhaltigen Konsummusters. Dagegen wechseln in Spezifikation 1 die Konsumenten durch Repetition und gegenseitige Imitation kaum den Anbieter, so dass neue Unternehmen, die die nachhaltige Qualität mehr befördern könnten als die eingesessenen Unternehmen, am Markt keine Chance haben.

Auch bei Verwendung des sozialen Vergleichs wählen die Konsumenten zwar nicht aufgrund ihrer endogenen Präferenzen einen anderen Anbieter, aber sie richten sich an den deliberierenden Pionieren aus, die Produkte am Markt v.a. hinsichtlich einer hohen nachhaltigen Qualität auswählen. Eine geänderte Produktwahl der Pioniere am Markt diffundiert so direkt mittels des sozialen Vergleichs und fördert das nachhaltige Konsummuster in Schumpeter-neutralen- und Schumpeter-I-Märkten.

In einem Schumpeter-II-Markt ist aber wiederum kaum eine Wirkung auf die Diffusion des nachhaltigen Konsummusters zu verzeichnen. Grund dafür ist der Wissensakkumulationsvorteil in diesem Marktregime, durch den sich nur einige wenige Unternehmen behaupten können. Enge Oligopole und relativ stabile Marktstrukturen sind daher typische Elemente des Schumpeter-II-Markts.[8]

Ein starker Peerseffekt wirkt ebenfalls konzentrierend auf die Marktstruktur. Die Wirkungsrichtung ist damit die gleiche wie die eines Schumpeter-II-Marktes. Der vermehrte soziale Vergleich aufgrund eines starken Peerseffekts lässt die Konsumenten nur einige wenige auswählen. Analog wirkt allerdings auch ein schwacher Peerseffekt, der über die verstärkte Nutzung der Repetition und der Imitation die Anzahl der bevorzugten Unternehmen unter den Konsumenten reduziert. Der einzige Unterschied bei der Wirkung eines schwachen im Gegensatz zu einem starken Peerseffekt im Schumpeter-II-Markt besteht in einer anderen Instabilität der Marktstruktur: Bei geringem Peerseffekt ist die Marktstruktur aufgrund der immer wieder wiederholten Kaufentscheidung der Konsumenten noch niedriger als im Referenzszenario oder gar bei starkem Peerseffekt, wie Abb. 6 mit der Anbieterwahl der 5 Konsumentenklassen zeigt.

[8] Vgl. dazu den Beitrag zu MONAKO in diesem Band.

Insgesamt hat die variierende Intensität des Peerseffekts daher im Schumpeter-II-Markt keinen Einfluss auf die Diffusion des nachhaltigen Konsummusters.

GRAPHIKEN ZU DEN SIMULATIONSERGEBNISSEN VON SZENARIO I.2

Abb. 4: Nachhaltigkeitsindex [0,100] (x: Zeit = [0,400]) in Szenario I.2

Schumpeter I	*Schumpeter neutral*	*Schumpeter II*

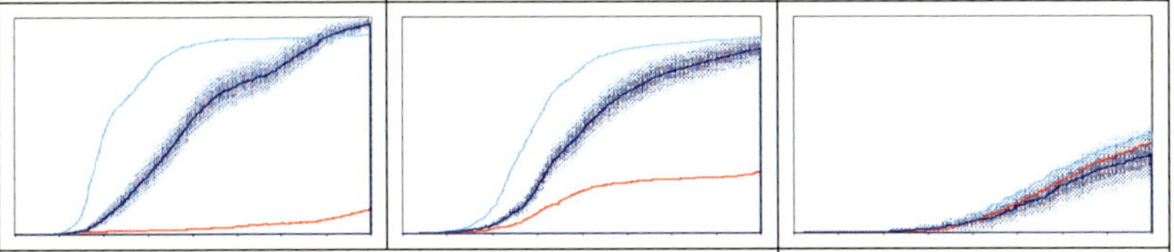

Gesellschaftliche Diffusion von nachhaltigem Konsum durch verstärkten sozialen Vergleich bei der Produktwahl → Förderung von nachhaltigen Konsummustern!	*Starker UND schwacher Peerseinfluss bewirken Marktenge = Effekt des Schumpeter-II-Marktes → keine Förderung!*

Schwacher (Spezifikation 1), **mittlerer (Referenzszenario mit Konfidenzintervallen:** **0.1%, 1%, 10%)**, starker (Spezifikation 2) Peerseinfluss in den 3 Schumpeterregimen

Abb. 5: Anteile der verwendeten Entscheidungsheuristiken [0,1] (x: Zeit = [0,400]) in Szenario I.2

Pioniere	*Sichere Deliberierer*	*Flexible Entscheider*	*Unsichere Konsumenten*	*Zufriedene Imitierer*

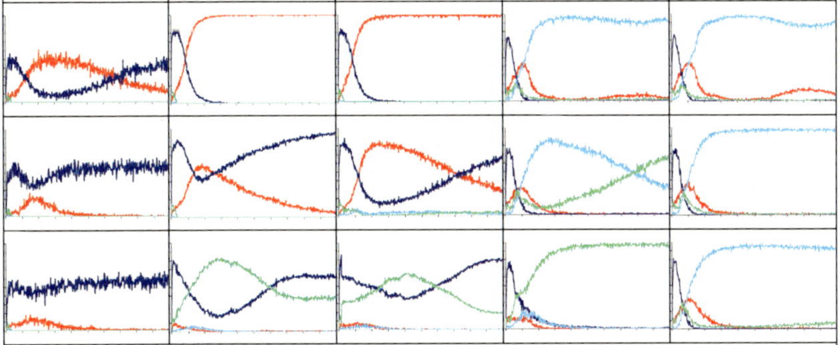

Repetition, **Deliberation**, Imitation, Social Comparison

Verwendung der Entscheidungsheuristiken bei schwachem Peerseinfluss in Spezifikation 1 (1. Zeile) im Vergleich (1) zum Referenzszenario (2. Zeile) und (2) bei starkem Peerseinfluss in Spezifikation 2 (3. Zeile). (Schumpeter-neutraler-Markt)

Abb. 6: Gewählter Anbieter in den 5 Konsumentenklassen (Unternehmen fortlaufend durchnummeriert nach ihrer Eintrittsperiode) (x: Zeit = [0,400]) in Szenario I.2

<table>
<tr><td>Spezifikation 1</td><td>Referenzszenario</td><td>Spezifikation 2</td></tr>
<tr><td>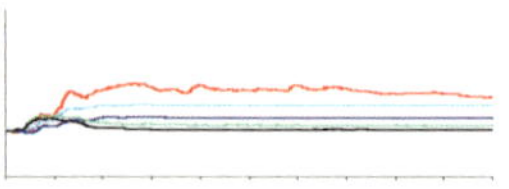</td><td>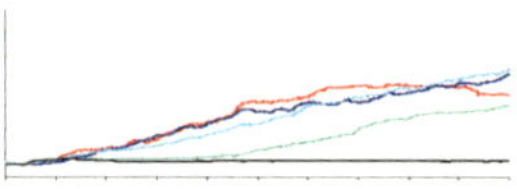</td><td>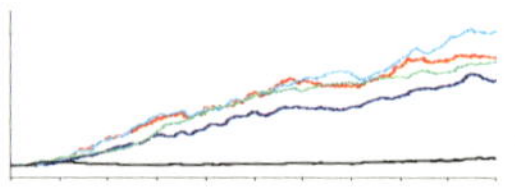</td></tr>
<tr><td colspan="3">Gewählter Anbieter der Konsumentenklassen 1, 2, 3, 4, 5 [0,20] (1. Spalte), [0,70] (2. und 3. Spalte)</td></tr>
<tr><td colspan="3">Bei schwachem Peerseinfluss in Spezifikation 1 (1. Spalte) ist die Anbieterwahl stabil. Bei starkem Peerseinfluss in Spezifikation 2 dagegen kommt es sogar zu mehr Anbieterwechsel (3. Spalte) als im Referenzszenario (2. Spalte). (Schumpeter-neutraler-Markt)</td></tr>
</table>

MONAKO-Ergebnis: In Schumpeter-I- und Schumpeter-neutralen-Märkten fördert der verstärkte soziale Vergleich bei der Produktwahl die gesellschaftliche Diffusion von nachhaltigem Konsum. In einem Schumpeter-II-Markt dagegen bewirken sowohl ein starker als auch ein schwacher Peerseinfluss einen engeren Markt, also mit nur wenigen Anbietern. Dies entspricht dem prinzipiellen Effekt in einem Schumpeter-II-Markt, so dass es zu keiner zusätzlichen Förderung nachhaltiger Konsummuster kommt. MONAKO bestätigt die Hypothese von Modul 1 zumindest bedingt: Ein stärkerer Peerseinfluss befördert tendenziell die Diffusion von nachhaltigen Konsummustern.

Szenario I.3: Sinkt die Zufriedenheit der Konsumenten mit der Konsumdauer und steigt sie nur wenig durch positiven sozialen Vergleich, fördert dies nachhaltige Konsummuster

In Szenario I.3 wird der Einfluss der Zufriedenheit auf die Diffusion von nachhaltigen Konsummustern analysiert, wobei die Zufriedenheit mit der Dauer des Konsums nachhaltiger Produkte abnimmt, aber zunimmt durch einen positiven Vergleich des eigenen Konsums mit dem der Peers. In Spezifikation 1 sind die „zufriedenheitssteigernden“ sozialen Einflüsse stärker und gleichzeitig die „zufriedenheitssenkenden“ individuellen Einflüsse schwächer ausgeprägt als im Referenzszenario. In Spezifikation 2 ist dies umgekehrt.

Spezifikation 1 bewirkt demnach eine für alle Konsumentenklassen größere Zufriedenheit, was v.a. in den Konsumentenklassen 1-3 zu einer häufigeren Verwendung der Repetition als Entscheidungsheuristik führt und sich somit hemmend auf das nachhaltige Konsummuster auswirkt. Spezifikation 2 dagegen bewirkt durch die stärkere Unzufriedenheit der Konsumenten in den ersten 4 Konsumentenklassen Veränderungen: Die Konsumentenklassen 1-3 verwenden verstärkt die Deliberation und die Konsumentenklasse 4 den sozialen Vergleich zur Produktauswahl. Nur die Konsumentenklasse 5 wird nicht tangiert, da diese prinzipiell sehr zufrieden ist und die Reduktion der Zufriedenheit in Spezifikation 2 an ihrem Imitationsverhalten nichts ändert, wie Abb. 8 zeigt. Insgesamt fördert die verstärkte Verwendung von Deliberation und sozialem Vergleich mit den deliberierenden Pionieren in der Spezifikation 2 das nachhaltige Konsummuster deutlich stärker als in Schumpeter-neutralen und Schumpeter-II-Märkten.

Der starke Einsatz der Deliberation in der Konsumentenklasse 3 der flexiblen Entscheider führt sogar dazu, dass das nachhaltige Konsummuster in diesem Teilmarkt stärker ausgeprägt ist als bei den sicheren Deliberierern in der Konsumentenklasse 2 – was sonst im Referenzszenario zu beobachten ist. Der Grund dafür ist, dass die Konsumentenklasse 3 annahmegemäß die nachhaltige Qualität etwas höher gewichtet als die Konsumentenklasse 2. Dies kommt im Referenzszenario in der Entwicklung der Teilmärkte nicht zum Tragen, da die Konsumentenklasse 3 eben als flexible Entscheider u.a. auch zum – für das nachhaltige Konsummuster nicht vorteilhaften – Imitieren neigen.

GRAPHIKEN ZU DEN SIMULATIONSERGEBNISSEN VON SZENARIO I.3

Abb. 7: Nachhaltigkeitsindex [0,100] (x: Zeit = [0,400]) in Szenario I.3

Schumpeter I	*Schumpeter neutral*	*Schumpeter II*
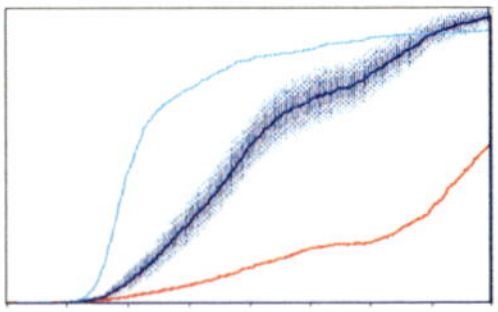	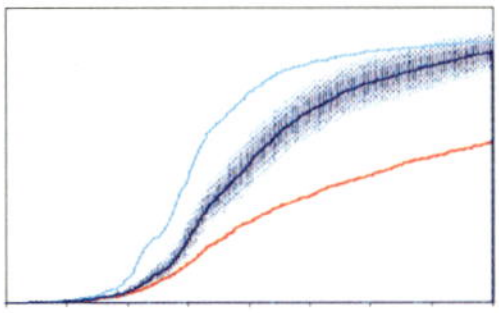	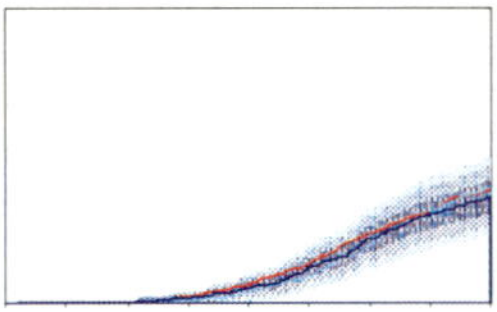
→ *Fördert stark*	→ *Fördert etwas*	→ *Kaum Einfluss*

Kaum (Spezifikation 1), **mittlere (Referenzszenario mit Konfidenzintervallen: 0.1%, 1%, 10%)**, stark (Spezifikation 2) sinkende Zufriedenheit der Konsumenten mit der Konsumdauer und **starke**, **mittlere**, schwache Steigerung ~ mit einem positiven sozialen Vergleich in den 3 Schumpeterregimen

Abb. 8: Anteile der verwendeten Entscheidungsheuristiken [0,1] (x: Zeit = [0,400]) in Szenario I.3

Pioniere	*Sichere Deliberierer*	*Flexible Entscheider*	*Unsichere Konsumenten*	*Zufriedene Imitierer*

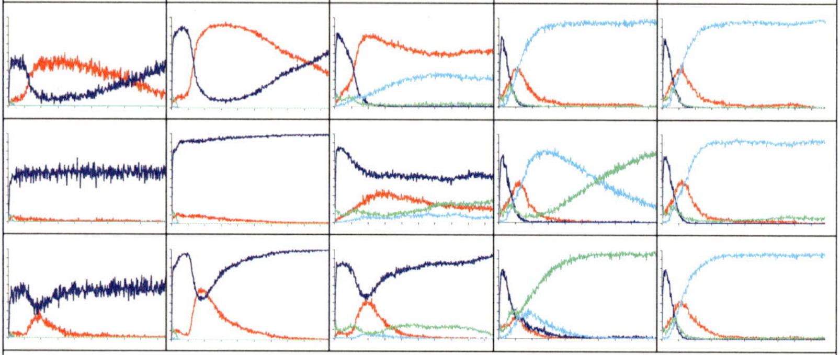

Repetition, Deliberation, Imitation, Social Comparison

Mehr Repetition bei den Konsumentenklassen 1-3, wenn die Zufriedenheit der Konsumenten in der Spezifikation 1 kaum mit der Konsumdauer sinkt (1. Zeile) im Vergleich zum Referenzszenario (2. Zeile). Dagegen kommt es zu mehr Deliberation bei den Konsumentenklassen 1-3 und Social Comparison bei der Konsumentenklasse 4, wenn die Zufriedenheit der Konsumenten sehr stark in der Spezifikation 2 mit der Konsumdauer sinkt (3. Zeile) (Schumpeter-I-Markt)

Abb. 9: Verteilung der nachhaltigen Qualität in den 5 Konsumentenklassen [0,1] (x: Zeit = [0,400]) in Szenario I.3

Pioniere	*Sichere Deliberierer*	*Flexible Entscheider*	*Unsichere Konsumenten*	*Zufriedene Imitierer*

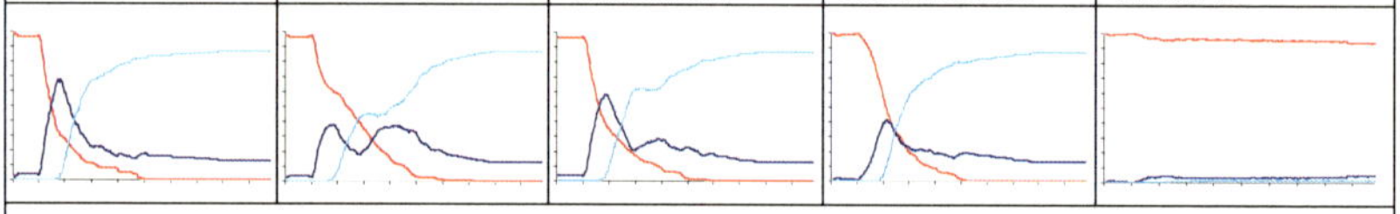

Niedrige (Spezifikation 1), mittlere (Referenzszenario), hohe (Spezifikation 2) nachhaltige Qualität in den Teilmärkten der Konsumentenklassen

Stärkere Verbreitung der hohen nachhaltigen Qualität in der Konsumentenklasse 3 als in Konsumentenklasse 2, wenn die Zufriedenheit der Konsumenten sehr stark mit der Konsumdauer absinkt (Schumpeter-I-Markt)

MONAKO-Ergebnis: MONAKO zeigt, dass die Hypothese einer sinkenden Zufriedenheit der Konsumenten mit der Konsumdauer und kaum steigender Zufriedenheit mit einem positiven sozialen Vergleich nachhaltige Konsummuster vor allem im Schumpeter-I-Markt sowie leicht auch im Schumpeter-neutralen-Markt fördert. Die Hypothese kann daher bedingt bestätigt werden: Sinkt die Zufriedenheit der Konsumenten mit der Konsumdauer ab, fördert dies in zwei von drei Schumpeterregimen die Diffusion des nachhaltigen Konsummusters.

Szenario I.4: Mehr Bildung der Konsumenten und eine weniger materialistische Einstellung fördern nachhaltige Konsummuster

Der Einfluss einer Konsumentenpopulation mit mehr bzw. weniger Konsumenten höherer Bildung und weniger materialistischer Einstellung auf die Diffusion von nachhaltigen Konsummustern wird in Szenario I.4 untersucht. Die empirisch belegte Konsumentenklassenverteilung dient hierbei als Referenz in MONAKO. In Spezifikation 1 wird eine Konsumentenklassenverteilung definiert, in der der Anteil der Konsumenten mit weniger Bildung und stärker materialistischer Einstellung sehr hoch ist, die Konsumentenklasse 5 des Referenzszenarios nimmt dann fast den ganzen Markt ein. Währenddessen ist in Spezifikation 2 der Anteil der Konsumenten mit hoher Bildung und weniger materialistischer Einstellung sehr hoch. Damit stellt die Konsumentenklasse 2 fast die gesamte Marktnachfrageseite in der Spezifikation 2.

Hat in Spezifikation 1 die Konsumentenklasse 5 die Marktmacht, entscheiden sich fast alle Konsumenten typischerweise per Imitation für *ein* Produkt, wie z.B. Abb. 8 zeigt. Auf diese Weise wird tendenziell nur ein Unternehmen von den Konsumenten bevorzugt, was eigentlich im Schumpeter-II-Markt günstig ist für eine bessere Ausschöpfung der Akkumulationsvorteile dieses Marktregimes. Allerdings bevorzugen die Konsumenten in der Konsumentenklasse 5 tendenziell einen Preisführer und kein Unternehmen, das besonders die nachhaltige Qualität fördert. So wirkt sich diese Marktkonstellation in MONAKO in allen 3 Schumpeterregimen nachteilig aus.

Hat dagegen in Spezifikation 2 die Konsumentenklasse 2 die Marktmacht, dann entscheiden die Konsumenten typischerweise per Deliberation und bevorzugen aufgrund ihrer ausgeprägten pro-öko-Präferenz Unternehmen mit relativ hoher nachhaltiger Qualität. Auch in dieser Spezifikation 2 gilt jedoch, dass sich somit tendenziell alle Konsumenten für ein oder wenige Unternehmen entscheiden. Dies fördert wie gerade oben diskutiert in einem Schumpeter-II-Markt das nachhaltige Konsummuster, wirkt in einem Schumpeter-neutralen-Markt aber lediglich neutral, da der Akkumulationsvorteil des Schumpeter-II-Marktregimes entfällt. In einem Schumpeter-I-Markt mit Akkumulationsnachteilen ist entsprechend durch das Konzentrationsverhalten der Konsumenten sogar eine leichte Hemmung des nachhaltigen Konsummusters zu verzeichnen.[9]

So ist die Konzentration der Konsumenten in Spezifikation 2 ähnlich hoch wie in Spezifikation 1 und damit deutlich höher als im Referenzszenario, wie auch Abb. 11 zeigt. Der Instabilitätsindex in dieser Abbildung zeigt, dass sich beide Spezifikationen 1 und 2 auch im Hinblick auf die größere Stabilität der Marktstruktur untereinander mehr ähneln als dem Referenzszenario.

Die Ursache der Konzentration in den beiden Spezifikationen ist aber jeweils eine andere: In Spezifikation 1 ist die Ursache das gegenseitige Imitieren der Konsumenten, während es in Spezifikation 2 das deliberierte Wechseln fast aller Konsumenten zu einem Marktführer für nachhaltige Qualität ist. So erklärt sich auch der einzige Unterschied der Spezifikationen 1 und 2 in Abb. 11 im Hinblick auf die durchschnittlichen Spezialisierungen der Unternehmen am Markt: Nur in Spezifikation 2 – und nicht in Spezifikation 1 – spezialisieren sich die Unternehmen mehr auf die nachhaltige Qualität. In Spezifikation 2 dagegen gibt es mehr Preisspezialisierungen.

In allen Schumpeterregimevarianten gibt es aber letztlich einen Anstieg der mittleren Spezialisierung, d.h. es entstehen mehr Unternehmen, die sich auf die sonstige oder nachhaltige Qualität in MONAKO spezialisieren – in einem Schumpeter-I-Markt sogar letztlich mehr als im Referenzfall. Diese Entwicklung kommt deswegen so zustande, da die Unternehmen, die neu in den Markt eintreten, innovativ eintreten, d.h. den freien Strategieraum der Führerschaft bei sonstiger oder nachhaltiger Qualität besetzen wollen. Diese Unternehmen werden allerdings trotzdem nicht von den Konsumenten nachgefragt, da sich die Konsumenten durch gegenseitige Imitation in ihren bisherigen Entscheidungen stabilisiert haben. Die Unternehmen treten also binnen kurzem wieder aus, ohne einen Marktanteil realisiert zu haben, erscheinen somit weder im Herfindahl- noch im Instabilitätsindex und werden dann, da der Strategieraum wieder frei ist, bald ersetzt.

[9] Der Grund dafür ist, dass in einem Schumpeter-I-Markt v.a. kleine und junge Unternehmen Vorteile generieren können. Entscheiden sich aber viele Konsumenten tendenziell immer für dasselbe Unternehmen, steigt dessen (Kapitalstock-)Größe schneller an, so dass seine Innovationskraft und damit die Möglichkeit, die nachhaltige Qualität weiter stark zu verbessern, schneller sinkt.

GRAPHIKEN ZU DEN SIMULATIONSERGEBNISSEN VON SZENARIO I.4

Abb. 10: Nachhaltigkeitsindex [0,100] (x: Zeit = [0,400]) in Szenario I.4

Schumpeter I	*Schumpeter neutral*	*Schumpeter II*
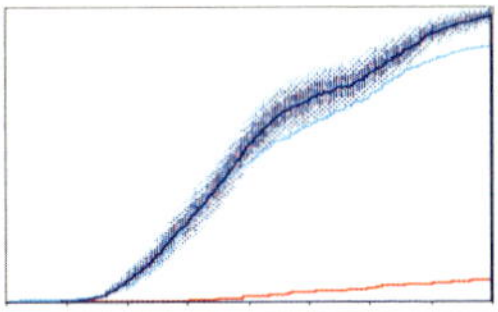	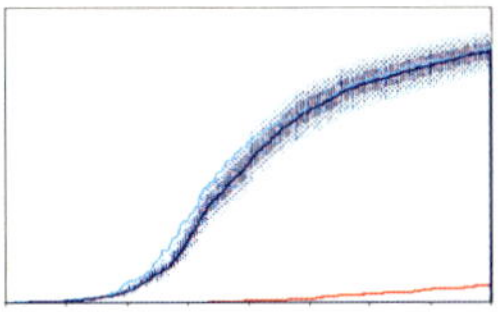	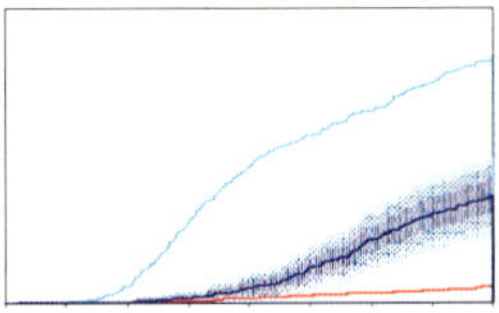
→ Hemmung durch mehr Materialismus und weniger Bildung		*→ Förderung durch mehr Bildung und weniger Materialismus und Hemmung vice versa*
Wenig (Spezifikation 1), **mittlere (Referenzszenario mit Konfidenzintervallen: 0.1%, 1%, 10%)**, hohe (Spezifikation 2) Bildung und gleichzeitig **starker**, **mittlerer**, wenig Materialismus in 3 Schumpeterregimen		

Abb. 11: Herfindahlindex, Instabilitätsindex und Spezialisierung der Unternehmen am Markt (x: Zeit = [0,400]) in Szenario I.4

Schumpeter I	*Schumpeter neutral*	*Schumpeter II*
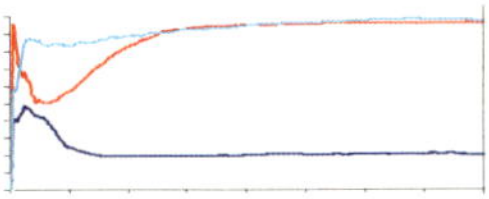	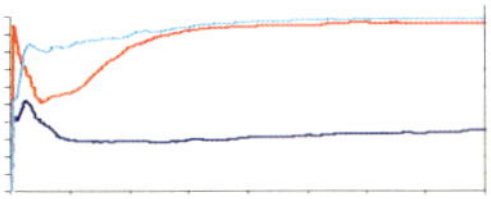	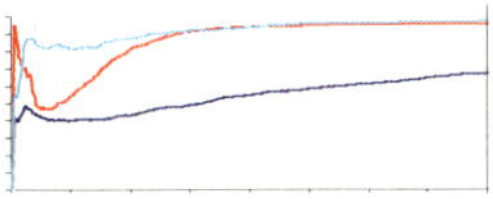
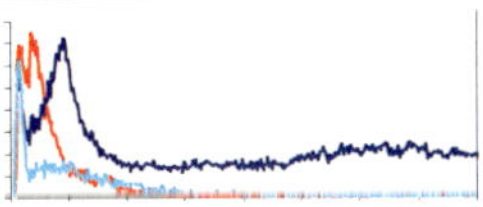	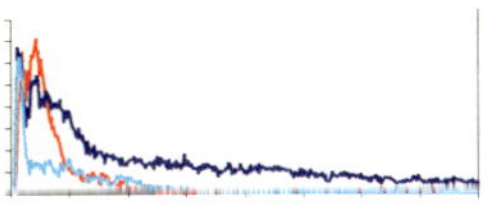	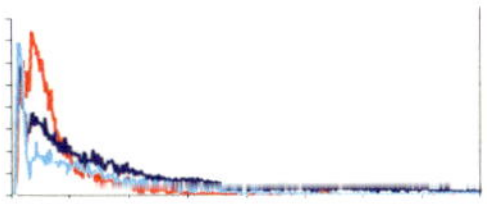
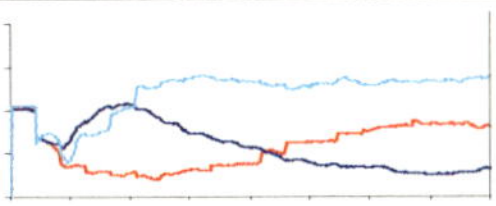	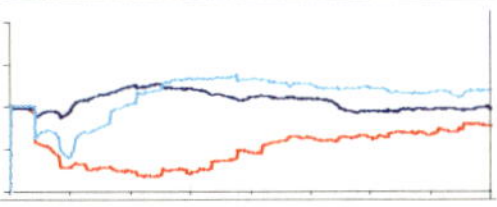	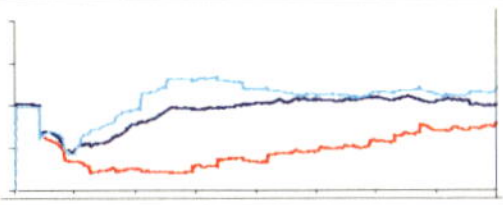
Herfindahlindex [0,1] (1. Zeile), Instabilitätsindex [0,0.16] (2. Zeile), Spezialisierung der Unternehmen am Markt [1,3] (1: Preis, 2: sonst. ~, 3: nachhaltige Qualität) (3. Zeile) (x: t [0,400]) **Wenig (Spezifikation 1)**, **mittlere (Referenzszenario)**, hohe (Spezifikation 2) Bildung und gleichzeitig **starker**, **mittlerer**, wenig Materialismus in den 3 Schumpeterregimen		
Starke Konzentration und dadurch Stabilität in beiden Spezifikationen1 und 2 bei gleichzeitig unterschiedlicher Spezialisierungsausrichtung der Unternehmen		

MONAKO-Ergebnis: In einem Markt, in dem Konsumenten mit weniger Bildung und stärkerer materialistischer Einstellung dominieren, wird die Diffusion von nachhaltigen Konsummustern stark gehemmt. Ein Markt mit Konsumenten mit mehr Bildung und weniger materialistischer Einstellung fördert aber das nachhaltige Konsummuster nur, wenn es sich um einen Schumpeter-II-Markt handelt.

3.1.3 MONAKO-Simulationen aus Sicht des verhaltensökonomischen Ansatzes

Rechtfertigung der relevanten MONAKO-Variablen aus Sicht des verhaltensökonomischen Ansatzes

Die relevanten MONAKO-Variablen wurden aus den empirischen Befunden des verhaltensökonomischen Ansatzes abgeleitet. Im Folgenden werden zentrale Ergebnisse mit Verweis auf die Empirie und ihr Einfluss auf das individuelle Entscheidungsverhalten vorgestellt.

Nachhaltige Qualität als Produktmerkmal stiftet positiven Nettonutzen

Die in der Empirie untersuchten Konsumprodukte (Bio-Lebensmittel, Ökostrom, Solarthermie) lassen sich anhand des Produktmerkmales „nachhaltige Qualität" von anderen Produkten unterscheiden. Dabei zeigen positive Schätzkoeffizienten in den Happinessregressionen an, dass nachhaltiges Konsumverhalten einen positiven Nettonutzen stiftet, d.h. der Zusatznutzen die Zusatzkosten übersteigt (Welsch/Kühling 2010). Dieses Ergebnis ist robust gegenüber der Kontrolle von soziodemografischen (Alter, Geschlecht, etc.) und ökonomischen (Einkommen) Faktoren. Wahrnehmungsverzerrungen bewirken, dass den Konsumenten ein erreichbarer Nutzengewinn durch mehr nachhaltigen Konsum ex ante nicht vollständig bewusst und damit auch nicht realisiert wird (Welsch/Kühling, 2010)

Die Wahrnehmung der nachhaltigen Qualität eines Produkts ist verzerrt

Die positiven Schätzparameter für nachhaltige Produktqualität (Bio-Lebensmittel, Ökostrom, Solaranlagen) zeigen an, dass sich Individuen durch mehr nachhaltigen Konsum besser stellen könnten (Welsch/

Kühling 2010) Dass sie von dieser Möglichkeit keinen Gebrauch machen, lässt sich auf zweierlei Arten begründen:

1. Konsumenten verhalten sich nur eingeschränkt rational. Dies bedeutet, dass sie nicht zwangsläufig das Ziel der Nutzenmaximierung verfolgen, sondern ihre Entscheidungen auf anderem Wege treffen (Repetition, Imitation), weil es beispielsweise kognitiv weniger anspruchsvoll ist (Simon 1972).

2. Konsumenten wollen sich rational verhalten, begehen aber Fehler bei der Einschätzung ihrer Nutzenkonsequenzen (= Wahrnehmungsverzerrung). Unvollständige Voraussicht oder Informationsmängel beim Entscheidungsträger führen dazu, dass der ex-ante-Entscheidungsnutzen, also der Nutzen, den der Konsument sich aus der Konsumentscheidung verspricht, geringer eingeschätzt wird als sich der ex-post Erfahrungsnutzen tatsächlich darstellt. Diese systematische Divergenz aus Entscheidungs- und Erfahrungsnutzen (Kahneman et al. 1997) bewirkt, dass der Wert nachhaltiger Produkte vor Konsum zu gering eingestuft wird und die gewählte Konsummenge im Vergleich zum Optimum zu gering ausfällt (Welsch/Kühling 2010). Die Empirie zeigt zudem, dass der Fehler mit fallenden formalen Bildungsniveaus und mit steigenden Materialismuseinstellungen zunimmt (Welsch / Kühling 2010).

Intertemporales Lernen reduziert die Wahrnehmungsverzerrungen

Ausgehend von den bestehenden Wahrnehmungsverzerrungen können Lernprozesse, also die Anpassung des künftigen Entscheidungsnutzens an den derzeitigen Erfahrungsnutzen, zu einer Verringerung der Wahrnehmungsverzerrungen bei sich wiederholenden Entscheidungen im Zeitablauf beitragen. Voraussetzung ist, dass den Konsumenten die positiven Nutzenkonsequenzen nachhaltigen Konsums bewusst werden und in die nächste Entscheidung einbezogen werden. Es ist anzunehmen, dass Individuen dies je nach Bildungsstand und nach Materialismusgrad unterschiedlich gut gelingen wird (Welsch/Kühling 2010). Aber selbst wenn einige Konsumenten keinen Lerneffekt verzeichnen, können sie zur Diffusion nachhaltiger Güter beitragen, wenn sie andere Individuen, die ihr Verhalten durch intertemporales Lernen in Richtung Nachhaltigkeit verändern, kopieren, wie es in MONAKO vor allem für die unteren Konsumentenklassen charakteristisch ist. Die Existenz dieses „sozialen Lernens“ wird von dem Ergebnis gestützt, dass die durchschnittlichen systematischen Entscheidungsfehler in Ländern mit bereits höherem Anteil nachhaltiger Verhaltensweisen kleiner sind (Welsch/Kühling 2010). Ferner zeigt sich, dass Konsumenten um so eher nachhaltig konsumieren, je mehr ihre Bezugspersonen dies tun und je mehr Erfahrung sie selbst mit nachhaltigem Konsum gesammelt haben (Welsch/ Kühling 2009).

Annahmen und Ergebnisse des Szenarios I.1 aus Sicht des verhaltensökonomischen Ansatzes

Beim verhaltensökonomischen Ansatz wird der Frage nachgegangen, ob Individuen bei ihren Konsumentscheidungen gemessen an ihren eigenen Werten Fehler begehen. Derartige systematische Fehler beruhen auf dem Auseinanderfallen von einem ex-ante-Entscheidungsnutzen (Erwartung), den sich eine Person vor dem Konsum davon verspricht, und einem ex-post Erfahrungsnutzen (vgl. Kahneman et al. 1997), der sich im Nachhinein tatsächlich beim Konsumenten einstellt. Ursächlich für diese Differenz ist häufig eine mangelnde Voraussicht der Individuen auf ihre Nutzenfolgen (Loewenstein et al. 2003). Im Fall von nachhaltigen Konsumgütern ist davon auszugehen, dass die Nutzenfolgen systematisch unterschätzt werden, also der Erfahrungsnutzen (Indikator Lebenszufriedenheit) größer ist als der Entscheidungsnutzen. Dies kann daran liegen, dass sich die Konsumenten zunächst nur unzureichend über alle positiven Nutzenfolgen nachhaltiger Güter im Klaren sind (Warm-Glow, Gesundheitseffekte, Status-Effekte gegenüber Dritten, etc.), was deren Diffusion hinderlich ist.

Bei den meisten nachhaltigen Konsumgütern erfolgt die Entscheidung nicht einmalig (z.B. Solaranlage), sondern wird in regelmäßigen Zeitabständen wiederholt (z.B. Bio-Lebensmittel). Dies ermöglicht den Konsumenten, aus ihrer eigenen Konsumhistorie zu lernen und ihr Verhalten hinsichtlich der Nutzenkonsequenzen anzupassen. Je stärker ein intertemporales Lernen stattfindet, umso geringer wird der Mangel an Voraussicht auf die Nutzenfolgen, desto kleiner wird die Differenz aus Entscheidungs- und Erfahrungsnutzen. Stärkeres intertemporales Lernen verringert somit die Nutzenfehleinschätzungen und bewirkt, dass Individuen reflektiertere Entscheidungen treffen, was unter der Annahme anfänglich unterschätzter positiver Merkmale von nachhaltigen Gütern am Ende nachhaltige Konsummuster fördert.

Annahmen und Ergebnisse des Szenarios I.2 aus Sicht des verhaltensökonomischen Ansatzes

Bezugspersonen (Peers) können über mehrere Wirkungskanäle einen Einfluss auf Personen und ihre Entscheidungen nehmen.

Zunächst können Peers als Informationslieferanten auftreten (Bass 1969), so dass Personen, die routinemäßig konventionelle Produkte kaufen, durch ihre Peers über nachhaltige Güter informiert und entsprechend deren Einstellungen beeinflusst werden.

Weiterhin spielen Peers mittels des sozialen Vergleichs eine wichtige Rolle. Geht man davon aus, dass mit Konsum nicht nur individuelle Bedürfnisse befriedigt werden, sondern auch soziale, wie Status-Erzielung, Gemeinschaftsgefühl-Schaffung oder Stiftung sozialer Identität, gewinnen Aspekte wie Konformität oder Abgrenzung zum Konsum relevanter Bezugspersonen an Bedeutung. Gleichzeitig bietet der Vergleich mit dem Konsum anderer die Möglichkeit, komplexe Entscheidungsprozesse durch einfaches Imitieren oder bedingtes Kopieren bei einer Nutzengewinnerwartung (vgl. Janssen/Jager 2002) des Konsumverhaltens anderer zu vereinfachen (vgl. Simon 1972).

Wann und mit wem sich Personen bezüglich ihres Konsums vergleichen, wird entscheidend von dem sozialen Hintergrund eines Menschen, seinem Bildungsniveau, aber auch dem Grad seiner materialistischen Einstellung bestimmt (Konsumentenklassen). Dabei ist die Konsumentengruppe der Pioniere, die als positive Vorbilder oder auch als Vorreiter für nachhaltige Konsummuster anzusehen sind, da sie ihre Entscheidung unabhängig von anderen Personen aus einer inneren Überzeugung mit dem Ziel der eigenen Nutzenmaximierung (Deliberation) treffen, besonders hervorzuheben. Pioniere sind für die Konsumentscheidungen deshalb so wichtig, da angenommen wird, dass sozialer Vergleich aufwärts, zu den Rollenvorbildern, gerichtet ist. Wer allerdings als Pionier gilt, ist subjektiv verschieden. Die nachfolgenden Konsumentengruppen treffen ihre Konsumentscheidungen in Abhängigkeit davon, wie zufrieden sie mit bzw. wie sicher sie in ihren Konsummustern sind (vgl. Janssen/Jager 2002). Während für unsichere Konsumenten tendenziell eine starke Peers-Orientierung als Entscheidungshilfe angenommen werden kann, werden sichere Konsumenten eher entsprechend ihren Präferenzen oder ihrer Konsumhistorie entscheiden.

In der Summe der (Ausstrahlungs-)Effekte sollte mehr Peers-Einfluss nachhaltige Konsummuster befördern.

Annahmen und Ergebnisse des Szenarios I.3 aus Sicht des verhaltensökonomischen Ansatzes

Wie bereits zuvor erwähnt zeigen die positiven Schätzkoeffizienten in den Happinessregressionen an, dass nachhaltiges Konsumverhalten einen positiven Nettonutzen stiftet (Welsch/Kühling 2010). Gleichzeitig können die Hypothesen, dass die Lebenszufriedenheit mit der Konsumdauer sinkt und dass die Lebenszufriedenheit mit der Konformität im Konsumverhalten zu den Peers steigt, mit Hilfe des Happiness-Ansatzes empirisch nicht signifikant bestätigt, aber auch nicht abgelehnt werden. Obwohl vor diesem Hintergrund die vermuteten Zusammenhänge zwischen Konsumdauer und Zufriedenheit sowie zwischen Konformität und Zufriedenheit nicht hinreichend nachgewiesen werden können, erscheinen die getroffenen Annahmen und die Simulationsergebnisse für das Szenario I.3 nicht unplausibel. Diese Aussage erklärt sich mit der gefundenen Evidenz (Welsch/Kühling 2009), dass zum einen die Wahrscheinlichkeit, nachhaltig zu konsumieren, zunimmt, wenn die Peers ebenfalls nachhaltig konsumieren, und dass sich zum zweiten die Intensität nachhaltigen Konsums mit der Konsumdauer erhöht. Diese Befunde unterstützen die getroffenen Annahmen und lassen auf die Förderung nachhaltigen Konsums schließen.

Annahmen und Ergebnisse des Szenarios I.4 aus Sicht des verhaltensökonomischen Ansatzes

Wie in Szenario I.1. bereits erwähnt, wird beim verhaltensökonomischen Ansatz der Frage nachgegangen, ob Individuen bei ihren Konsumentscheidungen gemessen an ihren eigenen Werten Fehler begehen. In diesem Szenario wird die Größe der Fehler nun hinsichtlich des Bildungsniveaus und des Grades an materialistischen Einstellungen von Individuen differenziert, da das Ausmaß der Nutzenfehleinschätzungen hiervon maßgeblich abhängt.

Personen mit höheren formalen Bildungsniveaus, so wird angenommnen, besitzen ein besseres Allgemeinwissen und sind dazu in der Lage, komplexere Entscheidungen auf Basis verschiedenster Informationen zu treffen (Deliberation). Folglich werden sie die Nutzenfolgen ihrer Konsumentscheidungen besser voraussehen. Ihr erwarteter Entscheidungsnutzen weicht im Vergleich zu Menschen mit geringerer formaler Bildung, die ihre Entscheidungen eher mittels Repetition oder Imitation treffen, weniger vom realisierten Erfahrungsnutzen ab. D.h. sie begehen einen kleineren Fehler bei ihrer Entscheidung und werden, vorausgesetzt, dass nachhaltiger Konsum für sie einen höheren Nutzen verspricht, auch nachhaltige Güter wählen.

Ähnlich verhält es sich mit den materialistischen Einstellungen. Materialisten legen ein hohes Gewicht auf die Quantität und Außenwirkung (Status) ihres Konsums, sehen dabei aber nicht vorher, dass diese Art von Konsum starken Adaptionsprozessen unterliegt. Der Nutzen, den sich ein Materialist vom quantitativen Konsum verspricht, stellt sich nur kurzfristig ein und verliert sich im Zeitablauf. Der Fehler, den er bei seiner Konsumentscheidung macht, ist folglich sehr groß, da er den Anpassungsprozess nicht voraussieht. Anders sieht es bei Nicht-Materialisten aus. Sie legen ein höheres Gewicht auf Qualität oder Innenwirkung (Warm-Glow) ihres Konsums. Diese Konsumzwecke stellen bei Nachhaltigkeitsprodukten positive Nutzenfolgen in Aussicht, die aufgrund kaum stattfindender Adaption, langfristig generiert werden können. Die Nutzenfehleinschätzung eines Nicht-Materialisten ist dementsprechend eher klein und wird, vorausgesetzt dass nachhaltiger Konsum für ihn einen höheren Nutzen verspricht, auch nachhaltige Güter wählen.

Gemessen am Bildungsstand und am Materialismusgrad lassen sich Konsumenten in Gruppen einordnen, die jeweils mit Konsumentenklassen-spezifischen Entscheidungsheuristiken verbunden sind. Je gebildeter und je weniger materialistisch eine Person ist, desto stärker wird sie in Richtung Deliberation als Entscheidungsmethode tendieren und umso mehr wird dies nachhaltige Konsummuster fördern.

3.2 Die Theorie des lernenden Konsumenten von Modul 3 (Julia Sophie Wörsdorfer)

Bei der Theorie des lernenden Konsumenten handelt es sich um eine psychologisch informierte Konsumtheorie, die sich als Gegenentwurf zum neoklassischen Theoriegebäude versteht (z.B. Deaton/Muellbauer 1980). Im Kern handelt es sich um eine Konsumtheorie interdisziplinärer Ausrichtung, welche sich Erkenntnissen der Psychologie und Sozialpsychologie bedient, um Veränderungen im Konsumenten- und Konsumverhalten zu rekonstruieren. Durch die Annahme einer generellen Nichtsättigbarkeit von Bedürfnissen (Neoklassik) wird das im Zuge der steigenden Einkommen beständige Wachstum der privaten Konsumausgaben noch nicht erklärt (Witt 2001). Vielmehr gilt es zu zeigen, warum sich die Nachfrage je nach Ausgabenkategorie ungleichmäßig entwickelt.

Anders als die von Nelson und Winter (1982) etablierte Bezugnahme auf Darwins Evolutionstheorie (durch die Verwendung von Analogiekonstruktionen: Variation und Selektion) geht es bei dem naturalistischen Ansatz vielmehr darum, den langfristigen wirtschaftlichen Wandel aus biologisch-psychologischer Sicht nachzuvollziehen (Witt 1987 und 2003). Eine systematische Anwendung der Theorie auf ein konkretes Empiriefeld erfordert die Analyse der wechselseitigen Beziehungen zwischen Produktcharakteristika (Lancaster 1966), Konsumentenbedürfnissen, deren Sättigungseigenschaften und Lernprozessen. Damit ergeben sich vor allem Anknüpfungspunkte an die psychologische Verhaltensforschung (Herrnstein 1997; Skinner 1966; Weiner 1994) und Kognitionsforschung (Anderson 2000). Gleichzeitig bietet sich der Dialog mit einer Vielzahl anderer Theoriegebäude an, so z.B. mit der von Rogers (1995) maßgeblich geprägten Diffusionsforschung, Albert Banduras (1986) Theorie sozial-kognitiven Lernens oder den Arbeiten zu qualitativem Produktwandel (Produktdifferenzierung) (z.B. Lancaster 1966; Saviotti 1996) und sozio-technischen Regimes (z.B. Geels/Kemp 2006).

Die Theorie des lernenden Konsumenten (Witt 2001) versteht Veränderungen im Konsumverhalten als das Ergebnis elementarer, d.h. erfahrungsbasierter und kognitiver, d.h. wissensbasierter Lernprozesse. Elementare Lernprozesse (operante Konditionierung oder Verstärkungslernen) können die Häufigkeit beeinflussen, mit der nachhaltige Produkte konsumiert werden. Zunächst ist Verstärkungslernen kontingent in Bezug auf die regelmäßige Konfrontation mit dem Stimulus. Darüber hinaus muss der Stimulus „sensorisch erlebbar“ sein dahingehend, dass der Konsument die gefühlte Belohnung zur Belohnungsintensität durch andere Stimuli in Beziehung setzen kann. Über die Zeit, so die Hypothese Herrnsteins, wird dann die Häufigkeit, mit der bestimmte Verstärker (z.B. Lebensmittel) gewählt werden, proportional zu ihrer relativen Belohnungsintensität sein („Matching Law“, vgl. Herrnstein 1997). Verstärkungslernen ist insbesondere im Falle wiederkehrender Kaufentscheidungen relevant, wodurch gerade die eigene Konsumhistorie an Bedeutung gewinnt.

Unter kognitiven Lernvorgängen wird die Aneignung expliziten Wissens verstanden, d.h. von Wissen über das Bedürfnisbefriedigungspotenzial von Konsumaktivitäten sowie über die Eigenschaften von bestimmten Produkten im Allgemeinen. Die Wahrscheinlichkeit kognitiver Lernvorgänge in Bezug auf nachhaltigen Konsum steigt mit der Häufigkeit, mit der ein Konsument mit den entsprechenden Informationen konfrontiert wird (Medien, soziales Umfeld). Die durch kognitive Lernvorgänge induzierte Umstellung auf einen nachhaltigen Konsum ist allerdings nur dann dauerhaft, wenn diese Informationen auch weiterhin bereitgestellt werden. Alternativ ergibt sich ein „Lock-in“ (Arthur 1989; David 1985) in das nachhaltigere Konsumverhalten durch a) Routinen und Gewöhnung, b) strukturelle Umstände oder c) soziale Rückkopplungen (Witt 2010; Woersdorfer 2010).

Es ist anzunehmen, dass ein Großteil des Konsumverhaltens überwiegend von Lernprozessen sozialer Art geprägt ist. Zum einen liefert das soziale Umfeld über persönliche Kommunikation Informationen bezüglich der Geeignetheit von Produkten zur Bedürfnisbefriedigung (Informationslieferant). Zum anderen versuchen Konsumenten auch, den Erwartungen ihrer Peers zu entsprechen, weswegen sie deren Konsumverhalten imitieren (Präferenzlenker). Diese Veranlagung wird als Verhaltensdisposition des „evolvierten Menschen“ verstanden, welche sowohl bewusst als auch unbewusst zu Verhaltensänderungen führen kann. Als Implikation ergibt sich, dass nicht alle Konsumenten auf individuellem Wege zu einem nachhaltigeren Konsumverhalten kommen müssen, sondern dass es ausreichen würde, das Konsumverhalten einflussreicher Peers anzusprechen.

Zu einem gegebenen Zeitpunkt spiegelt sich die individuelle Lernhistorie in unterschiedlichen Verhaltensneigungen wider: dafür werden die beiden Konsumententypen „spezialisierte“ versus „nicht-spezialisierte“

Konsumenten unterschieden. So kann man annehmen, dass sich über die Zeit bei den Konsumenten eine unterschiedliche Sensibilität herausgebildet hat, auf ihre eigene Entscheidungskompetenz zu vertrauen als auch Informationen wahrzunehmen und diese verhaltenswirksam werden zu lassen. Spezialisierung ist ein sich selbst verstärkender Prozess, bei dem neue Informationen effektiv in Verhaltensänderungen umgesetzt werden (d.h. gleichgerichtetes Wachstum von Informationen und Konsum bestimmter Gütertypen), und die Bereitschaft zur Informationssuche erhöht wird (im Vergleich zu anderen Konsumenten). Haben diese Konsumenten Einfluss auf den Konsum anderer in der Form von Peers, so können die von ihnen aufgenommenen Informationen indirekt auch an anderer Stelle verhaltenswirksam werden.

3.2.1 Die Theorie des lernenden Konsumenten aus Sicht von MONAKO

Modul 3 wird im Modellrahmen MONAKO durch eine konsumentenseitige Modellierung operationalisiert. Entsprechend dem oben beschriebenen Konsummodell wird die Rolle spezifischer Konsumenten, sogenannter Spezialisten, hervorgehoben, deren Konsumwahl vorwiegend auf Deliberation beruht, die am ehesten Problembewusstsein für die Umwelt entfalten und die sich durch verstärkte Informationsaufnahme – im Vergleich zu Nicht-Pionieren – auf den Konsum ökologischer Produkte spezialisieren. Die anderen Konsumenten sind Nicht-Pioniere, die eher imitieren oder deren Kaufverhalten durch Gewohnheiten geprägt ist.

Veränderungen im Konsumverhalten ergeben sich zum einen in Abhängigkeit von der Häufigkeit und Stärke der Peersorientierung, d.h. in Abhängigkeit von der gewählten Entscheidungsheuristik. Genauer kann die Konsumentengruppe der Pioniere stärkere oder schwächere Ausstrahlungseffekte entfalten, je nachdem, wie viele Konsumenten die Spezialisten als Peers sehen und wie häufig sie ihre Konsumwahl mit den Peers abgleichen. In jedem Fall entscheiden diese „guten Pioniere“ per se autonom. Den Spezialisten stehen aber auch Konsumenten gegenüber, die eher nicht ökologisch-gut konsumieren, aber ebenfalls als Rollenmodelle, d.h. als Peers, für bestimmte Konsumentengruppen wirken.

Darüber hinaus können Veränderungen in den umweltrelevanten Informationen zu einer Umgewichtung der Bedeutung der Produktmerkmale bei den Konsumenten führen, was ebenfalls die Konsumentscheidung verändert. Als eine wichtige Triebkraft werden hier umweltrelevante Informationen gesehen, z.B. aus den Medien, die sich über die Zeit in ihrer Auftretenshäufigkeit verändern. Die Wahrscheinlichkeit zu einer Verhaltensänderung via Präferenzänderung steigt mit zunehmender Informationsdichte. Diese Aussage gilt grundsätzlich für alle Konsumenten, doch weisen die Mitglieder der Konsumentenpopulation unterschiedliche Wahrnehmungsschwellen auf.

Für die Repräsentation der Hypothesen von Modul 3 in MONAKO sind daher v.a. diejenigen Modellelemente relevant, die die Informationsgenerierung und -aufnahme durch die Konsumenten betreffen, sowie auch die Annahme der Existenz von Pionier-Konsumenten, die mit spezifischen Eigenschaften ausgestattet sind und von anderen Konsumenten bei deren Konsumwahl z.T. als Vorbilder herangezogen werden.

3.2.2 Simulationsanalyse der Szenarien für Modul 3

Szenario III.1: Ein stärkerer Einfluss der Peers fördert nachhaltige Konsummuster

Ausgehend von der Theorie des lernenden Konsumenten lassen sich zunächst die Auswirkungen eines starken versus schwachen Peereffekts auf die Diffusion von nachhaltigen Konsummustern untersuchen. Analog dem Szenariotyp I.2 orientieren sich Konsumenten wenig bzw. stark an den Pionier-Vorbildern. Die Ergebnisauswertung ist Abschnitt 3.1.2 zu entnehmen.

Szenario III.2: Ein Markt mit seltener gewohnheitsmäßiger Konsumwahl und häufiger Deliberation fördert nachhaltige Konsummuster

In Szenario III.2 wird untersucht, wie sich ein nachhaltiges Konsummuster in einem Markt, in dem Gewohnheit (Repetition) dominiert (Spezifikation 1), im Vergleich zu einem Markt entwickelt, in dem die Konsumenten überwiegend deliberieren und somit durch objektive Kriterien ihre Kaufentscheidung treffen (Spezifikation 2).

In Spezifikation 1 neigen die Konsumenten zur Repetition, da sie tendenziell zufriedener und sicherer sind als im Referenzfall. Dies trifft v.a. für die Konsumentenklassen 1-3 zu, während bei den Konsumentenklassen 4 und 5 die Imitation bedeutsam ist. Beide Entscheidungsheuristiken hemmen prinzipiell das nachhaltige Konsummuster, es sei denn, es handelt sich um einen Schumpeter-II-Markt, dessen Akkumulationsvorteile besser genutzt werden können (vgl. Abb. 12).

In Spezifikation 2 handelt sich dagegen um einen Markt, in dem Konsumenten zwar immer noch sicher, dafür aber unzufriedener als im Referenzfall sind. Die Konsumentenklassen 1-3 wenden v.a. Deliberation an, während sich die Konsumentenklasse 4 außerdem auch sozial vergleicht. Nur die Konsumentenklasse 5 wird kaum beeinflusst. Die Verhaltensweisen der Konsumentenklassen 1-4 fördern das nachhaltige Konsummuster recht stark, außer in einem Schumpeter-II-Markt, da in diesem Regime durch das schnelle, deliberative Umentscheiden der Konsumenten die Akkumulationsvorteile nicht dauerhaft genutzt werden können.

GRAPHIKEN ZU DEN SIMULATIONSERGEBNISSEN VON SZENARIO III.2

Abb. 12: Nachhaltigkeitsindex [0,100]
(x: Zeit = [0,400]) in Szenario III.2.[10]

Schumpeter I	*Schumpeter neutral*	*Schumpeter II*
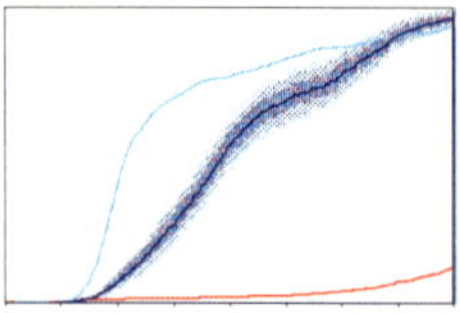	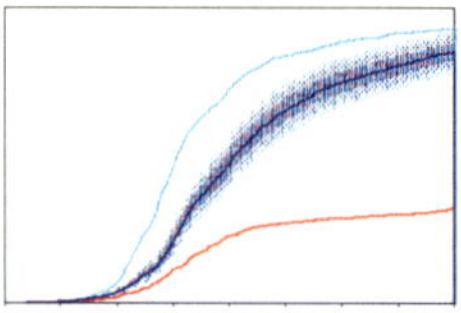	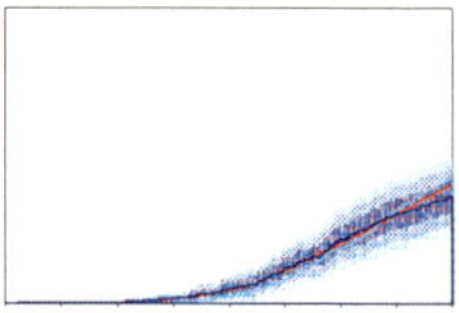
→ Mehr Gewohnheit hemmt, mehr Deliberation fördert nachhaltige Konsummuster	*→ Mehr Gewohnheit hemmt, mehr Deliberation fördert nachhaltige Konsummuster*	*→ Keine Wirkung*
Mehr Gewohnheit (Spezifikation 1), mittel (Referenzszenario mit Konfidenzintervallen: 0.1%, 1%, 10%), mehr Deliberation (Spezifikation 2) in den 3 Schumpeterregimen		

Der Analyseweg für Szenario III.2 sei außerdem an einer Szenariovariante veranschaulicht. Dazu wird die mittlere Zeitdauer variiert, nach der die Konsumenten wieder eine Entscheidungsheuristik (auch Repetition) zur Produktauswahl anwenden (statt nur habituell die vorherige Kaufentscheidung zu wiederholen). Auf diese Weise kann ein Markt

[10] Siehe für den Vergleich der Entscheidungsheuristiken die Graphiken bei Szenario III.3.

simuliert werden, in dem Gewohnheit im Sinne von habituellem Verhalten größere Bedeutung hat im Vergleich zu einem Markt, in dem habituellem Verhalten keine Bedeutung zukommt, die Entscheidungsheuristik Repetition aber bewusst vom Konsumenten eingesetzt werden kann.

Entsprechend der Argumentation in Szenario III.2 bewirkt ein Gewohnheitsmarkt, dass Konsumenten lange bei einem Unternehmen verbleiben. So können in einem Schumpeter-II-Markt Akkumulationsvorteile besser ausgeschöpft werden, und das nachhaltige Konsummuster wird hier sogar noch gefördert. In den anderen Marktvarianten wirkt ein habitueller Gewohnheitsmarkt hingegen nachteilig für das nachhaltige Konsummuster, wie oben bereits ausgeführt. Ein häufigeres Anwenden der Entscheidungsheuristiken bewirkt dagegen kaum eine Förderung des nachhaltigen Konsummusters. Der Grund dafür ist in den Modellannahmen zu suchen, da im Referenzfall bereits unterstellt wurde, dass sich die Konsumenten ca. alle 5 Perioden (in MONAKO also nach über einem Jahr) neu per Entscheidungsheuristik (auch per Repetition) am Markt orientieren und danach wieder 5 Perioden habituell verhalten.

MONAKO-Ergebnis: Spielt in einem Markt Gewohnheit eine starke Rolle, hemmt dies die Diffusion von nachhaltigen Konsummustern in zwei von drei Schumpeterregimen stark. Eine stärkere Bedeutung von Deliberation fördert hingegen in diesen zwei von drei Schumpeterregimen das nachhaltige Konsummuster. Konkret heißt das: Mehr Gewohnheit hemmt und mehr Deliberation fördert nachhaltige Konsummuster in Schumpeter-I und in Schumpeter-neutralen Märkten. In einem Schumpeter-II-Markt hingegen können durch das schnelle, deliberative Umentscheiden der Konsumenten die Akkumulationsvorteile des Marktregimes nicht dauerhaft genutzt werden, und das nachhaltige Konsummuster wird nicht gefördert.

Szenario III.3: Ein Markt mit weniger Gewohnheit und mehr sozialem Vergleich bei den Konsumenten fördert nachhaltige Konsummuster

Spezifikation 1 stellt ein durch Gewohnheit geprägtes Marktregime dar (vgl. Szenario III.2). Dieses wird mit einem Markt verglichen, in dem Konsumenten sich häufiger sozial vergleichen (Spezifikation 2), weil sie tendenziell sowohl unzufriedener als auch unsicherer sind als im

Referenzszenario.[11] Letztere Aussage trifft v.a. auf die Konsumentenklassen 2 und 3 zu. Aber auch die Pioniere neigen neben der Deliberation nun teilweise zu Social Comparison. Da aber das Vorbild des sozialen Vergleichs die Pioniere selbst sind, imitieren sie sich im Endeffekt selbst. In den Konsumentenklassen 4 und 5 bleibt das Verhalten relativ unverändert, so dass v.a. auch in Konsumentenklasse 4 der soziale Vergleich neben der Imitation bedeutsam ist.

Insgesamt bewirkt das Orientieren großer Teile der Konsumenten (Konsumentenklassen 2, 3 und teilweise 4) an den Pionieren, dass sich tendenziell viele Konsumenten auf ein Unternehmen konzentrieren. Aufgrund gegenseitiger Imitation sind die Pioniere aber nicht unbedingt positive Rollenvorbilder für nachhaltigen Konsum und bevorzugen nicht zwingend „Nachhaltigkeitspioniere" unter den Unternehmen.

Die konsumentenseitige Konzentration bewirkt allerdings eine leichte Förderung der Diffusion des nachhaltigen Konsummusters in einem Schumpeter-II-Markt, weil die Akkumulationsvorteile des Marktregimes ausgenutzt werden. Sie bewirkt jedoch keine Förderung des nachhaltigen Konsummusters in einem Schumpeter-neutralen-Markt, wo dieser Akkumulationsvorteil entfällt, und wirkt gar hemmend in einem Schumpeter-I-Markt, wo Wissensakkumulation zu einem Nachteil wird.

MONAKO-Ergebnis: Spielt in einem Markt Gewohnheit eine starke Rolle, hemmt dies die Diffusion von nachhaltigen Konsummustern in zwei von drei Schumpeterregimen stark. Eine stärkere Bedeutung von sozialem Vergleich fördert das nachhaltige Konsummuster nur sehr schwach, oder kann es sogar hemmen. Das bedeutet konkret: Da die Annahmen dieses Szenarios in MONAKO durch mehr Unzufriedenheit und Unsicherheit am Markt modelliert werden, imitieren sich auch die Pioniere gegenseitig. Sie sind damit nicht mehr ein unbedingt positives Rollenvorbild für nach

[11] Hier ergeben sich Parallelen zu Szenario I.2. Allerdings bleiben in Szenario I.2 die Pioniere von der veränderten Spezifikation unbeeinflusst, während sie hier sowohl in Szenario III.2 als auch in Szenario III.3 mit betroffen sind – was sich wiederum auch in dem Ergebnis der Diffusion von nachhaltigen Konsummustern niederschlägt. Bei diesem Szenario sind die sozialen Kriterien der Gegenpol zur Gewohnheit statt der individuellen Kriterien wie in Szenario III.2. Zu Überlegungen, welche Auswirkung eine häufigere Verwendung der Repetition aufgrund einer steigenden Zufriedenheit der Konsumenten hat, wenn der eigene Konsum analog dem der Peers ist, vgl. die Ergebnisse von Szenario I.3.

Graphiken zu den Simulationsergebnissen von Szenario III.3

Abb. 13: Nachhaltigkeitsindex [0,100]
(x: Zeit = [0,400]) in Szenario III.3

Schumpeter I	*Schumpeter neutral*	*Schumpeter II*
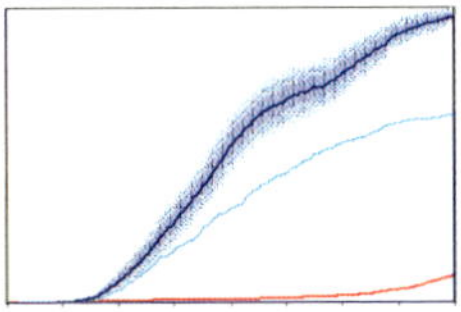	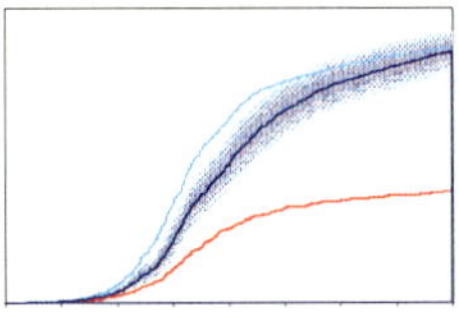	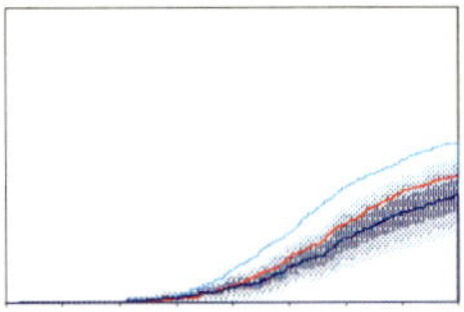
→ Mehr Gewohnheit hemmt nachhaltige Konsummuster stark, mehr sozialer Vergleicht auch	*→ Mehr Gewohnheit hemmt nachhaltige Konsummuster stark, mehr sozialer Vergleich fördert geringfügig*	*→ Mehr sozialer Vergleich fördert nachhaltige Konsummuster*
Mehr Gewohnheit (Spezifikation 1), mittel (Referenzszenario mit Konfidenzintervallen: 0.1%, 1%, 10%), mehr sozialer Vergleich (Spezifikation 2) in den 3 Schumpeterregimen		

Abb. 14: Anteile der verwendeten Entscheidungsheuristiken [0,1]
(x: Zeit = [0,400]) in Szenario III.2 und III.3

Pioniere	*Sichere Deliberierer*	*Flexible Entscheider*	*Unsichere Konsumenten*	*Zufriedene Imitierer*
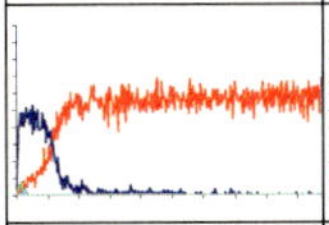	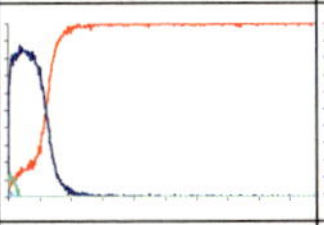	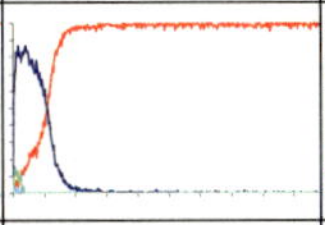	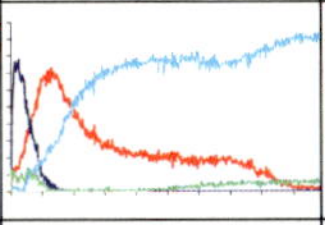	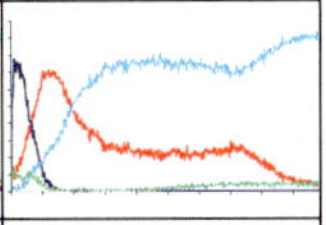
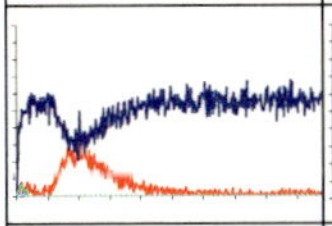	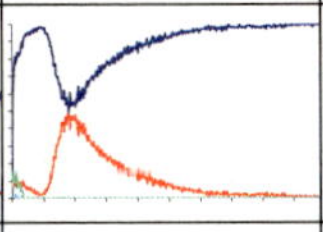	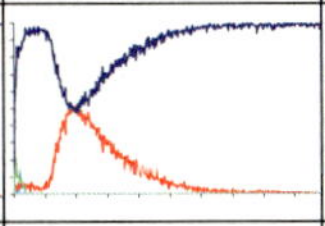	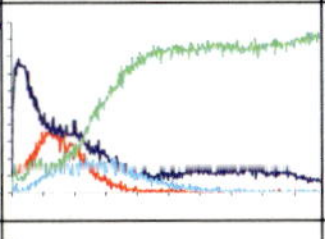	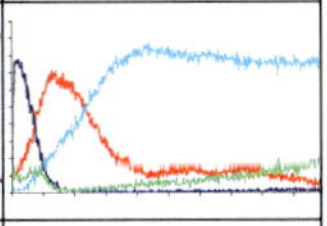
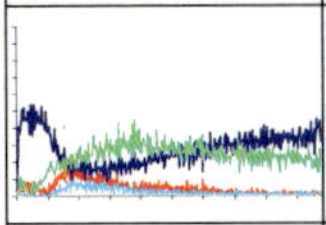	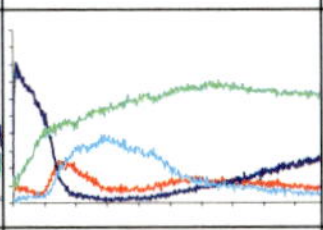	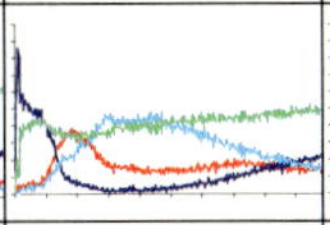	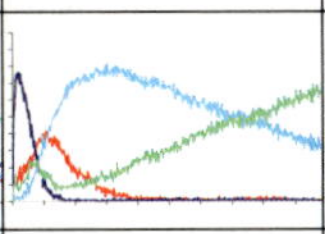	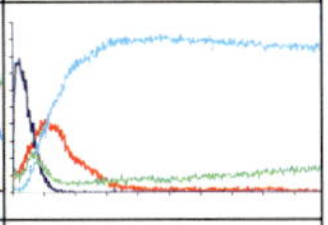
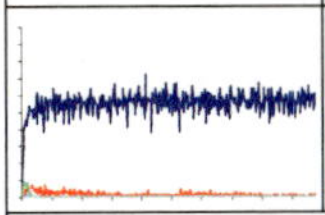	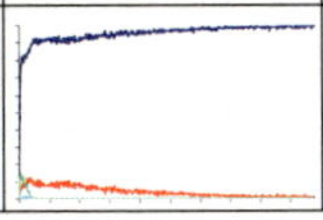	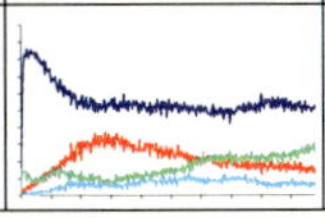	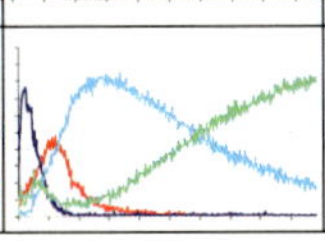	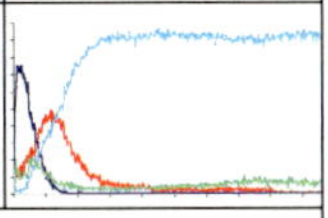
Repetition, Deliberation, Imitation, Social Comparison				
Die Verwendung der Entscheidungsheuristiken der Konsumenten in einem Markt mit mehr Gewohnheit (1. Zeile, Spezifikation 1 von Szenario III.2 und III.3), im Vergleich (1) zur Spezifikation 2 von Szenario III.2 mit mehr Deliberation (2. Zeile), (2) zur Spezifikation 2 von Szenario III.3 mit mehr sozialem Vergleich (3. Zeile) und (3) zum Referenzszenario (4. Zeile). (Schumpeter-I-Markt)				

haltigen Konsum. Trotzdem orientieren sich große Teile der Konsumentenpopulation an den Pionieren, was aber nur im Schumpeter-II-Markt eine leichte Förderung des nachhaltigen Konsummusters bewirkt, da hier die konsumentenseitige Konzentration hilft, die Akkumulationsvorteile des Marktregimes besser auszunutzen.

Szenario III.4: Mehr Pioniere befördern nachhaltige Konsummuster

In diesem letzten Szenario für Modul 3, das sich mit der Theorie des lernenden Konsumenten beschäftigt, werden die Auswirkungen eines unterschiedlich hohen Anteils der Pioniere untersucht. Analog zu Szenario I.4 dient hier die empirisch gesicherte Konsumentenverteilung als Referenz gegenüber Verteilungen, in denen der Anteil der Pioniere niedriger (Spezifikation 1) oder höher ist (Spezifikation 2).[12]

Die Simulationsergebnisse zeigen, dass bei einem sehr kleinen Pionieranteil das nachhaltige Konsummuster immer gehemmt wird, allerdings nicht sehr stark. Das liegt einerseits daran, dass im Referenzszenario ohnehin nur 4 % Pioniere angenommen werden und dieser Anteil in der Spezifikation 1 auf nur 1 % absinkt. Somit können die Pioniere im Referenzszenario ohnehin kein Unternehmen durch ihre Nachfrage allein am Leben halten, wenn sich nicht auch Konsumenten der anderen Konsumentenklassen zumindest mittelfristig beteiligen. Beim sozialen Vergleich geht es für die anderen Konsumenten nur darum, welches spezifische Produkt die Mehrheit der Pioniere auswählt und nicht darum, wie viele Pioniere diese Wahl treffen.

Im Gegensatz dazu haben in Spezifikation 2 die Pioniere so viel Marktmacht, dass sie Unternehmen das Überleben am Markt ermöglichen können. Im Schumpeter-II-Markt führt dies zu einer verbesserten Ausschöpfung der Akkumulationsvorteile. Und in Schumpeter-neutralen und Schumpeter-I-Märkten wechseln die Pioniere aufgrund ihrer Deliberation gegebenenfalls sofort zu einem neuen Unternehmen, wenn dieses eine stärker nachhaltige Qualität anbietet. Die Anbieterwechselquote der Konsumenten ist daher in den Märkten der Spezifikation 2 höher, und die

[12] Hier ändert sich im Vergleich zu Szenario I.4 nicht die Verwendung der Entscheidungsheuristiken, sondern der prozentuale Anteil der Pioniere an der Bevölkerung: in der Spezifikation 1 beträgt er 1 % und in der Spezifikation 2 60 %.

Pioniere führen diese Wechsel an, wie Abbildung 17 zeigt. Dies fördert das nachhaltige Konsummuster.

Außerdem ist zu beobachten, dass die Anzahl der Unternehmen in Schumpeter-neutralen und Schumpeter-II-Märkten ansteigt. Der Grund dafür liegt aber im Schumpeter-neutralen-Markt nicht nur in der erhöhten Wechselbereitschaft der Konsumentenpopulation, sondern v.a. darin, dass der Preis, der am Markt von den Unternehmen für ihre Produkte erzielt werden kann, über dem in den anderen Regimen liegt, da in Spezifikation 2 eine große Anzahl Konsumenten (die Konsumentenklasse 2 und vor allem die größere Klasse der Pioniere) den Preis bei der Produktauswahl kaum ins Kalkül zieht. Damit steigt die Rendite der Unternehmen am Markt, und es treten verstärkt Unternehmen ein. In einem Schumpeter-I-Markt, wo die größten Verbesserungspotenziale von den neuen Unternehmen kommen, stellt dieser Vorgang einen fördernden Faktor für die Diffusion des nachhaltigen Konsummusters dar.

Zusammenfassend fördert ein höherer Pionieranteil die Diffusion des nachhaltigen Konsummusters, wie in Abb. 15 deutlich wird.

Graphiken zu den Simulationsergebnissen von Szenario III.4

Abb. 15: Nachhaltigkeitsindex [0,100]
(x: Zeit = [0,400]) in Szenario III.3

Schumpeter I	*Schumpeter neutral*	*Schumpeter II*
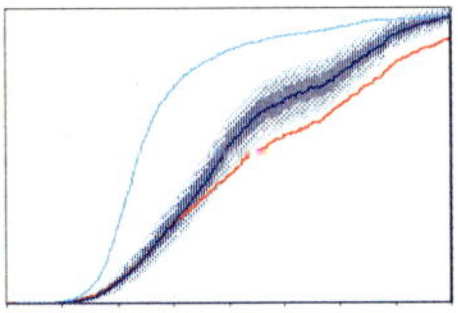	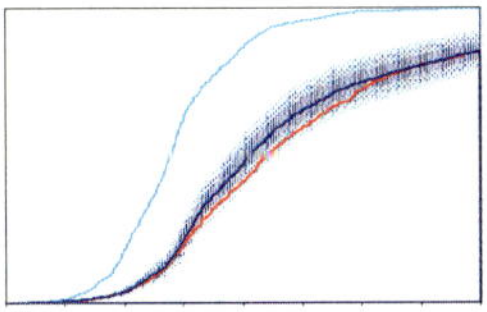	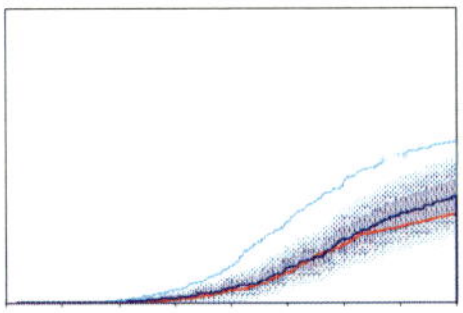
→ Marktmacht der Pioniere fördert Eintritt neuer Unternehmen → nachhaltige Konsummuster gefördert!	*→ Marktmacht der Pioniere stützt sowohl alte als auch neue Unternehmen → nachhaltige Konsummuster gefördert!*	*→ Marktmacht der Pioniere hilft beim Ausschöpfen der Wissensvorteile → nachhaltige Konsummuster gefördert!*

Geringer (Spezifikation 1), mittlerer (Referenzszenario mit Konfidenzintervallen: 0.1%, 1%, 10%), hoher (Spezifikation 2) Pionieranteil in den 3 Schumpeterregimen

Abb. 16: Anteile der verwendeten Entscheidungsheuristiken [0,1] (x: Zeit = [0,400]) in Szenario III.4

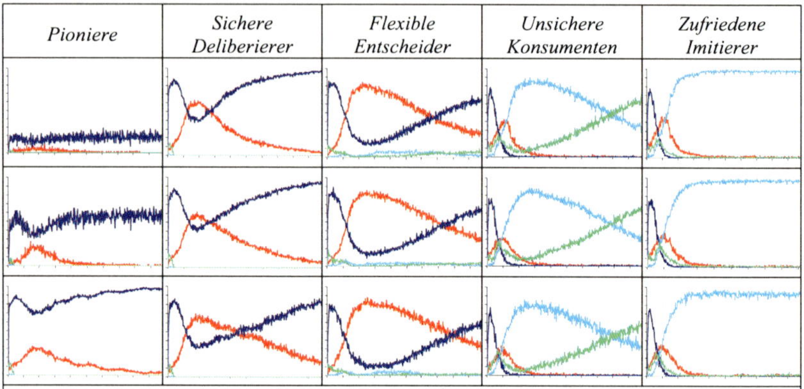

Repetition, Deliberation, Imitation, Social Comparison

Verwendung der Entscheidungsheuristiken bei niedrigem Pionieranteil (1. Zeile, Spezifikation 1) im Vergleich zum Referenzszenario (2. Zeile) und zur Verwendung der Entscheidungsheuristiken bei hohem Pionieranteil (3. Zeile, Spezifikation 2). (Schumpeter-neutraler Markt)

Abb. 17: Gewählter Anbieter in den 5 Konsumentenklassen (Unternehmen fortlaufend durchnummeriert nach ihrer Eintrittsperiode) (x: Zeit = [0,400]) in Szenario III.4

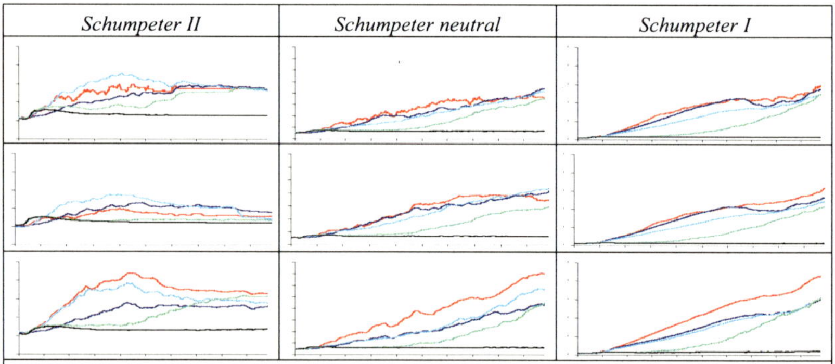

Gewählter Anbieter der Konsumentenklassen 1, 2, 3, 4, 5
[0,25] (1. Spalte), [0,70] (2. Spalte), [0,250] (3. Spalte)

In der Spezifikation 1mit niedrigem Pionieranteil gibt es weniger Anbieterwechsel (1. Zeile) im Vergleich zum Referenzszenario (2. Zeile). In der Spezifikation 2 mit höherem Pionieranteil dagegen kommt es zu mehr Anbieterwechsel (3. Zeile), angeführt von den Pionieren als diejenige Konsumentenklasse, die als erstes zu neuen Unternehmen wechselt.

MONAKO-Ergebnis: Ein größerer Pionieranteil fördert nachhaltige Konsummuster in allen drei Schumpeterregimen, so dass die Hypothese bestätigt werden kann.

3.2.3 MONAKO-Simulationen aus Sicht der Theorie des lernenden Konsumenten

Rechtfertigung der relevanten MONAKO-Variablen aus Sicht der Theorie des lernenden Konsumenten

Veränderungen im Zufriedenheitsniveau

Die Variable „Zufriedenheitsniveau“ lässt sich so interpretieren, dass sie misst, bis zu welchem Grad Konsumentenbedürfnisse in der abgelaufenen Zeitperiode befriedigt wurden. Grundsätzlich gilt, dass Konsumverhalten durch Deprivationszustände in Grundbedürfnissen (z.B. Abweichung vom physiologischen homöostatischen Gleichgewicht) motiviert wird. Die Theorie des lernenden Konsumenten (Witt 2001) fußt maßgeblich auf dieser aus der Motivationspsychologie stammenden Grundidee (vgl. Weiner 1994). Wird eine Toleranzschwelle in der Bedürfnisbefriedigung über eine gewisse Zeit deutlich unterschritten, motiviert dies die Suche nach besseren Verhaltensweisen.[13] Es ist beispielsweise als Ursache einer solchen „Zufriedenheitslücke“ denkbar, dass eine gegebene Konsumaktivität mit einem weiteren Bedürfnis assoziiert wird. Wenn der Konsum von Lebensmitteln bislang nur unter dem Aspekt betrachtet wurde, dass die Produkte satt machen und möglichst preiswert sind, mag sich der Anspruch der Konsumenten dahingehend ändern, dass Lebensmittel auch noch einen positiven Beitrag zur Gesundheit leisten sollen. Mit der herkömmlichen Ernährungsweise mag dies aber nicht zu erreichen sein, was Unzufriedenheit hervorruft. Auslöser solch veränderter Ansprüche mögen Änderungen im tatsächlichen Gesundheitszustand des Konsumenten sein bzw. eine höhere Aufmerksamkeit gegenüber der Thematik Gesundheit (veränderte Lebensumstände wie Familiengründung, Medienberichterstattung etc.). Die Folge ist die bewusste Abwägung von

[13] Deprivationszustände müssen nicht zwangsläufig durch andere Verhaltensweisen abgebaut werden. Letztere kommen lediglich dann zum Tragen, wenn mit der bisherigen Konsumstrategie keine ausreichende Bedürfnisbefriedigung mehr erreicht werden kann oder der Konsument zufällig auf andere Konsumalternativen trifft.

Konsumalternativen auf Basis individuell erworbenen bzw. sozial vermittelten Konsumwissens (Deliberation bzw. sozialer Vergleich).

Veränderungen in der Unsicherheitstoleranz

Diese Variable gibt darüber Auskunft, ob die Nutzenerwartungen in Bezug auf den Konsum eines Produkts in der Vergangenheit realistisch waren oder nicht. Die Erkenntnis einer gewissen Inkompetenz in der Abschätzung von Nutzenbeiträgen führt dazu, künftige Konsumentscheidungen eher auf das Erfahrungswissen anderer Konsumenten zu stützen. In der Theorie des lernenden Konsumenten spielen solche sozialen Lernprozesse eine wesentliche Rolle, da davon ausgegangen wird, dass die Assoziationen zwischen Gütern und Bedürfnissen erst entwickelt werden müssen, und die Orientierung am sozialen Umfeld des Konsumenten Kosten individuellen Lernens spart (Cordes, 2004). Grundsätzlich werden Konsumenten sich verstärkt mit dem Konsum ihrer Peers befassen, je bedeutender die Konsumaktivität aus ihrer Sicht ist und je weniger sie sich selbst in der Lage sehen, das Konsumproblem zu lösen (Woersdorfer 2010). Als mögliche Hintergründe von Unsicherheit sind ein sich rapide wandelndes Konsumumfeld (der Nutzenbeitrag vieler neuer Produkte muss erschlossen werden) als auch nicht-beobachtbare Produkteigenschaften zu nennen (bspw. lässt sich die tatsächliche Umweltfreundlichkeit von Produkten vom Konsumenten selbst nicht beurteilen).

Repetitives Verhalten durch Verstärkungslernen

Gemäß der Theorie des lernenden Konsumenten ändert sich das Konsumverhalten graduell mit der Zeit, weil der Nutzenbeitrag von Produkten (genauer: deren Bedürfnisbefriedigungspotenzial) besser verstanden wird und Präferenzen für bestimmte Güter ausgebildet werden. Verstärkungslernen (vgl. Frieman 2002) ist eine Variante, solches Konsumwissen zu erwerben. Die Grundidee des Verstärkungslernens ist, dass die Häufigkeit, mit der eine Konsumalternative gewählt wird, proportional zur empfundenen Belohnung ist (Herrnstein 1997). Konsumentscheidungen haben dann weniger eine situative Komponente als dass eine gewisse Pfadabhängigkeit auftritt und Konsumentscheidungen wiederholt werden (Repetition); bei Vorliegen hoher Zufriedenheit wählt der Konsument das gleiche Produkt, so dass die Präferenzen verfestigend auf das Konsumverhalten wirken. Grundsätzlich ist es möglich, dass Konsumenten Biolebensmittel als stärker belohnend empfinden als konventionelle Produkte. Dann würde mit der Zeit eine Präferenz für Biolebensmittel erlernt, die durch sensorisch erlebbare Erfahrungen angetrieben und wiederholt wird (besserer Geschmack, gesundheitsfördernde Wirkung). Die Ausbildung repetitiven Verhaltens ist bei Gütern wahrscheinlicher, die eine unmittelbare sensorische Rückkopplung erlauben im Sinne der Befriedigung elementarer Bedürfnisse (z.B. Nahrungsmittel eher als Solarthermieanlagen). Auch beeinflusst die Aufmerksamkeit, die der Konsument einem bestimmten Konsumakt widmet, ob Entscheidungen eher wiederholt oder überdacht und ggf. variiert werden. Wenn sich Konsumenten also darin unterscheiden, wieviel Aufmerksamkeit sie auf bestimmte Konsumakte richten, fallen Konsumenten in Gruppen der Repetitierer bzw. Deliberierer (niedrige bzw. hohe kognitive Beteiligung).

Höhe des Pionieranteils in der Konsumentenpopulation

Innerhalb des Simulationsmodells werden Pioniere als diejenigen Konsumenten hervorgehoben, die über ein originäres Umweltinteresse verfügen und deutlich besser über die Nachhaltigkeitseigenschaften von Produkten informiert sind als die breite Masse (zum zugrunde liegenden Spezialisten-Konzept, s.o.). Im Ergebnis konsumieren Pioniere recht konsequent nachhaltige Produkte. Bezüglich der Höhe des Pionieranteils sieht Modul 3 als wesentliche Bestimmungsgröße die Informationsdichte zu umweltrelevanten Themen, aber auch die Transparenz im Hinblick auf Produkteigenschaften (tatsächlicher Nachhaltigkeitsbeitrag). Bei hoher Informationsdichte dürfte es tendenziell mehr umweltbewusste Konsumenten geben, weil eine gewisse Wahrnehmungsschwelle überschritten wird (sog. Agenda Setting Effekte). Das Nachhaltigkeitsbewusstsein selbst ist also teilweise durch Veränderungen des Informationsumfelds geprägt. Insbesondere wenn die Qualität der Lebensgrundlage durch den nicht-nachhaltigen Konsum signifikant verschlechtert wird, wäre mit einer Rückkopplung über die Medien zur rechnen, was wiederum weitere Pioniere zur Entstehung bringen sollte.

Starke versus schwache Peersorientierung

Ein großer Teil des Konsumverhaltens wird in der Theorie als sozial bedingt angenommen. Die Imitation erfolgreicher Individuen ist eine im Laufe der Evolution entstandene Verhaltensneigung (Cordes 2004). Durch soziale Interaktion diffundiert Wissen in der Gesellschaft, was individuelle Lernprozesse deutlich beschleunigen kann. Und in Abhängigkeit davon, wie das soziale Umfeld auf ein bestimmtes Konsumverhalten reagiert, wird die relative Häufigkeit eben jenes Konsumverhaltens beeinflusst (soziales Feedback) (Buenstorf/Cordes 2008). Eine erhöhte Kommunikationsintensität ist in Zeiten der Krise zu erwarten, d.h. wenn Konsumenten sich mit neuartigen Problemen konfrontiert sehen und sich deren individuelle Lösung nicht zutrauen. Durch Gemeinsamkeiten der Konsumenten in ihrer genetischen Ausstattung zeigen sich Übereinstimmungen in der Interpretation von Situationen als problematisch, und es bilden sich Gemeinsamkeiten im Konsumverhalten heraus, wenn Orientierung in Richtung der gleichen Rollenmodelle stattfindet (Woersdorfer 2010).

Annahmen und Ergebnisse des Szenarios III.1
aus Sicht der Theorie des lernenden Konsumenten

Gemäß der Theorie des lernenden Konsumenten (Witt 2001) ist anzunehmen, dass ein Großteil des Konsumverhaltens v.a. von Lernprozessen sozialer Art geprägt ist. Zum einen liefert das soziale Umfeld über persönliche Kommunikation Informationen bezüglich der Geeignetheit von Produkten zur Bedürfnisbefriedigung (Informationslieferant). Zum anderen versuchen Konsumenten auch, den Erwartungen ihrer Peers zu entsprechen, weswegen sie deren Konsumverhalten imitieren. Letzterer Fall kann, aber muss nicht zu einer Präferenzänderung führen.

Die Wittsche Konsumtheorie legt nahe, dass eine stärkere oder geringere Orientierung an Referenzpersonen in einer Konsumentenpopulation dadurch beeinflusst wird, wie stark oder schwach sich die Konsumumgebung verändert (vgl. auch Woersdorfer 2010). Wenn beispielsweise in einem bestimmten Zeitraum viele neue Produkte auf den Markt kommen, ist der Orientierungsbedarf besonders groß, und es werden diejenigen Konsumenten als Rollenmodelle hinzugezogen, denen die Kompetenz zugeschrieben wird, das Bedürfnisbefriedigungspotenzial abschätzen zu können (Konsumenten mit Expertise, hier Pioniere). Bei Biolebensmitteln dürfte v.a. die Glaubwürdigkeit der Produkte zur Debatte stehen, aber auch die soziale Signalwirkung bestimmter Güter (ist es z.B. „zeitgemäß", jetzt auf Biolebensmittel umzusteigen). Weil die veränderte Konsumumgebung auf alle Konsumenten in ähnlicher Weise wirkt, tritt sozialer Vergleich bei vielen Konsumenten gleichzeitig auf. Diejenigen Konsumenten, die sich bereits vorher hervorgetan haben, finden verstärkt Anhänger und führen damit den Diffusionsprozess bestimmter Produkte an. Im Gegensatz dazu dürfte eine stabile Konsumumgebung dazu führen, dass Peers-Vergleichen eher eine untergeordnete Bedeutung zukommt. Damit eine veränderte Konsumumgebung als solche wahrgenommen wird, muss vermutlich eine große Anzahl neuer Biolebensmittel gleichzeitig auf den Markt kommen, und zwar über alle Einkaufsstätten gleichermaßen hinweg.

Annahmen und Ergebnisse des Szenarios III.2
aus Sicht der Theorie des lernenden Konsumenten

Der Konsum von Lebensmitteln allgemein entspricht einem Konsumakt, der sowohl durch Wissensvermittlung als auch sensorische Erlebnisse beeinflusst wird (Ruprecht 2005). Durch die sensorische Rückkopplung bilden sich möglicherweise Präferenzen für gewisse Produkte heraus, die dann dauerhaft konsumiert werden. Obwohl aufgrund von Neugier ein sporadischer Wechsel auch zu anderen Produkten stattfindet, bleibt der Konsument über längere Zeit bei einem gewissen Konsumverhalten, das er als „belohnend" empfindet. Wenn sich die Produkte, mit denen der Konsument sich auseinandersetzt, ab einem bestimmten Punkt nicht mehr ändern, stabilisieren sich die relativen Konsumhäufigkeiten bestimmter Produkte (z.B. wird die Hälfte der Woche kein Fleisch gegessen). Dies ist im Szenario mit dem durch Gewohnheit geprägten Markt abgebildet. Um dieses stabile Verhaltensmuster aufzubrechen, muss der Konsument zunächst mit den neuartigen Produkten („Stimuli") (zufällig) konfrontiert werden und diese dann als stärker belohnend empfinden als bisherige Alternativen. Der Geschmack der Biolebensmittel dürfte dann entscheidend für deren Durchsetzung sein. Alternativ wird die Wissenskomponente beim Kauf von Lebensmitteln eine große Rolle spielen, wenn ein Problembewusstsein herrscht und das Ernährungsverhalten mit diesem Problem assoziiert wird. Fühlt sich ein Konsument gesundheitlich beeinträchtigt und sieht er einen Zusammenhang zur Ernährung, so wird er das Ernährungsverhalten überdenken und womöglich die Konsumwahl verändern. Soziale Vergleiche kommen zum Tragen, wenn besser Informierte oder Gleichgesinnte bei der Neuorientierung hinzugezogen werden. Wenn Biolebensmittel dann als für die Gesundheit vorteilhaft eingeschätzt werden, setzen sie sich bei den gesundheitsbewussten Konsumenten verstärkt durch. Ein anschließender Lock-in und von Gewohnheit geprägter Konsum kann auch hieraus resultieren, was im Falle der Biolebensmittel positiv zu bewerten wäre.

Annahmen und Ergebnisse des Szenarios III.3 aus Sicht der Theorie des lernenden Konsumenten

Zu den Hintergrundinformationen im Falle Gewohnheit siehe die Erläuterungen zu Szenario III.2. Sozialer Vergleich, auch zwischen Pionieren, dürfte v.a. damit zusammenhängen, dass die Veränderungen in der Konsumumgebung nicht nur das Produktangebot betreffen, sondern auch das „Informationsumfeld" der Konsumenten. Wenn bspw. viele neue Biolebensmittel auf den Markt gebracht werden und alle Anbieter gleichzeitig diese bewerben, dürfte es schwierig werden, auch bei dem Versuch durch Abwägen zur Entscheidung zu gelangen, die beste Produktalternative zu identifizieren. Widersprüchliche Informationen in den Medien dürften ähnliche Auswirkungen haben. Selbst Pioniere, die das nötige Problembewusstsein besitzen und sich informieren, werden nur wenig Vertrauen in ihr eigenes Urteil haben und schauen deshalb zu Gleichgesinnten. Die Fokussierung auf ein bestimmtes Produkt unter einigen Möglichkeiten geschieht dann eventuell zufällig, und muss nicht optimal sein. Transparente Informationen und die Glaubwürdigkeit von Signalen (z.B. Labels) dürften dazu beitragen, dass sich auch die tatsächlich „beste" Variante durchsetzt.

Annahmen und Ergebnisse des Szenarios III.4 aus Sicht der Theorie des lernenden Konsumenten

Zu einem bestimmten Zeitpunkt mag es eine große oder kleine Gruppe an umweltinteressierten Pionieren geben, die sich durch den konsequenten Kauf nachhaltiger Produkte auszeichnen. Bei gegebenem Ausstrahlungseffekt (d.h. gleichstarker Peers-Orientierung in beiden Fällen) werden im ersteren Fall Biolebensmittel einen stärkeren Marktanteil einnehmen als im letzteren. Ein höherer Pionieranteil ist insbesondere dann zu erwarten, wenn die Informationsdichte zu umweltrelevanten Themen insgesamt höher ist. Damit werden auch Konsumenten erreicht, die eine niedrige Wahrnehmungsschwelle aufweisen. Die Medien strukturieren also die Wahrnehmung darüber, wie wichtig der Kauf ökologisch guter Produkte ist (Agenda Setting, vgl. Bandura 1986). Deliberation kann in so einer Situation verstärkt auftreten, weil insgesamt viele Informationen bereitgestellt werden, die eine eigenständige Entscheidung unterstützen. Mit der Etablierung einer derart großen und stabilen Käuferschaft wird zudem eine kritische Masse erreicht, die Einfluss auf die Unternehmensseite ausüben kann.

3.3 Der interaktionsökonomische Ansatz von Modul 4 (Klaus Fichter und Ralf Antes)

Die zentrale Hypothese von Modul 4 lautet: Die Verbreitung nachhaltiger Konsumlösungen hängt maßgeblich von der Existenz und Ausstrahlungskraft sogenannter „Schlüsselakteure" ab. Dabei handelt es sich um solche Akteure, die innerhalb eines bestimmten Innovations- oder Diffusionspfades einen signifikant höheren Einfluss auf dessen Verlauf haben als andere Akteure. Sie übernehmen in der Regel die Rolle des Meinungsführers und entfalten ihren Einfluss auf den Pfadverlauf durch eine hohe Ausstrahlungskraft im sozialen System.

Schlüsselakteure sind nicht nur auf der Angebotsseite (Hersteller) und Nachfrageseite (Konsumenten), sondern auch in der Akteursgruppe der „Intermediäre" zu finden. Letztere lassen sich von den Herstellern und Konsumenten dadurch abgrenzen, dass sie selbst keine Güter herstellen oder konsumieren, sondern eine vermittelnde Funktion zwischen beiden Marktseiten wahrnehmen und insofern für eine Verknüpfung und Anpassung von Angebots- und Nachfrageseite sorgen. Da die spezifische Rolle von Intermediären für einen nachhaltigen Konsum bis dato kaum untersucht ist, hat sich Modul 4 in der Theoriebildung und der empirischen Untersuchung auf die Rolle von Intermediären konzentriert.

Bei der Akteursgruppe der Intermediäre wird zwischen „klassischen" Marktintermediären (Handel, Makler usw.), die innerhalb eines Marktes angesiedelt sind, und sogenannten „Politikintermediären" unterschieden, die außerhalb des Marktes positioniert sind, weil sie selbst keine Markttransaktionen vornehmen und damit auch keine unmittelbaren Marktteilnehmer sind. Das Schlüsselakteurskonzept, das sich sowohl auf Hersteller, Intermediäre als auch Konsumenten beziehen kann, ist breiter angelegt als die Akeurskonzepte in Modul 1 (Peers) und Modul 3 (Pioniere als eine spezifische Konsumentenklasse), da letztere sich ausschließlich auf die Gruppe der Konsumenten beziehen.

3.3.1 Der interaktionsökonomische Ansatz aus Sicht von MONAKO

Der interaktionsökonomische Ansatz von Modul 4 betont, dass Schlüsselakteure und Intermediäre für den Diffusionsverlauf von (ökologisch nachhaltigen) Neuerungen relevant sind und einerseits außerhalb des Marktes angesiedelt und andererseits als Vermittler zwischen Anbieter- und Nachfrageseite als Marktakteur aktiv sind. Daher erfolgt die Integration von Hypothesen von Modul 4 in MONAKO zum einen durch die Einführung einer zusätzlichen marktbeeinflussenden Seite in Form von Politikintermediären, Agenturen etc., die die Funktion haben, Informationen und Wissen zu vermitteln sowie Bewusstsein für spezifische Probleme zu schaffen. Zum anderen werden die Marktintermediäre als Teil der Angebotsseite erfasst. Schlüsselakteure sind dabei Meinungsführer im sozialen System, die sich v.a. durch ihre Innovativität und ihren Ausstrahlungseffekt auszeichnen und damit eine Art Pioniere (im Sinne von Modul 3) oder Peers (im Sinne von Modul 1) darstellen, die sowohl für die anderen Konsumenten als auch für die anderen Unternehmen im sozialen Vergleich (Social Comparison in den Entscheidungsheuristiken auf der Konsumenten- und auf der Unternehmensseite) von Bedeutung sind und in der Pionierinterpretation von MONAKO aufgehen.

3.3.2 Simulationsanalyse der Szenarien für Modul 4

Szenario IV.1: Die Anwesenheit von (nachfrageseitigen) Schlüsselakteuren pro Nachhaltigkeit am Markt fördert nachhaltige Konsummuster

In diesem Szenario sind die Auswirkungen auf die Diffusion von nachhaltigen Konsummustern in einem Regime einmal mit und einmal ohne nachfrageseitige Schlüsselakteure zu untersuchen. Dieses Szenario ist einerseits analog zu Szenario I.2, das sich mit der Frage beschäftigt, ob sich Konsumenten wenig oder stark an den Pionier-Peers orientieren. Andererseits ist dieses Szenario auch in Analogie zu Szenario III.4 zu sehen, in dem der Pionieranteil in der Gesamtpopulation steigt bzw. sinkt im Vergleich zum Referenzszenario (vgl. die Ergebnisse von Szenario I.2 und III.4).

Szenario IV.2: Angebotsseitige Schlüsselakteure pro Nachhaltigkeit fördern nachhaltige Konsummuster

Analog zu Szenario IV.1 wird hier ein Szenario formuliert, in dem angebotsseitige Schlüsselakteure anwesend (= Referenzszenario) bzw. abwesend (in den Spezifikationen 1 und 2) sind. Der Fokus dieses Szenariotyps liegt also ebenfalls auf einem variierenden Peers- bzw. aus Sicht des interaktionsökonomischen Ansatzes – Schlüsselakteurseffekt wie in Szenario IV.1, diesmal aber auf der Unternehmensseite. Die Abwesenheit der angebotsseitigen Schlüsselakteure kann auf zwei Arten simuliert werden. So orientieren sich die Unternehmen am Markt, wenn sie Social Comparison als Spezialisierungsheuristik anwenden, nicht mehr länger an den erfolgreichen „Nachhaltigkeitspionieren" wie im Referenzszenario, sondern in Spezifikation 1 an dem Unternehmen mit dem größten Marktanteil (entspricht der Imitation im Referenzszenario) und in Spezifikation 2 an dem Unternehmen mit der größten Rendite.

Die Ergebnisse dieses Szenarios zeigen, dass in keiner der beiden Spezifikationen ein nennenswerter Einfluss auf die Diffusion des nachhaltigen Konsummusters nachgewiesen werden kann, da die Rolle der angebotsseitigen Schlüsselakteure als Vorbild für andere Unternehmen nur beschränkten Einfluss hat.

GRAPHIKEN ZU DEN SIMULATIONSERGEBNISSEN VON SZENARIO IV.2

Abb.18: Nachhaltigkeitsindex [0,100]
(x: Zeit = [0,400]) in Szenario IV.2

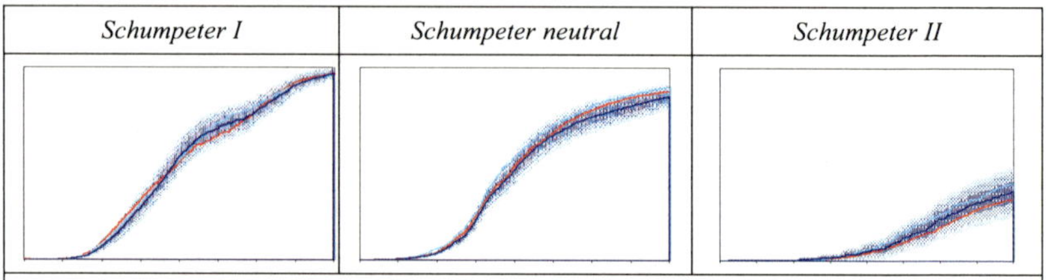

Bei der Spezialisierungsheuristik Social Comparison sind die Unternehmen Rollenvorbild **mit dem größten Marktanteil (Spezifikation 1), die Pro-Öko-angebotsseitige Schlüsselakteure (= erfolgreiche Nachhaltigkeitspioniere) sind (Referenzszenario mit Konfidenzintervallen: 0.1%, 1%, 10%),** die größte Rendite erzielen (Spezifikation 2) in den 3 Schumpeterregimen

Der Analyseweg für Szenario IV.2 sei außerdem an zwei Szenariovarianten veranschaulicht, die mit MONAKO durchgeführt wurden.

(1) In einer ersten Variante haben wir zusätzlich zur reinen „Anwesenheit" von pro-öko angebots- und nachfrageseitigen Schlüsselakteuren die Stärke des Peerseinfluss durch unterschiedlich gewählte (Un-) Sicherheits- und (Un-)Zufriedenheitsparameter variiert. Dies entspricht Szenario I.2 mit zusätzlichen pro-öko angebotsseitigen Schlüsselakteuren. Die Ergebnisse entsprechen ebenfalls denen des Szenarios I.2, so dass auch hier kein zusätzlich fördernder oder hemmender Einfluss der angebotsseitigen Schlüsselakteure nachweisbar ist.

(2) In einer zweiten Variante haben wir zusätzlich zur reinen Anwesenheit von pro-öko angebots- und nachfrageseitigen Schlüsselakteuren den Pionieranteil in der gesamten Konsumentenpopulation variiert. Dies entspricht Szenario III.4 mit zusätzlichen pro-öko angebotsseitigen Schlüsselakteuren. Auch hier lässt sich keine zusätzliche Wirkung der angebotsseitigen Schlüsselakteure feststellen, wie die Ergebnisse von Szenario III.4 zeigen.

MONAKO-Ergebnis: Sind nicht Nachhaltigkeitspioniere Rollenvorbild für den sozialen Vergleich, sondern Preisführer oder führende Unternehmen hinsichtlich der sonstigen Qualität, hat dies keinen Einfluss auf die Diffu-

sion des nachhaltigen Konsummusters, da die Rolle der angebotsseitigen Schlüsselakteure als Vorbild für andere Unternehmen nur beschränkten Einfluss hat. Diese Hypothese kann also von MONAKO nicht bestätigt werden.

Szenario IV.3: Politikintermediäre fördern nachhaltige Konsummuster

In diesem Szenario wird der Einfluss der Politikintermediäre variiert. Dazu wird einerseits die Informationsmenge, die durch Politikintermediäre potentiell erzeugt wird, variiert, zusätzlich sei angenommen, dass Politikintermediäre es in Spezifikation 2 erreichen, die Marktakteure für Umweltinformationen mehr zu sensibilisieren, und in Spezifikation 1 dies nicht erreichen.

Die Simulationsergebnisse entsprechen den Ergebnissen des Szenarios V.3. Ein hohes Nachhaltigkeitsbewusstsein in Szenario V.3 bewirkt die gleichen Reaktionen von Konsumenten und Unternehmen wie ein hoher Einfluss der Politikintermediäre und umgekehrt.

GRAPHIKEN ZU DEN SIMULATIONSERGEBNISSEN VON SZENARIO IV.3

Abb. 19: Nachhaltigkeitsindex [0,100] (x: Zeit = [0,400]) in Szenario IV.3

Schumpeter I	*Schumpeter neutral*	*Schumpeter II*
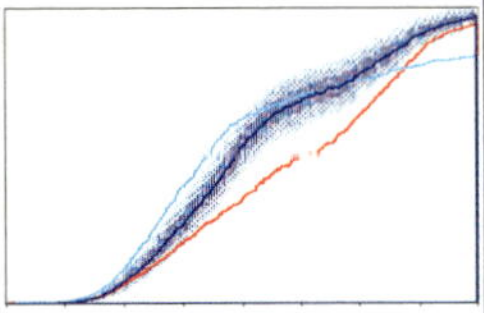	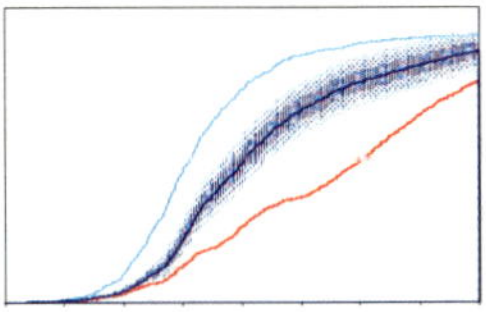	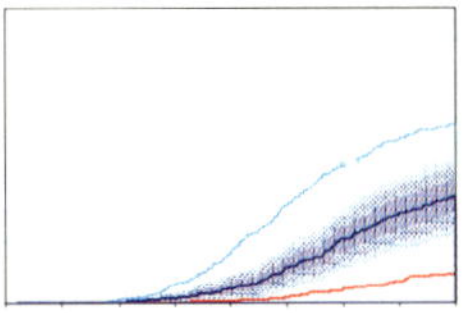
→ hoher Einfluss der Politikintermediäre hemmt letztlich	*→ hoher Einfluss der Politikintermediäre fördert nachhaltige Konsummuster*	
Geringer (Spezifikation 1), mittlerer (Referenzszenario mit Konfidenzintervallen: 0.1%, 1%, 10%), hoher (Spezifikation 2) Einfluss der Politikintermediäre in den 3 Schumpeter-regimen		

Der Analyseweg für Szenario IV.3 sei an 6 weiteren Szenariovarianten veranschaulicht, die mit MONAKO durchgeführt wurden.

(1) Politikintermediäre stellen mehr Informationen bereit. Fördert dies nachhaltige Konsummuster? Tatsächlich wird in allen Schumpeterregimen das nachhaltige Konsummuster leicht gefördert, am deutlichsten in einem Schumpeter-II-Markt, also bei Akkumulationsvorteilen am Markt. Die Präferenzänderungen pro-öko erfolgen bei den Konsumentenklassen 1-3 etwas schneller, während bei den Konsumentenklasse 4 und 5 keine Veränderung auftritt, da diese kaum informationssensibel sind. Die Konsumentenklasse 3 ist außerdem etwas unsicherer und orientiert sich daher stärker an anderen Konsumenten. So können die Unternehmen die Akkumulationsvorteile in diesem Schumpeter-II-Markt etwas besser ausschöpfen.

(2) Politikintermediäre sensibilisieren die Konsumenten stärker für Umweltinformationen (ohne dass mehr Informationen bereitgestellt werden). Fördert dies nachhaltige Konsummuster? Die Ergebnisse sind denen von Variante (1) sehr ähnlich, aber die Hemmung bei weniger Informationssensibilität ist etwas stärker ausgeprägt. Dies liegt v.a. daran, dass die Präferenzänderungen bei stark reduzierter Informationssensibilität zum Erliegen kommen und sich somit die ersten drei Konsumentenklassen, sonst die Zugpferde der Diffusion eines nachhaltigen Konsummusters, gar nicht auf die nachhaltige Qualität als wichtigstes Produktmerkmal spezialisieren. Die Konsumentenklassen 4 und 5 sind wie in Variante (1) unverändert.

(3) Politikintermediäre sensibilisieren die Unternehmen stärker für Umweltinformationen (ohne dass mehr Informationen bereitgestellt werden). Fördert dies nachhaltige Konsummuster? Die Ergebnisse entsprechen denen von Variante (1).

(4) Politikintermediäre erreichen, dass die Informationen bei den Konsumenten nicht so schnell obsolet werden. Fördert dies nachhaltige Konsummuster? Die Ergebnisse entsprechen denen von Variante (1), sind aber etwas weniger stark ausgeprägt.

(5) Politikintermediäre schaffen es, dass die Informationen bei den Unternehmen nicht so schnell obsolet werden. Fördert dies nachhaltige Konsummuster? Die Ergebnisse entsprechen denen von Variante (1), sind aber wieder etwas weniger stark ausgeprägt.

(6) Politikintermediäre erreichen, dass Informationen länger nachwirken. Fördert dies nachhaltige Konsummuster? Die Ergebnisse entsprechen denen von Variante (1), sind aber weniger stark ausgeprägt. Die

hemmende Spezifikation ist ähnlich stark, die fördernde Spezifikation schwächer ausgeprägt.

MONAKO-Ergebnis: I.d.R. fördert ein stärkerer Einfluss der Politikintermediäre die Diffusion des nachhaltigen Konsummusters, so dass MONAKO diese Hypothese bestätigen kann.

Szenario IV.4: Anti-Öko-Pioniere behindern nachhaltige Konsummuster

In diesem Szenario sind nicht nur pro-öko Schlüsselakteure abwesend, sondern sogar „anti-öko" angebots- und nachfrageseitige Schlüsselakteure anwesend.

Dazu sind die Schlüsselakteure in Spezifikation 1 – statt wie im Referenzszenario auf die nachhaltige Qualität – auf den Preis und in Spezifikation 2 auf die sonstige Qualität spezialisiert. Außerdem können die Konsumenten nun auch ihre Präferenzen statt in Richtung auf pro-öko von der nachhaltigen Qualität weg verändern – hin zu einer höheren Wertschätzung des Preises in Spezifikation 1 und der sonstigen Qualität in Spezifikation 2.

Wirkung zeigt dabei wiederum vor allem die Anti-öko-Orientierung der nachfrageseitigen Schlüsselakteure, also der Pioniere und der Möglichkeiten der Präferenzänderung in Richtung auf anti-öko.[14] In der Spezifikation wird der Preis nun auch für die Konsumentenklassen 1-3 wichtiger, so dass am Markt tendenziell ein Preiswettbewerb unter den Unternehmen entsteht, wodurch der mittlere Kapitalbestand der Unternehmen deutlich unter dem in den anderen Regimes liegt.

[14] Die Annahme, dass sich Konsumenten bei deutlich sichtbareren Umweltproblemen trotzdem, oder gerade deshalb, auf die sonstige Qualität oder den Preis spezialisieren, klingt auf den ersten Blick unwahrscheinlich – aber ist es das wirklich? Konsumenten, die bei stärkeren Umweltproblemen erst recht sparen und möglichst noch stärker auf den Preis achten oder aber sich v.a. von einem professionellen Design der Verpackung bzw. von einer Marke etc., also der sonstigen Qualität, leiten lassen, suchen lediglich nach Orientierung in „unsicherer werdenden" Zeiten. Die Szenarioanalyse zeigt aber, dass dies genau die falschen Strategien sind zur Erreichung bzw. Wiederherstellung einer hohen (wahrgenommenen) Qualität der Lebensgrundlage und die Konsumenten insgesamt bei einer Verstärkung der Umweltprobleme mit einer Höhergewichtung der nachhaltigen Qualität reagieren sollten, um die wahrgenommene Qualität der Lebensgrundlagen zu verbessern.

Diese Tatsache ist v.a. in einem Schumpeter-II-Markt von großem Nachteil, denn Akkumulationsvorteile können von den nun (kapitalstockmäßig) kleineren Unternehmen nicht mehr ausgeschöpft werden, so dass die Diffusion des nachhaltigen Konsummusters im Vergleich zum Referenzszenario deutlich gehemmt wird. Diese Hemmung fällt sogar noch stärker aus als in der Spezifikation 2, denn bei einer Anti-öko-Spezialisierung auf die sonstige Qualität der Produkte handelt es sich genau wie beim Wettbewerb mit einer Spezialisierung auf nachhaltige Qualität immerhin noch um einen Qualitätswettbewerb, der den Kapitalbestand der Unternehmen nicht noch zusätzlich schrumpfen lässt. Die Unternehmen investieren in Spezifikation 2 zwar mehr in die Verbesserung der sonstigen Qualität, aber ein höherer Kapitalbestand bedeutet eben auch mehr potentielle Mittel für die Verbesserung der nachhaltigen Qualität, so dass auch hier noch Akkumulationsvorteile ausgeschöpft werden können.

Da in einem Schumpeter-neutralen-Markt aber die Größe der Unternehmen für Innovationen nicht entscheidend ist, verschwindet dieser Vorteil der Spezialisierung auf die sonstige Qualität gegenüber der Preisspezialisierung. So sind der mittlere Kapitalstock und der mittlere Preis in Spezifikation 2 zwar durchschnittlich immer noch größer als in Spezifikation 1, aber dies ist kein Vorteil mehr, und somit fällt die Hemmung der Diffusion des nachhaltigen Konsummusters im Schumpeter-neutralen-Markt nun sogar etwas stärker aus.

Im Schumpeter-I-Markt sind die durch Preiswettbewerb kapitalstockmäßig kleineren und neu eintretenden Unternehmen ein Vorteil für das Regime mit Preisspezialisierung, so dass die Diffusion des nachhaltigen Konsummusters durch die Anti-öko-Spezialisierung nur mittelfristig gehemmt wird und letztlich an die Diffusion im Referenzszenario sogar wieder anschließen kann, wie Abb. 20 zeigt.[15] Aufgrund der Wettbewerbsbedingungen mit Akkumulationsnachteilen sinken Marktpreise und damit ebenso Kapitalbestände der Unternehmen hier auch im Qualitätswettbewerb (wie ebenfalls im Referenzszenario), da v.a. die kleinen und neuen Unternehmen die Innovationen einbringen und nicht mehr die Unternehmen mit großen Kapitalbeständen.

[15] Noch kleiner werden die Unternehmen durch das vermehrte Imitieren von Preisführern in Szenario V.4, was sich sogar in einem Schumpeter-I-Markt als hemmend erweist.

Zusammenfassend kann man feststellen, dass die Diffusion des nachhaltigen Konsummusters durch die Anti-öko-Spezialisierungen der angebots- und nachfrageseitigen Schlüsselakteure immer gehemmt wird.

GRAPHIKEN ZU DEN SIMULATIONSERGEBNISSEN VON SZENARIO IV.4

Abb. 20: Nachhaltigkeitsindex [0,100] (x: Zeit = [0,400]) in Szenario IV.4.

Schumpeter I	*Schumpeter neutral*	*Schumpeter II*

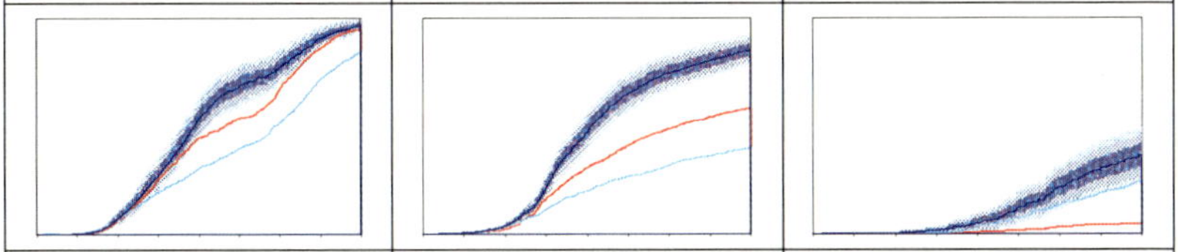

→ Preisregime hemmt nur etwas, Regime der sonst. Qualität hemmt stärker	*→ Regime der sonst. Qualität hemmt stärker als Preisregime*	*→ Preisregime hemmt stärker als Regime der sonst. Qualität*

Spezialisierung auf **Preis (Spezifikation 1)**, **nachhaltige Qualität (Referenzszenario mit Konfidenzintervallen: 0.1%, 1%, 10%)**, sonst. Qualität (Spezifikation 2) in den 3 Schumpeterregimen

Abb. 14: Mittlerer Preis und Kapitalbestand (x: Zeit = [0,400]) in Szenario IV.4

Schumpeter II	*Schumpeter neutral*	*Schumpeter I*

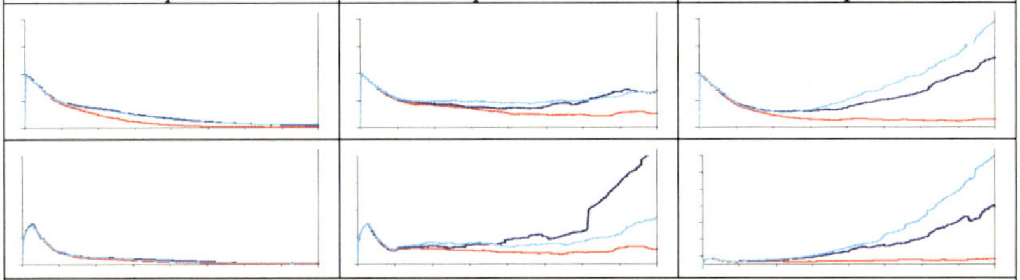

mittlerer Preis [0,20] (1. Zeile), mittlerer Kapitalbestand (Schumpeter-II-Markt: [0,13.000]), (Schumpeter-I/-neutraler-Markt: [0,2.000]) (2. Zeile)
Spezialisierung auf **Preis (Spezifikation 1)**, **nachhaltige Qualität (Referenzszenario)**, sonst. Qualität (Spezifikation 2) in den 3 Schumpeterregimen

Niedrigerer mittlerer Preis und mittlerer Kapitalbestand im Preisregime in Spezifikation 1 als im Referenzszenario und in der Spezifikation 2

Die Analyse für Szenario IV.4 sei außerdem an zwei Szenariovarianten veranschaulicht, die mit MONAKO durchgeführt wurden.

(1) In einem Szenario mit nur anti-öko-angebotsseitigen Schlüsselakteuren lässt sich kaum eine Auswirkung auf die Diffusion des nachhaltigen Konsummusters beobachten. (Gleiches gilt auch für das Szenario IV.2, wenn die pro-öko Schlüsselakteure nur auf der Anbieterseite anwesend oder nicht anwesend sind.) Der soziale Vergleich unter den Unternehmen in dem Sinne, dass sich Unternehmen zur Festlegung ihrer eigenen Spezialisierung an den Pionier-Unternehmen orientieren, tritt nicht häufig genug auf, um einen größeren Ausstrahlungseffekt auf die anderen Unternehmen des Marktes zu haben.

(2) In einem Szenario mit nur anti-öko-nachfrageseitigen Schlüsselakteuren hemmt die Anwesenheit der anti-öko-nachfrageseitigen Schlüsselakteure die Diffusion von nachhaltigen Konsummustern sehr stark. Bei Akkumulationsvorteilen im Schumpeter-II-Markt sind die Ergebnisse mit denen des Szenarios IV.4 fast identisch. Im Schumpeter-neutralen und im Schumpeter-I-Markt dagegen gilt, dass die Spezialisierung der anti-öko-nachfrageseitigen Schlüsselakteure auf die sonstige Qualität in Spezifikation 2 immer noch vorteilhafter für die Diffusion eines nachhaltigen Konsummusters ist als die Spezialisierung auf den Preis in Spezifikation 1. In einem Schumpeter-I-Markt allerdings gilt dies nur für die erste Hälfte des simulierten Zeitraums. Danach überholt der Nachhaltigkeitsindex der Preis-Spezialisierung in Spezifikation 1 den Nachhaltigkeitsindex, der sich bei der Spezialisierung auf die sonstige Qualität in Spezifikation 2 ergibt, so dass dieselbe Argumentation wie in Szenario IV.4 gilt.

MONAKO-Ergebnis: Anti-öko-Pioniere hemmen die Diffusion von nachhaltigen Konsummustern, aber die Intensität der Hemmung ist abhängig von der Art der Anti-öko-Pioniere. MONAKO zeigt, dass von den angebotsseitigen Schlüsselakteuren kaum eine Wirkung auf die Diffusion nachhaltiger Konsummuster ausgeht, wohingegen beide Anti-öko-Orientierungen der nachfrageseitigen Schlüsselakteure nachhaltige Konsummuster sogar hemmen. Welche konkrete Anti-öko-Orientierung stärker hemmt, hängt vom jeweiligen Schumpeterregime ab. Lediglich in einem Schumpeter-I-Markt haben die durch Preiswettbewerb (kapitalstockmäßig) kleineren und jüngeren Unternehmen in der Spezifikation 1 einen Vorteil, so dass das nachhaltige Konsummuster nur mittelfristig gehemmt wird und letztlich wieder an die Diffusionsdynamik im Referenzszenario anschließt.

3.3.3 MONAKO-Simulationen aus Sicht des interaktionsökonomischen Ansatzes

Rechtfertigung der relevanten MONAKO-Variablen aus Sicht des interaktionsökonomischen Ansatzes

Da die Akteursgruppe der Intermediäre im Kontext eines nachhaltigen Konsums bis dato kaum untersucht wurde, fokussierten die Theoriebildung und die empirischen Untersuchungen in Modul 4 auf Intermediäre. Gleichwohl wurde im Rahmen von MONAKO auch die Rolle von Schlüsselakteuren auf der Konsumenten- und der Unternehmensseite untersucht. Dies entspricht den Annahmen des interaktionsaktionsökonomischen Ansatzes und ist daher prinzipiell sinnvoll. Dennoch sind hier zwei Einschränkungen zu machen: (1.) Da die Schlüsselakteure auf der Konsumentenseite nicht im Fokus von Modul 4 standen, bleiben die Annahmen in MONAKO bzgl. der Charakteristika und der Rolle von Schlüsselakteuren auf der Konsumentenseite allgemeiner Natur. (2.) Dies gilt in ähnlicher Weise auch für die Unternehmensseite. So wird in der Theoriebildung von Modul 4 eine explizite Unterscheidung zwischen Herstellerunternehmen und Marktintermediären gemacht. Diese Unterscheidung wurde in MONAKO nicht vorgenommen, da dies die Komplexität des Modells überstrapaziert hätte. In MONAKO werden Herstellerunternehmen und Marktintermediäre vereinfachend unter dem Begriff der Anbieterseite bzw. der Unternehmensseite subsumiert.

Annahmen und Ergebnisse des Szenarios IV.1 aus Sicht des interaktionsökonomischen Ansatzes

Da die Schlüsselakteure auf der Konsumentenseite nicht im Fokus von Modul 4 standen, bleiben die Annahmen in MONAKO bzgl. den Charakteristika und der Rolle von Schlüsselakteuren auf der Konsumentenseite allgemeiner Natur. Die Simulationsergebnisse der Szenarien generieren gegenüber den Erkenntnissen der Szenarien zu Modul 1 und 3 daher keine zusätzlichen Einsichten.

Annahmen und Ergebnisse des Szenarios IV.2 aus Sicht des interaktionsökonomischen Ansatzes

In der Theoriebildung von Modul 4 wurde eine explizite Unterscheidung zwischen Herstellerunternehmen und Marktintermediären gemacht. Diese Unterscheidung wurde in MONAKO nicht vorgenommen, da dies die Komplexität des Modells überstrapaziert hätte. In MONAKO werden Herstellerunternehmen und Marktintermediäre vereinfachend unter dem Begriff der Anbieterseite bzw. der Unternehmensseite subsumiert

Die Ergebnisse der Modellierungen in Szenario IV.2 widersprechen den Ergebnissen der WENKE^2-Fallstudien (vgl. den Beitrag von Ralf Antes und Klaus Fichter in diesem Band). Zu den Ergebnissen der Fallstudien zählt, dass die Anwesenheit von Pionieren bei den Herstellern bzw. den Marktintermediären die Entstehung eines Marktes für nachhaltige Konsumlösungen sowie die Diffusionsgeschwindigkeit in frühen Diffusionsphasen begünstigt. Sobald dann eine kritische Masse erreicht und eine selbsttragende Marktdynamik entstanden ist, nimmt die Bedeutung der nachhaltigkeitsorientierten Pioniere ab und der Einfluss gewinnorienterter Marktintermediäre wird zentral.

Annahmen und Ergebnisse des Szenarios IV.3 aus Sicht des interaktionsökonomischen Ansatzes

Die Annahmen und Ergebnisse bzgl. der diffusionsfördernden Wirkung von Politikintermedären sind weitgehend deckungsgleich mit den Annahmen und den empirischen Ergebnissen in Modul 4. In den Fallstudien wird jedoch deutlich, dass Politikintermediäre nicht nur durch eine verbesserte Informationsversorgung der Anbieter- und Nachfragerseite eine diffusionsbeschleunigende Wirkung erzielen, sondern dass die positive Wirkung von Politikintermediären auch auf andere Faktoren zurückzuführen ist. Dazu zählen die Bereitstellung von Ressourcen (z.B. Fördermittel für umweltfreundliche Technologien), die Stimulierung einer Anfangsnachfrage in frühen Diffusionsphasen (Pionierfunktion) sowie die Erzielung von Aufmerksamkeit bei Verbrauchern, Umsetzungsakteuren (Change Agents etc.) und Multiplikatoren durch Kampagnen, Events und öffentlichkeitswirksame Veranstaltungen.

Annahmen und Ergebnisse des Szenarios IV.4 aus Sicht des interaktionsökonomischen Ansatzes

Die Annahme und das Ergebnis, dass die Diffusion nachhaltiger Konsumlösungen durch die Anti-öko-Spezialisierungen der angebots- und nachfrageseitigen Schlüsselakteure immer gehemmt wird, sind plausibel. Diese Erkenntnisse stellen eine wichtige Ergänzung zu den Fallstudienergebnissen von Modul 4 dar, die sich auf die Anwesenheit und Untersuchung von Schlüsselakteuren mit einer pro-Nachhaltigkeitsorientierung konzentriert hat.

3.4 Der kulturalistische Ansatz von Modul 5 (Irene Antoni-Komar und Reinhard Pfriem)

Basierend auf der kultursoziologischen Praxistheorie entwickelt Modul 5 eine kulturalistische Perspektive. Davon abgeleitet sind Routinen und Kompetenzen Bestandteil des praktischen Wissens (Schatzki 1996, 89) von Akteuren und ermöglichen sowohl Reproduktion wie auch Transformation von Handlungsmustern. Während Handlungstheorien von der individuellen Entscheidung und deren (rationaler) Intentionalität ausgehen, konzipieren Praxistheorien Handeln als ein Repertoire aus Inkorporiertheit (culturally based knowledge) und Performativität (doing knowledge) (vgl. Hörning/Reuter 2004; Reckwitz 2004), das sich in einem Netz von Interaktionen bewegt (vgl. Gherardi 2009). Modul 5 hat die Funktion von Routinen und Kompetenzen in ihrer Relevanz für nachhaltige Konsummuster empirisch untersucht.

Die doppelte Bestimmung sozialer Praxis aus Wiederholung/Anpassung (in MONAKO als Repetition/Imitation) und Neuerschließung/Entwurf (in MONAKO als Social Comparison/Deliberation) sieht Akteure in der Lage, sowohl reproduzierend in Form von „aufgezeichneten" kollektiven Wissensrepertoires wie auch produzierend in Form von kulturellen Kompetenzen als „Wissen-wie" zu handeln – in einer „relativen ‚Geschlossenheit' der Wiederholung und einer relativen ‚Offenheit' für Misslingen, Neuinterpretation und Konflikthaftigkeit" (Reckwitz 2003, 294).

Auf dieser spezifischen Konflikthaftigkeit, der Marktakteure der Angebots- und Nachfrageseite ausgesetzt sind, und auf den daraus resultierenden Unsicherheiten in ihrem routinisierten Handeln (vgl. Böhle und Weihrich 2009) sind die im Folgenden vorgestellten Szenarien für Modul

5 konzipiert. Wenn Akteure eine Dissonanz zwischen ihrer aktuellen sozialen Praxis, dem routinisierten Handeln also, und den zukünftigen Anforderungen aufgrund sich wandelnder gesellschaftlicher Herausforderungen (z.B. Klimawandel; Verlust von Biodiversität und kultureller Diversität; soziale Ungleichheit) und/oder aufgrund organisatorischer Instabilitäten (z.B. Skandale) bzw. biographischen Veränderungen in sozialen Zusammenhängen (Familie, Lebensphasen, Freunde/Bekannte etc.) wahrnehmen, werden eingespielte Handlungsprozeduren brüchig, danach gegebenenfalls verworfen und schließlich aktualisiert, um Unsicherheit zu reduzieren. Solcherart „krisenhafte Situationen" (Reckwitz 2007, 319) provozieren in Folge eine kreative Antwort („creative response", Schumpeter 1947), die sich als Änderung der sozialen Praxis bei Unternehmen und/oder Konsumenten pro Nachhaltigkeit auswirken kann. Das kreative Handlungspotenzial ist so notwendiger Teil der sozialen Praxis, weil eingespielte Handlungsprozeduren durch Irritationen immer wieder erschüttert und Neuausrichtungen provoziert werden können. Dabei reduziert sich Handeln nicht auf eine Anpassungsleistung, sondern es wird „Kreativität hier als Leistung innerhalb von Situationen, die eine Lösung fordern, gesehen" (Joas 1992, 190). Es wird also davon ausgegangen, dass ökonomische Akteure eine endogene Orientierung hinsichtlich Nachhaltigkeit besitzen, die in spezifischen Situationen zur Anwendung gelangt. Der so initiierte ökonomische Wandel vollzieht sich in Austauschprozessen (Interaktion) zwischen Produktion und Konsum, zwischen Angebot und Nachfrage, denn Unternehmen und Konsumenten handeln nicht isoliert-autonom, sondern im situativen (kulturellen) und biographischen Kontext von und mit anderen.

3.4.1 Der kulturalistische Ansatz aus Sicht von MONAKO

Der kulturalistische Ansatz von Modul 5 beschäftigt sich sowohl mit der Unternehmens- als auch mit der Konsumentenseite, was sich in der Operationalisierung in MONAKO widerspiegelt. Die zentrale Annahme von Modul 5, dass sowohl Konsumenten als auch Unternehmen eine endogene Orientierung hinsichtlich Nachhaltigkeit haben können und gegebenenfalls entsprechend aus eigenem Antrieb pro-öko handeln, berücksichtigt MONAKO, indem akteursspezifische Informationsschwellwerte angenommen werden, ab denen ein Konsument bzw. Unternehmen eine Dissonanz zwischen seiner Orientierung und seinem routinisierten Handeln wahrnimmt. Dies kann zu einer Handlungsänderung im Sinne einer Änderung der Konsum- oder Produktionspraxis in Richtung auf eine ökologisch nachhaltigere Produktion bzw. nachhaltigeren Konsum führen. Zur Abbildung dieser Annahme sammeln in MONAKO sowohl Konsumenten als auch Unternehmen Informationen und bauen einen Informationsstock auf, der bei Überschreitung des individuellen Schwellenwerts (= Konfliktschwelle) bei Konsumenten zu einer konsumentenendogenen Präferenzänderung pro-öko führt. Bei Unternehmen kann sich diese Konfliktsituation in MONAKO ja nur in einer Änderung der strategischen Ausrichtung am Markt entladen, also in einer Umspezialisierung auf ökologische Qualität oder im Betreiben von Konsumforschung zur (Neu-) Festlegung der strategischen Ausrichtung.

Außerdem diskutiert Modul 5, dass der soziale Vergleich des eigenen Konsums zur Neuausrichtung von Konsumpraktiken führen kann und somit die Zufriedenheit des Konsumenten erhöht, so dass hier auch die argumentativen Anschlussstellen zu den anderen Modulen deutlich werden. Durch die erhöhte Zufriedenheit fühlt sich ein Konsument z.B. in seiner geänderten Konsumpraxis bestätigt und behält sein stärkeres pro-öko-Verhalten bei. Das für Modul 5 zentrale Thema der durch Krisen oder Konflikte initiierten Unsicherheit, die ein Konsument oder Unternehmen empfindet, spiegelt sich auch in den MONAKO-Szenarien wieder, wobei verschiedene mögliche Quellen von Unsicherheit berücksichtigt werden. Beispielsweise ist die Interaktion zwischen Unternehmens- und Konsumentenseite in bezug auf den Aspekt der Sicherheit zentral, weil in MONAKO nur Unternehmen selbst durch ihr Verhalten am Markt Sicherheit – oder Unsicherheit – erzeugen können.

3.4.2 Simulationsanalyse der Szenarien für Modul 5

Szenario V.1: Haben Einkaufsroutinen weniger Bedeutung für Konsumentscheidungen als Präferenzänderungen, dann fördert dies nachhaltige Konsummuster

Das Szenario untersucht den Einfluss von Einkaufsroutinen – als Gegensatz von Präferenzänderungen – auf die Diffusion von nachhaltigen Konsummustern. Das bedeutet, dass Einkaufsroutinen kaum eine Bedeutung haben, wenn Präferenzänderungen für die Kaufentscheidungen von Konsumenten bedeutsam sind. Dieser Fall wird untersucht in Spezifikation 1[16], Spezifikation 2[17] analysiert den entgegengesetzten Fall.

Wir nehmen an, dass sich in MONAKO die Präferenzen der Konsumenten fortwährend pro-öko ändern, wenn Einkaufsroutinen keine Bedeutung haben, so dass nicht nur die Konsumentenklassen 1-3 die nachhaltige Qualität als dominantes Produktmerkmal bevorzugen, sondern die nachhaltige Qualität auch für die Konsumentenklassen 4 und 5 an Einfluss gewinnt. So konzentriert sich ein Großteil der Konsumenten auf ein oder wenige Unternehmen, die die nachhaltige Qualität ihrer Produkte besonders vorantreiben. In einem Schumpeter-II-Markt führt dies zu einer starken Förderung des nachhaltigen Konsummusters, da auf diese Weise Akkumulationsvorteile besser ausgeschöpft werden können.

In einem Schumpeter-I-Markt jedoch, in dem Neuerungen v.a. von neu in den Markt eingetretenen Unternehmen stammen, wirkt sich dieses „Fokussieren“ auf der Konsumentenseite aber nicht per se vorteilhaft aus. Die höhere Informationssensibilität bewirkt nicht nur eine stärkere Informationsaufnahme und damit ein schnelleres Überschreiten der Konfliktschwelle (mit daraus resultierenden Präferenzänderungen pro-öko), sondern führt in MONAKO auch zu einem Anstieg der Unsicherheit aus Informationen. Dies führt bei den Konsumentenklassen 3-5 zu mehr Social Comparison mit den deliberierenden Pionieren. So fördern alle 5 Konsumentenklassen die nachhaltige Entwicklung stärker als im Referenzszenario, und die „Konzentrationstendenzen“ der Konsumenten auf eines oder auf wenige Unternehmen wirken sich in dieser Spezifikation 1 durch die ständige Bevorzugung der „Nachhaltigkeitspioniere“ unter den Unternehmen fördernd aus.

Spielen dagegen Einkaufsroutinen eine große Rolle, neigen die Konsumentenklassen 2 und 3 zwar mehr zur Deliberation – was an sich zu

[16] In dieser Spezifikation nehmen die Konsumenten mehr Informationen über Nachhaltigkeitsprobleme wahr, so dass ihr Informationsstock schneller als im Referenzszenario über ihre konsumentenindividuelle Konfliktschwelle kommt. Daraus resultieren permanente Präferenzänderungen pro-öko und dadurch bedingt auch Veränderungen der Einkaufsroutinen.

[17] Mehr Informationen erhöhen hier kaum den Wissensstock über Nachhaltigkeitsprobleme, so dass die Konfliktschwelle der Konsumenten nicht erreicht wird und in dieser Spezifikation 2 damit keine Präferenzänderungen und auch keine Handlungsänderungen bewirkt werden.

nachhaltigen Konsummustern[18] beiträgt. Da aber die Präferenzen der Konsumenten in Spezifikation 2 weniger pro-öko ausgeprägt sind, werden die entsprechenden Unternehmen von dieser Entwicklung nicht so stark gefördert.

GRAPHIKEN ZU DEN SIMULATIONSERGEBNISSEN VON SZENARIO

Abb. 15: Nachhaltigkeitsindex [0,100]
(x: Zeit = [0,400]) in Szenario V.1

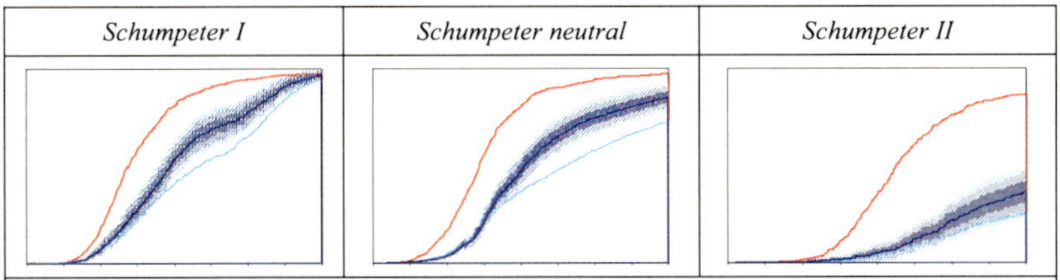

Wenig (Spezifikation 1), mittlerer (Referenzszenario mit Konfidenzintervallen: 0.1%, 1%, 10%), hohe (Spezifikation 2) Bedeutung von Einkaufsroutinen, im Sinne von Präferenzen in den 3 Schumpeterregimen

Abb. 23: Präferenzverteilung [0,10] (x: Zeit = [0,400]) in Szenario V.1

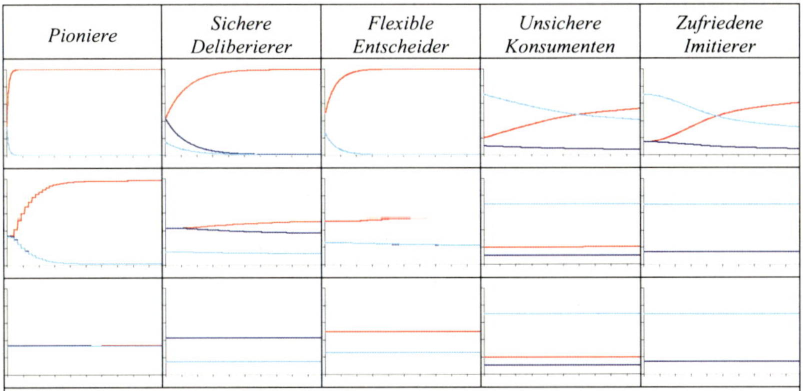

Gewicht der nachhaltigen Qualität, sonstigen ~, Preis bei der Produktwahl

Haben in Spezifikation 1 Einkaufsroutinen keine Bedeutung kommt es zu schnelleren Präferenzänderungen (1. Zeile,) als im Referenzszenario (2. Zeile). Haben Einkaufsroutinen eine große Bedeutung kommt es nicht zu Präferenzänderungen (3. Zeile, Spezifikation 2). (Schumpeter-II-Markt)

[18] Vgl. z.B. Szenario III.2.

Abb. 24: Anteile der verwendeten Entscheidungsheuristiken [0,1] (x: Zeit = [0,400]) in Szenario V.1

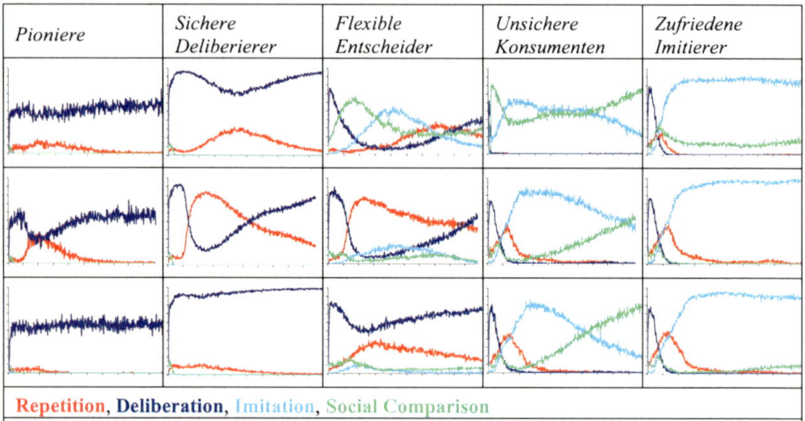

Wenn Einkaufsroutinen keine Rolle spielen (1. Zeile, Spezifikation 1) kommt es zu mehr Social Comparison bei den Konsumentenklassen 3-5 als im Referenzszenario (2. Zeile) oder wenn Routinen eine große Bedeutung haben (3. Zeile, Spezifikation 2). (Schumpeter-II-Markt)

Der Analyseweg für Szenario V.1 sei außerdem an einer Szenariovariante veranschaulicht, die mit MONAKO durchgeführt wurde. Interpretiert man Einkaufsroutinen entweder als Gewohnheit im Sinne habituellen Verhaltens oder aber als bewusste Anwendung von Repetition aufgrund einer prinzipiellen Neigung der Konsumenten zur Zufriedenheit und Sicherheit, ergeben sich die Szenariokonstellationen III.2 und deren dort beschriebenen Variante. Dies führt auf das

MONAKO-Ergebnis: MONAKO bestätigt klar das intuitiv erwartete Ergebnis, dass eine geringere Bedeutung von Einkaufsroutinen nachhaltige Konsummuster fördert – am stärksten in einem Schumpeter-II-Markt, in dem auch neue Unternehmen bessere Eintrittschancen haben und die Innovationsvorteile des Regimes besser nutzen.

Szenario V.2: Weniger Stabilität der Konsumpraxis aufgrund weniger Zufriedenheit durch soziale und individuelle Bewertungen des Produktkaufs fördert nachhaltige Konsummuster

Das Szenario analysiert den Effekt von weniger (mehr) Stabilisierung der Konsumpraxis durch weniger (Un-)Zufriedenheit aufgrund sozialer und individueller Bewertungen. Dabei gilt in MONAKO, dass individuelle Bewertungen zu einer Steigerung des Anspruchsniveaus und damit zu einer Senkung der Zufriedenheit beitragen, während der positive soziale Vergleich[19] zu einer Steigerung der Zufriedenheit beiträgt.

In der Spezifikation 1 des Szenarios überwiegt Letzteres, und die Konsumenten sind etwas zufriedener als im Referenzszenario, was sich v.a. bei den Konsumentenklassen 2 und 3 in einer häufiger repetierenden Produktwahl niederschlägt. Für die Konsumentenklassen 4 und 5 ist die Imitation typisch. Beide Entscheidungsheuristiken führen zu einer großen Stabilität der Konsumpraxis der Konsumenten, was sich in Schumpeter-neutralen- und Schumpeter-I-Märkten für die Diffusion des nachhaltigen Konsummusters hinderlich auswirkt. Grund dafür ist, dass die Konsumenten mit ihrer stabilen Konsumpraxis kaum noch zu den „Nachhaltigkeitspionieren" unter den Unternehmen wechseln.

Dagegen neigt die Konsumentenklasse 4 bei der Spezifikation 2 zu Social Comparison, orientiert sich also stärker an den deliberierenden Pionieren als im Referenzszenario. Im Teilmarkt der Konsumentenklasse 4 stellt sich damit, im Gegensatz zum Referenzszenario, ein nachhaltigeres Konsummuster ein als in der Konsumentenklasse 2, die sonst gleich nach den Pionieren das stärkste nachhaltige Konsummuster aufweist. Gleiches gilt für die flexiblen Entscheider, die allerdings aufgrund von mehr Deliberation in ihrem Teil der Konsumentenpopulation ebenfalls einen Teilmarkt in dieser Spezifikation 2 darstellen, in dem das nachhaltige Konsummuster stärker ausgeprägt ist als in der Konsumentenklasse 2. Nur die zufriedenen Imitierer bleiben unverändert in ihrem Verhalten.

Entsprechend ist Spezifikation 2 mit mehr Unzufriedenheit unter den Konsumenten von deliberierten Kaufentscheidungen geprägt, die die nachhaltige Qualität bevorzugen. Die unsicheren Konsumenten folgen durch den sozialen Vergleich den deliberierenden Pionieren, und die Konsumpraxis aller Konsumenten ist instabil.

Dieses deliberierte „Springen" der Konsumenten zu den „Nachhaltigkeitspionieren" unter den Unternehmen fördert in hoher Intensität die Diffusion des nachhaltigen Konsummusters in Schumpeter-neutralen- und Schumpeter-I-Märkten. Am Ende des simulierten Zeitraums sorgt allerdings diese „fokussierende" Konsumpraxis der Konsumenten auf ein oder wenige Unternehmen in einem Schumpeter-I-Markt dafür, dass die

[19] Die relevante Peergruppe konsumiert das gleiche Produkt wie der Konsument.

Vorteile des Marktregimes für kleine Unternehmen gebremst werden und damit die Effekte sogar wieder etwas hinter das Referenzszenario zurückfallen. Der Grund dafür ist, dass in diesem Marktregime v.a. kleine Unternehmen Vorteile generieren für die Diffusion des nachhaltigen Konsummusters. Durch die „konzentrierte“ Nachfrage der Konsumenten werden aber in diesem Regime die Unternehmen so schnell groß, dass ihnen dieser Innovationsvorteil wieder verloren geht.

Graphiken zu den Simulationsergebnissen von Szenario V.2

Abb. 25: Nachhaltigkeitsindex [0,100]
(x: Zeit = [0,400]) in Szenario V.2

Schumpeter I	*Schumpeter neutral*	*Schumpeter II*
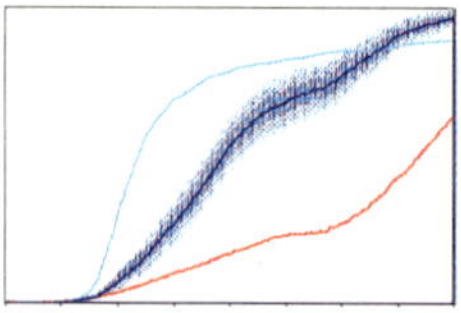	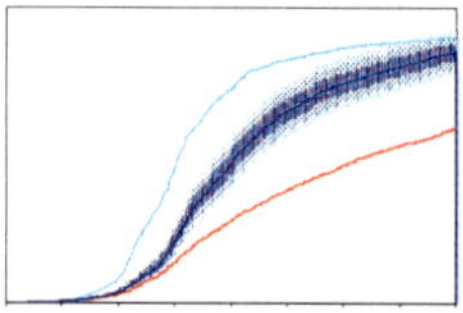	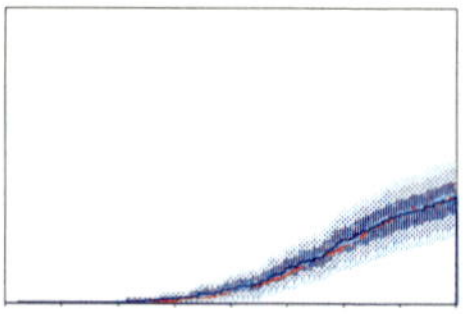
→ *nachhaltige Konsummuster durch weniger Zufriedenheit gefördert*		→ *nachhaltige Konsummuster nicht beeinflusst*
Stärkere (Spezifikation 1), **mittlere (Referenzszenario mit Konfidenzintervallen:** 0.1%, **1%, 10%)**, weniger (Spezifikation 2) Stabilität der Verhaltensmuster durch ~ Zufriedenheit in den 3 Schumpeterregimen		

Abb. 26: Anteile der verwendeten Entscheidungsheuristiken [0,1] (x: Zeit = [0,400]) in Szenario V.2

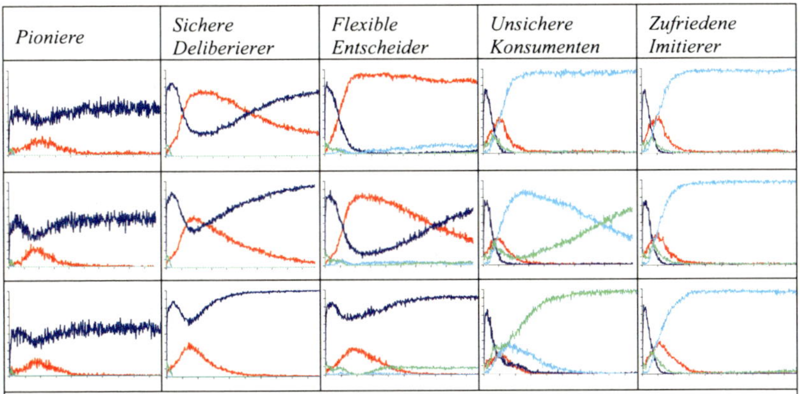

Repetition, Deliberation, Imitation, Social Comparison

Mehr Repetition und Imitation verursachen mehr Stabilität der Verhaltensmuster in Spezifikation 1 (1. Zeile) als im Referenzszenario (2. Zeile). Im Vergleich dazu verursachen mehr Deliberation und Social Comparison weniger Stabilität der Verhaltensmuster in Spezifikation 2 (3. Zeile). (Schumpeter-neutraler-Markt)

Abb. 27: Verteilung der nachhaltigen Qualität in den 5 Konsumentenklassen [0,1] (x: Zeit = [0,400]) in Szenario V.2

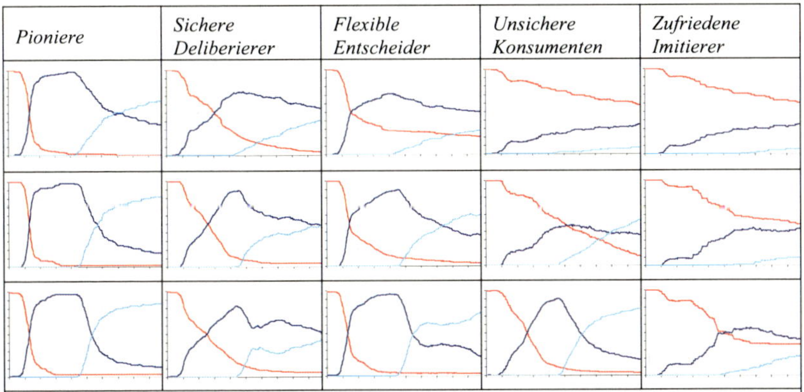

niedrige (Spezifikation 1), mittlere (Referenzszenario), hohe (Spezifikation 2) nachhaltige Qualität in den Teilmärkten der Konsumentenklassen

Starkes nachhaltiges Konsummuster im Teilmarkt der Konsumentenklassen 3 und 4 (stärker als in Konsumentenklassen 2), wenn Deliberation und Social Comparison bei weniger Stabilität der Verhaltensmuster überwiegen (3. Zeile, Spezifikation 2) im Vergleich zum Referenzszenario (2. Zeile), während der Markt mit mehr Stabilität der Verhaltensmuster das typische Muster der abnehmenden Verbreitung der nachhaltigen Qualität in den Konsumentenklassen zeigt (1.Zeile, Spezifikation 1) (Schumpeter-neutraler-Markt)

MONAKO-Ergebnis: MONAKO bestätigt in zwei von drei Schumpeterregimen die Hypothese, dass weniger Stabilität der Verhaltensmuster aufgrund weniger Zufriedenheit durch soziale und individuelle Bewertungen des Produktkaufs nachhaltigen Konsum fördert.

Szenario V.3: Fördert eine stärker ausgeprägte innere Orientierung der Marktakteure zu Nachhaltigkeit die Diffusion nachhaltiger Konsummuster?

Die innere Orientierung zu Nachhaltigkeit bei Unternehmen und Konsumenten ist hoch in der Spezifikation 1 und niedrig in der Spezifikation 2. Die Geschwindigkeit, mit der weiteres nachhatigkeitsrelevantes Wissen Handlungen auslöst, ist also Gegenstand der Variationen bei diesem Szenario.

Ist die innere Orientierung zu Nachhaltigkeit in Spezifikation 2 eher geringer als im Referenzszenario ausgeprägt, so ist auch die Unsicherheit, die die Konsumenten aufgrund ihres Wissens über Nachhaltigkeitsprobleme empfinden, geringer. Dieser Effekt ist allerdings nicht sehr stark, so dass sich lediglich bei den flexiblen Entscheidern Änderungen in der Art ergeben, wie diese ihre Konsumentscheidungen treffen: Sie bevorzugen die Entscheidungsheuristiken, die Sicherheit voraussetzen. Verglichen damit bevorzugen diese Konsumenten in Spezifikation 1 mit einer stärkeren inneren Orientierung zu Nachhaltigkeit als im Referenzfall eher die imitativen Entscheidungsheuristiken, die Unsicherheit voraussetzen.

Auch auf der Unternehmensseite wirkt sich der veränderte Unsicherheitsstatus in den Spezifikationen 1 und 2 aus. Die Unternehmen neigen bei stärkerer innerer Orientierung zu Nachhaltigkeit wie im Referenzszenario anfänglich stärker zur Konsumforschung, um nach profitablen Änderungsmöglichkeiten ihrer Spezialisierung zu suchen, und später zur Imitation des am Markt erfolgreichsten Unternehmens.

Im Vergleich zum Referenzszenario bewirkt die etwas erhöhte Unsicherheit einerseits höhere Anteile des Social Comparison mit den „Nachhaltigkeitspionieren“ unter den Unternehmen und andererseits ein intensiveres unternehmensinternes Evaluieren der Spezialisierung. Währenddessen vertrauen die Unternehmen in Spezifikation 2 mehr auf die unternehmenseigenen Kernkompetenzen.

Insgesamt sind die Auswirkungen der schwächeren/stärkeren inneren Orientierung zu Nachhaltigkeit auf das Sicherheitsempfinden der Unternehmen aber ebenfalls nicht sehr groß. Vor allem auf der Konsumentenseite bewirkt eine stärkere innere Orientierung zu Nachhaltigkeit aber auch eine schnellere Präferenzänderung pro-öko, insbesondere für die Konsumentenklassen 1-3. Auch in den Konsumentenklassen 4 und 5 gewinnt die nachhaltige Qualität an Einfluss, aber das absolute Gewicht, das ihr bei der Produktwahl zukommt, ist immer noch sehr gering.

Die Ergebnisse bestätigen zusammenfassend die intuitive Erwartung, dass eine stärkere innere Orientierung zu Nachhaltigkeit[20] die Diffusion von nachhaltigen Konsummustern fördert und eine schwächere innere Orientierung zu Nachhaltigkeit hemmend wirkt.

Bemerkt sei an dieser Stelle noch, dass der einzige Fall, wo eine stärkere innere Orientierung zu Nachhaltigkeit in MONAKO letztlich hemmend wirkt, ein Schumpeter-I-Markt ist: Der Grund hierfür ist die Kombination von zwei Effekten. Einerseits spezialisieren sich mehr Unternehmen auf nachhaltige Qualität, und andererseits entscheiden sich gleichzeitig die Konsumenten für Produkte mit höherer nachhaltiger Qualität. Diese zwei Aspekte stellen Konzentrationstendenzen auf beiden Marktseiten dar, die den Herfindahlindex in allen 3 Schumpeterregimen in diesem Szenario steigern. In einem Schumpeter-I-Markt verhindert dies aber weiteren Fortschritt. Dieser negative Effekt ist sogar stärker als der positive Effekt der Präferenzverschiebungen pro-öko.[21]

[20] In MONAKO ist dies definiert als Konfliktschwelle, die vom Informationsstock überschritten werden kann und dann Pro-Nachhaltigkeitsorientierungen bei Konsumenten bzw. Unternehmen auslöst.

[21] Dieses Phänomen ist aber ausschließlich den Annahmen des Marktregimes zuzuschreiben, das mit seinen Akkumulationsnachteilen die kreative Zerstörung nach Schumpeter in einer Industrie abbildet (vgl. dazu auch den Beitrag zu MONAKO in diesem Band). So kann man in realen Branchen davon ausgehen, dass ein derartiges Marktregime sicher nicht über längere Zeit zu beobachten sein wird. In den Varianten des Szenarios, die ebenfalls mit MONAKO simuliert wurden, wurde die endogene Orientierung hinsichtlich Nachhaltigkeit immer nur für eine Marktseite variiert. Damit entfällt dieser letztlich hemmende, da zu stark konzentrierende Einfluss im Schumpeter-I-Markt. Im Schumpeter-II-Markt wirken diese Konzentrationstendenzen dagegen fördernd, da so die Akkumulationsvorteile des Marktregimes besser genutzt werden können. Im Schumpeter-neutralen-Markt stellt dies keinen Vor-, aber auch keinen Nachteil dar.

Graphiken zu den Simulationsergebnissen von Szenario V.3

Abb. 28: Nachhaltigkeitsindex [0,100] (x: Zeit = [0,400]) in Szenario V.3

Schumpeter I	*Schumpeter neutral*	*Schumpeter II*

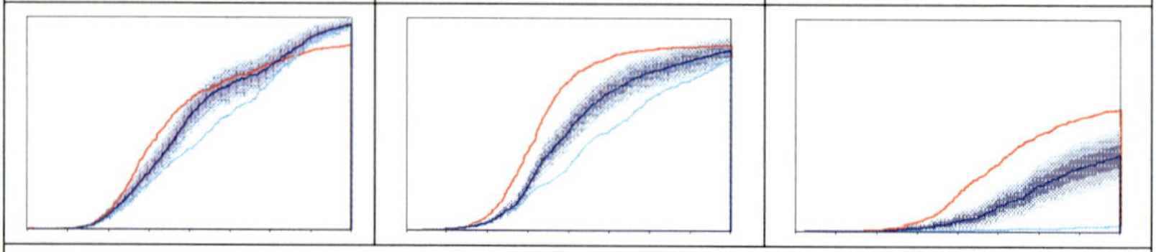

Hohes (Spezifikation 1), **mittleres (Referenzszenario mit Konfidenzintervallen: 0.1%, 1%, 10%)**, niedriges (Spezifikation 2) *Niveau der inneren Orientierung zu Nachhaltigkeit in den 3 Schumpeterregimen*

Abb. 29: Anteile der verwendeten Entscheidungsheuristiken [0,1] (x: Zeit = [0,400]) in Szenario V.3

Pioniere	*Sichere Deliberierer*	*Flexible Entscheider*	*Unsichere Konsumenten*	*Zufriedene Imitierer*

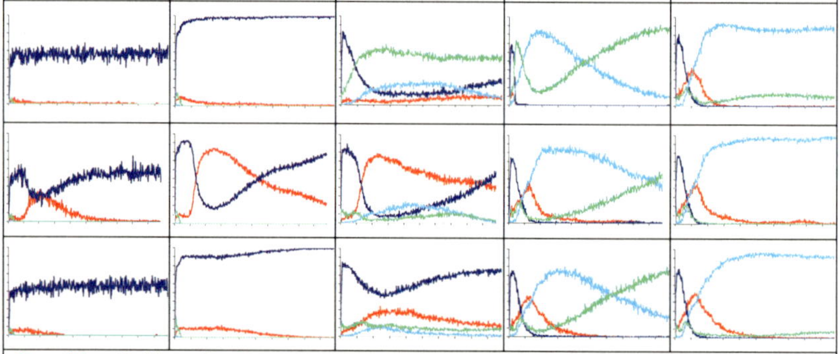

Repetition, **Deliberation**, Imitation, Social Comparison

Bei starker innerer Orientierung zu Nachhaltigkeit in Spezifikation 1 bevorzugen die flexiblen Entscheider die imitativen Entscheidungsheuristiken Imitation und Social Comparison (1. Zeile) im Vergleich zum Referenzszenario (2. Zeile). Verglichen damit kommt es bei schwacher innerer Orientierung zu Nachhaltigkeit in Spezifikation 2 in dieser Konsumentenklasse zu mehr Deliberation und Repetition (3. Zeile); Alle anderen Konsumentenklassen ändern ihre Konsumpraxis kaum. (Schumpeter-II-Markt)

Abb. 30: Anteile der verwendeten Entscheidungsheuristiken der Unternehmen zur Spezialisierungsänderung [0,1] (x: Zeit = [0,400]) in Szenario V.3

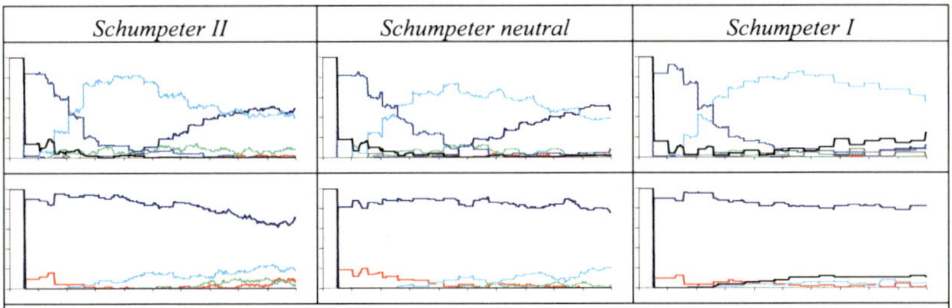

Repetition, **Deliberation-Kernkompetenzen**, ~ **Konsumentenforschung**, Imitation, Social Comparsion oder **unternehmensinternes Überdenken**

Starke innere Orientierung zu Nachhaltigkeit (1. Zeile, Spezifikation 1) führt zu mehr Konsumentenforschung (anfangs) und Imitation (später) und weniger Social Comparison und Vergleich mit erfolgreichen Unternehmen zur Spezialisierungsänderung als im Referenzszenario (nicht abgebildet). Im Vergleich dazu konzentrieren sich die Unternehmen mehr auf ihre eigenen Kernkompetenzen bei schwacher innerer Orientierung zu Nachhaltigkeit (2. Zeile, Spezifikation 2).

MONAKO-Ergebnis: MONAKO kann in zwei von drei Schumpeterregimen die Hypothese bestätigen, dass eine stärkere innere Orientierung der Marktakteure zu Nachhaltigkeit die Diffusion von nachhaltigen Konsummustern fördert.

Szenario V.4: Fördert eine verstärkte Rückkopplung der wahrgenommenen Qualität der Lebensgrundlagen auf das Konsumverhalten der Akteure die Diffusion nachhaltiger Konsummuster?

Eine wichtige Besonderheit nachhaltigen Konsums ist der Effekt auf die wahrgenommene Qualität der Lebensgrundlagen, die wiederum in einer Feedback-Schleife die Marktentscheidungen der Konsumenten und Unternehmen beeinflusst. Mit der Intensität dieses Feedbacks beschäftigt sich Szenario V.4.

Bei genauerem Hinsehen wird ein zweifacher Effekt von der wahrgenommenen Qualität der Lebensgrundlagen auf (1) das Anspruchsniveau der Konsumenten und (2) auf die am Markt verfügbaren nachhaltigkeitsrelevanten Informationen (und Skandale) deutlich. Wird die ökologische Problemlage ernster – steigt also einerseits die Unzufriedenheit der Konsumenten stärker als im Referenzszenario und sind andererseits mehr

Informationen über Nachhaltigkeitsprobleme verfügbar, so dass die Informationsstöcke von Konsumenten und Unternehmen schneller wachsen und die individuellen Konfliktschwellen der Konsumenten und Unternehmen schneller überschritten werden – führt dies zu stärkeren Präferenzänderungen bei den Konsumenten und zu mehr Spezialisierungsänderungen pro-öko bei den Unternehmen.[22]

In der Spezifikation 2 wird so einerseits in Schumpeter-neutralen- und in Schumpeter-I-Märkten weniger repetiert als im Referenzszenario. Andererseits imitiert und vergleicht sich die Konsumentenklasse 3 mehr sozial, während die Konsumentenklasse 2 mehr deliberiert. Diese Entwicklungen tragen zusammen mit den stärkeren Präferenzänderungen pro-öko zu einer Förderung des nachhaltigen Konsummusters bei.[23]

In einem Schumpeter-I-Markt fördert eine starke Rückkopplung die Diffusion des nachhaltigen Konsummusters zwar anfänglich, aber letztlich wirkt sie hemmend. Denn in Spezifikation 2 gilt: Auch die Unternehmen sind unsicher und unzufrieden und imitieren, um ihre Spezialisierung neu auszurichten.[24] Die Unternehmen orientieren sich so am marktanteilsmäßig erfolgreichsten Unternehmen, das in der Regel der Preisführer ist.[25] So verschärft sich der Preiswettbewerb, der ohnehin typisch für einen Schumpeter-I-Markt ist, und die Unternehmen unterbieten sich gegenseitig noch mehr als im Referenzszenario, so dass auch die Rendite am Markt noch mehr abgesenkt wird. Damit haben nur noch

[22] Im Gegensatz dazu finden in der Spezifikation ohne Rückkopplungen der wahrgenommenen Qualität der Lebensgrundlagen keine endogenen Präferenzänderungen pro-öko statt außer bei den Pionieren (aufgrund ihrer extrem niedrigen Konfliktschwelle).

[23] Zwar deliberieren die Konsumentenklassen 2 und 3 auch in der Spezifikation 1. Da aber die nachhaltige Qualität nicht so hoch gewichtet wird, fördert dies auch kein nachhaltiges Konsummuster.

[24] In Spezifikation 1 dagegen ist die dominierende unternehmerische Spezialisierungsänderung die Deliberation per Konzentration auf die eigenen Kernkompetenzen. Die Unternehmen investieren also in ihr bestes Produktmerkmal, so dass Wettbewerbsvorteile in diesem Regime gut umgesetzt werden können, auch wenn aufgrund des Akkumulationsnachteils die Unternehmen im Schumpeter-I-Markt schnell von neu eintretenden Unternehmen wieder abgelöst werden können.

[25] Der Grund dafür ist, dass die geringen Unternehmens(Kapitalstock)größen der Preisführer im Schumpeter-I-Markt vorteilig sind und die Preisführer sich marktanteilsmäßig durchsetzen.

wenige Unternehmen Anreiz, neu in den Markt einzutreten, wodurch die Innovationskraft des Wettbewerbsregimes geschwächt wird.

Obwohl die Spezialisierung der Unternehmen zwar immer noch häufiger die nachhaltige Qualität in den Vordergrund stellt als im Referenzszenario, spielen hier tendenziell (sehr) kleine Unternehmen eine Rolle, was prinzipiell vorteilhaft in einem Schumpeter-I-Markt sein sollte. Aber der Nachteil des Rückgangs der Neueintritte wirkt hier stärker und überkompensiert den Effekt der überdurchschnittlichen Bevorzugung einer Spezialisierung auf die nachhaltige Qualität.[26]

Zusammenfassend hat eine größere Intensität der Rückkopplung der wahrgenommenen Qualität der Lebensgrundlagen in den meisten Simulationsrealisierungen einen stark befördernden Einfluss auf das nachhaltige Konsummuster. Sie kann aber durch die Verunsicherung der Marktakteure, insbesondere der Unternehmen, zum Ende des simulierten Zeitraums auch hemmend wirken.

GRAPHIKEN ZU DEN SIMULATIONSERGEBNISSEN VON SZENARIO V.4

Abb. 31: Nachhaltigkeitsindex [0,100]
(x: Zeit = [0,400]) in Szenario V.4

<table>
<tr><td>Schumpeter I</td><td>Schumpeter neutral</td><td>Schumpeter II</td></tr>
<tr><td>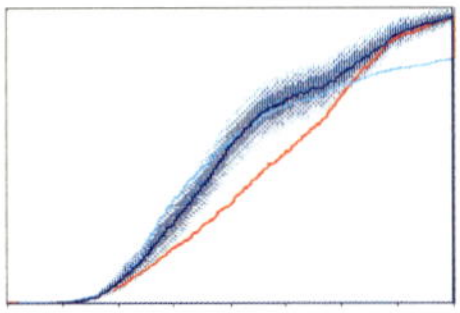</td><td>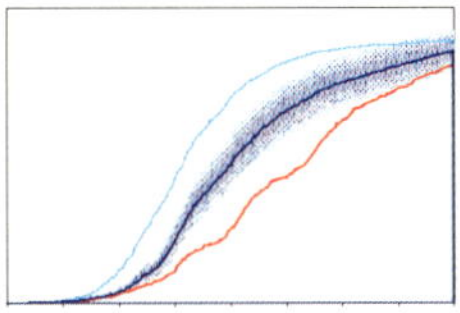</td><td>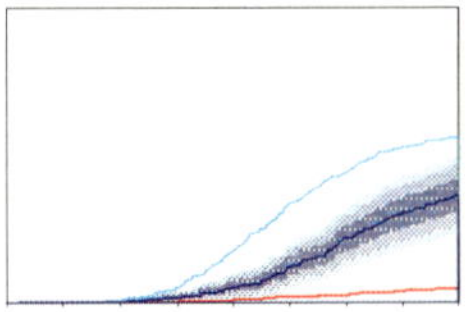</td></tr>
<tr><td>→ Verunsicherung der Unternehmen hemmt nachhaltige Konsummuster letztlich!</td><td colspan="2">→ Fördernder Einfluss der Präferenzänderungen der Konsumenten pro-öko
→ nachhaltige Konsummuster gefördert!</td></tr>
<tr><td colspan="3">Keine (Spezifikation 1), mittlere (Referenzszenario mit Konfidenzintervallen: 0.1%, 1%, 10%), intensive (Spezifikation 2) Rückkopplung der wahrgenommenen Qualität der Lebensgrundlage auf die Akteure in den 3 Schumpeterregimen</td></tr>
</table>

[26] Vgl. dazu auch die Diskussion in Szenario V.3. sowie die Ergebnisse des Szenarios IV.4, wo zwar auch Unternehmen kleiner werden durch Preiswettbewerb, aber immer noch zur Förderung des nachhaltigen Konsummusters im Schumpeter-I-Markt beitragen.

Abb. 32: Präferenzverteilung [0,10] (x: Zeit = [0,400]) in Szenario V.4

Pioniere	*Sichere Deliberierer*	*Flexible Entscheider*	*Unsichere Konsumenten*	*Zufriedene Imitierer*

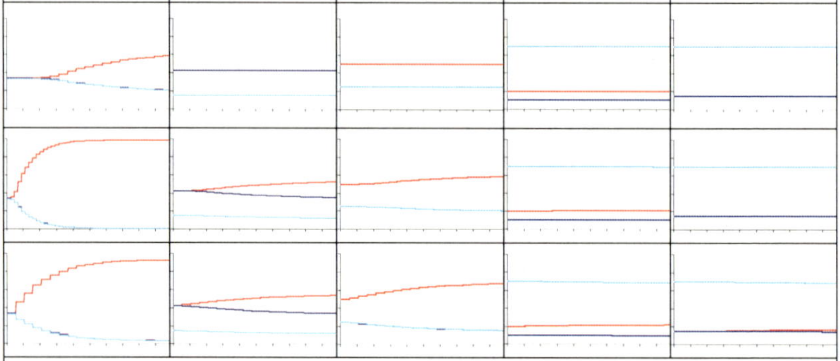

Gewicht der **nachhaltigen Qualität**, **sonstigen ~**, Preis bei der Produktwahl

In der Spezifikation 1 ohne Rückkopplung der wahrgenommenen Qualität der Lebensgrundlagen auf die Akteure kommt es nicht zu Präferenzänderung pro-öko, außer bei den Pionieren, (1. Zeile). Im Vergleich dazu kommt es in der Spezifikation 2 mit starker Rückkopplung der wahrgenommenen Qualität der Lebensgrundlage auf die Akteure (3. Zeile) zu stärkeren Präferenzänderungen v.a. bei der 2. und 3. Konsumentenklasse als im Referenzszenario (2. Zeile) (Schumpeter-neutraler-Markt)

Abb. 33: Anteile der verwendeten Entscheidungsheuristiken [0,1] (x: Zeit = [0,400]) in Szenario V.4

Pioniere	*Sichere Deliberierer*	*Flexible Entscheider*	*Unsichere Konsumenten*	*Zufriedene Imitierer*

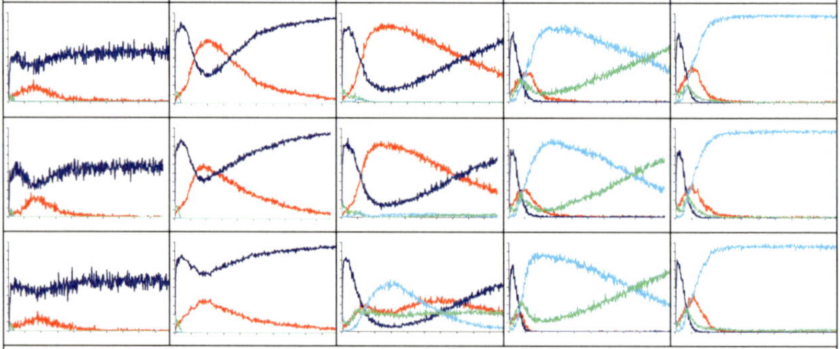

Repetition, **Deliberation**, Imitation, Social Comparison

Die Verwendung der Entscheidungsheuristiken im Regime ohne Rückkopplung der wahrgenommenen Qualität der Lebensgrundlagen auf die Akteure (1. Zeile, Spezifikation 1) ist der im Referenzszenario sehr ähnlich (2. Zeile). Starke Rückkopplungen der wahrgenommenen Qualität der Lebensgrundlagen auf die Akteure verursachen Änderungen in den Konsumentenklassen 2 und 3 (3. Zeile, Spezifikation 2). (Schumpeter-neutraler-Markt)

Abb. 34: Anteile der verwendeten Entscheidungsheuristiken der Unternehmen zur Spezialisierungsänderung, Anzahl Unternehmen, Ein- und Austritte und mittlerer Preis (x: Zeit = [0,400]) in Szenario V.4

unternehmerische Entscheidungsheuristik zur Spezialisierungsänderung	*mittlere Anzahl Unternehmen mittlere Anzahl Eintritte*	*mittlere Preis mittlere Anzahl Austritte*

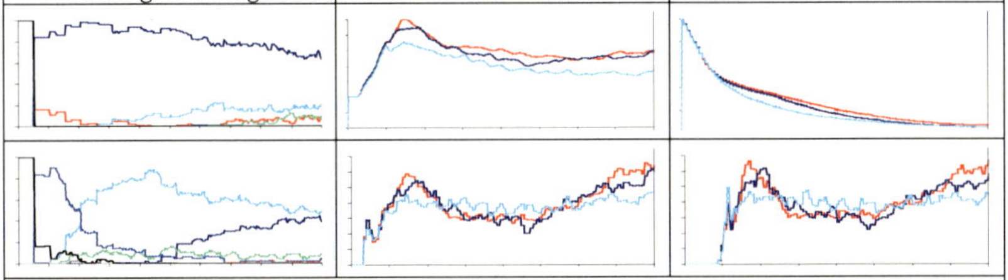

1. Spalte: Anteil [0,1] der gewählten Entscheidungsheuristik der Unternehmen zur Spezialisierungsänderung durch **Repetition**, **Deliberation-Kernkompetenzen**, **~ Konsumentenforschung**, Imitation, Social Comparsion oder **unternehmensinternes Überdenken;**
2.+3. Spalte: Anzahl: Unternehmen [0,35], Ein-/Austritte [0,1.4],
mittlerer Preis [0,10], **keine (Spezifikation 1)**, **mittlere (Referenzszenario)**, intensive Rückkopplung der wahrgenommenen Qualität der Lebensgrundlage

Starke Rückkopplungen der wahrgenommenen Qualität der Lebensgrundlage auf die Akteure führen zu mehr unternehmerischer Imitation, zu weniger Unternehmen und einem niedrigeren Preis als im Referenzszenario und im Szenario ohne Rückkopplungen der wahrgenommenen Qualität der Lebensgrundlage auf die Akteure (Schumpeter-I-Markt)

MONAKO-Ergebnis: Eine wichtige Besonderheit nachhaltigen Konsums ist der Effekt nachhaltiger Konsummuster auf die von den Akteuren wahrgenommene Qualität der Lebensgrundlagen, die wiederum die Marktentscheidungen der Konsumenten und Unternehmen beeinflusst. So entsteht ein Feedback-Loop, dessen Intensität hier untersucht wird. MONAKO zeigt: In Schumpeter-neutralen- und Schumpeter-II-Märkten werden durch einen intensiveren Feedback-Loop vermehrt Präferenzänderungen der Konsumenten pro-öko ausgelöst, wodurch die Diffusion nachhaltiger Konsummuster gefördert wird. In einem Schumpeter-I-Markt aber überwiegt der Effekt stärkerer Verunsicherung der Unternehmen, was letztlich sogar zu einer Hemmung der Ausbreitung eines nachhaltigen Konsummusters führt. So kann die zentrale Hypothese von Modul 5 bedingt bestätigt werden, dass eine intensive Rückkopplung der wahrgenommenen Qualität der Lebensgrundlage in zwei von drei Schumpeterregimen die Diffusion von nachhaltigen Konsummustern fördert.

3.4.3 MONAKO-Simulationen aus Sicht des kulturalistischen Ansatzes

Rechtfertigung der relevanten MonaKo-Variablen aus Sicht des kulturalistischen Ansatzes

Die für Modul 5 relevanten MONAKO-Variablen für die Diffusion nachhaltiger Konsummuster sind aus der Theorie der sozialen Praxis abgeleitet. Im Folgenden werden die theoretischen Grundlagen dazu skizziert.

Informationsstock für Konsumenten und Unternehmen

Im Modell wird das praktische Wissen der Marktakteure (Konsumenten und Unternehmen), das als kulturell-basierte Routinen und Kompetenzen definiert wird, mit dem Begriff ‚Informationsstock' bezeichnet. Als „practical intelligibility" (Schatzki 1996, 89) ist der ‚Informationsstock' ein aktuell wirksames und ‚verkörpertes' Wissen, das interaktiv gebildet und kollektiv geteilt wird. Insbesondere durch Kompetenz als Wissensbestandteil entsteht die Fähigkeit, in komplexen Netzen von Beziehungen zwischen Menschen, Artefakten und Aktivitäten teilnehmen zu können (Gherardi 2009). Sowohl die Konsum- wie auch die Unternehmenspraxis werden durch das praktische Wissen der Akteure geformt, das neben dem repetitiven Routine-Wissen auch als kreatives Kompetenz-Wissen wirksam wird (Schumpeter 1947; Joas 1992).

Konfliktschwelle für Konsumenten und Unternehmen

Der ‚Informationsstock' als praktisches Wissen von Konsumenten und Unternehmen ist kein statischer Container, sondern ein relativ flexibles Bündel von Routinen und Kompetenzen, das unter bestimmten Voraussetzungen neu ausgerichtet werden kann. Routinen sind eingespielte Handlungsprozeduren, die brüchig werden können, wenn Konflikte oder Krisen auftreten (vgl. Reckwitz 2003, 294). Es wird davon ausgegangen, dass ökonomische Akteure eine endogene Orientierung hinsichtlich Nachhaltigkeit besitzen, die in spezifischen Situationen zur Anwendung gelangt. Ab einer bestimmten Wahrnehmungsintensität, die hier als ‚Konfliktschwelle' bezeichnet wird, kommt es zu einer Infragestellung und Aktualisierung von Routinen. Mithilfe kultureller Kompetenzen gelangen Konsumenten und Unternehmen in einem dreistufigen Prozess von *Recogniton*, *Reflection*, *Reconfiguration* zur Neuausrichtung der

Konsum- bzw. Unternehmenspraxis. (vgl. Antoni-Komar et al. 2010a; Litz 1996).

Präferenzänderung

Die Neuausrichtung der Konsumpraxis (= *Reconfiguration*) wird im Modell als ‚Präferenzänderung' bezeichnet; bei Unternehmen bedeutet die Neuausrichtung eine endogene Umspezialisierung auf Nachhaltigkeitsqualität. Allgemein gilt, dass Akteure (Konsumenten und Unternehmen), die eine Dissonanz zwischen ihrem routinisierten Handeln und den zukünftigen Anforderungen aufgrund sich wandelnder gesellschaftlicher Herausforderungen (z.B. Klimawandel; Verlust von Biodiversität und kultureller Diversität; soziale Ungleichheit) und/oder aufgrund organisatorischer oder biographischer Instabilitäten (z.B. Skandale; Lebensumbrüche/Gesundheit) wahrnehmen, eingespielte Handlungsprozeduren in Frage stellen, aktualisieren und an Nachhaltigkeitsanforderungen neu ausrichten, um Unsicherheiten und Risiken zu reduzieren (vgl. Antoni-Komar et al. 2010b).

Unsicherheitssensibilität

Aus der Wahrnehmung spezifischer Konflikte, denen Marktakteure ausgesetzt sind, resultieren Unsicherheiten des Handelns (vgl. Böhle und Weihrich 2009). Daraus folgt, dass ‚Unsicherheitssensibilität' einerseits aufgrund der Fähigkeit zur Konfliktwahrnehmung entsteht (*Recognition*) und damit handlungsleitend ist (*Reflection*). Aber auch nach der Neuausrichtung von Konsum- und Unternehmenspraktiken (= Präferenzänderung/*Reconfiguration*) besteht zunächst noch eine erhöhte Sensibilität für Unsicherheiten, weil aktualisierte Routinen wieder neu eingespielt werden müssen.

Unsicherheit aus Präferenzänderung

Um die Unsicherheiten nach einer Neuausrichtung der Konsumpraxis (= Präferenzänderung/*Reconfiguration*) zu reduzieren, sind Stabilisierungsprozesse erforderlich. Stabilisierend wirkt z.B. der Aufbau von Vertrauen, das für die Bewertung von Produktmerkmalen ein tragfähiges Fundament darstellt. Gelingt es jedoch nicht, dieses Vertrauen aufzubauen, kommt es zu einer erneuten Änderung der Konsumpraxis, also einer erneuten Präferenzänderung.

Unternehmen als Quelle für Informationen und (Un)Sicherheit

Für den Aufbau von Vertrauen ist die Interaktion von Unternehmen und Konsumenten zentral relevant. Unternehmen selbst erzeugen durch ihre (Produktions-)Praxis am Markt Sicherheit oder Unsicherheit, die gemessen wird an der Kontinuität, mit der ein Unternehmen sich um die Verbesserung der einzelnen Produktmerkmale bemüht. Zu dieser unternehmensintern erzeugten (Un-)Sicherheit kommt noch eine stochastische Verzerrung, da Unsicherheit auch aus produktexogenen Einflüssen resultieren kann, die zwar mit dem Unternehmen, aber nicht mit produktinhärenten Eigenschaften zu tun haben.

Steigende Zufriedenheit u.a. durch positiven Konsumabgleich mit relevanten Peers

Die Stabilisierung der Konsumpraxis und die daraus resultierende steigende Zufriedenheit werden einerseits durch Vertrauen erreicht, das zwischen Unternehmen und Konsumenten interaktiv hergestellt wird. Andererseits lässt sich dieser Stabilisierungsprozess konsumentenseitig durch den positiven Abgleich mit relevanten Peers verstärken, der eine Art soziales Vertrauen schafft.

Ausstrahlungseffekt einer kleinen Anzahl Pioniere

Pioniere sind nur in kleiner Zahl anzunehmen, weil sie allein kein Unternehmen am Markt erhalten können, sondern nur durch ihren Ausstrahlungseffekt über die Anwendung von Social Comparison durch Nichtpioniere die Diffusion befördern können. So haben Intermediäre zwar einen Einfluss auf die Beförderung nachhaltiger Konsummuster, dieser kommt aber erst ab einem bestimmten Punkt der Marktentwicklung zum Tragen. Intermediäre können also zwar eine Angebots- oder Nachfrage-Steigerung bewirken, aber nur, wenn bereits Konsumenten Vertrauen in ein Produkt gefasst haben. Intermediäre schaffen also nicht selbst primär Vertrauen, sondern sorgen für dessen Diffusion. Intermediäre brauchen also wiederum Vorreiter, die schon ihre Konsumpraxis verändert haben.

Endogene Orientierung hinsichtlich Nachhaltigkeit bei Konsumenten und Unternehmen

Die Orientierung hinsichtlich Nachhaltigkeit wird nicht als exogene Anforderung an Unternehmen und Konsumenten herangetragen, sondern als endogenes Wissenspotenzial in Gestalt kultureller Kompetenzen mobilisiert (vgl. Joutsenvirta/Uusitalo 2009). Multiple und ambivalente kulturelle Prozesse werden erkannt (*Recognition*), kritisch reflektiert (*Reflection*) und schließlich produktiv entwickelt (*Reconfiguration)* (insgesamt auch als ‚Rückkopplung der aktuell wahrgenommenen Qualität der Lebensgrundlage' zu verstehen). Dieser Prozess erfolgt selbstorganisiert und selbstverstärkend. Das heißt, eine Höherbewertung der Nachhaltigkeitsqualität führt bei Konsumenten mit dem Erreichen einer Konfliktschwelle zur Handlungsänderung. Steigen bei den Unternehmen die Informationsstöcke (ausreichend oft und lange) über die Konfliktschwelle, führt das bei Unzufriedenheit zu Kundenbefragung und bei Zufriedenheit zu endogen begründeter Umspezialisierung auf die nachhaltige Qualität (statt z.B. weiter Preisführer sein zu wollen).

Annahmen und Ergebnisse des Szenarios V.1 aus Sicht des kulturalistischen Ansatzes

Szenario V.1 bestätigt die hemmende Wirkung von Routinen auf die Diffusion nachhaltigen Konsums. Routinen als eingespielte Handlungsprozeduren haben eine stabilisierende Funktion. Dies konnte durch die qualitativen Daten bestätigt werden, wenn z.B. in Bezug auf Einkaufsroutinen neben der Nähe und direkten Erreichbarkeit der Einkaufsorte vor allem der Zeitfaktor und die Bequemlichkeit einer zentralen Beschaffung betont wird. Aber auch Berührungsängste mit ungewohnten Einkaufsstätten oder langfristig angelegte Konsummuster aus der Kindheit, wie Markentreue, bilden Barrieren, die aus eingespielten Handlungsprozeduren resultieren. Im Praxisfeld Häuslicher Energiekonsum ist die handlungsleitende Funktion von Routinen der Energieerzeugung bestätigt worden. Diese betreffen zum einen die Zentralisierung und Unsichtbarkeit der traditionellen Energieerzeugung mit fossilen Energieträgern, zum anderen ist darin auch die Unsicherheit der Konsumenten bezüglich der Art der Energiequellen und deren unkalkulierbarer Preisschwankungen begründet, die schließlich zum Verharren in eingespielten Handlungsprozeduren führen. Szenario V.1 zeigt auch, dass bei Abnahme von Konsumroutinen der soziale Vergleich zunimmt und damit nachhaltige Konsummuster befördert werden (vgl. Szenario V.2).

Annahmen und Ergebnisse des Szenarios V.2 aus Sicht des kulturalistischen Ansatzes

Dass der positive soziale Vergleich zu mehr Zufriedenheit führt und damit nachhaltige Konsummuster fördert, wird in Szenario V.2 untersucht. Wachsende Unzufriedenheit aufgrund sozialer und individueller Bewertungen bewirkt eine Steigerung des Anspruchsniveaus und eine Senkung der Zufriedenheit.

Auch hier bestätigen die qualitativen Daten die Bedeutung des sozialen Vergleichs auf Nachfrageseite durch öffentliche Akteure sowie Verwandte, Freunde und Bekannte/Nachbarn für die Förderung nachhaltiger Konsummuster. Ideologisch motivierte Diffusionsbarrieren, wie Außenseiterdenken oder Angst vor sozialer Kontrolle, werden durch die Vorbildfunktion von Peers durchlässig. Die Imitation dieser Vorbilder führt zu Zufriedenheit und Stabilisierung der nachhaltigen Konsumpraktiken. Auf Angebotsseite tragen unternehmerische Pioniere („kreative Milieus") ebenfalls zur Stabilisierung bei. Von besonderer Bedeutung für den sozialen Vergleich ist die wahrgenommene Authentizität der Peers. Für die Diffusion von Solarthermieanlagen wird die positive Ausstrahlung von Referenzprojekten in der Nachbarschaft oder von Freunden bzw. Kollegen durchgängig argumentiert, die ein hohes Maß an Vertrauen/Authentizität implizieren. Eine Erhöhung der Diffusionswirkung könnte in diesem Feld durch die Sensibilisierung von Frauen für die sichtbare regenerative Energieerzeugung durch Solarthermieanlagen erzielt werden.

Annahmen und Ergebnisse des Szenarios V.3 aus Sicht des kulturalistischen Ansatzes

Die Wirkung verschiedener Intensitäten der endogenen Orientierung hinsichtlich Nachhaltigkeit von Unternehmen und Konsumenten wird in Szenario V.3 getestet und mit ansteigendem Grad als förderlich bestätigt.

Die Auswertung der qualitativen Daten hat ergeben, dass eine erhöhte endogene Orientierung hinsichtlich Nachhaltigkeit die Interaktion zwischen Unternehmen und Konsument/innen befördert und zur Neuausrichtung der Produktions- bzw. Konsumpraxis führt sowie Handlungsstabilisierung bewirkt. Am Beispiel der als förderlich identifizierten Kompetenzsteigerung des Verkaufspersonals im Lebensmitteleinzelhandel oder der hemmenden technologischen Pfadabhängigkeit vieler SHK-Installationsbetriebe kann dies aufgezeigt werden. Auch in Bezug auf die Forderung nach fairen und transparenten Produktionsbedingungen von Lebensmitteln und nach dem besonderen Angebot an regionalen, saisonalen und fair gehandelten Produkten lässt sich die Relevanz einer intensiven endogenen Orientierung hinsichtlich Nachhaltigkeit ableiten, die schließlich auch zu einer höheren Zahlungsbereitschaft beiträgt. Im Ergebnis impliziert eine erhöhte endogene Orientierung hinsichtlich Nachhaltigkeit auf Angebots- und Nachfrageseite spezifische Interaktionspotenziale, die zur Synchronisation der beiden Marktseiten und damit zur Diffusion nachhaltiger Konsummuster führen.

Annahmen und Ergebnisse des Szenarios V.4
aus Sicht des kulturalistischen Ansatzes

Das Szenario bestätigt die Auswirkung von Skandalen oder Lebensumbrüchen/Krisen auf die Änderung der Konsumpraxis. Diese Konfliktsituationen werden in Szenario V.4 als ‚wahrgenommene Qualität der Lebensgrundlage' definiert und ihre Wirkung auf die Konsumpraxis als ‚Rückkopplung' bezeichnet. Die interviewten Akteure der Angebotsseite bescheinigen der Rückkopplung von wahrgenommenen Umweltskandalen auf die Diffusion nachhaltigen Konsums eine ambivalente Qualität, da im Ernährungsbereich häufig nur kurzfristige Handlungsänderungen zu verzeichnen seien. Dieses Ergebnis wird durch Szenario V.4 unterstützt, wo zunächst einmal Präferenzänderungen bei Konsumenten und Spezialisierungsänderungen bei Unternehmen identifiziert werden, die zur Förderung des nachhaltigen Konsummusters beitragen. Da es jedoch aufgrund der Kurzfristigkeit der Präferenzänderungen bei Unternehmen zu Unsicherheit kommen kann, werden hier auch hemmende Faktoren wirksam. Bemerkenswerterweise lassen die Diskussionen in den Konsumentenfokusgruppen in Lebensmittelskandalen und biographischen Umbrüchen einen wichtigen Impuls zur Handlungsänderung erkennen. Nachhaltig werden biographisch motivierte Umbrüche jedoch erst, wenn neben der Gesundheitsorientierung auch die Orientierung hinsichtlich

Nachhaltigkeit erhöht wird, und es so zu einer Kopplung von fairen Produktionsbedingungen mit den Ansprüchen einer gesunden Ernährung kommt (vgl. Antoni-Komar et al. 2010c). Für das Feld der Solarthermie herrscht Uneinigkeit über die Wirkung von endogener Orientierung hinsichtlich Nachhaltigkeit. So wird einerseits betont, dass inzwischen ideologisch motivierte Entscheidungen durch technische Überzeugungen abgelöst worden seien. Andererseits wird jedoch eine dringende Notwendigkeit für die weitere Diffusion regenerativer Energien darin gesehen, dass die ambivalente Investitionsbereitschaft in technische Güter nur durch die Stärkung der Verantwortung und die wachsende Überzeugung einer Investition in die Zukunft befördert werden könne – also einer Erhöhung der endogenen Orientierung hinsichtlich Nachhaltigkeit.

4 Synthese der in der Szenarioanalyse erzielten Modulergebnisse

Die Aufbereitung und Einbettung der zentralen Hypothesen der einzelnen Theoriemodule (Modul 1, 3, 4 und 5) anhand von je vier ausgewählten Szenarien in das Simulationsmodell MONAKO macht deutlich, dass trotz der Unterschiedlichkeit der theoretischen Ansätze hinsichtlich ihrer Annahmen und Methodik eine große Übereinstimmung bei der Identifikation von Hemmnissen und Fördermöglichkeiten von nachhaltigen Konsummustern besteht. Dieses Ergebnis deutet darauf hin, dass eine gemeinsame Basis (Schnittmenge) an Politikimplikationen existiert, die zur Diffusion nachhaltigen Konsums beitragen kann.

In Tabelle 2 sind die zentralen Szenariohypothesen aufgeführt und ihre Behandlung in den einzelnen Theoriemodulen einander gegenübergestellt.

Kommentar aus Sicht des verhaltensökonomischen Ansatzes (Modul 1)

Im Detail lassen sich anhand der MONAKO-Szenarien folgende Parallelen, aber auch Unterschiede zwischen den Aussagen von Modul 1 und denen der anderen Module finden.

Modul 1 (verhaltensökonomischer Ansatz) und Modul 3 (Theorie des lernenden Konsumenten)

Beide Module beschäftigen sich mit der Konsumentenseite und identifizieren den Einfluss von Peers, die entweder als reine Informationslieferanten oder als Rollenvorbilder (Benchmark) einen wichtigen Faktor des Entscheidungsverhaltens darstellen. Sind sich Personen in ihren Entscheidungen nicht sicher, ob sie ihr Konsumverhalten aus der Vergangenheit wiederholen oder für sich selbst überdenken sollen, bieten die Peers eine Möglichkeit durch Imitation oder sozialen Vergleich von den anderen zu lernen. Orientieren sich diese Personen an Nachhaltigkeitspionieren, d.h. finden aufwärtsgerichtete soziale Lernprozesse statt, kann dies maßgeblich zur Diffusion nachhaltiger Konsummuster beitragen. Gleichzeitig kann eine erhöhte Peers-Orientierung eine Möglichkeit darstellen, wie Personen, die gewöhnlich in ihren Konsumroutinen konventioneller Produkte gefangen sind, aus diesen ausbrechen können.

Nach gemeinsamer Ansicht beider Theoriemodule führt eine vermehrte Anwendung von Deliberation als Entscheidungsheuristik, die bei Modul 1 beispielsweise durch höhere Bildungsniveaus und weniger materialistische Einstellungen in der Bevölkerung hervorgerufen werden kann, zu einer Höhergewichtung objektiver Kaufkriterien und damit zu einer Bevorzugung nachhaltiger Konsumgüter in Folge reflektierteren Entscheidungsverhaltens (Welsch/Kühling 2009).

Tabelle 2: Parallele Ansätze in den Modulen

Hypothese	Modul 1	Modul 3	Modul 4	Modul 5
Stärkeres intertemporales Lernen fördert nachhaltige Konsummuster	Szenario I.1	Bedürfnisbefriedigungspotenzial von Gütern erkennen und Präferenzen ausbilden (z.B. Verstärkungslernen in Richtung Biolebensmittel)	------	Erhöhung der Wahrnehmungsintensität und Aufbau eines „Informationsstocks" bis zum Erreichen einer Konfliktschwelle führt zu nachhaltigem Konsum
Stärkerer Peers-Einfluss fördert nachhaltige Konsummuster	Szenario I.2	Szenario III.1	Szenario IV.1	Peers-Einfluss bzw. der Vergleich mit Referenzlösungen hat meist eine fördernde Wirkung
Sinkende (steigende) Konsumenten-Zufriedenheit mit der Konsumdauer (positiven sozialen Vergleich) fördert nachhaltige Konsummuster	Szenario I.3	Verwandte Argumentation im Rahmen von Szenario III.3	------	Verwandte Argumentation im Rahmen von Szenario V.2
Mehr Bildung und weniger Materialismus fördern nachhaltige Konsummuster	Szenario I.4	Keine Aussagen zu Bildungsstand, aber: Folge ist mehr Deliberation → Szenario C.III.2	------	Kompetenzsteigerung als Bildungsprozess führt zur Synchronisation von Angebots- und Nachfrageseite

Mehr Deliberation fördert nachhaltige Konsummuster	Ja, Bildungsstand und nicht-materialistische Werte fördern nachhaltigen Konsum	Szenario III.2	------	Nicht explizit untersucht, da praxistheoretischer Ansatz
Gewohnheiten/Routinen hemmen nachhaltige Konsummuster	Ja, wenn Routinen konventionelle Produkte betreffen	Szenario III.2 und 3	Ja, aber auch Konventionen, die nachhaltigen Produkten entgegenkommen (z.B. Qualitätsorientierung)	Verwandte Argumentation im Rahmen von Szenario V.1
Weniger Gewohnheit und mehr sozialer Vergleich fördert nachhaltige Konsummuster		Szenario III.3	------	
Mehr Pioniere/Schlüsselakteure (Nachfrage) fördern nachhaltige Konsummuster	Verwandte Argumentation im Rahmen von Szenario I.2	Szenario III.4	Verwandte Argumentation im Rahmen von Szenario C.IV.1	Verwandte Argumentation im Rahmen von Szenario V.3
Mehr Pioniere/Schlüsselakteure (Angebot) fördern nachhaltige Konsummuster	------	------	Szenario IV.2	Kreative Milieus auf Angebotsseite fördern nachhaltigen Konsum. Szenario V.3
Politikintermediäre fördern nachhaltige Konsummuster	------	------	Szenario IV.3	------
Mehr Anti-Pioniere hemmen nachhaltige Konsummuster	Ja, wenn sozialer Vergleich abwärts gerichtet ist	Solche Peers können entstehen, wenn Umweltthematik an Glaubwürdigkeit verliert (z.B. Biolebens-	Szenario IV.4	Plausibel, wenn Öko-Pioniere fördernde Wirkung haben, Ist in hemmender Wirkung von

		mittelskandale), und Konsumenten starken Orientierungsbedarf haben		Markenorientierung und Prestigedenken angesprochen
Mehr Potential für Präferenzänderungen und weniger Bedeutung für Einkaufsroutinen fördern nachhaltige Konsummuster	Ja, wenn Routinen konventionelle Produkte betreffen	Verwandte Argumentation im Rahmen von Szenario III.2	------	Szenario V.1
Weniger stabile Verhaltensmuster wegen weniger Zufriedenheit fördern nachhaltige Konsummuster	Ja, führt zu veränderten Entscheidungsheuristiken. Durchbricht Routinen konventioneller Produkte	Plausibel, wenn mit Ernährungsverhalten neue Bedürfnisse assoziiert werden und Verhalten durchdacht wird (vgl. auch Szenario III.3)	------	Szenario V.2
Höhere endogene Orientierung hinsichtlich Nachhaltigkeit fördert nachhaltige Konsummuster	Ja, thematisiert über Umwelteinstellungen	Plausibel, wenn höhere Informationsdichte zum Thema Nachhaltigkeit einen höheren Pionieranteil bewirkt (vgl. Szenario III.4)	------	Szenario V.3
Verstärkte Rückkopplung der wahrgenommenen Qualität der Lebensgrundlage auf die Akteure fördert nachhaltige Konsummuster	Ja, denn bessere Wahrnehmung der hintergründigen Merkmale nachhaltiger Güter (Warm-Glow, Gesundheit) reduziert Fehler zw. Entscheidungs- und Erfahrungsnutzen	Sozialer Vergleich und hohe Kommunikationsintensität bei Wahrnehmung krisenhafter Situationen (vgl. Szenario III.4)	------	Szenario V.4

Modul 1 (verhaltensökonomischer Ansatz) und Modul 4 (interaktionsökonomischer und institutionentheoretischer Ansatz)

Modul 4 untersucht die Rolle von Intermediären und Institutionen und ist daher ansatzbedingt eher auf die Interaktion von Angebots- und Nachfrageseite ausgerichtet und weniger auf die Konsumentenseite konzentriert. Infolgedessen gibt es kaum Gemeinsamkeiten mit den Hypothesen von Modul 4, die sich auf die angebotsseitigen Schlüsselakteure und die Politikintermediäre beziehen. Nichtsdestotrotz stimmen beide Module in den Ansichten zu den positiven (bzw. negativen) Einflüssen überein, die nachfrageseitige Pioniere (bzw. Anti-Pioniere) auf den Diffusionsprozess haben.

Modul 1 (verhaltensökonomischer Ansatz) und Modul 5 (kulturalistischer Ansatz):

Die Wirkung von (Einkaufs-)Routinen wird auch bei Modul 5 thematisiert. Ebenso wie bei Modul 1 und 3 bewirken Routinen, dass Konsumenten habitualisierte Einkaufsprozesse kaum hinterfragen und somit bei den stereotypen Einkaufsgewohnheiten nicht-nachhaltiger Produkte verharren. Spiegelbildlich ermöglicht das Aufbrechen dieser Routinen eine Neuorientierung der Verhaltensweisen der Konsumenten. Um die stabilen Verhaltensmuster der Konsumroutinen, die äußere Einflüsse bis zu einem gewissen Grad abzupuffern vermögen, aufbrechen zu können, muss eine Person ein bestimmtes Zufriedenheitsniveau mit seiner Gewohnheitsentscheidung unterschreiten. An eine solche Unzufriedenheitsschwelle gelangen Individuen beispielsweise dann, wenn sich ihr Anspruchsniveau aufgrund individueller Bewertungen (z.B. Adaption) oder sozialer Bewertungen (z.B. Konformität mit Peers) im Zeitverlauf erhöht. Dass eine höhere endogene Orientierung hinsichtlich Nachhaltigkeit tendenziell nachhaltige Konsummuster fördert, ist sowohl ein Ergebnis von Modul 5 als auch von Modul 1, wobei letzteres Modul mittels Regressionsanalyse empirisch nachweist, dass höhere Umwelteinstellungen bei einer Person zu einem intensiveren Nachhaltigkeitskonsum führen (Welsch/Kühling 2009).

Schließlich werden Modul 5 zufolge nachhaltige Konsummuster durch verstärkte Rückkopplung der wahrgenommenen Qualität der Lebensgrundlage auf die Akteure gefördert. Dieses Resultat steht wiederum im Einklang mit den modulspezifischen Ergebnissen von Modul 1, weil eine solche Wahrnehmungserhöhung, ausgelöst beispielsweise durch Umweltskandale, den Konsumenten die Vorteile nachhaltigen Konsums gegenüber dem nicht-nachhaltigen ins Gedächtnis ruft. Auf diese Weise wird der Entscheidungsfehler, der zu einer Überbewertung quantitativen Konsums und einer Unterbewertung qualitativen Konsums führt, tendenziell verringert, was für die Diffusion von nachhaltigen Konsummustern vorteilhaft ist.

Kommentar aus Sicht der Theorie des lernenden Konsumenten (Modul 3)

Im Detail lassen sich anhand der MoNaKo-Szenarien folgende Parallelen, aber auch Unterschiede zwischen den Aussagen von Modul 3 und denen der anderen Module finden.

Modul 3 (Theorie des lernenden Konsumenten) und Modul 1 (verhaltensökonomischer Ansatz)

Diese beiden Module sind vom theoretischen Standpunkt aus sehr eng miteinander verbunden. Beide zugrunde liegenden Ansätze – die Theorie des lernenden Konsumenten und der verhaltensökonomische Ansatz – machen es sich zum Ziel, ein individualistisches Akteursmodell zu entwickeln, das realistischere Annahmen über menschliches Verhalten beinhaltet. Eine wesentliche Annahme ist, dass Menschen unter unvollständiger Information handeln, insbesondere bezüglich vorhandener Konsumalternativen und deren Nutzenbeitrag (zur Bedürfnisbefriedigung im Falle von Modul 3). Während Modul 1 den individuellen intertemporalen Lernprozess in MoNaKo abbildet, unterscheidet Modul 3 dort v.a. zwischen Konsumententypen auf Basis von unterschiedlich fundiertem Nachhaltigkeitswissen (besondere Rolle der Pioniere). Die Konsumententypen unterscheiden sich also zu einem gegebenen Zeitpunkt hinsichtlich der bereits stattgefundenen Lernprozesse und des dadurch akquirierten Wissens (resultierend z.B. in den Verhaltensdispositionen, eher das Verhalten anderer zu imitieren oder erlerntes Konsumverhalten unreflektiert fortzusetzen).

Modul 3 (Theorie des lernenden Konsumenten) und Modul 4 (interaktionsökonomischer und institutionentheoretischer Ansatz)

Schnittstellen zwischen diesen beiden Modulen gibt es im Zusammenhang mit den nachfrageseitigen Schlüsselakteuren, welche in Modul 3 als Pioniere (pro-öko) oder andere Vorbilder (z.T. auch anti-öko Rollenmodelle) definiert werden. Bezüglich der Höhe des Pionieranteils sieht Modul 3 als wesentliche Bestimmungsgröße die Informationsdichte zu umweltrelevanten Themen, aber auch Transparenz im Hinblick auf Produkteigenschaften (tatsächlicher Nachhaltigkeitsbeitrag). Bei hoher Informationsdichte dürfte es tendenziell mehr umweltbewusste Konsumenten geben (Überschreiten einer Wahrnehmungsschwelle), die sich dann womöglich auch aktiv für die Umweltproblematik einsetzen. Die deliberative Entscheidung wird dadurch unterstützt, dass Produktinformationen ausreichend sind. Hier mag es Rückkopplungen der Art geben, dass Pioniere aktiv an der Aufbereitung von Informationen und letztlich der Meinungsbildung beitragen, also die Rolle von Promotoren des Diffusionsprozesses nachhaltiger Konsummuster einnehmen (Interpretation in Richtung der Schlüsselakteure).

Modul 3 (Theorie des lernenden Konsumenten) und Modul 5 (kulturalistischer Ansatz)

Auch zwischen diesen beiden Modulen treten in Bezug auf MONAKO mehr Gemeinsamkeiten als Unterschiede zu Tage. Allerdings beziehen sich diese Gemeinsamkeiten nur auf die konsumentenseitigen Hypothesen. Wie in Modul 5 so wird in Modul 3 angenommen, dass es Akteure gibt – nämlich die Pioniere –, die ein originäres Interesse an Umweltproblemen haben, sehr aufnahmebereit für entsprechende Informationen sind und daher als gut informierte, pro-öko Rollenmodelle fungieren können. Je nachdem, wie die Wahrnehmungsschwellen definiert werden (hoch, niedrig), gibt es mehr oder weniger Pioniere in der Population. Aus Sicht von Modul 3 ist daher die Anbindung an Veränderungen im „Informationsumfeld" offensichtlich: Veränderungen in der Informationsdichte über die Zeit (z.B. eine relativ höhere Medienberichterstattung zu Umweltproblemen, inklusive Umweltpolitik, aber auch wissenschaftlichen Erkenntnissen) schlagen sich in Verhaltensänderungen der Konsumenten nieder. Man beachte, dass es sich dabei nur um das relative

Informationsaufkommen handeln kann, d.h. im Vergleich zu andersartigen Meldungen (z.B. Werbung für preisgünstige Produkte). Während in Modul 5 die Aufnahmebereitschaft für Informationen dadurch abgebildet wird, dass Konsumenten unterschiedlich stark ihren Einkaufsroutinen verhaftet sind, so ist aus Sicht von Modul 3 zu sagen, dass es mehr oder weniger Pioniere in der Population gibt, die neue Informationen zeitnah in neue Verhaltensweisen umsetzen – oder sich eben von Informationen nicht weiter beeinflussen lassen.

Kommentar aus Sicht der Interaktionsökonomik (Modul 4)

Im Detail lassen sich anhand der MONAKO-Szenarien folgende Parallelen, aber auch Unterschiede zwischen den Aussagen von Modul 4 und denen der anderen Module finden.

Modul 4 (interaktionsökonomischer und institutionentheoretischer Ansatz) und Modul 1 (verhaltensökonomischer Ansatz):

Peers können als Schlüsselakteure, ein zentrales Konstrukt von Modul 4, interpretiert werden. Allerdings konzentriert sich Modul 4 auf den Schlüsselakteur des (politik- und angebotsseitigen) Intermediärs, Modul 1 dagegen auf die (nachfrageseitigen) Konsumentenpeers. Dennoch besteht eine Gemeinsamkeit mit Modul 1, nämlich über die institutionalisierende Wirkung des sozialen Umfeldes. Sind die Meinungsbildner im sozialen Umfeld eines Konsumenten, institutionalisieren sie somit das soziale Umfeld eines Konsumenten („isomorphe“ Wirkung). In den Interviews verweisen die Intermediäre dann auch häufig auf den Einfluss des sozialen Umfeldes, aber auch darauf, dass das soziale Umfeld, mithin insbesondere dessen Schlüsselakteure, diffusionshemmend auf nachhaltige Konsummuster wirken kann.

Die Konsumentenzufriedenheit ist kein eigenständiges Konstrukt in Modul 4. Allerdings werden Einkaufsroutinen/stereotype Einkaufsmuster für nicht-nachhaltige Produkte von uns als Institutionen (Typ „kulturell symbolische Ordnungen“) aufgefasst und deshalb auch explizit erhoben. Die Antworten bestätigen die hemmende Wirkung von solcherart Institutionen, legen aber auch eine ambivalente Wirkung nahe: Bestimmte Routinen (z.B. Qualitätsorientierung) können die Diffusion nachhaltigen Konsums nämlich auch befördern oder können sogar selbst den nachhaltigen Konsum erfassen – was als Zufriedenheit mit nachhaltigem Konsum interpretiert werden kann – und dann selbstverstärkend wirken.

Werden niedrige bzw. geringe materialistische Einstellungen als Nachhaltigkeitsbewusstsein interpretiert (wie im Kommentar von Modul 1 auf Modul 5; s.o.), dann sind sowohl konzeptionelle als auch empirische Gemeinsamkeiten mit Modul 1 feststellbar. Konzeptionell sieht Modul 4 ein Nachhaltigkeitsbewusstsein als individuelle Selbstbindung und damit als (den teilautonomen Teil) des institutionellen Arrangements. „Geringere materialistische Einstellung" wäre dann gleichzusetzen mit einem höheren Nachhaltigkeitsbewusstsein. Empirisch wird das Nachhaltigkeitsbewusstsein sowohl im offenen als auch im geschlossenen Frageteil als besonders förderlich herausgestellt.

Modul 4 (interaktionsökonomischer und institutionentheoretischer Ansatz) und Modul 3 (Theorie des lernenden Konsumenten):

Prozesse sozialen Lernen werden in Modul 3 als Interaktionen von Gruppen und Kulturen erfasst, wobei sich „durch Diffusions- und Imitationsvorgänge charakteristische Denkmuster, Verhaltensregelmäßigkeiten und Gemeinsamkeiten in der Bewertung von Konsumgütern und -mustern herausbilden". Diese Sichtweise ist ähnlich zu Theoriezugängen des Moduls 4, welches zum einen zentral auf Interaktionen zwischen den Akteuren abstellt und zum anderen institutionelle Anpassungsprozesse betrachtet. Die Ausdifferenzierung dieser Sichtweisen erfolgt dann jedoch sehr verschieden.

Anknüpfungspunkte bestehen auf der Ebene einzelner Konstrukte. Es sind dieselben wie bei Modul 1, nämlich "Konsumentenpeers" und „Gewohnheiten". Die Ausführungen zu Modul 1 gelten hier somit analog. Aus Sicht von Modul 4 wirkt auch der „soziale Vergleich" institutionalisierend (kulturell symbolische Ordnung). Speziell im Bereich Solarthermie (nicht dagegen bei Ernährung) deuten die Antworten auf eine institutionalisierende Wirkung des sozialen Vergleichs hin.

Modul 4 (interaktionsökonomischer und institutionentheoretischer Ansatz) und Modul 5 (kulturalistischer Ansatz):

Modul 4 unterstellt mit der Interaktionsperspektive ebenfalls und explizit rekursive Akteursbeziehungen, fokussiert dann aber nicht auf Produzenten-Konsumenten-Rekursivitäten, wie Modul 5, sondern auf Intermediärs-Konsumenten-Rekursivitäten.

Eine wesentliche theoretische Basis von Modul 5 als auch des institutionellen Teils von Modul 4 ist der organisationssoziologische Neo-Institutionalismus. Von daher ergeben sich auch einige gemeinsame Perspektiven und empirische Befunde hinsichtlich bestimmter Konstrukte, insbesondere was Handlungsroutinen/Gewohnheiten und die isomorphe Wirkung des sozialen Umfeldes anbelangt (s. hierzu die Anm. zu Modul 1).

Kommentar aus Sicht des kulturalistischen Ansatzes (Modul 5)

Modul 5 (kulturalistischer Ansatz) und Modul 1 (verhaltensökonomischer Ansatz)

Im Detail lassen sich anhand der MONAKO-Szenarien folgende Parallelen, aber auch Unterschiede zwischen den Aussagen von Modul 5 und denen der anderen Module finden.

Die für Modul 5 durch die Simulationen bestätigte hemmende Wirkung von Routinen wird auch von Modul 1 überprüft. Konsumenten verharren demnach in habitualisierten Mustern eines nicht-nachhaltigen Verhaltens, wenn die Nutzenfehleinschätzung von nachhaltigen Konsumgütern nicht durch intertemporales Lernen revidiert wird. Modul 1 identifiziert hier aus verhaltensökonomischer Perspektive einen „Fehler", während Modul 5 von der Möglichkeit der Neuinterpretation sozialer Praxis durch Konflikte bzw. Krisen ausgeht, die zu einer Erhöhung der endogenen Orientierung hinsichtlich Nachhaltigkeit beitragen. Gemeinsam ist beiden Ansätzen, dass die relative Geschlossenheit der Konsumroutinen und deren Repetition bzw. die Gewohnheit auf einem Zufriedenheitsniveau basiert, das erst bei Überschreiten einer Konfliktschwelle bzw. bei Adaption (= Gewöhnungseffekt über die Dauer) zu Unzufriedenheit und Handlungsänderung bzw. Intensivierung des nachhaltigen Konsums führt.

Wahrnehmungsverzerrung bei nachhaltigen Produkten ist nach Modul 1 auf Informationsmängel zurückzuführen, die auf unterschiedliche Bildungsniveaus und Materialismuseinstellungen der Konsumenten zurück zu führen sind. Modul 5 sieht in der steigenden endogenen Orientierung hinsichtlich Nachhaltigkeit das Potenzial für die Interaktion zwischen Angebots- und Nachfrageseite, um Entkopplungsprozesse von Produktionsbedingungen, die nachhaltigen Konsum hemmen, zu revidieren. Da dieses Interaktionspotenzial durch die Ausbildung von kulturellen Kompetenzen erreicht wird, also letztlich durch kulturelle Bildungsprozesse, besteht auch hier eine Übereinstimmung mit Modul 1, wenn differierende Bildungsniveaus als Ursache für die verzerrte Wahrnehmung des positiven Nutzens nachhaltiger Güter identifiziert werden.

Die positiven Nutzenfolgen nachhaltiger Güter sind aus verhaltensökonomischer Sicht ex ante nur unvollständig bewusst, was für deren Diffusion hinderlich ist. Umweltskandale können demnach eine Wahrnehmungserhöhung auslösen und damit die Vorteile nachhaltigen Konsums in Erinnerung bringen. Bezieht sich jedoch der Nutzengewinn durch nachhaltigen Konsum lediglich auf die Gesundheit, so wäre damit nach den Ergebnissen von Modul 5 noch kein nachhaltiger Konsum initiiert. Erst wenn auch die fairen Produktionsbedingungen in den positiven Entscheidungsnutzen integriert sind und damit eine Erhöhung der endogenen Orientierung hinsichtlich Nachhaltigkeit einhergeht, resultieren daraus nachhaltige Konsummuster (vgl. Antoni-Komar et al. 2010).

Modul 5 (kulturalistischer Ansatz) und Modul 3 (Theorie des lernenden Konsumenten)

Dass Gewohnheiten/Routinen nachhaltige Konsummuster hemmen, untersucht auch Modul 3. Gemeinsam mit Modul 3 ist die Annahme der Veränderung von Routinen durch Lernprozesse sowie die Einflussnahme durch Peers auf die Konsumpraxis. Während Modul 3 annimmt, dass es Pioniere gibt, die ein originäres Interesse an Umweltproblemen haben und Veränderungen in der Dichte der Informationen über Lernprozesse Verhaltensänderungen initiieren können, ist für Modul 5 der Grad der endogenen Orientierung hinsichtlich Nachhaltigkeit an die Intensität der Interaktion zwischen Unternehmen und Konsumenten gekoppelt. Je intensiver der Austausch stattfindet, desto stärker entwickelt sich die endogene Orientierung hinsichtlich Nachhaltigkeit bis hin zur Synchronisation der beiden Seiten. Auch dies ist ein Lernprozess, der jedoch nicht nur konsumentenseitig, sondern komplementär zur Unternehmensseite stattfindet bzw. unterstützt wird.

Mit der Variable Zufriedenheitsniveau bezeichnet Modul 3 den Grad der Bedürfnisbefriedigung in der Vergangenheit. Wird eine Toleranzschwelle unterschritten, motiviert dies die Suche nach besseren Verhaltensweisen. Hier stimmt Modul 5 aus der praxistheoretischen Perspektive überein, wenn eingespielte Routinen nach Erreichen spezifischer Konfliktschwellen durch Skandale oder Lebensumbrüche aufgebrochen und aktualisiert werden. Auch dabei wird das Anspruchsniveau erhöht, was Unzufriedenheit zur Folge hat und zur Neuausrichtung der sozialen Praxis führt.

Modul 5 (kulturalistischer Ansatz) und Modul 4 (interaktionsökonomischer und institutionentheoretischer Ansatz)

Modul 4 sieht in der Rolle von Intermediären eine zentrale Diffusionswirkung, wie diese Pionieren oder Peers zukommt. Die Interaktion zwischen Angebots- und Nachfrageseite, die Modul 4 durch Intermediäre als Schlüsselakteure gewährleistet sieht, spielt auch bei Modul 5 eine zentrale Rolle. Hier bewirkt Interaktion eine Rekontextualisierung von Produktions- und Konsumtionsprozessen, ohne die kein ausreichendes Nachhaltigkeitspotenzial erreicht werden kann. Entkopplungsprozesse von Produktionsbedingungen, die nachhaltigen Konsum hemmen, gilt es so durch Interaktion zwischen Unternehmen und Konsumenten zu revidieren, was durch die Ausbildung von kulturellen Kompetenzen zu erreichen ist, also letztlich durch komplementär auf beiden Seiten verlaufenden kulturellen Bildungsprozessen. Analog zu Modul 4 wurde von Modul 5 die fördernde Wirkung von kreativen Milieus auf Unternehmensseite identifiziert, von denen nicht nur ein Ausstrahlungseffekt auf andere Akteure der Angebotsseite ausgeht, sondern auch auf Konsumenten, die für Nachhaltigkeitsfragen bereits sensibilisiert sind.

5 Fazit zur Integration der theoretischen Ansätze im WENKE²-Projekt in MONAKO

Im zusammenfassenden Rückblick ermöglicht MONAKO zum einen die Einordnung der zentralen Hypothesen der einzelnen Module des WENKE²-Projekts in industrieökonomische Marktzusammenhänge. Zum anderen erlaubt es differenzierte Aussagen zu den Wirkungen der für die einzelnen Module kritischen Einflussgrößen auf die Diffusion nachhaltiger Konsummuster. So leistet MONAKO erstens einen quantitativen Beitrag zur Integration der verschiedenen theoretischen Ansätze im

WENKE^2-Projekt und zweitens einen qualitativen Integrationsbeitrag. Letzteres geschieht im Abschnitt 4 dieses Kapitels „Synthese der in der Szenarioanalyse erzielten Modulergebnisse", wo Parallelen und Unterschiede zwischen den Aussagen der anderen Module anhand der für MONAKO formulierten Szenarien von Modul 2 ausgelotet werden.

Die in MONAKO angewandte Methode der Integration von fünf unterschiedlichen theoretischen Ansätzen ist sowohl projektintern wie in Bezug auf die verallgemeinerbaren Ergebnisse der fünf ökonomischen Perspektiven mit ihrem je eigenen Begriffsapparat und Methodenarsenal höchst bemerkenswert. Es ist MONAKO nicht nur gelungen, die Herausforderung gemeinsamer Resultate zu initiieren, sondern darüber hinaus die Perspektiven miteinander zu vernetzen und zu einem tragfähigen Gebilde zusammen zu binden. Was anfänglich nahezu unverbunden nebeneinander stand und auch nicht immer in Harmonie gehüllt war, ist zum Ende des Experiments ein Produkt geworden, das sich durch Einheit in der Vielfalt auszeichnet. MONAKO steht also nicht nur für ein agentenbasiertes Simulationsmodell, das den Anforderungen der evolutorischen Ökonomik entsprechend ergebnis- und verlaufsoffen modelliert ist; MONAKO ist auch ein Erfolgsmodell für interdisziplinäre Kooperation und kreatives Denken, um Divergenzen zu analysieren und Schnittmengen zu definieren. Ein Erfolgsmodell, das Nachfolgemodelle verdient hat.

Literatur

Anderson, J.R. (2000): Cognitive Psychology and its Implications, New York: Worth Publishers

Antoni-Komar, I., Lautermann, C., Pfriem, R. (2010a): Kulturelle Kompetenzen. Interaktionsökonomische Erweiterungsperspektiven für den Competence-based View des Strategischen Managements, in: Stephan, M., Kerber, W., Kessler, T., Lingenfelder, M. (Hrsg.): 25 Jahre ressourcen- und kompetenzorientierte Forschung. Der kompetenzbasierte Ansatz auf dem Weg zum Schlüsselparadigma in der Managementforschung, Wiesbaden: Gabler Verlag, S. 465-489

Antoni-Komar, I., Beermann, M., Schattke, H. (2010b): Additional Challenges for Corporate Environmental Information Systems due to Impacts caused by Climate Change, in: Teuteberg, F., Marx Gómez, J. (Eds.) (2010): Corporate Environmental Management Information Systems: Advancements and Trends, Hershey, PA: IGI Global, S. 70-84

Antoni-Komar, I., Lehmann-Waffenschmidt, C., Lehmann-Waffenschmidt, M., Müller, M., Uphoff. K. (2010c): A cultural and evolutionary approach in economics: Transition towards sustainable food consumption, in: Journal of Consumer Policy (submitted)

Arthur, W.B. (1989): Competing technologies, increasing returns and lock-in by historic events, in: The Economic Journal 99, S. 116-131

Bandura, A. (1986): Social foundations of thought and action: a social cognitive theory, Englewood Cliffs/NJ: Prentice-Hall

Bass, F.M. (1969), A New Product Growth Model for Consumer Durables, in: Management Science 15, S. 215-227

Böhle, F., Weihrich, M. (Hrsg.) (2009): Handeln unter Unsicherheit. Wiesbaden: VS Verlag für Sozialwissenschaften

Buenstorf, G., Cordes, C. (2008): Can sustainable consumption be learned? A model of cultural evolution, in: Ecological Economics 67, 4, S. 646-657

Cordes, C. (2004): The Human Adaptation for Culture and its Behavioral Implications, in: Journal of Bioeconomics 6, S. 143-163

David, P. (1985): Clio and the economics of QWERTY, in: American Economic Review 75, 2, S. 332-337

Deaton A., Muellbauer J. (1980): Economics and consumer behavior, New York: Cambridge University Press

Frieman, J. (2002): Learning and Adaptive Behavior, Belmont: Wadsworth

Geels, F.W., Kemp, R. (2006): Transitions, Transformations, and Reproduction: Dynamics in Socio-Technical Systems, in: McKelvey, M.D., Holmen, M. (Hrsg.): Flexibility and Stability in the Innovating Economy, Oxford University Press

Gherardi, S. (2009): Introduction: The Critical Power of the 'Practice Lens', in: Management Learning, 2009, S. 40-115

Herrnstein, R.J. (1997): The Matching Law, Harvard University Press

Hörning, K.H., Reuter, J. (Hrsg.) (2004): Doing Culture. Neue Positionen zum Verhältnis von Kultur und sozialer Praxis, Bielefeld: transcript

Janssen, M.A., Jager W. (1999). An integrated approach to simulating behavourial processes: A case study of the lock-in of consumption patterns, in: Journal of Artificial Societies and Social Simulation 2, 2, www. soc. surrey.ac.uk/JASSS/2/2/2.htm

Janssen, M.A., Jager, W. (2002), Stimulating Diffusion of Green Products: Co-Evolution between Firms and Consumers, in: Journal of Evolutionary Economics 12, S. 283-306

Joas, Hans (1992): Die Kreativität des Handelns, Frankfurt/M.: Suhrkamp

Joutsenvirta, M., Uusitalo, L. (2009): Cultural Competences: An Important Resource in the Industry-NGO Dialog, in: Journal of Business Ethics 91, 3, S. 379-390

Kahneman, D, Wakker, P.P., Sarin, R. (1997), Back to Bentham? Explorations of Experienced Utility, in: Quarterly Journal of Economics 112, S. 375-405

Lancaster, K. (1966): A new approach to consumer theory, in: Journal of Political Economy 74, S. 132-157

Litz, R.A. (1996): A Resource-based-view of the Socially Responsible Firm: Stakeholder Interdependence, Ethical Awareness, and Issue Responsiveness as Strategic Assets, in: Journal of Business Ethics 15, 12, S. 1355-1363

Loewenstein, G., O'Donoghue, T., Rabin, M. (2003), Projection Bias in Predicting Future Utility, in: Quarterly Journal of Economics 118, S. 1209-1248.

Macy, M.W., R. Willer (2002): From Factors to Actors: Computational Sociology and Agent-Based Modeling, in: Annual Review of Sociology 28, S. 143-166

Nelson, R.R., Winter, S.G. (1982): An evolutionary theory of economic change, Cambridge/MA: Harvard University Press

Reckwitz, A. (2003): Grundelemente einer Theorie sozialer Praktiken: Eine sozialtheoretische Perspektive, in: Zeitschrift für Soziologie 32, 4, S. 282-301

Reckwitz, A. (2004): Die Reproduktion und die Subversion sozialer Praktiken. Zugleich ein Kommentar zu Pierre Bourdieu und Judith Butler, in: Hörning, K.H., Reuter, J. (Hrsg.): Doing culture. Neue Positionen zum Verhältnis von Kultur und soziale Praxis, Bielefeld, S. 40-54

Reckwitz, A. (2007): Anthony Giddens, in: Kaesler, D. (Hrsg.): Klassiker der Soziologie: Von Talcott Parsons bis Anthony Giddens, Band II, München: Beck, S. 311-337

Rogers, E. M. (1995): Diffusion of innovations, fourth edition, New York: Free Press

Ruprecht, W. (2005): The historical development of the consumption of sweeteners – a learning approach, in: Journal of Evolutionary Economics 15, 3, S. 247-272

Saviotti, P.P. (1996): Technological evolution, variety and the economy, Cheltenham: Edward Elgar

Schatzki, T.R. (1996): Social Practices. A Wittgensteinian Approach to Human Activity and the Social, Cambridge

Schumpeter, J.A. (1912): Theorie der wirtschaftlichen Entwicklung. Eine Untersuchung über Unternehmergewinn, Kapital, Kredit, Zins und den Konjunkturzyklus, Leipzig: Duncker & Humblot

Schumpeter, J.A. (1942): Capitalism, Socialism and Democracy, New York: Harper & Row

Schumpeter, J.A. (1947): The Creative Response in Economic History, in: Journal of Economic History 7, Nov., S. 149-159

Simon, H.A. (1972), Theories of Bounded Rationality, in: McGuire, C.B., Radner, R. (eds.), Decision and Organization, Amsterdam: North Holland

Skinner, B.F. (1966): Operant behavior, in: Honig, W.K. (Hrsg.), Operant behavior – areas of research and application, New York: Meredith

Weiner, B. (1994): Motivationspsychologie, dritte Auflage, Weinheim: Beltz Psychologie-Verlagsunion

Welsch, H., Kühling, J. (2009): Determinants of pro-environmental consumption: The role of reference groups and routine behaviour, in: Ecological Economics 69, 1, S. 166-176.

Welsch, H., Kühling, J. (2010): Pro-Environmental Behavior and Rational Consumer Choice: Evidence from Surveys of Life Satisfaction, in: Journal of Economic Psychology 31, S. 405-420

Witt, U. (1987): Individualistische Grundlagen der evolutorischen Ökonomik, Tübingen: Mohr (Siebeck)

Witt, U. (2001): Learning to Consume – A Theory of Wants and the Growth of Demand, in: Journal of Evolutionary Economics 11, 1, S. 23-26

Witt, U. (2003): The Evolving Economy – Essays on the Evolutionary Approach to Economics, Aldershot: Edward Elgar

Witt, U. (2010): Symbolic consumption and the social construction of product characteristics, in: Structural Change and Economic Dynamics 21, S. 17-25

Woersdorfer, J. S. (2010): When Do Social Norms Replace Status-Seeking Consumption? An Application to the Consumption of Cleanliness, in: Metroeconomica 61, 1, S. 35-67

Appendix

Szenariospezifische Parameter für die Szenarien I. bis V. und ihre Varianten in den relevanten Modellgleichungen von MONAKO[1]

Szenario	Parameter	in MONAKO-Gleichung (1(1	Spezifikation 1	Referenzszenario	Spezifikation 2
I.1	$\chi_{N,tj=0}^{Min}$ = GV[x;1]	(1) KK1	0,0099	0,9999	0,0099
		(1) KK2	0,009	0,9	0,009
		(1) KK3	0,005	0,5	0,005
		(1) KK4	,0075	0,75	0,0075
		(1) KK5	0,001	0,1	0,001
	$\psi^{\Delta u}$ = GV[x/2;x]	(4) KK1	0,005	0	1
		(4) KK2	0,0005	0	0,1
		(4) KK3	0,001	0	0,2
		(4) KK4	0,00005	0	0,01
		(4) KK5	0,0001	0	0,02
	$t^{\Delta\eta}$	(4)(1(1	1	20	1
I.1 (2)	ξ^{uNMax}	(3)(1(1	1.000.000	100	1.000.000
III.2	ξ_N^T = GV[x/2;x]	(1) KK1	5.000	5.000	5.000
		(1) KK2	250.000	2.500	25
		(1) KK3	190.000	1.900	19
		(1) KK4	100	1	0,01
		(1) KK5	100	1	0,01
	φ_N^{inidv} = GV[x/2;x]	(2) KK1	0,5	0,5	0,5
		(2) KK2	0,002	0,2	2
		(2) KK3	0,0015	0,15	1,5
		(2) KK4	0,002	0,2	2
		(2) KK5	0,00001	0,001	0,01
	φ_N^{umwelt} = GV[x/2;x]	(2) KK1	0,5	0,5	0,5
		(2) KK2	0,002	0,2	2
		(2) KK3	0,0005	0,05	0,5
		(2) KK4	0,00025	0,025	0,25
		(2) KK5	0,00001	0,001	0,01
	φ_N^{sozial} = GV[x/2;x]	(2) KK1	0,0001	0,0001	0,0001
		(2) KK2	0,1	0,01	0,0001
		(2) KK3	2	0,2	0,002
		(2) KK4	0,5	0,05	0,0005
		(2) KK5	2	0,2	0,002
	$\varphi^{\Phi max}$	(2)	1,1	1,5	10
	u^T	(2)	1,1	1	0,9
I.3	φ_N^{inidv} = GV[x/2;x]	(2) KK1	0,005	0,5	5
		(2) KK2	0,002	0,2	2
		(2) KK3	0,0015	0,15	1,5
		(2) KK4	0,002	0,2	2
		(2) KK5	0,00001	0,001	0,01

[1] Die Gleichungsnummern verweisen auf die Modellgleichungen im gesonderten Beitrag zu MONAKO in diesem Band. Dort finden sich auch alle anderen nicht szenariospezifischen Parameterwerte.

	φ_N^{sozial} = GV[x/2;x]	(2) KK1	0,001	0,0001	0,000001
		(2) KK2	0,1	0,01	0,0001
		(2) KK3	2	0,2	0,002
		(2) KK4	0,5	0,05	0,0005
		(2) KK5	2	0,2	0,002
	$\varphi^{\Phi max}$	(2)	1,1	1,5	10
III.2	φ_N^{inidv} = GV[x/2;x]	(2) KK1	0,005	0,5	5
		(2) KK2	0,002	0,2	2
		(2) KK3	0,0015	0,15	1,5
		(2) KK4	0,002	0,2	2
		(2) KK5	0,00001	0,001	0,01
	φ_N^{umwelt} = GV[x/2;x]	(2) KK1	0,005	0,5	5
		(2) KK2	0,002	0,2	2
		(2) KK3	0,0005	0,05	0,5
		(2) KK4	0,00025	0,025	0,25
		(2) KK5	0,00001	0,001	0,01
	φ_N^{sozial} = GV[x/2;x]	(2) KK1	0,001	0,0001	0,000001
		(2) KK2	0,1	0,01	0,0001
		(2) KK3	2	0,2	0,002
		(2) KK4	0,5	0,05	0,0005
		(2) KK5	2	0,2	0,002
	κ_N^{ξ} = GV[x/2;x]	(3) KK1	0,001	0,1	0,001
		(3) KK2	0,005	0,5	0,005
		(3) KK3	0,05	5	0,05
		(3) KK4	0,015	15	0,015
		(3) KK5	0,015	15	0,015
III.3	φ_N^{inidv} = GV[x/2;x]	(2) KK1	0,005	0,5	0,5
		(2) KK2	0,002	0,2	0,2
		(2) KK3	0,0015	0,15	0,15
		(2) KK4	0,002	0,2	0,2
		(2) KK5	0,00001	0,001	0,001
	φ_N^{umwelt} = GV[x/2;x]	(2) KK1	0,005	0,5	0,5
		(2) KK2	0,002	0,2	0,2
		(2) KK3	0,0005	0,05	0,05
		(2) KK4	0,00025	0,025	0,025
		(2) KK5	0,00001	0,001	0,001
	φ_N^{sozial} = GV[x/2;x]	(2) KK1	0,001	0,0001	0,0001
		(2) KK2	0,1	0,01	0,01
		(2) KK3	2	0,2	0,2
		(2) KK4	0,5	0,05	0,05
		(2) KK5	2	0,2	0,2
	κ_N^{ξ} = GV[x/2;x]	(3) KK1	0,001	0,1	10
		(3) KK2	0,005	0,5	50
		(3) KK3	0,05	5	500
		(3) KK4	0,015	15	1.500
		(3) KK5	0,015	15	1.500
IV.3 (1)	I^{Max}	(18)	0	1	10
IV.3 (2)	$\kappa_{N,t=0}$ = GV[x/2; x]	(5) KK1	0,05	5	50
		(5) KK2	0,035	3,5	35
		(5) KK3	0,025	2,5	25
		(5) KK4	0,01	1	10
		(5) KK5	0,001	0,1	1
IV.3 (3)	κ_i=GV[x/2; x]	(12)	1	5	100
IV.3 (4)	o^{IN}	(5)	0	0,9	1

IV.3 (5)	o^{iI}	(12)	0	0,9	1
IV.3 (6)	o^{IM} = NV(x; (x/100))	(18)	0	0,5	1
V.1	$\kappa_{N,t=0}$ = GV[x/2; x]	(5) KK1	50	5	0,05
		(5) KK2	35	3,5	0,035
		(5) KK3	25	2,5	0,025
		(5) KK4	10	1	0,01
		(5) KK5	1	0,1	0,001
	I_N^T = GV[x/2; x]	(5) KK1	0,1	10	1.000
		(5) KK2	0,25	250	25.000
		(5) KK3	0,5	500	50.000
		(5) KK4	0,75	750	75000
		(5) KK5	10	1000	100.000
	ψ^I = GV[x/2;x]	(4)KK1	1	0,5	0,005
		(4) KK2	0,1	0,05	0,0005
		(4) KK3	0,2	0,1	0,001
		(4) KK4	0,01	0,005	0,00005
		(4) KK5	0,02	0,01	0,0001
	$t^{\Delta\eta}$	(4)	1	20	1
V.2	φ_N^{inidv} = GV[x/2;x]	(2) KK1	0,005	0,5	5
		(2) KK2	0,002	0,2	2
		(2) KK3	0,0015	0,15	1,5
		(2) KK4	0,002	0,2	2
		(2) KK5	0,00001	0,001	0,01
	φ_N^{sozial} = GV[x/2;x]	(2) KK1	0,001	0,0001	0,000001
		(2) KK2	0,1	0,01	0,0001
		(2) KK3	2	0,2	0,002
		(2) KK4	0,5	0,05	0,0005
		(2) KK5	2	0,2	0,002
V.3	I_N^T =GV[x/2; x]	(5) KK1	0,1	10	1.000
		(5) KK2	0,25	250	25.000
		(5) KK3	0,5	500	50.000
		(5) KK4	0,75	750	75.000
		(5) KK5	10	1000	100.000
	I_i^T = GV[x/2; x]	(10)	1	100	1.000.000
V.4	κ_i = GV[x/2; x]	(12)	1	5	100
	$\kappa_{N,t=0}$ = GV[x/2; x]	(5) KK1	0,05	5	50
		(5) KK2	0,035	3,5	35
		(5) KK3	0,025	2,5	25
		(5) KK4	0,01	1	10
		(5) KK5	0,001	0,1	1
	φ_N^{umwelt} = GV[x/2;x]	(2) KK1	0,005	0,5	5
		(2) KK2	0,002	0,2	2
		(2) KK3	0,0005	0,05	0,5
		(2) KK4	0,00025	0,025	2
		(2) KK5	0,00001	0,001	0,01

Teil 2
Kommentare und ergänzende Perspektiven

Mehr Lebenszufriedenheit durch nachhaltigen Konsum?

Mathias Binswanger

1 Zufriedenheit und Einkommen

Neuere empirische Forschungen zum Thema Glück und Zufriedenheit (subjektives Wohlbefinden)[1] der Menschen in entwickelten Ländern haben folgendes aufgezeigt: Wenn das Bruttoinlandprodukt pro Kopf einmal ein bestimmtes Niveau erreicht hat, dann macht weiteres Wachstum die Menschen nicht mehr glücklicher oder zufriedener. Das Glücksempfinden stagniert und zwar in allen Ländern, für die langfristige Daten (über mehrere Jahrzehnte) vorliegen. In den USA werden solche Daten seit dem zweiten Weltkrieg regelmässig erhoben und der Prozentsatz der Menschen, die sich als „sehr glücklich" (very happy) bezeichnen, liegt mehr oder weniger konstant bei etwa 30 Prozent, obwohl sich das Bruttoinlandprodukt pro Kopf in diesem Zeitraum real etwa verdreifacht hat. Noch extremer ist der Fall in Japan, wo sich das BIP pro Kopf seit 1950 mehr als versechsfacht hat, aber das Glücksempfinden ebenfalls konstant blieb. Es scheinen Mechanismen zu existieren, die in entwickelten Ländern einer Zunahme des subjektiven Wohlempfindens mit dem Wirtschaftswachstum entgegenwirken. Diese Mechanismen lassen sich als Tretmühlen interpretieren, da die Menschen, obwohl sie stets einem höheren Einkommen hinterherrennen, glücksmässig an Ort und Stelle treten (Binswanger 2006a, 2006b).

[1] Die Begriffe Glück und Zufriedenheit werden hier wie auch beispielsweise in den World Values Surveys synonym verwendet und beziehen sich auf die langfristig orientierte, allgemeine Lebenszufriedenheit oder das allgemeine Lebensglück. Dies deshalb, weil in Surveys je nach Land teilweise nach Glück und teilweise nach Zufriedenheit gefragt wird.

2 Die Tretmühlen der modernen Wirtschaft

Doch wie kommen die Tretmühleneffekte zustande? Im Wesentlichen lassen sich vier Tretmühlen unterscheiden (Binswanger 2006a). Eine erste solche Tretmühle ist die sogenannte Statustretmühle. Auf der ganzen Welt empfinden die Menschen tiefe Befriedigung darin, mehr zu verdienen oder zu besitzen als ihre Kollegen, Nachbarn, Freunde oder Familienmitglieder, denn das bringt sozialen Status. Allerdings gibt es da folgendes Problem: höchstens 50 Prozent der Bevölkerung kann mehr als der Durchschnitt verdienen und meistens ist dieser Prozentsatz wegen der ungleichen Einkommensverteilung noch viel kleiner. Deshalb wird das Streben nach mehr Einkommen von allen für die Wirtschaft als ganzes zu einem Nullsummenspiel. Auch wenn das allgemeine Einkommensniveau in einem Land absolut ständig ansteigt, bleibt doch eine Mehrheit der Bevölkerung unter dem Durchschnittseinkommen und blickt neidvoll auf die oberen Zehntausend.

Die starke Bedeutung des relativen Einkommens für das Glück und die Zufriedenheit der Menschen ist somit eine erste Erklärung für die zu beobachtende Stagnation des subjektiven Wohlbefindens in entwickelten Ländern. Solange ein Land arm ist, zählen erst einmal die absoluten Bedürfnisse wie Essen und ein Dach über dem Kopf. Doch kaum sind die Grundbedürfnisse abgedeckt, gewinnen soziales Prestige und Status immer mehr an Bedeutung. Die Menschen fangen an, sich mit den übrigen Bürgerinnen und Bürgern ihres Landes zu vergleichen, und verhindern damit einen weiteren Anstieg ihres eigenen Glücksempfindens.

Ein weiterer Tretmühleneffekt kommt dadurch zustande, dass die Menschen sich relativ rasch an ein höheres Einkommensniveau gewöhnen und dieses nach kurzer Zeit als selbstverständlich betrachten. Und was selbstverständlich ist, macht nicht mehr glücklich. Dies ist die sogenannte Anspruchstretmühle (hedonic treadmill), ein aus der Psychologie importierter Begriff. So weiß man etwa, dass ein Lottogewinn den Empfänger für kurze Zeit sehr glücklich macht, aber bald danach pendelt sich das Glücksempfinden wieder auf seinem Normalzustand und der Lottogewinner ist so glücklich oder unglücklich wie vor dem Gewinn. Dieses Beispiel ist typisch für die Freude an materiellen Dingen, die meist nur von kurzer Dauer ist. Egal ob ein neues Auto, ein neues Haus oder ein neues Mobiltelefon. Die anfängliche Freude verpufft nach kurzer Dauer und der höhere materielle Wohlstand wird im Allgemeinen erst dann wieder geschätzt, wenn er vom Verschwinden bedroht ist.

Auch die Entwicklung zur Multioptionsgesellschaft führt zu einem Tretmühleneffekt, der sich als Multioptionstretmühle beschreiben lässt. Mit dem Wirtschaftswachstum ist eine immer grössere Vielfalt an Gütern und Dienstleistungen verbunden. Gleichzeitig sind religöse Tabus weggefallen, welche dem menschlichen Handeln früher moralische Grenzen setzten. Die Optionen für Arbeit, Freizeit und Konsum nehmen ständig zu, "anything goes". Aber der Entscheid für die richtige Option wird dadurch immer schwieriger, da die stets steigende Zahl an Optionen auf ein konstantes Zeitbudget trifft. Die Auswahl wird so von einem Dürfen zu einem Müssen und damit zu einer Tyrannei. Ein gutes Beispiel dafür ist die Entwicklung des Fernsehens. Zu Beginn der 1950er Jahre, als der Fernseher die Wohnstuben eroberte, hatten die meisten Menschen in Europa noch keine Programmauswahl und mussten sich mit einem nationalen Fernsehprogramm begnügen. Was für eine Freude war es da, als endlich auch ausländische Sender empfangen werden konnten und zweite oder sogar dritte nationale Programme entstanden. Die neue Auswahlmöglichkeit emanzipierte die Menschen von der Programmdiktatur des nationalen Monopolprogramms und diese waren nun endlich in der Lage, ihr eigenes Programm für den Fernsehabend zusammenstellen. Doch bald wurde aus dem Segen ein Fluch. Mit der Entwicklung von Kabel- und Satellitenfernsehen stieg die Zahl der empfangbaren Fernsehprogramme bald einmal auf über hundert und heute kann man gut und gerne zwischen 1000 Fernsehprogrammen auswählen. Nur leider ist unter solchen Bedingungen eine vernünftige Auswahl nicht mehr möglich. Entweder man verbringt den Rest des Lebens damit, sämtliche Fernsehprogramme zu studieren, oder man zappt sich wahllos durch das Angebot. Und häufig beschränken sich die Menschen einfach auf ein paar wenige Programme und ignorieren den Rest, womit die de facto wieder auf der gleichen Stufe wie in den 1960er Jahren sind. Niemals hat das Fernsehen mehr Freude gemacht als zu der Zeit, als es nur wenige Programme gab und man sich noch auf eine ganz spezielle Show oder einen Film freuen konnte.

Schließlich gibt es auch noch eine Zeitspartretmühle, die uns ebenfalls zu schaffen macht. Technischer Fortschritt führt dazu, dass wir bestimmte Aktivitäten immer schneller und in kürzerer Zeit durchführen können. Trotzdem gelingt es uns im Allgemeinen nicht, tatsächlich Zeit zu sparen, denn es kommt zu einem sogenannten „Rebound Effekt". Je schneller eine Aktivität durchgeführt werden kann, umso mehr und umso häufiger wird sie durchgeführt. Das beste Beispiel dafür ist der Verkehr. Je schneller die Transportmittel werden, umso weiter und häufiger fahren wir. Die für Transport aufgewendete Zeit bleibt immer ungefähr konstant, ganz egal mit welchen Transportmitteln wir uns fortbewegen. Das ist die sogenannte Constant Travel Time Hypothese, die praktisch weltweit Gültigkeit besitzt (siehe Schafer 2000). Sowohl in Tansania als auch in den USA wenden die Menschen pro Tag etwa 70 Minuten für Mobilität auf. Nur tun sie dies in Tansania zu Fuss, während die Fortbewegung in den USA fast ausschliesslich mit dem Auto stattfindet. Mit anderen Worten: wann immer wir das Straßennetz ausbauen oder Hochgeschwindigkeitsverkehrsmittel einführen, dann fangen die Menschen sofort an, größere Distanzen zurückzulegen. Zeitsparen wird so zu einer Illusion, und das gilt nicht nur für den Verkehr.

Im täglichen Leben sind die Tretmühleneffekte oft kaum erkennbar und selbst wenn dies der Fall ist, kann man sich ihnen häufig nur schwer entziehen. Befindet man sich beispielsweise in einer sozialen Umgebung, in der das Statussymbol Auto eine grosse Rolle spielt, dann braucht es ziemlich viel Mut und Durchhaltevermögen, sich diesem sozialen Druck einfach zu entziehen. Ein Topmanager, der nur einen VW Golf fährt, kommt bereits in einen Erklärungsnotstand, wenn er begründen muss, wieso er nicht einen ihm standesgemäßen Mercedes oder BMW fährt. Die Tretmühlen sind zu einem festen Bestandteil unseres Sozialverhaltens geworden und werden natürlich auch von der Wirtschaft entsprechend gefördert. Denn dank der Tretmühleneffekte kann der Konsum ständig weiter gesteigert werden, ohne dass sich Sättigungstendenzen einstellen. Ginge es nur einfach darum, ein Auto zu fahren, dann wäre beispielsweise der Automobilmarkt längst gesättigt. Doch dadurch, dass die Automobilindustrie ständig neue Modelle mit Statuscharakter auf den Markt bringt, lässt sich der Umsatz der Automobilindustrie immer weiter steigern.

3 Konsequenzen für eine nachhaltige Entwicklung

Wenn schon Wachstum nicht glücklicher macht, wie steht es dann mit nachhaltiger Entwicklung bzw. nachhaltigem Konsum? Die empirische

Forschung zu den im vorherigen Abschnitt beschriebenen Tretmühleneffekten gibt einige Hinweise darauf, dass ein nachhaltigeres Verhalten der Konsumenten auch zu mehr Glück und Lebenszufriedenheit führen könnte. Im Folgenden sollen drei solcher Zusammenhänge skizziert werden, um den potentiell positiven Zusammenhang zwischen Nachhaltigkeit und Glück zu verdeutlichen.

Eine erste Verbindung zwischen Glück und Nachhaltigkeit ergibt sich aus der grundsätzlichen Lebenseinstellung der Menschen. Verschiedene Studien kommen zum Resultat, dass Menschen, die starken Wert auf materielle Güter legen, im allgemeinen weniger glücklich sind als Menschen, denen materielle Güter nicht so wichtig sind (siehe zum Beispiel Kasser 2000; Kasser/Ryan 1993; Swinyard et al. 2001). Das ist keineswegs überraschend, denn Menschen mit einer materialistischen Lebenseinstellung tendieren dazu, ihre sozialen Beziehungen zu vernachlässigen, die für das subjektive Glücksempfinden von größter Bedeutung sind. So zeigen etwa Daten aus dem Britischen Haushalts-Panel, dass die Lebenszufriedenheit davon abhängt, wie häufig Menschen sich mit Freunden oder Verwandten treffen. Je häufiger solche Treffen stattfinden, umso glücklicher sind die Menschen im Durchschnitt. Der Bezug zur Nachhaltigkeit ist damit offensichtlich. Menschen mit einer materialistischen Lebenseinstellung konsumieren mehr materielle Güter, deren Herstellung und Gebrauch mit Materie- und Energieverbrauch verbunden ist. Insofern führt Materialismus, wie es der Name auch schon sagt, tendenziell zu stärkeren Umweltbeeinträchtigungen als die Wertschätzung von nicht-materiellen Gütern. Wären die Menschen weniger materialistisch, dann würden sie einerseits selbst mit einer erhöhten Lebenszufriedenheit davon profitieren, und gleichzeitig wäre dies auch eine nachhaltigere Lebensweise.

Der negative Zusammenhang zwischen Lebenszufriedenheit und materialistischer Lebenseinstellung bzw. stark materiell orientiertem Konsum wird von Welsch und Kühling in ihrem Beitrag zu diesem Band sowie in Welsch und Kühling (2010) anhand von ökonometrischen Untersuchungen mit Daten der World Value Surveys von 1994 bis 1999 mit 24000 Personen aus 27 Ländern bestätigt und präzisiert. Die von Welsch und Kühling durchgeführten Regressionen zeigen, dass eine materialistische Lebenseinstellung zu niedrigeren Werten von Lebenszufriedenheit führt. Aber nicht nur das. Die Ergebnisse deuten auch darauf hin, dass die Lebenszufriedenheit mit dem Konsum von umweltfreundlichen Gütern zunimmt. Mit andern Worten, Menschen könnten ihre Lebenszufriedenheit erhöhen, wenn sie sich beim Konsum umweltfreundlicher verhielten. Das gilt vor allem für die Menschen mit einer materialistischen Lebenseinstellung, die offensichtlich den Beitrag von „Umweltfreundlichkeit" auf ihre Lebenszufriedenheit besonders stark unterschätzen. Materialismus und Vernachlässigung der Umwelt gehen Hand in Hand und führen gemeinsam zu weniger Lebenszufriedenheit.

Ein zweiter Bezug zur Nachhaltigkeit ist dadurch gegeben, dass die Menschen eine zu grosse Produktvielfalt nicht schätzen, was zu der im vorherigen Abschnitt beschriebenen Multioptionstretmühle führt. Je mehr Varianten und Optionen es gibt, umso schwieriger wird der Kaufentscheid, und das wirkt sich negativ auf die Zufriedenheit der Menschen aus. Auch das haben mehrere empirische Studien inzwischen bestätigt (siehe etwa Amir/Ariely 2004; Iyengar/Lepper 2000). Der Trend geht aber genau in die umgekehrte Richtung. Um das Wachstum anzukurbeln, werden immer mehr Produktvarianten angeboten. Eine Studie der Federal Reserve Bank of Dallas aus dem Jahr 1998 zeigt auf, dass die Zahl der Güter, die den typischen Warenkorb eines Haushaltes in den USA ausmachen, von 1980 bis Mitte der 1990er Jahre um fast das Sechsfache angestiegen ist. Diese Produktvielfalt führt letztlich dazu, dass wir immer mehr Dinge kaufen, die wir eigentlich nicht brauchen, da wir nicht mehr in der Lage sind, vernünftige Kaufentscheide zu treffen. So weiß man etwa in den USA, dass 75 Prozent der Luxus-Küchenherdplatten der Firma Viking nach dem Kauf nie gebraucht werden (Silverstein/Fiske 2003). Auch in Bezug auf die Produktvielfalt gilt somit: Weniger wäre mehr und das nicht für das Glücksempfinden, sondern auch für die Umwelt.

Der wahrscheinlich stärkste Zusammenhang zwischen Nachhaltigkeit und Glücksempfinden betrifft jedoch das Pendeln zur Arbeit und damit die Zeitspartretmühle. Wie erwähnt spielt bei der Mobilität die empirisch immer wieder bestätigte Constant-Travel-Time-Hypothese eine Rolle, welche besagt, dass Steigerungen der Zeiteffizienz im Verkehrswesen immer durch eine Zunahme der Mobilität kompensiert werden, so dass sich letztlich keine Zeitersparnisse ergeben. Das gilt auch für das Pendeln zur Arbeit, da im Durchschnitt Menschen umso weiter von ihrem Arbeitsplatz entfernt wohnen, je schneller die Transportmittel sind. Und entsprechend steigen der Energieverbrauch im Verkehr und die damit verbundenen Emissionen an die Umwelt (vor allem CO_2). Auf der anderen Seite gibt es aber einen deutlichen negativen Zusammenhang zwischen Lebenszufriedenheit und Pendeln. Stutzer und Frey (2003) verwenden Daten aus dem deutschen Haushaltspanel und zeigen, dass es eine negative Korrelation zwischen der täglich für das Pendeln aufgewendeten Zeit und dem subjektiven Wohlbefinden gibt. Und eine Untersuchung von Kahneman et al. (2004) bei 1000 texanischen Frauen enthüllt, dass das morgendliche Pendeln zur Arbeit die mit Abstand unbeliebteste tägliche Aktivität ist. Eine nachhaltige Politik, die eine Reduktion der Pendlerströme anstrebt (etwa das Konzept einer Stadt der kurzen Wege oder die Verbreitung von Telearbeit), leistet somit nicht nur einen entscheidenden Beitrag zur Entlastung der Umwelt, sondern auch zur Verbesserung der Lebensqualität.

Die hier kurz erwähnten positiven Relationen zwischen Glück und Nachhaltigkeit machen deutlich, dass Lebensqualität und Nachhaltigkeit oftmals Hand in Hand gehen. Es lohnt sich deshalb, diese Zusammenhänge weiter zu erforschen, da sich hier letztlich Win-Win-Situationen ergeben. Wie sich ein nachhaltigerer Konsum konkret erreichen lässt, ist allerdings eine schwierige Frage. Auch hier geben die von Welsch und Kühling präsentierten Ergebnisse einige Hinweise. Sie untersuchten die Bestimmungsfaktoren, welche die Installation einer Solaranlage, den Bezug von Ökostrom und den Konsum von Biolebensmitteln in einem Haushalt positiv beeinflussen. Dabei zeigt es sich, dass von Alter über Einkommen, Bildung oder Beruf bis zum Umweltbewusstsein die verschiedensten Faktoren eine Rolle spielen, deren Bedeutung jedoch bei Solaranlage, Ökostrom und Biolebensmitteln höchst unterschiedlich ist.

Generell lässt sich aufgrund der Ergebnisse festhalten, dass eine Verstärkung des Umweltbewusstseins den nachhaltigen Konsum fördern würde, doch das ist leichter gesagt als getan. Welsch und Kühling zeigen aber auch auf, dass das Verhalten von Referenzpersonen (Freunde, Nachbarn, Verwandte) einen entscheidenden Einfluss hat. Hier ergeben sich nützliche Hinweise für die Förderung eines nachhaltigen Konsums. So wird die Installation von Solaranlagen nicht als Verzicht empfunden, sondern bringt offenbar einen gewissen Status mit sich, da man auf diese Weise seine Fortschrittlichkeit (im besten Sinn des Wortes) nach außen demonstrieren kann.

So lange die Wirtschaft grundsätzlich auf Wachstum ausgerichtet ist und die Gewinne der Unternehmen von diesem Wachstum abhängen (siehe Binswanger 2009), lassen sich die in Abschnitt 2 dieses Beitrags erwähnten Tretmühlen zwar abmildern, aber nicht beseitigen. Und diese stehen einem nachhaltigen Konsum wiederum im Weg, da sie dazu führen, dass das Glück von materiellem Konsum systematisch überschätzt wird. Dieser Widerspruch zwischen inhärenter Wachstumsdynamik der heutigen Wirtschaft und Nachhaltigkeit ist die wirklich zentrale Herausforderung für eine nachhaltige Entwicklung.

Literatur

Amir, O., Ariely, D. (2004): The Pain of Deciding: Indecision, Flexibility, and Consumer Choice Online, Working Paper

Binswanger, M. (2006a): Die Tretmühlen des Glücks, Freiburg: Herder Verlag

Binswanger, M. (2006b): Why Does Income Growth Fail to Make Us Happier? – Searching for the Treadmills Behind The Paradox of Happiness, in: Journal of Socio-Economics 35, S. 366-381

Binswanger, M. (2009): Is There a Growth Imperative in Capitalist Economies? A Circular Flow Perspective, in: Journal of Post Keynesian Economics 31, S. 707-727

Gowdy, J. (2005): Toward a New Welfare Economics for Sustainability, in: Ecological Economics 53, S. 211-222

Iyengar, S.S., Lepper, M.R. (2000): When Choice is Demotivating: Can One Desire too Much of a Good Thing?, in: Journal of Personality and Social Psychology 76, S. 995-1006

Kahneman, D., Krueger, A., Schkade, D., Schwarz, N., Stone, A. (2004): Toward National Well-Being Accounts, in: American Economic Review (Papers and Proceedings) 94, S. 429-434

Kasser, T. (2000): Two Versions of the American Dream: Which Goals and Values Make for a High Quality of Life?, in: Diener, E., Rahtz, D.R. (Hrsg.): Advances in Quality of Life Theory and Research, Great Britain: Kluwer Academic Publishers, S. 3-12

Kasser, T., Ryan, R.M. (1993): A Dark Side of the American Dream: Correlates of Financial Success as a Central Life Aspiration, in: Journal of Personality and Social Psychology 65, S. 410-422

Schafer, A. (2000): Regularities in Travel Demand: An International Perspective, in: Journal of Transportation and Statistics 3, 3, S. 1-32

Silverstein, M., Fiske, N. (2003): Trading Up: the new American Luxury, New York: Portfolio

Stutzer, A., Frey, B.S. (2003): Stress That Doesn't Pay Off: The Commuting Paradox. Working Paper No. 151, Institute for Empirical Research, University of Zürich

Swinyard, W., Kau A.-K., Phua, H.-Y. (2001): Happiness, Materialism, and Religious Experience in the US and Singapore, in: Journal of Happiness Studies 2, S. 13-32

Welsch, H., Kühling, J. (2010): Pro-environment behavior and rational consumer choice: Evidence from surveys of life satisfaction, in: Journal of Economic Psychology 31, S. 405-420

Agentenbasierte Modellierung im WENKE²-Projekt

Klaus G. Troitzsch

1 Einleitung

Agentenbasierte Modellierung ist dabei, sich zum Standard der sogenannten Computational Social Science (Squazzoni 2010, forthcoming) zu entwickeln, und zwar in allen Wirtschafts- und Sozialwissenschaften. Ihre besondere Eignung als Methode der computergestützten Theoriebildung (Hanneman 1988) für die Wirtschafts- und Sozialwissenschaften ergibt sich daraus, dass Software-Agenten einzelne Individuen – typischerweise Menschen, aber auch Haushalte oder Firmen – repräsentieren und so programmiert sind, dass sie (Wooldridge et al. 1995)

- autonom sind, d.h. nicht von einem zentralen Programm gesteuert werden, sondern alle ihre Daten und Methoden (Regeln) selbst verwalten,
- reaktiv sind, d.h. ihre Umwelt einschließlich anderer Agenten perzipieren, auf ihre Perzeptionen ihre Regeln anwenden und daraus Aktionen ableiten, die sie dann auch ausführen,
- proaktiv sind, d.h. Ziele verfolgen und aus ihnen diejenigen Aktionen ableiten, die der Erreichung ihrer Ziele dienlich sind, und
- sozial sind, d.h. in der Lage sind, Modelle anderer Agenten zu bilden, mit ihnen zu kommunizieren und deren Aktionen in begrenztem Umfang vorherzusagen.

Damit tragen agentenbasierte Modelle den Eigentümlichkeiten menschlicher sozialer Systeme in besonderer Weise Rechnung, für die nämlich typisch ist, dass die Handlungsweisen ihrer Mitglieder in erster Linie nicht von physischen Einflüssen anhängen, sondern in bedeutendem

Ausmaß von symbolischen, meist sprachlich vermittelten Aktionen anderer Mitglieder (vgl. Troitzsch 2010, forthcoming). Dies wird vor allem darin deutlich, dass die Software-Agenten der agentenbasierten Modelle „sozial" und autonom sind. Damit Kommunikation zwischen ihnen funktioniert, müssen sie mit einem Repertoire von Ereignissen und Handlungsmöglichkeiten ausgestattet sein, die untereinander durch ein Regelsystem verknüpft sind, damit sie aus perzipierten Ereignissen (darunter vor allem eingehende Mitteilungen anderer Agenten) Aktionen ableiten können, wobei diese Aktionen sich auch auf einen Umbau ihres eigenen Regelsystems beziehen können. Vielfach bestehen diese Regelsysteme aus Bedingungen und Schlussfolgerungen der Art „Wenn Ereignis E1 eingetreten ist, dann sind die Aktionen A1, A2 oder A3 mit den Wahrscheinlichkeiten p_1, p_2 und p_3 zu wählen ($p_1+p_2+p_3 = 1$).", und Aktionen können auch von der Art sein: „Ändere die Wahrscheinlichkeiten für A1, A2 und A3 in der Weise, dass p_1 erhöht und p_2 und p_3 verringert werden, wenn sich A1 als besonders erfolgreich herausgestellt hat." Auf diese Weise können Agenten lernen und sich an ihre Umwelt besser anpassen. Soweit Agenten sich reproduzieren und „sterben" können, ist der agentenbasierte Ansatz auch geeignet für evolutorische Modelle, wenngleich klar ist – vgl. z.B. die Diskussion in Kwaśnicki (1999, 18ff.) –, dass die Entwicklung sozialer und ökonomischer Systeme von anderer Art ist als die biologische Evolution. In einer kulturellen, sozialen oder ökonomischen Evolution sind Genotyp und Phänotyp von anderer Art als in der biologischen, insofern im allgemeinen die Auslöschung von Verhaltensweisen nicht durch den wahrscheinlicheren Tod ihrer Anwender erfolgt, sondern durch die Übernahme erfolgreicher Verhaltensweisen durch die vormaligen Anwender weniger erfolgreicher Verhaltensweisen; es handelt sich also sozusagen um einen Gentransfer zwischen Individuen, wie er in lebenden Systemen nur bei einfachen Organismen wie Bakterien oder durch die Anwendung von Gentechnologie vorkommt.

Wie jede Modellierung und Simulation ist auch die agentenbasierte Simulation ein Weg, Schlussfolgerungen – möglichst empirisch überprüfbare – aus komplex miteinander verbundenen theoretischen Annahmen abzuleiten. Sie spielt dabei dieselbe Rolle wie die mathematische Modellierung z.B. physikalischer Phänomene aus der Mechanik, bei denen die Ableitung von Schlussfolgerungen vielfach mit hoher Präzision durch geschlossene mathematische Analyse möglich ist. Komplexe

Phänomene wie praktisch alle für die Wirtschafts- und Sozialwissenschaften interessanten Phänomene verschließen sich im Allgemeinen der geschlossenen mathematischen Analyse (oder können nur um den Preis grober Vereinfachung mit den Mitteln der klassischen Mathematik untersucht werden). Auch agentenbasierte Modellierung kommt im allgemeinen nicht darum herum, menschliches Entscheidungsverhalten probabilistisch zu modellieren, so als fällten Menschen Entscheidungen zwischen (z.B.) zwei gleich bewerteten Alternativen durch einen Münzwurf oder als fällten sie Entscheidungen zwischen mehreren als unterschiedlich nützlich bewerteten Möglichkeiten durch ein Zufallsexperiment mit Wahrscheinlichkeiten für die Ausgänge, die in irgendeiner Weise monoton steigend von den Nutzen der verschiedenen Möglichkeiten abhängen. Je stärker ins Einzelne gehend jedoch die Entscheidungsregeln modelliert werden, kann sich gerade die agentenbasierte Modellierung von der Strategie der Ersetzung von Neigungen (propensities) durch Wahrscheinlichkeiten (probabilities) lösen und zu einer realistischen Sichtweise kommen. MONAKO entgeht allerdings diesem Problem, da die Entscheidungsregeln der Konsumenten und der Unternehmen weitgehend deterministisch sind. Allerdings gibt es auch eine Reihe stochastischer Elemente im Zusammenhang mit Entscheidungen und Verhalten; so sind vor allem die Zeiten zwischen Entscheidungen (Produktwahl, Anpassung des Anspruchsniveaus) Zufallsvariable. Außerdem wird bei der Modellierung der Unsicherheit sowohl der Konsumenten als auch der Unternehmen und bei der Modellierung des Einflusses von Informationen auf Entscheidungen stochastisch vorgegangen.

2 Agenten in den einzelnen MONAKO-Modulen

Generell unterscheidet MONAKO zwischen Pionieren und Nicht-Pionieren (vgl. das Kapitel „MONAKO – Modell für nachhaltigen Konsum“ in diesem Band), wobei die Rolle der Pioniere in den verschiedenen Modulen von MONAKO jeweils eine andere ist. In einer agentenbasierten Modellierung werden alle Akteure in gleicher Weise initialisiert, allerdings nicht so, dass all ihre Variablenwerte gleich sind, sondern nur so, dass all ihre Variablen identisch verteilt sind. Die Regeln, denen sie folgen, unterscheiden sich also mindestens geringfügig dadurch, dass ihre Nutzenbewertungen und Anspruchsniveaus voneinander abweichen. Die

Verhaltensänderungen in den verschiedenen Modulen ergeben sich dann aus verschiedenen Regeln zu Regeländerungen. Durch die empiriegeleitete Einteilung der Agentenpopulation in 4+1 „Konsumentenklassen“ wird in MONAKO bereits eine Gruppierung vorgenommen, so als hätten sich bereits voneinander abgrenzbare Klassen gebildet; obwohl Abb. 1 des Kapitels „MONAKO – Modell für nachhaltigen Konsum“ sehr deutlich zeigt, dass die Cluster auch empirisch ineinander übergehen (vgl. auch die Ausführungen im Anhang). Die Konsumentenklassen sind folgendermaßen definiert (Tab. 3, ebenda):

1. Pioniere,
2. Sichere Deliberierer,
3. Flexible Entscheider,
4. Unsichere Konsumenten und
5. Zufriedene Imitierer,

wobei die Klassen 2 bis 5 Zusammenfassungen jeweils mehrerer „Standard Sinus Milieus“ (Abb. 1, ebenda) repräsentieren.

Die Agenten der fünf Klassen unterscheiden sich hinsichtlich einiger Parameter aus den Gleichungen, die ihre Entscheidungen bestimmen. Für die Agenten einer jeden der fünf Klassen gilt, dass ihre Parameter innerhalb eines bestimmten Bereichs gleichverteilt initialisiert werden. Die Parameter η beispielsweise bestimmen die Gewichte der drei Nutzendimensionen Preis (η^p), Qualität unter Nachhaltigkeitsgesichtspunkten (η^{nq}) und Qualität unter sonstigen Gesichtspunkten (η^{sq}) bei der Berechnung des Gesamtnutzens. Für die Klasse der zufriedenen Imitierer gilt bei der Initialisierung, dass $\eta^p = GV(7.25, 6.25)$ $\eta^{nq} = GV(1.75, 1.25)$ und $\eta^{sq} = 10 - \eta^p - \eta^{nq} = GV(2.5, 1)$. Im Laufe der Simulation ändern sich diese Nutzengewichte (ebenso wie andere ähnlich stochastisch initialisierte Parameter) deterministisch, so dass unterschiedliche Läufe des Modells unterschiedliche Ergebnisse haben, aber bis auf die Anpassung des Anspruchsniveaus, die sich nur mit Wahrscheinlichkeit ρ^Φ vollzieht, die „Toleranz ε der Nachfrager gegenüber Produkten, die nicht den maximalen Nutzen generieren“ (Kapitel „MONAKO – Modell für nachhaltigen Konsum“ in diesem Band) und den Einfluss von Information auf Entscheidungen (z.B. „Informationen, die mit der Wahrscheinlichkeit ρ^{IS} als Skandale relevant werden“), im wesentlichen deterministisch bleiben.

Damit handeln die Agenten nicht vollständig rational und auch nicht auf der Grundlage vollständiger Information.

Agenten in MONAKO agieren in keinem Fall unmittelbar miteinander. Sie treffen ihre Entscheidungen ausschließlich auf Grund von Beobachtungen im Aggregat.

In Modul 1 geschieht Lernen ausschließlich durch den Vergleich zwischen Erwartungsnutzen und Erfahrungsnutzen. Die Wahrscheinlichkeit der Aktion „nachhaltiges Produkt auswählen“ steigt also in dem Maße, wie der Erfahrungsnutzen den Erwartungsnutzen übersteigt. Allerdings geht bereits in diesem Modul das Verhalten der Pioniere ein, insoweit der Konsumvergleich mit dieser Klasse das Anspruchsniveau modifiziert.

In Modul 3 wird soziales Lernen modelliert, insofern die Konsumenten der Klassen 1 bis 4 ihr Konsumverhalten (in unterschiedlichem Maße) an das beobachtete Verhalten der Klasse der Pioniere anpassen.

Im Modul 4 tritt neben die Klassen der Unternehmen und der Konsumenten eine dritte Marktseite „in Form von Politikintermediären, Agenturen etc., die die Funktion haben, Informationen und Wissen zu vermitteln sowie Bewusstsein für spezifische Probleme zu schaffen“ (vgl. Kapitel zur „Integration der theoretischen Ansätze“ in diesem Band). Auch wenn die Aktivitäten dieser Intermediäre nicht in der Form von individuellen Botschaften von einem zu einem oder mehreren anderen Agenten modelliert sind, kann man diesen Ansatz im Sinne der weiter oben erörterten Fähigkeit von Agenten zur Interpretation von Informationen verstehen, insofern hier die Emergenz von Normen (Andrighetto et al. 2007) angedeutet wird.

In Modul 5 wird das Element der Normentstehung weiter verstärkt, insofern hier „sowohl Konsumenten als auch Unternehmen Informationen [sammeln] und … einen Informationsstock auf[bauen], der bei Überschreitung des individuellen Schwellenwerts (= Konfliktschwelle) bei Konsumenten zu einer konsumentenendogenen Präferenzänderung pro-öko führt“ (Kapitel zur „Integration der theoretischen Ansätze“ in diesem Band.

3 *Zusammenfassung*

Betrachtet man das Synthesemodell MONAKO des WENKE²-Projekts, so kommt man zu dem Schluss, dass es sich im Vergleich zu anderen agentenbasierten Simulationsmodellen um ein Modell hoher Komplexität handelt, soweit die Entscheidungsregeln und das Entscheidungsverhalten der Agenten betroffen sind. Diese Regeln werden von einer großen Zahl von einzelnen Parametern bestimmt, die ihrerseits keineswegs konstant sind, sondern sich überwiegend deterministisch-dynamisch, zu einem Teil aber auch stochastisch verändern. Sicherlich sind all diese Parameter theoretisch gut zu begründen, aber der Einfluss aller einzelnen Parameter auf das Ergebnis jeweils eines Szenarios (mit seinen jeweils zahlreichen Läufen) lässt sich entsprechend schwer abschätzen. Gleichwohl zeigt die Diskussion der verschiedenen Szenarien, dass die Simulationsergebnisse mindestens stylised facts (Heine et al. 2005) replizieren, jedenfalls aber intuitiv nachvollziehbar sind.

Betrachtet man die Komplexität über die Anzahl der verschiedenen Agentenklassen und über die individuellen Interaktionen, so kommt man zu einem etwas anderen Ergebnis. Zwar haben wir es mit drei Klassen von Agenten zu tun – Unternehmen, Konsumenten und (vor allem im Modul 4) Politikintermediären, von denen die Klasse der Konsumenten weiter ausdifferenziert ist. Insoweit überschreitet die Komplexität von MONAKO z.B. die von Sugarscape (Epstein et al. 1996) bei weitem, aber die Interaktionen vollziehen sich im Wesentlichen zwischen diesen Klassen und nicht zwischen den individuellen Unternehmen, Konsumenten und Intermediären. Allerdings ist das nicht völlig unrealistisch – im Gegenteil, denn jedenfalls aus der Sicht der Unternehmen und der Politikintermediäre sind die Konsumenten weitestgehend anonym (das gilt selbst für das sogenannte Direct Marketing), und in der umgekehrten Sicht ist es um die Zuordenbarkeit von Produkten zu Herstellern nicht immer wesentlich besser bestellt.

Was schließlich die Konsumentenklassen angeht, so sind die Übergänge zwischen ihnen nach der Initialisierungsstrategie von MONAKO einigermaßen fließend, so dass eigentlich von Konsumentenklassen nur noch im technischen Sinne gesprochen werden kann, auch weil sie zur Veranschaulichung der Simulationsergebnisse unentbehrlich sind – lediglich die Parameter der Klasse der Pioniere unterscheiden sich in nennenswerter Größenordnung von den andern vier Klassen (vgl. Tabelle 5 in Appendix A zu M2). Da die Trennschärfe der Cluster in der zu Grunde liegenden Sinus-Sociovision-Studie ohnehin nicht sehr klar definiert ist, ist die gewählte Initialisierung auch sicher angemessen, wenngleich es interessant gewesen wäre, welche Resultate sich ergeben hätten, wenn die Klassen 2 bis 5 von vornherein mit einer mehrdimensionalen Normalverteilung mit einheitlichen Parametern initialisiert worden wären.[1]

Agentenbasierte Simulation – oder "Generative Social Science" (Epstein 2006) – war von Epstein und Axtell beschrieben worden als Versuch "to 'grow' social structures *in silico* demonstrating that certain sets of microspecifications are *sufficient to generate* the macrophenomena of interest" (Epstein et al. 1996, 20). MONAKO ist – wenn auch auf ganz andere Weise als Sugarscape – ein vielversprechendes und noch nicht ausgeschöpftes Laboratorium zur Untersuchung von Marktphänomenen.

Literatur

Andrighetto, G. et al. (2007): On the Immergence of Norms: A Normative Agent Architecture, Emergent Agents and Socialities. Social and Organizational Aspects of Intelligence Symposium, Washington DC: s.n.

Epstein, J.M. (2006): Generative Social Science. Studies in Agent-Based Computational Modeling, Princeton/Oxford: Princeton University Press

Epstein, J.M., Axtell, R. (1996): Growing Artificial Societies: Social Science from the Bottom Up, Cambridge MA: MIT Press

Hanneman, R.A. (1988): Computer-Assisted Theory Building. Modeling Dynamic Social Systems, Newbury Park CA: Sage

Heine, B.-O., Meyer, M., Strangfeld, O. (2005): Stylised Facts and the Contribution of Simulation to the Economic Analysis of Budgeting, in: Journal of Artificial Societies and Social Simulation, Bd. 8, 4, http://jasss.soc.surrey. ac.uk/8/4/4.html

Herlitzius, L. (1990): Schätzung nicht-normaler Wahrscheinlichkeitsdichtefunktionen, in: Gladitz, J., Troitzsch, K.G. (Hrsg.): Computer Aided Sociological Research. Proceedings of the Workshop "Computer Aided Sociological Research" (CASOR'89), Holzhau/DDR, October 2nd-6th, 1989, Berlin: Akademie-Verlag, S. 379-396

Kwaśnicki, W. (1999): Evolutionary Economics and Simulation, in: Brenner, T. (Hrsg.): Computational Techniques for Modelling Learning in Economics. Boston, Dordrecht, London: Kluwer, S. 3-44

Monien, K. (2005): Support Vektor Maschinen als Analyseinstrument im Marketing, Bielefeld: s.n. (Diss. Bielefeld, http://bieson.ub.uni-bielefeld.de/volltexte/2006/885/)

[1] Vgl. die Ausführungen im Anhang.

Papastefanou, G. et al. (1999): Social and Economic Research with Consumer Panel Data. Proceedings of the First ZUMA Symposium on Consumer Panel Data, 5 and 6 October 1999, Mannheim: GESIS, ZUMA Nachrichten, Spezial Band 7

Squazzoni, F. (2010): Computational Social Sciences, New York: Wiley (forthcoming)

Troitzsch, K.G. (2010): Communication and Interpretation as Means Of Interaction in Human Social Systems, in: Srbljinovic, A. (Hrsg.): Complex Societal Dynamics: Security Challenges and Opportunities, Amsterdam: IOS Press (forthcoming). NATO Science for Peace and Security Series

Wooldridge, M., Jennings, N.R. (1995): Intelligent agents: theory and practice, in: Knowledge Engineering Review, Bd. 10, 2, 1995, S. 115-152

Anhang: Zu Eigenschaften von Konsumentenclustern

Es mag fraglich erscheinen, ob die Sinus-Sociovision-Cluster wirklich sauber voneinander zu trennen sind. Als Hinweis darauf, dass Konsumenten vielleicht doch eher homogen normalverteilt sind, mag das Ergebnis einer Analyse der ZUMA-Verbraucherpaneldaten dienen. Die Analysestrategie war etwa folgende: Es wurden zahlreiche ordinal skalierte Variablen aus den Strukturdaten des GfK-Datensatzes von 1995 – so weit wie möglich ähnlichen Inhalts wie die in Appendix A des Kapitels „MONAKO – Modell für nachhaltigen Konsum“ in diesem Band – einer Faktorenanalyse, beschränkt auf zwei Faktoren, unterworfen. Die Verteilung der Befragten über der von den beiden Faktoren aufgespannten Ebene wurde auf mehrere Weisen untersucht. Abb. 1 zeigt ein Streuungsdiagramm, in dem die Befragten, die zu den verschiedenen „Ernährungsclustern“ (v119 im Datensatz von ZUMA (Papastefanou et al. 1999), vgl. auch Monien 2005, S. 154f.) gehören, mit verschiedenen Farben und Symbolen dargestellt sind.

Der erste Faktor dieser Analyse steht für Umwelt- und Gesundheitsorientierung, der zweite für ein hohes Anspruchsniveau beim Essen und Trinken und für eine Geringbewertung des Preises. Damit spannen die beiden Faktoren dieser Analyse mindestens oberflächlich die gleiche Ebene auf wie die beiden Dimensionen der Sinus-Sociovision-Studie – allerdings war es gar nicht das Ziel dieser Analyse, die Sinus-Dimensionen und -Cluster zu rekonstruieren, sondern sie diente nur dazu, den Grad der Überlappung solcher Cluster über das bei Monien (2005, S. 154f.) hinaus Gesagte zu illustrieren.

Über die Cluster hinweg sieht das Diagramm in Abb.1 nach einer sehr homogenen Normalverteilung aus; zwar weicht die Verteilung ein wenig von der Normalverteilung ab, wie man in Abb. 2 erkennen kann.

Abb. 2 ist das Ergebnis einer Anpassung einer anderen Verteilung aus der Exponentialfamilie – in der im Exponenten nicht wie bei der Normalverteilung ein quadratisches, sondern ein biquadratisches Polynom steht – (Herlitzius 1990) an die Daten. Die Wahrscheinlichkeitsdichtefunktion dieser **Verteilung hat die Form**

$$f(x,y) = e^{-(V)}.$$

mit

$$\begin{aligned} V = {} & 1.897726 \quad -0.13592x \quad +0.369199x^2 \quad +0.051817x^3 \quad +0.031437x^4 \\ & -0.048803y \quad -0.076354xy \quad -0.008296x^2y \quad +0.011335x^3y \\ & +0.495762y^2 \quad +0.000116xy^2 \quad -0.020610x^2y^2 \\ & +0.020824y^3 \quad +0.013491xy^3 \\ & +0.005527y^4 \end{aligned}$$

Aber von einer mehrgipfligen Verteilung, die man bei einigermaßen sauber getrennten Clustern erwarten würde, ist die Verteilung sehr weit entfernt. Abb. 3 zeigt zusätzlich für jedes einzelne Cluster die nach demselben Verfahren berechnete Verteilung; sie macht deutlich, in wie hohem Maße sich die Cluster überschneiden.

Abb.1: Ernährungscluster aus dem GfK-Datensatz 1995

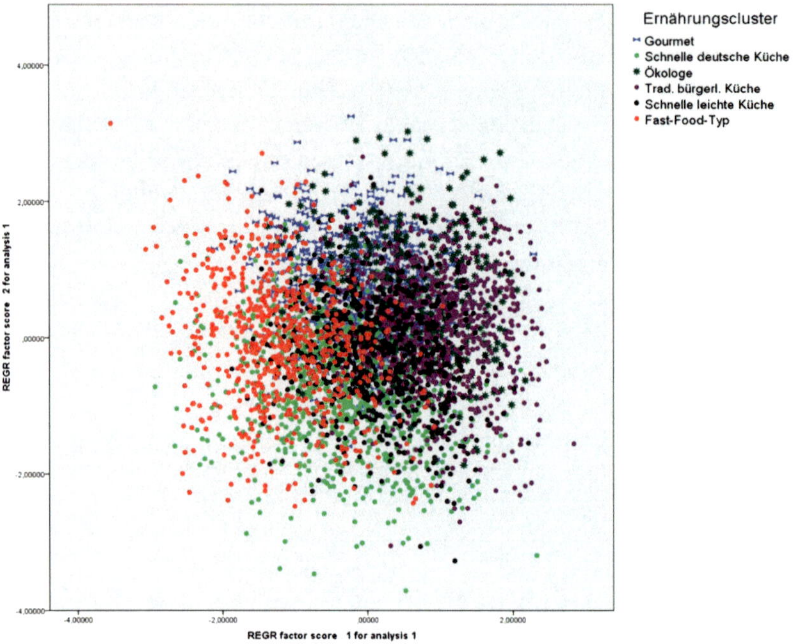

Abb. 2: Verteilung der Befragten über der Ebene der beiden Faktoren aus dem GfK-Datensatz 1995 (3D und Höhenlinien)

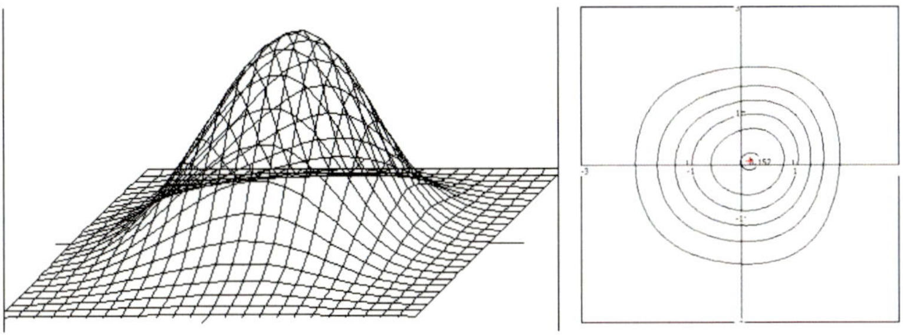

Abb. 3: Verteilung der Befragten der einzelnen Ernährungscluster über der Ebene der beiden Faktoren aus dem GfK-Datensatz 1995 (hier durch Farbschattierungen dargestellt)

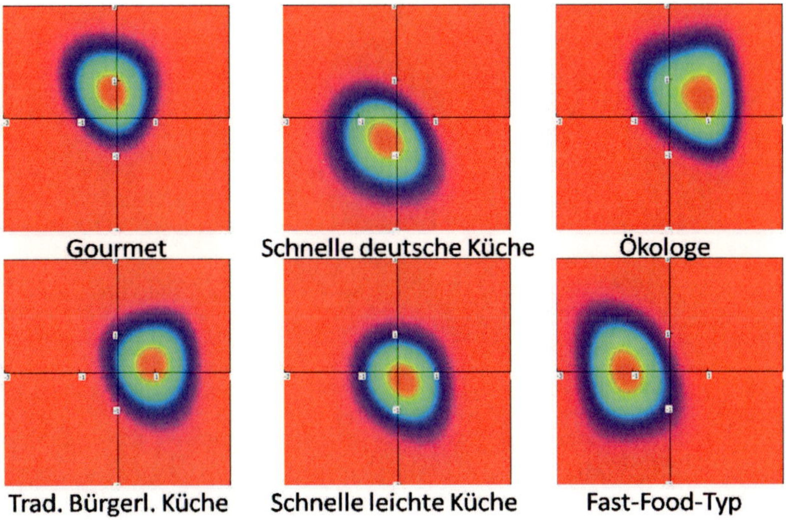

Emotion, Gefühl und Entscheidung. Elemente einer Affektenlogik der Ökonomie

Alihan Kabalak und Birger P. Priddat

“Reason is, and ought only to be the slave of the passions” (Hume 2004, Kap. 2.3.3.4; vgl. Schroeder 2008). David Humes berühmter Satz erinnert daran, dass die Aufklärung uns nicht nur ein rationalistisches Erbe beschert hat, was A.O. Hirshman ergänzt, indem er uns daran erinnert, dass der Beginn des Kapitalismus eine Geschichte der Interessen aus Leidenschaften (*passions*) war (Hirshman 1977).

Ein Moment dieser *reasons/passions*-Konstellation des 18. Jahrhunderts finden wir noch in der analytischen Ökonomie des Gleichgewichts, die uns Ende des 19. Jahrhunderts angeboten wird: in den Bedürfnissen, die der Bemessung des Grenznutzens zugrunde liegen (und später, in den Präferenzen versteckt, der *rational choice theory*). Ausgangspunkt der rationalen Entscheidungstheorie bleiben die Wünsche (*desires*) und Begehren (*wants*), nun allerdings durch rationale Alternativenabwägung domestiziert; die Knappheit der Güter und der Budgets zwingt den rationalen Akteur, nur die Wünsche zur Entscheidung zu bringen, die er sich ökonomisch leisten kann.

Diese kognitive Wende in der ökonomischen Handlungserklärung nötigt die *passions* in den Untergrund: in den der Psychoanalyse.[1] Lediglich J.A. Schumpeter erlaubt sich einen leidenschaftlichen Akteur: den innovativen Unternehmer (dessen Typus er bei Bergson und Nietzsche leiht). Ansonsten hat die Ökonomie sich auf ein Programm rationalen Handelns gestützt, dessen methodologische Evidenz seine empirische

[1] Vgl. Gourgé 2001; gegen G.S. Beckers Ansatz, „Ökonomie ist die Kunst, das Beste aus seinem Leben zu machen“ (Becker 1982, 1), untersuche die Psychoanalyse, warum das offenbar allzu oft nicht gelingt (Gourgé 2001, 183).

überlagert (vgl. Loewenstein/O'Donoghue/Rabin 1999). Methodologisch evident ist die Erklärung, dass alle Handlungen, aus Sicht des Akteurs, immer irgendwie rational sind, vornehmlich *ex post* so erklärbar; aber *ex ante* stehen sie unter Einflüssen, die die Ökonomie weder erklärt noch zu erklären in der Lage ist. Die Präferenzen werden als gegeben angenommen, weil die Frage, wie Präferenzstrukturen sich bilden und verändern, mit der ökonomischen Methode nicht geeignet darstellbar ist (Kolm 1989, 272ff.; kritisch: Schelling 1998). John Elster sah darin ein gewichtiges unerfülltes Desiderat der *rational choice theory*, "the most important unsolved problem in social sciences: Why do people have preferences (desires, goals) they have?" (Elster 1997, 753; vgl. auch Becker 1996). In der Forschung kristallisieren sich abweichende Verhalten heraus:

- Impuls- und Gewohnheitshandlungen;
- Normengeleitetes Verhalten,
- Emotional geleitetes und/oder vergangenheitsbestimmtes Verhalten,
- Handlungen als Selbstzweck (vgl. Gourgé 2001, 91; mit Verweisen auf Becker 1982; Elster 1989 und 1993; Mischel 1965).

Die Einführung von Emotionen als „psychischen Kosten“ (z.B. Elster 1998) bleibt eine leere bzw. Residual-Kategorie, da sie die Wirkung von etwas bezeichnen, was gelten soll, aber nicht erklärt werden kann (methodisch dienen psychische Kosten daher als Stellvertreter für den aggregierten Effekt von *allem*, was für nicht erklärbar gehalten wird). Die *rational choice* erweist sich dabei als unvollständiger Erklärungsansatz. Ähnlich bei G.S. Becker, der Phänomene wie Sucht, Gewohnheit, Tradition, Kindheitserfahrungen und Erziehung, Altruismus oder Egoismus, Gefühle wie Angst, Schuldbewusstsein oder schlechtes Gewissen in die rationale Verhaltenserklärung hinein nimmt, indem er Präferenzen und Restriktionen als Kategorien eines Zurechnungsschemas auffasst, mit dessen Hilfe Verhaltensänderungen als Kostenänderungen auf (nicht)monetäre Preis- und Einkommenseffekte zurückgeführt werden (vgl. Pies 1998, 110). Beckers Erklärungen dieser emotionalen Faktoren bleiben einer *commonsense*-Psychologie verhaftet, ohne Rekurs auf psychologische Forschungen (Gourgé 2001, 194ff.), gleichsam theorielose

Theorie (kritisch: Elster 1997; so z.B. Beckers Erklärung des Suizids auf der Basis einer *ad hoc* eingeführten Präferenz: ‚Todessehnsucht').

The neuroeconomic turn

1 Gefühl und Emotion

Das alles aber hat sich geändert, seit die experimentelle Ökonomie (*behaviorial economics*) nicht nur atypische Verhaltensweisen entdeckt, sondern das Handeln der Akteure durch *fairness, altruistic punishment* und *trust* (Frith/Singer 2009) bestimmt sieht.[2] R. Selten und G. Gigerenzer z.B. zeigen, dass Entscheidungsverhalten nicht vollständig rational erfolgt, sondern einer *bounded rationality* untersteht, vor allem aber intuitiven Heuristiken folgt (Gigerenzer/Selten 2002; Muramatsu/Hanoch 2005); intuitiv bedeutet: eher affektbestimmt als rational.[3]

Die *behaviorial economics* haben das Präferenzmenu erweitert auf: Altruismus, *fairness*, Vertrauen wie auch Böswilligkeit (Van Aaken 2007, 201 und ff.). Die Ergebnisse der experimentellen Ökonomik geben starke Hinweise darauf, dass Reziprozität und *fairness* zentrale Motive menschlichen Handelns darstellen (Falk/Fischbacher 1998; Falk/Fehr/Fischbacher 1999; Fehr/Gächter 2000; Falk 2003; Fehr/Fischbacher 2004). Wenn Akteure sich ungerecht behandelt fühlen, d.h. wenn ihre Reziprozitätsvorstellung bzw. ihre Präferenz zur Vermeidung von *inequality* verletzt wurde, drängen sie nicht nur auf Kompensation, sondern auf Bestrafung, selbst dann, wenn sie mehr kostet als die Wiederherstellung des Zustandes *ante quo* (*altruistic punishment*) (Fehr/Gächter 2000; Fehr/Fischbacher 2004).

[2] Samuel Cameron definiert, auf der Basis eines neoklassischen Standardansatzes, Emotionen als ‚personal capital' und Haß als ‚negative social capital' (Cameron 2009).

[3] „Emotionen sind unter vielen Umständen, die mit ihrer Entstehung zu tun haben, die optimale Reaktion, zum Beispiel, wenn wir uns vor eine plötzlich bedeutsame Veränderung unserer Situation gestellt sehen, aber nur über begrenzte und unvollkommene Mittel zu ihrer Bewältigung verfügen. Unter diesen Umständen ist die emotionale Reaktion oft optimal, weil die optimalen Bedingungen für das normale Funktionieren des intellektuellen Modus nicht gegeben sind. In solchen Fällen ist es rational (im normativen Sinne), sich nicht rational (im traditionellen, deskriptiven Sinne) zu verhalten" (Ben-Ze'ev 2009, 128).

Fairness und Vertrauen sind hier nur beispielhafte Stellvertreter für eher emotionale Modalitäten der Entscheidungsfindung. Während die ökonomische Theorie bisher davon ausging, dass *rational action* emotionsfrei operiert, gehen wir inzwischen nicht nur davon aus, dass Entscheidungen emotional konfundiert sind, sondern – nach Damasio – dass Entscheidungen, die nicht emotional konfirmiert sind, qualitativ minderwertig sind (Frith/Singer 2008). In der Neuroökonomie wird die Relation Entscheidung und Emotion explizit analysiert: Bei der Untersuchung der Gehirnaktivitäten bei Entscheidungen arbeitet nicht nur der Neocortex, sondern auch das limbische System (Markowitsch 2007; Roth 2007; aber auch bereits Ciompi 1993). Es gibt keine Entscheidung, die rein kognitiv getroffen wird; systematisch koaliert das Gehirn mit emotionalen Bereichen. Die Gefühle wirken nicht auf die Kognition, sondern die Kognition äußerst sich affektiv: Wir reden von einem Kognition/Affektion-System.[4]

Das hatte die ökonomische Theorie bisher anders bewertet. Ökonomische Akteurstheorien rechnen das emotionale Moment aus den Entscheidungen heraus, um mit einem Destillat rationalen Verhaltens arbeiten zu können, das sich gut modellieren lässt. Was an Emotionen theoretisch stört, ist das Erratische, Unregelmäßige, Unberechenbare an ihnen, soweit sie als Gefühle auftreten. Träten Gefühle systematisch auf, könnten und müssten sie ebenso systematisch in die Theoriebildung einbezogen werden wie das Kalkül. Die *behaviorial economics* wie die *neuroeconomics* konzentrieren sich deshalb auf systematische emotionale Muster (*mechanisms*, als eine zur Kognition komplementäre Form des Denkens), nicht auf erratische Gefühle.

Um es begrifflich zu klären: Emotionen sind mehr als vage Gefühle, aber weniger als ein vollständiges Urteil. Theoretisch ist die Einführung einer evaluativen Wahrnehmungsweise nötig, die *in processu* steuert, was sie überhaupt wahrnimmt und was nicht, und was folglich in Entscheidungen eingeht oder nicht. *Emotion in diesem Sinne hat eine evaluative sowie eine ein- und ausblendende Komponente.* Stimmt unsere Vermutung eines solchen Zusammenspiels grundsätzlich, gleich wie es dann im Detail konzipiert wird, verbietet es sich, den evaluativen Aspekt als bloßes Gefühl zu behandeln und ihn daher in der Präferenzordnung

[4] „Ein affektfreier Zustand ist, so gesehen, gar nicht möglich, denn irgendwo gestimmt ist man immer“ (Ciompi 2004, 29). Vgl. allgemein Camerer/Loewenstein/Prelec 2005; Loewenstein/Rick/Cohen 2008.

eines Entscheidungsträgers aufgehen zu lassen. Diese Evaluation beschränkt sich nicht auf die Bewertung *gegebener* Alternativen, sondern sie beteiligt sich an der Ein- und Ausblendung aktuell berücksichtigter Alternativen und damit an der emotiven Bereitstellung notwendiger (aber nicht hinreichender) Randbedingungen kognitiver Urteilsfindung.

Wir geraten häufig in Freude oder Furcht, weil wir Dinge als gut oder schlecht für uns wahrnehmen. Dies wiederum beeinflusst die Werturteile und Überzeugungen, die wir dann bilden, nicht nur in dem Sinne, dass wir diese Dinge für besonders gut oder schlecht befinden, sondern auch dadurch, dass wir ihnen besondere Aufmerksamkeit widmen. Daher sind die Emotionen aufs Engste mit unseren rationalen Einstellungen verbunden und legen sogar die Grundlage für sie.[5] Die Entscheidung ist der Emotion nachgelagert. Daher ergibt sich nur ein scheinbarer Widerspruch zwischen emotiv und kognitiv bzw. rational. Was an Gefühl in der Emotion bleibt, mag bei der Entscheidung noch kopräsent sein – so wie die Entscheidung während der Ausführung des Entschiedenen –, doch kommt es hierauf nicht mehr an, wenn die Stufen der Entscheidung und Ausführung erreicht sind. Der Volksmund z.B. weiß, dass man Rache am besten kalt serviert: Die ursprüngliche Wut über den erlittenen Schaden führt später, wenn das Gefühl selbst längst in den Hintergrund gedrängt ist, zur Fokussierung auf das Vorhaben. Emotion ist bereits rationiertes Gefühl, disponiert Kognition.

2 Emotion und Kognition

Die neuerdings auch in der Ökonomik aufmerksam beobachteten Neurowissenschaften treten an, das Verhältnis von Emotion, Kognition und Entscheidung mit den Mitteln naturwissenschaftlicher empirischer Forschung zu aufzudecken (z.B. Kennig/Plassmann 2005; Markowitsch 2007). Die Messung der Hirnaktivität von Probanden soll empirisch überprüfbaren (objektiven) Aufschluss über deren Gedanken und damit

[5] Wie sind Emotionen dann zu charakterisieren? Vielleicht als ‚gefühlte Aspekt-Wahrnehmungen‘ (Döring 2009). Als Gefühle weisen sie eine subjektive Funktion auf (uns wird unweigerlich mulmig, wenn wir vor einem Wolf stehen), als *aspektuell-selektive* Wahrnehmungen aber auch eine objektive – die Furcht zeigt die Gefahr an, die tatsächlich von einem Wolf ausgeht und priorisiert die Aufmerksamkeit für diese Gefahr vor allem anderen.

über deren Entscheidungen geben. In diesem Forschungsprogramm wird offensiv als methodischer Vorteil ausgelegt, was man auch gegen diese Art Ansatz einwenden könnte – und was man mithilfe einer von Nietzsche geliehenen Unterscheidung so auf den Punkt bringen könnte: Nicht *Gründe* für Entscheidungen werden gesucht, sondern *Ursachen* für Entscheidungen.[6]

Die methodische Festlegung, dass eine Entscheidung nicht durch ihre natürlich-sprachlich formulierbare Rechtfertigung erklärt werden soll, also nicht durch bloße Gründe, hat selbst wiederum (bloß)[7] Gründe: Eine Begründung kann erstens (auch im Nachhinein) fingiert werden und sie kann zweitens nicht als physikalische Größe gemessen und nachgemessen und folglich nicht gut mathematisch modelliert werden. Dass der zweite Aspekt weitere Forschung zulässt und erleichtert (nicht zuletzt in Richtung künstlicher Intelligenz), liegt auf der Hand. Der erste Aspekt hat eine nicht unproblematische Implikation. Da als Ursachen für Entscheidungen nur Phänomene in Frage kommen, die sich dem Bewusstsein der Entscheidenden entziehen, werden zwar ‚ex post-Rationalisierungen' und andere störende Faktoren ausgeschlossen. Sollte das Phänomen ‚Bewusstsein' aber einen Einfluss auf Entscheidungen haben, wie es bislang alle Entscheidungs- und Sozialtheorien annehmen, würde dieser Einfluss systematisch übersehen. Die empirische Methode wäre ‚blind' für das Bewusstsein ihres Untersuchungsobjekts, da die ihr zugehörige Theorie (Theoriesprache) lediglich Kategorien für jene natürlichen Phänomene bereithält, für die sie entwickelt wurde.

Daher bleibt – bei aller Empirie – auch der Erkenntnisgewinn der neurowissenschaftlichen Forschung von der Güte ihrer Modelle und der diesen Modellen zugrunde gelegten Theorie abhängig. Eine konsequent auf biophysikalische und -chemische Phänomene beschränkte Neurowissenschaft würde sich übrigens nicht nur gegen die nicht-naturwissenschaftliche Begriffsarbeit wenden. Auch von formaler Modellierung do-

[6] Freilich kann Nietzsche in „Götzendämmerung" diesen Unterschied noch halbernst meinen. Wer sich von irgendwelchen Tatsachen kontrollieren lässt, als wären sie Ursachen, versäumt es, ein begründetes Urteil zu fällen.

[7] Als Neurowissenschaftler müsste man wohl einwenden, dass die Entscheidung für diese Methode durchaus Ursachen haben muss, die wir allerdings (noch) nicht kennen. Allerdings lässt sich auf dieser Unkenntnis kein Argument für diese Vorgehensweise gründen.

minierte Ansätze stünden in Opposition zu ihr, soweit sie entscheidungsfähige Akteure und deren Beziehungen als grundlegende Untersuchungsgegenstände nehmen. Darunter fällt z.B. die nicht nur bei Ökonomen und Mathematikern beliebte Spieltheorie und die (ihr zuarbeitende) Modallogik mit deren Kategorien Entscheidung bzw. Wahl, Rationalität, *Belief* und *Knowledge* über *possible worlds* usw. (vgl. Aumann 1976, 1999).

Allerdings ist die neurowissenschaftliche Forschung nicht so radikal auf naturwissenschaftliche Kategorien beschränkt, wie es scheint, wenn man die oben beschriebene methodische Ausrichtung wörtlich nimmt oder lediglich die empirischen Erhebungen dieser Forschung (und deren aufmerksamkeitserheischende Darstellungen mit bildgebenden Verfahren) berücksichtigt. Schon mit einer Klassifikation wie ‚Emotion oder nicht' oder ‚Kognition oder nicht' ist die Grenze zu einer nicht-naturwissenschaftlichen Theoriesprache überschritten. Wenn Hirnforscher bestimmte Aktivitäten von Neuronen als ‚Emotion' bezeichnen, reden sie nicht mehr nur über die elektrischen Phänomene, die sie gemessen haben. Sobald in Aussagen über das Denken nur noch auf die *Bewusstseinsphänomene* Kognition, Emotion etc. referiert wird (und nicht mehr auf Elektrizität, Energieumsatz o.ä.), ist diese Forschung genauso wenig materiell-empirisch und genauso sehr symbolisch-begrifflich ausgerichtet wie ökonomische und soziologische Theorien über bewusste Akteure (vgl. Kabalak 2007).

Man kann die Annahme (anscheinend vieler Neurowissenschaftler) vertreten, dass das, was wir symbolisch am Denken erfassen, bloß ein anderer Ausdruck für bestimmte materielle Vorgänge sei, die prinzipiell physikalisch erfassbar wären. Wenn das stimmen sollte, ist der *Umweg* über Begriffe wie ‚Emotion' zulässig, wenn eigentlich Elektrizität gemeint sind. Wenn das bewusste Denken in Symbolen aber eine eigene Struktur und Dynamik besitzt, die nicht einfach mit neuronalen Mitteln abzubilden wäre, muss man zugeben, dass hier ein neues (‚emergentes') Phänomen mit neuen Gesetzmäßigkeiten einsetzt, das mit der materiellen Bedingung seiner Möglichkeit nur lose gekoppelt ist. Diese letzte Auffassung erlaubt der Entscheidungstheorie Anschlüsse an Überlegungen der Sprach- und Sozialwissenschaften (vgl. Harré 2001; Herrmann-Pillath 2009).

Dazu müssen die empirischen Ergebnisse der Neurowissenschaft keineswegs geleugnet werden. Es kommt auf ihre theoretische Einordnung an. Das kann beispielhaft an den Ergebnissen einer Versuchsreihe von

Deppe et al. (2005) festgemacht werden (vgl. zum folgenden Kabalak 2007). Die Forscher stellen fest, dass Probanden, die bei paarweisen Vergleichen ihre Präferenzen für verschiedene Marken einer Güterart (Bier) angeben sollen, genau dann besonders hohe emotionale und besonders niedrige kognitive Aktivität zeigen, wenn ihre Lieblingsmarke zur Wahl steht. Wird zwischen dem zweit- und drittliebsten Bier noch abgewogen (Kognition), fällt die Reaktion deutlich emotional aus, sobald das Lieblingsbier erblickt wird.[8]

Der Befund ist dazu geeignet, Zweifel an der mikroökonomischen Theorie anzumelden, die die Wertschätzung des meistpräferierten Gutes genauso behandelt und modelliert wie diejenige ihrer Alternativen. Kahnemann und Tversky (1986) beobachten in der experimentellen Ökonomik, dass Einschätzungen von Quantitäten anhand von Referenzniveaus erfolgen. Je nachdem, welche Größe als Ausgangsniveau aufgefasst wird, werden dieselben Größen als positive oder negative Abweichungen gehandelt und darüber anders bewertet. Solche *framing*-Effekte lassen sich z.B. dann beobachten, wenn Versuchspersonen etwa einen Wert von 60 % des Maximums besser oder schlechter bewerten, je nachdem sie ihn als Verbesserung von 0 auf 60 % oder als Verschlechterung von 100 % auf 60 % auffassen. Konkret haben Kahnemann und Tversky ihren Probanden (Medizinstudenten) die hypothetische Wahl zwischen alternativen Behandlungsmethoden für Krebspatienten gelassen. Werden die alternativen Ergebnisse als

a) „sichere Rettung von p%“ und

b) eine Lotterie mit demselben Erwartungswert (p%)

präsentiert, optiert eine Mehrheit für a). Wird aber eine Wahl zwischen

[8] Generell zur Neuroökonomie des Marketing vgl. Hain/Kenning/Lehmann-Waffenschmidt 2007; Kenning/Mohr/Plassmann 2007; Pauen 2007. Wenn wir uns die Werbung ansehen, versucht sie, mit allen Mitteln der Kunst (Musik, Bildern, griffigen Texten) emotionale Einbrüche in unsere bisherigen Präferenzstrukturen zu erreichen. Werbung hat nicht nur, wie die *rational choice theory* annehmen muss, eine unterstützende Funktion der Produktanpreisung, sondern ändert den *frame of choice*, d.h. die Präferenzen. “Then, the model of the market is not simply buyers and sellers coming together for mutually beneficial exchange. Instead, the exchange between buyers and sellers has aspects of a zero-sum game. The seller can do even better if he sells you something you don’t need, or gets you to buy more than you need, and pay a higher price for it” (Eric Wanner, in: Lambert 2006, 14).

c) „sicherer Tod von 1-p%“ und

d) derselben Lotterie

verlangt, zieht eine Mehrheit die Lotterie vor. Offenbar wird das Ergebnis der Rettung von p% besser bewertet, als wenn es als Verlust von 1-p% dargestellt und aufgefasst wird.

Wenn Biertrinker alle Biere an ihrer Lieblingsmarke A messen, dient A als Referenzniveau für Güterbeurteilungen. Die alternativen Marken B und C wären erst in Relation zu A zu setzten, um dann diese geeichten Verhältnisse miteinander zu vergleichen. Der Wert A stellt also eine Skala zur Verfügung, deren Angelpunkt A bildet und auf der weitere Alternativen verortet und verglichen werden können. Verglichen würden also nicht B und C direkt, sondern die Verhältnisse B/A und C/A innerhalb des *frames* A;[9] daher die kognitive Aktivität. Die Qualität der Marke A wäre dann also ein *Maß* für alle anderen Qualitäten. Maße – wie etwa der Urmeter U in Paris – erzeugen Information durch Differenz zu sich selbst.

Das Verhältnis A/A ist, anders als B/A oder C/A, kein Verhältnis, sondern eine Identifikation (ein Nichtverhältnis). Wenn die Lieblingsmarke als Maß anderer Biere eingesetzt wird, setzt dieses kognitive Messen genau dann aus, wenn das Maß selbst zur Wahl steht. Die paradoxe Aufgabe, das Unmessbare (die Markierung) an sich selbst zu messen (zu markieren), *lässt sich anscheinend nur emotional auflösen.*

The affective turn

Für die weitere Entwicklung der ökonomischen Theorie scheint es daher notwendig, Emotionen einen systematischen Ort in Entscheidungsvorgängen zuzuweisen, sie also als Formen des Denkens zu begreifen. Sie scheinen in erster Linie der Komplexitäts- und Kontingenzbewältigung zu dienen, worunter wohl auch das Ausblenden von Widersprüchen und der Willkür von Normierungen fällt sowie die oben eingeführte Ein- und Ausblendung von Alternativen – unter Komplexitätsbedingungen sind das allesamt entscheidungsbefähigende Operationen. Wer eines aus einer

[9] Sowohl der Referenzwert A als auch die zugehörige ‚Skala‘ oder ‚Kategorie‘, durch die verschiedene Alternativen einheitlich erfasst werden können, können als ‚*frame*‘ bezeichnet werden.

Reihe von Produkten auswählen und sich der Güte seiner Wahl sicher sein will, muss davon absehen, dass er in der Regel nicht alle tatsächlich gegebenen Alternativen berücksichtigt, sondern nur eine Untermenge. Diese kann *ex ante* nicht nach objektiven Gütekriterien isoliert werden, muss aber gleichwohl in irgendeiner zufriedenstellenden Weise bestimmt sein, um eine Operation der Form ‚Wahl aus gegebenen Alternativen' zu vollziehen.[10]

Sollten Emotionen diese Funktion übernehmen, dienen sie im Allgemeinen der Bestimmung eigentlich unbestimmter (unbestimmbarer) Grenzen, also gewissermaßen der Beobachtung der Horizonte unabgeschlossener Räume. Stimmt das, müssen Emotionen auch bei der Ermöglichung der Interpretation symbolischer Zeichen und mithin bei Kommunikation die entscheidende Rolle übernehmen. Denn wenn Emotionen für die Arbeit mit‘ derlei Kontingenz zuständig sind, gehen sie mit Zeichen von nur scheinbar abgeschlossenen Bedeutungen um. ‚Nicht abgeschlossen‘ meint hier, dass Symbole in Weisen verwendet werden können, die noch unterbestimmt sind, ohne dass sie dadurch in ihrer aktuellen Verwendung als ‚unvollständig‘, ‚unpräzise‘ oder sonst wie lädiert erscheinen (eine Grundfrage der Semiotik: vgl. Peirce 1931, Ogden/Richards 1974, Mersch 1998). Die Anschlussfähigkeit von Symbolen an andere Symbole und ihre Fähigkeit zu repräsentieren sind in diesem Sinne kontingent – damit müssen Akteure anders umgehen als mit gegebenen Größen eindeutiger Qualität (vgl. auch Kabalak/Smirnova 2008, Kabalak/Priddat 2007). *Das hieße, dass Emotionen die Verarbeitbarkeit von jenen Symbolen erst herstellen, mit denen die Kognition arbeiten kann.*[11]

[10] H. Simon z.B. hatte das über seine *bounded rationality* modelliert, um es später um die Rolle von Emotionen in Informationsprozessen zu ergänzen (Simon 1967 und 1983). Emotionen "alter one's goal priorization, determine the relative salience of aspects of a task, shape cost-benefit assessments, often tell us when to stop processing information, and 'rule out of court' or render unthinkable many options for the decision maker" (Muramatsu/Hanoch 2005, 212).

[11] Die Ergebnisse der *sociology of finance* über die Rolle von Emotionen fasst C. Herrmann-Pillath zusammen: "It might be emotions that finally enable traders to act in a rational fashion, and not rationality as an agents property. Rationality emerges as a correlate between dispositions and the peculiar environment of the trading floor. This includes a central role of a larger range of environmental clues, such as the spatial structure of the trading pit, the body language of the traders, or the

Sehen wir uns den Umgang mit dem Phänomen ‚Vertrauen' an, das dem Paradigma ‚individuelle Nutzenmaximierung' schwierige Rätsel aufgibt. Die *rational choice* erwartet, dass Akteure genau dann anderen vertrauen und Vorleistungen bringen, wenn ihr Nettoerwartungswert dieses Verhaltens positiv ist (Coleman 1990). Werden misstrauische Akteure unterstellt, die ihre Erwartungswerte maximieren, ist Vertrauen ohne Kontrollmechanismus nicht erklärbar. Solche Akteure sichern sich – wie die Spieltheorie voraussagt – jene Auszahlung, die sie gerade noch mit eigenen Mitteln maximal erzwingen können, ohne sich auf das Wohlwollen der anderen verlassen zu müssen. Kooperationen sind nur so weit zu erwarten, wie es für Einzelne unmöglich (nicht opportun) ist, die anderen unilateral auszubeuten (folglich liegen nie ‚Kooperationen' im engeren Sinne vor). Es ist nicht ausgeschlossen, dass mit diesem Prinzip soziale Optima erreicht und verlässlich beibehalten werden. Das ist aber nur bei Konventionen (als Lösungen von reinen Koordinationsproblemen) der Fall, deren Stabilität im Interesse aller Beteiligten liegt (Lewis 1969, Sugden 1999). Rationale Akteure ziehen aber bekanntlich garantierte Auszahlungen unkooperativer Lösungen ausbeutbaren Kooperationen auch dann vor, wenn erfolgreiche Kooperationen für alle beteiligten vorteilhafter wären (‚Gefangenendilemma').

Emotionen müssten in irgendeiner Weise gegen diese Annahme vollkommenen Misstrauens arbeiten, so dass wenigstens Verhältnisse sozial konstruiert und stabilisiert werden, die sich unter der Prämisse ihrer stabilen Geltung auch als individuell vorteilhaft erweisen. Institutionenökonomisch geht es dabei um die Gründe für die Geltung sozialer Regeln. Dazu reicht es nicht festzustellen, dass soziales oder moralisches oder faires, also regelkonformes Verhalten, offenbar den jeweiligen Akteurspräferenzen entspräche (so wie bei Fehr et al., die z.B. die *fairness* als Teil der Nutzenfunktion der Akteure etabliert sehen wollen). Damit ließe sich *ex post* jedes empirische Verhalten und jede Wahl rechtfertigen, doch zur echten Erklärung fehlt die Angabe von Gründen dafür, dass es sich mit der Empirie in genau dieser Weise verhält und nicht anders. Das Präferenzenargument der Ökonomen birgt *ex post* keinen Erklärungsgehalt für Verhaltensweisen. Präferenzen kodifizieren bloß das zu erwartende Wahlverhalten und nicht die Gründe dafür; sie sind mit anderen

metaphorical embeddedness of the language of traders in a male-centred world of violence, thrill and sex" (Herrmann-Pillath 2009, 28).

Worten deskriptiv und nicht analytisch und erklärend. Erklärungen müssen darauf eingehen, *warum* bestimmte und nicht andere Präferenzen herrschen können.

Vertrauen in Personen korrespondiert mit der Glaubwürdigkeit von deren Versprechen. Das ‚Versprechen' ist längst ein ökonomisches Thema. In der Moderne, zumal in der modernen Ökonomie, ist das ehemals romantische Vertrauen in die unbedingte Glaubwürdigkeit der Versprechen (mithin der Treue) anderer durch temporalisierte Vertrauensbeziehungen abgelöst, die eher Merkmale eines temporären (und informellen) Vertrages aufweisen als einer ewiggültigen Bindung (Priddat 2005 und 2008).[12] Beiden Vertrauensarten ist gemein, dass bestimmte Verhaltensalternativen – entweder dauerhaft oder zeitweise – ausgeblendet werden, und zwar sowohl eigene als auch fremde Alternativen. Solche Ausblendungen von latent Vorhandenem lassen wieder emotionale Einflüsse vermuten. In Vertrauensbeziehungen verschwinden mögliche Vertrauensbrüche im unmarkierten Bereich des Verhaltensraumes und bleiben erst einmal außer Acht, um in Ruhe die Möglichkeiten der markierten Seite auszuloten.[13] Wenn Emotionen diese Ausblendung steuern, hat das weniger mit Normativität zu tun, als damit, soziale Arenen für Verhaltensalternativen zu konstruieren *und stabil zu halten*, die im neoklassischen *default*-Fall unmöglich oder wenigstens unwahrscheinlich und äußerst instabil wären.

Ein strikter methodischer Individualismus, der letztlich auch an einer individualistischen Art ‚Rationalität' festzuhalten versucht,[14] unterschätzt

[12] Vgl. auch Kabalak (2009), der ein Rationalitätskonzept vertritt, das auch vertrauensvolle Kooperationen rechtfertigen kann. Dort wird nicht auf die hier erörterten ‚Emotionen' Bezug genommen. Allerdings arbeiten die wesentlichen Eigenschaften dieser Emotionen der dort auf Generalisierung basierten ‚Rationalität' im Allgemeinen zu.

[13] Dieses Ausloten geht in Richtung ökonomischer Performativität (vgl. Herrmann-Pillath 2009). Das ist ein interessantes Forschungsdesirat: inwieweit Ökonomie generell einen Trend zur Positivität unterstützt, d.h. die Versagensfälle tendenziell auszublenden neigt. Sie modellierte dann eher erfolgsdominierte Systeme (und bevorzugt deshalb euphorische emotionale Komponenten, im Sinne von positiver Emergenz – mit Folgen für die Auswahl von Psychologien). Der pathologische Teil des Emotiven taucht gar nicht auf.

[14] Dies steht im Gegensatz zur Entwicklungsrichtung der Spieltheorie, die schon von Anfang an mit Neumann/Morgenstern (1961) und spätestens mit Nash (1951)

die Eigendynamik sozialer Beziehungen. Das ist methodisch komfortabel, aber theoretisch weder zwingend noch befriedigend. Vertrauensverhältnisse entstehen nicht notwendig, können aber sozial stabilisiert werden, sobald sie auftreten (vgl. Priddat 2009, Kabalak 2009). Um auftreten zu können, muss es Akteure geben, die es vertragen, einen Teil ihrer Verhaltensoptionen zu ignorieren, weil sie gute Gründe hierfür finden können.

Das Spezifische an der Ausblendung in Vertrauensbeziehungen ist aber der störende Umstand, dass hier Verhaltensalternativen ignoriert werden müssen, derer sich der Akteur durchaus bewusst ist und bleibt. Daher muss hier ein Mechanismus greifen, der bestimmte Alternativen als nicht beachtenswert beiseiteschiebt, sie latent setzt, ohne sie gleich vollständig verschwinden (vergessen) zu lassen. Die Ausblendung ist ein bewusster Verzicht darauf, sich mit diesen Alternativen näher zu beschäftigen. Dabei kann der Verzicht auch bloß temporär sein: Im Notfall, z.B. wenn sich der Partner selbst nicht als vertrauenswürdig herausstellt, können diese Alternativen wieder eingeblendet werden (darunter auch die eigenen unkooperativen Möglichkeiten).

Emotion, als affektive Einseitigkeit in der Alternativenbewertung, wäre dann eine notwendige Bedingung für eine *reversible* Ausblendung: eine proto-kognitive Bestimmung des Raumes der Kognition (nebenbei eine andere Begründung für *bounded rationality*: nun aber nicht als epistemische Limitation, sondern als affektive Ausschließung von Alternativen (Muramatsu/Hanoch 2005)).

Rational choice wäre dann selber ein emotionaler Modus: das Maxiieren als ein Affekt, so dass rationales Verhalten nicht als Gegensatz zu emotionalem Verhalten aufträte, sondern als eine eigenständige affektive Form. Die Präferenztheorie, die trivialepistemisch davon ausgeht, dass Akteure zwischen Alternativen jeweils die bessere bestimmen können, muss daraufhin prüfbar werden, in welcher *Stimmung* die Akteure sich befinden, wenn sie rational entscheiden. Diese Gestimmtheit präselegiert den Alternativenraum, dem man sich zuzuwenden geneigt ist.

Die Unterstellung, dass *rational choice* rein kognitiv und affektenneutral vonstattengehe, kann nun, nachdem Emotionen eine bedeutsame

die sozialen (überindividuellen) Aspekte von Rationalität aufzuklären versucht. Nashs (1951) Spieler müssen sich in der Regel darauf verlassen, dass auch ihre Mitspieler rational sind.

Rolle bei Entscheidungen spielen, nicht mehr ohne Begründung akzeptiert werden. Wenn Emotionen nicht lediglich ein *additum* zur Kognition darstellen, sondern wenn wir aus der *neuroscience* ein Emotions-/Kognitions-System geliefert bekommen, sind alle kognitiven Aktivitäten emotiv fundiert. Die Affektenbeteiligung an *rational choices* bedeutet, dass dieselben Alternativen in verschiedenen Situationen von denselben Akteuren anders bewertet werden können, weil sie differente Stimmungen haben (Ciompi 1993, 82); die Transitivitätsaxiomatik gilt nicht mehr.[15], auch nicht mehr die kognitive Primordialität der *rational choice*.[16]

Prefrential switches

Prima facie spricht allerdings nichts dagegen, die trivialepistemische Voraussetzung, jeder Aktor könne angesichts von Alternativen angeben, welche er bevorzugt (a von b vor c), auf Emotionen oder Gefühle zu gründen. X liebt eben, affektbetont, Mercedes, Y Pflaumenkuchen, Z Rolex-Uhren.

Fraglich bleibt nun allerdings, inwieweit diese affektive *preselection* von Alternativen stabil ist. Gefühle sind nicht, oder nur selten, objektgebunden: die affektive Bindung an die Marke Mercedes z.B. beruht auf Bündeln von Attributionen, die, je spezifisch, auch anderen Objekten zukommen. Objektverschiebungen sind möglich. Die Präferenztheorie kann ihre kognitivistische Gewissheitsunterstellung nicht ohne weiteres aufrecht erhalten, solange sie über keine Theorie der Präferenzgenese

[15] *Rational choice* ist womöglich ein Spezialfall einer *belief structure*, die, kontrollintensiv, das eigene Handeln auf kognitive Eindeutigkeiten rubriziert: eine besondere Form kognitiver Gestimmtheit. Vgl. auch die Differenzen zwischen dem, wie ich mich entscheide und wie ich eigentlich mich entscheiden möchte (Laibson, in: Lambert 2006, 6). In einem anderen Kontext redet man von *akrasia*.

[16] „Qual der Wahl. Eine Sorte Marmelade aus einer Auswahl von dreien auszusuchen ist nicht schwer. Nahezu unmöglich wird es für viele allerdings, wenn die Auswahl auf 24 anwächst. Untersuchungen haben ergeben, dass das Gehirn auf Schwierigkeiten stößt, sobald mehr als sechs bis acht Möglichkeiten zur Verfügung stehen“ (Budras 2009, Sp. 4; mit Bezug auf Paul Glimchers neuroökonomische Forschung). In solchen ausdifferenzierten Alternativenwelten entscheiden Emotionen, d.h. affektive Primordinalität.

verfügt, die klärt, warum die emotionalen Attributionen systematisch z.B. an das Objekt Mercedes gebunden bleiben.[17]

Nicht nur bei den Präferenzen, auch in der *rational choice* selber spielt die Emotion mit. Bei der Wahl zwischen Äpfeln und Birnen, um den Trivialfall der Mikroökonomie aufzugreifen, hängt es davon ab, ob der *frame* ‚Obst' in der Entscheidung aufrecht erhalten wird, oder, gerade wegen der Entscheidung, eine Alternative einspielt, z.B. ‚Hunger, Essen'. Plötzlich befindet sich die Entscheidung in einer anderen Klasse und X vergleicht, ob er Obst essen will oder Pizza, d.h. sie ändert den Alternativenraum. Wenn vordem nur die Attraktion ‚Obst' entscheidend war, kommt nun eine (emotionale) Dominanz ‚Hunger' ins Spiel, die sich mit Obst alleine nicht mehr abspeisen lässt. Je nachdem, welche Budgets zur Verfügung stehen, können beide Alternativen befriedigt werden, oder X muss sich entscheiden, was er vorziehen will. Der Hungeraffekt überlagert die erste Entscheidungsintention.

Warum diese Verschiebung? Die Alternativen sind nicht gegeben, wie *rational choice* unterstellt. Eine Wahl zwischen A, B und C ist eine methodische Konstruktion. X kann jederzeit entscheiden, A, B, und C nicht zu wählen, oder ein anderes Set. Ein behavioristischer Reflex auf das, was gegeben ist, ist nicht notwendig. Die Präferenzaxiomatik unterstellt, dass die Präferenzgenese bereits gelaufen ist und A, B, C werden, mit ontologischer Gewissheit, als ‚gegeben' angenommen. Die Möglichkeit, A, B und C nicht zu wählen, ist aber selber eine Alternative (Z); sie läuft mit jeder Wahl latent mit (Priddat 2005, Kap. 1.1, 22ff.). Konzeptionell ist die Nicht-Wahl eine Negation der ‚gegebenen Alternativen'. Die *rational choice*-Axiomatik schließt das aus über ihre Forderung nach nicht-leeren Mengen. Z aber ist nur proximativ leer, jederzeit durch alternative Alternativen anfüllbar.[18]

[17] Neuere Empirie zeigt: „Die Menschen verlieren ihre emotionale Nähe zum Auto. Dies trifft besonders die Einstellung zu Premiummarken wie BMW, Mercedes oder Porsche. Diese Kultmarken wirken nicht mehr so erotisch auf die Menschen. Das Konsumgut Auto hat seine Position im emotionalen Raum verloren" (Kruse, in: Lamparter 2009, Sp. 1).

[18] ‚Frame' verwenden wir hier in einem allgemeineren Sinne. Es ist der Ausschnitt der Welt (der Alternativen), der einem Simon-Akteuer mit *bounded rationality* zur Verfügung steht. Latent hat er mehrere *frames* zur Disposition, bewegt sich aber, aus welchem empirischen Grund auch immer, in einem. Seine Präferenz ist perspektiviert. Das unterscheidet sich von den oben referierten Kahnemann/Tversky-

Man kann sagen, dass Z ein Statthalter (*joker*) für andere Alternativen ist, die erst im Moment der Entscheidung ins Spiel kommen, und zwar reflexiv: als Reflexion über die Valenz der gegebenen Alternativen. Es ist nicht ausschließbar, dass X, im Moment seiner Wahl, das, was er meint wählen zu sollen, ausschließt.[19] In dem Moment des Ausschlusses öffnet sich die Wahrnehmung anderen Alternativen, die bisher, affektiv oder aus Gewohnheit, nicht ins Spiel kamen (‚gefühlte Aspekt-Wahrnehmung'). Denn was vordem nur tentative Überlegung war, wird jetzt zur Entscheidung, die jederzeit mitentscheiden kann, was sie entscheidet (der Rest wäre klassischer Behaviorismus).

Erst wenn – danach – wieder die Kognition überhand nehmen würde, könnte eine Revision der nunmehr plötzlich aufgetretenen Alternative stattfinden. Dann würde z.B. gelten: Obst ist gesünder als Pizza (‚außerdem wollte ich sowieso abnehmen'). Aber dieser kognitive *frame* ist nicht von vornherein dominant; dominiert der ‚Hunger' (‚Heißhunger'

frames, die wir als Referenzniveaus charakterisiert hatten (beste Biermarke, der eine ganze Dimension zugeordnet werden kann: alle in Betracht kommenden Bierarken). Hier steht der *frame* ‚Obst' für eine Klasse von Präferenzen, die *in processu* andere Entscheidungen evozieren können, d.h. andere Güterklassen mit anderen Präferenzen. Mit Amartya Sen könnte man von Metapräferenzen reden, die aber, anders als in Sens Konzept, keine stabilen höheren Präferenzen sind, sondern nur eine präferentiale Instanz, in der bemerkt werden kann, dass die aktuellen Präferenzen nur eine Untermenge der möglichen Präferenzen sind, die *via negationis* einen Wechsel generieren können. Genauer gesagt: die Akteure entdecken, dass ihre Präferenzen Ausschnitte möglicher Welten sind, die gewechselt werden können. In diesem Sinne sind Präferenzen immer Indikatoren von Nexus von Präferenzen, weil sie latent das mitführen, was sie auslassen. Ein Simon-Akteur mit *bounded rationality* ist ein *homo imperfectus*, der auf seinen *frame* nicht natürlich festgelegt ist. Ein Wechsel ist kein externer Akt, sondern beruht auf der Möglichkeit, andere latente Präferenzen zu aktualisieren, wenn wir den Entscheidungsprozess aus seiner Axiomatik befreien.

[19] Im Entscheidungsmoment gibt es einen existentialen Punkt: von jetzt an gälte die Entscheidung (Irreversibilitätsvermutung). Hier wirkt das kognitiv-affektive System: man hat ein ungutes Gefühl, dass die Entscheidung doch nicht richtig sei. Dieses affektive Momentum kann entscheidend sein: indem es die erste kognitive Anmutung revidiert. Der normative Ansatz der rationalen Wahl wird affektiv relativiert. Es entsteht eine andere Entscheidung. „By coordinating specific instances of cognitive processing und physiological functioning, emotions are one of the tools that allow agents to make (often) adaptive interference and choices"(Muramatsu/Hanoch 2005, 202; Levenson 1999).

etwa), verliert die zufällige Wahl des Obstes ihre kognitive Valenz an die fette Pizza. Die methodische Pointe sind die Schnittstellen der *frames*: Da z.B. dasselbe Gut X (Apfel oder Apfelmus) in verschiedenen *frames* A (süßes Dessert) und B (gesundes Obst) auftreten kann, kann das Erwägen einer Wahl innerhalb von A über das Erwägen von Gut X zu einem Wechsel, d.h. zu *frame* B führen. Und innerhalb von B kann letztendlich aufscheinen, dass nicht X, sondern Y am besten wäre (obwohl Y innerhalb von A gar nicht erwogen würde oder obwohl Y in A schlechter (z.B. weniger süß) wäre als X) usw. Denn nicht nur Gut X befindet sich in verschiedenen *frames*; die *frames* wiederum setzen sich aus verschiedenen Gütern und Güterklassen zusammen.[20]

Entscheidend hierbei ist der *preferential switch* inmitten des Entscheidungsprozesses: erst indem ich mich für Obst entscheide, wird mir klar, dass ich ‚etwas essen' will, was sofort ein größeres Spektrum an Alternativen öffnet, die das kognitiv/affektive System aktivieren. Die ontologische Eindeutigkeit ‚Obst' ist ein Anlass der Entscheidung, noch nicht aber effektive Präferenz. Die epistemische Fixierung auf die ‚gegebenen Alternativen' lässt sich nur aufrechterhalten, wenn wir affektive Bestimmungen des *frame* ausschließen. Präferenzen sind instabil, weil sie in dem Moment, in dem sie realisiert werden, den Raum der Möglichkeiten öffnen können in Hinblick auf das, was durch die Entscheidung nicht umfasst würde. Der kognitive Operator kann jederzeit differenzieren: Obst → Essen → Nicht-Obst etc. Es ist kein eindeutig kognitiver Operator: das Anschauungsobjekt ‚Obst' kann in das Gefühl ‚Hunger' transponiert werden (das kognitiv unspezifisch ist). Die *rational choice* ist *prima facie* konditioniert auf Situationen, in denen die Alternativen eindeutig und gewiss sind; die Affekte aber stören diese normative Disposition der Entscheidungstheorie: sie lichten die epistemische *pre-selection* der Kognition.

Das klingt erratisch; aber dennoch folgen die Affekte einer Logik (Ciompi 2004: ‚Affektenlogik'). So wie – beim Vertrauen – die Emotionen Alternativen ausblenden, können sie – in Entscheidungssituationen – neue Alternativen einblenden. *Emotionen haben nicht nur die Funktion*

[20] Ein *frame* ist, wie sich erweist, keine Bestandgröße, sondern ein semantischer oder Bedeutungs-Raum, in dem multiple Attributionen möglich sind. Die Eindeutigkeit der Gegebenheit von Alternativen, die die *rational choice* annimmt, ist eine kognitive Reduktion des attributionalen semantischen Potenzials der Alternativen.

der Einbettung von Kognition, sondern ebenso von deren Ein- oder Ausblendung. Emotion ist, im Entscheidungsprozess, funktional ein Schalter. Evident ist das im Fall von Angst, Wut, Hass, aber umgekehrt kreieren Freude, Hoffnung, Begeisterung ebenfalls einen emotiv-selektiven Tensor (Ciompi 2004, 31; Hoffnung ist die emotive Version der mehr kognitiv ausgelegten Erwartung). Im Obst/Hunger-Übergang ist eine kognitive Öffnung möglich: nicht das erste Begehren dominiert, sondern kann Dispositionen öffnen, was denn den Hunger wirklich stillt, um dann den Handlungsraum auszuweiten. Erst ein nächster Schritt in der Obst/Hunger-Öffnung schließt möglicherweise wieder kognitiv ab, indem das, was den Hunger stillt, spezifiziert wird: z.B. Pizza.

Wenn Geld hinzukommt, werden Entscheidungen neu gewichtet. Geld ist ein Optionsoperator, der immer mehr Möglichkeiten hat, als der Kaufwunsch, der gerade aktuell aufscheint (vgl. Kabalak/Priddat 2007). Für Geld könnte man immer noch etwas anderes kaufen, als zur Entscheidung gerade ansteht. Diese emotive Optionalität, die dem Geld anhaftet, aktiviert kognitive Dispositionen, noch einmal mehr zu überlegen, ob man es dafür ausgibt, was einen gerade aktuell reizt (a). Wenn dieser neurologische Mechanismus greift, sind die trivialen Kausalitäten: Reiz des Kaufobjektes = sofortiger (emotional erratischerer) Kauf (b), hinfällig – und zwar nicht als rationale Kognition, sondern als emotionale Differenzierung.

Beide Mechanismen wären nicht *rational choice*-adäquat. Und sie unterscheiden sich: dem erratisch-emotiven (b) fehlt die Kognition/Affektion-Funktionalität; erst (a), in dem die Affekte die Kognition leiten, entspricht den Erkenntnissen der *neuroscience*: "Today, neuroeconomics demonstrates that money, contrary to the expectations of the economist, activates the same dopaminergic circuits in the human brain as other pleasures, such that psychologists also simply can use money in experiments as a direct reinforcer (e.g. Knutson et al. 2007). As the psychologists Lea and Webley (2005) have it, money in modern societies is a mix of a tool and a drug. This easily explains why people behave differently when spending cash and using credit cards, because in the former case the loss aversion toward losing money is strong, whereas in the latter case the immediate gains loom large, and the losses are postponed to a more distant future" (Herrmann-Pillath 2009, 26).[21]

Emotionen richten die Attention aus: "There is empirical evidence that emotions play an important role in focusing agent's attention on the most urgent and important pieces of information within a particular environmental structure, while overlooking more peripheral ones. To paraphrase Simon, emotions play a central role in directing our attentions – they distract us from current thoughts and actions and call our attention to tasks that require our immediate attention" (Muramatsu/Hanoch 2005, 204; mit Bezug auf Simon 1983, 21; vor allem aber: Faucher/Tappolet 2002).

Emotionen selegieren *frames*; sie fungieren als eine Art von *pre-selection of choices*. Über ihre neuronalen Verknüpfungen aber disponieren sie über einen erweiterten Perzeptionsraum als der kognitive Tensor. Das limbische System selegiert emotional kognitive Prozesse des Neocortex, verknüpft sie aber auch emotional mit Erinnerungen und analogen kognitiven Prozessen: "this quality of emotions faciliates individual's inferences about the consequences associated with an alternative course of action" (Muramatsu/Hanoch 2005, 204).

Emotion ist ein Transistor: sie kann die kognitiven Ebenen wechseln lassen (in der Art einer Dialektik der kognitiven Disposition (1), die affektiv/emotional irritiert wird (Negation (2)), um auf eine emotional eröffnete andere kognitive Ebene zu schwingen (Synthese (3)). Es geht nicht um die Differenz rational/irrational (emotiv), sondern um eine Prozessfigur *rational 1/emotional/rational 2*; im Modus des neurowissenschaftlichen Kognition-/Affektion-Systems um eine Adaption der Kognition mit einer adäquaten Gestimmtheit. Die Emotion weist auf eine Dissonanz rational 1/Emotion, um in eine Stimmung von Emotion/ rational 2 zu gelangen, die als adäquater aufgefasst wird.

[21] Was für die Differenz *cash/credit card* evident wird, lässt sich auch für das Geld *sui generis* sagen: als ein "mix of tool and drug" hat das Geld, auch als *cash*, eine über seine je aktuelle Verwendungsgelegenheit hinausreichende Optionalität. Geld ist ‚gefühlt' immer mehr wert, als es für eine aktuelle Transaktion zählt: weil es potentiell alle Transaktionen ausführen könnte. Sein emotiver Wert ist ubiquitär (somit unterscheiden sich Experimente der *behavorial economics*, ob sie für die Belohnungen Geld verwenden oder nicht (Knutson/Wimmer 2007)).

Zum Beispiel: ‚Gesundheit' zwischen Kognition und Emotion

Wer ‚Gesundheit' als Grundhaltung hat – gehen wir zurück auf unser obiges Beispiel –, wird nicht auf Bratwürste einschwenken, weil hier Präikate des Ungesunden (Fleisch, Fett, zu viele Kalorien, Hormone etc.) wirkam werden. Haltungen sind stabil, aber nicht notwendig konsistent. Weil man sich generell ‚gesund' ernährt, kann man ab und zu auch einal anders entscheiden; dadurch wird die Haltung im Prinzip nicht verletzt. Diese Verletzung der Haltung kann affektiv bedingt sein (‚plötzlich hatte ich Lust auf fettes Fleisch' etc.). Es hängt wiederum aber auch davon ab, welche Gesundheitstheorien gesellschaftlich kommuniziert werden; neue Einsichten in den Eiweißkonsum zur Aufrechterhaltung lebenswichtiger Funktionen können den *frame* ‚Gesundheit' neu interpretieren lassen. Aber auch ästhetische, infantilisierende, gruppendynamiche oder neuroische Aspekte bekommen Wirkung. Oder der *frame* wird überlagert durch eine ähnliche, aber dennoch anders begründete Konzeption (*conceptual blend*[22]): z.B. ‚Bio'.

Doch darf man sich nicht verleiten lassen, ‚neuere Erkenntnisse' gleich der kognitiven Seite zuzuschlagen. Was hier als Argument einspielt, wirkt meistens erst einmal als Verstärker der emotionalen Disposition. Auch Gründe, Argumente, Konzepte, Theorien werden affektiv selegiert, was bedeutet, dass Argumente, die der affektiven Disposition nicht zuträglich sind, ignoriert werden. Sie müssen ‚stimmen'; das ist eher eine ‚affektive Wahrheit' denn eine epistemische. ‚Stimmigkeit' ist ein autonomer Topos, der eine Kongruenz von Emotion und Kognition zum Ausdruck bringt – ein tragender Bestandteil des Kognition-/Affekte-Systems.

‚Bio' ist sekundär mit ‚Gesundheit' verknüpft, primär aber mit natürlichen Produkten bzw. natürlich hergestellten Produkten (wesentlich definiert durch Schadstoffabsenz). ‚Bio' und ‚Gesundheit' sind nicht notendig korreliert; sie entstammen differenten Konzeptionen (wie wiederum Vegetarier weder Gesundheits- noch Bio-Kriterien folgen, sondern wesentlich der Errettung der Tiere durch ihren offensiven Nicht-

[22] "A conceptual blend happens if two different concepts are projected onto a common frame of reference, such that a new concept emerges that manifests some, but not all features of the original concept" (Herrmann-Pillath 2009, 13f.; Fauconnier/ Turner 2002).

konsum dienen wollen (es sei denn, sie begründen ihr Vegetariertum mit ‚Gesundheit' etc.).

Alle diese Argumente sind *prima facie* kognitiv ausgerichtet: als ob sich die Akteure an Theorien/Konzeptionen halten würden. Das tun sie, aber in einem anderen Nexus: ‚Gesundheit' wie ‚Bio' oder ‚vegetarisch' sind häufig emotional besetzt, d.h. affektbesetzte Heuristiken, die das Handeln bestimmen, ohne deswegen den differenten wissenschaftlichen Erörterungen zu den jeweiligen Gebieten folgen zu können oder auch nur zu wollen.[23] Wir haben es eher mit affektiven Markierungen zu tun, die anstelle von Theorien dennoch Handlungsanleitungen geben. Die meisten alltäglichen Akteurshaltungen beruhen auf ‚gefühltem Wissen', d.h. weisen sich kognitiv kompetent aus, sind aber emotional fundiert. Einem Liebhaber bio-ökologischer Lebensmittel zu erklären, dass dadurch, dass Biobauern keine Fungizide verwenden, der Anteil an toxischen Pilzen im Getreide potenziell höher sein kann, wird ihm seine öko-emotionale Einstellung nicht nehmen können (es sei denn, seine Angst vor Krankheit (= Gesundheit) überwöge).

Die emotive Fixierung ersetzt die rationale Auseinandersetzung mit den Konzepten bzw. Alternativen, reduziert deren Komplexität. Das zu kritisieren ist aus kognitivistischer Perspektive einfach; aber die Akteure sind, in ihrem Nexus aus Affekten und Kognition, gepaart mit erhebichen Informationsasymmetrien, nicht in der Lage, anders entscheidungsfähig zu werden, als dass sie den emotionalen Markierungen folgen, die ihnen evident erscheinen (so argumentieren Gigerenzer/Selten 2002).

Die affektive Bestimmung von ‚Gesundheit', ‚Bio' oder ‚vegetarisch' hat sich mit einer kognitiven Komponente (keine vollständigen Theorien, sondern nur deren Fraktale) zu einem Emotion-/Denk-System verbunden, das überhaupt erst Abgrenzungen (und damit Wählbarkeit) schafft.

[23] Das, was in der Öffentlichkeit als Wissenschaft ankommt, ist begrenzt und selegiert. Wenn etwas als neu deklariert wird, steht es in Widerspruch zu gewohnten Lesarten, und konträre Konzepte – die Wissenschaft besteht ja aus einem nicht abgeschlossenen Forschungsprozess – werden gerne nachgereicht. So bildet sich beim Publikum der Eindruck heraus, dass das Neue nicht gesichert sei, also das Alte wohl das sichere. Erst über häufige Repetition bürgert sich neues Wissen ein. In den Zwischenphasen erscheint ‚die Wissenschaft', wie sie medial angeboten wird, als Menü, aus dem man sich nimmt, was einem behagt, d.h. was die Transaktionskosten der Änderung der eigenen Meinung niedrig hält. Die Meinung soll stimmig bleiben können.

‚Gesundheit' ist kein rein kognitiver Operator. Alles, was in diesen *frame* fällt, wird positiv bewertet. Allein dass ‚alles' positiv bewertet wird, setzt die analytische Rationalität aus, und anstelle dessen affektive Gestimmtheiten. Nur dann, wenn ich mit mir und meinem Körper im Reinen bin, kann ich eine Haltung durchhalten, die das Kriterium ‚Gesundheit' stabil für entscheidungsbestimmend hält. Aber wie kann ich mit mir im Reinen sein? Das nährt sich nicht allein aus einer positiven Grundstimmung, sondern ist mit Ängsten besetzt: kein Fett, weil ich sonst dick und krank werde; keine nicht-Bio-Produkte, weil ich sonst mich vergifte; kein Fleisch aus Massentierhaltung, weil ich sonst ungewollt Hormone zu mir nehme etc. Alle Argumente sind zugleich starke emotionale Motive: hier zeigt sich deutlich, wie eng Kognition und Affekte gekoppelt sind. Und wie spannungsreich und selbst-irritierend zugleich das Affektenspektrum sein kann.

Wir sehen, dass es nicht mehr allein darum geht, die stabilen emotiven Strukturen von den erratischen Gefühlen zu separieren, sondern anzuerkennen, dass alle (oder viele) Alternativen emotiv fundiert sind. *Deshalb ist es angebracht, darüber nachzudenken, ob das Emotive als nicht-kognitiver Selektor betrachtet werden sollte, dessen Funktion darin besteht, Entscheidbarkeiten herzustellen, die durch rationale Erwägungen nicht zu bekommen sind. Affekte fokussieren.*

Und zwar nicht deshalb, weil die Akteure nicht rational sind, sondern weil ihre Rationalität begrenzt ist. Die kognitive Begrenzung, die (nicht nur) Selten und Gigerenzer analysieren (Gigerenzer/Selten 2002), ist nur die eine Seite der Medaille, auf deren Rückseite die emotive bzw. affektive Bestimmung steht (Muramatsu/Hanoch 2005). Diese Bestimmung läuft nicht in epistemologischen Kategorien, nicht als Wissen, Information, rationale Entscheidung, sondern in Kategorien der Gestimmtheit (= emotive Kohärenz), die Tatbestände markieren, die rational nicht entschieden werden. Wir haben es mit einer doppelten Kohärenz des Emotiven und des Kognitiven zu tun, bei der die emotive Kohärenz häufig die kognitive bestimmt. Man kann auch sagen, dass das Kognitive, wenn es eindeutig und bestimmend auftritt, eine affektive Basis hat, die andere Affektenräume limitiert oder überdeckt.

Wir können soweit gehen, dass die Dilemmata kognitiver Entscheidungen emotional eher lösbar sind als durch rationale Urteile (die die Komplexität mancher Entscheidungslagen nicht mehr beherrschen). Das Emotive operiert im Modus einer Dezision: Was ich rational nicht unterscheiden kann (und damit nicht rational entscheiden), wird im emotiven Modus einfach entschieden, indem man die Alternative vorzieht, die emotional überzeugt. Selten und Gigerenzer bezeugen, dass die intuitiven Entscheidungen (wie sie die emotiven nennen) im Durchschnitt auch die vorteilhafteren sind. Das bleibt ein Forschungsdesiderat; Gerhard Roth, ein *neuroscientist*, ist kritisch: Gigerenzers Heuristiken gälten nur für kleinere individuelle Entscheidungen, ohne größere Tragweite (Roth 2007, 193).

Das Emotive ist dann keine erratische Störung der *rational choice*, sondern ihre Bedingung (im Sinne einer Bedingung der Möglichkeit). Die *frames*, um es in diese Terminologie zu übertragen, sind keine *rational pre-choice of choices*, sondern eine emotive Fixierung, die nicht wegen ihres Mangels an Rationalität verdammt werden darf, sondern wegen ihrer Bestimmung des Auswählbaren als Konstituens des Entscheidungsprozesses geadelt werden muss.[24]

Institutionale Stabilisierung

Doch sind die Kognition/Affektion-Systeme nicht spannungsfrei. Das, was man rational meint, aber emotional different fühlt, löst sich nicht allemal zur Seite des Affektiven auf *et vice versa*. Wenn man in der *rational choice*-Axiomatik bleiben will, sind ‚Präferenzen' nicht kognitiv determiniert, sondern erst dann komplett, wenn die Kognition emotional getragen wird (kognitiv/affektive Kohärenz). Die ‚revealed preference' ist womöglich gar nicht die, die man affektiv hat[25]; Präferenzen sind dann Indikatoren für individuell ungleichgewichtige Kognition/Affektion-Systeme, die allein wegen der aus dieser Spannung generierten

[24] Ansonsten würde die affektive Verführung durch Werbung gar nicht funktionieren (vgl. oben Fn. 8). Werbung bildet *frames*, die die Präferenzen der Akteure persuasiv ändern. Es entstehen Ambiguitäten über die Geltung welcher Präferenz: der ‚eigentlichen' vor dem persuasiven Akt, oder der, die durch den persuasiven Akt erzeugt wurde. Es ist wichtig, diese Situation nicht für den singulären Akteur allein zu betrachten, sondern als Interaktionsmodus. Die emotive Gestimmtheit wird kommunikativ verstärkt.

[25] U.a. auch deshalb, weil das, was sich an faktischen Entscheidungen als ‚revealed preferences' offenbart, das Ergebnis des rational 1/emotional/rational 2-Prozesses ist, also zumindest keine primäre Präferenz, sondern eine affekt-transitorisch gewandelte.

Ambiguitäten nicht mehr die Transitivitätsbedingungen erfüllen. Deshalb ist der Ansatz zu erweitern auf Institutionen, d.h. auf Handlungskoordinationsarenen, die unter anderem deshalb relevant sind, weil sie die individuellen Kognition/Affekte-Spannungen sozial lösen (und die individuell differenten Kognition/Affektion-Systeme kohärent machen).

Die Institutionenökonomie, jedenfalls die D.C. Northsche, spricht von Institutionen als *ideologies* oder *shared mental models* (Denzau/North 1994). Wer *shared mental models* befolgt, befolgt diese regelartig: indem man sich an die Regel der Institution hält (und an ihr *mental model*), darf man erwarten, dass andere das ebenfalls tun (Aoki spricht von Erwartungsgleichgewichten (Aoki 2001)). Wenn sich alle an die Regel der Institution halten, braucht der einzelne Akteur nicht mehr (rational) zu entscheiden, sondern kann sich auf die Institution verlassen, d.h. ihr vertrauen, dann, wenn er sich an sie hält, nicht ausgegrenzt oder übervorteilt zu werden. Weil er sich an die Regel hält, darf er erwarten, dass sich alle anderen auch an die Regel halten; es entstehen Konventionen, die, einmal entschieden, pfadabhängig das je situationale Entscheiden aufhören lassen.

Konventionales Verhalten aber folgt einem anderen Modus als *rational choice*. "Rule following is not a process that described in terms of choices and conscious acceptance and awareness of the rules, but has to be understood as a causal loop between environmental cues and the activation of behavioural disposition, which produce a behaviour that an external observer might describe via the status functions. This means, in particular, that rule following is a kind of proper functioning within a certain social structure, and does not need to be based on the category of meaning in the traditional sense" (Herrmann-Pillath 2009, 23, mit Bezug auf Searle 2005).

Wenn wir, wie in der Institutionenökonomie üblich, das Regelbefolgen auf besondere Handlungsarenen begrenzen, addieren wir der Marktökonomie lediglich neue, zusätzliche Arenen hinzu. Wenn wir aber unterstellen, dass viele Handlungsweisen, die die Ökonomie gewöhnlich der *rational choice* zuweist, eher konventional ablaufen, erweist sich die Institutionenökonomie als eine grundlegendere Theorie, die fragt, unter welchen Bedingungen *rational choice* überhaupt zu Anwendung kommt. So betrachtet, ist *rational choice* eine besondere kognitive Aktion, die im Regelfall nicht stattfindet (oder nicht stattzufinden braucht): einer Regel zu folgen bedeutet ja gerade, nicht mehr im Einzelfall entscheiden zu müssen. Die Regel richtet die Handlungen kohärent-gleichförmig funktional aus (*rule following* anstelle von *choice*). Es gibt keinen Konkurrenzmodus und kein Maximierungsverhalten, eher einen *modus affectivus* fairer Gleichbehandlung. Gewohnheiten und Konventionen laufen als unbewusste Subroutinen, aber in dem Moment, in dem andere Vorteile ziehen, die nicht dem *shared mental model* entsprechen, regen sich emotional Einsprüche, Reordinations- und Strafbegehren (Fehr/Fischbacher 2004). Soziale Affekte fordern einen *re-entry* in die Regelgeltung; sie aktivieren sich bei Abweichungen. Sie sind Teil eines emergenten Systems der ordnenden Regel der Institutionen.

Viele Transaktionen laufen nicht nach dem kognitiven *rational choice*-Ritual, sondern regelförmig (in „kognitiv-affektiven Eigenwelten" (Ciompi 2004, 32)): „Einmal bewusst erlernt und eingeübt, gehen neue Fühl-, Denk- und Verhaltensmuster in das zentrale System von personen-, gruppen- und kulturspezifischen alltagslogischen Fühl- und Denkautomatismen bzw. ‚Selbstverständlichkeiten' und ‚Vorurteilen' ein, die der bewussten Zuwendung nur noch ausnahmsweise bedürfen" (Ciompi 2004, 33). Institutionen beruhen ebenfalls auf emotionalen Stimmungen, Haltungen und Wertvorstellungen (Ciompi 1993, 83). Indem man einem institutionalisierten Muster folgt, handelt man in einer Gestimmtheit, die, als Regelbefolgen bezeichnet, noch zu viel kognitiven Anteil ausweist. Man folgt einer Regel nicht bewusst, sondern intuitiv (vgl. wieder Gigerenzer/Selten 2002), d.h. man folgt ihr in einer Erwartungsstimmung. Erwartungen sind nur bedingt rational; vornehmlich sind es Hoffnungen auf Reziprozität des Handelns anderer, bzw. auf Kohärenz. Warum Hoffnungen (die emotivere Variante der sonst kognitiv leicht missinterpretierten Erwartung)? Weil man nicht weiß, ob die anderen sich kohärent verhalten, d.h. der Regel tatsächlich folgen. Und selbst wenn sie es tun: man weiß nicht, wann sie es abbrechen. Die Hoffnung auf Kohärenz muss empirisch bestätigt werden, um eine *ideology* zu werden. Erst als bestätigte *ideology* (D.C. North verwendet später den passenderen Ausdruck der *shared mental models*) kann man erwarten, dass andere sich ebenfalls an die Regel halten. Das ist nicht auf *meaning* begründet (Herrmann-Pillath 2009, 23), nicht auf Begründungsgeltung ausgelegt, sondern funktional eine emotive Routine geworden.

Warum wird das hier ausgeführt? Institutionen bzw. Regeln führen aus der Komplexität individueller Entscheidungen in einen einfacheren, mimetischen Modus. Wir vermuten den Erfolg der Institutionen-ökoomik in Beantwortung einer Frage, die sich die Ökonomie gar nicht gestellt hat:

1. Sie organisiert soziale Konditionierung, um Affekte zu stabilisieren. Die Individuen werden sozial konfirmiert: man findet Lösungen, die alle befürworten, um damit die individuellen Konflikte aus der Kognition/Affekte-Relationierung zumindest zu dämpfen. Institutionen operieren mit affektiven Tensoren.

2. Zum anderen nutzen Institutionen zwei Fähigkeiten: "Social neuroscience provides insights into the neural mechanism underlying our capacity to represent other' intentions, beliefs, and desires, referred to as 'Theory of Mind' or 'mentalizing', and the capacity to share feelings of others, referred to as 'empathy'" (Singer/Fehr 2005). Der Kooperationsgewinn ist dann keine Frage ausschließlich des Nutzens kollektiver Arrangements, sondern das evolutive Ergebnis der Kompetenz von Menschen, in institutionellen und organisatorischen Matrices emotionale Ressourcen zu aktivieren. Es geht dann nicht mehr allein um Vorteilskoordinationen, sondern um Gestimmtheiten der Handlungsbasen. Innerhalb dieser emotionalen Arrondissements lassen sich andere kognitive Lösungen finden, als im individuellen Konkurrenzmodus.

"Empathy is also likely to render people less selfish because it allows the sharing of emotions and feelings with others and therefore motivates other-regarding behavior. In fact, neuroscientific empathy experiments indicate that the same affective brain circuits are automatically activated when we feel pain and when others feel pain. Therefore, empathy renders our emotions other-regarding, which provides the motivational basis for other-regarding behavoir" (Singer/Fehr 2005, 2).

"Other-regarding behaviour" umfasst mehr Fälle als die *institutional arrangements* (z.B. konstituiert es vertrauensbasierte *commitments* in Vertragsprozessen (Fruehwald 2009; Priddat 2010)). Hier geht es um die emotionale Fundierung von Interaktionen, die, als eine Art von *social credit*, Investitionen in *social capital* tätigen lässt. Der *social credit* wird in Erwartung von Kooperationsrenten gegeben. Das sind keine rein kognitiven Erwartungen, sondern "sharings of feelings", deren affektive Gestimmheit erst den Plafond ausbildet für die kognitive Kooperationsrentenberechnung. Sozial-emotive Gestimmheit und effektiver *return on social investment* decken sich nicht generell (woraus Enttäuschungen entstehen, die wiederum emotiv handlungsleitend werden). Die sozio-emotive Gestimmtheit läuft über Anerkennungsprozesse.

Die Lösung findet sich auf einem anderen Gebiet: in der sozialen Kommunikation. Was man individuell will, wird durch etwas umhegt, was sozial kommuniziert wird. So entstehen Legitimationen, d.h. sprachspiel-emotive zuverlässige Zeichensysteme, die institutionell markieren, was individuell konfliktuös auftritt (vgl. generell Herrmann-Pillath 2009). Die Spannungen zwischen Affekt und Kognition werden nicht der individuellen Kontingenz überlassen, sondern sozial geregelt. In der Vielfalt individueller Entscheidungen entstehen neue Marker, die anzeigen, was sozial relevant ist (oder in den Netzwerken). Entscheiden heißt jetzt: sich an diese Symbolwelten anzupassen. Sie klassifizieren Klassen von relevanten Objekten, die zu wählen Anerkennung verspricht (über die Relation von ‚choices and a person's self-concept'; Dittmar/Drury 2000). Anerkennung ist ein sozio-emotiver Marker. Die institutionalen Markierungen der Symbolsysteme orientieren sich wiederum an den Kommunikationen der Netzwerke. Etliche emotive Faktoren haben ihre Auffangbasis in den sozialen Netzwerken, wie auch viele affektive Bestimmungen von Alternativen den Anforderungen der Status- und Reputationspositionierung in Netzwerken folgen. Man findet bestimmte Alternativen oder Entscheidungen deshalb für richtig und angemessen, weil man dafür in Netzwerken belohnt wird: durch Anerkennung und Dazugehörigkeit (diese *social embeddedness* ist wiederum sozio-emotiv). Vieles, was ansonsten rein psychologisch erklärt wird, ist hier soziologisch konfundiert.

Netzwerke sind nicht nur funktionale Strukturen, sondern zugleich immer auch Sprachspielgemeinschaften, die sich ihre Semantiken konfirmieren. Sie teilen Bedeutungen, aber nicht im Modus der *shared mental models* der Northschen Institutionen, sondern kommunikativ, d.h. latent variant. An Netzwerken teilzuhaben bedeutet, die Chancen zu vergrößern, über eine je passende Semantik zu verfügen – ein kommunikativer Vorgang mit fortlaufend variierender Hermeneutik. Die Netzwerksemantik erlaubt Interpretationen, die andere teilen. Das geschieht über ein Einstimmen der Netzwerkgemeinde: nicht konsensual, sondern verzögert adaptiv (eher im Sinne des Sabatierschen *agenda setting*; Sabatier 2006). Zu entscheiden, welche Bedeutung man annimmt, ist kein rationaler Wahlakt, sondern eher eine Inklusionsvorgang: ein Zustimmen als

Einstimmen (in die Stimmen der Netzwerkkommunikation). Da aber die Einstimmung in die Bedeutung, die alle kommunizieren, für die eigenen Entscheidungen relevant wird, haben wir zwei Folgerungen: 1. prägt die Netzwerkkommunikation den *frame* der individuellen Entscheidungsprozesse, 2. aber nicht eindeutig, da die Akteure an verschiedenen Netzwerken teilhaben.

Doch ist das eine andere Analyse. Es reicht, hier festzuhalten, dass die *frames* in Institutionen und Netzwerken konfirmiert werden, in familienähnlicher Ausrichtung. Und dass wir es mit emotiven Trajektorien zu tun haben, die, wechselseitig gestützt, ein Maß an sozialer Objektivation erzeugen, deren emotionale Basis man nicht mehr weiß, weil alle zugleich auf ihr fußen. Das, was in den Kognition-/Affekten-Systemen der neuroökonomisch modernisierten Akteure ambivalent bleibt, wird in den Institutionen als *fait social* konfirmiert (und in den Netzwerken kommunikativ). Das ist der Stand der Erörterungen über das Verhältnis von Kognition und Emotion: es geht nicht mehr um Reformulierungen des *rational actors* (*in an extended mode*), sondern um seine institutionale oder Netzwerk-Einbettung. Innerhalb dieser Regel- bzw. Kommunikationsarenen können viele differente Akteurstypen agieren, auch heterogen. Man ahnt, welche Forschungen anstehen.

Literatur

Aoki, M. (2001): Toward a Comparative Economic Analysis, MIT Press

Aumann, R.J. (1976): Agreeing to disagree, in: Annals of Statistics 4, 1976, S. 1236-1239

Aumann, R.J. (1999): Interactive epistemology I: Knowledge, in: International Journal of Game Theory 28, S. 263-300

Becker, G.S. (1982): Der ökonomische Ansatz zur Erklärung menschlichen Verhaltens, Tübingen

Becker, G.S. (1982): Irrationales Verhalten und ökonomische Theorie, in: ders.: Der ökonomische Ansatz zur Erklärung menschlichen Verhaltens, Tübingen, S. 167-186

Ben-Ze'ev, A. (2009): Die Logik der Gefühle, Franfurt/M.: Suhrkamp

Budras, C. (2009): Aktienhändler denken anders, in: Frankfurter Allgemeine Zeitung, 31.10.2009, S. 12

Camerer, C., Loewenstein, G., Prelec, D. (2005): Neuroeconomics: How Neuroscience Can inform Economics, in: Journal of Economic Literature 43, March, S. 9-64

Cameron, S. (2009): The Economics of Hate, Edward Elgar Publishing

Ciompi, L. (2004): Ein blinder Fleck bei Niklas Luhmann? Soziale Wirkungen von Emotionen aus Sicht der fraktalen Affektenlogik, in: Soziale Systeme 10, 1, S. 21-49

Coleman, J. (1990): Foundations of Social Theory, Cambridge

Denzau, A.T., North, D. (1994): Shared Mental Models: Ideologies and Institutions, in: Kyklos 47, 1, S. 3-31

Deppe, M. (2005): Nonlinear responses within the medial prefrontal cortex reveal when specific implicit information influences economic decision making, in: Journal of Neuroimaging 15, S. 171-182

Dittmar, H., Drury, J. (2000): Self-image – is it in the bag. A quantitative comparison between 'ordinary' and excessive consumers, in: Journal of Economic Pychology 21, S. 109-142

Döring, S. (2009): Einleitung, in: dieselbe (Hrsg.): Philosophie der Gefühle, Frankfurt/M: Suhrkamp

Eichhorst, I., Scharf, A. (2009): Qualitätswahrnehmung bei sozialen Dienstleistungen unter besonderer Berücksichtigung aktueller Erkenntnisse der Neurowissenschaften, Nordhäuser Hochschultexte Schriftenreihe Betriebswirtschaft, Nr. 7/2009, Fachhochschule Nordhausen

Elster, J. (1993): Some unresolved problems in the Theory of Rational Behavior, in: Acta Sociologica 36, 3, S. 179-190

Elster, J. (1989): Social Norms and Economic Theory, in: Journal of Economic Perspectives 3, 4, S. 99-117.

Faucher, L., Tappolet, C. (2002): Fear and the focus of attention, in: Consciousness and Emotion 3, S. 105-144

Fehr, E., Fischbacher, U. (2004): Social norms and human cooperation, in: Trends in Cognitive Sciences 8, 4, S. 185-190

Frith, Ch.D., Singer, T. (2008): The role of social cognition in decision making, in: Philosophical Transactions of the Royal Society 363, S. 3875-3886

Fruehwald, E.S. (2009): Reciprocal Altruisms as the Basis of Contract, research paper no. 08/09, University of Louisville Law Review, Hofstra School of Law

Gigerenzer, G., Selten, R. (Hersg.): Bounded Rationality. The adaptive Toolbox, Cambridge, MA, London: MIT Press

Gourgé, K. (2001): Ökonomie und Psychoanalyse. Perspektiven einer psychoanalytischen Ökonomie, Frankfurt/M., New York: Campus

Hansen, R. (1996): Die praktischen Konsequenzen des Methodenstreits, Berlin

Harré, R. (2001): The rediscovery of the human mind, Proceedings of the 50th anniversary conference of the Korean Pschological Association, Seoul

Herrmann-Pillath, C. (2009): A neurolinguistic approach to performativity in economics, manuscript for the Annual Meeting of the Ausschuß für evolutorische Ökonomik, Verein für Socialpolitik, Jena, July 2-4, 2009, Frankfurt School of Finance and Management

Hirshman, A.O. (1977): The Passions and the Interests: Political Arguments for Capitalism Before Its Triumph, Princeton: Princeton University Press

Kabalak, A. (2007): Emotion und Entscheidung. Wozu Neuroökonomie?, in: Kabalak, A., Priddat, B.P. (Hrsg.): Wieviel Subjekt braucht die Theorie? Ökonomie / Soziologie / Philosophie, Wiesbaden: VS-Verlag, S. 97-110

Kabalak, A., Priddat, B.P. (2007): Von Macht zu Einfluss. Eine Theorieextension, in: Soziale Systeme 13, Heft 1 + 2, S. 430-440

Kabalak, A., Smirnova, E. (2008): Sprache und Wirtschaft als zeichenvermittelte Kommunikation, in: Kabalak, A., Priddat, P., Smirnova, E. (Hrsg.): Ökonomie, Sprache, Kommunikation, Marburg: Metropolis, S. 181-206

Kabalak, A. (2009): Institutionelle Spiele, Marburg: Metropolis

Kahnemann, D., Tversky, A. (1986): Rational Choice and the Framing of Decisions, in: Journal of Business 59, 4, S. 251-278

Kenning, P. et al. (2005): Die Entdeckung der kortikalen Entlastung, Neuroökonomische Forschungsberichte, Nr. 1, http://www.wiso.uni-koeln.de/wisopsy/studium/folienws0405/kortikale_entlastung.pdf, Stand 18.01.06

Kenning, P., Plassmann, H. (2005): NeuroEconomics: An overview from an economic perspective, in: Brain Research Bulletin 67, S. 343-354

Knutson, B., Wimmer, G.E. (2007): Reward: neural Circuitry for Social Valuation, in: Harmon-Jones, E., Winkielman, P. (Hrsg.): Social Neuroscience, New York: Guilford Press, S. 157-175

Lambert, C. (2006): The Marketplace of perceptions, Harvard Magazine March-April 2006, http:/www.harvardmagazine.com/on-line/030640.html

Lamparter, D.H. (2009): BMW, Mercedes und Porsche wirken weniger erotisch, Interview mit P. Kruse, in: Die Zeit Nr. 40, 24.9.2009, S. 37

Lea, S.G., Webley, P. (2005): Money as Tool, Money as drug: The Biological Psychology of a Strong Incentive, in: Behavioral and the Brain Sciences 29, S. 161-209

Levenson, R.W. (1999): The interpersonal functions of emotion, in: Cognition and Emotion 13, S. 481-504

Lewis, D. (1969): Convention: A Philosophical Study, Cambridge

Loewenstein, G., O'Donoghue, T., Rabin, M. (1999): Projection bias in predicting future prefrences, Spt. 20, http://elsa.berkely.edu/users/rabin/papers.html

Loewenstein, G., Rick, S., Cohen, J.D. (2008): Neuroeconomics, in: Annu. Rev. Psychol. 59, S. 647-672

Muramatsu, R., Hanoch, Y. (2005): Emotions as a mechanism for boundedly rational agents: The fast and frugal way, in: Journal of Economic Psychology 26, S. 201-221

Mersch, D. (1998): Zeichen über Zeichen. Texte zur Semiotik von Peirce bis Eco und Derrida, München

Neumann, J. von, Morgenstern, O. (1961): Spieltheorie und wirtschaftliches Verhalten, Würzburg

Nash, J.F. (1951): Non-Cooperative Games, in: Annals of Mathematics 54, No. 2, September 1951, S. 286-295

Ogden, C.K., Richards, I.A. (1974): Die Bedeutung der Bedeutung. Eine Untersuchung über den Einfluß der Sprache auf das Denken und über die Wissenschaft des Symbolismus, Frankfurt/M.

Pauen, M. (2007): Neuroökonomie – Grundlagen und Grenzen, in: Analyse & Kritik 29, Stuttgart: Lucius & Lucius, S. 24-37

Peirce, C.S. (1931-58): Collected Papers of C.S. Peirce, 8. Auflage, Cambridge

Priddat, B. (2005): Unvollständige Akteure, Wiesbaden

Priddat, B.P. (2008): Moral als Investition, in: Kersting, W. (Hrsg.): Moral und Kapital. Grundfragen der Wirtschafts- und Unternehmensethik, Paderborn: mentis, S. 205-218

Priddat, B.P. (2010): Mutual agreement. Anmerkungen zur Vertragstheorie der Ökonomie, Manuskript für eine Tagung in Konstanz (Prof. J. Wieland) über die Grundlegungen der Institutionenökonomie, Okt. 2009; Tagungsband 2010

Roth, G. (2007): Persönlichkeit, Entscheidung und Verhalten, Stuttgart: Klett-Cotta

Sabatier, P.A. (2006): Theories of the Policy Process, New York: Westview Press

Sanfey, A. et al. (2003): The Neural Basis of Economic Decision-Making in the Ultimatum Game, in: Science 300, S. 1755-1758

Schroeder, M. (2008): Slaves of the Passions, Oxford: Oxford University Press

Searle, J.R. (2005): What is an institution?, in: Journal of Institutional Economics 1,1, S. 1-22

Seel, M. (2005): Die Fähigkeit zu überlegen. Elemente einer Philosophie des Geistes, in: Deutsche Zeitschrift für Philosophie 53, S. 1-16

Simon, H. (1967): Motivational and emotional controls of cognition, in: Psychological Review 74, S. 29-39

Simon, H. (1983): Reason in human affairs, Stanford: Stanford University Press

Singer, T., Fehr, E. (2005): The neureconomics of Mind Reading and Empathy, ftp://repec.iza.org/RePEc/Discussionpaper/dp1647.pdf

Smith, V. (2004): Papers in experimental economics, Cambridge

Sugden, R. (1999): Conventions, in: Newman, P. (Hrsg.): The New Palgrave Dictionary of Economics and the Law, New York

Van Aaaken, A. (2007): Das deliberative Element juristischer Verfahren als Instrument zur Überwindung nachteiliger Verhaltensanomalien. Ein Plädoyer für die Einbeziehung diskursiver Elemente in die Verhaltensökonomik des Rechts, in: Engel, C., Englerth, M., Lüdemann, J. (Hrsg.): Recht und Verhalten. Beiträge zu Behavioral Law and Economics, Tübingen: Mohr-Siebeck

TEIL 3
ERGÄNZENDE MATERIALIEN

Die quantitative Erhebung zur Nutzung von Solarthermie und Ökostrom

Deskriptive Analyse

Jens Clausen

1 Einleitung

Im Rahmen des Projektes Wenke[2] wurde eine quantitative Erhebung in der Region Hannover durchgeführt. Die erhobenen Daten sind besonders in die interaktions- und institutionenökonomischen, kulturalistischen und evolutionsökonomischen Analysen sowie in die Arbeiten des behavioristischen Ansatzes eingeflossen. Trotz der daraus abgeleiteten vielfältigen Ergebnisse bleiben einige empirischen Daten, die uns von Bedeutung erscheinen, in den Auswertungen der Projektmodule unsichtbar. Diese Lücke versucht vorliegender Beitrag zu schließen und in einer deskriptiven Analyse der Daten sowie mit der Methode des paarweisen Vergleichs zweier Teilstichproben (Solarthermiebetreiber und deren Nachbarn ohne Anlage) einen Überblick über diejenigen Ergebnisse zu geben, die in den modulspezifischen Analysen nicht im Fokus stehen.

2 Methode der quantitativen Erhebung

Im Sommer und Herbst 2007 in der Klimaschutzregion Hannover wurden drei parallele Befragungen von Konsumenten durchgeführt:

1. Mitte Juli wurden durch den enercity Fonds proKlima, eine Public Privat Partnership der Stadt Hannover und der Stadtwerke Hannover, 963 Besitzer einer solarthermischen Anlage, die sich aufgrund erhalte-

ner Förderungen im Adressverteiler befanden, angeschrieben und gebeten, an der Befragung teilzunehmen. Ca. 190 Personen forderten den Fragebogen bei Borderstep an. 139 ausgefüllte Fragebögen gingen bis etwa Mitte September bei Borderstep ein, dies entsprach einem Rücklauf von 15,1 %.

2. Ende September wurden durch Grünstrom e.V., einen Verein, der als Sammelkunde Ökostrom bei den Stadtwerken Hannover[1] bezieht, 520 ihrer regionalen Kunden (es gibt auch viele Kunden außerhalb der Region) angeschrieben und gebeten, an der Befragung teilzunehmen. Ca. 150 Personen forderten den Fragebogen bei Borderstep an. 121 ausgefüllte Fragebögen gingen bis etwa Mitte November bei Borderstep ein, dies entsprach einem Rücklauf von 23,5 %.

3. Zwischen Anfang September und Mitte Oktober wurden auf öffentlichen Straßen und Plätzen in Hannover 153 Interviews mit Passantinnen und Passanten durchgeführt, um auch Nicht-Nutzer zu befragen.

4. Im Frühjahr 2008 wurden ergänzend 80 Personen in Häusern aus der direkten Nachbarschaft von Häusern mit solarthermischen Anlagen persönlich befragt. Dabei wurden jeweils Nachbarn ausgewählt, die in Häusern mit prinzipieller Eignung für die Solarthermienutzung lebten.

Der Fragebogen war dabei grundsätzlich immer gleich. Variationen wurden nur insoweit vorgenommen, als die Fragen an Nichtbesitzer solarthermischer Anlagen bei der Befragung der Besitzer dieser Anlagen weggelassen wurden. Genauso wurden die Fragen an Nichtbezieher von Ökostrom in der Grünstrombefragung weggelassen. Die Zahl der Nutzer von Solarthermie und Ökostrom war dabei insgesamt größer als die Zahl der jeweils befragten Nutzer innerhalb der Teilbefragungen:

[1] Hierbei handelte es sich um „enercity strom & natur100“, der mit dem Grüner Strom Label Gold ausgezeichnet und unter www.ecotopten.de als Ecotopten-Produkt gelistet war.

Tabelle 1: Solarthermieanlagen und Ökostrombezieher in den befragten Gruppen

	Solarthermie-betreiber	Grünstrom-Nutzer	Passanten	Summe
Solaranlage vorhanden	139	20	7	166
Nutzung von Ökostrom	30	120	17	167

Innerhalb der der Gruppe der Solarthermiebetreiber wurden für 80 Fälle auf Basis der Adresse direkte Nachbarn identifiziert, die ergänzend befragt wurden. Diese 2 mal 80 Fälle, die einander paarweise zugeordnet waren (80 Betreiber und 80 zugeordnete Nachbarn), werden in Abschnitt 4 ausgewertet. Sie werden als „matched pairs" Stichprobe begriffen. Der Fragebogen ist bei Clausen (2009) dokumentiert.

3 Ergebnisse zur Solarthermie

Eine Solaranlage haben alle Solarthermiebetreiber, aber auch 7 (4,6 %) der Passanten und 20 (16,4 %) der Grünstrom-Nutzer. Insgesamt betreiben die Befragten also 166 solarthermische Anlagen. Von diesen Solaranlagen dienen 98 der Warmwassererzeugung und 68 als Kombianlagen der Warmwassererzeugung und Heizungsunterstützung.

Die Solaranlagen sind noch vergleichsweise neu. 87 Anlagen sind unter 5, 59 unter 10 und nur 12 über 10 Jahre alt.

Der Ertrag der Anlagen wird von den Nutzern stark überschätzt. Kaum eine der Anlagen der Befragten dürfte mehr als 30 % zur Gesamtwärmemenge beitragen, die der jeweilige Haushalt verbraucht. Der BSW (2007a) gibt für Warmwasseranlagen in Einfamilienhäuser ca. 6 %, für Kombianlagen eine Bandbreite von 20 % bis 30 % an. Der „gefühlte Nutzen" ist insofern sehr viel größer als der wirkliche Nutzen. Hier könnte ein Zusammenhang zur hohen Zufriedenheit der Nutzer solarthermischer Anlagen bestehen.

Abb. 1: Beitrag der solarthermischen Anlage zum Gesamtwärmebedarf

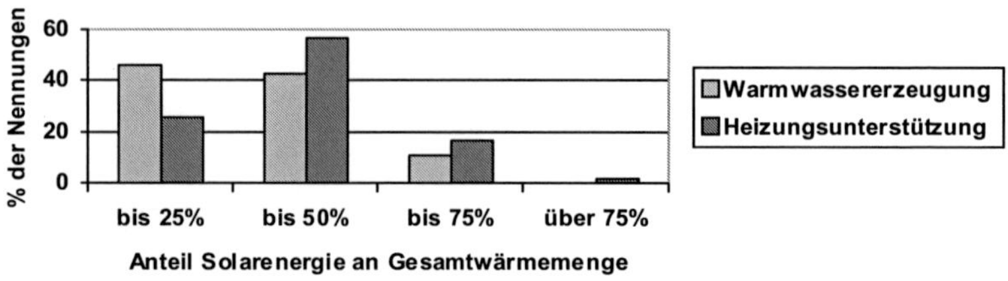

Stolberg und Krömker (2006, 18) finden, dass die meisten Betreiber das Preis-Leistungsverhältnis langfristig „eher gut“ finden, was auch auf eine hohe Zufriedenheit hindeutet.

Der Grund, aus dem die Solaranlage installiert wurde, wird für die eigene Anlage ähnlich gesehen, wie es auch für die Anlagen im Umfeld vermutet wird.

Tabelle 2: Gründe für oder gegen solarthermische Anlagen

Mehrere Antworten waren möglich	Gründe der Installation der eigenen Solaranlage (166 Anlagen)	Gründe der Installation der Solaranlage bei Verwandten, Freunden, Bekannten oder Nachbarn (230 Anlagen)	Gründe, warum keine Solaranlage installiert wurde (132 Antworten)
Aus wirtschaftlichen bzw. finanziellen Gründen	99	157	44
Aus ökologischen Gründen	147	192	0
Weil Verwandte, Freunde, Bekannte oder Nachbar auch eine Solaranlage haben	10	17	0
sonstige	20	27	107

Relativ selten erfolgte die Antwort „Weil Verwandte, Freunde, Bekannte oder Nachbar auch eine Solaranlage haben". Dies mag als Hinweis darauf gesehen werden, dass sich die Solarthermie in Norddeutschland noch in der ersten Diffusionsphase befindet, in der nach dem Bass-Modell (Bass 1969) die Bedeutung von Werbung und Massenmedien die Bedeutung der „Mundpropaganda" überwiegt.

Auch mit Blick auf die bisher noch mäßige Rentierlichkeit ist die hohe Anzahl der Nennung ökologischer Gründe plausibel. Die „sonstigen Gründe" sagen dagegen einiges über einzelne Motivationen aus:

– Bei einer Gruppe ist es der Wunsch, ein Beispiel zu geben: „Als Energieberater probiere ich das, was ich empfehle, vorher immer gerne aus.", „Präsentation der erneuerbaren Energie an Musterhaus", „Beispiel geben", und „Nachhaltigkeit, zukünftige Generationen".

– Bei anderen ist es eher die Faszination einer neuen Technologie: „Interesse an der Technologie", „Technikinteresse", „Ich wollte selber Erfahrung mit Solarthermie sammeln.", „Neue Wege gehen, fortschrittlich sein wollen." sowie „technisches Interesse, Solarerträge und täglichen Betrieb kennen lernen."

– Bei noch anderen wird der Wunsch nach „Autarkie" und „Unabhängigkeit von den Großkonzernen" artikuliert.

Etwas differenzierter werden die „sonstigen" Gründe angegeben, aus denen Verwandten, Freunden, Bekannten oder Nachbarn Solaranlagen errichten:

– Wieder finden wir eine Gruppe, der der Wunsch, ein Beispiel zu geben unterstellt wird: „beruflich", „ein Architekten-Vorzeigehaus", „Demonstrationszwecke" sowie „Repräsentation & politisch" wird benannt.

– Bei anderen scheint wieder Technikinteresse durch: „Interesse an der eigenen Entwicklung, da sie selbst Experten sind", „ist Heizungsbauer und findet Technik faszinierend" aber auch „Elektroingenieur = Hobby" wird benannt.

– Auch die Orientierung an Vorbildern wird vermutet: „fast alle Nachbarn", „auf dem Land „wg. Nachbarn" und „aus der Einstellung heraus, dass es zeitgemäß ist" wurden als Grund genannt. Die Nennung

„hat vier weitere Nachbarn überzeugt – gleich ST mit mehr Kollektorfläche“ deutet auch auf aktive Weiterverbreitung durch Peers hin.

– Aus dem Baukontext entstammen die Gründe „Weil es im Hauspaket enthalten war“ und „Wertbeständigkeit der Immobilie“.

Weniger aufschlussreich sind dagegen die Gründe, aus denen heraus noch keine Solaranlage installiert wurde. Hinter den „wirtschaftlichen Gründen“ verbirgt sich fast ausschließlich (43 von 44 Nennungen) die jüngere, finanziell eher schwache Passantengruppe, von denen die Mehrheit (29) zur Miete wohnt. Allenfalls ist hier interessant, dass nur ein Grünstrom-Nutzer wirtschaftliche Gründe ins Feld führt. Hinter den „Nichtbetreibern aus wirtschaftlichen Gründen“ verbirgt sich des weiteren auch eine Gruppe, die den Faktor „Preis“ in der Kaufentscheidung besonders bedeutsam findet. Überraschend ist allenfalls die Erkenntnis, dass Solarthermiebetreiber den Faktor „Preis“ bei der Kaufentscheidung für bedeutsamer halten als die Nichtbetreiber. Unter den 108 „sonstigen Gründen“ wurde aufgeführt, man habe kein eigenes Haus (51 Nennungen), wohne zur Miete (40 Nennungen), in einer Wohngemeinschaft oder in einer Eigentumswohnung (jeweils 2 Nennungen). Nur in 4 Fällen wurden spezifisch technische Gründe genannt (z.B. Ausrichtung des Daches, Denkmalschutz).

Der konkrete Anlass zum Bau der Solaranlage liegt in den meisten Fällen in technischen Unzulänglichkeiten und Erneuerungsbedarf von Heizungsanlage, Dach oder gleich dem ganzen Haus.

Tabelle 3: Konkreter Anlass zum Bau der Solaranlage

Konkreter Anlass zum Bau der Solaranlage	**Zahl der Nennungen**
Erneuerungsbedarf von Heizungs- und / oder Warmwasseranlage	63
Sanierungsbedarf beim ganzen Haus	22
Neubau	17
Energiesparen, Geld sparen, Ressourcen schonen	16
Erneuerungsbedarf beim Dach	13
Abschöpfung einer finanziellen Förderungschance	11
Spaß an der Technik	10

Weniger wichtig sind finanzielle Förderungen, die zwar wohl eine wichtige Randbedingung für den Investitionsentschluss sein könnten, aber offenbar nicht oft allein den Anlass darstellen. Eine Reihe solventer Bauherren investiert auch aus „Spaß an der Technik". In der Planungsphase kommt die Beratung meist vom Handwerker (124 Nennungen), gefolgt von Energieberatern (39 Nennungen) und Architekten (23 Nennungen). Der Intermediär proKlima wurde 19 mal als Berater genannt.

Die Kompetenz der Energieberater und Beratungsstellen wurde in einzelnen Kommentaren gelobt. In anderen Antworten scheint aber auch ein schlechtes Urteil durch, so dass dann von 12 Personen „selbst" geplant wurde. Unter den sonstigen Nennungen fanden sich die Verbraucherzentrale (3), das Energie- und Umweltzentrum am Deister (2), ein Hersteller (2), der Schornsteinfeger (2), der Bauträger (1), das Passivhausinstitut Darmstadt (1) sowie das Phönix Solar Projekt (1).

Die verschiedenen Nutzungsmöglichkeiten von solarthermischen Anlagen sind mit Ausnahme der noch im Entwicklungsstadium befindlichen sommerlichen Raumluftkühlung schon recht gut bekannt. Von den 166 Anlagenbetreibern und 248 Nicht-Betreibern kannten die folgenden Anwendungen:

Abb. 2: Bekanntheitsgrad solarthermischer Anwendungen

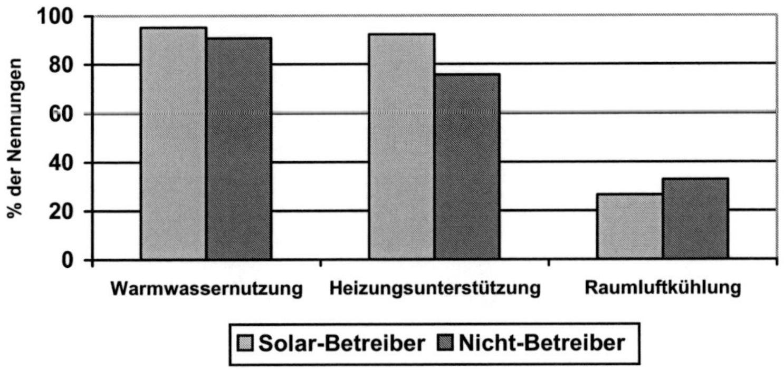

Hinter den 18 Antworten, die weitere Nutzungsmöglichkeiten kannten, verbargen sich 10 Nennungen, die die Heizung von Swimmingpools, Solarkocher oder den Betrieb einer Holztrocknungsanlage nannten. Einem war sogar die thermoelektrische Stromerzeugung mit dem Seebeckelement bekannt. In 8 Fällen wurden hier (sachlich falsch) photovoltaische Anwendungen genannt.

Ausbaupläne für Solaranlagen bestehen eher mittelfristig als kurzfristig. In den nächsten 2 Jahren haben 8 Solar-Betreiber und 11 Nicht-Betreiber das Interesse, eine Solaranlage neu- oder auszubauen. In den nächsten 5 Jahren geben 49 Solar-Betreiber und 73 Nicht-Betreiber eine solche Absicht an.

Ungestützt werden dabei seitens der Nicht-Betreiber 8 mal Warmwasseranlagen und 10 mal Kombianlagen als Bauziel benannt. Seitens der Solar-Betreiber rangiert die Erweiterung zur Kombianlage mit 11 Nennungen vor einer Erweiterung zur Raumluftkühlung (10 Nennungen) und der Aufstockung der Kollektorfläche mit 6 Nennungen. Auch der Anschluss eines Nachbarn als zweitem Nutzer und die Aufstockung der Speicherkapazität wurden je einmal genannt. Gestützt durch die Frage: „Sehen Sie sich doch bitte in der Grafik die drei Beispiel-Angebote an. Welches dieser Angebote würden Sie gern näher prüfen?“ wurde mit folgenden Auswahl-Angeboten ein zweites Mal gefragt:

Abb. 3: Auswahlblatt mit Beispiel-Angeboten

Solarthermie für Warmwasser	Kosten ca. 3.800 € Einsparung ca. 200 € / Jahr

Solarthermie für Warmwasser & Heizung	Kosten ca. 7.800 € Einsparung ca. 400 € / Jahr

Solarthermie für Warmwasser & Heizung & Klimatisierung	Kosten ca. 16.800 € Einsparung ca. 500 € / Jahr Zusatznutzen Kühle

Ungefähr jeder zweite Solaranlagenbetreiber findet die Idee interessant, seine Anlage aufzurüsten, davon zwei Drittel zur Heizungsunterstützung und ein Drittel zur Raumluftkühlung, obwohl diese mit einem recht hohen Preis belegt und auch als letztlich wenig rentabel zu erkennen war.

Tabelle 4: Auswahl von Angeboten durch die Gruppen

	Warmwasseranlage	Kombianlage	Raumluftkühlung
Solar-Betreiber	4	50	24
Nicht-Betreiber	18	77	26
Gesamt	22	127	50

Die Interessenten am Ausbau ihrer Solaranlage konzentrieren sich auf die Gruppe derjenigen mit etwas mehr Geld und einem eigenen Haus.

Von den Nicht-Betreibern wird ebenfalls ein intensives Interesse an Solartechnik geäußert. Von ihnen interessieren sich 15 % für eine Warmwasseranlage, 63 % für eine Kombianlage und 21 % für eine Kombianlage mit Raumluftkühlung. Der Anteil der Warmwasseranlagen fällt dabei deutlich geringer aus als noch in den Jahren 2001 bis 2006, in denen noch 75 % der in Niedersachsen installierten Anlagen Warmwasseranlagen waren (BSW 2007b, 38). Bundesweit hatten sie zwar in 2007 nur noch einen Marktanteil von 55 % (BSW 2007b, 25), aber auch hiervon weicht unsere Stichprobe bei den Nicht-Betreibern deutlich ab. Mit Blick auf die demografischen Variablen stechen hervor:

- Menschen mit sehr gutem Gesundheitszustand: von ihnen interessieren sich knapp 80 % für eines der Angebote.
- Menschen zwischen 30 und 40, von denen knapp drei Viertel interessiert sind.
- Menschen über 70: von ihnen interessiert über 80 % keines der Angebote, während aber noch die über 60-jährigen durchschnittliches Interesse zeigen.

Der Blick in die Details lässt vermuten, dass in den Kreisen der Nicht-Betreiber oft organisatorische Hemmnisse zu erwarten sein werden. Denn das Interesse an den Angeboten ist weitgehend unabhängig von den demografischen Variablen verteilt. Insbesondere zeigt sich kein Zusammenhang zwischen dem Bruttoeinkommen und dem Interesse an den Angeboten sowie zwischen der Wohnform und dem Interesse an den Angeboten. Jeweils mehr als die Hälfte der Eigenheimbesitzer, der Eigentumswohnungsbesitzer und der Mieter ohne Solaranlage sind an den Angeboten interessiert. Die Realisierungschancen dürften aber in Abhängigkeit von der Wohnform sehr unterschiedlich sein. Dies betrifft insbesondere die Frage, ob Vermieter sich an diesen Wünschen ihrer Mieter orientieren werden, aber auch die Frage der Konsensfindung in Eigentümergemeinschaften.

Der BSW (2007b, 17) sieht bei den kommerziellen Wohnungseigentümern das Argument, dass die Erfüllung der EnEV durch preiswertere Dämmmaßnahmen deutlich günstiger ist als die Investition in Solarthermie. Die Wahrscheinlichkeit, dass ein Investor die zu erwartenden Öl- und Gaspreissteigerungen der nächsten 20 Jahre mit einkalkulieren will, schätzt der BSW als sehr gering ein. Empirisch wird diese Vermutung durch Stolberg und Krömker (2006, 16) eher bestätigt, die bei privaten Bauherren in Vellmar zu 98 % realisierte Solaranlagen finden, bei den Bauträgern aber nur 63 %.

Günstiger sieht es nach dem BSW bei Eigentümergemeinschaften aus. Da sie dauerhaft als Selbstnutzer Interessen haben, wird vermutet, dass sie längerfristige Betrachtungen für die Heizversorgungslösung anstellen und deshalb ggf. eher offen für Investitionen in die Solarthermie sind. Im Stadtgebiet Hannover ist hier allerdings noch ergänzend zu berücksichtigen, dass die in 2007 entwickelten Klimaschutzpläne der Stadt die Priorität für Fernwärme umfassen. Für ihre eigenen Liegenschaften hat die Stadt die klare Rangfolge: Fernwärme vor Kraft-Wärme-Kopplung vor Solarthermie aufgestellt (Hoffmann-Kallen 2007). In sogenannten „Fernwärme-Vorranggebieten“ wird nun im politischen Raum diskutiert, einen Anschlusszwang an die Fernwärme in breiten Stadtgebieten auch für Wohngebäude planungsrechtlich festzulegen. Dies würde andere Wärmelösungen voraussichtlich weniger wirtschaftlich machen. Der Haus- und Grundbesitzerverband und andere Alkteure kritisieren diese Pläne jedoch stark, da Fernwärme ihrer Wahrnehmung nach überteuert angeboten wird. Letztlich würde so eine fossile Übergangstechnologie (zentrale KWK mit Fernwärme) festgeschrieben und die weitere Entwicklung einer Technologie, die für die „zweite solare Zivilisation“ von hoher Bedeutung ist, nämlich die Solarwärme, behindert. Im Rahmen einer mittelfristig ausgerichteten Politik mag dies begründbar sein, im Rahmen einer langfristigen Ausrichtung ist es dies nicht.

4 Unterschiede zwischen Solarthermiebetreibern und ihren Nachbarn

Innerhalb der Gesamtstichprobe befanden sich je 80 Fälle von Solarthermiebetreibern und jeweils einem direkten Nachbarn, die einander zugeordnet waren. Diese Fälle wurden als „matched pairs“ Stichprobe begriffen und hier vergleichend ausgewertet.

Während der schriftlich versandte Solarthermie-Fragebogen in 81 % der Fälle von Männern beantwortet wurde, wurden bei der Befragung der Nachbar/innen persönlich an der Haustür in 65 % der Fälle Frauen angetroffen. Die folgende Analyse der Unterschiede fokussiert insoweit auf haushaltsgebundene Variablen und lässt Angaben zur Ausbildungs- und Beschäftigungssituation außen vor. Das Einkommensniveau der Haushalte der Solarthermiebetreiber und ihrer Nachbarn ist ähnlich.

Abb. 4: Monatliches Bruttoeinkommen der befragten Gruppen

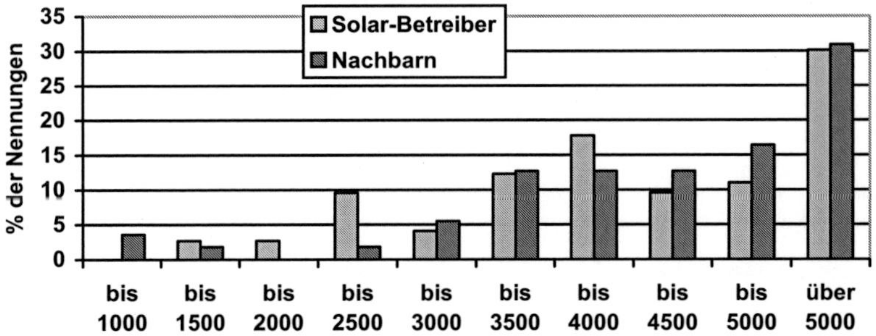

Der Gesundheitszustand der Nachbarn wies eine jeweils anteilige kleine Verschiebung von „gut“ zu „sehr gut“ und „durchschnittlich“ auf, die Altersverteilung zeigte einen deutlich höheren Anteil der bis 40-jährigen und etwas weniger „bis 50-jährige“ und „bis 70-jährige“. Auch diese Gruppe von Einfamilienhausbesitzern ist im Schnitt aber deutlich älter als die niedersächsische Bevölkerung.

Abb. 5: Alter der Befragten nach Gruppen

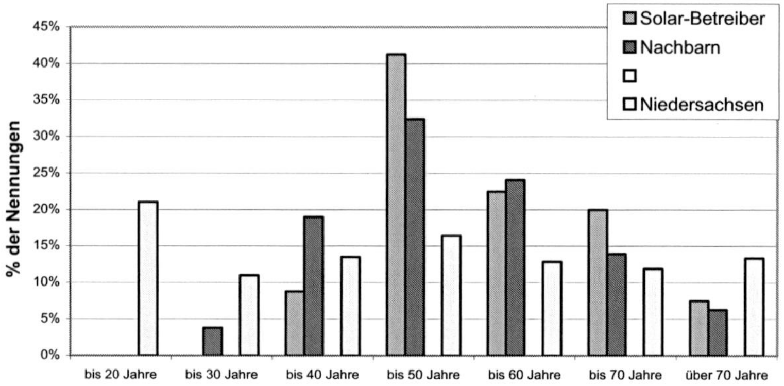

Die durchschnittliche Haushaltsgröße der Nachbarn war etwas kleiner, aber die Anzahl von Kindern im Haushalt sehr ähnlich. Der Anteil Verheirateter war mit 65,8 % gegenüber 84,8 % deutlich geringer, der der Geschiedenen und in eheähnlicher Gemeinschaft lebenden entsprechend höher. Während 96,3 % der Solarthermiebetreiber im Eigenheim lebten, waren dies nur 91,1 % der Nachbarn. In Bezug auf eine Reihe von gegensätzlichen Werthaltungen antworteten die Gruppen wie folgt[2]:

Tabelle 5: Gegensätzliche Werthaltungen im Fragebogen

Werthaltung 1		Werthaltung 2
Umweltfragen gehen mich nichts an	versus	Großes Interesse für Umweltfragen
Neuem gegenüber eher kritisch	versus	Neuem gegenüber aufgeschlossen
Qualitätsorientiert	versus	Preisorientiert
Lust am Konsum	versus	Vom Konsum genervt
Gar nicht berufsorientiert	versus	Stark berufsorientiert
Traditionell familienorientiert	versus	Gleichberechtigt familienorientiert

[2] Die Antworten wurden zu dieser Frage als Positionswahl in fünf Felder zwischen den Extremen angekreuzt. Der Mittelwert wurde als Gewichtung mit Codes von 1 bis 5 errechnet.

Abb. 6: Zustimmung der Gruppen jeweils zu Werthaltung 1

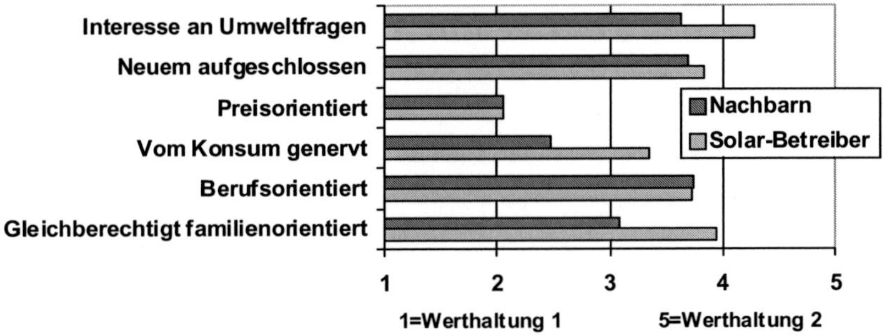

Zwischen der Gruppenzugehörigkeit und dem Interesses an Umweltfragen und der Familienorientierung besteht ein mittlerer Zusammenhang (nach Cramer V), der auf dem Niveau von 0,01 (p=0,004) signifikant ist. Deutlich wird, dass die Nachbarn deutlich traditioneller familienorientiert sind, etwas mehr Lust am Konsum haben und deutlich weniger Interesse an Umweltfragen zeigen. Zu zwei der vier Aussagen:

1. Nach meiner Einschätzung wird das Umweltproblem von vielen Umweltschützern stark übertrieben.
2. Wissenschaft und Technik werden viele Umweltprobleme lösen, ohne dass wir unsere Lebensweise ändern müssen.
3. Beim Energiesparen kommt es auch auf uns Verbraucher an. Daher sind wir Bürger in unserem Alltagsverhalten gefordert.
4. Wir brauchen einen konsequenten Umstieg auf erneuerbare Energien.

unterschieden sich die Antworten der Gruppen ebenfalls deutlich. Zum Vergleich werden Ergebnisse der repräsentativen BMU-Studie „Umweltbewusstsein in Deutschland 2006" mit dokumentiert. Zwischen der Gruppenzugehörigkeit und der Rolle der Verbraucher beim Energiesparen sowie des Umstiegs auf erneuerbare Energien besteht ein starker Zusammenhang (nach Cramer V), der auf dem Niveau von 0,01 (p=0,00) signifikant ist.

Abb. 7: Zustimmung zu wertenden Aussagen zum Umweltschutz

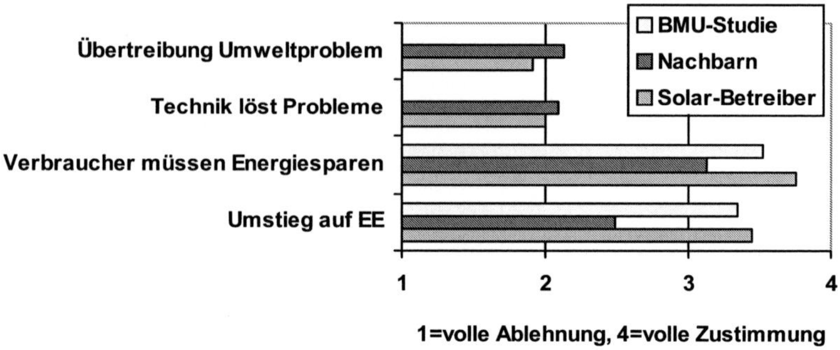

Unter der Fragestellung „Wie gefährlich ist ein bestimmter Umwelteffekt für mich und meine Familie?“ wurde weiter nach der Einschätzung der Gefährlichkeit „der durch den Treibhauseffekt verursachten Klimaveränderung“, „von Atomkraftwerken und dem entstehenden radioaktiven Müll“ sowie der „durch Autos und Industrie verursachten Luftverschmutzung“ gefragt[3]:

Abb. 8: Einschätzung der Gefährlichkeit von Umweltproblemen

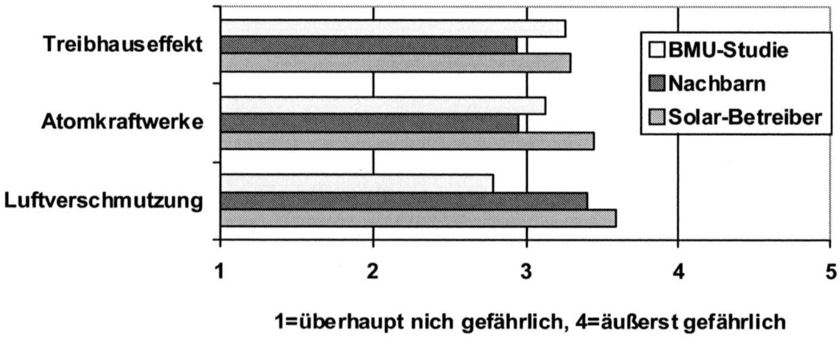

[3] Errechnung des Mittelwertes mit Codes von 1 bis 5.

Zwischen der Gruppenzugehörigkeit und der Beurteilung der Gefährlichkeit des Treibhauseffektes und der Atomkraftwerke besteht ein mittlerer Zusammenhang (nach Cramer V), der auf dem Niveau von 0,05 (Treibhauseffekt p=0,04, Atomkraft P=0,012) signifikant ist. Das Ergebnis weist die Nachbarn als Menschen aus, die die Gefährlichkeit von Umweltproblemen weniger wahrnehmen als die Betreiber von Solarwärmeanlagen.

Des Weiteren wurde nach der Häufigkeit des Kaufes von „Haushaltsgeräten mit niedrigem Energieverbrauch“, „Energiesparlampen“, „Lebensmitteln mit Bio-Siegel“ sowie der Tatsache gefragt, ob auch „viele meiner Freunde, Verwandte oder Bekannte ebenfalls Lebensmittel mit Bio-Siegel“ kaufen.

Abb. 9: Häufigkeit des Kaufes bestimmter umweltfreundlicher Waren

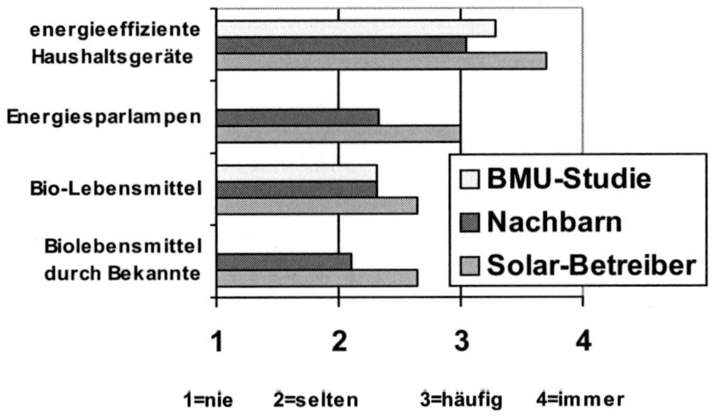

Die Nachbarn weisen besonders niedrige Häufigkeiten des Kaufs umweltfreundlicher Waren auf und geben dies auch für ihre Bekannten so an. Zwischen der Gruppenzugehörigkeit und den ersten drei Variablen besteht ein mittlerer Zusammenhang (nach Cramer V), der auf dem Niveau von 0,01 (p=0,00) signifikant ist. Der Zusammenhang der Gruppenzugehörigkeit zum „Kauf von Biolebensmitteln durch Freunde etc.“

ist dagegen nur auf dem Niveau von 0,05 (p=0,03) signifikant. Hierzu passt, dass auch in Bezug auf die Kenntnis der Möglichkeit des Bezugs von Ökostrom, die konkrete Kenntnis von Ökostromanbietern sowie mit Blick auf die Angaben zum Bezug von Ökostrom durch Peers deutliche Unterschiede zwischen den Gruppen festzustellen sind.

Die Bewertung der Bedeutung von Preis, Qualität und Werbung erfolgt durch die Nachbarn nur leicht abweichend. Auf die Frage: „Welche Rolle spielen folgende Kriterien für Sie bei einer Kaufentscheidung?" antworteten mit Blick auf Preis, Qualität, professionelle Bewerbung und ökologische Qualität:

Abb. 10: Welche Rolle spielen folgende Kriterien für Sie bei einer Kaufentscheidung?

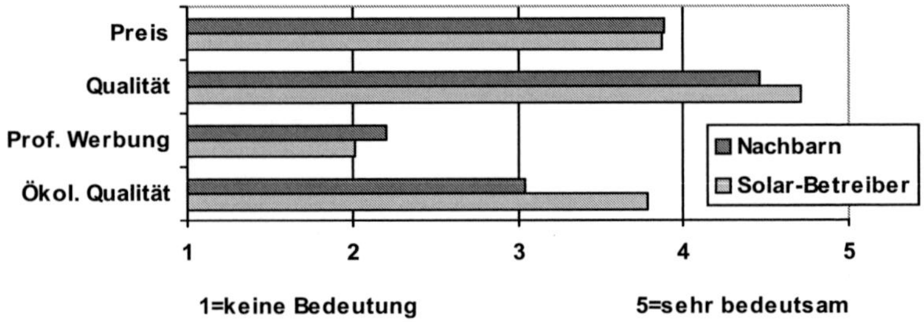

Zwischen der Gruppenzugehörigkeit und der Bedeutung von Qualität und ökologischer Qualität als Kaufkriterium besteht ein mittlerer Zusammenhang, der im Fall der ökologischen Qualität das Niveau von 0,01 (p=0,00) erreicht. Das bedeutet, dass die ökologische Qualität für die Nachbarn deutlich weniger von Bedeutung ist. Interessant auch der Vergleich von ökologischen und konventionellen Produkten durch die Befragten.

Zwischen der Gruppenzugehörigkeit und der Bewertung ökologischer und konventioneller Produkte als „qualitativ hochwertiger" und „professioneller beworben" bestehen mittlere Zusammenhänge, die auf dem Niveau von 0,01 (hochwertiger p=0,00, professioneller beworben p=0,01) signifikant sind. Die Nachbarn nehmen ökologische Produkte als etwas teurer wahr, sehen deutlich weniger qualitative Vorteile und sehen sie auch als deutlich „weniger professionell beworben“ an.

Abb. 11: Ökologische Produkte sind im Vergleich zu konventionellen Produkten ....

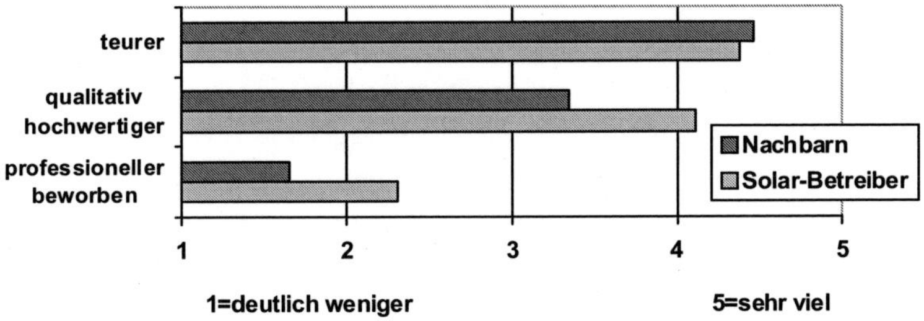

Der Bekanntheitsgrad solarthermischer Anlagen war unter den Nachbarn nochmals niedriger als unter den anderen Nichtbetreibern solcher Anlagen. Dabei war die Nutzung zur Warmwassererzeugung 93 % der Betreiber und 85 % der Nachbarn bekannt, die Heizungsunterstützung kannten 92 % der Betreiber, aber nur 61 % der Nachbarn und die Raumluftkühlung kannten 26 % der Betreiber und 10 % der Nachbarn.

50 der 80 Nachbarn gaben an, dass Verwandte, Freunde, Bekannte oder Nachbarn eine Solaranlage betreiben, was letztlich bedeutet, dass sich 30 der 80 Nachbarn der Solaranlage in der Nachbarschaft nicht bewusst waren.

Als Gründe, aus denen Verwandte, Freunde, Bekannte oder Nachbarn der Nachbarn eine Solaranlage installiert hatten, gaben die Nachbarn in 40 Fällen ökologische und in 19 Fällen wirtschaftliche bzw. finanzielle Gründe an. 8 Nachbarn meinen, die Peers hätten eine Solaranlage installiert, weil auch ihre Verwandten, Freunde, Bekannten oder Nachbarn auch eine Solaranlage haben. Als sonstige Gründe der Peers für die Solaranlage wurden vermutet: politische Gründe (5 Nennungen), Image (4 Nennungen), Förderung, steigende Energiepreise und „gute Planung“ (je 2 Nennungen) sowie Technikbegeisterung, zu viel Geld und „Spinnerei“ (je eine Nennung).

Nur zwei der Nachbarn haben konkrete Pläne, in den nächsten 2 Jahren eine Solarthermieanlage zu bauen. 22 der 80 Nachbarn wären innerhalb der nächsten 5 Jahre an einer Solaranlage interessiert. Das Interesse der Nachbarn an den drei Angeboten schließt auch die Warmwasseranlage mit ein, da bei ihnen ja noch keine solche Anlage vorhanden ist.

Zusammenfassend ist festzustellen, dass in der Gruppe der Nachbarn der ökologische Problemdruck geringer ist und ökologische Werthaltungen etwas geringer ausgeprägt sind, als in den anderen Gruppen. Beide Effekte treten bei jeweils einigen Variablen signifikant auf. Weiterhin besteht kein breiter angelegtes und zwischen den Gruppen in allen Variablen signifikant unterschiedliches ökologisches Kaufverhalten.

Die Kenntnis von Solarthermieanlagen ist in Anbetracht der direkten Nachbarschaft überraschend gering. Dennoch ist etwa ein Viertel der Nachbarn an dem Bau einer Solaranlage in den nächsten 5 Jahren interessiert und denkt dabei zunächst an Warmwasser- und Kombianlagen.

5 Ergebnisse zum Ökostrom

Die folgenden Ergebnisse beziehen sich auf sogenannten Ökostrom, also Strom aus erneuerbaren Energiequellen wie z.B. Windkraft, Wasserkraft oder Biomasse. Ökostrom beziehen (fast) alle Grünstrom-Nutzer (einer nicht, ohne dass klar ist, warum), aber auch 17 (11,6 %) der Passanten und 30 (21,7 %) der Solar-Betreiber. Insgesamt beziehen also 167 Befragte Ökostrom. Die meisten Ökostrom-Verträge gehen offenbar auf die Zeit kurz nach der Marktliberalisierung zurück.

Abb. 12: Bezugsdauer von Ökostrom

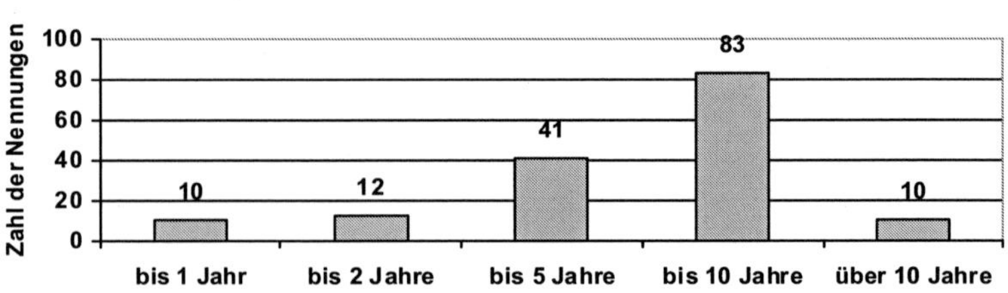

Insgesamt 156 Nennungen

10 Personen geben sogar einen Zeitraum von über 10 Jahren an. Da der Bezug von Ökostrom erst seit März 1998 überhaupt möglich ist, ist also die „gefühlte Bezugsdauer" in diesen Fällen höher als die reale. Als Grund, warum Ökostrom bezogen bzw. nicht bezogen wird, wurde angegeben:

Tabelle 6: Gründe für oder gegen den Bezug von Ökostrom

Mehrere Antworten waren möglich	Gründe für den Bezug von Ökostrom (167 Personen)	Gründe für den Bezug von Ökostrom durch Verwandte, Freunde, Bekannte oder Nachbarn (150 Personen)	Gründe für den Nichtbezug von Ökostrom (239 Personen)
Aus wirtschaftlichen bzw. finanziellen Gründen	7	23	112
Aus ökologischen Gründen	155	146	3
Weil Verwandte, Freunde, Bekannte oder Nachbar Ökostrom beziehen	4	17	3
Sonstige	25	16	128

Die Nennungen zu Bezug von Ökostrom aus sonstigen Gründen stellen fast ausschließlich politische, ethische und weitere ökologische Gründe dar. Es geht darum, die „Macht der großen Stromkonzerne einzuschränken", um „religiöse und ethische Gründe" und darum, „ein Zeichen zu setzen und um politischen Druck zu erzeugen". Aber auch das Dilemma um die Kosteninformation wird hier schon deutlich. Zwei Gründe lauten:

1. Ich habe den Strombedarf des Haushaltes reduziert und dazu u.a. Strom durch andere Energieträger ersetzt: Jetzt brauchen wir noch 1300 kWh/p.a. für 5 Personen – da kann ich mir Ökostrom leisten.
2. Erstens Nachhaltigkeit, auch Kohle und Uran sind endlich, also muss die Menschheit irgendwann komplett regenerative Energien nutzen.

Warum nicht jetzt? Zweitens kostet Ökostrom nur wenig mehr als Atomstrom. Bei mir sind das +5 € im Monat, also 34 € im Monat statt 29 €.

Während die erste Aussage einen deutlich höheren Preis vermutet und impliziert, ist die zweite Person offensichtlich über die (begrenzten) Mehrkosten im Bilde.

Dem eigenen Umfeld werden (fast) durchweg ökologische Gründe für den Bezug von Ökostrom unterstellt. Sehr interessant sind weiter die sonstigen Gründe, die für Verwandte, Freunde, Bekannte und Nachbarn vermutet werden.

- Da gibt es einen Biogasbauer, der seinen Strom wohl selber macht.
- Da geht es um „Glaubwürdigkeit und Kinder", um „politische Gründe", „Schluss mit der Monopolmacht der Konzerne", aber auch um „lifestyle" und darum, dass „sie gute Menschen sind".
- Peers sind aber auch in der Weiterverbreitung aktiv. Einer „hat 8 Bekannte überzeugt", andere „reden immer nur davon" oder beziehen Ökostrom, „um ihren Ruf zu wahren".
- Noch andere beziehen Ökostrom „weil WIR Ökostrom beziehen" oder „weil ich sie bearbeitet habe.

Bei den 112 Personen, die Ökostrom aus wirtschaftlichen bzw. finanziellen Gründen nicht beziehen, handelt es sich um 48 Passanten und 64 Solar-Betreiber. Bei ihnen handelt es sich um eine besonders preissensible Gruppe.

Aber auch aus den sonstigen Gründen für den Nichtbezug von Ökostrom wird deutlich, dass Ökostrom noch deutliche Schwächen in der Vermarktung hat.

Abb. 13: Bedeutung des Preises für die Kaufentscheidung

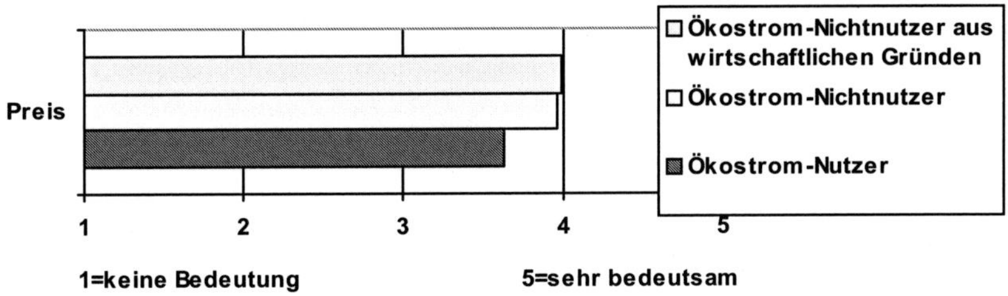

Tabelle 7: Sonstige Gründe für den Nichtbezug von Ökostrom

Sonstige Gründe für den Nichtbezug von Ökostrom	Zahl der Nennungen
Uninformiertheit (bin nicht informiert, kenne keinen Anbieter etc.)	37
Untätigkeit (hätte schon gewollt, aber ...)	19
Faulheit (meist auch so benannt)	16
Zweifel an Ökostrom	16
Abstimmungsprobleme mit Partner oder WG	12
Will nicht wechseln	5
Mieter die glauben, sie könnten den Stromlieferanten nicht wechseln	4
KWK-Konzept der Stadtwerke ist o.k.	2
Strom ist Mitarbeiter-Deputat	1
Brauche auch Nachtstrom, den gibt' nicht Öko	1
Sonstige	15

Nicht nur auf der Anbieterseite bestehen offenbar institutionenökonomisch analysierbare Fragen, auch auf der Abnehmerseite ist die Frage der Regeln und der Entscheidungsfindung im Haushalt unter dem Gesichtpunkt der Förderung des nachhaltigen Konsums von Interesse, wie die 12 Nennungen von „Abstimmungsproblemen mit Partner oder WG" deutlich machen.

Die größte Schwäche der Vermarktung von Ökostrom mag darin liegen, dass es immer noch nicht gelungen ist, dem Publikum eine realistische Preisvorstellung zu vermitteln. Geht man für einen Privathaushalt von jährlich 2000 kWh bis 4000 kWh Stromverbrauch aus, so bedeutet dies jährlich Mehrkosten von 20 € bis 40 € pro Cent, den die Öko-kWh mehr kostet. Bei einem Cent Mehrkosten läuft dies auf 1,67 € bis 3,33 € pro Monat mehr heraus, bei 2 Cent auf 3,33 € bis 6,66 €.

Abb. 14: Schätzung des monatlichen Mehrpreises von Ökostrom

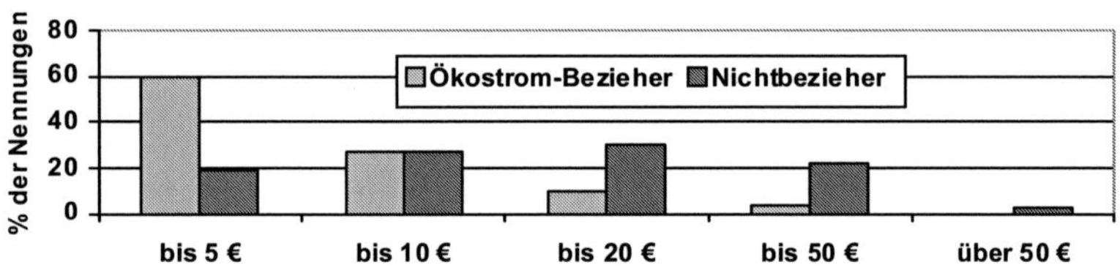

Während die Ökostrom-Bezieher die monatlichen Mehrkosten mit durchschnittlich 7,15 € noch recht realistisch einschätzen, nur 13,4 % von ihnen veranschlagen diesen Mehrpreis auf mehr als 10 €, ist die Preisvorstellung der Nichtbezieher durchaus überzogen. Im Mittel rechnet diese Gruppe mit monatlichen Mehrkosten von 18,61 €, 54 % von ihnen veranschlagen die Mehrkosten auf über 10 €, 24,3 % gar auf über 20 €. Die höchste Mehrpreisvermutung belief sich auf 200 € im Monat.

Fokussiert man die Kunden von Grünstrom, so ergibt sich eine durchschnittliche monatliche Mehrpreisvermutung von 7,09 €. Diese (sparsame) Kundengruppe, die nach Angaben von Grünstrom durchschnittlich jährlich 2.850 kWh abnimmt, zahlt bei diesem Verbrauch im Vergleich zum Tarif enercity Strom & Komfort (A1) real 1,42 € zusätzlich pro Monat. Nur 7 der 92 Grünstromkunden, die diese Frage beantwortet haben, schätzen die realen Mehrkosten auf 0 bis 1,5 Euro, zusätzlich schätzen sieben weitere Kunden „wenig mehr“ und einer sogar „weniger“. In Summa ist sich nur jeder 6. Grünstromkunde der günstigen Preise bewusst. Und im Mittel überschätzen sie die Mehrkosten um den Faktor 4.

Woher beziehen die Konsumenten ihre Kenntnisse über Ökostrom? Folgende Informationsquellen werden genannt:

Tabelle 8: Informationsquellen über Ökostrom

Woher haben Sie die Informationen über Ökostrom?	**Zahl der Nennungen**
Aus der Zeitung	158
Von Freunden und Bekannten	122
Aus einer Anfrage beim Anbieter	86
Aus der Fernsehwerbung	81
Von der Verbraucherzentrale	40
Aus der Anbieterwerbung	34
Aus dem Radio	30
Aus dem Kontext von Politik und Umweltverbänden	25
Aus dem Internet	23
Aus Fachartikeln	6
Aus meinem beruflichen Kontext	4

Hier wird zum erstenmal die Bedeutung von Peers für die Verbreitung ökologischer Konsummuster deutlich. Während nur ganz wenige Konsumenten die Frage „Aus welchen Gründen beziehen Sie Ökostrom?“ beantworten mit: „weil Verwandte, Freunde, Bekannte oder Nachbarn Ökostrom beziehen“ sind sich viele der Tatsache bewusst, dass sie aus diesem Kreis erstmalig über die Möglichkeit erfahren haben.

Namen von Ökostrom-Anbietern wurden von 90 der 139 Solar-Betreiber (64,7 %), von 115 der 153 Passanten (75,2 %) und von 112 der 122 Grünstrom-Nutzer (91,8 %) benannt.

6 Fazit

Als Ergebnisse der Befragung, die mit Blick auf die Forschungsfrage *„Woran scheitert die Verbreitung nachhaltiger Konsummuster?“* von besonderer Bedeutung sein könnten, zeichnen sich in dieser Ergebnisauswertung zwei Sachverhalte ab:

– Zum paarweisen Vergleich der Solarthermiebetreiber und ihrer Nachbarn ist zusammenfassend festzustellen, dass in der Gruppe der Nachbarn der ökologische Problemdruck weniger empfunden wird und ökologische Werthaltungen etwas geringer ausgeprägt sind als bei den

Solarthermiebetreibern. Beide Effekte treten bei jeweils einigen Variablen signifikant auf. Weiterhin besteht kein breiter angelegtes und zwischen den Gruppen in allen Variablen signifikant unterschiedliches ökologisches Kaufverhalten. Wir finden damit Hinweise, die an die Theorie des zielgerichteten Verhaltens von Ajzen und Fishbein (1980) anschlussfähig wären.

– Der Kenntnisstand über die realen Preise von Ökostrom ist gering. Die realen Preise werden bei den Beziehern von Ökostrom selbst durchschnittlich um das Vierfache, bei den Nichtbeziehern um durchschnittlich das Zehnfache überschätzt. Mit Blick auf die allgemeine Voreinschätzung, ökologische Produkte seien generell (zu) teuer, kann dies Faktum als wesentliches Diffusionshemmnis eingeschätzt werden. Mehr Preistransparenz ist gerade in Bezug auf die als teuer geltenden Ökoqualitäten anzuraten.

Darüber hinaus leisten die Ergebnisse einen Beitrag zur Beschreibung derjenigen Konsumentengruppen, die Solarthermieanlagen betreiben und Ökostrom nutzen. Für Anbieter und beratende Institutionen mögen diese Ergebnisse von Bedeutung sein.

Literatur

Ajzen, I., Fishbein, M. (1980): Understanding Attitudes and Predicting Social Behaviour. Prentice-Hall, Englewood-Cliffs, NJ

Bass, F.M. (1969): A new product growth model for consumer durables, in: Management Science 5, S. 215-227

BMU – Bundesministerium für Umwelt, Naturschutz und Reaktorsicherheit (2006): Umweltbewusstsein in Deutschland. Ergebnisse einer repräsentativen Bevölkerungsumfrage, Berlin

BSW-Solar – Bundesverband Solarwirtschaft e.V. (2007a): Statistische Zahlen der Deutschen Solarwirtschaft Juni 2007. Online: www.solarwirtschaft.de/typo3/fileadmin/solarwirtschaft/bswsolar_faktenbl_0607.pdf vom 14.9.2007

BSW-Solar – Bundesverband Solarwirtschaft e.V. (2007b): Absatztrends Solarwärme 2007; Berlin

Clausen, J: (2009): Feldvermessungsstudie Klimaschutzregion Hannover. Überblick über das Praxisfeld und die Fokusbereiche Solarthermie und Ökostrom im Rahmen des Forschungsprojektes Wenke[2]. 2. Auflage, erweitert um Kapitel 6.4. Online unter http://www.fk2.uni-oldenburg.de/wenke2/38021.html

Hofmann-Kallen, A.: (2007): Persönliches Gespräch am 18.10.2007

Stolberg, A., Krömker, D. (2006): Solarthermie in Vellmar-Osterberg. Befragung zur Akzeptanz eines städtebaulichen Vertrags zum Klima- und Umweltschutz bei privaten Bauherren und Bewohnern, Kassel

Die Zukunft der Ernährung in Deutschland

Qualitative Szenarien zum nachhaltigen Konsum im Jahr 2020

Ralf Antes, Irene Antoni-Komar, Klaus Fichter, Jan Kühling, Reinhard Pfriem, Heinz Welsch und Julia Sophie Wörsdorfer

1 Zum Charakter der qualitativen Szenarien Ernährung

Zur weiteren Integration der unterschiedlichen Theoriemodule im Projekt WENKE² wurden für das Praxisfeld Ernährung[1] qualitative Szenarien zur „Zukunft der Ernährung in Deutschland" im Jahr 2020 erstellt. Die Szenarien beschreiben drei unterschiedliche Entwicklungspfade und greifen die Erkenntnisse und Argumentationen der fünf Theoriemodule auf. Außerdem bauen sie auf den bis dato vorliegenden empirischen Ergebnissen auf. Die qualitativen Szenarien greifen dabei auch auf das Wirkungsmodell zurück, welches im quantitativen Modell von Theoriemodul 2 verwendet wird.[2]

[1] Die Szenarien Energie folgten in einem zweiten Schritt Anfang 2009.

[2] Vgl. Lehmann-Waffenschmidt, Cornelia et al. (2008): Konzeption einer Integration der theoretischen Ansätze des WENKE²-Projektes in ein agentenbasiertes Modell für nachhaltige Konsummuster (MONAKO). Quantitative Szenarien von WENKE², Oldenburg (WENKE²-Diskussionspapier).

1.1 Das Problem der Unterstellung von Homogenität

Die nachfolgenden Szenarien unterstellen weitgehend eine Homogenität zwischen der Entwicklung der Rahmenbedingungen und jener des Akteurshandelns. In der Wirklichkeit ist dies in der Regel natürlich keineswegs immer so und kann sich Akteurshandeln gerade auch als Widerstandshandeln gegen politische Rahmenbedingungen und/ oder kulturellen main-stream entfalten (s. etwa die Anfänge von Bio-Landbau und Bio-Lebensmittelhandel). Die Analyse von Barrieren bzw. Hemmnissen und auf der anderen Seite Entwicklungsmöglichkeiten betrifft sogar zu einem guten Teil den Umgang mit Nichthomogenitäten, aus denen Neues entstehen kann. Insofern müssten die Szenarien letztendlich matrizenartig kombiniert werden, was hier aus Gründen zu großer Komplexität unterlassen wird.

1.2 Die Vernachlässigung von Störereignissen

Aus Komplexitätsgründen wird weiterhin davon abgesehen, Störereignisse einzubauen und deren verstärkende / verlangsamende / unterbrechende / verändernde Wirkung auf die Weiterentwicklung der drei Pfade (best case, Trendszenario, worst case) zu beobachten. Ein positives Störereignis könnte z.B. eine groß angelegte EU-Studie sein, welche zu klar positiven Ergebnissen für den nachhaltigen Lebensmittelkonsum im Vergleich zu konventionellen Konsumformen (incl. Convenience Food) kommt und wodurch eine breite gesellschaftliche Debatte über den Lebensmittelkonsum angestoßen wird. Ein negativer Störeinfluss könnte ein außergewöhnlicher Skandal bei einem der renommiertesten ökologischen Anbauverbände sein (z.B. hoch belastete Lebensmittel in Verbindung mit einer grob fahrlässigen / vorsätzlich falschen Labelvergabe), welcher das Potenzial hat, die Glaubwürdigkeit der ökologischen Lebensmittel insgesamt zu erschüttern.

1.3 Indikatoren für nachhaltige Entwicklung

Folgende Indikatoren für eine nachhaltigere Ernährung werden in den Szenarien verwendet:

– ein gegenüber dem Status Quo höherer Marktanteil Biolebensmittel,

– ein höherer Marktanteil an regionalen Produkten,

– ein höherer Marktanteil von (zertifizierten) Fair Trade Produkten,

– ein geringerer pro Kopf-Fleischkonsum.

1.4 Die den Szenarien zugrunde gelegten Konsumtypen

Die Szenarien beschränken sich nicht allein auf eine einzelne „Muster-Familie", sondern umfassen drei unterschiedliche Haushalts- bzw. Konsumtypen, welche die wichtigsten Haushalts- oder Konsumtypen in Deutschland repräsentieren.

Abb. 1 Struktur der Haushaltstypen

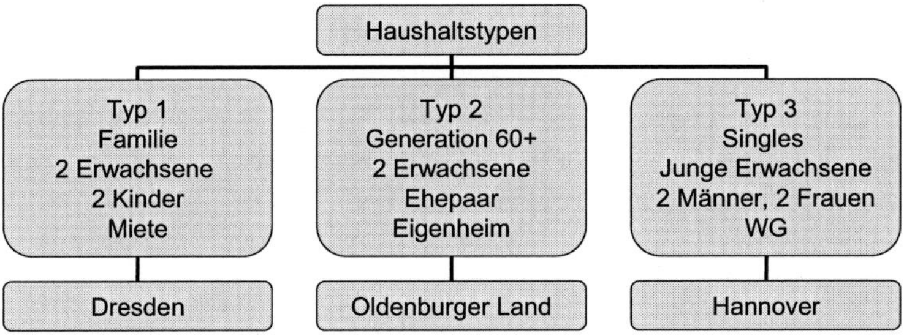

Typ 1 verkörpert die Gruppe der konventionellen Konsumtypen. Familie D. lebt zur Miete in einer 3-Zimmer-Wohnung am Stadtrand von Dresden. Vater Frank (42) ist gelernter Facharbeiter, aber aufgrund der Krise in der Automobilindustrie inzwischen von Arbeitslosigkeit bedroht. Mutter Francisca (37) hat eine Teilzeitstelle als Verkäuferin in der Textilabteilung eines großen Warenhauskonzerns. Die Tochter Faye (15) geht in die neunte Klasse einer integrierten Gesamtschule, und Sohn Felix (5) besucht von 8:00 bis 16:00 Uhr den Kindergarten.

Abb. 2 Struktur des Haushaltstyps 1: konventionelle Konsumtypen

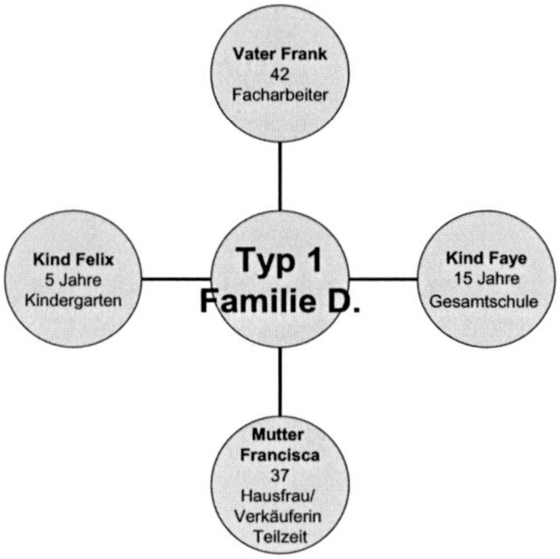

Typ 2 verkörpert die Gruppe der nachhaltigen Konsumtypen. Das Ehepaar O. aus dem Oldenburger Land besitzt ein geräumiges Haus mit Gartengrundstück, das der Architekt Rolf (67) im Jahr 1998 selbst geplant hat. Seine Ehefrau Renate (63) war Verwaltungsangestellte bei der Stadt Oldenburg und ist vor zwei Jahren zusammen mit ihrem Mann in den Ruhestand gegangen; die gemeinsame Tochter Rose (25) studiert Medizin in Göttingen.

Abb. 3 Struktur des Haushaltstyps 2: nachhaltige Konsumtypen

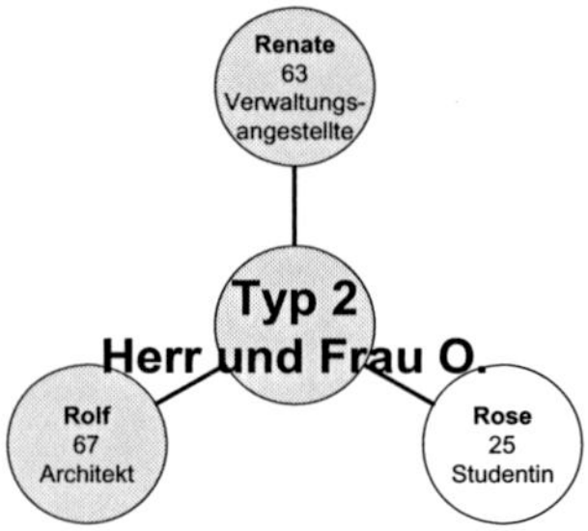

Typ 3 verkörpert die Gruppe der hybriden Konsumtypen. In einer 5-Zimmer-Altbauwohnung im Stadtzentrum von Hannover haben die Auszubildende Sabine (18), der Krankenpfleger Stefan (27) und Silvia (30), die ein Referendariat für das Lehramt an Gymnasien absolviert, eine Wohngemeinschaft gegründet. Ein Zimmer ist kurzfristig durch den Auszug von Sabines Freund frei geworden und wurde an den Austauschstudenten Serge (23) aus Barcelona untervermietet.

Abb. 4 Struktur des Haushaltstyps 3: hybride Konsumtypen

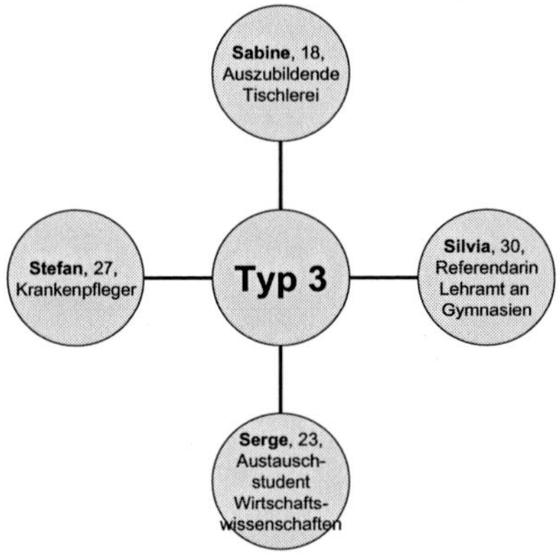

1.5 Kurzbeschreibung der Szenarien

Abb. 5 Struktur der Szenarien

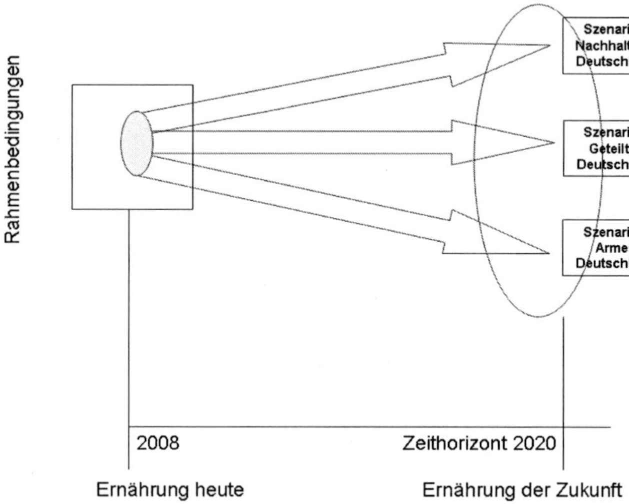

Szenario 1: Best case „Nachhaltiges Deutschland"

Die Ernährungskultur verändert sich stark in Richtung Nachhaltigkeit. Dies lässt sich an drei zentralen Indikatoren ablesen: Der Marktanteil von Bio-Lebensmitteln ist von 4,5 % in 2008 auf 15 % gestiegen. Der Pro-Kopf-Fleischkonsum ist von 62 kg auf 40 kg pro Jahr gesunken. Der Marktanteil zertifizierter Fair Trade Produkte, der 2008 bei 0,12 % lag, hat sich verfünffacht und beträgt nun 0,6 %. Dies ist zum einen darauf zurückzuführen, dass der Preisunterschied zwischen konventionellen und Bio-Produkten weiter abnimmt. Zum anderen weist ein deutlich größerer Anteil der Konsument/innen guter Ernährung einen höheren Wert zu und achtet beim Einkauf auf ökologische Qualität, regionale Herkunft und Fairness in den Lieferbeziehungen. Ebenfalls gestiegen ist der Anteil derjenigen, die sich Kenntnisse verschaffen hinsichtlich der Beschaffenheit von Lebensmitteln und ihrer Verarbeitung und diesbezügliche Kompetenzen entwickeln. Mit staatlichen Aufklärungskampagnen zum Thema Nachhaltigkeit werden zudem Personen erreicht, deren Informationsaufnahme weniger selbständig erfolgt. Dieser Trend wird von der Angebotsseite her durch Lebensmittelerzeuger, -verarbeiter, den Handel und die Gastronomie unterstützt, ebenso durch vielfältige Organisationen und Intermediäre, die sich im Feld der Ernährung engagieren und von ihm profitieren.

Szenario 2: Mixed case „Geteiltes Deutschland"

Die Nachhaltigkeit des Konsums entwickelt sich je nach gesellschaftlicher Gruppe, Milieu usw. sehr unterschiedlich, d.h. die Schere geht stark auseinander. Der Marktanteil von Bio-Lebensmitteln ist zwar von 4,5 % auf 9 % gestiegen. Gleichzeitig stieg aber auch der Pro-Kopf-Fleischkonsum von 60 kg auf 65 kg an. Der Anteil von Fair Trade Produkten ist auf minimalem Niveau geblieben (0,12 %). Die Nachhaltigkeit der Ernährung deutscher Haushalte verändert sich zwischen 2008 und 2020 also praktisch nicht.

Szenario 3: Worst case „Armes Deutschland"

Trotz vielfältiger Bemühungen, politischer Programme usw. sind zwar einzelne Teilerfolge zu beobachten (Anstieg des Marktanteils von Bio-Lebensmitteln von 4,5 % auf 6 %), insgesamt hat sich die Ernährung in Deutschland aber in Richtung Nicht-Nachhaltigkeit bewegt. So stieg die Pro-Kopf-Klimabelastung durch Ernährung insbesondere durch generellen Mehrkonsum und einen höheren Pro-Kopf-Fleischverbrauch (75 kg pro Jahr) an. Fair Trade Produkte, die in 2006 noch ein Marktvolumen von 157 Mio. € und damit einen Marktanteil von 0,12 % hatten, sind nur noch eine absolute Randerscheinung (Marktanteil 0,04 %). Der bisherige Trend zu ökologisch guten, regional erzeugten und fair gehandelten Produkten in der alltäglichen Ernährungskultur hat sich umgedreht. In der allgemeinen Öffentlichkeit wie auch in der Politik spielen Fragen der Ernährungsqualität wieder eine geringere Rolle.

Aufbau der Szenarien

Die Szenarien sind folgendermaßen gegliedert:

1. Einleitung: Kurze Skizzierung des Rahmens: Jahr 2020, Deutschland.
2. Konsumgewohnheiten der Haushaltstypen 1, 2, 3 und ihre Nachhaltigkeit (anhand ausgewählter Indikatoren, Anteil Bio-Lebensmittel usw.) werden lebensnah beschrieben.
3. Dann wird die Entwicklung seit 2008 erläutert. Warum hat sich der Konsum so entwickelt? Was waren die maßgeblichen Einflussfaktoren, und wie haben sie gewirkt? Welche Akteure hatten hier einen besonderen Einfluss? Rückgriff auf die Theoriemodule (Peers, Zufriedenheitsniveau, staatliche Rahmenbedingungen, Veränderung institutioneller Arrangements, Rolle von Intermediären, kulturelle Faktoren usw.) und empirischen Erkenntnisse.
4. Fazit: Was bedeuten die Konsumpraxis und das Konsumniveau von Konsumtyp 1, 2, 3 für die Entwicklung aller Privathaushalte in Deutschland? Wie haben sich wichtige gesamtwirtschaftliche, gesamtgesellschaftliche Faktoren des Konsums (Anteil Bio-Lebensmittel, regionale und Fair Trade Produkte) entwickelt?

2 Die Szenarien: Zukunft der Ernährung in Deutschland im Jahr 2020

2.1 Szenario 1: Best case „Nachhaltiges Deutschland"

Ausgelöst durch die Herausforderungen des globalen Klimawandels haben die EU und die Bundesregierung eine Reihe von Maßnahmen ergriffen, die den Trend zu ökologischer Qualität, Erzeugung in der Verzehrsregion und fairem Handel im Ernährungskonsum verstärkt haben. Dies lässt sich an drei zentralen Indikatoren ablesen: Der Marktanteil von Bio-Lebensmitteln ist von 4,5 % in 2008 auf 15 % gestiegen. Der Pro-Kopf-Fleischkonsum ist von 62 kg auf 40 kg pro Jahr gesunken. Der Marktanteil zertifizierter Fair Trade Produkte, der 2008 bei 0,12 % lag, hat sich verfünffacht und beträgt nun 0,6 %. Die Nachhaltigkeitsorientierung in der Landwirtschafts- und Verbraucherpolitik hat ebenso wie Effizienzverbesserungen und Innovationen in der Bio-Landwirtschaft dazu beigetragen, dass der Preisunterschied zwischen konventionellen und Bio-Produkten weiter abgenommen hat und im Durchschnitt nur noch 10 – 20 % beträgt. Zum anderen weist ein steigender Anteil der Bevölkerung diesen Komponenten von Ernährungsqualität eine höhere Bedeutung zu und entwickelt über die erweiterte Orientierung an Geschmack und Genuss zunehmende Kompetenzen hinsichtlich der Beschaffenheit und der Verarbeitung von Lebensmitteln. Ernährungsqualität wird ein deutlich wichtigerer Alltagsbestandteil von Lebensqualität. Eine wichtige Rolle für die Durchsetzung nachhaltiger Konsummuster hat u.a. die höhere Verfügbarkeit von ökologischen Speisen in Schulkantinen und Betrieben gespielt, einhergehend mit einem größeren Anteil und größerer Variationsbreite vegetarischer Gerichte, was durch wirtschaftpolitische Initiativen und Handeln strategischer Akteure angestoßen worden ist. Davon profitieren nicht nur Bio-Läden, Bio-Supermärkte, Regionalvermarkter und spezialisierte Fair Trade Händler, sondern auch der konventionelle Groß- und Einzelhandel. Die Erfolge von Vorreitern im Handel und die Unterstützung durch spezialisierte Politikintermediäre haben maßgeblichen Anteil an der Entwicklung hin zu einem nachhaltigeren Ernährungskonsum.

Durch ein gut funktionierendes Akteursnetzwerk der Ernährungswirtschaft konnten die Konkurrenzen der Flächennutzung in der Landwirtschaft zur Energiegewinnung und Nahrungsmittelproduktion auf ein ausgewogenes Niveau gebracht werden. Zwar hat der demographische Wandel zu einem starken Anstieg der Generation 60+ geführt, doch eine konsequente Familienpolitik konnte den Rückgang der Geburtenrate stoppen. Familien mit Kindern und Senioren befinden sich im Fokus von Konzepten wie Mehrgenerationenhäusern, Kinderbetreuungseinrichtungen, Gesamt- und Ganztagsschulen sowie polyvalenten Bildungszentren.

Die Ernährungs- und Einkaufsgewohnheiten von Familie D. stehen im Kontext eines stetig gestiegenen und differenzierten Angebotes an Fertigprodukten, die zeitsparend in der Mikrowelle erhitzt werden können. Für Mutter Francisca ist es die beste Lösung, Beruf und Familie in Einklang zu bringen. Ein- bis zweimal pro Woche kauft sie bei einem großen Supermarkt oder beim Discounter ein. Da die Familie die monatlichen Raten eines vor kurzem erworbenen Plasma-TVs bezahlen muss, muss Francisca ziemlich genau rechnen, damit das Haushaltsbudget ausreicht. Franz kümmert sich nicht gerne um den Haushalt; er verbringt seine Freizeit lieber mit der Reparatur und Instandsetzung seines VW-Käfers, Baujahr 1966, oder in dem von seinen Eltern geerbten Schrebergarten, wo er sich gerne mit Freunden zum Skatspielen verabredet. Francisca ist überzeugt, dass sie ihre Familie mit den detailliert deklarierten Produkten, einige davon sogar mit dem Bio-Siegel, und einem zusätzlichen Angebot an Tiefkühlkost sowie etwas frischem Obst und Gemüse ausgewogen ernährt. Letzteres hat sie eingeführt, als ihre Tochter in der Schule den gesundheitlichen Wert verschiedener Lebensmittel anhand der Ernährungspyramide durchgenommen hat. Verunsichert ist sie darüber, was die Pestizidbelastung von frischem Obst und Gemüse betrifft. Deshalb haben sie und ihr Mann das Spritzen von Obst und Gemüse, welches sie in ihrem Schrebergarten in geringen Mengen anbauen, erst einmal ausgesetzt. Den täglichen Konsum von zuckerreichen Limonaden hat sie in letzter Zeit eingeschränkt, weil der Kinderarzt ihr eine Reduktion der Kalorienzufuhr bei der Ernährung ihres zu Übergewicht neigenden Sohnes empfohlen hat. Faye hat seit drei Monaten einen Freund, der aus einer „Ökofamilie“ kommt. Er ist es gewohnt, dass Speisen mit regionalen und biologischen Produkten frisch zubereitet und gemeinsam gegessen werden – eine alimentäre Praxis, die bei Familie D. aus dem Blick geraten ist. Jetzt isst Faye auch gelegentlich in der Schulmensa, in der ein Bio-Caterer frisch zubereitete Mahlzeiten zu einem günstigen Preis anbietet. Auch Francisca trifft sich gerne mit Arbeitskollegen in der Kantine ihres Arbeitgebers zum Mittagessen und genießt die Geschmacksvielfalt ökologischer Produkte. Dort gibt es außerdem Kaffee aus Fair Trade Produktion. Ihre Kollegin hat ihr zum Geburtstag ein Kochbuch „Vegetarische Küche“ geschenkt; demnächst will sie das eine oder andere Rezept ausprobieren. Soweit es der schmale Geldbeutel erlaubt, wird sie dann auch mal Bioprodukte kaufen, die mittlerweile kaum noch mehr kosten als konventionelle Produkte. Die Produkt-Ökosiegel sollen in den letzten Jahren ja übersichtlicher und glaubwürdiger geworden sein.

Rolf und Renate O. haben zwei gemeinsame Hobbies: Kochen und Reisen. Im vergangenen Jahr haben sie an einer Studienreise durch China teilgenommen; ihr geplantes nächstes Ziel wird Mexiko sein, wo sie die Heiligtümer der Azteken besuchen wollen. Aus den fernen Ländern bringen sie gerne Gewürze und Rezepte mit, die sie zu Hause auszuprobieren. Beide sind leidenschaftliche Köche; sie lieben das kreative Zubereiten von Speisen und experimentieren auch gerne mit neuen Produkten. Daneben stehen traditionelle Gerichte wie Grünkohl mit Pinkel auf ihrem Speiseplan. Ihre Wohnküche ist funktional eingerichtet, ohne überflüssige technische Ausstattung. Gerne sitzen sie mit Freunden an dem großen Küchentisch und genießen ein schönes Essen. Das Frotzeln ihrer Freunde über ihre Reise-Öko-Bilanz lässt sich wieder leichter ertragen, seitdem der Flugverkehr in den Emissionshandel einbezogen wurde. Und schließlich sind frisches, ökologisch erzeugtes Obst und Gemüse wichtige Säulen ihrer Ernährung. Während ihrer Berufstätigkeit aus Zeitgründen, heute zur Vermeidung der vielen Autofahrten, sind sie schon seit vielen Jahren einem wöchentlichen Lieferservice der ökologischen Erzeugergenossenschaft angeschlossen, der Obst und Gemüse der Saison von ausgesuchten Öko-Betrieben in verschiedenen Größen bereithält und jeden Freitag direkt anliefert. Grundnahrungsmittel kauft Renate entweder im Bio- oder im Supermarkt. Ihren Fleischkonsum haben die beiden bereits vor Jahren eingeschränkt, als die Tochter Rose aus tierethischen Gründen Vegetarierin wurde. Vor kurzem haben sie bei einem Direktvermarkter einen köstlichen Bioschinken entdeckt, der aus dem Fleisch einer vom Aussterben bedrohten alten Schweinerasse hergestellt wird. Wenn Rose, die in Göttingen studiert, zu Besuch kommt, gehen sie gerne mit ihr essen – in Restaurants, die einem der zahlreichen regionalen Gastronomienetzwerke angehören und sich selbst verpflichtet haben, Speisen aus regional erzeugten Produkten anzubieten. Vor drei Jahren haben sich Rolf und Renate O. entschlossen, ihr im Stil eines Englischen Gartens angelegtes Grundstück partiell in einen Gemüsegarten zu verwandeln. Das Ehepaar engagiert sich seit einigen Jahren in Vereinen zur Erhaltung der regionalen Landschafts- und Baukultur und im Oldenburger Convivium von Slow Food.

Zwar ernähren sich die vier Männer und Frauen, die in Hannover in einer WG zusammenwohnen, aufgrund ihrer heterogenen Lebensumstände sehr unterschiedlich, doch vor einiger Zeit haben sie auf Anregung von Silvia beschlossen, den gemeinsam konsumierten Kaffee und Tee aus Fair Trade Produktion zu kaufen. Silvia ist überzeugte Vegetarierin und konsumiert ausschließlich Lebensmittel aus ökologischer Produktion. Auch ihre Kleidung kauft sie nach diesen Gesichtspunkten ein. Sie war es auch, die bei den Vermietern eine Umstellung auf Öko-Strom durchgesetzt hat. Bereits im Studium beschäftigte sie sich in einer studentischen Initiative mit fairen Produktionsbedingungen und umweltverträglichem Konsum und in ihrem Freundeskreis herrscht „Öko-Konsens“. Sabine trifft sich gerne mit Freunden – abends in der angesagten Kneipenszene oder am Wochenende zu gemeinsamen Unternehmungen. Sie liebt das „Snacking“ – türkisch, italienisch, gerne auch mal ökologisch – Hauptsache, sie muss dafür nicht in der Küche stehen und Zeit mit der Zubereitung von Essen verbringen, wie sie das von ihrer Mutter kennt. Seit der Trennung von ihrem Freund hat sie Gewichtsprobleme, weil sie Kummer gerne durch Essen kompensiert. Von Silvia hat sie erfahren, dass Vollkornprodukte zwar mehr Kalorien haben als die Lightprodukte, die sie gerne zur Gewichtsregulierung einsetzt, aber auch sättigender sind und auf Dauer das Gewicht senken. Sie will nun versuchen, ihre Ernährungsgewohnheiten zu verändern und sich mehr an Silvia zu orientieren. Auch Sport soll nun in ihren Alltag integriert werden; dabei will Stefan sie unterstützen. Stefan ist sportbegeistert und trainiert, so oft er kann. Seinen erhöhten Kalorienbedarf deckt er danach häufig mit Functional Food. Als Krankenpfleger ist er mit Gesundheitsfragen vertraut und weiß, wie er sich ernähren müsste. Seine Ernährungsgewohnheiten sind jedoch durch den Schichtdienst am Krankenhaus geprägt. Er isst meistens in der Krankenhauskantine, die vor einigen Jahren auf Anregung von einigen Mitarbeitern das Angebot auf überwiegend regionale Produkte und ökologische Qualität umgestellt hat. Serge isst mittags und abends in der Mensa der Universität, die konsequent ihre Nachhaltigkeitsziele verfolgt und realisiert: alle Lebensmittel werden aus ökologischer Produktion bezogen, die Namen der Erzeuger und die Produktionsstandorte werden täglich auf einer digitalen Tafel aktualisiert. Serge hat in der Wohngemeinschaft das gemeinsame Kochen und Essen wieder belebt. Mehrmals pro Woche trifft sich, wer Zeit hat. Den Einkauf erledigt Serge in dem Biomarkt neben der Universität. Beim gemeinsamen Essen wird schon mal öfter über die Glaubwürdigkeit der Öko-Label diskutiert. Manchmal haben sich die vier auch schon mitten in der Diskussion die Vergabekriterien und Testate direkt auf den Homepages der Hersteller und Händler angeschaut. Nach den Verbesserungen in den letzten Jahren finden mittlerweile alle die Kennzeichnungen und Öko-Label ziemlich glaubwürdig, und außerdem kosten die Bio-Produkte mittlerweile auch nicht mehr viel mehr als konventionelle Ware.

In Fortsetzung des bisherigen Ausbaus der ökologischen Landwirtschaft und insbesondere ausgelöst durch die Herausforderungen des globalen Klimawandels haben die EU und die Bundesregierung eine Reihe von Maßnahmen ergriffen, die den Trend zu ökologischer Qualität, Erzeugung in der Verzehrsregion und fairem Handel im Ernährungskonsum weiter verstärken. Die Nachhaltigkeitsorientierung in der Landwirtschafts- und Verbraucherpolitik hat ebenso wie Effizienzverbesserungen und Innovationen in der Bio-Landwirtschaft dazu beigetragen, dass der Preisunterschied zwischen konventionellen und Bio-Produkten weiter abgenommen hat und im Durchschnitt nur noch 10 – 20 % beträgt. In EU-Normen und nationalen Gesetzen sind Minimalstandards für Biolebensmittel und Produktkennzeichnung mehrfach angehoben worden. Im Post-Kyoto-Zeitalter haben die Industrieländer und die wichtigsten Schwellenländer (China, Indien, Russland, Brasilien...) den Verkehr in ihre Treibhausgasemissionshandelssysteme einbezogen.

Davon profitieren regionale Hersteller ökologischer Produkte. Fair gehandelte Produkte wurden aufgrund der durchschnittlich langen Transportwege zwar etwas teurer. Teilweise konnte das von den Herstellern und dem Handel aber aufgefangen werden; durch Aufklärungskampagnen bei den Konsumenten konnte zum Teil eine Abwanderung zu billigeren Produkten vermieden werden. Die Flut von Öko-Labels, die die Orientierung erschwert und auch nicht immer transparent vergeben werden, wurde zugunsten weniger, anspruchsvoller, transparenter und glaubwürdiger Öko-Labels zurückgedrängt. Die Ökoanbauverbände haben 2014 ihre Öko-Labels zusammengeführt. Nach einer Branchenvereinbarung im Jahr 2016 zogen die großen Handelsketten nach und haben ihre Öko-Hausmarken zugunsten eines einheitlichen Labels, welches von einer unabhängigen Zertifizierungsorganisation vergeben wird, aufgegeben. Neben dem Anschluss an das gestiegene Gesundheitsbewusstsein der Konsumenten gelang es den in Netzwerken zusammengeschlossenen Erzeugern, dem Handel und Verbraucherorganisationen, die regionale Wirtschaft, die Erhaltung der regionalen Kulturlandschaft und nicht zuletzt den Klimaschutz als bedeutende Kategorien von Lebensqualität herauszustellen und umzusetzen. Davon profitieren nicht nur Bio-Läden, Bio-Supermärkte, Regionalvermarkter und spezialisierte Fair Trade Händler, sondern auch der konventionelle Groß- und Einzelhandel. Die Erfolge von Vorreitern im Handel und die Unterstützung durch spezialisierte Politikintermediäre haben maßgeblichen Anteil an der Entwicklung hin zu einem nachhaltigeren Ernährungskonsum. In den Medien ist nachhaltige Ernährung Thema, immer auch wieder „befeuert" durch Skandale und Negativnachrichten der konventionellen Herstellung von Lebensmitteln. Die Klimaschutz relativierende („alles natürliche Ursache") und bioproduktkritische Berichterstattung (Unglaubwürdigkeit von Öko-Labels, Belanglosigkeit des Handelns einzelner) hat mehr und mehr an Glaubwürdigkeit und Strahlkraft verloren.

Soziale Verantwortung und Gerechtigkeit gelten im Jahr 2020 als zukunftsfähige Leitmotive für wirtschaftliches Handeln. Neben der Förderung von dezentralen Beschaffungsweisen, dem Ausbau der Erzeuger- und Liefergenossenschaften sowie der Herstellung und Vermarktung regionaler Spezialitäten ist es schließlich die Stärkung der alltäglichen Ernährungskultur, die zu einem Wandel geführt hat und führen wird. Es gilt als zeitgemäß und zukunftsträchtig, freie Zeit auch mit der Beschaffung und Zubereitung von (ökologischen) Mahlzeiten zu verbringen und die kreative Kompetenz des Kochens sowie die soziale Dimension des gemeinsamen Essens zu pflegen. Dazu haben nicht zuletzt die beständige Ausweitung schulischer und betrieblicher Angebote in Mensen und Kantinen wie auch die begleitende Ernährungsbildung beigetragen An vielen Gesamtschulen, die vermehrt zu Nachmittagsunterricht und Ganztagesbetreuung übergehen, wird das Unterrichtsfach „Ernährungsbildung" als Querschnittsfach eingeführt. Dort werden im fächerübergreifenden Projektunterricht vielfältige Kompetenzen in Ernährungs-, Gesundheits- und Verbraucherbildung vermittelt. Aufgrund der höheren Verfügbarkeit von Kantinen mit Bio-Angebot ist die Wahrscheinlichkeit gestiegen, dass Konsumenten mit derlei Gütern in Berührung geraten und diese aufgrund des besseren Geschmacks schätzen lernen. Bislang ist die Verbreitung von ökologischen Produkten im Wesentlichen auch daran gescheitert, dass viele Kantinen diese Produkte nicht anbieten, dem Konsumenten aber die Zeit fehlt, sich mittags selbst zu versorgen. Darüber hinaus haben vegetarische Gerichte vorher ein Schattendasein in vielen Kantinen geführt, die deutlich von Fleischgerichten dominiert werden. Dies liegt auch daran, dass Kantinenköche vorwiegend auf Fleischgerichte ausgebildet werden und vegetarische Speisen eher geschmacksarm und eintönig zubereiten. Auf Initiative ökologisch ambitionierter Organisationen wird deshalb zunächst die Ausbildung der Köche optimiert. Diese lernen, vegetarische Gerichte schmackhaft und vielfältig zuzubereiten, so dass diese auch für solche Konsumenten attraktiv werden, die durch den Konsum von Fast Food und Fertiggerichten (Zucker, Fett, Geschmacksverstärker) Gemüsegerichte meist als langweilig empfinden. Weil die Kantinen nicht nur auf ökologische, sondern auch auf regionale Erzeuger umgestellt worden sind, stellen sich die Bio-Gerichte preislich nicht schlechter dar als herkömmliche Gerichte, die unter den höheren Transportkosten angesichts der steigenden Ölpreise teuer geworden sind.

Das vermehrte Angebot an (vegetarischen) Bio-Gerichten findet bei den Konsumenten Anklang, weil in der Öffentlichkeit das Bewusstsein für die Gesundheitswirkungen der Ernährung geschärft worden ist (bspw.

durch Lebensmittelskandale, Berichterstattung zu Adipositas etc.). Kantinen, die Bio-Speisen anbieten, bekommen einen großen Zulauf, denn ein Großteil der verwendeten Produkte unterliegt bereits bekannten Qualitätssiegeln, die den Konsumenten vertraut sind. Weil das Thema Gesundheit in aller Munde ist, setzen sich viele Konsumenten damit auseinander, indem sie die zahlreichen Angebote in der Gastronomie und in Weiterbildungseinrichtungen aufgreifen und ihre Kochfertigkeiten verbessern. Auch führen sie angeregte Diskussionen im Freundeskreis. Daher wird auch die Kommunikationsintensität zwischen Konsumenten bezüglich ihrer Ernährungspraktiken erhöht – es bestehen ja hohe Unsicherheit und Orientierungsbedarf. Dies ist die Sternstunde derjenigen Verbraucher, die schon seit längerem ihre Ernährung umgestellt haben und mittlerweile über ein fundiertes Wissen verfügen. Sie haben lange als „Vorreiter“ auf die Notwendigkeit einer ökologisch und regional orientierten Ernährungsweise hingewiesen; nun besitzen sie Vorbildfunktion für andere. Auf diese Weise wird das gemeinsame Einkaufen und Essenkochen eine nahe liegende gemeinsame Freizeitbeschäftigung; auch sind viele Nachhaltigkeitsinitiativen „bottom up“ ins Leben gerufen worden. Viele Konsumenten empfinden nun das Kochen selbst als willkommene Freizeitbeschäftigung und fühlen sich daher nicht unter Zeitdruck. Darüber hinaus ist ihre Zahlungsbereitschaft für Lebensmittelausgaben gestiegen, weil es sich ja um eine Freizeitaktivität handelt.

Aber auch die Ökologisierung der Außer-Haus-Verpflegung, die in einer rasch gestiegenen Anzahl von ökologisch wie regional orientierten Angeboten in der Schnellgastronomie zum Ausdruck kommt, mit der auf die veränderten Lebensbedingungen der Beschleunigung geantwortet wird, ist in vollem Gange. Im Resultat aller Bemühungen ist auch der alarmierende Anstieg der übergewichtigen und adipösen Kinder und Erwachsenen zwischen 2000 und 2010 rückläufig.

Der Marktanteil von Bio-Lebensmitteln ist von 4,5 % in 2008 auf 15 % gestiegen. Der Pro-Kopf-Fleischkonsum ist von 62 kg auf 40 kg pro Jahr gesunken. Der Marktanteil zertifizierter Fair Trade Produkte, der 2008 bei 0,12 % lag, hat sich verfünffacht und beträgt nun 0,6 %.

Die vorgestellten Haushaltstypen spiegeln die Probleme und neuen Möglichkeiten der deutschen Privathaushalte im Jahr 2020 wider. Familie D. steht beispielhaft für die Ernährungspraxis berufstätiger Familien mit Kindern: Von der Beschleunigung und Technisierung direkt betroffen, sieht Francisca D. in dem breiten Angebot an Convenience-Produkten die Lösung ihrer Zeitknappheit zwischen Beruf und Haushalt. Da aber auch Convenience-Produkte mittlerweile in Bio-Qualität und zu erschwinglichen Preisen angeboten werden, ist dies grundsätzlich kein Hindernis für mehr Nachhaltigkeit. Das traditionelle Geschlechtermodell der Familie (Franz kümmert sich nicht um die Ernährung) wirkt zusätzlich verfestigend auf die inzwischen gut funktionierenden Routinen des Einkaufens und Zubereitens der Mahlzeiten. Außerdem vertraut Francisca den Produktbotschaften, die neben der Entlastung auch die „richtige" Ernährung durch umfangreiche Deklarationen und einfache Rezepte versprechen. In das stabilisierte Wissensrepertoire dringen Konflikte ein, die zu Unsicherheit führen. Der Freund von Faye, der die Familie D. mit einer nachhaltigen Ernährungspraxis konfrontiert; der übergewichtige Sohn Felix, dessen Kalorienzufuhr auf ärztlichen Rat hin reduziert werden muss; das schmackhafte, ökologische Essen in der Kantine und das vegetarische Kochbuch, das ihr eine Kollegin schenkt. Dies ermöglicht Familie D., aus den Routinen des Alltags auszubrechen und ihre alimentäre Praxis zu verändern. Dabei helfen einfache und verständliche Produktkennzeichnungen. In Haushaltstyp 1 führen drei Gründe zu einer Veränderung der Ernährungspraxis: (1.) Die oben beschriebene Verunsicherung. (2.) Die gesunkene Preisdifferenz zwischen Bio-Lebensmitteln und konventioneller Ware, und (3.) einfache und übersichtliche Produktkennzeichnungen. Die Identität von Familie D. ist als biographische Konsumlogik vorrangig auf die eigene Gesundheit bezogen.

Rolf und Renate O. sind Akteure, die bewusst an die politischen Diskurse der Nachhaltigkeit anknüpfen, indem sie ökologische wie regionale Ernährungskonzepte verfolgen und als Konzept von Lebensqualität umsetzen. Gleichzeitig sind sie Neuem gegenüber aufgeschlossen, was ihre Reiseleidenschaft ebenso verdeutlicht wie ihre Bereitschaft, neue Produkte und fremde Rezepte in die Ernährungspraxis zu integrieren. Auch als sie noch berufstätig waren, fanden sie die Zeit, ihren nachhaltigen Ernährungsalltag partnerschaftlich zu organisieren: Sie verweigern sich erfolgreich den Pfaden der Beschleunigung und Entlastung. Sensibilisiert durch das soziale Klima der Nachhaltigkeit, haben sie sich entschlossen, einen Teil ihres Konsums auf Selbstversorgung umzustellen. Dennoch spiegelt ihr Beispiel auch die Inkonsistenzen des Alltags: Zwar organisieren sie ihre Ernährungspraxis so nachhaltig wie möglich; Fernreisen nehmen sie jedoch genau so wenig als widersprüchlich wahr wie die Einkaufspraxis im Supermarkt. Haushaltstyp 2 symbolisiert einen nachhaltigen Konsumstil, der jedoch nicht von den Ambivalenzen der Moderne verschont bleibt; Renate und Rolf O. pendeln zwischen den widersprüchlichen Angeboten der modernen Konsumwelt und praktizieren „ökologische Patchwork-Identität".

Die WG-Mitglieder sind eine heterogene Gruppe, deren Ernährungspraxis von einer robust definierten und umgesetzten Nachhaltigkeit (Silvia) als politische Konsumlogik über die interkulturelle Differenz des sozialen Miteinanders (Serge) bis hin zu Fitness und Functional Food (Stefan) sowie jugendkulturellem „Snacking" (Sabine) reicht. Die sozialen und kulturellen Kontexte prägen die Art und Weise ihrer Ernährung. Konzepte der Nachhaltigkeit erreichen die heterogenen Akteure dann, wenn diese wie selbstverständlich in die routinierten Praktiken Eingang finden: Bei Stefan ist es das Essen in der Krankenhauskantine, bei Sabine sind es ökologische Snackingangebote und der Tipp von Silvia, mehr Vollkornprodukte zu essen, Serge schärft das Bewusstsein für die soziale Dimension des Essens und Silvia gelingt es schließlich, die Gruppe von Fair Trade Produkten zu überzeugen. Außerdem hilft es sehr, dass die Preisdifferenz zwischen Bio-Lebensmittel und konventioneller Ware deutlich geringer geworden ist.

2.2 Szenario 2: Mixed case „Geteiltes Deutschland"

Trotz umfangreicher Bemühungen von staatlicher Seite ist es nicht gelungen, die Wertschätzung der Ernährung zwischen 2008 und 2020 deutlich zu steigern und damit eine nachhaltige Ernährungspraxis breit zu etablieren. Der Marktanteil von Bio-Lebensmitteln ist zwar von 4,5 % auf 9 % gestiegen. Gleichzeitig stieg aber auch der Pro-Kopf-Fleischkonsum von 60 kg auf 65 kg an. Der Anteil von Fair Trade Produkten ist auf minimalem Niveau geblieben (0,12 %). Die Nachhaltigkeit der Ernährung deutscher Haushalte veränderte sich zwischen 2008 und 2020 also praktisch nicht. Auch die Mobilität ist nach wie vor mit hohen Emissionen verbunden und die Transportkosten sind weiter gestiegen. Die aggressive Preispolitik der Discounter kompensiert einen Teil dieser Kosten, indem sie die Preise bei den Erzeugern auf ein kaum kostendeckendes Niveau drückt. Dies macht sich sowohl bei Bio-Lebensmitteln als auch bei konventioneller Ware bemerkbar. Neben den massiven Werbefeldzügen der großen Discounter ist zudem die Medienberichterstattung sehr heterogen: die Verbraucher sind verunsichert darüber, inwiefern von ihrem Ernährungsverhalten tatsächlich ein Einfluss auf das Klima ausgeht.

Weil Familie D. gerne in moderne Technik und Kommunikationsmedien sowie in aktuelle Mode investiert, steht ein exakt kalkuliertes Budget für die wöchentlichen Einkäufe von Lebensmitteln zur Verfügung. Francisca kocht nicht gerne und bevorzugt deshalb Fertigprodukte. Diese sind zwar teurer als unverarbeitete Grundnahrungsmittel, aber sie sind bequemer und zeitsparend. Das Kochen aufwändiger Rezepte verlangt Einkaufsplanung und kostet Zeit, die sie lieber mit ihrer Familie und mit Freunden verbringt. Die Ernährung mit Fertigprodukten ist teuer; der Einkauf von Bio-Fertigprodukten kommt aus diesem Grund gar nicht in Frage. Die Kinder Felix und Faye könnten zwar in der Schule und im Kindergarten zu Mittag essen, wegen ihrer Ernährungsgewohnheiten schmeckt ihnen jedoch das dort frisch zubereitete Essen nicht und sie essen lieber zu Hause, was ihnen gerade in Kühlschrank, Tiefkühltruhe oder Vorratsschrank zur Verfügung steht und schmeckt. Regelmäßige gemeinsame Mahlzeiten gibt es bei Familie D. nicht, weil meistens alle zu unterschiedlichen Zeiten zu Hause sind und Hunger haben. Nur an den Wochenenden, wenn im Schrebergarten gegrillt wird, sitzen alle zusammen am Tisch. Felix und Faye sind zu dick, aber Francisca ist nicht bewusst, dass sie den regelmäßigen Konsum von Süßigkeiten und zuckerhaltigen Limonaden einschränken müsste, um ihre Kinder vor bleibenden Schäden zu bewahren.

Rolf und Renate O. lieben die Natur. Sie gehen gerne wandern und verbringen viel Zeit mit der Pflege ihres im Stil eines Englischen Gartens angelegten Grundstücks. Sie kaufen regelmäßig Bioprodukte im Biosupermarkt oder im Bioladen. Beide kochen gerne und verwenden dafür frische Produkte. Da es Renate gesundheitlich nicht so gut geht (sie leidet an Rheuma), hat sie sich entschlossen, kein Fleisch mehr zu essen und auch weniger tierische Produkte zu konsumieren. Rolf dagegen isst gerne Fleisch, obwohl seine Tochter seit über zehn Jahren Vegetarierin ist und er über die Klimaproblematik des Fleischkonsums Bescheid weiß. Früher hat er Bio-Fleischprodukte auch im Supermarkt eingekauft, inzwischen kauft er diese in einem Fleischereifachgeschäft, das biologisches Rindfleisch aus der Region anbietet. Wenn Rose aus Göttingen zu Besuch ist, gehen die O.s gerne zusammen essen. Dazu fahren sie in das nahe gelegene Bad Zwischenahn, wo sie ein kleines Restaurant kennen, in dem hervorragend gekocht wird.

Die Ernährungsstile der vier WG-Mitglieder sind sehr heterogen. Obwohl Silvia im Studium auf fleischlose Ernährung und Bioprodukte umgestiegen ist und sie sich dabei pudelwohl fühlt, ist es ihr nicht gelungen, ihre Mitbewohner von den Vorteilen eines ökologischen Lebensstils zu überzeugen. Stefan weiß über gesunde Ernährung Bescheid; er isst viel Obst und Gemüse, täglich Vollkorn- und Milchprodukte sowie meistens zweimal pro Woche Fisch und selten Fleisch. In der Kantine des Krankenhauses kann er im Großen und Ganzen seinen Ernährungsstil realisieren. Er ist regelmäßig Kunde im Supermarkt, wo er auch gelegentlich zu Bioprodukten greift. Im Bioladen oder auf dem Wochenmarkt kauft er nicht ein; dafür fehlt ihm ebenso die Zeit wie für die Zubereitung von aufwändigen Gerichten. Stefan ist sportbegeistert und trainiert so oft er kann. Seinen erhöhten Kalorienbedarf deckt er häufig mit Functional Food. Sabine liebt das Snacking: hier ein Bisschen, dort ein Bisschen und in der Summe ist es dann soviel, dass sie in ständigem Konflikt mit ihrem Gewicht lebt. Serge ist ein Genussmensch: er liebt es, abends gemeinsam eine Mahlzeit zuzubereiten und zu essen, ein Glas Wein dazu zu trinken und über die Welt zu philosophieren. Das Essen in der Mensa ist für ihn eher eine Sättigungsangelegenheit, denn ein soziales Ereignis.

Aufgrund der am Billigpreis und der Menge orientierten Verbraucherpraxis war es nur eingeschränkt möglich, den deutschen Biolandwirten langfristige Anbau- und Liefergarantien zu gewähren. Auch die Gesetzgebung kommt nicht so recht voran. Die EU-Verordnung zum gesetzlichen Minimal-Standard für Bio ist seit dem Jahre 2010 nicht mehr novelliert worden. Und auch die Öko-Label-Flut konnte nicht eingedämmt werden. Nach wie vor gehen die ökologischen und die Fair Trade Anbau- und Handelsorganisationen ihre eigenen Wege, ebenso wie die großen Handelsketten. Lebensmittelskandale irritieren die Konsumenten immer mal wieder kurzzeitig, führen wegen der Unübersichtlichkeit und teilweisen Glaubwürdigkeitsprobleme der Öko-Labels beim Gros der Konsumenten aber keine dauerhaften und durchgreifenden Verhaltensänderungen herbei. Zwar gibt es mittlerweile spezialisierte Politikintermediäre wie die Agentur für gesunde und nachhaltige Ernährung, aber diese ist mit relativ geringen Mitteln ausgestattet, und die Kooperation mit den Vorreitern der Branche klappt nicht richtig. Auch gelingt es den Innovatoren im Lebensmittelgroß- und Lebensmitteleinzelhandel nur sehr eingeschränkt, Nachahmer zu finden und auf die Branche auszustrahlen. Von Bioverbänden zertifizierte Lebensmittel sind nach wie vor Güter, die man sich leistet, und nicht selbstverständlich in den Ernährungsalltag vieler Menschen eingebettet. Auf Internet- und Mobilfunkplattformen informieren und organisieren sich Konsumenten über neue Produkte und neue Bezugswege. Die darin zum Ausdruck kommende Konsumentensouveränität hat jedoch ihren Preis: sie exkludiert die bildungsfernen Konsumenten. Bei diesen spielen die internationalen Großkonzerne mit ihren attraktiv beworbenen Markenprogrammen nach wie vor eine herausragende Rolle. Die Forschung und Entwicklung der Lebensmittelqualität und -sicherheit hat einen hohen Standard erreicht; die gesundheits- und wellnessfokussierte Functional-Food-Industrie verzeichnete im letzten Jahrzehnt ein zweistelliges Umsatzplus.

Der Marktanteil von Bio-Lebensmitteln ist zwar von 4,5 % auf 9 % gestiegen. Gleichzeitig stieg aber auch der Pro-Kopf-Fleischkonsum von 60 kg auf 65 kg an. Der Anteil von Fair Trade Produkten ist auf minimalem Niveau geblieben (0,12 %). Die Nachhaltigkeit der Ernährung deutscher Haushalte veränderte sich zwischen 2008 und 2020 also praktisch nicht. Die Tendenz der Unternehmenskonzentration in größere Verbünde und Großunternehmen auch im Ernährungssektor hat den gesellschaftlichen Trend der Entfremdung von den Produktionsprozessen weiter verstärkt. Abgekoppelt von der Erzeugung und Verarbeitung, kann es einem Großteil der Verbraucher nicht gelingen, sich mit Produkten und Regionen zu identifizieren und so zu einer nachhaltigen Ernährungskultur beizutragen. Gekauft wird, was in den Regalen der Discounter und der Supermärkte angeboten und unter hohem Kostenaufwand beworben wird. Nur in bildungsnahen Haushalten konnten Kriterien wie Verantwortung und Gerechtigkeit, aber auch Qualität und Genuss zu nachhaltigen Konsumpraktiken führen. Bildungsferne Schichten werden durch den Convenience- und Wellnesstrend besser erreicht. Fertigprodukte und Functional Food symbolisieren diesen Modernität und Sicherheit in einer immer komplexer werdenden Welt des Ernährungswissens.

Die vorgestellten Haushaltstypen spiegeln die Probleme und zum Teil auch neuen Möglichkeiten der Privathaushalte in Deutschland wider. Die Ernährungspraxis von Familie D. ist durch den selbstverständlichen Gebrauch der Convenience-Produkte geprägt. Francisca fühlt sich nicht verunsichert, weil sie in keinerlei Konfliktsituationen gerät, die das Selbstverständnis ihrer alimentären Praxis in Frage stellen könnten. Ernährungskultur hat im Gegensatz zu anderen Konsumgütern keinen festen Platz in den Routinen der Familie: es wird weder gekocht noch gemeinsam gegessen, sondern frei und beliebig nach Appetit konsumiert. Die soziale Dimension des Essens wird nicht mehr erlebt und damit die Wertigkeit der Lebensmittel genauso wenig rezipiert wie gemeinsame Mahlzeiten praktiziert werden. Bioprodukte sind zwar bekannt, werden aber wegen des höheren Preises nur selten gekauft, der im Gegenzug für Fertigprodukte bereitwillig bezahlt wird. Insgesamt konsumiert die Familie deutlich mehr Fleisch als noch vor 12 Jahren. Die Konsumlogik von Familie D. ist trotz öffentlicher Diskurse von Gesundheit, Verantwortung und Gerechtigkeit vorrangig auf den demonstrativen Konsum gerichtet; auch die Geschmackspräferenzen ihrer Kinder, die an industriell hergestellter Nahrung ausgebildet worden sind, sind für Francisca kein wahrnehmbares Problem. In Haushaltstyp 1 bewirkt die unreflektierte Sicherheit eine Stabilität der alimentären Praxis.

Rolf und Renate O. sind naturbezogen und pflegen einen Konsumstil, der sich an Konzepten der Nachhaltigkeit orientiert. In ihrem partnerschaftlich organisierten Lebensmodell sind der Genuss und Geschmack des Essens für sie von höherer Bedeutung als die ethische Dimension der Ernährung, die erst durch die Intervention der Tochter bezogen auf den Fleischkonsum ins Spiel kommt. Durch Kampagnen von foodwatch und anderen Organisationen wissen sie zwar, dass ihr persönlicher Fleischkonsum, weltweit gesehen, zu hoch ist, aber nach wie vor konsumieren sie 40 kg pro Kopf und Jahr. Zumindest bemühen sie sich, Fleisch und Wurst in Bio-Qualität zu bekommen. Aber auch durch biographische Gründe, wie die Krankheit von Renate, verändern sie ihren Ernährungsstil. Die hohe Relevanz solcher „Gelegenheitsfenster" des Wandels in Haushaltstyp 2 verhindert eine breite Diffusion von Nachhaltigkeit.

Die WG verdeutlicht, dass die Interventionen von einzelnen Akteuren durch das politische und wirtschaftliche Klima gestoppt werden: Silvia kann ihre Mitbewohner nicht vom Biokonsum überzeugen, und deren Routinen werden auch durch andere Akteure, Organisationen oder Institutionen nicht erschüttert. Die Konzepte der Nachhaltigkeit erreichen diese Gruppe nur in der Person von Serge, der genauso stabil wie Silvia an der sozialen Dimension des Essens festhält.

Zwar ist das Bedürfnis, gesunde Lebensmittel zu konsumieren, weit verbreitet, doch die Qualitätsdifferenz zwischen ökologisch erzeugten und konventionell produzierten Lebensmitteln ist nur denjenigen Verbrauchern vertraut, bei denen Genuss und Verantwortung im Fokus des Bewusstseins und der Ernährungspraxis stehen. Die Nachhaltigkeitspolitik der Bundesregierung war aufgrund mangelnder Anschlussfähigkeit an die Gewohnheiten der Verbraucher nicht so erfolgreich, wie es nötig gewesen wäre, um den Wandel zu klimarelevantem und ethischem Konsum zu betreiben. Auch die Verbraucherorganisationen konnten gegen die vorherrschende Philosophie großer, preiswerter Mengen nicht eine Philosophie der Qualität und des Genusses durchsetzen.

2.3 Szenario 3: Worst case „Armes Deutschland"

Trotz vielfältiger Bemühungen, politischer Programme usw. sind zwar einzelne Teilerfolge zu beobachten (Anstieg des Marktanteils von Bio-Lebensmitteln von 4,5 % auf 6 %), insgesamt hat sich die Ernährung in Deutschland aber in Richtung Nicht-Nachhaltigkeit bewegt. So stieg die Pro-Kopf-Klimabelastung durch Ernährung insbesondere durch generellen Mehrkonsum und einen höheren Pro-Kopf-Fleischverbrauch (75 kg pro Jahr) an. Fair Trade Produkte, die in 2006 noch ein Marktvolumen von 157 Mio. € und damit einen Marktanteil von 0,12 % hatten, spielen nur noch eine absolute Randerscheinung (Marktanteil 0,04 %). Der bisherige Trend zu ökologisch guten, regional erzeugten und fair gehandelten Produkten in der alltäglichen Ernährungskultur hat sich umgedreht. Die Bevölkerung sieht die Notwendigkeit einer koordinierten Verhaltensänderung auf allen Teilen des Globus, hat aber den Eindruck gewonnen, dass neben Deutschland nur wenige andere Länder eine konsequente Umweltpolitik betreiben. Viele Konsumenten haben daher das Interesse verloren, sich an der Bereitstellung des „öffentlichen Gutes" Klimaschutz zu beteiligen. Dies erfolgt vor dem Hintergrund, dass der globale Klimawandel zu weiteren, spürbaren Veränderungen auch in Deutschland geführt hat. Auf die milden Winter folgen heiße Sommer, die durch starke Regenfälle geprägt sind. Die Flora und Fauna hat sich den neuen klimatischen Verhältnissen angepasst; in Norddeutschland wachsen Weintrauben und Feigen; die Invasion der Pazifischen Auster an der Nordseeküste hat eklatante Ausmaße erreicht – die einheimischen Bestände sind verdrängt, denn ganze Strandabschnitte sind von den Schalentieren überkrustet. Der Gesamtenergieverbrauch sowie die CO_2-Emissionen sind weiter angestiegen. Der demographische Wandel hat zu einem starken

Anstieg der Generation 60+ geführt; die Geburtenrate ist weiter gesunken. Ein Fünftel der Bevölkerung, vor allem Familien mit Kindern und Senioren, lebt in prekären Verhältnissen und ist von Transferleistungen des Staates abhängig. Trotz zahlreicher staatlicher Präventionsprogramme belasten die gesundheitlichen Folgen der jahrzehntelangen Fehlernährung das Gesundheitswesen stark. Aufgrund der umfassenden Virtualisierung und Digitalisierung sind neue soziale Barrieren entstanden, die große Teile der Bevölkerung vom Wissenserwerb ausschließen. Die Bildungspolitik der Bundesregierung konnte trotz zahlreicher Maßnahmenkataloge diesen Trend nicht stoppen.

Die Ernährungs- und Einkaufsgewohnheiten von Familie D. sind durch ein weiter gestiegenes Angebot an Fertigprodukten geprägt. Außerdem konsumiert die Familie deutlich mehr Fleisch als in 2008, insbesondere außer Haus in Fastfood-Restaurants und Imbissen Da Mutter Francisca nicht kochen gelernt hat und kein Interesse zeigt, es zu lernen, und auch Franz sich nicht gerne in der Küche aufhält, wird fast ausschließlich zu Tiefkühlprodukten, Pommes Frites und Pizza etc. gegriffen. Die Sommerwochenenden verbringt die Familie in dem kleinen Schrebergarten und grillt mit den Nachbarn. Einmal pro Woche geht Familie D. gemeinsam essen – z.B. bei McDonalds, wo die Kinder gerne zu den Happy Meals greifen, die immer eine Überraschung zum Spielen bereithalten. Wöchentlich werden bei einem Discounter die benötigten Lebensmittelvorräte besorgt. Dort gibt es fast alles, was die Familie braucht. Frisches Gemüse und Obst stehen nur selten auf dem Speiseplan und Bioprodukte oder Produkte aus regionaler Erzeugung konsumiert die Familie nicht, auch wenn es diese mittlerweile als komfortable Fertigprodukte gibt. Die Mehrkosten von 30 % sind ihnen einfach zu viel, und es erschließt sich ihnen daraus kein Mehrwert. Felix ist wegen kindlicher Adipositas in ärztlicher Behandlung; auch Faye ist bereits etwas übergewichtig. Vor einigen Wochen sind neue Nachbarn in das Mietshaus eingezogen: eine türkische Familie mit vier Kindern und Großmutter. Es geht eng zu in der 3-Zimmer-Wohnung, aber in der Mitte des Esszimmers steht ein großer Tisch, um den sich die Familie zum Essen versammelt, das täglich mit frischen Produkten zubereitet wird. Am nächsten Wochenende sind Francisca und Franz mit den beiden Kindern bei Familie T. zum Essen eingeladen.

Rolf und Renate O. kaufen ihre Lebensmittel meistens im örtlichen Supermarkt, der auch Bioprodukte und Produkte aus der Region im Angebot hat. Freitags gehen sie auf den Wochenmarkt, um frisches Obst und Gemüse zu besorgen. Renate hat stets Grundnahrungsmittel wie Milch, Sahne, Käse, Eier, Mehl, Kartoffeln etc. im Haus. In ihrem Hausgarten stehen einige Apfelbäume und ein Kirschbaum; auch Beerensträucher und Erdbeeren wachsen dort, die Renate gerne zu Marmelade verarbeitet. Renate kocht meistens selber und verwendet dazu viele frische Produkte; Fertigprodukte verwendet sie kaum. Über ihre Tochter Rose, die in Göttingen studiert, haben sie Fair Trade Produkte kennen und schätzen gelernt. Gelegentlich gehen Renate und Rolf in einem italienischen Restaurant essen. Bereits vor 15 Jahren haben sie sich eine Solarthermieanlage auf dem Dach installieren lassen, mit der sie nicht nur Warmwasser, sondern auch einen Teil der Heizenergie selber erzeugen können – in einer Zeit hoher Energiepreise eine längst amortisierte Investition.

Seit der spanische Austauschstudent Serge in die Wohngemeinschaft in Hannover eingezogen ist, wird einmal in der Woche gemeinsam gekocht und gegessen. Die dafür benötigten Produkte werden sowohl beim Discounter wie auch im Biosupermarkt oder im Spezialitätenhandel besorgt. In der übrigen Zeit ernähren sich die vier Männer und Frauen sehr unterschiedlich: Sabine isst meist kleine Snacks, da sie in ihrer Ausbildungsstätte keine Möglichkeit hat, ein warmes Essen einzunehmen. Weil sie Gewichtsprobleme hat, greift sie häufig zu sogenannten Lightprodukten. Silvias Frühstück besteht aus Bio-Müsli und frischem Obst. Leider konnte sie bei ihren Mitbewohnern nicht durchsetzen, Kaffee und Tee aus Fair Trade Produktion zu kaufen. Mittags, wenn sie von der Schule nach Hause kommt, bereitet sie sich ein Essen aus ökologischen Produkten. Als Vegetarierin achtet sie auf eine ausgewogene Ernährung. Stefan weiß zwar, wie er sich ernähren muss, um gesund zu bleiben, seine Ernährungsgewohnheiten sind jedoch durch den Schichtdienst am Krankenhaus geprägt. Er isst meistens in der Krankenhauskantine, die das Essen von einem zentralen Catering-Service bezieht. Eine Initiative von einigen Mitarbeitern, auf bessere und ökologische Qualität umzusteigen, konnte wegen mangelnder Beteiligung an einer Meinungsumfrage nicht realisiert werden. Stefan ist sportbegeistert und trainiert so oft er kann. Seinen erhöhten Kalorienbedarf deckt er häufig mit Functional Food. Serge isst mittags und abends in der Mensa der Universität, die zwar in ihrem Qualitätsmanagement Nachhaltigkeitsziele verfolgt, aber aufgrund der Knappheit ökologischer Produkte inzwischen auch wieder konventionelle Produkte verarbeiten muss.

Der Megatrend Globalisierung schreitet voran. Aufgrund der weltweit knapper und teurer werdenden fossilen Rohstoffe (die Benzinpreise sind seit 2008 auf das Doppelte angestiegen) und einer dennoch steigenden Nachfrage wurden die Anbauflächen für nachwachsende Rohstoffe auch in Deutschland stark erweitert, was aufgrund der Flächennutzungskonkurrenzen und der damit einhergehenden Getreide- und Sojaimporte aus Südamerika zu drastischen Preisanstiegen bei Nahrungsmitteln und einem hohen Importaufkommen an Lebensmitteln, vor allem aus der Supramacht China, geführt hat. Kleine und mittlere landwirtschaftliche Betriebe wurden von umsatzstarken Großbetrieben fast völlig vom Markt verdrängt. Die Schadstoffbelastung der konventionell produzierten Lebensmittel hat weiter zugenommen; Folge der harten Konkurrenz am Markt sind Lebensmittelskandale und ein rigoroser Preiskampf nach dem Motto „Masse statt Klasse" ist in vollem Gange. Bioprodukte sind trotz umfangreicher Importe aus den europäischen Nachbarstaaten, vor allem aus Russland, aufgrund der gestiegenen Transportkosten nach wie vor deutlich teurer als konventionelle Produkte (30 – 50 %). Der Lebensmittelhandel bringt immer noch weitere Öko-Label hervor. Deren Vergabe- und Kontrollpraxis liegt weitgehend im Dunkeln. Die Skandale der letzten Jahre über eine fahrlässige Vergabepraxis von Öko-Labels haben keine tiefgreifenderen Konsequenzen nach sich gezogen. Ganz im Gegenteil wurde dadurch das Vertrauen von Verbrauchern über die ökologische Qualität ausgezeichneter Produkte beschädigt. Außerdem verhindert die Lobby-Arbeit von konventionellen Landwirtschaftsverbänden und der Lebensmittelindustrie die Einrichtung von speziellen nationalen und bundeslandbezogenen Agenturen für gesunde und nachhaltige Ernährung. Es fehlt also an geeigneten Politikintermediären. Bio-Verbände und kritische NGOs wie foodwatch können dies mit ihren begrenzten Mitteln nicht kompensieren. Auch die wenigen Bio- und Fair Trade Innovatoren im Lebensmittelgroß- und Lebensmitteleinzelhandel haben keine nennenswerten Ausstrahlungseffekte auf die Branche.

Die Großunternehmen der Ernährungsindustrie bestimmen den Markt durch Convenience-und Fast-Food-Produkte, deren Gebrauch im Laufe der Zeit zu einer Kompetenzverschiebung bei den Endverbraucher/innen geführt hat. Mit hohen Investitionen in Marketing und Werbung greifen diese Unternehmen in die Routinen der Konsumenten ein und verändern sowohl die Fähigkeiten und Fertigkeiten des Selbermachens wie auch die Geschmackskompetenzen durch den Zusatz von künstlichen Aromen und Geschmacksverstärkern, deren Funktion durch das Verkaufsargument vermeintlicher Natürlichkeit unterstützt wird. Weltweit lässt sich der Ernährungstrend mit „Fetter, schwerer, schneller, mehr" umschreiben. Und die Zahl der Übergewichtigen hat die Zahl der Hungernden überholt. Die McDonaldisierung der Ernährungskultur macht auch vor den Küchen nicht halt: Bestens ausgestattet, dienen diese kaum mehr zum Kochen, da Modernität für viele Menschen in Ernährungstrends zum Ausdruck kommt, bei denen Tiefkühltruhe, Mikrowelle und Kaffeevollautomat das Zentrum in der Küche bilden. An das Zeitmanagement der Konsumenten werden viele Anforderungen gestellt und zentralisierte Beschaffungsweisen – Einkaufszentren auf der grünen Wiese, elektronische Systeme sowie flächendeckend eingesetzte Tiefkühllieferanten – decken die gesamte Produktpalette ab. In dieser durch globale Ernährungstrends geprägten Ernährungskultur, bilden nachhaltige Konsumpraktiken lediglich kleine Inseln, die zu keiner umfassenden Änderung der alimentären Praxis geführt haben. Einzelne Personen wie das WG-Mitglied Silvia praktizieren Nachhaltigkeit, unabhängig von den politischen und wirtschaftlichen Rahmenbedingungen. Ihre Grundhaltung ist stabil und über die Jahre konstant geblieben. Andere, wie Rolf und Renate, sind in der Tradition der Selbstversorgung mit dem eigenen Garten zu sehen und stehen dem Diskurs der Nachhaltigkeit zwar aufgeschlossen gegenüber, erkennen aber nicht die zwingende Notwendigkeit, ihre Routinen zu ändern. Bei der großen Gruppe der konventionellen Konsumenten führen in dem politischen Klima des „Armen Deutschland" auch Konflikte, wie interkulturelle Differenzen in der sozialen Esskultur oder gesundheitsbezogene Probleme, nicht zu einer Kompetenzänderung.

Trotz vielfältiger Bemühungen, politischer Programme usw. sind zwar einzelne Teilerfolge zu beobachten (Anstieg des Marktanteils von Bio-Lebensmitteln von 4,5 % auf 6 %), insgesamt hat sich die Ernährung in Deutschland aber in Richtung Nicht-Nachhaltigkeit bewegt. So stieg die Pro-Kopf-Klimabelastung durch Ernährung insbesondere durch generellen Mehrkonsum und einen höheren Pro-Kopf-Fleischverbrauch (75 kg pro Jahr) an. Fair Trade Produkte, die in 2006 noch ein Marktvolumen von 157 Mio. € und damit einen Marktanteil von 0,12 % hatten, spielen nur noch eine absolute Randerscheinung (Marktanteil 0,04 %). Der bisherige Trend zu ökologisch guten, regional erzeugten und fair gehandelten Produkten in der alltäglichen Ernährungskultur hat sich umgedreht. Der gesellschaftliche Trend der Technisierung hat auch vor dem Ernährungsbereich nicht halt gemacht. Sowohl die Produkte selbst wie auch die Praktiken der Verbraucher/innen spiegeln diesen Prozess wider. Vor allem die Convenience-Welle nimmt als Supertrend neue Zeit- und Ernährungspraktiken auf und bringt diese auch hervor. Francisca D. hat nie kochen gelernt und braucht es auch nicht zu lernen; ihren Kindern wird es ähnlich ergehen. Zwar nimmt sie die interkulturelle Differenz zu ihren türkischen Nachbarn wahr – zu einer Kompetenzänderung wird dieser Kontakt jedoch nicht führen. Weiterhin zeigen Rolf und Renate O., dass sie sich zwar um eine nachhaltige Ernährungs- und Lebensweise bemüht haben, dass ihre Pro-Kopf-Klimabelastung durch Ernährung aber trotzdem gestiegen ist. Dies hat zum einen damit zu tun, dass ihr Bio-Fleischkonsum geringfügig gestiegen ist und die Bio-Produkte, die sie im örtlichen Supermarkt kaufen, größere Transportentfernungen hinter sich haben als noch in 2008.

Die Sensibilisierung der Konsumenten für regionale und saisonale sowie biologische Produkte wurde politisch nur halbherzig durch einige wenige Informations- und Beratungskampagnen unterstützt, auch fehlten die entsprechenden Förderprogramme für kleine und mittlere Unternehmen, die durch wenige Großunternehmen und Importe aus Osteuropa nahezu vollständig vom Markt verdrängt wurden. Viele Verbraucher/-innen entscheiden sich für Produkte der Global Player, die aufgrund der intensiven Markenpolitik hohes Vertrauen genießen. Wegen der gestiegenen Gesundheitsorientierung und des anhaltenden Fitnesstrends werden vermehrt teure Light- und Wellnessprodukte nachgefragt: Sabine konsumiert Lightprodukte, um ihre durch das Snacking verursachten Gewichtsprobleme zu kompensieren; Stefan ist sportbegeistert und gesundheitsorientiert, was sich im Konsum von Functional Food niederschlägt. Fair Trade Kampagnen sind den Strategien der Großunternehmen zum Opfer gefallen. Zudem hat die Verwissenschaftlichung der industriellen Lebensmittelproduktion zu einer Zunahme der Entfremdung von den Produktionsprozessen geführt und somit außerdem eine Verbreitung des durch Gerechtigkeit und Verantwortung geprägten ethischen Konsums behindert, was auch in gescheiterten Initiativen von Akteuren wie den Krankenhausmitarbeitern zum Ausdruck kommt, die sich für eine Qualitätsverbesserung der Kantinenmahlzeiten einsetzen.

3 Schlussbemerkung

In die vorliegenden Szenarien sind die unterschiedlichen Hypothesen der Theoriemodule des Projektes eingegangen, die hier in knapper Form vorgelegt werden. Da Modul 2 eine übergreifende Integrationsfunktion mit der Erarbeitung von quantitativen Szenarien einnimmt, ist dieses Modul nicht berücksichtigt.

Die Hypothesen von Modul 1 sind in folgenden Konzepten und Bedingungen wieder zu finden:

- Fehleinschätzung des Konsumnutzens nachhaltiger Güter ex ante
- \+ Bildungsniveau bestimmt maßgeblich den Verzerrungsgrad
- \+ Informationsmängel (bildungsabhängig) behindern die optimale Konsumwahl
- Soziale Vergleiche beeinflussen Konsumverhalten (Peers: Pioniere, Imitatoren)
- Konsumroutinen/Gewöhnungseffekte (erreichter materieller Status soll gesichert und nach Möglichkeit noch übertroffen werden)

Die Hypothesen von Modul 3 sind durch folgende Konzepte und Bedingungen abgebildet:

- Mittel zur Bedürfnisbefriedigung erlernen (Gesundheit, soziale Anerkennung, Geschmack, Neugier)
- Soziale Bedingtheit bestimmter Konsumformen (Peers und Imitatoren)
- Erhöhtes Konsumwissen durch Medienberichterstattung und sonstige Informationsquellen, z.B. soziales Umfeld (bzgl. der ökologischen Qualität von Produkten und der Zubereitung von Nahrungsmitteln)
- Angeborene und erlernte Geschmackspräferenzen (Zucker, Fett, Geschmacksverstärker)

Die Hypothesen von Modul 4 sind durch folgende Konzepte und Bedingungen abgebildet:

- Die Durchsetzungsfähigkeit und Diffusionsgeschwindigkeit nachhaltiger Konsumlösungen hängt maßgeblich vom Verhalten von Schlüsselakteuren und Intermediären ab.
- Es gibt Schlüsselakteure sowohl auf der Angebots- als auch auf der Nachfrageseite. Schlüsselakteure sind Meinungsführer und Pioniere mit hohem Einfluss im sozialen System
- Intermediäre umfassen sowohl Marktintermediäre wie z.B. Handelsunternehmen (Gatekeeper-Funktion etc.) als auch sogenannte „Politikintermediäre", die qua politischem Auftrag oder Anliegen mit der Umsetzung von Nachhaltigkeitszielsetzungen betraut sind (z.B. Slow food).
- Wenn Intermediäre als Promotoren für nachhaltige Konsumlösungen in Erscheinung treten, tun sie dies aus folgenden Gründen: (1.) *Marktintermediäre* erhoffen sich daraus eine Verbesserung ihrer Wettbewerbsposition (z.B. durch Differenzierung) oder eine verbesserte Chance zur Entwicklung eines neuen Geschäftsfeldes. Dies kann mit unternehmensethischen Erwägungen (CSR etc.) kombiniert sein, muss es aber nicht. (2.) *Politikintermediäre* handeln im Auftrag staatlicher Institutionen oder aus gesellschaftspolitischem bürgerschaftlichen Engagement und sind umwelt- bzw. nachhaltigkeitsspezifischen Zielen verpflichtet.

Die Hypothesen von Modul 5 sind durch folgende Konzepte und Bedingungen abgebildet:

- Routinen und Kompetenzen als Handlungselemente, die durch kulturelle Wissensrepertoires gebildet werden
- Kompetenzverschiebungen durch temporale Pfade (Technisierung, Beschleunigung, Subjektivierung, Verwissenschaftlichung, Medialisierung)
- Aufbrechen der Routinen (eingeübte Handlungsprozeduren der sozialen Praxis) durch Konflikte und Gelegenheiten (Wissensänderung)
- Identitätskonstruktionen durch Konsum und Abbildung als Konsumlogik (politisch, demonstrativ, biographisch)

– Neudefinition von Lebensqualität bzw. Produktqualität durch Rekontextualisierung der Produktionsprozesse.

Die Zukunft von Energieversorgung und Energienutzung privater Haushalte in Deutschland

Qualitative Szenarien zum nachhaltigen Konsum im Jahr 2020

Jens Clausen zusammen mit Irene Antoni-Komar und Klaus Fichter

1 Zum Charakter der qualitativen Szenarien

Zur weiteren Integration der unterschiedlichen Theoriemodule im Projekt WENKE^2 wurden im Jahr 2008 zunächst für das Praxisfeld Ernährung qualitative Szenarien zur „Zukunft der Ernährung in Deutschland" im Jahr 2020 erstellt. Der folgende Text ergänzt nun Szenarien zur „Zukunft von Energieversorgung und Energienutzung privater Haushalte in Deutschland". Die Szenarien beschreiben jeweils drei unterschiedliche Entwicklungspfade und greifen die Erkenntnisse und Argumentationen der fünf Theoriemodule auf. Außerdem bauen sie auf den bis dato vorliegenden empirischen Ergebnissen auf. Die qualitativen Szenarien greifen dabei auch auf das Wirkungsmodell zurück, welches im quantitativen Modell von Theoriemodul 2 verwendet wird.[1]

[1] Vgl. Lehmann-Waffenschmidt, Cornelia et al. (2008): Konzeption einer Integration der theoretischen Ansätze des WENKE^2-Projektes in ein agentenbasiertes Modell für nachhaltige Konsummuster (MONAKO). Quantitative Szenarien von WENKE^2, Oldenburg (WENKE^2-Diskussionspapier).

1.1 Das Problem der Unterstellung von Homogenität

Die nachfolgenden Szenarien unterstellen weitgehend eine Homogenität zwischen der Entwicklung der Rahmenbedingungen und jener des Akteurshandelns. In der Wirklichkeit ist dies in der Regel natürlich keineswegs immer so und kann sich Akteurshandeln gerade auch als Widerstandshandeln gegen politische Rahmenbedingungen und/oder kulturellen Mainstream entfalten (so etwa die Anfänge der privaten wie kommerziellen Erzeugung regenerativer Energien). Die Analyse von Barrieren bzw. Hemmnissen und auf der anderen Seite Entwicklungsmöglichkeiten betrifft sogar zu einem guten Teil den Umgang mit Nichthomogenitäten, aus denen Neues entstehen kann. Insofern müssten die Szenarien letztendlich matrizenartig kombiniert werden, was hier aus Gründen zu großer Komplexität unterlassen wird.

1.2 Technologische Trends

Szenarien des Energieverbrauchs beschäftigen sich mit Technologien zur Energieerzeugung und ihrem Verbrauch sowie mit deren Nutzung durch die Konsument/innen. Allen Szenarien liegt die Annahme einer weiter positiven Entwicklung der regenerativen Energieerzeugung und der Energieeffizienz zu Grunde. Weiter geht das Nachhaltigkeitsszenario von einer Konvergenz der Medien- und Computertechnologien aus und auch einige noch unbekannte Innovationen kommen als Platzhalter beispielhaft ins Spiel.

1.3 Indikatoren für nachhaltige Entwicklung

Folgende Indikatoren für eine nachhaltigere Energieversorgung und Energienutzung werden in den Szenarien verwendet:

- ein gegenüber dem Status Quo höherer Marktanteil regenerativer Energie im Energiemix,
- ein höherer Marktanteil an energieeffizienten Produkten sowie
- eine Reihe von neuen (heute noch nicht bekannten) Technologien, die idealtypisch für weitere Innovationen stehen.

1.4 Die den Szenarien zugrunde gelegten Konsumtypen

Die Szenarien beschränken sich nicht allein auf eine einzelne „Muster-Familie", sondern umfassen drei unterschiedliche Haushalts- bzw. Konsumtypen, welche die wichtigsten Haushalts- oder Konsumtypen in Deutschland repräsentieren. (Vgl. hierzu den entsprechenden Abschnitt in den qualtiativen Szenarien zur Ernährung in diesem Band.)

1.5 Kurzbeschreibung der Szenarien

Abb. 1 Struktur der Szenarien

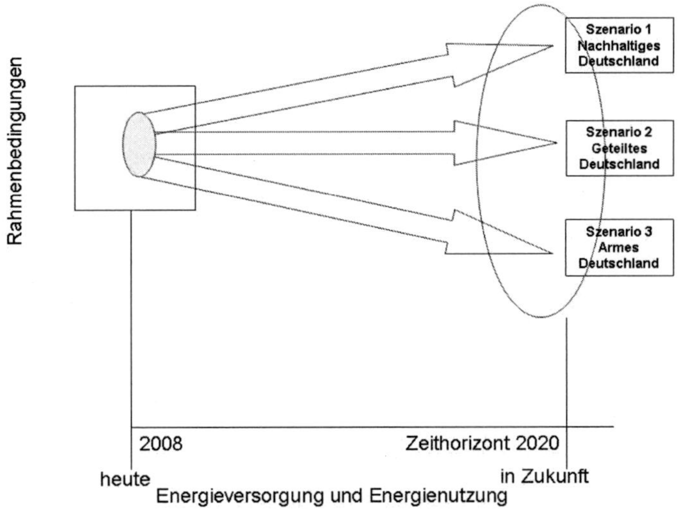

Szenario 1: Best Case „Nachhaltiges Deutschland"

Energieversorgung und Energienutzung verändern sich stark in Richtung Nachhaltigkeit. Dies lässt sich an drei zentralen Indikatoren ablesen: 35 % der Primärenergie und etwas über 50 % des Stroms werden regenerativ erzeugt. Das Ziel der nationalen Nachhaltigkeitsstrategie von 2002, die Energieproduktivität mehr als zu verdoppeln, wird knapp erreicht. Eine Reihe neuer Technologien wird durch innovative Unternehmen und StartUps auf den Markt gebracht, bei deren Diffusion politische Intermediäre hilfreich sind.

Durch quartiersbezogene Beratungseinrichtungen zum Thema Energienutzung werden zudem Personen erreicht, deren Informationsaufnahme weniger selbständig erfolgt. Kulturell hat der Stolz auf die autarke Energieversorgung des Einfamilienhauses die Nachfolge des Automobils als Gegenstand der persönlichen Außendarstellung im Mittelstand angetreten.

Szenario 2: Mixed Case „Geteiltes Deutschland“

Die Nachhaltigkeit des Konsums entwickelt sich je nach gesellschaftlicher Gruppe, Milieu usw. sehr unterschiedlich, d.h. die Schere geht stark auseinander. Zwar werden 20 % der Primärenergie und etwas über 35 % des Stroms regenerativ erzeugt. Zur gleichen Zeit steigt aber auch die Energienutzung gegenüber ihrem niedrigsten Stand nach der Wirtschaftskrise 2012 wieder an. Während sich in den besser verdienenden Schichten moderne und effiziente Technik zusehends zum Identifikationsobjekt entwickelt, das „autarke Haus“ zum Gegenstand der Selbstdarstellung wird, herrschen in einfacheren Haushalten energetische Zustände, die sich über viele Jahre kaum verbessert haben. Die Verantwortung der Wohnungsbesitzer zur Sanierung ihrer Gebäude führt nur zögernd zu Verbesserungen. Die europäische Automobilindustrie hat wesentliche Verbrauchsreduzierungen immer wieder verhindert, was in den letzten Jahren zu steigenden Importen effizienter Automobile aus Japan und den USA führte.

Szenario 3: Worst Case „Armes Deutschland“

Trotz vielfältiger Bemühungen, politischer Programme usw. sind zwar einzelne Teilerfolge zu beobachten (so werden 10 % der Primärenergie und etwas über 20 % des Stroms regenerativ erzeugt), insgesamt hat sich die Energieversorgung und die Energienutzung in Deutschland aber nicht so stark in Richtung Nachhaltigkeit bewegt wie möglich. So steigt die Zahl der IT- und Mediengeräte durch eine Vielfalt von Inkompatibilitäten und fehlenden Standards an. Die Qualität und damit die Energieeffizienz vieler Produkte leiden unter einem teils ruinösen Preiswettbewerb. Die Sanierung der Wohngebäude schreitet deutlich langsamer voran, als dies aufgrund des Klimawandels wünschenswert wäre. In der allgemeinen Öffentlichkeit wie auch in der Politik spielen Fragen der Energieversorgung und des Klimaschutzes wieder eine geringere Rolle.

Aufbau der Szenarien

Die Szenarien sind folgendermaßen gegliedert:

1. Einleitung: Kurze Skizzierung des Rahmens: Jahr 2020, Deutschland. Wie haben sich wichtige gesamtwirtschaftliche, gesamtgesellschaftliche Faktoren des Konsums (Anteil regenerative Energien, Diffusion von Energieeffizienztechnologien) entwickelt?

2. Konsumgewohnheiten der Haushaltstypen 1, 2, 3 und ihre Nachhaltigkeit (anhand ausgewählter Fakten und Indikatoren usw.) werden lebensnah beschrieben.

3. Dann wird die Entwicklung seit 2008 erläutert. Warum hat sich die Lebensweise so entwickelt? Was waren die maßgeblichen Einflussfaktoren, und wie haben sie gewirkt? Welche Akteure hatten hier einen besonderen Einfluss? Rückgriff auf die Theoriemodule (Peers, Zufriedenheitsniveau, staatliche Rahmenbedingungen, Veränderung institutioneller Arrangements, Rolle von Intermediären, kulturelle Faktoren usw.) und empirischen Erkenntnisse.

4. Fazit: Was bedeuten die Lebensweise und das Konsumniveau von Konsumtyp 1, 2, 3 für die Entwicklung aller Privathaushalte in Deutschland?

2 Die Zukunft von Energieversorgung und Energienutzung in Deutschland im Jahr 2020

2.1 Szenario 1: Best Case „Nachhaltiges Deutschland“

Die Energiewende hat deutliche Forschritte gemacht. Wie schon vor 2010 haben die regenerativen Energien sich schneller entwickelt als die Umweltpolitiker gehofft und die Energiekonzerne befürchtet hatten.

35 % der Primärenergie und etwas über 50 % des Stroms werden regenerativ erzeugt. Diverse Hoffnungen der früher vollständig fossil orientierten Energiekonzerne haben sich nicht erfüllt. Auch die konservative Bundesregierung hat den Atomausstieg nicht zurück genommen, sondern nur einige Laufzeiten verlängert. Die CCS-Technologie macht die Kohleverstromung so teuer – die Kosten steigen um über 70 % – , dass sie gegen die sinkenden Kosten bei den Regenerativen nicht mehr ankommt. Alle Energiekonzerne engagieren sich daher spätestens ab 2010 auch in den regenerativen Energien. Der Aufwind bei den Regenerativen wird auch unterstützt durch den Ölpreis, der seit 2013 stabil über 200 $ pro Barrel liegt. Die hohen Energiekosten führen außerdem zu einem Boom der Energieeffizienz, so dass der reale Primärenergieverbrauch seit 2009 kontinuierlich sinkt. Das Ziel der nationalen Nachhaltigkeitsstrategie von 2002, die Energieproduktivität mehr als zu verdoppeln, wird allerdings nur knapp erreicht.

Die starke Entwicklung der Sektoren „erneuerbare Energietechnik“ und „Energieeffizienztechnik“ hält auch in der bis 2012 dauernden Weltwirtschaftskrise an. Während eine Reihe von Technologien reift und sich die zugehörigen Sektoren konsolidieren, kommen unerwartet viele neue Technologien auf den Markt. Die Zahl der Technologie-StartUps bleibt erfreulich hoch und besonders die technischen Universitäten erweisen sich als kontinuierliche Quelle von Innovationen. Einen Rückschlag gibt es nur Anfang 2014, als das renommierte MIT im Auftrag des neuen, republikanischen Präsidenten eine Studie vorlegt, in der der Klimaeffekt, vorerst letztmals, in Abrede gestellt wird. Als aber vier Monate später ein Wirbelsturm die Innenstadt von Riga stark verwüstet und auch neue Vorhersagen über die Zukunft des Golfstroms zu Bedenken Anlass geben, erholt sich der Markt wieder.

Die große Aufgabe, innerhalb von 10 bis 15 Jahren sowohl die Energieversorgung wie auch die Energienutzung der Haushalte radikal verbessern zu müssen, verdeutlicht zunächst die Grenzen der herkömmlichen Diffusionsförderung. Einige Regionen können dagegen gute Erfahrungen mit neuen Beratungsinstitutionen auf Quartiersebene sammeln. Mehrere tausend kleine Beratungsstützpunkte, die sich jeweils auf die Kultur lokal wohnender Bevölkerungsgruppen fokussieren, widmen sich seither der Begleitung von Renovierungs- und Umbauvorhaben und der Energieberatung. In Kooperation mit Verbraucherzentralen sind sie auch ansprechbar, wenn Energie verbrauchende Geräte beschafft werden sollen. Die Finanzierung erfolgt aus Mitteln, die nach weitgehendem Auslaufen des EEG frei geworden sind.

Das Energie-verbrauchende-Produkte-Gesetz ist mittlerweile nach dem Vorbild des japanischen Top-Runner Ansatzes umgestaltet worden. Die Angabe des Energieverbrauchs im Betrieb und im Standby ist europaweit generell verpflichtend. Erfahrungen des hannoverschen „enercity fonds pro-Klima“ sind eine wertvolle Hilfe dabei, wie in Kooperation mit Herstellern und Handel eine neue Dynamik in den Markt gebracht werden kann, ohne dabei zu viele Insolvenzen technisch weniger leistungsfähiger Unternehmen zu riskieren. Zusätzlich zu Bauten, Automobilen und weißer Ware sind Audio-, TV-, Telekommunikations- und IT-Geräte sowie Klimageräte in den Fokus der Energienutzung geraten, denn gerade hier werden nach und nach immer neue Funktionalitäten eingeführt, was zu starken Reboundeffekten der Anstrengungen zur Effizienzverbesserung führt.

Familie D. verfügt, seit sich im Jahr 2018 die meisten Kollegen von Frank so etwas gekauft haben, über ein onlinebasiertes integriertes Medien- und Informationszentrum. Ein zentrales Anschlussgerät (9 Watt) verbindet über W-LAN „das Netz“ mit Telefon, Bildschirmen (26’’, 12 Watt), Lautsprechern, Tastaturen und Mäusen. Die Monatsgebühr deckt neben Telefon, Fernsehen, Radio und Internetzugang auch die Nutzung von Millionen von Musiktiteln und Filmen ab, so dass Familie D. bis auf wenige persönliche Erinnerungen über keine CDs mehr verfügt. Im Wohnzimmer und im Kinderzimmer befindet sich je ein Terminal. Diese können je nach Bedarf für das Cloud-Computing oder für Medienkonsum genutzt werden.

Nachdem der Verkauf von Glühbirnen 2012 und der von Halogenbirnen 2016 endgültig eingestellt wird, wird die Wohnung heute fast ausschließlich über Energiesparlampen beleuchtet. Ein neuer Trend sind aber OLED-Flächen. Solche leuchtenden Flächen, die z.B. in die Türen von Schränken integriert, aber auch an der Decke angebracht sind, sind der letzte Schrei des Möbel- und Leuchtendesigns und seitdem die Dresdener Stadtwerke jedem angeschlossenen Kunden ein OLED-Element von 40 × 40 cm zur Deckenmontage schenken, ist auch Familie D. ganz begeistert.

Der Vermieter führt 2016 eine Grundrenovierung des Hauses durch. Familie D. hat danach zwar unter einer um 23 % gestiegenen Miete zu leiden, der Energieverbrauch nimmt aber von 198 kWh/m^2 auf 42

kWh/m^2 erfreulich stark ab. Der Beratungsstützpunkt des Stadtviertels unterstützt die Familie dabei, mit der neuen Lüftungsanlage zurechtzukommen, ihr Lüftungsverhalten im Winter zu ändern und erläutert ihnen auch den Zusammenhang von Heizkosten und Kaltmiete. Seit der Renovierung ist auch der Kühlschrank fest an der Außenseite der Küche eingebaut, was den Verbrauch auf 70 kWh/a trotz deutlich größeren Volumens senkt. Im Rahmen der Renovierung wird auch eine Solarthermieanlage installiert, die die Wärmeversorgung durch das Fernwärmenetz unterstützt. Eine solche Lösung ist allerdings erst seit der Änderung der Bestimmungen zum Fernwärmevorranggebiet in der Dresdener Innenstadt zulässig.

Familie D. fährt nach wie vor mit einem 2009 unter Nutzung der Abwrackprämie finanzierten Golf. Als Facharbeiter in der Automobilbranche kann sich Frank kaum etwas anderes vorstellen. Er repariert das etwas in die Jahre gekommene Auto gern und kompetent selbst. Gleichzeitig spielt er aber mit dem Gedanken, sich eines der mittelgroßen E-Mobile aus dem Haus VW zu kaufen, das nach Auslaufen der Phaeton-Produktion in der gläsernen Autofabrik Dresden publikumswirksam hergestellt wird.

Das Ehepaar O. hat sein 1998 gebautes Eigenheim mittlerweile energetisch modernisiert. Viele Ideen hierfür gewinnt Herr O. bei einem Energieeffizienz-Kursus der Architektenkammer, an der er als Pensionär teilnehmen konnte, die aber für aktive Architekten Pflicht geworden ist. Ähnlich wie bei den Fortbildungsverpflichtungen der Ärzte sollen diese Kurse auch bei Architekten und Bauingenieuren aktuelle Kenntnisse sicherstellen.

Zentrales Element für Herrn O. ist neben einer Isolierung auf Passivhausstandard und einer automatischen Lüftung ein solar-geothermisches Wärme- und Kältesystem, welches neben wohliger Raumwärme im Winter auch eine gewisse Klimatisierung im Sommer ermöglicht. Seit seiner Herzoperation empfindet Herr O. die Klimatisierung als besonders angenehm. Über eine spezielle Hochtemperatur-Wärmepumpe versorgt das System auch den Dampfgarer. Für gelegentliche Zubereitung von Kuchen oder Grillgut steht ein separates Universalgerät zur Verfügung. Alle drei Geräte werden 2017 von einem innovativen StartUp aus Delmenhorst auf den Markt gebracht. Die Vorentwicklung ist von einer jungen Ingenieurin aus der Ukraine an der Universität Oldenburg am EWE-Institut durchgeführt worden.

Die Stromversorgung des Hauses erfolgt zu 83 % aus photovoltaischer Eigenversorgung. Eine von Enercon entwickelte, hocheffiziente Sub-Etha-Stationärbatterie ermöglicht die Speicherung von größeren, eigen erzeugten Strommengen auch über Wochen, so dass nur noch wenige Zahlungen an die EWE erfolgen. Herr O. findet diese auch bereits vom in der Nachbarschaft wohnenden Aloys Wobben privat eingesetzte Technologie zwar teuer, gibt sich dann aber als einer der Erstanwender der Technikbegeisterung hin.

Für Medien und Telefon besitzen die O.s noch getrennte Geräte. Von Schallplatten und Kassetten mag man sich nicht trennen und auch an die getrennte Einrichtung von Fernseher und Computer ist man gewöhnt. In den Augen ihrer Tochter ist der Haushalt daher etwas veraltet und die O.s müssen feststellen, dass Rose bei ihrem letzten Besuch rein technisch nicht in der Lage ist, eine Schallplatte aufzulegen.

Energieeffizient ist seit 2017 auch die Mobilität der O.s. Nachdem man sich an lange Autofahrten nicht mehr herantraut und dafür die Bahn genutzt wird, steht ein E-Mobil mit einer Reichweite von 230 km in der Garage. Die Nutzung ist günstig, da die Batterie auch noch von EWE als Pufferspeicher für das von Windenergie dominierte Stromnetz genutzt wird, wofür die O.s regelmäßig ein Nutzungsentgeld erhalten.

Die WG ist auf Anregung von Sabine erst vor einem Jahr in einen Neubau eingezogen. Ein lokales Wohnungsunternehmen, in dem Sabines Freund Laurin eine Zimmermannslehre macht, hat das Mehrfamilienhaus im Jahr 2019 neu gebaut. Es handelt sich um den ersten 5-stöckigen Holzbau, der unter Verwendung von gebrauchten Holzbauelementen aus einem ehemaligen Windkraftwerk aus dem Jahre 2009 ausgeführt wird. Der Bau erfüllt die Anforderungen an ein Passivhaus. Die Grundmiete ist vergleichsweise teuer, die Nebenkosten aber sind niedrig. Die Wärmeversorgung erfolgt über ein solar-geothermisches Nahwärmenetz mit unterirdischer Speicherkaverne, an das 62 Gebäude angeschlossen sind. Die Entscheidung zum Einzug der WG ist aber auch aufgrund der günstigen Lage gefallen. Außerdem ist grundsätzlich das Angebot an Mietwohnungen eingeschränkt, da eine große Zahl von meist mehrstöckigen Mietwohnungsbauten aus den 1960er und 1970er Jahren aufgrund des hohen Sanierungsaufwandes abgerissen worden ist und es an Investoren für Neubauten mangelt.

Auch für die WG in Hannover ist das Angebot eines integrierten Medien- und Informationszentrums attraktiv, das Stefan bei einem Bekannten kennen gelernt hatte. Die vier Erwachsenen in Ausbildungs- und Arbeitsleben können so für einen günstigen Pauschalpreis Telefon, Fernsehen, Radio und Internetzugang äußerst energieeffizient nutzen. Im Pauschalvertrag ist auch das Abonnement der Onlinezeitung enthalten. Silvia besitzt einen Mobile Client, mit dem sie sowohl zuhause arbeiten als auch in der Schule den Unterricht mit der interaktiven Tafel und im Schulnetz gestalten kann.

Die weiße Ware in der Wohnung ist zwar nicht mehr neu, aufgrund der seit 2005 aber recht niedrigen Effizienzgewinne der Neugeräte keineswegs ineffizient. Zwei der Vier in der WG sind Mitglied bei Stattauto Hannover. Ihnen stehen die 1.560 Wagen im Stadtgebiet zur Verfügung. Das Gros der Fahrten wird aber mit dem Fahrrad oder zu Fuß erledigt.

Durch Fortschreibung der schon 2002 in der nationalen Nachhaltigkeitsstrategie gesetzten Ziele und insbesondere gefördert durch die ständig größeren Herausforderungen des globalen Klimawandels haben die EU und die Bundesregierung eine Reihe von Maßnahmen ergriffen, die den Trend zu Energieeffizienz und erneuerbaren Energien weiter verstärken. Die Nachhaltigkeitsorientierung in der Wirtschafts- und Energiepolitik trägt ebenso wie einige wesentliche Innovationen dazu bei, dass der Preisunterschied zwischen konventioneller und regenerativer Energie immer weiter abnimmt. Nicht zuletzt aufgrund der Auswirkungen des CO_2-Handels und der hohen Kosten der CCS-Systeme ist eine Reihe regenerativer Energien seit 2014 billiger als die meisten konventionellen Energieformen. Verschiedene Ausbauprojekte konventioneller, fossiler Kraftwerke sind abgebrochen und die Kapazitäten teils etwas überhastet auf den Neubau z.B. neuer Wasserkraftwerke verlagert worden, in der durch Innovationen riesige Anwendungspotenziale neu erschlossen werden. Im Post-Kyoto-Zeitalter haben die Industrieländer und die wichtigsten Schwellenländer (China, Indien, Russland, Brasilien…) auch den Verkehr in ihre Treibhausgasemissionshandelssysteme einbezogen.

Vom durch die Politik aufgebauten Innovationsdruck (z.B. Top-Runner Prinzip) profitieren innovative mittelständische Unternehmen und StartUps, die den Wettbewerb immer wieder in Schwung bringen. Aber auch den Konzernen geht es nicht schlecht. Generell sind die Investitionssummen in Energietechnologien seit der Weltwirtschaftskrise hoch und nach der Herstellung von Windenergieanlagen, Solarthermie und Photovoltaik ist auch die Herstellung von thermischen Kühlanlagen bereits fest in der Hand der großen Unternehmen.

Die Tendenz zur Energieeffizienz wird durch die verpflichtende Auszeichnung aller Energie verbrauchenden Produkte mit Verbrauch in Betrieb und Standby sowie durch die Einführung des Top-Runner Prinzips in 289 Produktkategorien entschieden unterstützt. Das einschlägige Lernen der Haushalte befördert die flächendeckende Einführung von Smart Metering. Während die erste Kategorie dieser Geräte noch weitgehend ohne (verbrauchsmindernde) Wirkung bleibt, wird durch softwarebasierte Auswertung der Daten und aufbereitete E-Mail Informationen an die Haushalte 2014 die Wende zur Wirksamkeit eingeleitet.

Die Erfolge von Vorreitern in Industrie und Handel und die Unterstützung durch spezialisierte Politikintermediäre haben maßgeblichen Anteil an der Entwicklung hin zu einem nachhaltigeren Energiekonsum. In den Medien sind Energienutzung und Energieeffizienz häufig Thema, immer auch wieder „befeuert" durch Skandale und Negativnachrichten der fossilen und atomaren Energieerzeugung. Die den Klimawandel relativierende Berichterstattung („alles natürliche Ursache") hat mehr und mehr an Glaubwürdigkeit und Strahlkraft verloren.

Soziale Verantwortung und Gerechtigkeit gelten im Jahr 2020 als zukunftsfähige Leitmotive für wirtschaftliches Handeln. Eigenerzeugung zumindest eines Teils der Energie und moderne, energieeffiziente Technik haben kulturell die durch Automobilbesitz lange Zeit belegte Repräsentativsymbolik abgelöst. Es gilt als zeitgemäß und zukunftsträchtig, trendige und effiziente Technik einzusetzen und sich mit der Effektivität der Energieproduktion am Haus zu beschäftigen.

Dazu haben nicht zuletzt die beständige Ausweitung schulischer Angebote wie auch die begleitende Erwachsenenbildung beigetragen An vielen Schulen sind Energieerzeugungsverfahren und Energieeffizienztechnologien wesentliche Bestandteile des Unterrichts und vieler Arbeitsgemeinschaften. Es ist den Kommunen nicht mehr gestattet, Schulen mit veralteter Technologie auszustatten. Vergleichbare Angebote sind an vielen Volkshochschulen und einer Vielzahl von Onlineplattformen verfügbar. Außerdem sind viele Unternehmen dazu übergegangen, in ihren Betrieben das Strategische Management an nachhaltigen Zielen auszurichten und dies in den jährlichen Nachhaltigkeitsberichten zu veröffentlichen. Energieeffizienz spielt dabei eine wichtige Rolle. Auf kommunaler Ebene wie im Bereich der Länder und des Bundes ist das Ziel, die Verwaltungsgebäude nach aktuellen energetischen Effizienzstandards zu errichten bzw. zu sanieren, zu 80 % umgesetzt worden. Vor allem Plusenergiehäuser werden vermehrt realisiert, um damit die Haushalte der Kommunen, Länder und des Bundes langfristig zu entlasten.

Technologische Innovationen und effiziente Technologien, aber auch neue energieeffiziente Produktnutzungsmethoden, finden bei den Konsument/innen Anklang, weil in der Öffentlichkeit das Bewusstsein für deren Notwendigkeit zur Begrenzung des Klimawandels geschärft worden ist (bspw. durch Berichte zur Klimafolgenabschätzung, Korruptionsskandale im Kontext des Baus der letzten Kohlekraftwerke, Berichterstattung zu Endlagerfragen etc.). Weil das Thema Energie in aller Munde ist, setzen sich viele Konsument/innen damit auseinander, indem sie die zahlreichen Angebote der Weiterbildungseinrichtungen aufgreifen und ihre Kenntnisse verbessern. Auch führen sie angeregte Diskussionen im Freundeskreis. Daher wird auch die Kommunikationsintensität zwischen KonsumentInnen bezüglich ihrer Energienutzung erhöht – es besteht ja hohe Unsicherheit und Orientierungsbedarf. Dies ist die Sternstunde derjenigen Verbraucher/innen, die schon seit längerem ihre Energieeffizienz verbessert und ihre Häuser mit regenerativen Energieerzeugungsanlagen ausgestattet haben und mittlerweile über ein fundiertes Wissen verfügen. Sie haben lange als „Vorreiter" auf die Notwendigkeit einer ökologisch und regional orientierten Energiewirtschaft hingewiesen; nun besitzen sie Vorbildfunktion für andere.

Die vorgestellten Haushaltstypen spiegeln die Probleme und neuen Möglichkeiten der deutschen Privathaushalte im Jahr 2020 wider. Familie D. steht beispielhaft für eine berufstätige Familie mit Kindern. Da sie zur Miete wohnt, kann sie nur über die Anschaffung Strom verbrauchender Geräte sowie in Mobilitätsfragen frei entscheiden. Und da über den Energieverbrauch grundsätzlich eher selten im Kontext von Geräteanschaffungen oder Vertragsabschlüssen (z.B. Strombezug) entschieden wird, ist die Auswirkung auf das tägliche Leben begrenzt. Betroffen ist die Familie allerdings dann, wenn bestimmte Energieeffizienztechniken zur Lebensstilfrage werden. Die Kritik der Schulfreundinnen von Faye an der veralteten Medienausstattung ist insoweit ein zusätzlicher Impuls, das Medien- und Informationszentrum mit seinen verschiedenen Peripheriegeräten anzuschaffen. Die von Francisca aufgrund der einfachen Bedienung und Zuverlässigkeit mehrfach angeregte Idee der Anschaffung eines E-Mobils wird dagegen von Franz bisher noch erfolgreich abgewiegelt. Als „echter Mann" mag er auf das samstägliche Autobasteln am ehemals schicken GTI nicht verzichten.

Rolf und Renate O. sind Akteure, die bewusst an die politischen Diskurse der Nachhaltigkeit anknüpfen, indem sie ökologisches und energieeffizientes Bauen und Wohnen verfolgen und als Konzept von Lebensqualität umsetzen. Gleichzeitig sind sie Neuem gegenüber aufgeschlossen, was ihre Reiseleidenschaft ebenso verdeutlicht wie ihre Bereitschaft, neue Produkte anzuschaffen und auszuprobieren. Sensibilisiert durch das soziale Klima der Nachhaltigkeit, haben sie sich entschlossen, einen Teil ihrer Energieversorgung auf Selbstversorgung durch Solarthermie, Geothermie und Photovoltaik umzustellen. Dennoch spiegelt ihr Beispiel auch die Inkonsistenzen des Alltags: Zwar organisieren sie ihre Energiewirtschaft und Ernährungspraxis so nachhaltig wie möglich; Fernreisen nehmen sie jedoch genauso wenig als widersprüchlich wahr wie die Einkaufspraxis im Supermarkt. Haushaltstyp 2 symbolisiert einen nachhaltigen Konsumstil, der jedoch nicht von den Ambivalenzen der Moderne verschont bleibt; Renate und Rolf O. pendeln zwischen den widersprüchlichen Angeboten der modernen Konsumwelt und praktizieren eine „ökologische Patchwork-Identität".

Die WG-Mitglieder sind eine heterogene Gruppe, deren Lebensweise von einer robust definierten und umgesetzten Nachhaltigkeit (Silvia – sie hat auch die Entscheidung für genau diese Wohnung stark beeinflusst) als politische Konsumlogik über die interkulturelle Differenz des sozialen Miteinanders (Serge) bis hin zu Mobil- und Always-Online (Stefan) sowie dem bei Jugendlichen verbreiten Kurzzeitbesitz von Gütern mit anschließendem Wiederverkauf bei Ebay (Sabine) reicht. Aber letztlich prägen auch ihre ökonomischen Möglichkeiten die Ausstattung mit Technologie. Konzepte der Nachhaltigkeit erreichen die heterogenen Akteure dann, wenn diese erschwinglich sind und wie selbstverständlich in die routinierten Praktiken Eingang finden: Bei Silvia ist es der klare Vorteil, einen energieeffizienten Mobile-Client sowohl privat wie im Unterricht nutzen zu können, Stefan und Sabine können sich ein Leben ohne Internet ohnehin nicht mehr vorstellen. Bei der weißen Ware sind Effizienzunterschiede kaum mehr wahrnehmbar, was zu preiswerten Gebrauchtkäufen führt. Besonders Serge schätzt die Möglichkeit, durch Nutzung des Carsharing auch in der Region mobil zu sein. Seine Mitgliedschaft in der „Cooperative per la Utilizacion de Automoviles de Cataluna" aus Barcelona ermöglicht ihm die Nutzung auch in Hannover.

2.2 Szenario 2: Mixed Case „Geteiltes Deutschland"

Die Nachhaltigkeit des Konsums entwickelt sich je nach gesellschaftlichem Milieu sehr unterschiedlich, d.h. die Schere geht stark auseinander. Zwar werden 20 % der Primärenergie und etwas über 35 % des Stroms regenerativ erzeugt. Gleichzeitig steigt aber auch der Energieverbrauch gegenüber seinem niedrigsten Stand nach der Wirtschaftskrise 2012 wieder an. Während sich in den besser verdienenden Schichten moderne und effiziente Technik zusehends zum Identifikationsobjekt entwickelt haben und das „autarke Haus" zum Gegenstand der Selbstdarstellung wird, herrschen in einfacheren Haushalten energetische Zustände, die sich über viele Jahre kaum verbessert haben.

Auch die Mobilität ist nach wie vor mit hohen Emissionen verbunden und die Transportkosten sind weiter gestiegen. Die europäische Automobilindustrie hat wesentliche Verbrauchsreduzierungen verhindert, was in den letzten Jahren zu steigenden Importen effizienter Automobile aus Japan und den USA geführt hat.

Familie D. investiert gerne in moderne Technik und Kommunikationsmedien sowie in aktuelle Mode. Die Ausstattung des Haushaltes ist daher „trendy", manchmal werden zugunsten von Neuanschaffungen auch Dinge, die nur kurz in Gebrauch gewesen sind, wieder auf Internetplattformen verkauft. Dies alles bewegt sich aber aufgrund begrenzter Mittel eher im Bereich preiswerter Produkte. Für wirklich hochwertige Ware fehlt das Geld. Die Ausstattung mit Medientechnik ist vielfältig, die Vielfalt der Formate und Datenträger empfinden aber alle als lästig. Nach der Renovierung der Wohnung durch den Vermieter in 2016 sinkt der Energieverbrauch von 198 kWh/m^2 auf 108 kWh/m^2 ab. Der Vermieter nimmt eines der Förderprogramme in Anspruch, bekommt dabei aber einige Probleme. Aufgrund schlechter Planung werden die Förderziele ($<80\ kWh/m^2$) nicht erreicht und die Prämie kommt nur anteilig zur Auszahlung. Die weiße Ware im Haushalt kommt aus dem Elektrodiscount. Die Geräte sind zwar recht effizient, weisen aber aufgrund der unterdurchschnittlichen Qualität eine nur geringe Haltbarkeit auf. Die Kosten, die so anfallen, sind hoch. Letztlich haben die D.s das Gefühl, sie hätten nicht genug Geld, um preiswert zu leben. Auch der alte Golf steht noch vor der Tür, aber die Anschaffung eines neuen Wagens wird sich kaum noch länger herauszögern lassen.

Rolf und Renate O. lieben die Natur. Sie gehen gerne wandern und verbringen viel Zeit mit der Pflege ihres im Stil eines Englischen Gartens angelegten Grundstücks. Als ästhetische Gesamtkomposition fügt sich das mittlerweile zu 96 % energieautarke Einfamilienhaus harmonisch in das Gesamtbild ein. Unter gebildeten Leuten rangieren Energieeffizienz und regenerative Energieversorgung des Hauses jetzt auf dem gleichen Niveau wie die Schiffsreise ins antike Griechenland. Nachtexpresszüge der gehobenen Ausstattung bringen die zahlungskräftigen Urlauber zur Einschiffung nach Venedig. Die Standards haben dabei das 1. Klasse-Niveau der 1920er Jahre des 20. Jahrhunderts fast wieder erreicht. Die technische Ausstattung ihres Hauses ist aber nicht nur effizienter, sondern auch komfortabler geworden. Rose ist es bei ihren Besuchen manchmal schon fast peinlich, wieviel Geld ihre Eltern in Annehmlichkeiten stecken. Lüftung, Fenster und Rollläden werden nicht nur zentral gesteuert, sondern auch durch einen Wach- und Schließdienst Online überwacht, wenn die O.s in Urlaub oder auch nur einen Abend weg sind. Weniger im Zentrum des Interesses befindet sich dagegen die Medientechnik. Plattenspieler, Radio und das (zu große?) Plasmafernsehgerät leisten seit fast 15 Jahren gute Dienste. Die Investition in einen neuen OLED-Fernseher steht allerdings auf der Agenda. Rolf will ihn bestellen, wenn er mit dem AIDA-Schnelldampfer wieder aus den USA zurück ist.

In der WG stoßen die Widersprüche deutlich aufeinander. Sabine hat als Auszubildende das wenigste Geld. Auf einem alternden Notebook bewahrt sie ihre MP6-Dateien auf. Es dient ihr auch als Radio, Videorecorder und Fernseher. Aus ihrer Kindheit hat Sabine seit dem Headcrash auf einem Computer ihrer Eltern kaum noch Fotos. Silvia ist besser ausgestattet. Der vernetzte Unterricht mit interaktiver Tafel und Chatforen für die Klasse macht es kaum anders möglich. Dass sie sich einmal so viel mit Technik würde auseinandersetzen müssen, hat sie bei der Wahl der Fächer Deutsch und Sport nicht erwartet. Silvia pflegt generell den nachhaltigsten Lebensstil der Gruppe. Auf sie geht auch der Einzug in die Neubauwohnung nach Passivhausstandard zurück. Und sie kauft oft ökologische Lebensmittel ein, was ihr besonders beim Kauf von Fleisch von Sabine regelmäßig bissige Bemerkungen über Verschwendung einbringt. Den Kauf der Waschmaschine hat dagegen Stefan vorbereitet. Er hat im Internet einen Anbieter gebrauchter und effizienter Geräte ermittelt. Er und Serge sind im Stattauto-Kombi zum Abholen gefahren. Vor Ort hat Stefan auf seinem Mobile Client die technischen Daten der gebrauchten Maschinen in der Online-Datenbank der Stiftung Warentest nachgeschlagen und dann das beste Gerät ausgewählt. Auch zu dem WG-Ausflug letzte Woche in die Lüneburger Heide haben sie das Stattauto genutzt. Das Cabrio. Das hat Spaß gemacht. Zur Arbeit oder Ausbildung fahren alle vier mit dem Fahrrad.

Der Markt für Energie erzeugende wie verbrauchende Technik ist extrem zweigeteilt. Die seit den 1990er Jahren beklagte Tendenz zum Verschwinden der mittleren Qualitäten hat sich fortgesetzt. Haben die Konsument/innen mehr Geld, steht es ihnen frei, die teuren Produkte hoher Qualität zu erwerben. Haben sie wenig, sind sie auf Billigprodukte festgelegt. Nur der Gebrauchtmarkt, der besonders bei ärmeren aber gebildeten Menschen eine wichtige Rolle spielt, bietet Alternativen.

Die Tendenz der Unternehmenskonzentration in größeren Konzernen führt besonders im internationalen Maßstab zu einem intensiven Preiswettbewerb. Kleine Unternehmen haben es schwer und für Innovationen ist nur das relativ begrenzte obere Marktsegment zu gewinnen. Eine Reihe von Nischenanbietern lebt allerdings recht komfortabel. Besonders der schon fast surreale Wunsch nach der „Energieautarkie des Eigenheims“ treibt wunderliche Blüten. Nur in wohlhabenden und bildungsnahen Haushalten können Kriterien wie Verantwortung und Gerechtigkeit, aber auch Qualität und Genuss zu nachhaltigen Lebensstilen führen. Bildungsferne Schichten werden eher durch wechselnde Technik- und Modetrends erreicht. Fertigprodukte und Functional Food symbolisieren diese Modernität in der Ernährung, Always-Online ist der Trend der Informationstechnik. In der Wohnung fokussieren die Trends für ärmere Menschen auf wechselnde Optik des Interieurs. Nur einige energieeffiziente Produkte haben es hier im Windschatten von Techniktrends in den Massenmarkt geschafft.

Die vorgestellten Haushaltstypen spiegeln die Probleme und zum Teil auch neuen Möglichkeiten der Privathaushalte in Deutschland wider. Der Energiekonsum von Familie D. ist wenig steuerbar und wird durch äußere Vorgaben (z.B. durch das Mietobjekt) sowie durch finanzielle Knappheit geprägt. Qualitätsprodukte oder solche, die besonders effizient sind, können sie sich meist nicht leisten. Hier und da, besonders von Faye, wird in Trendprodukte investiert, „die man einfach haben muss.“ Durch den technischen Fortschritt und eine Politik, die hier und da auch mal den technologischen Nachzüglern Beine macht, hat sich die durchschnittliche Energieeffizienz dennoch bei vielen Geräten verbessert.

Durch eine immer noch steigende Gerätezahl tritt aber ein Reboundeffekt ein, der die Effizienzgewinne stark schmälert.

Rolf und Renate O. sind naturbezogen und pflegen einen Konsumstil, der sich an persönlichem Wohlbefinden sowie am Konzept der Nachhaltigkeit orientiert. In der Vision des „energieautarken Hauses“ fließen beide, wenn auch nicht immer rational, zusammen. Erheblichen Aufwand erfordert auch die Sicherheit des Hauses. Aufgrund der starken Zweiteilung der Gesellschaft ist selbst eine Kleinstadt im Ammerland nicht mehr sicher vor Einbrechern. Der Online-Service des Wach- und Schließdienstes ist nicht billig. Aber auch biographische Gründe verändern ihren Konsum. Vor der Rente hat Rolf sich als Selbständiger zeitlich ausgedehnte Fernreisen nie gestatten mögen, heute genießt er sie. Aber obwohl die beiden aufgrund von Renates Flugangst grundsätzlich nicht fliegen, dürften – so genau wollen sie es gar nicht wissen – der Ressourcenverbrauch und die CO_2-Bilanz der Reisen erheblich sein.

Die WG verdeutlicht, dass die Interventionen von einzelnen Akteuren durch das politische und wirtschaftliche Klima manchmal gestoppt werden: Silvia konnte ihre WG zwar vom Einzug in ein Passivhaus überzeugen, kann ihre Mitbewohner aber nicht zum konsequenten Biokonsum bewegen. Besonders nicht beim Fleisch. Routinen werden auch durch andere Akteure, Organisationen oder Institutionen nicht erschüttert. Die Konzepte der Nachhaltigkeit erreichen diese Gruppe nur partiell und oft über den Umweg über das liebe Geld: So können sie sich alle kein Auto leisten und sind daher zufriedene, wenn auch seltene, Kunden beim Carsharing. Auch der Gebrauchtwarenmarkt ist eine Schnittmenge aus Nachhaltigkeit – weil Nutzungsdauer verlängernd – und knapper Kasse.

Zwar sind Kenntnisse über einen in gravierender Weise fortschreitenden Klimawandel weit verbreitet, aber nur wenige Menschen der nicht so begüterten Schichten ziehen wirksame Konsequenzen. Letztlich teilt sich die Gesellschaft in zwei Drittel, die sich einen nachhaltigen Lebensstil nicht leisten können, und ein Drittel, denen die reichlich vorhandenen Mittel es schwermachen, den Konsum innerhalb nachhaltiger Grenzen zu halten. Eine Reihe von Intellektuellen fordert daher vehement eine Revitalisierung der sozialen Marktwirtschaft. Ziel ist es, durch Umverteilung den einen das Investieren und den anderen das Verzichten leichter zu machen. Die Erfahrung der grundlegend fehlgeschlagenen Verteilungspolitik im Vorlauf der Weltwirtschaftkrise 2008 bis 2012 sitzt vielen noch in den Knochen. Damals haben großzügige, aber letztlich unbegründete Lohnverzichte der Gewerkschaften die Gewinne in die Höhe schnellen lassen. Das bei den Vermögenden reichlich vorhandene Kapital ist leichtsinnig in scheinbar hochprofitable Anlagen investiert worden. Die Folgen sind bekannt. Einer Neuauflage einer solchen Entwicklung auf der Bühne der Nachhaltigkeit soll durch rechtzeitige Umverteilung begegnet werden.

2.3 Szenario 3: Worst Case „Armes Deutschland"

Die Energiewende hat Fortschritte gemacht. Wenngleich die Ziele der nationalen Nachhaltigkeitsstrategie deutlich verfehlt worden sind, werden doch ca. 10 % der Primärenergie und etwas über 20 % des Stroms regenerativ erzeugt. Die CCS-Technologie kann von den Stromkonzernen am Markt etabliert werden, was durch die Verbraucher finanzierte CCS-Umlage den Strompreis deutlich steigen lässt. Der Anteil des Kohlestroms ist sogar gestiegen, seit der Atomunfall in Biblis die rasche Abschaltung der restlichen Meiler zur Folge hatte. Der aufgrund der Unbewohnbarkeit der Region erfolgte Wegfall der Industrieunternehmen im Rhein-Main-Neckar-Gebiet belastet die deutsche Wirtschaft schwer. Die Wettbewerbsfähigkeit der deutschen Exportwirtschaft hat auch durch die hohen Energiepreise deutlich gelitten.

In Umwelttechnik, regenerativer Energietechnik und Effizienztechnologien herrscht seit Mitte des Jahrzehnts ein fast schon brutaler Preiswettbewerb. Seit die neuen Tigerstaaten in Afrika und Mittelamerika als verlängerte Werkbänke der chinesischen Technologieunternehmen hervorragende State of the Art Produkte liefern, treten viele europäische Technologieunternehmen fast nur nach als Handelsunternehmen auf. Schon früher hat sich in Mode- und IT-Branche die Produktion sukzessive verlagert und zurück sind F&E- bzw. Designzentren in Handelsunternehmen geblieben. Die Zahl der Anbieter ist insgesamt gering, die Preise für innovative Produkte sind paradoxerweise hoch. Aber kaum ein Start Up übersteht die ersten Jahre nach der Gründung.

Die Bevölkerung sieht die Notwendigkeit einer koordinierten Verhaltensänderung auf allen Teilen des Globus, hat aber den Eindruck gewonnen, dass nur wenige Länder eine konsequente Umweltpolitik betreiben. Viele Konsument/innen haben daher das Interesse verloren, sich an der Bereitstellung des „öffentlichen Gutes" Klimaschutz zu beteiligen. Dies erfolgt vor dem Hintergrund, dass der globale Klimawandel zu weiteren, spürbaren Veränderungen auch in Deutschland geführt hat. Auf die milden Winter folgen heiße Sommer, die durch starke Regenfälle geprägt sind. Die Flora und Fauna hat sich den neuen klimatischen Verhältnissen angepasst; in Norddeutschland wachsen Weintrauben und Feigen; die Invasion der Pazifischen Auster an der Nordseeküste hat eklatante Ausmaße erreicht – die einheimischen Bestände sind verdrängt, denn ganze Strandabschnitte sind von den Schalentieren überkrustet. Der Gesamtenergieverbrauch sowie die CO_2-Emissionen sind weiter angestiegen. Der demographische Wandel hat zu einem starken Anstieg der Generation 60+ geführt; die Geburtenrate ist weiter gesunken. Ein Fünftel der Bevölkerung, vor allem Familien mit Kindern und Senioren, lebt in prekären Verhältnissen und ist von Transferleistungen des Staates abhängig. Trotz zahlreicher staatlicher Präventionsprogramme belasten die gesundheitlichen Folgen der jahrzehntelangen Fehlernährung das Gesundheitswesen stark. Aufgrund der umfassenden Virtualisierung und Digitalisierung sind neue soziale Barrieren entstanden, die große Teile der Bevölkerung vom Wissenserwerb ausschließen. Die Bildungspolitik der Bundesregierung gelingt es trotz zahlreicher Maßnahmenkataloge nicht, diesen Trend zu stoppen.

Im Leben der Familie D. hat sich in Punkto Energie nicht allzu viel verändert. Noch immer steht der 2009 durch die Abwrackprämie finanzierte Golf GTI vor dem Haus. Aufgrund der seit langer Zeit angespannten wirtschaftlichen Lage wird auch nur wenig in weiße Ware oder Medientechnik investiert. Fayes Freundinnen und auch ihr Freund, der aus einer besser verdienenden Familie kommt, finden den Haushalt der D.s ziemlich veraltet. Nur wenige der modernen, billigen Importgeräte aus Ghana sind hier zu finden. Immerhin: Glühbirnen gibt es keine mehr. Und auch die 2016 durchgeführte Renovierung der Mietwohnung senkt den Energieverbrauch. Familie D. muss zwar die um 12 % gestiegene Miete zahlen, der Energieverbrauch nimmt aber immerhin von 198 kWh/m^2 auf 68 kWh/m^2 ab. Grund für die Renovierung ist eine entsprechende Vorschrift des Bundesbaurechts, mit der in Krisenzeiten private Investitionen angekurbelt werden sollen.

Rolf und Renate O. leben recht krisensicher und gut von ihrer Rente. Dies ermöglicht ihnen auch die eine oder andere Investition über das unbedingt Nötige hinaus. Bereits vor 15 Jahren haben sie sich nach dem Vorbild eines ehemaligen Partners von Rolf eine Solarthermieanlage auf dem Dach installieren lassen, mit der sie nicht nur Warmwasser, sondern auch einen Teil der Heizenergie selber erzeugen können – in einer Zeit hoher Energiepreise eine längst amortisierte Investition. Sie bedauern, nicht schon in Photovoltaik investiert zu haben, als es noch das EEG gegeben hat. Der etwas bejahrte Audi A6 wird aus Kostengründen (der Benzinpreis steigt Anfang des Jahres auf 2,80 €/l) abgeschafft und durch ein E-Mobil aus amerikanischer Produktion ersetzt. Für längere Fahrten nutzen die O.s die Deutsche Bahn.

Die Wohngemeinschaft in Hannover ist ein Lagerplatz gemischter und meist bejahrter Elektrogeräte. Alle vier Mitglieder der WG besitzen Notebooks, zwei von ihnen stationäre Medien- und Gamingcomputer, des weiteren Fernseher, Stereoanlage (Sabine nur einen Ghettoblaster), Handy, Digicam und vieles mehr. Im Flur hängen inmitten eines kleinen Kabelberges Anschlussgeräte von IT-Provider, Fernsehgesellschaft und vom staatlichen Radio, alle mit jeweils kleinem Netzteil. Gemeinsam betreiben die Bewohner/innen eine ältere Waschmaschine, einen Kühlschrank und ein Gefriergerät. Die einzig moderne Sache ist das Haus selbst. Ein lokales Wohnungsunternehmen hat das Mehrfamilienhaus im Jahr 2019 neu gebaut. Der Bau kommt recht konventionell daher, aber erfüllt die Anforderungen an ein Passivhaus. Silvia ist bei der Anmietung die treibende Kraft gewesen. Alle haben das Gefühl, somit doch auch einen Beitrag zur Bekämpfung des ständig bedrohlicher werdenden Klimawandels zu leisten.

Der Megatrend Globalisierung schreitet voran. Aufgrund der weltweit knapper und teurer werdenden fossilen Rohstoffe (die Benzinpreise sind seit 2008 auf das Doppelte angestiegen) entwickelt sich die Energieeffizienz von Geräten und Automobilen stetig weiter. Gehemmt wird diese Entwicklung durch chronische Liquiditätsengpässe bei fast allen nationalen Marktakteuren. Die Selbstverpflichtung des Staates dazu, keine Schulden mehr zu machen, zusammen mit dem hohen Schuldendienst reduziert auch die Investitionen der öffentlichen Haushalte und häufig sind die kommunalen Gebäude wie auch diejenigen auf Länder- und Bundesebene energetisch veraltet. Nationale Anbieter stehen in starkem Wettbewerb mit dem Ausland, vor allem aus der Supramacht China, sowie aus den neuen Tigerstaaten in Afrika und Mittelamerika. Verlängerte Werkbänke chinesischer Technologiekonzerne in Ghana versorgen den globalen Markt mit preiswerten IT- und Medienprodukten. Korea und

Taiwan sind dagegen als neue Hochlohnländer am internationalen Markt nicht mehr mit Produktion, sondern eher mit F&E-Leistungen präsent.

Kleine und mittlere Unternehmen werden von umsatzstarken Großbetrieben fast völlig vom Markt verdrängt. Folge der harten Konkurrenz am Markt sind Qualitätsprobleme (es hat schon einige Skandale im Bereich der elektrischen Sicherheit gegeben) und ein rigoroser Preiskampf nach dem Motto „Masse statt Klasse" ist in vollem Gange. Mit hohen Investitionen in Marketing und Werbung greifen einige Unternehmen in die Routinen der Konsument/innen ein und vermarkten so immer neue IT- und Medienprodukte, durch deren Vielfalt sich kaum noch einer durchfindet. Der Wettbewerb der Konzerne verhindert dabei weitgehend die notwenige Standardisierung, so dass die Verbraucher/innen in der Flut unterschiedlicher Datei- und Medienformate schier untergehen. Kaum ein Gerät ist mit dem anderen kompatibel. Die Vielfalt der Systeme lässt die Zahl der Geräte explodieren und treibt den Energieverbrauch in die Höhe.

Einzelne Personen wie das WG-Mitglied Silvia praktizieren Nachhaltigkeit, unabhängig von den politischen und wirtschaftlichen Rahmenbedingungen. Ihre Grundhaltung ist stabil und über die Jahre konstant geblieben. Andere, wie Rolf und Renate, sind in der Tradition der Selbstversorgung mit dem eigenen Garten und – begrenzt – der energetischen Autarkie des Eigenheimes zu sehen; sie stehen dem Diskurs der Nachhaltigkeit zwar aufgeschlossen gegenüber, erkennen aber nicht die zwingende Notwendigkeit, ihre Routinen zu ändern. Bei der großen Gruppe der konventionellen Konsument/innen führen in dem politischen Klima des „Armen Deutschland" auch Konflikte und Skandale nicht zum Umdenken.

Die Sensibilisierung der Konsument/innen für energieeffiziente Produkte und nachhaltige Energienutzung wird politisch nur halbherzig durch einige wenige Informations- und Beratungskampagnen unterstützt, auch fehlen die entsprechenden Förderprogramme für kleine und mittlere Unternehmen, die durch wenige Großunternehmen und Importe aus Asien und Afrika nahezu vollständig vom Markt verdrängt werden. Einer Reihe von einschlägigen Institutionen, wie z.B. Klimaschutz- und Energieagenturen, geht aufgrund der staatlichen Finanzknappheit gegen Ende des 2. Jahrzehnts finanziell die Luft aus. Viele Verbraucher/innen entscheiden sich für Produkte der Global Player, die aufgrund der intensiven

Markenpolitik hohes Vertrauen genießen, aber in Bezug auf Energieeffizienz nicht immer auf der Höhe sind.

3 Schlussbemerkung

In die vorliegenden Szenarien sind die Ergebnisse der Theoriemodule des Projektes eingegangen, die hier in knapper Form vorgelegt werden.

Die Ergebnisse von Modul 1 sind in folgenden Überlegungen wiederzufinden:

– Überschätzung des Preises erschwert die Diffusion von Konsumweisen
– Determinanten von Konsumentscheidungen sind je nach Produktkategorie unterschiedlich
– + Entscheidung für Konsum von ökologischen Lebensmitteln wird durch ökologische Werthaltungen am stärksten bestimmt
– + Entscheidung für Ökostrom fällt ökonomisch rational mit hoher Bedeutung des Preises
– + Entscheidung für Solarthermie ist stark durch das Verhalten von Peers bestimmt
– Konsumroutinen und Gewöhnungseffekte erschweren Veränderungen

Die Ergebnisse von Modul 2 sind in folgenden Überlegungen wieder zu finden:

– Gruppenübergreifende Orientierung an Peers ist nur in einigen Lebensstilgruppen ausgeprägt, generell aber wichtig
– Andere Lebensstilgruppen entscheiden autonom oder imitieren meist
– Fortschritte zu nachhaltigen Konsumweisen können durch Skandale deutlich verlangsamt werden
– Preiswettbewerb reduziert die Zahl der Wettbewerber und behindert Fortschritte
– Kleine Unternehmen agieren schneller und flexibler.

Die Ergebnisse von Modul 3 sind in folgenden Überlegungen wieder zu finden:

- Konsum wird erlernt (soziale Anerkennung, Freude an der Technik, Trendbewusstsein)
- Soziale Bedingtheit bestimmter Konsumformen (Peers und Imitatoren)
- Erhöhtes Konsumwissen durch Medienberichterstattung und sonstige Informationsquellen, z.B. soziales Umfeld (bzgl. der Effizienz von Geräten), fördert nachhaltige Konsumweisen (wird aber dann durch den Rebound-Effekt kompensiert)
- Angeborene und erlernte Raumklimapräferenzen (Raumtemperatur).

Die Ergebnisse von Modul 4 sind in folgenden Überlegungen wieder zu finden:

- Die Durchsetzungsfähigkeit und Diffusionsgeschwindigkeit nachhaltiger Konsumlösungen hängt maßgeblich vom Verhalten von Schlüsselakteuren und Intermediären auf der Angebots- als auch auf der Nachfrageseite ab.
- Intermediäre umfassen sowohl Marktintermediäre wie z.B. Handelsunternehmen (Gatekeeper-Funktion etc.) als auch sogenannte „Politikintermediäre", die qua politischem Auftrag oder Anliegen mit der Umsetzung von Nachhaltigkeitszielsetzungen betraut sind (z.B. enercity Fonds proKlima).
- Rechtliche Regelungen (Institutionen) können die Diffusion nachhaltiger Technologien und Verhaltensweisen fördern und behindern. Wechselwirkungen und Synergien verschiedener Institutionen sind wichtig, da sie oft erst im Verbund wirksam werden.

Die Ergebnisse von Modul 5 sind in folgenden Überlegungen wieder zu finden:

- Wissen und Routinen bestimmen auch den Energiekonsum in vielfältiger Weise

- Kompetenzen entwickeln sich auf der Basis temporaler Pfade (Klimaproblem, Kultur effizienter Energienutzung und privater Energiegewinnung)
- Für das Aufbrechen der Routinen sind äußere und innere Konflikte (z.B. mit abweichenden Konsumweisen von Peers) und Gelegenheiten (z.B. Beratung, besondere Angebote) bedeutend
- Konsum ist für die Identitätsbildung (politisch, demonstrativ, biographisch) bedeutsam
- Neudefinition von Lebensqualität durch Ästhetisierung privater Energieerzeugung (Solarthermie und Photovoltaik) und Erhebung bestimmter Handlungsweisen zum gesellschaftlichen Standard.

Autorinnen- und Autorenverzeichnis

Antes, Ralf, Prof. Dr. habil., seit März 2009 Professor für Unternehmensführung an der Berufsakademie Gera, Staatliche Studienakademie Thüringen. Zuvor Vertretung des Lehrstuhls für Innovationsökonomie, Universität Erfurt (WS 08/09) und der Professur für Industriebetriebslehre, Universität Koblenz (SS 04, WS 04/05). 2003 Gastforschungsaufenthalt University Norwich/UK. 1996-2002 Assistent am Lehrstuhl Betriebliches Umweltmanagement der Universität Halle-Wittenberg. Forschungsschwerpunkte: strategische und ethische Unternehmensführung, Nachhaltigkeits- und Innovationsmanagement, institutionelle Theorien, Methodologie der Wirtschaftswissenschaften. Kontakt: ralf.antes@ba-gera.de.

Antoni-Komar, Irene, Dr. phil., M.A., Kultur- und Kunstwissenschaftlerin. Seit März 2010 Habilitandin am Lehrstuhl für Allgemeine Betriebswirtschaftlehre, Unternehmensführung und Betriebliche Umweltpolitik der Carl von Ossietzky Universität Oldenburg. 2006-2010 Wissenschaftliche Mitarbeiterin und Koordination im BMBF-Projekt WENKE^2 – Wege zum nachhaltigen Konsum – Energie und Ernährung, zuvor leitende Projektbearbeitung und Koordination des BMBF-Projektes OSSENA – Ernährungsqualität als Lebensqualität. Zuvor Hochschuldozentin für Mode und Ästhetik an der Technischen Universität Darmstadt. Forschungsschwerpunkte: Kultur und Ökonomie, Ernährungskultur, nachhaltiger Konsum. Kontakt: irene.antoni.komar@uni-oldenburg.de.

Binswanger, Mathias, Prof. Dr. rer. pol., Professor für Volkswirtschaftslehre an der Fachhochschule Nordwestschweiz in Olten. Habilitation und Privatdozent an der Universität St. Gallen. Außerdem Vorlesungen an der Universität Basel. Gastprofessuren an der Technischen Universität Freiberg in Deutschland, an der Qingdao Technological University in China und der Banking University in Saigon. Zahlreiche Publikationen in Fachzeitschriften als auch in der Presse. Forschungsschwerpunkte: Makroökonomie, Finanzmarkttheorie, Umweltökonomie sowie Erforschung des Zusammenhangs zwischen Glück und Einkommen. 2006 erschien die Publikation *Die Tretmühlen des Glücks*, die in der Schweiz zum Bestseller wurde. Herbst 2010 erscheint *Sinnlose Wettbewerbe: Warum wir immer mehr Unsinn produzieren*. Kontakt: mathias.binswanger@fhnw.ch.

Clausen, Jens, Dr. rer. pol., Diplomingenieur für Maschinenbau und seit 2005 Leiter des Borderstep Instituts für Innovation und Nachhaltigkeit gGmbH in Hannover. Von 1984 bis 1991 Entwicklungsingenieur der Continental AG und von 1991 bis 2005 Senior Researcher für das Institut für ökologische Wirtschaftsforschung. 2004 Promotion am Institut für Institutionelle und Sozial-Ökonomie der Universität Bremen. Arbeitsschwerpunkte: Gründungs-, Innovations- und Diffusionsforschung sowie Corporate Social Responsibility. Kontakt: clausen@borderstep.de.

Fichter, Klaus, Prof. Dr. rer. pol. habil., Gründer und Leiter des Borderstep Instituts für Innovation und Nachhaltigkeit in Berlin. Apl. Professor an der Carl von Ossietzky Universität Oldenburg und Vorstandsmitglied des Oldenburg Center for Sustainability Economics and Management (CENTOS). Im Mittelpunkt seiner Forschungsarbeit stehen theoretische Fragen der Evolutorischen Ökonomik und der Interaktionsökonomik sowie empirische und anwendungsbezogene Aspekte des Innovationsmanagements, der Generierung von Nachhaltigkeitsinnovationen sowie des umweltorientierten Unternehmertums (Eco-Entrepreneurship). Kontakt: klaus.fichter@uni-oldenburg.de.

Kabalak, Alihan, Dr. rer. pol., Fellow des Max-Planck-Institutes für Mathematik/Leipzig. Studium der Wirtschaftswissenschaft an der Universität Hannover. Wissenschaftlicher Assistent an den Wirtschaftsfakultäten Zeppelin University Friedrichshafen und Witten/Herdecke. Forschungsschwerpunkte: Politische Ökonomie, Institutionenökonomie, Spieltheorie. Neuroeconomics. Kontakt: kabalak@mis.mpg.de.

Kühling, Jan, Dipl.-Oec., 1998-2001 Ausbildung zum Bankkaufmann, 2001-2003 Studium der Betriebswirtschaftslehre mit juristischem Schwerpunkt in Oldenburg, 2004-2007 Studium der Wirtschaftswissenschaften in Oldenburg, seit 2007 Wissenschaftlicher Mitarbeiter am Lehrstuhl für Wirtschaftstheorie der Carl von Ossietzky Universität Oldenburg und Beteiligung am BMBF-Projekt WENKE^2. Forschungsschwerpunkte: Nachhaltiger Konsum, Bewertung von Umweltgütern, Happinessforschung. Kontakt: jan.kuehling@uni-oldenburg.de.

Lehmann-Waffenschmidt, B. Cornelia, Dr. rer. pol., Diplom in Volkswirtschaftslehre an der TU Dresden, ab 2003 Doktorandin am Lehrstuhl Wirtschaftspolitik und Wirtschaftsforschung, TU Dresden (Prof. U. Blum), Stipendiatin des Landes-Graduiertenprogramms Sachsen, 2006 Promotion: „Industrieevolution und die New Economy. Eine evolutorische Analyse der Beziehung zwischen New Economy und Old Economy aus simulationsanalytischer und wirtschafthistorischer Perspektive“, 2007 Dissertationspreis der Commerzbankstiftung, ab 2007 wiss. Projektmitarbeiterin. Vorlesungen und Seminare zum Thema Umweltökonomie und ABM-Simulation an der Technischen Universität Dresden. Forschung: Evolutorische Ökonomik, Agentenbasierte Simulationsanalyse, Industrieökonomik, nachhaltiger Konsum. Kontakt: bclw@gmx.de.

Lehmann-Waffenschmidt, Marco, Prof. Dr. rer. pol., Professor an der Technischen Universität Dresden, Fakultät Wirtschaftswissenschaften. Studium in Heidelberg und Zürich in Mathematik und Volkswirtschaftslehre, Promotion und Habilitation an der Universität Karlsruhe, dazwischen Forschungsaufenthalte in Bonn, Ulm, St. Gallen. Fachgebiet: Mikroökonomie, speziell „Managerial Economics" (Angewandte Mikroökonomik). Forschungsinteressen und Publikationen: Mathematische Ökonomie, Evolutorische Ökonomik, Experimentelle und Verhaltensorientierte Ökonomik, Neuroökonomik, Nachhaltigkeitsökonomik. Kontakt: manaecon@mailbox.tu-dresden.de.

Pfriem, Reinhard, Prof. Dr. rer. oec., Lehrstuhl für Allgemeine Betriebswirtschaftslehre, Unternehmensführung und Betriebliche Umweltpolitik an der Carl von Ossietzky Universität Oldenburg. Gründungsgesellschafter der ecco ecology and communication Unternehmensberatung GmbH in Oldenburg. Mitglied des Direktoriums des Konstanzer Zentrums für Wirtschaftsethik (ZfW). Vorsitzender von ONNO e.V., einem nachhaltigkeitsorientierten Unternehmensnetzwerk in Ostfriesland. Projektleiter des Forschungsprojektes WENKE^2. Forschungsschwerpunkte: Kulturalistische Theorie der Unternehmung, Nachhaltigkeitspolitik von Unternehmen, Strategisches Management, Unternehmens- und Wirtschaftsethik. Kontakt: reinhard.pfriem@uni-oldenburg.de.

Priddat, Birger P., Prof. Dr., seit 2009 Lehrstuhl für Politische Ökonomie an der Universität Witten/Herdecke. Studium der Volkwirtschaft und Philosophie in Hamburg, 1991-2004 Lehrstuhl für Volkswirtschaft und Philosophie an der Privatuniversität Witten/Herdecke, Dekan der Fakultät für Wirtschaftswissenschaften 1995-2000, 2004-2007 Lehrstuhl Politische Ökonomie an der Zeppelin-University Friedrichshafen/Bodensee, head of the department for public management & governance. 08/2007-12/2008 Präsident der Universität Witten/Herdecke. Forschungsschwerpunkte: *institutional economics*, *political governance,* Theoriegeschichte der Ökonomie, Wirtschaftsethik, Zukunft der Arbeit. Kontakt: Birger.priddat@uni-wh.de.

Schneider, Friedrich, Prof. Dr. Dr.h.c.mult., seit 1986 Professor für Volkswirtschaftslehre (Wirtschafts- und Finanzpolitik) am Institut für Volkswirtschaftslehre der Johannes Kepler Universität Linz, von 1996-2007 Vizerektor für Außenbeziehungen. Mitglied im Board des IIPF (International Institute of

Public Finance), Mitglied des wissenschaftlichen Beirates der Avenir Suisse, war European Editor von Public Choice (1991-2004), sowie federführender Herausgeber der Perspektiven der Wirtschaftspolitik –wissenschaftliche Zeitschrift des Vereins für Socialpolitik (2000-2004). 2003 Ehrendoktor der Katholischen Universität Ricardo Palma in Lima, Peru; Ehrendoktor der Universität Stuttgart. 2006 Ehrendoktor der Universität Trujillo, Peru. Gastprofessuren an den Universitäten Carnegie Mellon (1983), Stockholm (1984), Melbourne (1987) und Saarbrücken (1994). Seit 2004 Präsident des Verbandes der österreichischen Wirtschaftsakademiker (VÖWA) und 2005-2008 Vorsitzender des Vereins für Socialpolitik. Seit 2006 Forschungsprofessor am DIW Berlin. Forschungs-schwerpunkte: politische Ökonomie, Schattenwirtschaft, Steuerhinterziehung, Geldwäsche, Privatisierung, Deregulierung und umweltökonomische Fragestellungen. Kontakt: friedrich.schneider@jku.at.

Troitzsch, Klaus G., Prof. Dr. phil., seit 1986 Professor für Computeranwendungen in den Sozialwissenschaften an der Universität Koblenz-Landau. Diplom-Politologe (Hamburg 1972), Dr. phil. (Hamburg 1979), Habilitation in Politikwissenschaft (Koblenz 1984). Gründungsmitglied der Sektion Modellbildung und Simulation der Deutschen Gesellschaft für Soziologie, des Simulating Societies Consortium (SimSoc), und der European Social Simulation Association (ESSA). Hauptinteressen: formale Modellierung und Simulation in den Wirtschafts- und Sozialwissenschaften. Kontakt: kgt@uni-koblenz.de.

Welsch, Heinz, Prof. Dr., Universitätsprofessor für Volkswirtschaftslehre an der Carl von Ossietzky Universität Oldenburg. Studium der Volkswirtschaftslehre an den Universitäten Bonn und Köln. 1996 Habilitation in Köln und Ruf an die Universität Oldenburg. Vorsitzender des wissenschaftlichen Beirats des Bremer Energieinstituts. Mitglied im wissenschaftlichen Beirat des Zentrums für Europäische Wirtschaftsforschung, Mannheim, und des Exzellenzclusters „Future Ocean" der Universität Kiel. Hauptsächliches Forschungsgebiet ist die Umweltökonomie. die mit verhaltensökonomischen methodischen Ansätzen verknüpft wird. Neuere Beiträge beschäftigen sich mit der Bewertung von Umweltgütern mit Hilfe des Zufriedenheitsansatzes sowie mit umweltrelevantem Konsumverhalten. Kontakt: welsch@uni-oldenburg.de.

Wörsdorfer, Julia Sophie, Dr. rer. pol., seit 2007 wiss. Projektmitarbeiterin. 1998-2004 Studium der Volkswirtschaftslehre und Betriebswirtschaftslehre an der Universität Leipzig. Nach dem Diplom Wissenschaftliche Mitarbeiterin am Institut für Wirtschaftsforschung Halle (IWH) in der Abteilung Makroökonomik. Anschließend Doktorandin am Max-Planck-Institut für Ökonomik in Jena, Abteilung Evolutionsökonomik (2006-2010). Abschluss der Promotion im Fach Volkswirtschaftslehre im Juni 2010 zum Thema „Technical Change and

Consumer Learning in Household Production Processes". Gegenwärtig Wissenschaftliche Mitarbeiterin am Max-Planck-Institut für Ökonomik. Forschungsinteressen: Evolutionsökonomik, Haushaltsproduktion, Nachhaltiger Konsum. Kontakt: woersdorfer@econ.mpg.de.